Jens Halfwassen
Der Aufstieg zum Einen

# Beiträge zur Altertumskunde

Herausgegeben von
Ernst Heitsch, Ludwig Koenen,
Reinhold Merkelbach, Clemens Zintzen

Band 9

B. G. Teubner Stuttgart

# Der Aufstieg zum Einen

Untersuchungen zu Platon
und Plotin

Von
Jens Halfwassen

B. G. Teubner Stuttgart 1992

Die Deutsche Bibliothek – CIP-Einheitsaufnahme

**Halfwassen, Jens:**
Der Aufstieg zum Einen: Untersuchungen zu Platon und Plotin /
von Jens Halfwassen. – Stuttgart: Teubner, 1992.
(Beiträge zur Altertumskunde; 9)
Zug.: Köln, Univ., Diss., 1989
ISBN 3-519-07458-3
NE: GT


Printed in Germany
Druck und Bindung: Röck, Weinsberg

# VORWORT

Die vorliegende Arbeit wurde im Februar 1989 von der Philosophischen Fakultät der Universität zu Köln als Dissertation angenommen.[1] Sie wurde seither für die Drucklegung überarbeitet und in einigen Punkten erweitert; die inzwischen erschienene Forschungsliteratur ist noch berücksichtigt worden.

Mein Dank gilt vor allem meinem Lehrer Karl Bormann für seine Ermutigung und Anteilnahme und für zahlreiche Anregungen und Hinweise. Danken möchte ich auch Herrn Prof. Dr. Klaus Düsing für anregende Diskussionen über einzelne Thesen der Arbeit und Herrn Prof. Dr. Clemens Zintzen für ihre Aufnahme in die "Beiträge zur Altertumskunde". Der Studienstiftung des Deutschen Volkes danke ich für ein zweijähriges Doktorandenstipendium, das mir die Anfertigung der Arbeit ermöglichte. Besonderer Dank gilt Frau Clementine Oerder, die mit großer Sorgfalt, Umsicht und Geduld die Druckvorlage hergestellt hat, und Herrn Norbert Baldauf, dessen Hilfe bei Computerproblemen unentbehrlich gewesen ist. Gedankt sei auch dem Verlag B.G. Teubner für Geduld und Verständnis angesichts längerer Verzögerungen.

Bergisch Gladbach, im Dezember 1991 J.H.

---

[1] Hauptgutachter war Prof. Dr. K. Bormann, Zweitgutachter Prof. Dr. K. Düsing. Das Rigorosum fand am 11.02.1989 statt.

INHALTSVERZEICHNIS

# VERZEICHNIS DER ABKÜRZUNGEN

| | |
|---|---|
| AGPh | Archiv für Geschichte der Philosophie |
| ANRW | Aufstieg und Niedergang der Römischen Welt |
| CAG | Commentaria in Aristotelem Graeca |
| Corr. | H.R. Schwyzer, Corrigenda ad Plotini textum, Mus. Helv. 44 (1987), 191 - 210 |
| CQ | The Classical Quarterly |
| CQN.S. | The Classical Quarterly, Nova Series |
| DK | Diels-Kranz, Die Fragmente der Vorsokratiker, 10. Aufl. |
| EPh | Les Etudes Philosophiques |
| Gaiser, P.U.L. | K. Gaiser, Platons Ungeschriebene Lehre (Stuttgart 1963, $^{2}$1968) |
| GGA | Göttingische Gelehrte Anzeigen |
| Harder | Plotins Schriften. Übers. von R. Harder. Neubearbeitung Bd. I (Hamburg 1957) |
| Harder$^{1}$ | 1. Auflage von Harders Plotinübersetzung (Leipzig 1930 - 1937) |
| H-S | Plotini Opera, ed. P. Henry et H.R. Schwyzer |
| H-S$^{1}$ | Plotini Opera ed. Henry-Schwyzer, Editio maior (Paris-Brüssel 1951 - 1973) |
| H-S$^{2}$ | Plotini Opera ed. Henry-Schwyzer, Editio minor (Oxford 1964 - 1982) |
| H-S$^{2}$, Add. | Addenda ad textum in Bd. III der Editio minor, p. 304 - 325 |
| LThK$^{2}$ | Lexikon für Theologie und Kirche, 2. Aufl. |
| PG | Patrologia Graeca, ed. J.P. Migne |
| RAC | Realenzyklopädie für Antike und Christentum, ed. Th. Klauser |
| RE | Realencyklopädie der classischen Altertumswissenschaft, ed. Pauly - Wissowa - Kroll - Ziegler |
| RGG$^{3}$ | Die Religion in Geschichte und Gegenwart, 3. Aufl. |
| RPh | Revue Philosophique de la France et de l' Etranger |
| Test. Plat. | Testimonia Platonica, ed. K. Gaiser, P.U.L., 441 - 557 |
| Theiler | Plotins Schriften. Übers. von R. Harder. Neubearbeitung Bd. II - V von R. Beutler (Übersetzung) und W. Theiler (Text u. Kommentar) (Hamburg 1960 - 1967) |
| WdF | Wege der Forschung |
| ZphF | Zeitschrift für philosophische Forschung |

*Hervorhebungen* in Zitaten antiker Autoren stammen von mir; *Hervorhebungen* in Zitaten moderner Autoren stammen vom zitierten Autor.

# EINLEITUNG

## § 1 Der Neuplatonismus als Metaphysik des Einen

"Das Wesen der Philosophie würde darin bestehen: Alles *Mannigfaltige* ( . . . ) *zurückzuführen auf absolute Einheit*. Ich habe es mit wenig Worten ausgesprochen; und es kommt nur darauf an, dieses, nicht flach, sondern energisch, und als allen Ernstes gelten sollend, anzusehen. *Alles Mannigfaltige* - was nur zu unterscheiden ist, seinen Gegensatz, und Pendant hat, schlechthin *ohne Ausnahme*. Wo noch irgend die Möglichkeit einer Unterscheidung deutlich, oder stillschweigend, eintritt, ist die Aufgabe nicht gelöst. Wer in oder an dem, was ein philosophisches System als sein Höchstes setzt, irgendeine Distinktion als möglich nachweisen kann, der hat dieses System widerlegt.

*Absolute Einheit*, ist erklärt eben durch das Obige, seinen Gegensatz, rein in sich geschlossen, das Wahre, Unveränderliche an sich.

*Zurückzuführen*: eben in der continuierlichen Einsicht des Philosophen selber, also: daß er das Mannigfaltige durch das Eine, und das Eine durch das Mannigfaltige wechselseitig begreife, d.h. daß ihm die Einheit = A als Prinzip einleuchte solcher Mannigfaltigen; und umgekehrt, daß die Mannigfaltigen ihrem Seinsgrunde nach nur begriffen werden können als Principiate von A".[1]

Mit diesen programmatischen Sätzen bestimmte J.G. Fichte Philosophie als *Metaphysik der Einheit*. Auch bei Hegel lesen wir: "Die ganze Philosophie ist nichts anderes als das Studium der Bestimmungen der Einheit".[2] Für beide ist Philosophie wesentlich Einheitsmetaphysik vor dem Auseinandertreten von Ontologie und Erkenntnistheorie. Solche Einheitsmetaphysik thematisiert den ursprünglichen Zusammenhang von Denken und

---

[1] J.G. Fichte, *Die Wissenschaftslehre.* 2. Vortrag im Jahre 1804. Gereinigte Fassung hrsg. von R. Lauth und J. Widmann unter Mitarb. von P. Schneider, [2]Hamburg 1986, 7 - 8.

[2] G.W.F. Hegel, *Philosophie der Religion*, Werke (ed. Moldenhauer-Michel) XVI, 100. - Historisch wendet dies F.W.J. Schelling, *Fernere Darstellungen aus dem System der Philosophie* (1801): "Die Lehre . . . von der Einheit, die ungetheilt allem gegenwärtig und die Substanz aller Dinge ist, werdet ihr von Spinoza und Parmenides zurückgehend, soweit die Geschichte der Philosophie und der menschlichen Erkenntniß reicht, sicher antreffen" (*Werke*, ed. K.F.A. Schelling II/4, 401).

Sein, jenseits der Alternative von objektivistischem Realismus und subjektivistischem Kritizismus. Sie denkt das Eine als das Prinzip dieses Zusammenhangs, das alle Gegensätze begründet, ihnen also nicht unterliegt und so das Absolute in einem ursprünglich-strengen Sinne ist: das von aller Gegensätzlichkeit Losgelöste. Darin liegt, daß die Transzendenz der Grundzug des Absoluten ist, was vor allem der späte Fichte energisch zum Ausdruck bringt.[3]

Freilich ist eine Metaphysik des transzendenten Einen als konsequente Philosophie des Absoluten nicht erst neuzeitlich-idealistisch: sie liegt in ausgearbeiteter Form bereits im Neuplatonismus vor, vor allem bei Plotin[4]. Dieser charakterisiert sein eigenes Philosophieren programmatisch als "Philosophieren über das Eine" (VI 9, 3, 14);[5] Plotins Philosophie kann in historischer wie in systematischer Hinsicht als Paradigma einer konsequenten Metaphysik des transzendenten Einen gelten.

---

[3] Zu Fichtes Metaphysik des Einen vgl. W. Janke, *J.G. Fichte, Wissenschaftslehre 1804.* Text und Kommentar, Frankfurt 1966; ders., *Fichte. Sein und Reflexion - Grundlagen der kritischen Vernunft*, Berlin 1970, bes. 301 - 417; ders., *Einheit und Vielheit.* Grundzüge von Fichtes Lebens- und Bildlehre, in: K. Gloy und D. Schmidig (Hrsg.), *Einheitskonzepte in der idealistischen und in der gegenwärtigen Philosophie*, Bern / Frankfurt 1987, 39 - 72. - Zur Einheitsmetaphysik bei Hegel und Schelling vgl. K. Düsing, *Vernunfteinheit und unvordenkliches Daßsein.* Konzeptionen der Überwindung negativer Theologie bei Schelling und Hegel, ebd. 109 - 136. - Zu Fichte und Hegel auch L. Siep, *Hegels Fichtekritik und die Wissenschaftslehre von 1804*, Freiburg / München 1970, bes. 49 - 86.

[4] Zum Neuplatonismus als Metaphysik des Einen vgl. G. Huber, *Das Sein und das Absolute.* Studien zur Geschichte der ontologischen Problematik in der spätantiken Philosophie, Basel 1955; J. Trouillard, *La purification plotinienne*, Paris 1955; ders., *La procession plotinienne*, Paris 1955; ders., *Un et Etre*, EPh 15 (1960), 185 - 196; ders., *L' un et l' ame selon Proclus*, Paris 1972; W. Beierwaltes, *Proklos. Grundzüge seiner Metaphysik*, Frankfurt 1965, ²1979; ders., *Identität und Differenz*, Frankfurt 1980; ders., *Denken des Einen.* Studien zur neuplatonischen Philosophie und ihrer Wirkungsgeschichte, Frankfurt 1985; ders., s.v. *Hen*, RAC 14 (1987), 445 - 472; F.P. Hager, *Der Geist und das Eine.* Untersuchungen zum Problem der Wesensbestimmung des höchsten Prinzips als Geist oder als Eines in der griechischen Philosophie, Bern / Stuttgart 1970; K. Flasch, *Die Metaphysik des Einen bei Nikolaus von Kues.* Problemgeschichtliche Stellung und systematische Bedeutung, Leiden 1973.

[5] Plotin wird nach dem Text der Editio minor von Henry-Schwyzer zitiert, mit dem der Text der Editio maior und der Text der zweisprachigen Plotin-Ausgabe von R. Harder, R. Beutler und W. Theiler verglichen wurden; wem ich an umstrittenen Stellen gefolgt bin, ist jeweils angegeben. Bei der Übersetzung wurde die Übertragung von Harder, Beutler und Theiler konsultiert, von der aber nicht selten abgewichen wurde.

Ihre Grundbewegung ist die von Fichte geforderte Zurückführung alles Mannigfaltigen auf absolute Einheit[6]: die ἀναγωγὴ εἰς ἕν (III 8, 10, 20; V 5, 4, 1). Plotin denkt Einheit als den bestimmenden Grundzug aller Wirklichkeit: was immer sein und gedacht werden kann, muß Eines sein; daß etwas überhaupt *ist* und *verstehbar* ist, gründet darin, daß es *Eines* ist, und daß es Eines ist, verdankt es dem absoluten Einen - in den Worten Plotins: "Alles Seiende ist durch das Eine seiend" (VI 9, 1, 1). Vielheit als solche ist in sich selbst nichtig; sie kann selber nur als Einheit gedacht werden und wirklich sein - radikal einheitslose Vielheit verschwindet sofort ins Nichts. Darum setzt jede Vielheit eine ihr vorgängige, ursprünglichere Einheit voraus, in der sie als vielheitliche Einheit selber gründet. Die neuplatonische ἀναγωγὴ εἰς ἕν führt darum jede Vielheit auf die sie begründende Einheit zurück und jede selber noch irgendwie vielheitlich bestimmte Einheit auf die der ersten Vielheit ursprünglich vorgängige reine Einheit, die selber keine Vielheit mehr ist: *das absolut einfache Eine*. Sie hat so den Charakter eines jede Vielheit übersteigenden Aufstiegs zum einfachhin Einen, dem Einen selbst.

Dieser Aufstieg zum Einen selbst vollzieht den Verweisungszusammenhang der Wirklichkeit selber nach: Da das Seiende von sich selbst her weder ist noch verstehbar ist, weist es über sich selbst hinaus auf das Eine, den Urgrund des Seins. Die Frage nach dem Sein, seit Parmenides die Grundfrage der Philosophie, wird darum im Neuplatonismus hintergriffen durch die Frage nach dem Einen als dem Ursprung des Seins, von dem her alles Seiende ist und das ist, was es ist. Denn der Seinscharakter des Seienden erweist sich gegenüber dem ursprünglichen Einheitscharakter alles Denkbaren, das neben dem Seienden auch das Nichtseiende umfaßt, selber als abkünftig und begründet; die neuplatonische Metaphysik, die Einheit als die Grundbestimmung der Wirklichkeit und das Eine als ihren absoluten Grund denkt, ist damit nicht mehr ontologisch, sondern *henologisch*. Die Frage nach dem Einen wird ihr zur schlechthin ursprünglichsten und wesentlichsten Frage; da das Eine selbst aber jenseits des Seins ist, greift damit das Philosophieren über das Sein hinaus und erhält den Charakter eines transzendierenden Hinausdenkens auf das über alle Bestimmungen hinausliegende absolute Eine. Der Aufstieg zum absolut Einen erfolgt im Überschreiten bis zum Unüberschreitbaren (τῷ

[6] Einen Strukturvergleich zwischen Plotin und Fichte versucht H.M. Baumgartner, *Die Bestimmung des Absoluten.* Ein Strukturvergleich der Reflexionsformen bei J.G. Fichte und Plotin, ZphF 34 (1980), 321 - 342. Als erster wies bereits 1862 J.H. Loewe auf die strukturelle Affinität zwischen Fichtes Spätphilosophie und Plotin hin: *Die Philosophie Fichtes nach dem Gesamtergebnisse ihrer Entwicklung und in ihrem Verhältnisse zu Kant und Spinoza* (Stuttgart 1862, ND. 1976), spez. 171.

ὑπερβάντι πάντα τὸ ὅ ἐστι πρὸ πάντων, VI 9, 11, 35); so ist das *Transzendieren* die Grundbewegung einer Metaphysik des Absoluten, die dieses mit höchster Energie und Konsequenz als absolute Transzendenz denkt.

## § 2 Das Absolute als absolute Transzendenz

Als der universale und unbedingte Urgrund, auf den alles zurückzuführen ist und der selbst nicht mehr auf anderes zurückführbar ist, ist das Eine selbst das Absolute in der strengsten Bedeutung (vgl. Teil I, Kap. II § 1); es begründet den sich als das Sein wissenden Geist (νοῦς), welcher als die hypostatische Einheit von Denken und Sein die Totalität dessen ist, was sein und gedacht werden kann. Das Eine selbst aber steht "*jenseits des Seins*" und "*jenseits des Denkens*", also - zufolge des Totalitätscharakters von Sein und Denken - jenseits von allem schlechthin. Die Transzendenz des Absoluten ist darum wesenhaft *absolute Transzendenz*; die Absolutheit des Absoluten liegt wesentlich in der Absolutheit seiner Transzendenz.[7] Zur Herausstellung der Transzendenz des Absoluten bedient sich Plotin einer radikal *negativen* Dialektik, die im Anschluß an die erste Hypothesis von Platons "Parmenides" dem absoluten Einen alle Bestimmungen des Seins und des Denkens abspricht und so alle Denkbarkeit von dem Undenkbaren, weil schlechthin Transzendenten, wegnimmt; - dies ist die seit Pseudo-Dionysius Areopagita so genannte "negative" oder "apophatische Theologie".[8] Sie denkt das Absolute als das *Nichts* aller seiner Prinzipiate (III 8, 10, 28 f: τὸ μηδὲν τούτων ὧν ἐστιν ἀρχή); dabei meint "Nichts" als die umfassendste negative Aussage über das Eine nicht dessen absolute Aufhebung, sondern die Negation hat den Sinn, das absolute *Übermaß* des Einen, seine reine Transzendenz, deutlich werden zu lassen. Durch die Wegnahme von allem (vgl. V 3, 17, 38; VI 8, 21, 26) wird der reinen Transzendenz oder der absoluten Jenseitigkeit des Einen entspro-

---

[7] Dies haben vor allem Gerhard Huber und Karl Jaspers hervorgehoben, vgl. Huber, *Das Sein und das Absolute*, 49 - 88 und passim; Jaspers, *Plotin*, in: *Die großen Philosophen*, Bd. 1, München 1957, [3]1981, 656 - 723. - Für den Neuplatonismus allgemein vgl. auch W. Beierwaltes, *Proklos*, 329 - 382 und passim; ders., *Denken des Einen*, passim (vgl. Index s.v. das Eine, ἐπέκεινα, Transzendenz).

[8] Zur negativen Theologie im Neuplatonismus vgl. Huber, *Das Sein und das Absolute*, 49 - 88; Beierwaltes, *Proklos*, 339 - 366; ders., *Denken des Einen*, passim (Index s.v. das Eine, ἐπέκεινα, Negation). - Zu ihrer Herkunft vgl. E.R. Dodds, *The Parmenides of Plato and the origin of the Neoplatonic "One"*, CQ 22 (1928), 129 - 142 und E. Bréhier in den "Notices" seiner Plotin-Ausgabe (*Plotin. Ennéades*, Paris 1924 - 1938), bes. zu V 3, V 5, VI 4 - 5 und VI 7.

chen; "Nichts" oder "nicht" bedeutet daher in Bezug auf das Eine immer zugleich "jenseits" (ἐπέκεινα), "über" (ὑπέρ) und "vor" (πρό), nämlich demgegenüber, was von ihm verneint wird (programmatisch z.B. III 8, 10, 28 - 31). Da das Eine selbst in seiner reinen Transzendenz jeder Denkbarkeit enthoben ist, kann das Denken es nur "gleichsam von außen umkreisen" (VI 9, 4, 52 - 53) und nähert sich ihm nur, indem es alle Denkbarkeit in der Negation aufhebt.

Weil Denken wesenhaft auf Sein bezogen ist, kann es das seinsjenseitige Eine nur umschreiben durch die Negation alles dessen, was das Sein ist. Das Eine ist also nicht Sein,[9] nicht Seiendes,[10] nicht Seiendheit oder Wesenheit,[11] nicht Existenz,[12] nicht Energeia,[13] nicht Leben,[14] nicht Denken,[15] nicht Selbstbewußtsein,[16] nicht Geist,[17] nicht Erkenntnis noch erkennbar,[18] ja nicht einmal Einheit,[19] weil es jenseits von all diesem ist: es ist nichts von allem, weil jenseits von allem (ἐπέκεινα πάντων).[20]

Im Vollzug dieser negativen Dialektik, in der es über das Sein hinausgeht und alle Denkbarkeit in das Undenkbare aufhebt, hebt sich das Denken zugleich selber auf, indem es sich selbst überschreitet.

Diese aufhebende Selbstüberschreitung des Denkens bedeutet jedoch nicht dessen Depotenzierung, sondern ist seine *Selbsttranszendenz* und seine Wesenserfüllung zugleich. Denn weil das Denken dem Einen entsprungen ist, erfüllt es sich selbst in der Hinwendung zu seinem Ursprung; die für es konstitutive Selbstzuwendung ist in sich Hinwendung

---

[9] III 8, 10, 31: ἀφελὼν τὸ εἶναι.

[10] VI 9, 2, 46 - 47: οὐδὲ τὸ ὄν.

[11] III 8, 10, 30: μὴ οὐσίας.

[12] VI 8, 10, 37: πρὸ ὑποστάσεως.

[13] I 7, 1, 19 - 20: ἐπέκεινα καὶ ἐνεργείας.

[14] III 8, 10, 30 - 31: μὴ ζωῆς.

[15] III 8, 11, 14: οὐδὲ τὸ νοεῖν.

[16] III 9, 9, 12 - 13: οὐ παρακολουθήσει αὐτῷ. (Text nach H.-S.[1] und Harder.). V 6, 5, 4 - 5: καὶ συναισθήσεως καὶ πάσης κρεῖττον νοήσεως.

[17] VI 9, 2, 45: οὐδὲ νοῦς.

[18] V 3, 12, 48: ἐπέκεινα γνώσεως. V 3, 14, 2 - 3: οὐδὲ γνῶσιν οὐδὲ νόησιν ἔχομεν αὐτοῦ.

[19] V 4, 1, 8 - 9: καθ' οὗ ψεῦδος καὶ τὸ ἓν εἶναι.

[20] V 1, 6, 13; V 3, 13, 2; V 4, 2, 39 - 40. Vgl. III 8, 9, 53 - 54.

auf das Absolute: *εἰς αὐτὸν γὰρ ἐπιστρέφων εἰς ἀρχὴν ἐπιστρέφει* (VI 9, 2, 35 - 36). Durch diese Hinwendung auf das Eine vermag das Denken allererst die Einheit zu sein, die es in der Zweiheit seiner Selbstbezüglichkeit wesenhaft ist. Denn Denken wird durch das Auseinandertreten in die Zweiheit von Denkendem und Gedachtem konstituiert,[21] zugleich aber auch durch die Einheit beider im Sich-selbst-Denken.[22] Plotin bestimmt den Urakt des Denkens als intentionales Hinblicken auf das Eine (vgl. III 9, 9, 7: *πρὸς τὸ πρῶτον βλέπειν* , V 6, 5, 8 - 9: *κίνησις πρὸς ἀγαθὸν ἐφιέμενον ἐκείνου*, ähnlich oft); das Verlangen nach Einheit ist der Grundzug des Denkens, der mit der Selbstbezüglichkeit auch alle Inhalte des Denkens erst ermöglicht und darum der erfüllten Selbstbeziehung im Denken der Inhalte vorhergeht. Alle Inhalte des Denkens müssen schon Einheitscharakter haben, um überhaupt denkbar zu sein; aber kein Inhalt des Denkens kann das Eine selbst sein, da er als gedachter schon in die Zweiheit der Selbstbezüglichkeit des Denkens eingegangen und von ihr bestimmt, also nicht absolut einfach ist. Das Denken findet darum die Erfüllung seines Strebens nach absoluter Einheit niemals in sich selbst, sondern erst im transzendierenden Hinausgehen über sich und seine Inhalte und hat erst durch diesen Transzendenzbezug seine Würde (vgl. z.B. III 9, 9, 11 - 12). Weil das Eine in seiner reinen Transzendenz undenkbar ist, erfüllt das Denken seinen Transzendenzbezug nur, indem es sich denkend selbst übersteigt und im Vollzug der negativen Dialektik mit der Denkbarkeit auch sich selber aufhebt. Durch diesen Selbstüberstieg in den Negationen kehrt das Denken in seinen nicht-denkenden Urgrund, das Eine selbst, zurück; es vollendet sich gerade dadurch, daß es sich in seinen jenseitigen Ursprung aufhebt.

Das, woraufhin das Denken sich selbst übersteigt, ist die nicht-denkende "Schau" (*θέα, θέαμα*) des Einen, die auch keine Schau mehr ist, weil sie über die Zweiheit von Schauendem und Geschautem hinaus ist, sondern die unterschiedslose Einswerdung (*ἑνωθῆναι*, VI 9, 9, 33) mit dem Einen selbst (vgl. VI 9, 10, 11 - 11, 7); sie ist im strengen Sinne unsagbar, da sie sich der Differenzstruktur der Sprache entzieht (VI 9, 10, 18 - 21). In der Einung mit dem Einen ist das Denken von sich selbst frei geworden, weil es die Bedingung seiner selbst, die Zweiheit der Selbstbezüglichkeit, hinter sich gelassen hat. Die Vereinigung mit dem absolut Transzendenten, dem Einen selbst, hat so den Charakter der *ἔκστασις* (VI 9, 11, 23),

---

[21] Vgl. z.B. V 3, 13, 9 f.; V 6, 1, 12 f.; V 6, 6, 10 - 29.

[22] Vgl. z.B. V 5, 1 - 2; V 6, 1, 5 - 12; V 9, 5, 6 - 10; V 3, 5, 21 - 48.

des Heraustretens aus sich selbst und aus allen Bezügen des Seins;[23] in dieser ekstatischen Selbsttranszendenz des Transzendierenden vollendet sich das Transzendieren (vgl. VI 9, 10, 15 - 17; 11, 11 - 16; 11, 41 - 42).

Diese ekstatische Einswerdung mit dem Absoluten ist das Ziel des Plotinischen Philosophierens und der Bezugspunkt des in ihm vollzogenen Transzendierens (vgl. VI 9, 11, 45 ff.); dieses mündet in die mystische Erfahrung des Einen in der ekstatischen Einung.[24] Aber Plotins ekstatische Mystik ist - wie er selber hervorhebt - keineswegs die Bedingung seiner Metaphysik des absoluten Einen. Sie ist vielmehr das Ziel, das den Weg, der zu ihr hinführt - eben den Aufstieg zum Einen selbst mit den Mitteln des dialektischen Denkens - notwendig schon voraussetzt, nicht umgekehrt.[25] Dieser dialektische Weg der Hinführung und des Aufstiegs zum Absoluten ist der wesentliche Inhalt der Metaphysik des Einen, er allein ist philosophisch explizierbar und auf ihn beschränkt sich auch die vorliegende Arbeit: "Denn nur bis zum Wege und bis dahin, ihn zu gehen, reicht die Belehrung (*μέχρι γὰρ τῆς ὁδοῦ καὶ τῆς πορείας ἡ δίδαξις*), die Schau muß dann selbst vollbringen, wer zu sehen gewillt ist" (VI 9, 4, 15 - 16).

---

[23] VI 9, 10, 15 - 16: *οἷον ἄλλος γενόμενος, καὶ οὐκ αὐτὸς οὐδ᾽ αὑτοῦ συντελεῖ ἐκεῖ, κἀκείνου γενόμενος*. 11, 11 - 12: *οὐδ᾽ ὅλως αὐτός*. 11, 41 - 42: *γίνεται γὰρ καὶ αὐτός τις οὐκ οὐσία, ἀλλ᾽ ἐπέκεινα οὐσίας*.

[24] Zur Mystik Plotins vgl. R. Arnou, *Le désire de dieu dans la philosophie de Plotin*, Paris 1921, ²Rom 1967, 231 ff.; G. Huber, *Das Sein und das Absolute*, 85 - 88; K. Jaspers, *Plotin*, 665 f., 672 - 678; J. Trouillard, *Valeur critique de la mystique plotinienne*, Rev. Philos. de Louvain 59 (1961), 431 - 444; ders., *Raison et mystique chez Plotin*, Rev. des Ét. Aug. (1974), 3 - 14; P. Hadot, *Plotin ou la simplicité du regard*, Paris 1963; J.M. Rist, *Plotinus. The road to reality*, Cambridge 1967, 213 ff.; W. Beierwaltes, *Reflexion und Einung*. Zur Mystik Plotins, in: W. Beierwaltes, H.U. von Balthasar, A.M. Haas, *Grundfragen der Mystik*, Einsiedeln 1974, 7 - 36, bes. 25 ff.; ders., *Denken des Einen*, 123 - 147: "Henosis. I Einung mit dem Einen oder die Aufhebung des Bildes: Plotins Mystik".

[25] Vgl. etwa VI 9, 4, 12 - 16; VI 7, 36, 3 - 8; V 3, 17, 37 - 38, wo der Aufstieg durch die Negationen als Voraussetzung der Henosis erscheint. Plotins Schriften entziehen allen Versuchen das Fundament, das Hen als Hypostasierung des mystischen Einungserlebnisses zu deuten, so etwa bei J. Geffcken, *Der Ausgang des griechisch-römischen Heidentums*, ²Heidelberg 1929, 47 oder G. Nebel, *Plotins Kategorien der intelligiblen Welt*, Tübingen 1929, 24. Die Notwendigkeit des Rückgangs zum absoluten Einen macht Plotin stets philosophisch einsichtig, siehe unten Teil I, Kap. II "Die henologische Reduktion"; - ganz davon abgesehen, daß Plotin die Lehre vom absoluten Einen und von den Wegen des Aufstiegs zu ihm von der platonischen Tradition vorgegeben war, siehe unten § 3 und Teil II Kap. I.

Es geht also um dasjenige, "was man zuvor (d.h. vor der Einung mit dem Einen) über Es (sc. das Eine) lernen soll" (VI 7, 36, 6), wie Plotin sagt, - d.h. um die genuin philosophische Konzeption des Absoluten als des absolut transzendenten Einen selbst, ihre Explikation und Rechtfertigung, die das Denken *vor* seiner Aufhebung in die Ekstasis mit den ihm eigenen spekulativen und dialektischen Mitteln zu leisten hat. Weil das Eine selbst absolut transzendent ist, kann es von ihm keine "Lehre" im eigentlichen Sinne geben, - es transzendiert ja die Denkbarkeit; die Henologie Plotins ist darum nach Form und Gehalt wesentlich *negativ*. Philosophische Theorie des absoluten Einen ist dann nur als Aufstieg zu ihm im dialektischen Transzendieren möglich, dessen Methoden der Analogie, der Verneinung und der Übersteigerung (vgl. VI 7, 36, 6 - 8: via analogiae, negationis, supereminentiae) alle den Sinn haben, die absolute ontologische und gnoseologische Transzendenz des Einen einsichtig zu machen, indem sie dieses von allem, was nach ihm ist, abheben. Plotin insistiert auf der Notwendigkeit, die Einsicht in die absolute Transzendenz des Absoluten argumentativ zu begründen;[26] daß das Eine jenseits jeder Erkenntnis ist, ist selber eine begründbare Erkenntnis; zugleich aber vollzieht diese Einsicht ein sinnvolles Scheitern des argumentierenden, dialektischen Denkens, das durch die Aufhebung aller Denkbarkeit die Ekstasis vorbereitet, so daß alles Philosophieren über das Eine zuletzt ein "Aufwecken aus den Begriffen zur Schau" (VI 9, 4, 13 - 14) ist. Dabei ist freilich der Fundierungszusammenhang von Dialektik und Mystik zu beachten, will man ihr eigentümliches Verhältnis, so wie Plotin es konzipiert, verstehen: Die dialektische Theorie des Einen ist die vorgängige Ermöglichung seiner ekstatischen Schau und als solche von dieser methodisch unabhängig. Das heißt aber: das henologische Denken muß *in sich selbst* die Notwendigkeit entdecken, über sich hinauszugehen; und dieses Hinausgehen über sich erfordert die methodische Selbstaufhebung des dialektischen Denkens in der negativen Dialektik. So ist das Überschreiten des Erkennens im Vollzug des Erkennens selber die eigentümlich paradoxe Form, in der das Philosophieren über das Eine allein möglich ist.[27]

Der erste Teil der vorliegenden Arbeit stellt diese Metaphysik des über alle Denkbarkeit hinausliegenden absoluten Einen, wie sie bei Plotin voll

---

[26] Vgl. z.B. VI 9, 5, 34 ff.; III 8, 9, 1 ff.; V 5, 4, 1 ff.

[27] Vgl. Huber, *Das Sein und das Absolute*, 83 - 84: "Das letzte Ziel der philosophischen Bemühung ist der Erkenntnis wesentlich entrückt. Soll es dennoch irgendwie erreichbar sein, so nur in einer Weise, die auch das Erkennen überschreitet. Diese Paradoxie: das Überschreiten des Erkennens im Vollzug des Erkennens, bildet die Grundparadoxie des neuplatonischen Philosophierens".

entfaltet vorliegt, unter systematischem Aspekt dar. Die historische Forschung hat seit Eduard Zeller[28] in ihr das charakteristischste Merkmal des Neuplatonismus gesehen; und sie ist in der Tat das alles bestimmende Zentrum neuplatonischen Denkens, bei Plotin und ebenso bei allen anderen Neuplatonikern. Der zweite Teil der vorliegenden Arbeit untersucht sodann den Ursprung der Metaphysik des Einen; er vertritt die These, daß diese gerade kein neuer, sondern wirklich ein erneuerter - also in seiner Substanz genuiner - Platonismus ist, und das heißt, daß ihr Begründer nicht Plotin, sondern Platon ist. Um dies zu zeigen, sollen im zweiten Teil die wesentlichen einschlägigen Passagen der Schriften Platons - auf die sich Plotin selber beruft - im Lichte der ungeschriebenen Prinzipienlehre Platons und der Alten Akademie interpretiert werden.

## § 3 Neuplatonismus und Platonismus

Die vorliegende Untersuchung versucht also, die Frage nach dem Verhältnis der Philosophie Plotins zu Platon für die Metaphysik des absoluten Einen zu beantworten, indem sie diese auf Platon selbst zurückführt. Die Beantwortung dieser Frage ist für ein angemessenes Verständnis Plotins gleichermaßen aus philosophischen wie aus historischen Gründen notwendig: Einmal deshalb, weil Plotin seine ganze Philosophie ausdrücklich als Erneuerung und Interpretation der authentischen Philosophie Platons versteht, weshalb "die Beurteilung seiner Philosophie als Ganzes aufs engste verknüpft ist mit dem Urteil über sein Verhältnis zur Philosophiegeschichte",[29] vor allem zu Platon.

Sodann gibt der Befund der philosophiehistorischen Forschung der platonischen Selbstauslegung Plotins auch historisch Recht. Denn zum einen hat die Quellenforschung die Platonische oder zumindest altakademische Herkunft der wesentlichen systembildenden Motive des Neuplatonismus, vor allem auch der Theorie des bestimmungslosen absoluten Einen, deutlich herausgearbeitet;[30] zum anderen hat die neuere Platon-Forschung mit

---

[28] E. Zeller, *Die Philosophie der Griechen in ihrer geschichtlichen Entwicklung dargestellt*, ⁴Leipzig 1903, Bd. III/2, 469 ff., 531 ff.

[29] Th. A. Szlezák, *Platon und Aristoteles in der Nuslehre Plotins*, Basel / Stuttgart 1979, 11. - Zu Plotins Selbstauslegung als Interpret Platons und zu seinem Verhältnis zur philosophischen Tradition am besten und umfassendsten Szlezák, loc. cit., 14 - 51.

[30] Vgl. dazu vor allem E.R. Dodds, *The Parmenides of Plato and the origin of the Neoplatonic "One"*, CQ 22 (1928), 129 - 142; ders., *Proclus. The Elements of Theology.* A revised text with translation, introduction and commentary, Oxfort 1933, ²1963; W. Theiler,

der Wiederentdeckung der ungeschriebenen Prinzipienlehre (ἄγραφα δόγματα, περὶ τἀγαθοῦ) und ihrer Auswertung für die Gesamtinterpretation der Philosophie Platons einen ganz grundlegenden Wandel des Platonbildes herbeigeführt, der durchaus als Rehabilitation des neuplatonischen Platonverständnisses gewertet werden kann.[31]

---

*Die Vorbereitung des Neuplatonismus*, Berlin 1930, ND. 1964; ders., *Einheit und unbegrenzte Zweiheit von Platon bis Plotin*, in: *Isonomia*, Berlin 1964, 89 - 109; A.H. Armstrong, *The architecture of the intelligible universe in the philosophy of Plotinus*, Cambridge 1940, ND. 1967; K.H. Volkmann-Schluck, *Plotin als Interpret der Ontologie Platos*, 1941, $^{3}$Frankfurt 1966; Ph. Merlan, *From Platonism to Neoplatonism*, Den Haag 1953, $^{2}$1960, $^{3}$1968; C.J. de Vogel, *On the Neoplatonic character of Platonism and the Platonic character of Neoplatonism*, Mind 62 (1953), 43 - 64; dies., *A la recherche des étapes précises entre Platon et le Neoplatonisme*, Mnemosyne IV 7 (1954), 111 - 122; dies., *La theorie de l' ἄπειρον chez Platon et dans la tradition platonicienne*, RPh 84 (1959), 21 - 39; A.J. Festugière, *La Révélation d' Hermès Trismégiste*. Bd. IV: *Le Dieu inconnue et la Gnose*, Paris 1954; *Les Sources de Plotin*. Dix Exposés et Discussions par E. R. Dodds, W. Theiler, P. Hadot, H.-C. Puech, H. Dörrie, V. Cilento, R. Harder, H.R. Schwyzer, A.H. Armstrong, P. Henry. Entretiens sur l' antiquité classique V, Vandoeuvres - Genéve 1960; J. M. Rist, *The Indefinite Dyad and Intelligible Matter in Plotinus*, CQ 56 (1962), 99 - 107; ders., *Plotinus. The Road to Reality*, Cambridge 1967; W. Burkert, *Weisheit und Wissenschaft*. Studien zu Pythagoras, Philolaos und Platon, Nürnberg 1962, erw. engl. Ausg. Cambridge Mass. 1972; H.J. Krämer, *Der Ursprung der Geistmetaphysik. Untersuchungen zur Geschichte des Platonismus zwischen Platon und Plotin*, Amsterdam 1964, $^{2}$1967; J.M. Dillon, *The Middle Platonists*. A. Study of Platonism 80 B.C. to A.D. 220, London 1977; C. Zintzen (Hrsg.), *Die Philosophie des Neuplatonismus* (Wege der Forsch. Bd. 436), Darmstadt 1977; ders. (Hrsg.), *Der Mittelplatonismus* (Wege der Forsch. Bd. 70), Darmstadt 1981; Th. A. Szlezák, *Platon und Aristoteles in der Nuslehre Plotins*, Basel / Stuttgart 1979. Erlaubt sei auch der Hinweis auf den Aufsatz des Verf., *Speusipp und die Unendlichkeit des Einen*. Ein neues Speusipp-Testimonium bei Proklos und seine Bedeutung (erscheint im "Archiv für Geschichte der Philosophie").

[31] Grundlegend sind: H.J. Krämer, *Arete bei Platon und Aristoteles. Zum Wesen und zur Geschichte der platonischen Ontologie*, Heidelberg 1959, $^{2}$Amsterdam 1967 und K. Gaiser, *Platons ungeschriebene Lehre*. Studien zur systematischen und geschichtlichen Begründung der Wissenschaften in der Platonischen Schule, Stuttgart 1963, $^{2}$1968. Vgl. auch H.G. Gadamer u. W. Schadewaldt (Hrsg.), *Idee und Zahl*. Studien zur platonischen Philosophie, Heidelberg 1968; J. Wippern (Hrsg.), *Das Problem der ungeschriebenen Lehre Platons*. Beiträge zum Verständnis der Platonischen Prinzipienphilosophie (Wege der Forsch. Bd. 186), Darmstadt 1972; J.N. Findlay, *Plato. The Written and Unwritten Doctrines*, London 1974; H. Krämer, *Platone e i fondamenti della metafisica*, Mailand 1982, $^{2}$1987, $^{3}$1989; C.J. de Vogel, *Rethinking Plato and Platonism*, Leiden 1986.

Beides - die neuplatonische Berufung auf Platon und ihre Bestätigung durch den historischen Befund - zeigt sich aber nirgendwo deutlicher als in der Metaphysik des Einen. Denn während Plotin wesentliche Motive seines Denkens in anderen Themenbereichen keineswegs nur Platon verdankt - so ist vor allem der Einfluß des Aristoteles sehr groß, wie schon Porphyrios bemerkte[32] -, entwickelt er seine Theorie des absoluten Einen ganz im Anschluß an Platon und nur an ihn. Zugleich begründet die Platonische Herkunft gerade dieser Theorie die einzigartige Bedeutung Platons für Plotin, wie eine Analyse seiner kritischen Doxographie (V 1, 8 - 9) beweist.[33]

Plotin findet seine Konzeption der reinen Transzendenz des Absoluten vor allem an zwei Stellen bei Platon vorgebildet.

Im Sonnengleichnis der "Politeia" (507 B - 509 C) geht Platon über das Sein der wahrhaft seienden Ideen hinaus und setzt das Gute selbst, das den Ideen Sein und Erkennbarkeit und der Seele Erkenntnis gewährt, "noch jenseits des Seins" an (*ἔτι ἐπέκεινα τῆς οὐσίας*, 509 B 9). Damit hat Platon zum ersten Mal in der Geschichte des Denkens die Seinstranszen-

[32] Vita Plotini 14, 5 - 7. - Um den Einfluß des Aristoteles auf Plotin richtig einzuschätzen, ist allerdings zweierlei zu beachten: 1. Plotins Rezeption der Aristotelischen Berichte über Platons innerakademische Lehre ist natürlich inhaltlich Platon- und nicht Aristoteles-Rezeption. 2. Die beiden wichtigsten von Plotin rezipierten Lehrstücke des Aristoteles - die Noustheorie und die Dynamis-Energeia-Problematik - entstammen dem Kontext der Philosophie der Alten Akademie und sind in hohem (freilich im einzelnen oft schwer einzuschätzendem) Maße für diese insgesamt repräsentativ, was Parallelen bei Platon, Speusipp und Xenokrates belegen (Vgl. H.J. Krämer, *Der Ursprung der Geistmetaphysik*, bes. 127 - 191, 352 - 355, 375 ff.; ders., *Zur geschichtlichen Stellung der aristotelischen Metaphysik*, Kant-Studien 58 (1967), 313 - 354; ders., *Grundfragen der aristotelischen Theologie*, Theologie u. Philosophie 44 (1969), 363 - 382 und 481 - 505; ders., *Das Verhältnis von Platon und Aristoteles in neuer Sicht*, ZphF 26 (1972), 329 - 353). Ihre Aufnahme und Integration in den Platonismus durch Plotin entspricht darum nur Plotins Bestreben nach "authentischer" Interpretation Platons; der seit Porphyrios im Neuplatonismus herrschenden Tendenz zur Harmonisierung von Platon und Aristoteles steht Plotin dabei ganz fern (vgl. Szlezák, loc. cit., 42 - 43). Hegels Meinung, man könne Plotin ebensogut einen Neuaristoteliker nennen (Werke XIX, 438), wird darum Plotins Philosophie nicht gerecht: sie verkennt, daß ihr Charakter als Einheitsmetaphysik, die Hierarchie der Hypostasen und die absolute Transzendenz des Einen sowie der Gedanke der Entfaltung des Einen in die Vielheit genuin platonisch und in den Systemen der Alten Akademie schon vorgebildet sind.

[33] Dazu unten Teil II Kapitel I.

denz des Absoluten ausgesprochen und in der Tat das zentrale Motiv des Neuplatonismus vorweggenommen.[34]

Platon konzipiert ferner in der "Politeia" Dialektik als den alles Bedingte übersteigenden Aufstieg zum "un-bedingten (voraussetzungslosen) Urgrund" (*ἀνυπόθετος ἀρχή*, 510 B 7), über den nicht mehr hinausgegangen werden kann, sondern der als das Absolute der Ursprung der Totalität ist (*τὸ ἀνυπόθετον, ἡ τοῦ παντὸς ἀρχή*, 511 B 6 - 7); dieser absolute Ursprung ist das Gute als Seins-, Erkenntnis- und Wertprinzip (vgl. 509 B, 508 Ef., 506 A). Platon faßt also den dialektischen Aufstieg zum Absoluten bereits als Überschreiten bis zum Unüberschreitbaren. Darüber hinaus fordert er in der "Politeia" (534 B - C) ausdrücklich die dialektische Bestimmung der "Idee des Guten" durch ihre *negative* Ausgrenzung aus allem anderen (*διορίσασθαι τῷ λόγῳ ἀπὸ τῶν ἄλλων πάντων ἀφελών*, 534 B 9);[35] Platon hat damit auch das Programm der negativen Theologie schon formuliert, die dem Absoluten alle Bestimmungen abspricht, um dadurch seine absolute Transzendenz herauszustellen.

Plotin findet bei Platon aber nicht nur das *Programm* einer negativen Theologie, sondern auch dessen *Durchführung*: In der ersten Hypothesis des "Parmenides" (137 C - 142 A) spricht Platon dem Einen selbst, das einfachhin Eines und darum frei von jeder Vielheit ist (137 C - D), alle Bestimmungen in Gestalt von Gegensatzpaaren ab, zuletzt auch Sein, Einheitscharakter und Erkennbarkeit (141 E - 142 A). Wie zuerst E.R. Dodds gezeigt hat, ist dies der Ursprung der negativen Theologie Plotins, der die negativen Prädikationen des Einen oft wörtlich dem "Parmenides" entnimmt und noch häufiger auf diesen anspielt;[36] die erste Hypothesis

---

[34] Dazu H.J. Krämer, *ΕΠΕΚΕΙΝΑ ΤΗΣ ΟΥΣΙΑΣ*. Zu Platon, Politeia 509 B, AGPh 51 (1969), 1 - 30.

[35] Dazu H.J. Krämer, *Über den Zusammenhang von Prinzipienlehre und Dialektik bei Platon.* Zur Definition des Dialektikers Politeia 534 B - C, Philologus 110 (1966), 35 - 70; erneut in: *Das Problem der ungeschriebenen Lehre Platons* (WdF 186), 394 - 448. Ganz ähnlich schon Proklos, In Plat. rem publ. I 285, 5 - 286, 10 Kroll.

[36] Eine erste Zusammenstellung der Parallelen bei Plotin und in Platons "Parmenides" gab Dodds, CQ 22, 132 - 133. Die relativ vollständigste Sammlung von Parallelstellen bietet J.M. Charrue, *Plotin. Lecteur de Platon,* Paris 1978, 43 - 84. Seit Dodds Hinweis auf den "Parmenides" und auf Speusipp sind alle in der älteren Forschung vorgebrachten Spekulationen über den orientalischen, gnostischen oder indischen Ursprung der negativen Theologie Plotins obsolet. Denn während Plotins Schriften nicht einmal Spuren eines solchen Einflusses verraten und die Gnosis ganz prinzipiell bekämpfen (II 9), läßt sich die Zurückführung auf Platon und Speusipp anhand der Texte belegen.

steht (neben dem Schluß des Sonnengleichnisses) immer im Hintergrund, wenn Plotin die reine Transzendenz, Unbestimmbarkeit und Unerkennbarkeit des Einen selbst hervorhebt. Plotin identifiziert dabei das überseiende Gute des Sonnengleichnisses mit dem bestimmungslosen absoluten Einen der ersten Hypothese des "Parmenides"[37] und bezieht in seiner Platon-Exegese beide Texte so aufeinander, daß sie sich wechselseitig ergänzen und auslegen: die Negationen der ersten Hypothese entfalten das "Jenseits des Seins", weil die Seinstranszendenz des Absoluten jede positive Bestimmung strikt von ihm ausschließt.

Diese Gleichsetzung des über alle Bestimmungen hinausliegenden Einen selbst und des überseienden Guten selbst ist konstitutiv für Plotins Metaphysik des Einen; Plotin fühlt sich zu ihr als Platoniker berechtigt und verpflichtet, weil sie ausdrücklich für Platon überliefert ist. So berichtet Aristoteles, Platon habe "das Eine selbst" (*αὐτὸ τὸ ἕν*) und "das Gute selbst" (*τὸ ἀγαθὸν αὐτό*) identifiziert (Metaph. N 4, 1091 b 13 f., EE A 8, 1218 a 19 f.); und zwar bezeichne "das Eine" das "Wesen" oder das An-sich des Absoluten (Metaph. 1091 b 14 - 15), "das "Gute" aber die Beziehung des Absoluten zu seinen (ersten) Prinzipiaten - den Ideenzahlen -, die vielmehr deren Beziehung zu ihm sei, nämlich das Streben (*ἔφεσις, ὄρεξις*) der Ideenzahlen nach der absoluten Einheit des Ursprungs, der so "das Gute selbst" sei (EE 1218 a 24 - 33);[38] dies entspricht völlig der Auffassung Plotins.[39] Aristoteles berichtet darüber hinaus, für Platon sei das Eine selbst unbestimmbar, da es weder als Bestimmung von anderem ausgesagt werde noch anderes als Bestimmung von ihm (Metaph. 987 b 23, 996 a 7, 1001 a 6 ff.); das Eine selbst sei einfachhin das Eine, reine Einheit und sonst nichts, und darum nicht einmal ein Seiendes (Metaph. 1001 a 10 - 12 und 27 - 29 mit 1092 a 14 - 15). Dieses Nichtsein des absoluten Einen wird in einem bei Proklos überlieferten Bericht Speusipps

---

37 Vgl. z.B. II 9, 1, 5 - 8.

38 H.J. Krämer, *Ursprung der Geistmetaphysik*, 44, 185, 206 f. Anm. 38, 327, 408 bezog die Angabe über das Streben der Ideenzahlen nach dem Einen auf Xenokrates. Indes gibt es keinen Grund, sie nicht auf Platon zu beziehen, zumal die vorangehenden Argumente des Kapitels (EE A 8) eindeutig gegen Platon gerichtet sind und ein neuer Gegner nicht genannt wird. Vgl. K. Gaiser, *Das zweifache Telos bei Aristoteles*, in: *Naturphilosophie bei Aristoteles und Theophrast* (Akten des 4. Symp. Arist.), 1969, 101 Anm. 13; H. Happ, *Hyle. Studien zum aristotelischen Materiebegriff*, Berlin 1971, 172 Anm. 492, 255 Anm. 884, und vor allem J. Brunschwig, *EE I 8, 1218 a 15 - 32 et le Περὶ τἀγαθοῦ, in: Untersuchungen zur Eudemischen Ethik* (Akten des 5. Symp. Arist.), 1971, 197 - 222. Zustimmend auch Szlezák, *Platon und Aristoteles in der Nuslehre Plotins*, 88 mit Anm. 273.

39 Vgl. Plotin, VI 9, 6, 39 - 43; VI 7, 41, 28 - 29; I 8, 2, 2 - 4; I 7, 1, 7 - 10. 13 - 15.

über Platons Prinzipienlehre[40] ausdrücklich als Seinstranszendenz des Prinzips im Sinne von "Politeia" 509 B präzisiert: "Le unum enim melius ente ( = κρεῖττον τοῦ ὄντος)[41] putantes et a quo le ens."

Für Platon war nach den Berichten über die Prinzipientheorie das überseiende und bestimmungslose Eine selbst das Prinzip der Ideen und Ideenzahlen, und zwar gleichermaßen ihr Seins-, Erkenntnis- und Wertprinzip.[42] Das Eine erweist sich damit als das in der "Politeia" zurückgehaltene Wesen des Guten (506 D - E, vgl. 509 C), in dem die verschiedenen Begründungsfunktionen des Agathon einheitlich gründen;[43] denn als Prinzip jeder Einheit verleiht das Eine selbst den Ideen - und durch sie allem Seienden - mit dem Einheitscharakter zugleich Sein und Wesen (509 B), Erkennbarkeit (508 E f.) und Arete (506 A) sowie der Seele die vereinigende Kraft des Nous und ermöglicht ferner die Einheit von Idee und Nous im aktualen Wissen (508 E - 509 A, vgl. dazu "Theaitet" 184 D); das Eine ist so als letzter Einheitsgrund wirklich das ἀνυπόθετον, die ἀρχὴ τοῦ παντός (vgl. 511 B). Auch die Seinstranszendenz des Agathon (509 B) und die Forderung nach seiner negativen Ausgrenzung aus allen anderen Bestimmungen (534 B - C) finden einzig an dem absolut Einen sachlichen Anhalt; wie die erste Hypothesis des "Parmenides" zeigt, liegt

---

[40] Proklos, In Parm. VII 40,1 = Speusipp Fr. 62 Isnardi Parente / 48 Tarán = Test. Plat. 50 Gaiser. - Dazu Gaisers Kommentar, *P. U. L.*, 531; Burkert, *Weisheit u. Wissenschaft*, 19 mit Anm. 33, 56 f.; Krämer, *Urspr. d. Geistmet.*, 54, 209 Anm. 46, 356, 359 und vor allem *ΕΠΕΚΕΙΝΑ*, AGPh 51, 4 f. und 11 ff. -

Neuerdings hat L. Tarán, *Speusippus of Athens*, Leiden 1981, 352 - 356 die Echtheit des Fragments und seinen Zeugniswert für Platon mit unzureichenden Gründen verdächtigt. Taráns Bedenken weisen mit Recht zurück M. Isnardi Parente, *Speusippo in Proclo*, Elenchos 5 (1984), 293 - 310; H. Schmitz, *Die Ideenlehre des Aristoteles* Bd. 1.2, Bonn 1985, 136 - 138; J.M. Dillon, *Proclus' Commentary on Plato's Parmenides*, Princeton 1987, 485 - 486.

[41] Regräzisiert nach Krämer, AGPh 64 (1982), 79. Vgl. ders., *Die Ältere Akademie*, in: *Überwegs Grundriß der Geschichte der Philosophie. Philosphie der Antike* Bd. 3, Basel / Stuttgart 1983, 32.

[42] Das Eine Seinsprinzip: Arist. Met. A 6 987 b 21, 988 a 11; Alexander, In metaph. 56, 30 f. H.; Sextus Emp., Adv. Math. X 260 f., 277; Speusipp bei Proklos, In Parm. VII 40, 1 ff = 501, 62 ff. Steel. - Das Eine Erkenntnisprinzip: Arist. Met. 1016 b 20 f.; De an. 404 b 22. - Das Eine Wertprinzip: Arist. Met. A 6 988 a 14 f.; Sextus Emp., Adv. Math. X 264, 266 f., 268 zu 272, 275; Div. Arist. §§ 68 und 23 Cod. Marc., § 27 Diogenes Laertios; Hermodor bei Simplikios, In phys. 248, 2 ff. D.

[43] Dazu Krämer, *Arete bei Platon und Aristoteles*, spez. 473 - 476, 135 ff.; ferner ders., Philologus 110, 35 - 70 und AGPh 51, 1 - 30. Siehe auch unten Teil II Kap. II §§ 3 - 5.

das Eine selbst jenseits aller Bestimmungen und diese absolute Transzendenz bedeutet auch dort wesentlich seine Transzendenz über das Sein (οὐσία) als den Inbegriff reiner Bestimmtheit (vgl. 141 E); der schon zitierte Bericht Speusipps bestätigt dies ausdrücklich.[44]

Plotin stützt sich also für die Gleichsetzung des Einen selbst und des Guten selbst auf die indirekte Überlieferung über Platons innerakademische Philosophie, die auch seine Anknüpfung der ersten Hypothese des "Parmenides" an das Sonnengleichnis sichert. Auf dieser Grundlage verbindet er dann auch die Begründungsfunktion des Agathon mit der Dialektik des Einen und des Vielen im "Parmenides". Plotin hebt neben der ersten Hypothese drei weitere Stellen als systematisch zentral heraus. (1) Der Beginn der zweiten Hypothese zeigt mit der Komplementarität von Einheit und Sein im seienden Einen, daß alles, was seiend ist, notwendig auch Eines ist (vgl. 142 B - 143 A, 144 C - E). (2) In der letzten Hypothese wird dies ex negativo bestätigt und präzisiert: Was keinen Einheitscharakter hat, das ist weder Eines noch Vieles (165 E) und kann darum überhaupt keine Bestimmungen haben (vgl. 166 A - B), ist somit schlechthin nichtig (vgl. 166 C 1). Plotin entnimmt dieser Stelle, daß Vielheit überhaupt nur als geeinte und d.h. als durch Einheit bestimmte und begrenzte Vielheit sein kann und weiter, daß die vielen Seienden ihr Sein ihrem Einheitscharakter verdanken, daß also das Eine der Grund des Seins ist. Wenn Platon nämlich die Dialektik des Einen und Vielen im "Parmenides" dahin zusammenfaßt, daß ohne das Eine überhaupt nichts ist (166 C 1), so besagt das positiv, daß alles Seiende durch das Eine seiend ist (Plotin, VI 9, 1, 1).

(3) Wie das Eine aber das Sein und zugleich Erkennbarkeit und Arete begründet, das entnimmt Plotin der dritten - in seiner Zählung: der vierten - Hypothese (157 C 1 - 158 D 8): Das von dem Einen Verschiedene - das "Andere" (τἆλλα) - hat in bestimmter Weise an dem Einen teil (μετέχει πῄ, 157 C 2, vgl. E 3, 6 f., 158 A 3, B 1) und ist dadurch selber Eines. Es ist jedoch eine Einheit aus Vielem, die Teile aufweist (157 C 6: ἓν ἐκ πολλῶν, C 3: μόρια), und darum nicht mehr reine oder absolute Einheit (παντελῶς ἕν, C 4) wie das überseiende Eine selbst in der ersten Hypothese, sondern es hat an diesem nur in Andersheit teil (158 A 3 - 6, vgl. 157 C 1 - 4). Diese Teilhabe impliziert gleichermaßen den Einheitscharakter des teilhabenden Prinzipiats wie seine Verschiedenheit von dem Prinzip, also die Transzendenz des Einen selbst. Das "Andere" ist darum im emphatischen Sinne Ganzheit und in sich geeinte Gestalt

[44] Speusipp bei Proklos, In Parm. VII 40, Z. 1 mit 2 - 4, = 501, 62 f. mit 64 - 66 Steel.

(Idee!) und hat als solche den Charakter einer aus der Totalität ihrer Momente zur Vollständigkeit gelangten Einheit: *μία τις ἰδέα καὶ ἕν τι ὃ καλοῦμεν ὅλον, ἐξ ἁπάντων ἓν τέλειον γεγονός* (vgl. 157 D 8 f.). Dieses *ἓν ὅλον τέλειον μόρια ἔχον* (E 4) ist eine in doppelter Weise abkünftige Einheit, da es sowohl in seiner Ganzheit als auch in jedem seiner Teile an dem überseienden Einen teilhaben muß (158 A 6 f: *μετέχειν δέ γε τοῦ ἑνὸς ἀνάγκῃ τῷ τε ὅλῳ καὶ τῷ μορίῳ*); denn um Sein und Bestimmtheit haben zu können, muß das Ganze und gleichermaßen jeder der Teile Einheitscharakter haben, ohne selbst absolute Einheit zu sein (vgl. 157 E 2 - 158 B 4). Die *ἑτέρα φύσις* aber, die durch die Teilhabe an dem Einen zur Seiendheit erhoben wird, ist an sich selbst ein Prinzip unbegrenzter Vielheit; sie verfällt als solche dem Nichtsein, da die Vielheit durch unaufhörliche Teilung ins Unbegrenzte fortschreitet, wenn nicht das Eine eine Einheit als Grenze setzt (vgl. 158 C 2 - 7). Es unterliegt keinem Zweifel, daß dies die "unbestimmte Zweiheit" (*ἀόριστος δυάς*) der *ἄγραφα δόγματα* ist, deren Begrenzung durch das Eine die dritte Hypothese in Übereinstimmung mit den Berichten über die Prinzipienlehre beschreibt.[45] Indem die Mächtigkeit des Einen in der unbestimmten Zweiheit eine Einheit als Grenze setzt, konstituiert sie die Ordnungsstruktur der Ganzheit, in der kraft ihres Einheitscharakters die Teile gegeneinander und gegen das Ganze und das Ganze gegen die Teile begrenzt und bestimmt sind (158 C 7 - D 2). Das so konstituierte Ganze hat als Bestimmungstotalität aber die bestimmende Grenze *in* sich selbst und ist darum zugleich unendlich (vgl. D 3 - 8). - Daß Platon hier die Konstitution des reinen Seins der Ideen (*μία τις ἰδέα, ἕν τι ὅλον* !) durch das Zusammenwirken des Einen und der unbestimmten Zweiheit beschreibt, ist wohl unverkennbar;[46] die Konstitution des Ideenkosmos, der durch Ordnung, Proportion und wechselseitige Bestimmung der Glieder und des Ganzen ausgezeichnet ist, aus den Prinzipien erscheint dabei als die Bestimmung des Unbestimmten durch das Unbestimmbare, der unbegrenzten Zweiheit durch das absolute Eine. - Diese Stelle, die mit der weitgehenden Enthüllung eines wesentlichen Aspekts der Prinzipienlehre im Schriftwerk singulär ist, war für die Neuplatoniker zentral: Plotin bezieht sich stets auf sie, wenn er die Defizienz des Vielen und seine seinsmäßige Abhängigkeit von dem absolut Einen darlegt (vgl. unten Teil

[45] Vgl. z.B. die Referate bei Arist. Met. A 8 989 b 18, M 7 1081 a 25, 1083 b 23 f., N 4 1091 a 25; Alexander, In metaph. 56, 19 f., 26 ff. H.; Simplikios, In phys. 454, 14; 455, 6 f. D. (nach Porphyrios und Alexander); Sextus Emp., Adv. Math. X 277. Vgl. ferner Speusipp bei Jamblich, De comm. math. sc. IV p. 16, 17 f. Festa sowie Xenokrates Fr. 68 Heinze.

[46] Vgl. Krämer, *Arete bei Platon und Aristoteles*, 137 ff., 333 Anm. 170, 430, 517 f. und passim.

I, Kap. II §§ 2 - 3) und Proklos entnimmt aus ihr die fünf ersten Axiome seiner "Elementarmetaphysik".[47] -

Plotin berücksichtigt bei seiner Beschreibung der Konstitution der Nous-Hypostase, die er mit dem Ideenkosmos gleichsetzt, neben den Grundtexten aus "Politeia" und "Parmenides" stets auch die innerakademischen Berichte über die "Begrenzung" der Zweiheit durch die einheitsstiftende Macht des Einen;[48] direkte und indirekte Platonüberlieferung werden dabei von Plotin in seiner Auslegung wechselseitig durcheinander komplettiert. - Selbst der dialektische Dreischritt von *μονή* - *πρόοδος* - *ἐπιστροφή*, der so überaus charakteristisch für die neuplatonische Konzeption des Verhältnisses von Grund und Begründetem ist, läßt sich der Sache nach bereits in der Prinzipienlehre der Alten Akademie nachweisen: Der Begriff des *Hervorgangs* (*πρόοδος*, *προελθεῖν*) der Wirklichkeit aus dem Einen ist zwar nicht für Platon, wohl aber für Speusipp bezeugt;[49] Plotin erläutert ihn durch die Metapher der Emanation, die an das Sonnengleichnis und den "Phaidros" anknüpft,[50] während der von ihm

---

[47] Proklos, Elementatio theologica, prop. 1 - 5; S. 2 - 7 Dodds. Dazu Dodds Kommentar S. 187 - 193.

[48] Vgl. die eingehende historische Analyse der einschlägigen Plotin-Passagen bei Szlezák, *Platon und Aristoteles in der Nuslehre Plotins*, 54 - 110 mit Zusammenfassung 110 - 119. (Dort auch eingehend zur Forschung bis 1979).

[49] Arist. Met. N 4 1091 a 35 = Speusipp Fr. 34 f Lang / 58 Isnardi P. / 44 Tarán: *προελθούσης τῆς τῶν ὄντων φύσεως* und Speusipp bei Jamblich, De comm. math. sc. IV p. 16, 12 Festa: *προιούσης γὰρ πορρωτέρω ἀπὸ τῶν ἐν ἀρχῇ τῆς φύσεως*. - Der neuplatonische Begriff der *πρόοδος* hat hier seinen Ursprung.

[50] Politeia 508 B 6 - 7: (*τὸ ὄμμα*) *τὴν δύναμιν ἣν ἔχει ἐκ τούτου* (sc. *τοῦ ἡλιοῦ*) *ταμιευομένην ὥσπερ ἐπίρρυτον κέκτηται*. Phaidros 245 C 9: *πηγὴ καὶ ἀρχή*. - Zur Herkunft der Emanationsmetaphorik bei Plotin vgl. auch Szlezák, *Platon u. Aristoteles in der Nuslehre Plotins*, 112 mit Anm. 340 und 341, der auf beide Stellen aufmerksam macht. Die Beziehung der Emanationsvorstellung auf die zitierte Stelle des Sonnengleichnisses zeige sich auch Corp. Herm. 16, 6: *πόθεν δὲ αὔτη* (sc. *ἡ νοητὴ οὐσία*) . . . *ἐπιρρεῖ*. Plotin übertrage das Wort Phaidr. 245 C 9 von der Seele auf das Eine (VI 9, 11, 31; VI 6, 9, 39 f.; VI 7, 23, 21 usw.) und nenne die Emanation *οἷον ῥοὴ ἐκ μιᾶς πηγῆς* (VI 7, 12, 24). - Dagegen seien die übrigen in der Forschung diskutierten "Vorlagen" wenig überzeugend: So zeige der von Krämer, *Urspr. d. Geistmet.*, 320 ff. mit Anm. 477 - 481 herangezogene Hervorgang der Zweiheit aus der Einheit in der neupythagoreischen Zahlenspekulation "eine gewisse sachliche Berührung mit Plotins Hypostasenkonstruktion, es scheint aber gerade die Metaphorik des Ausfließens zu fehlen" (Szlezák, loc. cit., Anm. 340). Und von stoischen, gnostischen und altchristlichen Vorstellungen des Ausfließens gilt:

im gleichen Sinne gebrauchte Sperma-Vergleich ebenfalls von Speusipp stammt.[51] Beim Hervorgang der Wirklichkeit *bleibt der Ursprung unverändert und unvermindert in sich* (*μονή*) und ist so dem Entsprungenen transzendent: dies gehört nicht nur zu den Implikationen des Sonnengleichnisses, sondern wird von Platon verschiedentlich auch direkt ausgesprochen (so vor allem Symp. 211 B 2 - 5, Phaidr. 245 D 1 - 6, Tim. 37 D 6, 42 E 5 - 6).[52] Der eigentliche Konstitutionsakt ist für Plotin aber die *Hinwendung* der entsprungenen Wirklichkeit zum Ursprung (*ἐπιστροφή*),[53] durch welche sie allererst Einheitscharakter und damit Bestimmtheit empfängt;[54] diese konstitutive Zuwendung der Prinzipiate zum Urgrund, dem Einen selbst, durch die sich ihr Einheitscharakter vermittelt, ist aber für Platon durch ein Referat des Aristoteles ausdrücklich überliefert (EE 1218 a 24 ff.) und liegt der Sache nach auch in der dritten Hypothese des "Parmenides" (157 C ff.) vor, die zu dem Aristotelischen Zeugnis in einem Verhältnis wechselseitiger Bestätigung und Ergänzung steht. Das Streben der Ideenzahlen zum absolut Einen und ebenso das auf die absolute Einheit des Ursprungs gerichtete Umgriffensein der einzelnen Ideen in dem Ideenganzen, das sich in der Vollständigkeit seiner Glieder selbst gegenwärtig ist und darin seine Einheit hat (Parm. 157 D 8 ff.), setzen ferner voraus, daß den Ideen Leben und Denken zukommen, und indizieren damit den Nous-Charakter des Ideenkosmos, den Platon auch ausgesprochen hat (Soph. 248 E ff., vgl. Tim. 30 C ff., 39 E) , den ferner auch Aristoteles Platon zuschreibt (De an. 404 b 16 - 27) und der ebenfalls für Xenokrates sicher bezeugt ist (Fr. 15, 16 Heinze).[55] - Überblickt man die

---

"Einen 'entscheidenden' Einfluß auf Plotin aus einer dieser Richtungen kann man schwerlich geltend machen" (Szlezák, ebd.).

[51] Fr. 34 a und e Lang = Arist. Met. XII 7 1072 b 30 ff., N 5 1092 a 11 ff.: Speusipp vergleicht den negativ bestimmten Urgrund, das Eine selbst, im Verhältnis zur aus ihm hervorgegangenen Wirklichkeit mit dem Sperma der Lebewesen, das als unentfaltete Dynamis das aus ihm entfaltete Wesen "noch" nicht ist. Plotin nimmt dies IV 8, 6, 7 ff. unverändert auf. Vgl. dazu Krämer, *Urspr. d. Geistmet.*, 351 - 356.

[52] Für Speusipp ergibt sich das Gleiche aus der erklärten Negativität des Ursprungs gegenüber seinen Prinzipiaten, Fr. 34 e Lang / 57 Isnardi P. / 43 Tarán = Arist. Met. 1092 a 14 f.; Fr. 72 Isnardi P. = Jamblich, De comm. math. sc. IV p. 15, 9 f., 16, 10 ff. Die darin liegende Vorstellung des Gebens ohne Minderung des Gebers begegnet in der platonischen Tradition schon vor Plotin, z.B. bei Numenios Fr. 14 des Places.

[53] Auch sie kommt schon vor Plotin bei Albinos, Didaskalikos 165,2 H. vor.

[54] Dazu unten Teil I Kap. III § 3.

[55] Dazu Krämer, *Urspr. d. Geistmet.*, durchgehend, bes. 35 - 45, 56 - 60, 91, 121, 123 - 126, 377, 408 (Xenokrates); 193 - 203, 206 f., 217 f., 407 f. (Platon); 127, 190 f., 218, 376 mit Anm. 14, 413, 424 (Alte Akademie insgesamt).

Zeugnisse der Dialoge und der innerakademischen Berichte im Zusammenhang, so erlauben sie durchaus den Schluß, "daß der spezifische Zusammenhang zwischen ἕν und νοῦς schon in der Älteren Akademie, zumal bei Platon und Speusipp, thematisiert war, und daß darum in diesem Punkt zwischen Älterem und Neuerem Platonismus keine prinzipiellen Differenzen unterlaufen."[56] -

Es leuchtet nach dem Gesagten wohl ein, daß man "vom neuplatonischen Charakter der Platonischen und vom Platonischen Charakter der neuplatonischen Philosophie" gesprochen hat[57], um ihr Verhältnis zu charakterisieren, wie es sich nach der Wiedergewinnung der esoterischen Lehre Platons heute darstellt.

Die strikte Trennung von neuplatonischer und (vermeintlich) genuinplatonischer Philosophie entstammt dem 19. Jh. und setzt forschungsgeschichtlich den Bruch mit der neuplatonischen, die Prinzipienlehre einbeziehenden und die Dialoge auf ihrem Hintergrund verstehenden Tradition der Platonauslegung voraus, den Schleiermacher und Schlegel vollzogen; das von ihnen begründete "romantische" Platonbild[58] aber ist mit seiner Ausblendung der esoterischen Dimension des Platonischen Philosophierens, seiner Mystifizierung des Literaturdialogs (auf den Platons Schriftkritik nicht zutreffen soll)[59] und nicht zuletzt mit seiner Überbewertung des Entwicklungsgedankens historisch nicht unproblematisch. Die Auffassung, Platon habe seine Philosophie in den Dialogen vollständig dargelegt[60] und darum sei an der Chronologie der Dialoge die Entwicklung

---

[56] Krämer, *Urspr. d. Geistmet.*, 368 Anm. 640.

[57] C.J. de Vogel, Mind 62, 43 ff.

[58] Zur Genese des romantischen Platonbildes und zu seiner Kritik vgl. H. Krämer, *Platone e i fondamenti della metafisica* (1982), 31 - 149; ders., *Fichte, Schlegel und der Infinitismus in der Platondeutung*, Dt. Vierteljahresschr. 62 (1988), 583 - 621.

[59] Die entgegengesetzte Auffassung, daß nämlich die ganz prinzipiell gemeinte Kritik an der Schriftlichkeit, die Platon im VII. Brief übt, seine eigenen Dialoge miteinbezieht, begründete zuletzt eingehend Th. A. Szlezák, *Platon und die Schriftlichkeit der Philosophie*. Interpretationen zu den frühen und mittleren Dialogen, Berlin / New York 1985, spez. 376 - 405. Vgl. auch Szlezáks Kritik an der modernen Theorie der Dialogform, welche die Dialoge von der Schriftkritik ausnehmen möchte, ebd. 331 - 375. Dazu auch ders., *Platons "undemokratische" Gespräche*, Perspektiven der Philosophie 13 (1987), 347 - 368.

[60] In Zuspitzung der Position Schleiermachers vertrat dies bekanntlich vor allem H. Cherniss, *Aristotle's Criticism of Plato and the Academy*, Baltimore 1944 (ND. 1946, 1962); ders., *The Riddle of the Early Academy*, Berkeley / Los Angeles 1945 (ND. 1962; dt. Heidelberg 1966).

seines Denkens ohne weiteres ablesbar, steht jedenfalls im Widerspruch sowohl zu Platons dezidierter Schriftkritik im "Phaidros" und im VII. Brief[61] als auch zu dem einhelligen Zeugnis der Schüler Platons, "daß eine nur mündlich erörterte Theorie der Prinzipien den systematischen Kern der Platonischen Philosophie gebildet hat."[62]

---

[61] Dazu zuletzt Th. A. Szlezák, *Platon und die Schriftlichkeit der Philosophie* (1985), 7 - 23 (zum "Phaidros"), 386 - 405 (zum VII. Brief); ferner ders., *Dialogform und Esoterik.* Zur Deutung des platonischen Dialogs "Phaidros", Mus. Helv. 35 (1978), 18 - 32. Vgl. auch H.J. Krämer, *Arete bei Platon und Aristoteles* (1959), 22 ff.; ders., *Retraktationen zum Problem des esoterischen Platon*, Mus. Helv. 21 (1964), 137 - 167, spez. 143 ff., 148 ff.; ders., *Die grundsätzlichen Fragen der indirekten Platonüberlieferung*, in: *Idee und Zahl*, (1968), 106 - 150, spez. 115 ff., 124 ff. - Eine wichtige zusätzliche Bestätigung und Ergänzung erfahren die Selbstzeugnisse Platons im "Phaidros" und im VII. Brief durch das jüngst von K. Gaiser in Philodems Platonvita identifizierte Zeugnis des Aristotelesschülers Dikaiarch, dem zufolge die Platonischen Dialoge wesentlich protreptisch - hinführende Funktion haben. Vgl. K. Gaiser, *Philodems Academica.* Die Berichte über Platon und die Alte Akademie in zwei herkulanensischen Papyri (*Supplementum Platonicum* Bd. 1), Stuttgart / Bad Cannstatt 1988, 144 ff. mit Gaisers Kommentar 307 - 366. Vgl. zum protreptischen Charakter der Dialoge schon Gaiser, *Protreptik und Paränese bei Platon.* Untersuchungen zur Form des platonischen Dialogs, Stuttgart 1959.

[62] K. Gaiser, *Platons esoterische Lehre*, in: *Mystik und Gnosis in der Geschichte der Philosophie*, hrsg. von P. Koslowski, Zürich / München 1988, 19. - Der Versuch von H. Cherniss, den Zeugniswert der Berichte über die "ungeschriebene Lehre" grundsätzlich zu bestreiten (s.o. Anm. 60), kann seit C.J. de Vogel, *Problems concerning later Platonism*, Mnemosyne IV 2 (1949), 197 - 216, 299 - 318 und vor allem seit H.J. Krämer, *Arete bei Platon und Aristoteles* (1959), 380 - 454 wohl als widerlegt angesehen werden: "Die Hypothesen, mittels deren Cherniss die aristotelischen Berichte auf Mißdeutungen der platonischen Dialoge zurückzuführen versucht, sind haltlos, weil sie sich über gut verbürgte Zeugnisse aus den *λόγοι περὶ τἀγαθοῦ* Platons hinwegsetzten (Aristoxenos, Alexander, Sextus) und überdies die Dialoge selbst in entscheidenden Partien ('Politeia' VI, 'Parmenides') ignorieren. Wir haben ... keinen Anlaß, die in sich selbst völlig stimmigen Berichte des Aristoteles auch nur im geringsten zu verdächtigen" (Krämer, loc. cit., 429). Darüber hinaus sind die Berichte von Speusipp und Hermodor mit Sicherheit und wahrscheinlich auch die von Sextus Empiricus und Theophrast (der Platon noch selbst hörte) von Aristoteles unabhängig, was Cherniss nicht berücksichtigt. Ferner ist auch die Quellenlage, von der Cherniss 1944/45 ausging, inzwischen überholt: Das wichtige Zeugnis Speusipps über Platons Prinzipienlehre (Test. Plat. 50 Gaiser) wurde erst 1953 von R. Klibansky publiziert (Plato Latinus III) und der umfangreiche Speusipp-Auszug bei Jamblich, De comm. math. sc. IV wurde im selben Jahr von Ph. Merlan identifiziert (*From Platonism to Neoplatonism*, 86 - 118 = $^{2}$Aufl., 96 - 140). Diese beiden Speusipp-Fragmente beweisen unwiderlegbar, daß die Alte Akademie die Theorie des überseienden und unbestimmbaren Einen konzipiert hat. -

Diese Prinzipientheorie zu rekonstruieren, ihre grundlegende Bedeutung für das Platonische Denken als ganzes herauszuarbeiten und sie für ein vertieftes Verständnis der Platonischen Dialoge fruchtbar zu machen, war eine vordringliche Aufgabe der philosophiehistorischen Forschung, die vor allem durch Léon Robin, Julius Stenzel, Heinrich Gomperz, Sir David Ross, Philip Merlan, Paul Wilpert, Cornelia J. de Vogel, Hans Joachim Krämer und Konrad Gaiser erfüllt wurde.[63] Dabei gelang Krämer und Gaiser ein wesentlicher Fortschritt über die ältere Forschung hinaus: Sie verbanden die innerakademische Prinzipienlehre mit den Dialogen, die an zahlreichen Stellen deutlich über sich hinausweisen[64] und immer wieder eine als Ganzes esoterisch gehaltene systematische Konzeption andeuten und in Einzelheiten auch enthüllen, und kamen so zu einer neuen Gesamtinterpretation Platons, die das seit Schleiermacher herrschende Platonbild - das freilich immer noch zahlreiche Anhänger hat - umstürzte. Krämer widerlegte auch das Vorurteil, die Prinzipienlehre repräsentiere lediglich die entwicklungsgeschichtlich späteste Phase Platons "nach den Dialogen", und wies nach, daß die Theorie vom absoluten Einen und der unbestimmten Zweiheit spätestens seit der Abfassungszeit der "Politeia" als konstante Grundlehre im Hintergrund der publizierten Dialoge steht und darum den Schlüssel zu ihrem Verständnis bildet.[65] Über eine

---

Umstritten ist seither erneut einerseits in philologischer Hinsicht die Zuverlässigkeit der Zeugnisse und andererseits die philosophische Relevanz der aus ihnen rekonstruierten Prinzipienlehre: so vertreten u.a. G. Vlastos, M. Isnardi Parente, E.N. Tigerstedt und W.K.C. Guthrie eine ähnlich skeptische Einstellung zur indirekten Platon-Überlieferung wie Cherniss, während W. Wieland, G. Patzig, J. Mittelstraß u.a. einwenden, das bei der Rekonstruktion der esoterischen Lehre Zutagegetretende sei philosophisch unbedeutend und gemessen am Reflexionsniveau der Dialoge trivial.

[63] Einen guten forschungsgeschichtlichen Überblick vermitteln: K. Oehler, *Der entmythologisierte Platon.* Zur Lage der Platonforschung, ZphF 19 (1965), 393 - 420; J. Wippern (Hrsg.), *Das Problem der ungeschriebenen Lehre Platons* (WdF 186, 1972); H.J. Krämer, *La nuova immagine di Platone*, Neapel 1986; M.D. Richard, *L'enseignement oral de Platon.* Une nouvelle interprétation du Platonisme, Paris 1986, bes. 16 - 48; C.J. de Vogel, *Rethinking Plato and Platonism* (1986), bes. 3 - 56.

[64] Die wichtigsten dieser "Verschweigungsstellen", an denen die Dialoge - fast durchweg auf dem Höhepunkt des Gesprächs - über sich hinausweisen, hat Krämer, *Arete bei Platon u. Aristoteles*, 389 ff. zusammengestellt und ausgewertet. Vgl. auch G. Reale, *Per una nuova interpretazione di Platone.* Rilettura della metafisica dei grandi dialoghi alle luce delle "Dottrine non scritte", Mailand 1984 ($^5$1987) und für die frühen und mittleren Dialoge Th. A. Szlezák, *Platon und die Schriftlichkeit der Philosophie* (1985).

[65] Das Gegenprinzip der unbestimmten Zweiheit tritt literarisch allerdings erst vom "Parmenides" und "Theaitet" an hervor und wird nur in jenem andeutungsweise enthüllt

Entwicklung der esoterischen Philosophie Platons wissen wir - bis auf eine einzige Angabe bei Aristoteles[66] - gar nichts. Mit der Annahme einer esoterischen Sonderlehre als Hintergrund mindestens der mittleren und späteren Dialoge aber muß auch die seit K.F. Hermann in der Platonforschung allzu dominierende genetische Betrachtungsweise für den reifen Platon relativiert werden:[67] Die Abfolge der Dialoge vom "Phaidon" bis zum "Timaios" und "Philebos" kann dann von der ungeschriebenen Lehre her als fortschreitende Enthüllung der metaphysischen Grundlehren gelesen werden, die freilich den übergreifenden systematischen Zusammenhang nur andeutet und das Letzte - die Prinzipien selbst - verhüllt läßt (die einzige Ausnahme bildet der dialektische Teil des "Parmenides", wenn man ihn metaphysisch deutet, vgl. Teil II, Kap. III).

Es ist dann aber wieder möglich und nötig, die einzelnen Dialoge nicht nur je in sich, sondern systematisch komplettierend durch Angaben anderer Dialoge und der indirekten Überlieferung auszulegen und Schlüsselstellen wie z.B. das Sonnengleichnis aus dem übergreifenden systematischen Zusammenhang heraus zu interpretieren. Durch eine solche die Schriften und die *ἄγραφα δόγματα* im Durchgang durch einander verstehende Deutung werden die Dialoge auf das hinter ihnen stehende esoterische System hin durchsichtig und umgekehrt die Schemata der doxographischen Berichte von den Dialogen her inhaltlich erfüllt, verlebendigt

---

(vgl. 142 E f., 158 C f., 159 C ff.). Dagegen steht das Eine im Hintergrund nicht nur der "Politeia", sondern auch schon des "Symposion", "Lysis" und "Menon". Vgl. die Nachweise bei Krämer, *Arete bei Platon u. Aristoteles*, 134 ff., 473 ff., 493 ff., 499 ff.; K. Gaiser, *Platons Menon und die Akademie*, AGPh 46 (1964), 241 - 292.

[66] Arist. Met. M 4 (1078 b 9 - 12) grenzt die Konzeption der Ideenzahlen von einer früheren Phase der Ideenlehre ab. Die hier bezeugte Umformung der Ideenlehre durch Platon läßt sich allerdings chronologisch nicht festlegen. Jedenfalls ist die Lehre von den Ideenzahlen mit Sicherheit schon in der "Politeia" (476 A 4 - 7 mit Sextus Emp. X 258, 500 C, vgl. 523 E - 526 A) und wahrscheinlich auch im "Phaidon" (96 D - 97 B mit 101 A - C) angedeutet. Vgl. auch J. Stenzel, RE *Speusippos* (1929), Sp. 1659 sowie G. Reale, *Per una nuova interpretazione di Platone*, 321 ff.

[67] Krämer, *Arete bei Platon und Aristoteles*, 533 resumierte: "Der Entwicklungsbegriff ist bei Platon vorläufig durch den der Konvergenz zwischen Esoterischem und Exoterischem zu ersetzen. Ehe nicht die Art und Weise, wie mündliche Lehre und Schriftwerk Platons allmählich konvergieren, erfragt und im einzelnen näher bestimmt ist, kann von einer sinnvollen Problematik der philosophischen Entwicklung schlechterdings nicht die Rede sein".

und im einzelnen verifiziert.[68] Eine solche das Schriftwerk und die ungeschriebene Lehre wechselseitig ergänzende Auslegung der Platonischen Dialoge unternahmen zunächst Krämer und Gaiser selbst,[69] dann auch E.A. Wyller, C.J. de Vogel, J.N. Findlay, C.F. von Weizsäcker, G. Reale, Th. A. Szlezák und V. Hösle;[70] sie wurde - besonders für die späteren Schriften- auch von der älteren Forschung schon geübt, so von L. Robin, J. Stenzel, M. Wundt, W.F.R. Hardie, P. Wilpert u.a.[71] - In diesem

---

[68] Programmatisch Gaiser, *P.U.L.*, 586 f. (Nachw. zur 2. Aufl. 1968): "Die geläufige Ansicht, die platonischen Dialoge seien prinzipiell aus sich heraus verständlich, ist historisch gesehen einfach irreal, weil sich die Aussagen der Berichte über Platons mündliche Lehre bruchlos dem einfügen, was die Dialoge andeutend offenlassen. Richtig ist jedoch, daß das Schriftwerk für unser Verständnis der platonischen Philosophie von unersetzlicher und in gewisser Weise vorrangiger Bedeutung ist. Die Dialoge und die ungeschriebene Lehre der indirekten Überlieferung können sich, richtig verstanden, wechselseitig erhellen . . . Durch die literarischen Werke Platons mit ihrem ganzen Reichtum an Problemen und Beobachtungen erhält das 'Skelett' der systematischen Prinzipienlehre überhaupt erst seine lebensvolle Gestalt. Die Dialoge zeigen uns, wie die Strukturformeln der Prinzipienlehre arbeiten, was diese Axiome leisten für die Erklärung der menschlichen Welt . . . Andererseits bleibt es dabei, daß das Schriftwerk insofern hinter der mündlichen Lehre zurücksteht, als die Prinzipien literarisch nie direkt und explizit, nie in geschlossenem Aufstieg und Abstieg erörtert, sondern immer nur andeutungsweise erwähnt werden".

[69] H.J. Krämer, *Arete bei Platon und Aristoteles* (1959); ders., *Über den Zusammenhang von Prinzipienlehre und Dialektik bei Platon*, Philologus 110 (1966), 35 - 70; ders., *Das Problem der Philosophenherrschaft bei Platon*, Philos. Jb. 74 (1967), 254 - 270; ders., *ΕΠΕΚΕΙΝΑ ΤΗΣ ΟΥΣΙΑΣ*, AGPh 51 (1969), 1 - 30; K. Gaiser, *Platons ungeschriebene Lehre* (1963); ders., *Platons Menon und die Akademie*, AGPh 46 (1964), 241 - 292; ders., *Platons Zusammenschau der mathematischen Wissenschaften*, Antike u. Abendland 32 (1986), 89 - 124.

[70] E.A. Wyller, *Platons Parmenides in seinem Zusammenhang mit Symposion und Politeia*, Oslo 1960; ders., *Der späte Platon* (Tübinger Vorl. 1965), Hamburg 1970; C.J. de Vogel, *Encore une fois: Le Bien dans la République de Platon*, in: *Zetesis* (Fs. E. de Strycker, 1973), 40 - 56; dies., *Rethinking Plato and Platonism* (1986), 159 - 212; J.N. Findlay, *Plato. The Written and Unwritten Doctrines* (1974); C.F. von Weizsäcker, *Die Einheit der Natur*, München 1971, 441 - 491; ders., *Die Aktualität der Tradition: Platons Logik*, Philos. Jb. 80 (1973), 221 - 241; G. Reale, *Per una nuova interpretazione di Platone* (1984); Th. A. Szlezák, *Platon und die Schriftlichkeit der Philosophie* (1985); V. Hösle, *Wahrheit und Geschichte*. Studien zur Struktur der Philosophiegeschichte unter paradigmatischer Analyse der Entwicklung von Parmenides bis Platon, Stuttgart / Bad Cannstatt 1984.

[71] Vgl. L. Robin, *Études sur la signification et la place de la Physique dans la Philosophie de Platon*, RPh 43 (1918), 177 - 220, 370 - 415; J. Stenzel, *Die Dialektik des platonischen Seinsbegriffs*, in: *Metaphysik des Altertums*, München / Berlin 1931, 128 - 139;

Zusammenhang versuchte Gaiser zu zeigen, daß die Prinzipientheorie - wenigstens die Lehre vom Einen - schon hinter dem "Menon" steht, und Szlezák legte in eingehenden Interpretationen zu den frühen und mittleren Dialogen bis zur "Politeia" dar, daß das für Platon spezifische Verhältnis von Schriftlichkeit und (höherer) Mündlichkeit, wie es der "Phaidros" darstellt,[72] und damit die Existenz einer esoterischen Sonderlehre, schon für die früheren Schriften vorausgesetzt werden muß;[73] der für die Prinzipienproblematik Platons besonders wichtige und aufschlußreiche "Parmenides" wurde u.a. von Wundt, Krämer, Wyller, von Weizsäcker und Hösle auf die Prinzipienlehre bezogen und metaphysisch interpretiert. - Es ist bemerkenswert, in welchem Umfang das so gewonnene neue Platonbild die neuplatonische Platonauslegung bestätigt; das neuplatonische Paradigma der Platoninterpretation ist dadurch methodisch und weithin auch inhaltlich rehabilitiert. Zugleich eröffnet sich damit ein neuer Zugang zum Verständnis des Neuplatonismus selber, so daß sich Platonisches und neuplatonisches Denken wechselseitig zu erhellen und zu erläutern vermögen.

Den in diesem Umstand liegenden hermeneutischen Vorzug nutzt die hier versuchte Auslegung der Metaphysik des absoluten Einen bei Platon und Plotin aus. Sie stellt zunächst in einem ersten Teil Plotins Konzeption des Absoluten als des absolut transzendenten Einen selbst unter systematischen Gesichtspunkten umfassend dar. Sie nimmt dabei die platonische Selbstauslegung Plotins zu ihrem Leitfaden und wendet sich darum in einem zweiten Teil der Philosophie Platons selber zu, um in ihr den Ursprung der Metaphysik des Einen zu eruieren; denn diese ist eben

---

M. Wundt, *Platons Parmenides*, Stuttgart / Berlin 1935; W.F.R. Hardie, *A Study in Plato*, Oxfort 1936; P. Wilpert, *Eine Elementenlehre im platonischen Philebos*, in: Studies presented to D.M. Robinson II, Saint Louis 1953, 573 - 582.

[72] E. Heitsch, *Platon über die rechte Art zu reden und zu schreiben*, Wiesbaden / Stuttgart 1987 unternimmt es, die Schriftkritik des "Phaidros" gegen Szlezák antiesoterisch zu deuten. Vgl. dazu aber die detaillierte Kritik von Th. A. Szlezák, Gnomon 60 (1988), 390 - 398 und von H. Krämer, *Neue Literatur zum neuen Platonbild*, Allgemeine Zs. f. Philos. 14 (1989), 59 - 72, sowie Heitschs Antwort, *τιμιώτερα*, Hermes 117 (1989), 278 - 287.

[73] Szlezák verifiziert damit im einzelnen, was Krämer, *Arete bei Platon u. Aristoteles*, 487 ff. aufgrund von Beobachtungen am "Lysis" und "Protagoras" bereits postuliert hatte; Krämer schloß daraus, "daß es eine schriftstellerische Periode Platons, welche die Prinzipienlehre noch nicht voraussetzt, nie gegeben" habe (ebd. 502). Damit konvergieren die Interpretationen von G. Reale, *Per una nuova interpretazione di Platone*, 321 ff., der auch das Gegenprinzip und die Ideenzahlen schon in den mittleren Dialogen aufweist. Vgl. auch oben Anm. 65 - 66.

keine Neubildung Plotins, sondern - das ist meine These - sie ist in allen wesentlichen Aspekten schon bei Platon ausgebildet; die vorliegende Arbeit macht sich dabei die "esoterische" Platonauslegung Krämers und Gaisers ausdrücklich zu eigen und interpretiert die Passagen aus der "Politeia" und dem "Parmenides" über das absolut Eine und Gute im Lichte der Prinzipienlehre als Ausdruck einer einheitlichen Grundkonzeption und unter Heranziehung aller relevanten Parallelen aus den Dialogen und den Zeugnissen der indirekten Überlieferung. Eine Verbindung von historischer und philosophisch-systematischer Betrachtungsweise ergibt sich aus der angegebenen Themenstellung von selbst.

# ERSTER TEIL

# DIE METAPHYSIK DES ABSOLUTEN EINEN BEI PLOTIN

## Kapitel I

## Das Eine und das Sein:

## Stufen der Einheit und der Transzendenz

### § 1 Das Problem eines philosophischen Zugangs zum Einen selbst

Jeder Versuch, Plotins Philosophie des Einen zu interpretieren, sieht sich gleich zu Anfang einer grundsätzlichen Schwierigkeit gegenüber. Das Eine selbst ist in seiner absoluten Erhabenheit über alles jedem Zugriff des Denkens entzogen. Wenn das Eine aber dergestalt radikal jede Denkbarkeit transzendiert, wie Plotin behauptet, wie kann man sich ihm dann noch auf dem Wege des Denkens, d.h. philosophierend, nähern, was er doch fordert ? Wie ist ein philosophischer Zugang zum Einen überhaupt möglich ? Eine Philosophie des Einen scheint schon im Ansatz zu scheitern.

Diese Schwierigkeit, die sich aus der absoluten Transzendenz des Einen für seine philosophische Erfassung ergibt, d.h. die Unmöglichkeit jeder direkten Erkennbarkeit des Einen selbst, hat Plotin selber sehr wohl gesehen und mit aller wünschenswerten Deutlichkeit ausgesprochen: "Da nämlich die Erkenntnis der anderen Dinge vermöge des Geistes geschieht, und da man durch den Geist nur Geist erkennen kann, durch welche plötzliche Intuition (*ἐπιβολὴ ἀθρόα*) soll man da dessen habhaft werden, was das Wesen des Geistes eben überschreitet ?"[1] An anderer Stelle heißt es: "Es beruht aber diese Schwierigkeit hauptsächlich darauf, daß man des Einen weder in der Weise des Erkennens (*μηδὲ κατ' ἐπιστήμην*) noch in der Weise des reinen Denkens (*μηδὲ κατὰ νόησιν*) wie der übrigen Denkgegenstände inne werden kann, sondern nur

[1] III 8, 9, 19 - 22.

vermöge einer Gegenwärtigkeit, welche höher ist als Erkenntnis (*κατὰ παρουσίαν ἐπιστήμης κρείττονα*)."[2]

Plotin betont nachdrücklich die Transzendenz des Einen über jede Erkennbarkeit: "wie Es jenseits des Geistes ist, so auch jenseits der Erkenntnis".[3] "Es denkt sich also nicht selbst und es gibt keine denkende Erfassung von Ihm";[4] "denn weil Es jenseits des Seins ist, ist Es auch jenseits der Energeia und jenseits des Geistes und des Denkens".[5] Plotin sagt denn auch ausdrücklich: "wir haben keine Erkenntnis und kein Denken von Ihm";[6] das Eine ist "in Wahrheit unsagbar",[7] man kann es nur - im Anschluß an Platon - "jenseits des Seins"[8] oder "jenseits von allem und jenseits des hocherhabenen Geistes"[9] nennen, weil damit nichts über es ausgesagt wird, sondern nur hingewiesen wird auf seine absolute Transzendenz.[10]

Gleichwohl ist diese philosophische Konzeption des Einen, für die er sich auf Platon beruft, für Plotin kein mystisches Sonderwissen, sondern allgemeinverbindliche metaphysische Wahrheit, die vor aller Mystik auf

[2] VI 9, 4, 1 - 3. Vgl. auch V 3, 14, 1 - 19.

[3] V 3, 12, 47 - 48.

[4] V 3, 13, 36. (Text nach W. Theiler). Vgl. III 9, 9, 12 f.; V 6, 5, 4 - 5: *καὶ συναισθήσεως καὶ πάσης κρεῖττον νοήσεως*. VI 7, 41, 26 - 27: *μειζόνως ἐστὶν ἢ κατὰ γνῶσιν καὶ νόησιν καὶ συναίσθησιν αὑτοῦ.*

[5] I 7, 1, 19 - 20. Vgl. VI 8, 16, 34: *ἐπέκεινα οὐσίας καὶ νοῦ καὶ ζωῆς ἔμφρονος*. Vgl. auch VI 7, 40, 24 - 29.

[6] V 3, 14, 2 - 3: *οὐδὲ γνῶσιν οὐδὲ νόησιν ἔχομεν αὐτοῦ*. Plotins Quelle für die Erkenntnistranszendenz des Einen ist Platon, Parm. 142 A 3 - 6. Vgl. H.R. Schwyzer, RE Bd. XXI, 1 (1951), Art. "*Plotinos*", 553 - 554.

[7] V 3, 13, 1: *ἄρρητον τῇ ἀληθείᾳ*. Vgl. V 5, 6, 24: *λέγομεν περὶ οὐ ῥητοῦ*. VI 9, 4, 11 - 12: *οὐδὲ ῥητὸν οὐδὲ γραπτόν* (= Platon Ep. VII 341 C).

[8] Platon, Politeia VI 509 B 8 - 10: *οὐκ οὐσίας ὄντος τοῦ ἀγαθοῦ, ἀλλ' ἔτι ἐπέκεινα τῆς οὐσίας πρεσβείᾳ καὶ δυνάμει ὑπερέχοντος*. Plotin zitiert diese für ihn zentrale Aussage Platons überaus häufig, und zwar sowohl in der Form: *ἐπέκεινα τῆς οὐσίας* (z.B. V 4, 1, 10) als auch in der: *ἐπέκεινα τοῦ ὄντος* (z.B. V 5, 6, 11).

[9] V 3, 13, 2 - 3: *ἐπέκεινα πάντων καὶ ἐπέκεινα τοῦ σεμνοτάτου νοῦ*. Plotin kann diese Formel noch erweitern, I 7, 1, 19 - 20: *καὶ γὰρ ὅτι ἐπέκεινα οὐσίας, ἐπέκεινα καὶ ἐνεργείας καὶ ἐπέκεινα νοῦ καὶ νοήσεως.*

[10] Vgl. V 3, 13, 1 - 6; V 5, 6, 9 - 13; ebd. 6, 23 - 25 und öfter.

rein dialektischem Wege erreichbar ist.[11] Ja, die Mystik selber setzt die dialektische Hinführung zum Einen voraus; diese ist, wie Plotin ausdrücklich hervorhebt, die vorgängige Ermöglichung der mystischen Einung mit dem Absoluten, welche die Erfüllung des dialektischen Aufstiegs ist.[12] Hinführung und Aufstieg zum Einen sind jedoch nur so möglich, daß sich das Denken dem Einen vom Sein her nähert: "Das nun also, was vor dem im Seinsbereich Ehrwürdigsten ist . . . das Wunder also, das vor dem Geist ist, das Eine selbst . . . ist darum (d.h. eben aufgrund seiner Transzendenz über Sein und Geist) so schwer zu erkennen und wird eher aus dem von Ihm Gezeugten erkannt, dem Sein."[13] Daraus folgt zugleich, daß alle Aussagen, die Plotin über das Eine macht - das gilt auch für die ganze negative Theologie - vom Sein aus gemacht sind und ihren Gehalt nur aus dem Bezug des Seins zum Einen haben: "Von dem her, was später ist (als das Eine selbst), sprechen wir über Es."[14] So beziehen sich die Aussagen auf das Eine, aber ohne es selbst -" das höher ist als Aussage und Geist und Wahrnehmung"[15] - auszusagen: *λέγομεν μέν τι περὶ αὐτοῦ, οὐ μὴν αὐτὸ λέγομεν.*[16]

Und auch so "sagen wir nur, was Es nicht ist; was Es aber ist, sagen wir nicht."[17] Alles, was über das Eine gesagt wird, steht damit von vornherein unter dem Vorzeichen einer doppelten Uneigentlichkeit - es handelt sich um Negationen und es trifft niemals das Eine selbst -; diese Uneigentlichkeit aber ist unaufhebbar. "Da wir nicht imstande sind, dessen habhaft zu werden, was eigentlich von Jenem ausgesagt werden müßte, lassen wir es mit dieser Aussage über Es bewenden. Im eigentlichen Sinne aber läßt sich nichts finden, was wir über Es (*κατ' αὐτοῦ*), geschweige denn von Ihm (*περὶ αὐτοῦ*) aussagen könnten; denn

[11] Zu Recht haben dies E.R. Dodds, *The Parmenides of Plato and the origin of the Neoplatonic "One"*, CQ 22, 141 und W. Beierwaltes, *Reflexion und Einung.* Zur Mystik Plotins, in: *Grundfragen der Mystik*, 10, betont.

[12] Vgl. Einleitung, Anm. 25. W. Theiler, *Plotins Schriften*, Bd. III b, 417 hat daher treffend geurteilt: "Denn selbst was man die Mystik Plotins nennt, ist nur gerade das Umkippen einer höchst rationalen Denkbewegung."

[13] VI 9, 5, 24 - 34. Vgl. III 8, 10, 34 - 35; 11, 19 - 22. Ähnlich auch III 8, 11, 33 - 39; V 3, 14, 1 - 7. 11 -19; ebd. 17, 1 - 14; VI 7, 36, 4 - 8; VI 8, 11, 7 - 8; VI 9, 4, 31 ff.

[14] V 3, 14, 7 - 8: *ἐκ τῶν ὕστερον περὶ αὐτοῦ λέγομεν.*

[15] V 3, 14, 18 - 19. Vgl. Platon Parm. 142 A 3.

[16] V 3, 14, 1 - 2. Vgl. ebd. 5 - 6.

[17] V 3, 14, 6 - 7: *λέγομεν, ὃ μὴ ἔστιν· ὃ δέ ἐστιν, οὐ λέγομεν.*

alles, auch das Herrlichste und Erhabenste, ist später als Jenes."[18] Die Einsicht in die Erkenntnistranszendenz des Einen ist somit die sachliche und methodische Voraussetzung für den Versuch Plotins, sich dem Einen vom Sein her zu nähern, zugleich aber auch die unüberschreitbare Grenze, die dieser zu beachten hat.

Wie kommt nun Plotin vom Sein aus zum Einen ? Dies geschieht in einem ersten Schritt auf dem Umweg über die Betrachtung des Seienden in seinem Grundcharakter als Einheit, in dem sich sein Sein konstituiert. Dabei erweist sich die Abkünftigkeit des Einheitscharakters alles Seienden aus dem Einen selbst, "so daß das Sein eine Spur des Einen ist",[19] die das Denken zum Einen hinführt, indem das Sein selbst über sich hinausweist auf das Eine: " . . . Sein Wesen ist derart, daß Es Quell des Vollkommensten ist, die Kraft, welche das Seiende erzeugt, wobei Es aber in sich beharrt und nicht vermindert wird, auch nicht in den aus Ihm entstehenden Dingen ist, denn Es ist vor diesen."[20]

Der für Plotins Denken entscheidende Schritt vom Sein zum Einen, der Überstieg über das Sein auf das Eine hin, in dem dessen absolute Transzendenz sichtbar wird, wird also allererst ermöglicht und vorbereitet durch die Betrachtung des Seienden auf seinen Einheitscharakter. Sie ist der erste Schritt des dialektischen Aufstiegs zum Einen selbst. Sie kann deshalb nicht übersprungen werden, weil ohne sie Plotins Schritt vom Sein zum Einen grundlos und unverstanden bliebe.

## § 2 Der Einheitscharakter des Seienden

Wir müssen also zuerst fragen: Wie denkt Plotin die Einheit des Seienden, um von da aus einen dialektischen Zugang zum Einen selbst zu gewinnen? Die Antwort ergibt sich paradigmatisch aus den ersten beiden Kapiteln der Schrift VI 9 "Über das Gute oder das Eine", die Porphyrios - gleichsam als Königsweg zum Einen - an das Ende der Enneaden gestellt hat. Als Ausgangspunkt seiner Betrachtungen nimmt Plotin gleich im ersten Satz die Grundlage jeder Einheitsmetaphysik in Anspruch: "Alles

[18] VI 8, 8, 4 - 8. Zur Unterscheidung von *λέγειν περὶ αὐτοῦ* und *κατ᾿ αὐτοῦ* vgl. Proklos, In Parm. VII 70, 11 ff. = 518, 78 ff. Steel.

[19] V 5, 5, 13 - 14: *ὥστ᾿ εἶναι τὸ εἶναι ἴχνος τοῦ ἑνός*. Vgl. III 8, 11, 19 - 23.

[20] VI 9, 5, 35 - 38.

Seiende ist durch das Eine seiend, sowohl das, was ein ursprünglich und eigentlich Seiendes ist, wie das, was nur in einem beliebigen Sinne als vorhanden seiend bezeichnet wird. Denn was könnte es sein, wenn es nicht Eines ist ? Da ja, wenn man ihm die Einheit, die von ihm ausgesagt wird, nimmt, es nicht mehr das ist, was man es nennt."[21]

Das bedeutet: (1) das Sein des Seienden konstituiert sich in seinem Einessein. Seiend ist etwas nur, sofern es zugleich Eines ist und daß es *ist*, gründet darin, daß es *Eines* ist: "nichts ist nämlich seiend, was nicht Eines ist."[22] Denn wäre es nicht Eines, so wäre es überhaupt nicht - als grenzenlos Vieles müßte es sofort ins Nichts zerstieben; wie schon Platon im "Parmenides" festgestellt hatte: "Wenn das Eine nicht ist, ist nichts" (166 C 1: *ἓν εἰ μὴ ἔστιν, οὐδέν ἐστιν*).

Das Seiende ist also nicht etwas, dem außerdem, daß es seiend ist, auch noch zukommt, Eines zu sein, sondern es ist seiend nur aus seinem Einessein und durch dieses, da es, ohne Eines zu sein, überhaupt nicht wäre, sondern ins Nichts verschwände. Einheit ist keine Folgebestimmung des Seienden als des Seienden, vielmehr ist umgekehrt der Einheitscharakter des Seienden ursprünglicher als sein Seinscharakter und dieser gründet in jenem.[23]

Auch das Viele ist nur seiend, wenn es zugleich Eines ist, da es als grenzen- und einheitslos Vieles nicht sein und nicht als seiend erkannt werden könnte: "Denn wenn es nicht Eines geworden ist, auch wenn es aus Vielem besteht, kann man auf keine Weise von ihm sagen, daß es *ist*".[24] D.h. Vielheit ist nur als vielheitliche Einheit möglich. Sie ist deshalb der Einheit nicht entgegengesetzt, sondern nur eine eingeschränkte Weise von Einheit. Da auch jeder einzelne Bestandteil einer zusammengesetzten Vielheit seine Bestimmtheit nur als ein Eines und Identisches hat, ist Vielheit immer geeinte Vielheit von Einheiten.[25] Weil somit nichts sein kann, ohne Eines zu sein, gilt der Grundsatz: "*Sein* hat etwas folglich, wenn es auf irgend eine Weise *Eines* ist."[26] Die Einheit, ohne die nichts

---

[21] VI 9, 1, 1 - 4.

[22] VI 6, 13, 50 - 51. Vgl. Plat. Parm. 166 C 1. Vgl. auch V 3, 15, 12 - 15.

[23] Vgl. VI 6, 13, 50 - 52: *εἰ δὲ καὶ εἰς οὐσίας ἑκάστης ὑπόστασιν - οὐδὲν γὰρ ὄν, ὃ μὴ ἕν - καὶ πρὸ οὐσίας ἂν εἴη καὶ γεννῶν τὴν οὐσίαν* (sc. *τὸ ἓν ὄν*).

[24] V 3, 15, 12 - 14. (Text nach Theiler).

[25] V 3, 15, 14 - 15. Vgl. Plat. Parm. 158 A 1 - 3 und 165 E 5 - 6.

[26] VI 6, 1, 20: *ὥστε εἶναι αὐτό, ὅταν ἀμηγέπῃ ἕν*.

sein könnte, auch die Vielheit nicht, ist also in allem, was ist, gegenwärtig, wie Platon im "Parmenides" gesagt hatte: "Ich denke, wenn es überhaupt ist, so ist es notwendig immer, solange es ist, ein Eines (ἕν τι), unmöglich aber nicht - eines und nichts (μηδέν = μηδὲ ἕν) . . . Bei jedem Teil des Seins ist folglich das Eine gegenwärtig."[27] Platon und Plotin beziehen sich damit auf den Vorsokratiker Parmenides zurück, der als erster Einheit als Grundbestimmung des Seins erkannt hatte.[28]

Von Platon übernimmt Plotin die Gesamtunterscheidung der Wirklichkeit in wahrhaft seiendes Intelligibles, das allein den Anspruch des Seins auf unveränderliche und identische Bestimmtheit erfüllt, und werdend - wandelbares Sinnenfälliges, das hinter diesem Anspruch zurückbleibt und am wahren Sein nur teilhat. Alles aber, was überhaupt ist, das Intelligible wie das Sinnenfällige, ist eine Weise von Einheit und nur dadurch ist es überhaupt.

(2) Das Seiende ist ferner das, *was* es ist, nur dadurch, daß es Eines ist; es verdankt seine washafte Bestimmtheit seinem Charakter als Einheit. Das Ansprechen von etwas als etwas im Logos geschieht ja immer schon im Hinblick auf die Einheit eines Wasseins. Ohne Eines zu sein, wäre es nicht mehr das, als was man es anspricht; und mit der Einheit seines Wasseins verlöre es zugleich seine Erkennbarkeit, seine Ansprechbarkeit als das, was es ist. Plotin nennt Beispiele: "Denn es kann kein Heer sein, wenn es nicht Eines sein soll, und kein Reigen und keine Herde, ohne Eines zu sein. Auch kein Haus oder Schiff, wenn sie nicht die Einheit

---

[27] Parm. 144 C 4 - 6. Zu der symbolischen Etymologie μηδέν = μηδὲ ἕν vgl. Politeia 478 B 12 f.: ἀλλὰ μὴν μὴ ὄν γε οὐχ ἕν τι ἀλλὰ μηδὲν ὀρθότατ' ἂν προσαγορεύοιτο. Ebenso Proklos, In Parm. 1094, 9 ff. Vgl. auch Alexander, In Metaph. 56, 30 f. = Test. Plat. 22 B Gaiser: ἓν γὰρ ἕκαστον, καθὸ τόδε τί ἐστι καὶ ὡρισμένον.

[28] Vgl. Parmenides, Fragment 8, 4 - 6 Diels-Kranz, wo das ἐόν als οὖλον, μουνογενές, ὁμοῦ πᾶν, ἕν, συνεχές charakterisiert wird. Aus dem damit ausgesagten Einheitscharakter des Seins leitet Parmenides in Frg. 8 alle weiteren σήματα ab, während die Bestimmung als οὖλον oder ἕν nicht abgeleitet wird, sondern unmittelbar mit dem ἐόν gegeben ist; d.h. Parmenides betrachtet Einheit als Grundbestimmung des Seienden, aus der die anderen Bestimmungen deduziert werden können, weil sie ihnen zugrunde liegt, also sachlich vorausgeht. Zur Interpretation vgl. K. Bormann, *Parmenides. Untersuchungen zu den Fragmenten*, Hamburg 1971, 150 ff. und 179.

haben, denn *das* Haus, *das* Schiff sind Eines, und wenn sie das einbüßen, dann ist das Haus kein Haus mehr und das Schiff kein Schiff."[29]

Plotin macht damit deutlich: Einheit ist die Grundbestimmung des Seienden in dem doppelten Sinne, daß dieses durch sein Einessein dazu bestimmt wird, überhaupt zu *sein* (zu existieren) und das zu sein, *was* es ist und als dieses bestimmte Was erkennbar zu sein.

(3) Seiendes ist aber notwendig immer auch Vielheit; ohne eine Mehrheit von Bestimmtheiten könnte es weder sein noch erkannt werden. Schon Parmenides hatte von vielen *σήματα* des einen Seins gesprochen (Fr. 8, 2 ff.) und Platon hatte - gegen die Eleaten - gezeigt, daß Seiendes immer Eines *und* Vieles zugleich ist und daß dieses Zugleich von Einheit und Vielheit die Voraussetzung menschlichen Denkens und Sprechens ist (Parm. 142 B - 144 E und 157 C - E; Philebos 14 C - 15 D, 16 C - 18 D; vgl. Sophistes 243 E - 245 E, 251 BC). Das Seiende ist deshalb Einheit nur in der Weise, daß es als ein Ganzes ein Eines aus Vielem ist (vgl. Sophistes 245 AB; Parm. 145 A und 157 BC); das Seiende ist also nicht aus sich selbst Eines, sondern nur Eines durch Teilhabe (Soph. 245 A; Parm. 157 C, 158 A), es hat den Charakter abkünftiger, nicht absoluter und ursprünglicher Einheit. Dann aber weist es durch den abgeleiteten Charakter seiner Einheit über sich hinaus auf das absolute Eine als den Urgrund aller Einheit und alles Seins. Der Satz: "Alles Seiende ist durch das Eine seiend" bedeutet darum letztlich: "Alles Seiende ist Eines und damit auch seiend durch das Eine selbst." Die drei Bedeutungen dieses Grundsatzes kann Plotin so zusammenfassen: "All das Nicht-Eine wird durch das Eine erhalten und ist das, was es ist, durch dieses."[30] Deshalb verweist alles, was ist, durch sein Sein auf das Eine selbst, den Urgrund von allem.

---

[29] VI 9, 1, 4 - 8. Vgl. V 3, 15, 14 - 15: *κἂν ἕκαστον ἔχῃ λέγειν τις ὅ ἐστι, τῷ ἓν ἕκαστον αὐτῶν εἶναι λέγει, καὶ τῷ αὐτῷ ἔστι.* (Text nach H. - S.[2]). - Vgl. Plat. Parm. 158 A 1 - 3: *τό γε ἕκαστον εἶναι ἓν δήπου σημαίνει, ἀφωρισμένον μὲν τῶν ἄλλων, καθ' αὑτὸ δὲ ὄν, εἴπερ ἕκαστον ἔσται.* Vgl. ebenso Test. Plat. 22 B = Alexander, In Metaph. 56, 30 f. (siehe Anm. 27).

[30] V 3, 15, 11 - 12. Vgl. Proklos, Elementatio theologica, prop. 1 - 2 und 12 - 13, S. 2 und 14 Dodds; ferner Cusanus, De Coniecturis II 1 n. 71; 72, 3 - 5 Koch-Bormann: "Omnia autem participatione unius id sunt quod sunt. Ipsum vero, cuius participatio est omnium pariter et singulorum esse, in omnibus et in quolibet suo quidem modo resplendet ". Diesen Satz kann man geradezu als Interpretation neben Plotin V 3, 15, 11 f. setzen, - und dies, obwohl Cusanus Plotin nicht kannte; allerdings waren die Hauptinspirationsquellen seines Denkens Proklos und Ps.-Dionysius Areopagita und damit indirekt Plotin und Platon.

## § 3 Die Stufen der Einheit (VI 9, 1 - 2)

Im Sinne dieses Grundgedankens öffnet Plotin in VI 9, 1 - 2 einen Zugang zum Einen, indem er nachweist, (a) daß alles Seiende durch Einheit bestimmt ist, (b) daß es aber auf allen Seinsstufen (Welt, Seele, Geist) auch vielfältig ist, so daß (c) das Eine selbst als Urgrund von allem jenseits des Seins sein muß.[31] Die Methode dieser Untersuchung ist die henologische Reduktion, die nach dem Grund jeder Einheit in der Vielheit fragt.

(1) Plotin zeigt die seinsstiftende Bedeutung der Einheit am Bereich des Einzelnen auf. Jedes Einzelne ist je Eines; wäre es dies nicht, so wäre es nicht mehr das, was es ist, und könnte überhaupt nicht bestehen. Ein Heer, ein Reigen, eine Herde, auch ein Haus oder ein Schiff, ferner die lebendigen Organismen der Pflanzen und Tiere, aber auch Gesundheit, Schönheit und Vortrefflichkeit der Seele sind das, was sie jeweils sind, nur dadurch, daß sie Eines sind. Dabei zeigt sich zugleich: all dies ist nicht in gleicher Weise Eines, sondern es gibt verschiedene Grade des Einesseins: ein Haus ist als Kontinuum stärker geeint als ein bloßes Aggregat wie ein Reigen, ein Organismus ist in höherem Maße Eines als ein Kontinuum, die Gesundheit als Prinzip der rechten Zusammenordnung, d.h. der Einheit eines Organismus ist selber in höherem Sinne Einheit als der von ihr geordnete Organismus usw. Hier zeigt sich das Motiv der Stufung der Einheit.[32] Ferner zeigt sich besonders an einem Phänomen wie

---

[31] Eine ähnliche gedankliche Struktur liegt zugrunde bei Proklos, Elementatio theologica, prop. 1 - 6, S. 2 - 6 Dodds und Theologia Platonis II 1, S. 3 - 14 Saffrey - Westerink. Nur daß Proklos sein Ergebnis, das Eine als Prinzip jenseits des Seins, durch ein Exklusionsverfahren gewinnt, indem die Alternativen: das Sein als reine Vielheit oder als reine Einheit als undenkbar ausgeschieden werden; dagegen legt Plotin das seinsbegründende Eine zugrunde und zeigt dann, über die Seinsstufen aufsteigend, daß keine von ihnen das absolute Eine sein kann.

[32] Vgl. auch V 5, 4, 31; VI 2, 10, 3 - 4; ebd. 11, 8. 16; VI 6, 13, 18 - 25. In VI 6, 13, 25 ff. schließt Plotin von der Gradualität der Einheit auf eine Wesenheit des Einen an sich, im Hinblick auf welche Dinge überhaupt als mehr oder weniger einheitlich angesprochen werden können. Das ist der Platonische Schluß von der Ambivalenz und Relativität der Erscheinung auf die Absolutheit der Idee, vgl. Phaidon 74 A - 75 C. Im Anschluß an diesen Beweis zeigt Plotin dann VI 6, 13, 42 ff., daß nichts ohne Einheit und Zahl gedacht werden kann. Da das Eine als Bedingung der Möglichkeit von Sprechen und Denken in all unserem Denken vorausgesetzt wird, wird es nicht subjektivistisch von diesem gesetzt, sondern muß ihm als Prinzip von Sein und Denkbarkeit vorausliegen. (Vgl. unten II § 1).

Gesundheit oder Schönheit, das ein Vieles zur Einheit zusammenordnet, daß ein gegebenes Einzelnes, z.B. ein Organismus, immer Eines aus Vielem ist, daß seine Einheit also in dem Zusammengeordnetsein seiner Bestandteile besteht.[33] Dann kann Vergehen bestimmt werden als Auflösung einer zusammengesetzten Einheit in die Bestandteile: Einheitsverlust ist Wesensverlust, wenn das Wassein der Dinge in ihrem Einessein gründet. Das so bestimmte Vergehen ist aber kein Verschwinden ins Nichts, denn die Bestandteile, in die ein Vergehendes, z.B. ein verwesender Organismus, sich auflöst, sind wiederum das, was sie sind, nur dadurch, daß sie ihrerseits Eines sind [34] (VI 9, 1, 4 - 16). Weil es *ἓν κατὰ σύνθεσιν* ist, ist das Einzelding vergänglich; da es seine Einheit im Vergehen verliert, kann es diese nicht aus sich selbst haben.

Plotin geht deshalb in einem *ersten* Transzendenzschritt auf die *Seele* zurück, "die alle Dinge zur Einheit bringt, indem sie sie gestaltet, formt, bildet und zusammenfügt."[35] Die Seele ist selber nicht mehr von der Art der empirisch vorkommenden Einzeldinge, sondern begründet erst den Bereich, in dem diese vorkommen und wahrgenommen werden können, durch ihre Synthesis, ihr Bilden von Einheit. Damit erweist sich das sinnenfällig Einzelne, das dem gewöhnlichen Weltverständnis als das eigentlich Reale erscheint, als begründet in einem ihm transzendenten Seinsbereich.

(2) Plotin fragt nun zunächst, ob die Seele selber bereits das alles einende Eine ist und der dialektische Regreß bei ihr haltmachen muß, oder ob ihr einendes und weltkonstituierendes Wirken vielmehr als Vermittlung zu verstehen ist, also in Entsprechung zu der Weise, in der die Seele nach Platonischer Konzeption die eidetische Bestimmtheit des Einzelnen aus dem Hinblick auf die Idee vermittelt, ohne selber das zu sein, was sie vermittelt. In diesem Fall müßte man annehmen, daß sie das Einzelding aus dem Hinblick auf die transzendente Einheit der Idee eint, und zwar so, daß sie zugleich mit dem Eidos (z.B. "Mensch"), das sie einem Ding aufprägt, auch das dieses Eidos bestimmende Einessein mitsetzt (*συλλαμβάνουσαν τὸ ἐν αὐτῷ ἕν*) (VI 9, 1, 17 - 26).

[33] Vgl. VI 9, 1, 14 - 16.

[34] Vgl. VI 9, 1, 11 - 14. Ebd. 1, 9 - 10: *καθόσον τὸ ἓν ἀπόλλυσιν, ἀλλάσσει τὸ εἶναι.*

[35] VI 9, 1, 17 - 19. (Vgl. Plat. Epinomis 981 B 8, 984 C 3 - 4). Daß dies nicht subjektivistisch mißverstanden werden darf, beweist VI 6, 13, 42 ff.; vgl. auch VI 6, 6, bes. 19 ff.

Um diese Frage entscheiden zu können, formuliert Plotin einen weiteren Grundsatz der Einheitsmetaphysik: "Denn jedes Ding, das als Eines bezeichnet wird, ist gerade so sehr Einheit, wie es sein eigentliches Wesen in sich trägt; ein geringeres Sein bedeutet also auch ein geringeres Einessein und ein höheres ein höheres."[36] Wenn "alles Seiende durch das Eine seiend ist", dann müssen Seinsgrad und Einheitsgrad einander entsprechen. Am meisten seiend ist nach Platonischer Auffassung das, was ganz und gar ist, was es ist, d.h. die Idee, die reine, an sich selbst seiende Wesenheit. Die Seele ist nicht die reine Präsenz der Wesenheiten selbst, sondern diesen nur ähnlich, wie Platon gesagt hatte (Phaidon 80 B), weil sie sich den Wesenheiten im Denken zwar zuwendet, aber auch in den Körper eingeht; wenn sie aber von den Wesenheiten verschieden ist, ist sie auch von dem Einen verschieden. Gleichwohl ist die Seele entsprechend ihrem höheren und eigentlichen, d.h. geistigen und unvergänglichen Sein, in dem sie den Ideen "ähnlich und verwandt" (Phaid. 80 B) ist, auch in höherem Grade Eines als das Sinnenfällige: sie ist nicht aus vorgängigen Bestandteilen zusammengesetzt, sondern unteilbar[37] und steht als denkende mit dem Einen und den Ideen "in Gemeinschaft" (*κοινωνοῦσα*) und vermag deswegen das Sinnenfällige zu einen. Die Seele ist nicht das Eine selbst; sie ist nämlich ihrerseits durch Einheit bestimmt, und zwar so, daß ihr das Einessein wie eine von außen zu ihr hinzutretende Bestimmung (*συμβεβηκός πως*) zukommt, so daß Bestimmendes und Bestimmtes, Hen und Psyche, verschieden sind (VI 9, 1, 26 - 34).

Plotin präzisiert dies sofort: Zwar wäre die Seele, ohne Eines zu sein, nicht Seele, die Einheit ist für sie also nicht beiläufig, sondern konstitutiv; sie darf aber deswegen nicht mit dem Einen identifiziert werden. Denn auch alles andere hat sein Wesen nur aus seinem Einessein und ist trotzdem von dem es bestimmenden Einen verschieden, an dem es nur teilhat (*μετέχει*). Ferner ist die Seele, ohne deshalb ihre Einheit zu verlieren, in sich selbst vielfältig, denn sie umfaßt die Vielfalt der Seelenvermögen des Denkens (*λογίζεσθαι*), Strebens (*ὀρέγεσθαι*) und Wahrnehmens oder Bewußthabens (*ἀντιλαμβάνεσθαι*). Sie ist also ihrerseits *μεθέξει ἕν* und ihr einendes Wirken ist als Vermittlung einer anderswoher empfangenen Einheit zu bestimmen (VI 9, 1, 34 - 43).

---

[36] VI 9, 1, 26 - 28.

[37] Dazu vgl. IV 7, etwa 8[5], 46 ff.; 12, 11 ff. Auf der Unteilbarkeit der Seele, d.h. der Unverlierbarkeit ihrer Einheit, beruht ihre Unsterblichkeit, so schon Platon, Phaid. 78 B - 80 B. Vgl. dazu K. Bormann, *Platon*, Freiburg / München 1973 ([2]1987), 107 ff.

(3) Plotin geht nun in einem *zweiten* Transzendenzschritt auf das intelligible *Sein* zurück, das Welt und Seele begründet. Das Intelligible ist in absoluter Aktualität alles in eins und zumal (ὁμοῦ πάντα).[38] Jegliches in ihm ist Alles und das Ganze. Es ist allumfassende Totalität und von weitaus intensiverer Einheit als die Seele, die ihre Gehalte diskursiv zergliedert. Während bei jeder teilhaften Einheit (ἑκάστῳ τῶν κατὰ μέρος ἕν) ihr jeweiliges Wesen und ihr Einessein nicht identisch sind, ist nun die Frage, ob im Sein (ὄν, οὐσία), verstanden als jene intelligible Totalität (Z. 2: ὅλῳ τῷ ὄντι), Wesenhaftigkeit (οὐσία), Seiendsein (ὄν) und Einessein (ἕν) in eins fallen. Seinscharakter und Einheitscharakter des Seienden wären dann identisch und die Seiendheit als solche (αὐτὴ ἡ οὐσία), die alles Seiende zu einem Seienden bestimmt, wäre dann das Eine selbst (αὐτὸ τὸ ἕν) (VI 9, 2, 1 - 5).

Plotin erblickt das Sein im Anschluß an Platon in den Ideen, den transzendenten und intelligiblen Wesenheiten alles Bestehenden. Diese werden aber im Platonismus Plotins als die Inhalte der zeitlosen Selbstanschauung des absoluten, d.h. des übermenschlichen und vollkommenen *Geistes* (νοῦς) gedacht;[39] dieser ist somit das Sein im

---

[38] Vgl. etwa I 1, 8, 8; V 9, 6, 3. 8; VI 6, 7, 4; VI 7, 33, 9. Der Terminus geht zurück auf Anaxagoras, Fr. 1 und 14 Diels - Kranz. Zum folgenden vgl. V 9, 8, 1 - 8; III 8, 8, 41 - 48; V 8, 4, 6 - 11. 21 - 27; 9, 14 - 24; I 8, 2, 15 - 19. Vgl. auch Numenios, Test. 33 Leemans = Fr. 41 des Places. Zur altakademischen Herkunft dieses Theorems vgl. bes. Speusipp Fr. 31 A - E Lang = Fr. 38 - 44 Isnardi Parente = Fr. 63 A - E Tarán. (Vgl. dazu Kapitel II Anm. 68).

[39] Vgl. die Belege bei H.R. Schwyzer, Art. "*Plotinos*", RE Bd. XXI, 1 (1951), 553 - 559. Plotin beruft sich für seine Deutung der Ideenlehre auf Soph. 248 E ff. und Tim. 30 C ff., 39 E, wo Platon selber den Ideen Leben und Denken zuschreibt. Auch Aristoteles berichtet vom Nouscharakter des Ideenkosmos bei Platon (De an. 404 b 19 - 27) und Xenokrates dachte die Ideen als dem weltgestaltenden Nous immanent (Fr. 15, 16 Heinze); ob und inwieweit die Nous-Theologie des Aristoteles, welche die reine Selbstanschauung, das "Denken des Denkens" (νόησις νοήσεως) als Wesensstruktur des göttlichen Geistes begreift (Metaph. XII 7, 9), für die Philosophie der Alten Akademie insgesamt repräsentativ ist und ob sie in Grundzügen gar schon Platon zugeschrieben werden muß, ist umstritten. Daß wesentliche Strukturmomente der Nouslehre Plotins bei Platon und in der Alten Akademie schon vorgebildet waren, hat H.J. Krämer, *Der Ursprung der Geistmetaphysik. Untersuchungen zur Geschichte des Platonismus zwischen Platon und Plotin*, Amsterdam 1964 ([2]1967) eindringlich herausgearbeitet; Krämer hält Plotins Nouslehre in allen wesentlichen Zügen für genuin altakademisch (bes. 311). Vorsichtiger und in der Analyse der Quellenbenutzung Plotins genauer ist Th. A. Szlezák, *Platon und Aristoteles in der Nuslehre Plotins*, Basel / Stuttgart 1979 (dort 120 - 166 zur inneren Struktur der Nous-Hypostase), der erneut die wesentliche Bedeutung der Nous-Theologie des Aristoteles für

höchsten und eigentlichen Sinne. Identität des Einen mit dem Sein würde also bedeuten: der Nous ist als das ursprünglich Seiende (πρώτως ὄντα) zugleich das ursprünglich Eine (πρώτως ἕν), und indem er den anderen Seinsstufen am Sein (εἶναι) teilgibt, gibt er ihnen in einem Akt und in demselben Grade (κατὰ τοσοῦτον) auch am Einen teil (VI 9, 2, 5 - 8).

Diese Auffassung würde im Wesentlichen der Position des vorplotinischen Platonismus (einschließlich Numenios) entsprechen, einer Position, die das höchste Prinzip - das durchaus ἕν genannt werden kann - als Sein und als Geist bestimmt, unter Betonung seiner Transzendenz über die anderen Seinsstufen.[40] Noch Plotins Mitschüler Origenes[41] - und

Plotin, aber zugleich deren Integration in den Platonismus Plotins herausstellt (vgl. 166: "Aristotelisches wird somit annehmbar als nachweislich platonische Systemergänzung"). Das Grundproblem, inwieweit die Nouslehre von Metaph. XII in ihren Grundzügen platonisch-akademisch ist und damit, ob und inwieweit Plotins Deutung der Ideenlehre als Umbildung des ursprünglichen Platonischen Ansatzes gewertet werden muß, bleibt dabei freilich offen. - Im Kontext dieser Problematik steht auch die Frage nach dem möglichen Einfluß des Alexander von Aphrodisias auf Plotin, auf den A.H. Armstrong hingewiesen hat (*Der Hintergrund der Lehre, "daß die intelligible Welt sich nicht außerhalb des Nous befindet"*, in: *Die Philosophie des Neuplatonismus*, Wege der Forsch. Bd. 436, hrsg. von C. Zintzen, Darmstadt 1977, 38 - 57; vgl. dazu auch Szlezák, op. cit., 135 - 143). Vor allem zwei Punkte in Alexanders Deutung der Aristotelischen Nous-Theorie stehen Plotin inhaltlich nahe: 1. Alexander deutet das Sich-selbst-Denken des Geistes als Denken von Eide; 2. er versteht jedes einzelne Eidos qua Noeton selbst als Nous (vgl. De an. 86, 14 ff.; 88, 4 ff.; 90, 4 ff.; 108, 6 ff.; 109, 4 ff. Bruns). - Auch wenn Plotin Alexander sicher kannte (Vita Plot. 14, 13), so konnte er gerade die Einsicht in den Nouscharakter der einzelnen Ideen doch schon bei Platon finden: Soph. 248 E ff. (Leben und Denken des Ideenkosmos) in Verbindung mit Tim. 30 C - D (jedes einzelne Glied des Ideenkosmos ein ζῷον). Vgl. zu diesen und weiteren Platonischen Belegstellen für den Nouscharakter der Ideen Krämer, op. cit., 193 - 207. Zur Immanenz der Ideen im mit dem Einen gleichgesetzten Nous bei Xenokrates Krämer, ebd. 41 ff., 121 ff.; zu den Ideen als Gedanken Gottes bei Albinos und im Mittelplatonismus Krämer, ebd. 111 ff. (Zurückführung auf Xenokrates). Zur Struktur der Aristotelischen νόησις νοήσεως, zu ihrem Verhältnis zur Nous-Theologie des Xenokrates und zur Stellung beider im Platonismus der Alten Akademie Krämer, *Der Ursprung der Geistmetaphysik*, 127 - 191; ferner ders., *Zur geschichtlichen Stellung der aristotelischen Metaphysik*, Kant-Studien 58 (1967), 313 - 337; ders., *Grundfragen der aristotelischen Theologie*, Theologie u. Philosophie 44 (1969), 363 - 382 und 481 - 505.

[40] Vgl. dazu H. Dörrie, *Die Frage nach dem Transzendenten im Mittelplatonismus*, in: *Les Sources de Plotin*, Entrétiens sur l' antiquité classique V (1960), 193 - 223; vor allem J. Whittaker, *ΕΠΕΚΕΙΝΑ ΝΟΥ ΚΑΙ ΟΥΣΙΑΣ*, Vigiliae Christianae 23 (1969), 91 - 104, der das Schwanken der vorplotinischen Zeit in der Transzendenzfrage eindrucksvoll belegt. Doch lautete die Antwort im vorplotinischen *Platonismus* immer, daß das Eine selbst

möglicherweise sein Lehrer Ammonios[42] - haben diese Auffassung vertreten. Die Gleichsetzung des Einen mit dem Sein ist jedoch nicht platonisch, sondern entstammt der Lehre des Aristoteles, dem zufolge *ἕν* und *ὄν* konvertibel sind[43] und der das höchste Prinzip als *νόησις νοήσεως* bestimmt hatte.[44] Aristoteles hatte gegen Platon den Anspruch des Einen, Prinzip des Seins zu sein, bestritten; Einheit sei eine mit dem Sein einer Sache mitgegebene (transzendentale) Bestimmung, die dem Sachgehalt nichts hinzufüge;[45] dies meint der Aristotelische Satz: "Mensch und ein Mensch ist dasselbe", den Plotin zitiert.[46]

In der Tat scheint das Eine nur als Sein bestimmbar. Andernfalls nämlich müßte Einheit als sachhaltige Bestimmung die numerische Einzigkeit einer Sache meinen und gehörte dann in eine Reihe mit den anderen

---

Geist sei, während die Transzendenz des Einen über Sein und Geist vor Plotin nur im Neupythagoreismus (Ps.-Brotinos, Eudoros, Moderatos) sowie in der Gnosis (Basileides) vereinzelt vertreten wurde. Vgl. auch J. Pépin, *Idées grecques sur l' homme et sur dieu*, Paris 1971, 297 ff.; Szlezák, *Platon und Aristoteles in der Nuslehre Plotins*, 142 f., 212 - 216. Zur Bestimmung des höchsten Prinzips als Geist im Mittelplatonismus und bei Numenios und zu ihrer Herkunft (Xenokrates) vgl. Krämer, *Ursprung der Geistmetaphysik*, 63 - 126.

[41] Das ergibt sich aus Proklos, Theol. Plat. II 4, 31, 4 - 22 S - W. Dazu K.O. Weber, *Origenes der Neuplatoniker. Versuch einer Interpretation* (Zetemata 27), München 1962, 98 - 113 (Der höchste Gott und Sein und Denken); H.D. Saffrey, L.G. Westerink, *Proclus. Théologie Platonicienne* II (1974), Introduction X - XX.

[42] Zu Ammonios vgl. Schwyzer, RE *Plotinos*, 479 - 480; H. Dörrie, *Ammonios, der Lehrer Plotins*, Hermes 83 (1955), 439 - 478 = ders., *Platonica Minora*, München 1976, 324 - 360; W. Theiler, *Ammonios, der Lehrer des Origenes*, in: ders., *Forschungen zum Neuplatonismus*, Berlin 1966, 1 - 45; ders., *Ammonios und Porphyrios*, in: ders., *Untersuchungen zur antiken Literatur*, Berlin 1970, 519 - 542; H.R. Schwyzer, *Ammonios Sakkas, der Lehrer Plotins*, Opladen 1983. Schwyzer und Dörrie halten Ammonios insofern für einen Vorläufer Plotins, als er die Lehre vom überseienden Einen vertreten habe; dagegen sehen Theiler und Schwyzer in seinem RE-Artikel Ammonios in Übereinstimmung mit Origenes, der kein überseiendes Eines annahm, sondern das höchste Prinzip als Geist bestimmte. Die Lehre vom überseienden Einen ist unbestreitbar vorplotinisch: sie ist bei Platon, Speusipp und im Neupythagoreismus nachweisbar; ob Ammonios sie vertreten hat, ist freilich ganz unsicher. Das Hauptindiz, das Schwyzer, *Ammonios Sakkas*, 77 f. dafür anführt, ist Proklos, Theol. Plat. II 4, 31, 4 - 9: Proklos wundert sich dort über Origenes, weil er jene Lehre nicht vertrat, obwohl er doch aus der gleichen Schule wie Plotin stammte.

[43] Aristoteles, Metaphysik IV 2, 1003 b 22 - 1004 a 9; Metaph. X 2, 1054 a 13 - 19.

[44] Aristoteles, Metaph. XII 9, 1074 b 34 f. Vgl. 1072 b 19 ff.

[45] Vgl. Aristoteles, Metaph. X 2.

[46] Plotin VI 9, 2, 9 - 10 = Aristoteles, Metaph. 1003 b 26 - 27.

numerischen Bestimmungen.[47] Ist nun die Zahl ein Seiendes, so wäre die numerisch verstandene Einheit bestimmtes Seiendes unter anderen, aber nicht mehr Grund alles Seienden. Ist sie nur das Produkt des Zählaktes der Seele, so gäbe es *ἐν τοῖς πράγμασι* gar keine Einheit. Die Untersuchung hatte aber gezeigt, daß die einzelnen Seienden ohne das Eine gar nicht existieren können, dieses also Seinsprinzip alles Einzelnen ist (VI 9, 2, 8 - 16).

Somit bleibt die Frage nach der Identität des Einen mit dem Sein. Sie stellt sich zweifach: beim intelligiblen Sein des Einzelnen (Z. 17: *τὸ ὂν τοῦ ἑκάστου*), d.h. bei der einzelnen Idee[48] und beim Sein als Totalität des Intelligiblen (Z. 17: *τὸ ὅλως ὄν*; Z. 22: *τὸ ὅλον ὄν*). Als Beurteilungskriterium zieht Plotin nun aus der ersten Hypothese des "Parmenides" (137 C) den Grundsatz der absoluten Vielheitslosigkeit des Einen selbst heran: "das Eine kann unmöglich Vielheit sein",[49] denn dann wäre es nicht das absolute Eine und bedürfte selber eines Grundes seiner Einheit.

Das einzelne Intelligible erweist sich aber sofort als Vielheit; es konstituiert sich aus einer Mehrheit von Bestimmungsmomenten, das Menschsein z.B. aus den Wesenselementen "Sinnenwesen" (*ζῷον*) und "vernunftbegabt" (*λογικόν*), in die es in der dialektischen Analyse geteilt werden kann (*μεριστόν* Z. 21; vgl. Z. 20: *μέρη*), es ist also Einheit aus Vielem, während das absolute Eine nach dem Grundsatz des "Parmenides" und "Sophistes" schlechthin "teillos" (Z. 21: *ἀμερές*),[50] d.h. absolut einfach sein muß (VI 9, 2, 16 - 21).

---

[47] VI 9, 2, 10 - 11: *οἷον ἀριθμός τις ἑκάστου, ὥσπερ εἰ δύο τινὰ ἔλεγες, οὕτως ἐπὶ μόνου τινὸς τὸ ἕν*. In VI 6, 13, 9 - 14 verwirft Plotin dies, dort 13 f.: *τό τε "μόνον" ὅταν λέγῃ, ἓν μόνον λέγει· ὥστε τὸ ἓν λέγει πρὸ τοῦ "μόνον"*.

[48] Daß *τὸ ὂν τοῦ ἑκάστου* die einzelne Idee und nicht das Einzelding meint, ergibt sich (1) aus dem Kontext, der vom Intelligiblen handelt; (2) daraus, wie seine Vielheit bewiesen wird: es ist durch mehrere Wesensmomente bestimmt, die in der Definition angegeben werden - das Einzelding würde Plotin zerlegen in Stoff und Form sowie in die Elementarkörper (vgl. z.B. IV 7, 1, 4 - 19; V 9, 3, 9 - 20); (3) aus dem Sprachgebrauch Plotins: *τὸ ὄν* meint das wahre Sein der Idee, nicht das konkrete Ding. Zur Formulierung vgl. Platon, Politeia 480 A 11: *αὐτὸ ἕκαστον τὸ ὄν*.

[49] VI 9, 2, 18: *τὸ δὲ ἓν ἀδύνατον πλῆθος εἶναι*. Quelle: Plat. Parm. 137 C 4 - 5, D 1 - 2; vgl. auch 140 A 1 - 3.

[50] Vgl. Sophistes 245 A 8 - 9: *ἀμερὲς δήπου δεῖ παντελῶς τό γε ἀληθῶς ἓν κατὰ τὸν ὀρθὸν λόγον εἰρῆσθαι*. Parm. 159 C 5: *οὐδὲ μὴν μόριά γε ἔχειν φαμὲν τὸ ὡς ἀληθῶς ἕν*. Vgl. 137 C D.

Das Sein als Totalität ist aber erst recht Vielheit, weil alle Vielheit der Seienden in sich umgreifend, also von dem Einen selbst verschieden und nur durch Teilhabe (*μεταλήψει καὶ μεθέξει*) Eines, wie schon Platon gezeigt hatte ("Sophistes" 245 AB). Auch die ebenfalls auf Platon (Soph. 248 E - 249 A) zurückgehenden Grundbestimmungen des Seins als Leben (*ζωή*) und als Geist (*νοῦς*) bestimmen es als Vielheit:[51] denn Leben meint den Wesensbezug des Seins zum Denken, seine Intelligibilität (die wiederum die eidetische Differenziertheit des Seins voraussetzt); Geist aber ist die Aktualität dieses Wesenbezugs in der dynamischen, sich von sich selbst unterscheidenden Einheit von Denkendem und Gedachtem. Endlich umfaßt das Sein die Ideen, eine Vielheit, die in vielfältigem Bestimmungszusammenhang untereinander steht - Plotin denkt dabei an Platons *συμπλοκὴ τῶν εἰδῶν*. Denn die Idee, die einzelne wie die Gesamtheit der Ideen, ist nicht einfache, unterschiedslose Einheit, sondern als aus sich selbst (d.h. ihren eigenen Bestimmungsmomenten) zusammengesetzte Einheit von der Wesensart der Zahl und als gegliedertes Ganzes Einheit nur im Sinne eines einenden Ordnungsgefüges wie es der Kosmos, die einende Ordnung des Weltganzen, ist (VI 9, 2, 21 - 29).

"Überhaupt aber ist das Eine das Erste, der Geist dagegen und die Ideen und das Sein sind kein Erstes."[52] Da das Eine als Prinzip des Seins von allem vorausgesetzt wird, ist es das absolut Erste. Es darf nicht als Sein bestimmt werden, denn das Sein ist als Inbegriff der Ideen Vielheit, also abgeleitet und setzt das Eine voraus. Es ist auch keine Idee, denn auch die Ideen sind abgeleitet: jede einzelne setzt sich aus einer Mehrheit von

---

[51] VI 9, 2, 24 - 26. Vgl. V 6, 6, 18 - 23: *δεῖ γὰρ τὴν πρώτως λεγομένην οὐσίαν οὐκ εἶναι τοῦ εἶναι σκιάν, ἀλλ᾽ ἔχειν πλῆρες τὸ εἶναι. πλῆρες δέ ἐστι τὸ εἶναι, ὅταν εἶδος τοῦ νοεῖν καὶ ζῆν λάβῃ. ὁμοῦ ἄρα τὸ νοεῖν, τὸ ζῆν, τὸ εἶναι ἐν τῷ ὄντι. εἰ ἄρα ὄν, καὶ νοῦς, καὶ εἰ νοῦς, καὶ ὄν, καὶ τὸ νοεῖν ὁμοῦ μετὰ τοῦ εἶναι. πολλὰ ἄρα καὶ οὐχ ἓν τὸ νοεῖν*. Vgl. auch VI 7, 39, 28 ff. mit ausdrücklicher Berufung auf Soph. 248 E f. Zur Trias *ὄν - ζωή - νοῦς* und ihrer Herkunft vgl. P. Hadot, *Etre, vie, pensée chez Plotin et avant Plotin*, in: *Les Sources de Plotin*, 107 - 141 (Diskussion: 142 - 157); H.J. Krämer, *Der Ursprung der Geistmetaphysik*, 193 - 223, 292 - 311; Th. A. Szlezák, *Platon und Aristoteles in der Nuslehre Plotins*, 120 - 135. - Mit der Bestimmung der Idee als Zahl (VI 9, 2, 27 - 28: *οὐδὲ γὰρ ἡ ἰδέα ἕν, ἀλλ᾽ ἀριθμὸς μᾶλλον καὶ ἑκάστη καὶ ἡ σύμπασα*) folgt Plotin Platons innerakademischer Lehre, vgl. z.B. Sextus Empiricus, Adv. Math. X 258; ebenso mit der hierarchischen Gliederung der Ideen nach *πρότερον* und *ὕστερον* in ontologischer Bedeutung (VI 9, 2, 30 - 32), vgl. Aristoteles, Metaph. V 11, 1019 a 2 - 4; Proteptikos Fr. 5 Ross, p. 32, 19 ff.; Div. Arist. § 65 Cod. Marc. (p. 64 Mutschmann); Sextus Emp., Adv. Math. X 269.

[52] VI 9, 2, 29 - 30.

Bestimmungen zusammen (*σύνθετον*), die ihr ontologisch vorangehen (*πρότερα*) und von denen sie abgeleitet ist (*ὕστερον*) (VI 9, 2, 30 - 32).

Das absolut Erste kann auch nicht Geist sein. Der Geist hat das Sein im Denken (Z. 33 - 34: *ἐν τῷ νοεῖν εἶναι*); als Denkender aber bezieht er sich auf ein Zu-Denkendes (*νοητόν*) und hat darum seine Einheit nur *in* der Zweiheit von Denkendem und Zu-Denkendem oder Gedachtem. Als absoluter oder vollkommener Geist (*νοῦς ἄριστος*, vgl. VI 9, 2, 34), der immer bei sich selbst ist, kann er sein Noeton nicht dem abstrahierenden Hinblick auf Dinge außer ihm verdanken[53] - er ist autark wie der Gott des Aristoteles. Dann aber erhält er sein Noeton notwendig von einem ihm Übergeordneten: denn der Wesensakt des Geistes, die Hinwendung auf sich selbst im Denken seiner selbst (und der Geist denkt in allen seinen Inhalten sich selbst), ist in eins die Hinwendung zu seinem Ursprung, dem Einen selbst, das in allem Denken immer schon vorausgesetzt wird, weil es die *Einheit* in der Entzweiung des Denkens erst ermöglicht: *εἰς αὐτὸν γὰρ ἐπιστρέφων εἰς ἀρχὴν ἐπιστρέφει.*[54]

Daß der Geist das Eine als sein Prinzip voraussetzt, es also nicht selbst ist, zeigt Plotin nun, indem er drei Alternativen durchspielt, die alle zu dem gleichen Ergebnis kommen:

- Wenn der Geist sowohl das Denkende als auch selber das Gedachte ist, so ist er zwiefältig und nicht einfach, also nicht das absolut Eine, das er als Zweiheit voraussetzt (VI 9, 2, 36 - 37).
- Wenn er sich in der Zuwendung zu einem anderen konstituiert, dann setzt er damit ein ihm vorgängiges Prinzip voraus (VI 9, 2, 37 - 39).
- Wenn er sich sowohl auf sich selbst als auch auf sein Prinzip hinwendet, ist er auch damit das Zweite (*δεύτερον*) und setzt ein transzendentes Prinzip voraus (VI 9, 2, 39 - 40).

---

[53] Vgl. V 9, 5, 4 - 8: *εἰ δὲ μὴ ἐπακτὸν τὸ φρονεῖν ἔχει, εἴ τι νοεῖ, παρ' αὐτοῦ νοεῖ, καὶ εἴ τι ἔχει, παρ' αὐτοῦ ἔχει. εἰ δὲ παρ' αὐτοῦ καὶ ἐξ' αὐτοῦ νοεῖ, αὐτός ἐστιν ἃ νοεῖ. εἰ γὰρ ἡ μὲν οὐσία αὐτοῦ ἄλλη, ἃ δὲ νοεῖ ἕτερα αὐτοῦ, αὐτὴ ἡ οὐσία αὐτοῦ ἀνόητος ἔσται.* Vgl. auch V 6, 1, 5 - 12; V 5, 1 - 2; V 3, 5, 21 - 48 usw. - Zur Identität von Sein und Denken im Nous bei Plotin K.H. Volkmann-Schluck, *Plotin als Interpret der Ontologie Platos*, 3Frankfurt 1966, 39 ff.; W. Beierwaltes, *Plotin. Über Ewigkeit und Zeit*, Frankfurt 1967, 25 ff.; Th. A. Szlezák, *Platon und Aristoteles in der Nuslehre Plotins*, 120 ff.

[54] VI 9, 2, 35 - 36. Vgl. V 6, 5, 16 - 17: *καὶ γὰρ αὖ ἐν τῇ νοήσει αὐτοῦ* (sc. *τοῦ ἑνὸς) κατὰ συμβεβηκὸς αὐτὸ νοεῖ· πρὸς γὰρ τὸ ἀγαθὸν βλέπων αὐτὸ νοεῖ.*

Die letzte, die beiden anderen umfassende Möglichkeit erfaßt das Wesen des Geistes: "Und in der Tat muß man den Geist so ansetzen, daß er einerseits bei dem Guten, dem absolut Ersten ist und auf Es hinblickt, andererseits aber bei sich selbst ist und sich selbst denkt, und zwar denkt er sich als Inbegriff alles Seienden. Er ist also weit entfernt, das Eine selbst zu sein, da er so vielfältig ist."[55]

So folgt die Vielfältigkeit des Nous und damit seine Verschiedenheit und Abhängigkeit von dem absoluten Einen notwendig aus seinem Wesen, nämlich:

- aus seiner doppelten Bezogenheit auf das absolut Erste und auf sich selbst;
- aus seiner intendierenden Hinwendung zum absolut Ersten (*βλέπειν εἰς ἐκεῖνον*), in der er sich konstituiert und aus der er sein Noeton erhält;
- aus seiner Selbstbezüglichkeit, die Zweiheit bedeutet, d.h. aus der Zweiheit von Denkendem und Gedachtem im Selbstdenken;
- daraus, daß er sich als Totalität des Seienden (*ὄντα τὰ πάντα*) denkt, wobei die Vielheit des Noetischen gerade in seinem Totalitätscharakter liegt: dieser impliziert nicht nur die Zweiheit von Umgreifendem und Umgriffenem (vgl. Plat. Parm. 138 B), sondern vor allem die Vielfalt der Seinsgehalte (= Ideen), ohne die das Sein keine Totalität, sondern leere Abstraktion wäre und ohne die es nichts zu denken gäbe;
- allgemein aus der Relationenvielfalt, in der der Nous steht (VI 9, 2, 32 - 44).

(4) Weil somit auch der Geist in seiner Einheit zugleich und wesentlich Vielheit ist, kann der dialektische Regreß, die Rückfrage nach dem Grund jeder Einheit *in* Vielheit, nicht bei dem Geist als dem absolut Ersten stehenbleiben. Die Einheit des Geistes ist - gerade zufolge seines Totalitätscharakters - inklusive, die Vielheit nicht ausschließende, sondern einschließende und alle Vielheit in sich einigende Einheit und darum nicht absolut einfache, sondern vielheitliche Einheit. Deshalb verweist der Geist durch seine Einheit zwar auf den absoluten Urgrund aller Einheit, durch seine Vielheit aber ist er von dem Absoluten verschieden: "Diese Vielheit also, die doch in eins ist, die intelligible Welt, ist zwar nahe dem Ersten ( . . . ) aber sie ist nicht das Erste, da sie nicht absolut Eines noch absolut einfach ist; absolut einfach aber muß das Eine, der Urgrund

---

[55] VI 9, 2, 40 - 44. Vgl. auch VI 9, 2, 35 - 36; V 6, 5, 10 - 19 (mit Anknüpfung an das Platon-Referat bei Aristoteles, EE A 8, 1218 a 24 - 33); V 5, 5, 16 - 19.

von allem sein."[56] Alles, was nicht absolut einfach ist, ist nicht das Eine selbst, weil alle Vielheit das absolute Eine voraussetzt, wie Plotin an anderer Stelle erklärt: "Das absolut Erste durfte in keiner Weise ein Vieles sein, denn dann müßte seine Vielheit wieder von einem anderen abhängen, das vor und über ihm wäre."[57]

Plotin geht also in einem *dritten* Transzendenzschritt auch noch über den Geist hinaus; die Suche nach dem unableitbar und unhintergehbar ersten Ursprung von allem führt mit innerer Notwendigkeit zu dem absolut einfachen Einen, das nichts ist als einfachhin Eines. Das *einfachhin Eine* (τὸ ἁπλῶς ἕν, III 8, 10, 22) nun ist nicht das von einem anderen ausgesagte Eine und darum auch kein Seiendes: "Es ist nichts Seiendes, sonst würde auch hier das Eine nur von einem anderen ausgesagt; in Wahrheit kommt Ihm kein Name zu, wenn man's denn aber benennen muß, so wird man Es passend gemeinhin das Eine nennen, freilich nicht, als sei Es sonst etwas und dann erst Eines."[58]

Damit aber wird nichts über das Eine selbst ausgesagt, sondern Plotin sagt ausdrücklich: "wir sprechen über ein Unsagbares und benennen Es nur, um Es für uns selbst zu bezeichnen, so gut wir vermögen. Dabei hat auch die Benennung als 'das Eine' nur die Bedeutung einer Negation in Bezug auf das Viele."[59]

Weil es absolut einfach, also ohne jede Vielheit ist, hat das Eine selbst nichts in sich; deshalb muß ihm der Charakter der Totalität - der den Geist als die Einheit von Denken und Sein wesenhaft auszeichnet - abgesprochen werden:

"Somit kann also das Eine weder Alles sein, denn dann wäre Es nicht mehr einfachhin Eines, noch der Geist, denn dann wäre Es wiederum

---

[56] VI 9, 5, 20 - 24.

[57] VI 7, 17, 42 - 43.

[58] VI 9, 5, 30 - 33. Vgl. V 5, 4, 6 - 9; V 3, 12, 50 - 52; V 3, 13, 4 - 5; V 3, 15, 15 - 17. Vgl. auch II 9, 1, 10 - 12. - Daß das Eine selbst einfachhin das Eine ist, nicht das von einem anderen ausgesagte Eine und darum auch kein Seiendes, lehrten nach den Berichten des Aristoteles schon Platon und Speusipp, Metaph. 987 b 23: καὶ μὴ ἕτερόν τι ὂν λέγεσθαι ἕν (vgl. 1001 a 6 - 7, 10 - 12, 27 - 29); 1092 a 14 - 15: ὥστε μηδὲ ὄν τι εἶναι τὸ ἓν αὐτό. Vgl. Platon, Parm. 142 B 7 ff.

[59] V 5, 6, 24 - 26. Vgl. auch V 3, 13, 1 - 5; V 3, 14, 1 - 8; V 4, 1, 8 - 9; V 5, 6, 11 - 13; II 9, 1, 5 - 7; VI 7, 38, 1 - 9; VI 8, 8, 3 - 8; VI 9, 4, 11 - 13 usw. - Platonischer Anknüpfungspunkt für die Unsagbarkeit des absolut Einen ist Ep. VII 341 C 5 - 6 mit Parm. 142 A 3 - 6.

Alles, da der Geist Alles ist, noch auch das Sein, denn das Sein ist Alles."[60]

Damit ist das Eine im absoluten Sinne jenseits von allem (*ἐπέκεινα πάντων*, V 4, 2, 39 - 40; V 1, 6, 13; V 3, 13, 2); seine Transzendenz ist *absolute Transzendenz*, d.h. Transzendenz über die Totalität in jeder Bedeutung.[61] Weil Geist und Sein die Totalität umgreifen, umgreifen sie gerade deshalb das Eine nicht: die absolute Transzendenz muß als Geisttranszendenz und Seinstranszendenz gedacht werden. Der letzte Schritt des Transzendierens berührt im Transzendieren von Sein und Geist die absolute Transzendenz, die alles überschreitet und nicht mehr überschritten werden kann; sie kann nur im Transzendieren als dessen *Grenze* erfahren werden.

Denn im Transzendieren über Sein und Geist wird nicht mehr etwas gegenwärtig, das als Gegebenes wieder überschritten werden könnte, da jedes Gegebene immer nur innerhalb des Totalitätshorizontes von Sein und Geist gegeben ist. Darum wird das Eine im äußersten Transzendieren nur negativ als das schlechthin *Ungegebene* erfahren.

Von der transzendierenden Seele heißt es: "In dem Maße aber, wie die Seele ins Gestaltenlose vordringt, welches sie gänzlich unfähig ist zu erfassen, weil sie nicht mehr von ihm bestimmt, nicht mehr gleichsam von einem Stempel, der voll reicher Vielfalt ist, geprägt wird, da gleitet sie aus und muß fürchten, ein Nichts zu fassen."[62] Und doch berührt sie dann, "wenn sie über alles hinausgegangen ist, dasjenige, was vor und über allem ist":[63] das Eine selbst. Hinausgehend über alles vollendet sich das Transzendieren im Berühren des Unüberschreitbaren.

Der Auslegung dieser Transzendenzerfahrung dient die negative Theologie Plotins.

---

[60] VI 9, 2, 44 - 47.

[61] Vgl. dazu G. Huber, *Das Sein und das Absolute*, Basel 1955, 58 - 60.

[62] VI 9, 3, 4 - 6. Vgl. III 8, 10, 26 - 31.

[63] VI 9, 11, 35.

## Kapitel II

## Die henologische Reduktion:

## Das absolute Eine jenseits aller Vielheit

### § 1 Ziel und Methode der henologischen Reduktion

Plotins Aufstieg zum Einen selbst hat den Charakter einer metaphysischen Reduktionsbewegung (*ἀναγωγή*),[1] die über alles in seinem Sein Bedingte und Begründete hinaus zum absoluten Urgrund von allem zurückgeht (*ἀναγωγὴ ἐπ' ἀρχήν*, vgl. Platon, Nomoi 626 D 5 - 6; Arist. Metaph. 1027 b 14). Dieser Rückgang und Aufstieg zum alles begründenden Urgrund macht das Wesen der Plotinischen Dialektik aus (I 3, 1, 1 - 4). Als Urgrund von allem wird das alles Bedingende, selbst aber schlechthin *Un-bedingte* (*ἀνυπόθετον*)[2] gesucht - denn der absolute Urgrund gründet, ohne selbst gegründet zu sein: *ἀρχῆς δὲ τῆς πάσης οὐκ ἔστιν ἀρχή* (VI 8, 11, 8 - 9).

---

[1] Als philosophischer terminus technicus erscheint *ἀναγωγή* zuerst bei Aristoteles, und zwar in seinen Berichten über Platons Prinzipienlehre: Metaphysik IV 2, 1004 b 26 - 1005 a 1, vgl. 1004 a 1; XI 3, 1061 a 11, 13, 16; im gleichen Zusammenhang bei seinem Kommentator Alexander von Aphrodisias, In Metaph. 56, 15 f.; 262, 22 f.; Ps.-Alexander, In Metaph. 615, 14 f.; 695, 25. - Gemeint ist jedesmal die Zurückführung alles Seienden auf die höchsten Prinzipien des Einen und der unbestimmten Zweiheit bzw. auf das Eine als absolutes Prinzip. Die mittelalterlichen Übersetzer geben *ἀναγωγή* daher durch reductio oder introductio wieder (siehe *Aristoteles latinus* Bd. XXV 1 - 1a und Bd. XXV 2, Indices s.v. *ἀνάγω*, *ἀναγωγή*). - Der Terminus scheint nicht erst Aristotelisch, sondern bereits platonisch-akademisch zu sein. Jedenfalls ist die metaphysische Reduktion zum absoluten Prinzip nicht nur der Sache nach Platonisch (Politeia 511 B - C); Platon drückt auch den Aufstieg zum Prinzip durch das Verb *ἀνάγειν* aus (Politeia 521 C 2, 533 D 2); Nom. 626 D 5 - 6 gebraucht er das Verb in der technischen Bedeutung ("zurückführen auf das Prinzip"), die es auch in den Aristotelischen Berichten hat.

[2] Platon, Politeia 511 B 6.

Weil der Urgrund von allem *un*-bedingt ist, kann er selber nicht mehr die Charaktere des Begründeten haben; er muß also *jenseits* (ἐπέκεινα) von allem sein, was er gründet.[3]

Er ist somit das *Absolute* im ursprünglichen und strengen Wortsinne: das aus allem Herausgenommene (ἐξῃρημένον),[4] das von allem Bedingten und Begründeten vollkommen Getrennte (χωριστόν)[5] und Abgelöste (ἀπόλυτον = ab-solutum).[6] Somit fallen radikale Ursprungsfrage und Transzendenzproblem in der Frage nach dem Absoluten zusammen. Der Rückgang zum absoluten Ursprung kann sich nur im Transzendieren über alles Entsprungene vollziehen, darum zeigt sich in der Reduktion auf den Urgrund die *Transzendenz* des Absoluten; - anders formuliert: das Absolute muß als absolute Transzendenz gedacht werden, weil es nur so wirklich als das Absolute gedacht wird (vgl. z.B. V 4, 1, 5 - 15. 2, 37 - 43; III 8, 9, 39 - 54. 10, 26 - 31; V 5, 6, 6 - 10).

Die neuplatonische Philosophie des Einen, die Einheit als den bestimmenden Grundzug aller Wirklichkeit denkt, konzipiert den transzendierenden Rückgang zum absoluten Ursprung als "*henologische Reduktion*" (ἀναγωγὴ εἰς ἕν, III 8, 10, 20; V 5, 4, 1); diese geht hinter die in sich gestufte Vielheit des Seins im Ganzen zurück und über sie hinaus auf das aus aller Vielheit herausgenommene *Eine*, das schlechthin Nicht-Vielheit ist: Ziel der henologischen Reduktion ist das wahrhaft, rein und absolut Eine (τὸ ἀληθῶς ἕν,[7] τὸ καθαρῶς ἕν,[8] τὸ πάντως ἕν[9]), das Eine einfachhin (τὸ ἁπλῶς ἕν),[10] *das Eine selbst* (τὸ αὐτοέν).[11] Da es durch

---

[3] Vgl. z.B. V 5, 6, 6 -10.

[4] VI 2, 9, 29. Bei Proklos häufig für das Absolute, z.B. Theol. Plat. II 8, 54, 2; 55, 8 S-W.

[5] V 1, 9, 2. 10, 7.

[6] VI 8, 20, 6. Dazu Theilers Anmerkung, *Plotins Schriften*, Bd. IV b, 393 mit Verweis auf Sextus Empiricus, Adv. math. 10, 263 und Platons "Περὶ τἀγαθοῦ". Vgl. auch Porphyrios, In Parmenidem XII 32 (bei Hadot, *Porphyre et Victorinus* II, 106).

[7] V 5, 4, 2. Vgl. Platon, Parm. 159 C 5, Soph. 245 A 8.

[8] V 5, 4, 6.

[9] VI 2, 9, 6.

[10] III 8, 10, 22.

[11] V 3, 12, 51. 15, 16. 17, 9. Von Proklos terminologisch für das Absolute gebraucht. Ähnlich schon bei Aristoteles in seinen Berichten über Platon und die Akademie (z.B. Metaph. 1091 b 14, 1092 a 15). Vgl. schon Platon, Parm. 137 B 3, D 2, 158 A 5, Soph. 245 A 5 - 6.

jede Bestimmung in die Vielheit hineingezogen würde, ist das absolute Eine über alle Bestimmungen erhaben und jenseits von allem (*ἐπέκεινα πάντων*),[12] also auch jenseits des Geistes und der Ideen. Der Sinn der henologischen Reduktion ist der Nachweis: das Absolute ist das absolut Eine und als das absolut Eine das absolut Transzendente. Unter diesem Aspekt ist die henologische Reduktion der konsequenteste Ausdruck der Einheitsmetaphysik. Plotin faßt sie vom Ergebnis her so zusammen:

"Daß man also zurückgehen muß auf das Eine und zwar auf das wahrhaft Eine, das nicht in der Weise Eines ist wie alles andere, das Vieles ist und nur durch Teilhabe an dem Einen Eines - man muß aber *das* Eine selbst erfassen, das nicht durch Teilhabe Eines ist und nicht ebensosehr Vieles wie Eines - und daß der intelligible Kosmos und der Geist gewiß in höherem Maße Eines ist als alles andere und nichts dem Einen selbst näher ist als er, daß er jedoch nicht *das reine Eine* ist: das haben wir dargelegt."[13]

Zugrunde liegt dieser Reduktion auf das absolute Eine und damit der neuplatonischen Metaphysik überhaupt eine prinzipientheoretische Bestimmung des Verhältnisses von Einheit und Vielheit, die zusammengefaßt besagt: "*Vor* dem Vielen muß das Eine sein, von dem her auch das Viele ist" (V 3, 12, 9 - 10). Proklos entwickelt dies als Grundlage der Metaphysik des Einen in Kapitel II 1 der "Platonischen Theologie" und faßt die Ergebnisse in den fünf ersten Axiomen seiner "Elementarmetaphysik" zusammen:

1. Jede Vielheit hat irgendwie an dem Einen teil.
2. Alles, was an dem Einen teilhat, ist sowohl Eines als auch Nicht-Eines.
3. Alles, was Eines wird, wird Eines durch die Teilhabe an dem Einen.
4. Alles Geeinte ist verschieden von dem Einen selbst.
5. Jede Vielheit ist seinsmäßig später (*δεύτερον*) als das Eine.[14]

Für die Methode der henologischen Reduktion ergibt sich zunächst zweierlei:

---

[12] V 1, 6, 13; V 3, 13, 2; V 4, 39 - 40. Vgl. V 5, 6, 8 - 11; I 7, 1, 19 - 20; III 8, 9, 53 - 54. 10, 30 - 31.

[13] V 5, 4, 1 - 6.

[14] Proklos, Elementatio theologica, prop. 1 - 5; S. 2 - 7 Dodds.

A) Alles Viele ist Abkünftiges, d.h. logisch und ontologisch Abgeleitetes. Vielheit ist geradezu Abkünftigkeit κατ' ἐξοχήν, da ihr Wesen das "Mehr-als-Eines"-Sein ist; sie setzt darum das ursprüngliche Eine immer schon voraus, das, wie Plotin erklärt, in jedem Ansprechen von Vielheit vorgängig mitgemeint ist: "Wenn Vieles ist, so muß vorher Eines sein; denn auch, wenn man 'Vielheit' anspricht, meint man damit 'mehr als Eines' und wenn man (z.B.) ein Heer meint, denkt man viele Bewaffnete, die zu einer Einheit zusammengeordnet sind."[15] - Plotin spricht im Einheitsbedürfnis das Grundgesetz unseres Denkens an, wenn er fortfährt:

" . . . und wenn das Denken es, obgleich es Vielheit ist, doch nicht Vielheit sein läßt, so holt es offenbar irgendwo auch hier das Eine ans Licht, entweder, indem es der Vielheit das Eine, das sie nicht hat, dargibt (d.h. das Denken setzt die Einheit durch seine subjektive Synthesis) oder es führt, indem es mit seinem Scharfblick das in der Ordnung liegende Eine erkennt, die Wirklichkeit des Vielen zur Einheit zusammen; denn auch hierbei beruht das Eine nicht auf Täuschung"[16] - sonst wäre unser Denken, das auf die Voraussetzung der Einheit angewiesen ist, nicht imstande, die Wirklichkeit zu erfassen.

Deshalb verwirft Plotin auch die eben angedeutete subjektivistische Alternative,[17] nach der die Einheit erst durch unser Denken gesetzt wird, indem er nachweist, daß wir nur denken und setzen können, indem wir das Eine voraussetzen, dann aber kann die Voraussetzung jeder Setzung nicht selber das Produkt eines Setzens sein: "Wenn es also nicht möglich ist, irgendetwas zu denken oder anzusprechen ohne das Eine oder die Zwei oder sonst eine Zahl, wie könnte es da möglich sein, daß dasjenige nicht ist, ohne welches es unmöglich ist, etwas zu denken oder anzusprechen ? Denn es ist unmöglich, von demjenigen zu sagen, daß es

---

[15] VI 6, 13, 17 - 19. (Text nach Theiler).

[16] VI 6, 13, 19 - 24.

[17] Vgl. auch H.J. Krämer, *Ursprung der Geistmetaphysik*, 426 Anm. 180 mit Verweis auf VI 6, 6, 19 ff. Zum Problem grundsätzlich Krämer, 424 - 427 und (dazu kritisch) K. Flasch, *Die Metaphysik des Einen bei Nikolaus von Kues*, Leiden 1973, 116 - 120 zu der Frage, ob bei Plotin der Geist die Ideen setzt; Flasch betont dabei die Nähe Plotins zum transzendentalen Idealismus wohl zu stark, vgl. aber auch seine Hervorhebung der Unterschiede 124 - 133. Nach Flasch denkt Plotin den Nous "als die Tätigkeit . . . die sich selbst zugleich mit dem intelligiblen Kosmos auf nicht-willkürliche Weise setzt, indem sie das Eine voraussetzt" (118). Doch berechtigt das wirklich zu der Feststellung: "Die Idee der Transzendentalphilosophie . . . ist damit skizziert" (119 f.)?

nicht sei, bei dessen Nichtsein man gar nichts mehr zu denken oder zu sagen vermag; - sondern dasjenige, welches in allen Fällen erforderlich ist für das Zustandekommen jedes Gedankens und jeder Aussage, muß *vor* Aussage und Denkakt sein; denn nur so kann es für ihr Zustandekommen beigezogen werden."[18]

Plotin gewinnt also den Vorrang der Einheit vor der Vielheit in zwei Schritten: (a) durch eine prinzipienlogische Reflexion auf die Bedingungen unseres Denkens, in der er zeigt, daß wir Vielheit ohne Einheit nicht denken können; (b) durch die Abweisung einer subjektivistischen Auffassung dieses Ergebnisses, weil unser Denken das Eine nicht gesetzt haben kann, wenn jeder Denkakt nur unter *Voraus*setzung des Einen möglich ist.[19]

Die Priorität der Einheit ist deshalb nicht rein logisch, sondern ontologisch zu verstehen: Das Eine ist nicht nur gedankliche Voraussetzung, sondern Grund des Seins des Vielen. Daraus ergibt sich dann die Forderung, alle Vielheit auf das Eine zurückzuführen, also das Prinzip der henologischen Reduktion. Denn Einheit ist dann nicht nur die Bedingung jedes Denkens, sondern auch jedes Seins: "Wenn es aber auch erforderlich ist für das Zustandekommen eines jeden Seins (denn nichts ist seiend, was nicht Eines ist), so muß es auch *vor* dem Sein da sein und erzeugt erst das Sein. Deshalb ist es auch das seiende Eine (*ἓν ὄν*), aber nicht zuerst seiend und dann erst Eines (*ἀλλ᾿ οὐκ ὄν, εἶτα ἕν*); denn in dem, was erst seiend *und* dann Eines ist, liegt bereits Vielheit."[20]

Einheit ist somit keine Folgebestimmung des Seins, sondern dessen Voraussetzung! Das *ἓν ὄν*, das transzendentale Eine, das im Denken als dessen Voraussetzung gewußt wird und das das ursprünglichste Element des absoluten Geistes und der in ihm gedachten Ideen ist, ist freilich noch nicht das Absolute; die henologische Reduktion kann bei ihm nicht stehen bleiben, wie sich bald zeigen wird.

---

[18] VI 6, 13, 43 - 49. (Text nach Theiler).

[19] Vgl. K. Flasch, *Die Metaphysik des Einen*, 339: "Definiert man 'Transzendentalphilosophie' einseitig nur nach dem Gesichtspunkt der Produktivität des Denkens, dann zeigt Cusanus - wie schon Plotin - die Unhaltbarkeit dieser technomorphen Vorstellung vom Denken: Wenn das abstrahierende, rationale Denken auch ein Setzen ist, so ist doch die Theorie dieses Setzens nicht wiederum ein ebensolches Setzen. Noch weniger ist die Erkenntnis des in aller Synthesis vorausgesetzten Einen ein nur produktives Synthetisieren . . . unsere Erkenntnis von ihm ist ein Voraussetzen im Setzen."

[20] VI 6, 13, 50 - 53. Vgl. Platon, Parm. 144 C 4 - 6, 142 D 4, 144 E 5.

B) Der Grundsatz von der Abgeleitetheit aller Vielheit gilt aber auch umgekehrt: Alles Abgeleitete und Abkünftige ist Vieles. Vielheit ist die Seinsweise des Abgeleiteten als eines solchen. Dann darf das ursprüngliche, die Vielheit einende Eine selber nicht mehr als Vielheit gedacht werden: "Denn nach dem Gesagten ist es nicht richtig, Jenes (Eine) in die vielen Dinge zu zerteilen, sondern man muß vielmehr die Vielheit der zerteilten Dinge auf das Eine zurückführen, und Jenes ist *nicht herabgekommen* zu diesen, sondern, weil diese Dinge verstreut sind, erwecken sie in uns die Vorstellung, daß in derselben Weise wie diese auch Jenes zerteilt ist, so als wollte man das Bewältigende und Zusammenhaltende in gleiche Teile zerlegen wie das Bewältigte."[21]

Würde das ursprüngliche Eine, auf das die Vielheit zurückgeführt wird, wieder in der Weise der Vielheit als zerteilt vorgestellt, so wäre es gar nicht das Eine und Einende, sondern selber das in die Vielheit Zerstreute; wie aber könnte es dann das Viele einigen ? Der einheitstiftende Ursprung wird verfehlt, wenn er in seiner sich herablassenden Immanenz in der Seinsweise des Abgeleiteten, d.h. als Vielheit gedacht wird. Zwar kann die Vielheit nicht ohne Einheit gedacht werden, aber das Eine muß ohne Vielheit gedacht werden, denn wenn es selber Vieles wäre, könnte es das Viele nicht einen.

Darin liegt, daß das Prinzip nicht die Bestimmungen des Prinzipiierten haben kann, weil es dann nicht mehr Prinzip wäre; es muß also "jenseits" des Prinzipiierten sein. Diese Einsicht ist geradezu das Grundgesetz platonisch-neuplatonischer Metaphysik und jeder von dorther inspirierten Philosophie.[22] Die Reduktion der Vielheit auf die Einheit wird somit nur dann wirklich vollzogen, wenn wir die Einheit in ihrer Transzendenz, als herausgenommen aus der Vielheit denken. Wir berühren den Ursprung

---

[21] VI 4, 7, 3 - 9. Plotin spielt damit auf Platon, Parm. 131 BC an. Vgl. auch Phileb. 15 B.

[22] Ausdrücklich formuliert hat dieses Grundgesetz des Platonismus als erster Speusipp, Fr. 72 Isnardi Parente = Jamblich, De comm. math. sc. IV, 15, 9 - 10: *τὴν δὲ ἀρχὴν μηδέπω εἶναι τοιαύτην οἷα ἐκεῖνα ὧν ἐστιν ἀρχή*. Implizit enthält schon das Sonnengleichnis denselben Grundsatz, wo Platon das Absolute als Seinsprinzip über das Sein und als Erkenntnisprinzip über Erkennen und Wahrheit hinaushebt (Politeia 509 B, 508 E f.). Der Formulierung Speusipps kommen nahe auch Platon, Phileb. 27 B 1 - 2 und schon Hipp. mai. 297 A - C; ebenso Alexander bei Simplikios, In Phys. 431, 2 D. = Test. Plat. 55 B: *οὐ γὰρ ταὐτὸν τὸ αἴτιον τῷ αἰτιατῷ* (exakte Parallele: Plotin VI 9, 6, 54 f.). Vgl. auch Arist., EE 1248 a 27 - 29 und - bezogen auf die *στοιχεῖα* - Metaph. 1070 b 2 - 16.

nur dort, wo wir das Entsprungene, dessen Wesen Vielheit ist, überschritten haben und die Einheit ohne Vielheit nehmen.

Das gilt schon auf der *ersten Stufe* der Reduktion für das intelligible Eine der Idee, auf das eine sinnenfällige Vielheit zurückgeführt wird. Aber die Idee ist selber noch vielheitliche Einheit. Zwar ist es der allgemeinste Charakter jeder Idee, daß sie ἓν ἐπὶ πολλῶν,[23] transzendente Einheit für einen Bereich des Vielen ist. Aber Plotin hält nicht nur mit Platon an der realen Vielheit und Verschiedenheit der Ideen fest; jede einzelne Idee ist auch in sich vielfältig - ihr kommt eine Mehrheit von Bestimmungen zu, sie steht in vielfältiger κοινωνία mit anderen Ideen und ist nur aus dieser κοινωνία dialektisch bestimmbar. Selbst das ursprünglichste Element der Ideen, das ἓν ὄν, enthält bereits eine Bestimmungs-Zweiheit. Alles Intelligible ist so als *Einheit* zugleich *Vielheit* (ἓν πολλά).[24]

Da nun jede Vielheit von einem vielheitsfreien Ursprung her sein muß, führt dasselbe Prinzip, das von der zerstreuten Vielheit des Sinnlichen zur Einheit des Intelligiblen emporgeführt hat, auf der *zweiten Stufe* der Reduktion notwendig über das intelligible Sein im Geist hinaus zu einer ursprünglicheren Einheit. Denn das besagt die Grundregel der henologischen Reduktion:

" . . . *der Ursprung von jeglichem ist einfacher als dieses selber.*[25] Das also, was den sinnenfälligen Kosmos hervorgebracht hat, ist nicht selbst sinnenfälliger Kosmos, sondern Geist und intelligibler Kosmos; und auch

---

[23] Aristoteles, Metaphysik 990 b 7, 13; 1079 a 3, 9 nach "Περὶ ἰδεῶν". Vgl. An. post. 77 a 5: Die Idee ist ἓν παρὰ τὰ πολλά. Bei Platon selber vor allem Politeia 476 A, 479 A, 507 B, 596 A; Parm. 131 BC, 132 A, 133 B, 135 BC; Phileb. 15 AB, 16 DE.

[24] Platon, Parm. 144 E 5. Plotin V 1, 8, 26; V 3, 15, 11. 22; V 4, 1, 21; VI 2, 15, 14; VI 2, 17, 25; VI 6, 13, 53; VI 7, 14, 12. Vgl. auch VI 4, 11, 15 - 20; VI 5, 9, 36 - 37.

[25] V 3, 16, 7 - 8: ἡ ἀρχὴ ἑκάστων ἁπλουστέρα ἢ αὐτά. Vgl. III 8, 9, 42 - 43; II 9, 1, 2. 8.. - Auch dieser Grundsatz ist so schon in der Alten Akademie formuliert worden: Speusipp, Fr. 88 Isnardi Parente = Jamblich, De comm. math. sc. IV, 17, 12 - 13: τὸ γὰρ ἁπλούστατον πανταχοῦ στοιχεῖον εἶναι. Alexander von Aphrodisias, In Metaph. 55, 22 - 23 Hayduck nach Platon "Περὶ τἀγαθοῦ": τὰ γὰρ ἁπλούστερά τε καὶ μὴ συναναιρούμενα πρῶτα τῇ φύσει. Vgl. ebd. 56, 15 f. - Daß Plotin den Metaphysikkommentar Alexanders kannte, wissen wir (vgl. Vita Plot. 14, 13); daß er auch die Stelle bei Speusipp kannte, darf aufgrund der gegen Speusipp gerichteten Polemik VI 9, 6, 2 ff., die die Vertrautheit mit dessen Lehrmeinungen voraussetzt, vermutet werden. Die Vertrautheit Plotins mit der neupythagoreischen Tradition, in der das zitierte Speusipp-Fragment überliefert ist, ergibt sich aus Vita Plot. 14, 11 f. mit 20, 71 - 76.

das, was vor dem Geist ist und den Geist erzeugt hat, ist also selbst weder Geist noch intelligibler Kosmos, sondern einfacher als der Geist und einfacher als der intelligible Kosmos. Denn das Viele ist nicht aus Vielem, sondern *das Viele hier ist aus Nicht-Vielem*; denn wäre auch das Eine selbst Vieles, so wäre es nicht der Urgrund, sondern es müßte noch einen weiteren Urgrund vor diesem geben. *Es muß sich also zur absoluten Einheit zusammenschließen, enthoben jeder Vielheit und jeder noch irgendwie bestimmten Einfachheit, wenn es absolut einfach sein soll.*"[26]

Der Rückweg vom Vielen zum Einen vollzieht sich als *Vereinfachung* (ἄπλωσις, VI 9, 11, 23). Da alle Bestimmtheit im Bereich der Vielheit verbleibt, findet die henologische Reduktion das Absolute erst in der über jede Bestimmung erhabenen absoluten Einheit des einfachhin Einen. Darum überschreitet sie sinnenfällige wie intelligible Welt auf das Unüberschreitbare der absoluten Transzendenz hin.

"Sinnliche wie geistige Welt sind beide immanent, sofern wir mit ihnen im Wahrnehmbaren oder Denkbaren bleiben. Der erste transzendierende Schritt zur Geisteswelt, zum Intelligiblen, das heißt nur Denkbaren schafft erst den Ausgangspunkt für den zweiten: für das Transzendieren sowohl über das Sichtbare wie über das Denkbare hinaus. In der Welt des Denkbaren findet Plotin noch keine Ruhe, sondern sucht für diese selber den Grund. Er fragt: Woher ? Aber diese Frage findet keine Antwort mehr durch einen erfüllbaren Gedanken. Alles Denkbare gehört wieder der Geisteswelt an, über die transzendiert werden soll. Es ist der Schritt eines Denkens, das sogleich kein Denken mehr ist, sondern als Denken scheitert in dem Gedanken: es ist denkbar, daß es gibt, was nicht denkbar ist. Das Denken drängt an die Grenze, die es nicht überschreiten kann, die es aber dadurch, daß es sie denkt, zu überschreiten auffordert."[27]

Der Überschritt zum Undenkbaren, dem bestimmungslos einfachen Einen ist paradox, aber notwendig; das Denken entdeckt *in sich selbst* die Notwendigkeit, *über sich* hinauszugehen. Den Rückgang zum transzendenten Absoluten, das niemals in das Denken eingeht, obwohl es beständig von ihm vorausgesetzt wird, erweist Plotin in seinen Schriften unter drei verschiedenen Aspekten als notwendig, denen wir uns im folgenden im einzelnen zuwenden:

---

[26] V 3, 16, 7 - 16. Vgl. III 8, 9, 39 - 54; VI 7, 17, 42 - 43.

[27] K. Jaspers, *Plotin*, in: *Die großen Philosophen* I, [3]München 1981, 667.

1) Die Absolutheit des Einen, das dem Vielen den Grund gibt, ohne selbst in die Vielheit einzugehen, ist durch die seinsmäßige Defizienz des Vielen gefordert.
2) Die Abhängigkeit des Seins des Vielen von dem aus jeder Vielheit herausgenommenen absoluten Einen wird bewiesen.
3) Von dieser Voraussetzung wird die Transzendenz des absoluten Einen über die Totalität, die der Geist ist, abgeleitet.

## § 2 Absolutheit des Einen - Defizienz des Vielen

Plotin expliziert die Absolutheit des Einen zum ersten Mal im 1. Kapitel der Schrift V 4:

"Das Erste nämlich muß ein schlechthin Einfaches, *vor* und *über* Allem Liegendes sein, verschieden von allem, was nach Ihm ist, für sich selbst seiend, nicht vermischt mit etwas, was von Ihm stammt, und dabei doch in anderer Weise wieder fähig, allem anderen beizuwohnen, wahrhaft Eines seiend und nicht zunächst etwas anderes und dann erst Eines, von welchem schon die Aussage, daß Es Eines sei, falsch ist, von welchem es 'keine Aussage und keine Erkenntnis' gibt, von welchem es dann auch heißt, daß Es 'jenseits des Seins' ist.

Denn wenn Es nicht absolut einfach wäre, entrückt aller Zufälligkeit und aller Zusammengesetztheit, und wahrhaft und absolut Eines, dann wäre Es nicht der Urgrund; erst dadurch, daß Es absolut einfach ist, ist Es von allem das Unabhängigste und so das Erste; denn das nicht Erste bedarf dessen, was vor ihm ist, und das nicht Einfache der in ihm enthaltenen einfachen Bestandteile, um aus ihnen bestehen zu können."[28]

Plotin hebt hier zweierlei hervor: (A) die absolute ontologische Transzendenz des Einen ergibt sich notwendig aus seiner absoluten Einfachheit; (B) die vielheitslose Einfachheit des Absoluten ist durch die allem nicht schlechthin Einfachen wesensmäßige Defizienz (ἐνδεές) gefordert, so daß alles nicht Einfache einen vollkommen einfachen Urgrund voraussetzt. Dies ist im folgenden zu entfalten.

---

[28] V 4, 1, 1 - 15.

A. Das Erste muß ἁπλοῦν, schlechthin einfach sein, weil alles nicht schlechthin Einfache von einem anderen abhängig, also nicht das Erste ist.[29]

Absolute Einfachheit bedeutet das Herausgenommensein aus jeder Vielheit, auch aus jeder nur gedanklichen Vielheit und damit den Ausschluß jeder wie immer auch gearteten ontologischen Struktur. Das absolut Einfache ist συμβάσεως ἔξω πάσης καὶ συνθέσεως (V4,1,11), jeder Kontingenz und Zusammengesetztheit, d.h. auch jeder intelligiblen ontologischen Strukturiertheit enthoben. Deshalb ist es das von allem vollkommen Unabhängige und so das Erste, αὐταρκέστατόν τε καὶ πρῶτον ἁπάντων (V 4, 1, 12 - 13. Vgl. II 9, 1, 8 - 10). Dagegen ist jede Vielheit zusammengesetzt und deshalb abhängig und kontingent; denn das Zusammengesetzte ist von den Bestandteilen seiner Zusammensetzung abhängig und bedarf darüber hinaus der Einheit, um als die Vielheit dessen, woraus es besteht, sein zu können; somit ist es in doppelter Weise bedürftig, also nicht das Erste, sondern kontingent. Wäre aber das Erste irgendwie strukturiert, so schlösse es - wenigstens gedanklich - eine Vielheit in sich ein und wäre nicht absolut einfach und eben damit nicht das absolut Erste.

Was absolut einfach und ohne jede Struktur ist, das weist keinerlei Bezüglichkeit auf, weder zu sich selbst noch zu Anderem. Da jede Bestimmung es zu sich oder zu Anderem in Beziehung setzen müßte, damit es aus dieser Beziehung zu sich oder Anderem bestimmbar sei, und es damit in die Vielheit hineinzöge, ist das Erste absolut bestimmungslos, und zwar nicht nur für uns unbestimmbar, sondern an und für sich selbst unbestimmt; denn das absolut Einfache ist als Unbezügliches schlechthin aus allem herausgenommen.

Somit ist das schlechthin Einfache das aus allem Herausgenommene und so das Absolute; in der als Negation jeder Vielheit, Strukturiertheit, Bestimmtheit und Bezüglichkeit verstandenen Einfachheit liegt der reine Begriff des Absoluten.

Durch seine reine Einfachheit aus allem herausgenommen, ist das Absolute vollkommen transzendent: es ist πρὸ πάντων (V 4, 1, 5; ebd. 2,

[29] V 4, 1, 5. 10 - 13. Vgl. II 9, 1, 8: καὶ τὸ πρῶτον δὲ οὕτως, ὅτι ἁπλούστατον. Ebd. 2: πᾶν γὰρ τὸ οὐ πρῶτον οὐχ ἁπλοῦν. Vgl. auch V 3, 11, 27 f.; V 3, 13, 34 f.; V 3, 16, 13 - 16; VI 9, 5, 24; V 9, 14, 2 - 3; III 8, 9, 17; V 5, 10, 14 und oft. - Dieser Grundsatz ist altakademischer Herkunft: Alexander, In Metaph. 55, 22 f.; Speusipp bei Jamblich, De comm. math. sc. IV, 17, 12 f. Siehe oben Anm. 25.

40 - 41; VI 9, 11, 35; III 9, 4, 7; III 8, 9, 50 - 51. 54; V 3, 11, 19. 22. 25; vgl. V 5, 13, 33. 35; VI 7, 37, 30: *ὑπὲρ τὰ πάντα*), vor und über allem und damit auch *πάντων ἕτερον* (V 4, 1, 6; VI 7, 42, 12; V 3, 11, 18; vgl. auch V 3, 10, 50: *τὸ διάφορον πάντη*), verschieden von allem, *ἐφ' ἑαυτοῦ* (V 4, 1, 6. Vgl. V 1, 6, 12 - 13; V 5, 10, 3; V 6, 3, 4. 16 - 17; ebd. 4, 7 usw.), rein für sich selbst und *οὐ μεμιγμένον* (V 4, 1, 6 - 7. Vgl. V 5, 10, 3: *ἐφ' ἑαυτοῦ ὂν καθαρὸν οὐδενὶ μιγνύμενον*. Ebd. 13, 35: *ἀμιγὲς πάντων καὶ ὑπὲρ πάντα*), nicht vermischt oder zusammen mit irgendetwas. So liegt die *Absolutheit* des Absoluten wesentlich in seiner absoluten *Jenseitigkeit*: die Transzendenz ist der Grundzug des Absoluten. Plotin nennt das Absolute daher auch einfach *τὸ ἐπέκεινα* (I 6, 9, 41; V 1, 8, 7; V 6 tit.; V 3 tit.; V 3, 11, 1; ebd. 13, 2).

Gleichwohl muß das Absolute auf andere Weise allem anderen beiwohnen können, *ἕτερον τρόπον τοῖς ἄλλοις παρεῖναι δυνάμενον* (V 4, 1, 7 - 8) - denn sonst könnte es nicht Urgrund sein. Darin liegt kein Widerspruch: Zwar ist das Absolute unbezüglich und herausgenommen aus allem, aber alles bezieht sich auf das Absolute, um zu sein.[30] Das Absolute gibt allem den Grund, ohne als Es selbst in ihm anwesend zu sein; so ist es bei allem, ohne seine Transzendenz aufzuheben.[31] Weil alles Seiende nur ist, sofern es Eines ist, darum ist das Eine bei allem, was ist, gegenwärtig und "entzieht sich weder dem Größten noch dem Kleinsten", so Platon (Parm. 144 C 7, vgl. B 2). Aber das in allem anwesende Eine ist nicht das Eine selbst, das absolut einfache Eine, sondern das seiende Eine, das schon durch sein Sein vielfältig ist (Parm. 144 E 6 - 7). Also ist es nicht das Absolute, sondern dessen Manifestation in allem, was nach dem Absoluten und durch es ist.

Dagegen ist das Absolute *ὄντως ἕν* (V 4, 1, 8. 12. Vgl. V 1, 7, 20. 8, 25; III 8, 10, 22; V 5, 4, 2. 6 - 7; VI 2, 9, 6; V 3, 12, 51. 15, 16. 17, 9 usw.), absolut Eines und muß streng gemäß der Ersten Hypothese des "Parmenides" gedacht werden.

---

[30] Vgl. III, 9, 9, 2 - 3: *περὶ οὐδὲν γὰρ αὐτὸ τὸ πρῶτον, τὰ ἄλλα δὲ περὶ αὐτό*. Vgl. Platon, Ep. II 312 E 1 - 3.

[31] V 5, 9, 22 - 23: *εἰ δὲ μηδενὸς ἀποστατεῖ οὐ ποῦ ὤν, πανταχοῦ ἔσται ἐφ' ἑαυτοῦ*. Plotin verbindet hier Platon, Parm. 138 B 5 (*οὐκ ἄρα ἐστίν που τὸ ἕν*) mit 144 B 2 (*οὐδενὸς ἀποστατεῖ τῶν ὄντων*). Vgl. VI 4, 3, 12: *πάρεστι χωριστὸν ὅμως ὄν*. VI 4, 11, 18 - 21: *καὶ τὸ ὂν δὲ τοῦ ἑνὸς οὐ κεχωρισμένου, καὶ ὅπου ἂν ᾖ τὸ ὄν, πάρεστιν αὐτῷ καὶ τὸ αὐτοῦ ἕν, καὶ τὸ ἓν ὂν αὖ ἐφ ἑαυτοῦ. ἔστι γὰρ καὶ παρεῖναι χωρὶς ὄν*. Plotin bezieht sich damit auf Platon, Parm. 144 E 1 - 2, vgl. 142 E 1 ff., 144 D 1.

Weil es absolut Eines und schlechthin einfach ist, kommt ihm Einheit nicht als von ihm selbst verschiedene Bestimmung zu, *οὐχ ἕτερον ὂν εἶτα ἕν* (V 4, 1, 8)[32], es kann nicht auseinandergelegt werden in etwas und das Eine als seine Bestimmung wie das seiende Eine, weil es damit bereits den Unterschied des Seins und des Einesseins in sich hätte und somit vielfältig wäre (vgl. V 3, 12, 50 - 52. 13, 4 - 5. 15, 15 - 17; V 5, 4, 6 - 11; VI 9, 5, 30 - 33; II 9, 1, 1 - 12; dahinter steht Plat. Parm. 142 B - 143 A). Deshalb kann von dem absoluten Einen nicht einmal ausgesagt werden, daß es Eines ist, *ψεῦδος καὶ τὸ ἓν εἶναι* (V 4, 1, 8 - 9. Vgl. V 5, 6, 28 - 30; VI 9, 6, 13 - 15) - denn dadurch wäre es bereits in *ἕν* und *εἶναι* unterschieden.

Daß Sein immer Unterschiedenheit einschließt, hatte Platon am Anfang der Zweiten Hypothese des "Parmenides" bewiesen. Die Voraussetzung lautet: *ἓν εἰ ἔστιν*, wenn das Eine ist (142 B 3). Sie meint das Sein als ein von dem Einen Verschiedenes. Das seiende Eine hat also, wenn man das Moment des Seins festhält, den Unterschied des Seins und des Einesseins in sich, so daß es sich in das Eine und das Sein auseinanderlegen läßt, die zusammen die Teile eines Ganzen ausmachen (142 D 4 - 5). Da nun jedes Glied dieser Zweiheit wiederum sowohl das Eine als auch das Sein enthalten muß, so läßt es sich in der gleichen Weise in sie zerlegen, und so entsteht durch fortschreitende Aufgliederung jeder neuen Einheit in ihre Teile aus dem seienden Einen eine unbegrenzte Menge seiender Einheiten (143 A 2). Das Sein artikuliert sich in eine Vielheit von seienden Einheiten, d.h. von Ideen.

Da aber das absolute Eine keinerlei Unterschied zu sich selbst hat, spricht Platon ihm am Ende der Ersten Hypothese das Sein in jeder möglichen Bedeutung ab (141 E 7 - 10). "Also *ist* das Eine auch nicht in der Weise, daß es *Eines* ist; denn damit wäre es bereits seiend und hätte am Sein teil. Sondern, wie es scheint, ist das Eine selbst weder Eines noch ist es, wenn man unserer Beweisführung Glauben schenken soll" (141 E 10 - 142 A 1).

Die Negation auch der Einheit läßt die absolute Transzendenz des Einen selbst hervortreten, indem sie es über diese wie über jede Bestimmtheit hinaushebt. Das einfachhin Eine ist auch nicht als Einheit bestimmbar, weil es das Übereine ist; *τὸ ἓν οὔτε ἕν ἐστιν οὔτε ἔστιν* besagt darum das Gleiche wie: *καὶ τῆς οὐσίας τὸ ἓν ἐπέκεινα . . . καὶ τοῦ ἑνὸς ὄντος* (Proklos, Theol. Plat. II 12, 73, 7 - 8 S. - W. zu Parm. 141 E 12). Das absolute Eine ist jenseits von Sein und seiendem Einen; weil aber Denken

32 Th. A. Szlezák, *Nuslehre Plotins*, 57 verweist für diese Formulierung auf Aristoteles' Bericht über Platons Prinzipienlehre, Metaph. 987 b 23: *καὶ μὴ ἕτερόν τι ὂν λέγεσθαι ἕν*.

auf Einheit und Bestimmtheit angewiesen ist, hebt sich der Versuch, das absolute Eine zu denken, ins Undenkbare auf. Da das Absolute das Übereine und über alle Bestimmtheit Erhabene ist, ist es jeder Erkenntnis entzogen, so daß es keine Aussage und kein Wissen von ihm gibt (Parm. 142 A 3 - 4).

Die absolute Transzendenz des Einen selbst spricht am umfassendsten das Platonische *ἐπέκεινα τῆς οὐσίας* aus (Resp. 509 B 9); auf dieses *ἐπέκεινα* beziehen sich die Negationen der Ersten Hypothese und legen die Seinstranszendenz des Übereinen aus, dessen Unerkennbarkeit dadurch nicht aufgehoben, sondern begründet wird. Denn das Sein ist das Allgemeinste und Umfassendste, die Totalität, in der alles inbegriffen ist, darum ist "jenseits des Seins" der umfassendste Ausdruck für die Transzendenz des Absoluten. Plotin sagt: "das Zweite ist schon Alles; und ist dieses Alles, so ist Jenes (sc. das Eine) jenseits von allem; also jenseits des Seins."[33]

Die Seinstranszendenz des Einen bedeutet also seine *Transzendenz gegenüber der Totalität*; diesen philosophisch entscheidenden Sinn der Transzendenz des Absoluten hat Gerhard Huber eindringlich hervorgehoben, weshalb seine Klarstellung hier zitiert sei:

"Es geht Plotin wesentlich um die *Verschiedenheit* von Sein und Absolutem. Diese Verschiedenheit ist nun keine beliebige, nicht Verschiedenheit von dem oder jenem, sondern Verschiedenheit *von allem*[34] . . . Das, wovon das Absolute in seiner Transzendenz verschieden ist, ist also wesentlich *alles*; es hat den Charakter der Totalität und ist als diese das Sein (VI 9, 2, 47). Die Transzendenz des Absoluten bedeutet Transzendenz gegenüber dem Sein als dieser *Totalität*; sie hat nicht zur Folge, den Totalitätscharakter des Seins aufzuheben. - Der Einwand liegt nahe: wenn es ein dem Sein Transzendentes gibt, dann ist eo ipso das Sein nicht alles, sondern alles wäre es nur zusammen mit dem von ihm verschiedenen Absoluten. Die Durchbrechung der Immanenz des Seins in der Richtung auf den ihm jenseitigen Grund würde zugleich die Aufhebung des Totalitätscharakters des Seins fordern. - Umgekehrt könnte man (etwa von Hegel her) die Sinnhaftigkeit der plotinischen Transzendenzbehauptung so in

---

[33] V 4, 2, 39 - 40.

[34] Huber verweist auf VI 7, 42, 12; V 4, 1, 5 - 6 ("verschieden von allem"); V 4, 2, 41 ("jenseits von allem"); V 4, 2, 42; VI 9, 11, 35; III 8, 9, 50 - 51. 54 ("vor allem"); V 5, 13, 35; VI 7, 37, 30 ("über allem"). Die Stellen ließen sich leicht noch vermehren (vgl. die in Anm. 87, 95 und 97 gesammelten Belege; siehe auch Anm. 49 und 96).

Frage stellen: wenn das Sein wirklich die Totalität von allem ist, dann kann es kein von ihm Verschiedenes geben, dessen Unterschied zu ihm etwas anderes wäre als ein der Seinstotalität immanenter. Die wahre, absolute Totalität begreift alle Unterschiede in sich, auch den von Immanenz und Transzendenz. - In beiden Fällen wird die Unvereinbarkeit dessen behauptet, was Plotin offenbar zugleich festzuhalten sucht: Totalitätscharakter des Seins und Transzendenz des Absoluten ihm gegenüber. - Beide Einwände stimmen darin überein, daß sie im Grunde aus dem, was Plotin unterscheiden will, eine gemeinsame Sphäre bilden, in der jener Unterschied seinem wesentlichen Sinn nach allerdings verloren ist. Wenn der Totalitätscharakter des Seins darum geleugnet wird, weil ja das Absolute außerhalb bleibe, so sind Sein und Absolutes nicht weniger in dem gemeinsamen Horizont einer Einheit, die erst wahre Totalitätsbedeutung hätte, nivelliert wie im anderen Fall, wo von vornherein die Transzendenz des Absoluten preisgegeben wird um des Totalitätscharakters des Seins willen. In der Abhebung dagegen wird sichtbar, worum es Plotin mit seiner paradoxen Aussage eigentlich zu tun ist. Vermöge seiner Transzendenz entzieht sich das Absolute notwendig dem Versuch, es irgendwie mit dem Sein in die gemeinsame Sphäre einer sie beide umgreifenden Totalität zu fassen. Das Absolute ist, eben um seiner Absolutheit willen, in keinem Sinne 'etwas von allem' (III 8, 9, 41). Es gibt keinen Totalitätshorizont, dem es selbst zugehörte, sondern es transzendiert bedeutungsmäßig jeden solchen Horizont. Darum ist es ein sinnvoller Ausdruck seiner Transzendenz, wenn das Sein *als Totalität* von ihm transzendiert wird. Denn nur als Anderes gegenüber dem so gedachten Sein ist das Absolute als das angedeutet, was dem Sein grundsätzlich transzendent und nicht ein der Totalität des Seins allenfalls nur Fehlendes ist. Nur als Transzendenz gegenüber der Totalität wird der ontologische Niveauunterschied prinzipiell sichtbar. Der Totalitätscharakter des Seins hat darum für den intendierten Sinn der Seinstranszendenz des Absoluten konstitutive Bedeutung."[35]

Deshalb auch verfehlt die seit Hegel verbreitete abschwächende Plotin-Interpretation, die das Eine als "das reine Sein" im Unterschied zum eidetisch bestimmten Sein des Geistes deutet,[36] die Transzendenz des

---

[35] Huber, *Das Sein und das Absolute*, 58 - 59.

[36] Vgl. Hegel, *Vorl. über die Geschichte der Philos.* II, *Werke* Bd. XIX, 445: "Nämlich das Erste, Absolute, die Grundlage ist auch hier, wie bei Philon, das reine *Sein*". Hegel meint damit offenbar nicht die erste Kategorie seiner Logik, das leere, unvermittelte, unbestimmte Sein, sondern "die absolute Wirklichkeit an ihm selbst", "das Wesen aller Wesen", "das Grund und Ursache alles erscheinenden Seins ist", "die höchste Objektivität"

Absoluten; sie verwischt gerade den Unterschied zwischen dem absoluten Einen der Ersten und dem seienden Einen der Zweiten Hypothese, den Plotin festhalten will, und bekommt so die Radikalität des Plotinischen Transzendenzdenkens gar nicht in den Blick. -

---

(ebd.). - Auf der anderen Seite trifft Hegel jedoch durchaus die Auffassung Plotins, wenn er die Unerkennbarkeit des Einen erwähnt und von ihm sagt: "Alle Prädikate überhaupt, z.B. Sein, Substanz passen nicht auf es; denn sie drücken irgendeine Bestimmtheit aus" (ebd. 446). "Es *ist* weder, noch etwas, irgendeins, sondern über alles. Alle diese Kategorien sind negiert" (447). "Es empfindet sich nicht, es denkt sich nicht, es ist sich seiner nicht bewußt; denn in allem diesen liegt eine Unterscheidung" (446 f.). - Hegel stellt somit Plotins Konzeption des überseienden, undenkbaren Einen wohl dar, schwächt sie aber in seiner Deutung wieder ab, da er Plotins Unterscheidung zwischen dem Geist als Sein und dem seinsjenseitigen Einen für systematisch unbegründet hält, und *interpretiert* das Absolute als das reine Sein. -

Gerade dieser Deutung Hegels aber sind seither zahlreiche Plotin-Interpreten gefolgt: K.H. Volkmann-Schluck, *Plotin als Interpret der Ontologie Platos*, [3]Frankfurt 1966, 80, 84, 123 f. mit Anm. 2, 126 - 127, 129 f. (ähnlich 74, 77 f.) versteht das überseiende Eine durchweg als "das reine Sein selbst" (84); seine ungemein eindringliche Plotin-Auslegung ist erklärtermaßen an Hegel orientiert (vgl. 11). K. Kremer, *Die neuplatonische Seinsphilosophie und ihre Wirkung auf Thomas von Aquin*, Leiden 1966, 161 - 197 stellt die Transzendenz des Einen über das Sein zwar dar, hält sie aber für sachlich nicht zureichend begründet (bes. 172 ff., 183 ff., 194 ff.) und interpretiert das Eine von Thomas her als das "ipsum esse per se subsistens, die Fülle des Seins" (172 und passim). Auch Th. A. Szlezák, *Platon und Aristoteles in der Nuslehre Plotins*, 153 ff. schwächt die absolute Transzendenz des Einen bei Plotin ab, allerdings ohne das Eine mit dem Sein gleichzusetzen; er erblickt eine wesentliche Intention Plotins darin, "die Wirklichkeit als einen geschlossenen Zusammenhang von Seinsstufen zu begreifen" (155); in Szlezáks Deutung wird das Eine als die "erste Hypostase" in die Totalität der Hypostasenreihe nivelliert und damit vermag seine Transzendenz (die Szlezák 155 als "die verbindliche dogmatische Position Plotins" immerhin anerkennt) nicht mehr als Transzendenz *gegenüber der Totalität* einzuleuchten. - Anders als diese differenzierten und aspektreichen Arbeiten, die die Plotin-Forschung wesentlich bereichert haben, identifiziert W. Bröcker, *Platonismus ohne Sokrates*. Ein Vortrag über Plotin, Frankfurt 1966, 5 f. das Eine umstandslos und ohne auf Texte Plotins überhaupt einzugehen mit der ersten Kategorie aus Hegels Logik. -

Zu Hegels Plotin-Deutung vgl. W. Beierwaltes, *Plotin im deutschen Idealismus*, in: ders., *Platonismus und Idealismus*, Frankfurt 1972, 83 - 153, zu Hegels Deutung des Einen bes. 146 ff., 151, wonach Hegel das Eine immer zugleich als Denken bzw. als Identität von Denken und Sein aufgefaßt habe; anders K. Düsing, *Hegel und die Geschichte der Philosophie*. Ontologie und Dialektik in Antike und Neuzeit, Darmstadt 1983, 142 - 151, spez. 143 - 145.

B. Die absolute Transzendenz des Einen gründet in seiner jede Vielheit ausschließenden Einfachheit, die auch in Platons Erster Hypothese der Ausgangspunkt aller Negationen ist. Die Notwendigkeit eines absolut einfachen Urgrundes aber begründet Plotin in V 4 damit, daß alles nicht vollkommen Einfache nicht aus sich selbst bestehen kann. Es konstituiert sich durch einen seinsmäßigen Mangel, der einen von ihm verschiedenen Urgrund fordert. Plotin deutet diesen Mangel in V 4 in zwei Richtungen: 1. Alles nicht schlechthin Einfache ist - mindestens gedanklich - zusammengesetzt und somit kein unableitbar Erstes; das nicht Erste aber bedarf eines ihm vorgängigen Ursprungs, um zu sein. 2. Was nicht einfach, sondern vielfältig zusammengesetzt ist, kann zuletzt auf einfache Bestandteile reduziert werden; deswegen genügt es sich nicht selbst, sondern bedarf der Anwesenheit seiner Bestandteile, um aus ihnen bestehen zu können. Nur das absolut Einfache genügt vollkommen sich selbst.[37]

Plotin deutet damit einen Gedanken an, den er wenig später im 6. Kapitel der Schrift VI 9 ausführt:

"Denn weil das Eine das Zureichendste von allem und das Selbstgenügendste ist, muß es auch das Unbedürftigste sein. Alles Viele und Nicht-Eine aber ist bedürftig, da es erst aus Vielem ein Eines geworden ist. Es bedarf also sein Wesen des Einen, um Eines zu sein. Jenes aber bedarf seiner selbst nicht, denn Es ist Es selbst. Was ferner Vieles ist, bedarf so vieler Dinge als es ist; weiter existiert jedes der Dinge in ihm mit den anderen verbunden und steht nicht auf sich selbst, weil es der anderen bedürftig ist, und dadurch wird ein solches Wesen sowohl in seinen Einzelbestandteilen wie als Ganzes bedürftig. Wenn anders es nun ein vollkommen Selbstgenugsames geben muß, so muß es das Eine geben, denn Es allein ist so beschaffen, daß Es weder gegen sich selbst noch gegen ein anderes bedürftig ist."[38]

---

[37] Vgl. V 4, 1, 10 - 15.

[38] VI 9, 6, 17 - 26. Text nach R. Harder. - In Z. 17 übernehmen Henry-Schwyzer Harders Ergänzung von *ὂν*, so daß der Text lautet: *δεῖ μὲν γὰρ ἱκανώτατον ὂν ἁπάντων καὶ αὐταρκέστατον, καὶ ἀνενδεέστατον εἶναι*. Dahinter steht Plat. Phileb. 20 D 3 und 60 C 4. (Vgl. H-$S^2$ app. font. ad loc., die auch auf Aristot. Metaph. 1091 b 16 - 17 und Eth. Nic. 1097 b 7 - 8 verweisen.) - In Z. 18 - 19 konstruieren H-$S^2$ folgenden Text: *πᾶν δὲ πολὺ καὶ ἐνδεὲς μὴ ἓν ἐκ πολλῶν γενόμενον* und verstehen "quidquid multum est, indigens quoque est, donec unum ex multis factum non est" wie schon Gollwitzer. Dagegen wendet Harder, *Plotins Schriften* I b, 477 zu Recht ein: "allein das ist sachlich nicht denkbar; was erst aus der Vielheit Einheit geworden ist, ist nicht wahrhaft

Plotin setzt hier die wesensmäßige Defizienz des Vielen in zwei Schritten auseinander: (A) Das Sein des Vielen konstituiert sich allererst darin, daß es die Vielheit einigt und dadurch selber zur Einheit wird. Das Viele hat so den Charakter eines allererst aus einer Vielheit zu einer Einheit Gewordenen. Darin aber liegt ein konstitutiver Mangel: Das Viele bedarf der Einheit, um als das bestehen zu können, was es ist, nämlich Einheit aus Vielem (*ἓν ἐκ πολλῶν*).[39] Denn durch sich selbst ist das Viele nicht Eines, sondern Vieles. Darum bedarf es, um als Einheit bestehen zu können, eines von ihm verschiedenen Prinzips seiner Einheit, vom dem her ihm das Einessein als eine von ihm selbst unterschiedene Bestimmung allererst zukommt. Das Wesen des Vielen erfordert also das Eine selbst, um selber Eines zu sein. In dieser Angewiesenheit auf das Eine konstituiert sich das Viele als solches. Dagegen bedarf das absolut Eine seiner selbst nicht, weil es kein aus einer Vielheit erst zur Einheit Gewordenes ist, sondern einfachhin und über jedes positive Einssein hinaus das Eine selbst; es bedarf nicht erst des Einesseins als eines von ihm selbst Unterschiedenen.

(B) In einem zweiten Schritt weist Plotin sodann an der inneren Struktur des Vielen eine doppelte Defizienz auf: 1. Das Viele bedarf der Anwesenheit seiner Bestandteile, damit es die Einheit eines Soviel ist. 2. Jeder dieser Bestandteile existiert nicht unabhängig für sich, sondern ist mit den anderen zu einem Ganzen verbunden; jeder einzelne Bestandteil ist darum auf das Mitdasein aller anderen angewiesen und hat nur in dem Ganzen sein Bestehen.[40] Als das mit sich geeinte Ganze aller seiner

---

Eines und daher bedürftig." Harders Text: *πᾶν δὲ πολὺ καὶ μὴ ἓν ἐνδεές, ἓν ἐκ πολλῶν γενόμενον* ist nicht nur sachlich einleuchtend, sondern wird auch durch Plat. Parm. 157 C 6 gestützt: *τό γε ὅλον* (= *τἆλλα τοῦ ἑνὸς*) *ἓν ἐκ πολλῶν ἀνάγκη εἶναι*. - Im folgenden Satz: *δεῖται οὖν αὐτοῦ ἡ οὐσία ἓν εἶναι* (Z. 19 - 20) ist *αὐτοῦ* gegen Harder[2] und H-S[2] nicht zu *οὐσία*, sondern mit Harder[1] zu *δεῖται* zu ziehen; denn nach Plat. Parm. 158 A 3 - B 1 bedarf das Sein des Vielen des *absoluten* Einen, um selber Eines zu sein. Ferner bezieht sich *αὐτοῦ* bzw. *ἑαυτοῦ* auch in Z. 16 und Z. 20 auf das Eine selbst. Vgl. auch V 3, 15, 10 - 12: *τί οὖν ἐνδεέστερον τοῦ ἑνός; ἢ τὸ μὴ ἕν· πολλὰ ἄρα· ἐφιέμενον δὲ ὅμως τοῦ ἑνός· ἓν ἄρα πολλά. πᾶν γὰρ τὸ μὴ ἓν τῷ ἓν σῴζεται καὶ ἔστιν, ὅπερ ἐστι, τούτῳ.*

39 VI 9, 6, 19 = Platon, Parm. 157 C 6.

40 Vgl. K.H. Volkmann-Schluck, *Plotin als Interpret der Ontologie Platos*, 71 - 72. Volkmann-Schluck fährt dann fort: "Wir entnehmen dem Satz folgendes: Die abgeschlossene Vollständigkeit und Anwesenheit aller Aufbaubestandteile eines vielheitlichen Gebildes wird durch einen Mangel konstituiert, freilich nicht im Sinne des Ausstehens eines noch abwesenden Bestandteils. Worin liegt aber dann der Mangel ?

Bestandteile existiert das Viele sowohl als Ganzes wie in seinen Einzelbestandteilen in der Angewiesenheit auf Einheit. Es wird durch einen Mangel konstituiert, der darin liegt, daß es der vollständigen Anwesenheit aller Aufbauelemente bedarf, um als die geeinte Vielheit eines Ganzen seiner Bestandteile zu existieren, und weiter darin, daß jeder der Bestandteile seinerseits der Anwesenheit des Ganzen bedarf, um Bestand zu haben. Nur in dieser doppelten Angewiesenheit der Teile auf das Ganze und des Ganzen auf die Teile hat das Viele sein Bestehen als Einheit. Darum genügt es sich nicht selbst, sondern es setzt eine ursprünglichere Einheit voraus, von der das Ganze seinen Einheitscharakter und jeder Bestandteil seinen Bestand erhält.

Aus der Defizienz des Vielen, das sich nicht selbst im Sein halten kann, folgt unmittelbar die Notwendigkeit eines absolut Selbstgenügenden. Dieses aber kann nur das absolut Eine sein, das keine Vielheit in sich hat, wenn anders der Mangel des Vielen gerade in seinem Vielheitscharakter liegt, der Angewiesenheit auf Einheit bedeutet. - Die absolute Unbedürftigkeit und Unabhängigkeit des Einen begründet Plotin in zwei Richtungen: 1. Da das Eine für alles andere der Urgrund ist, verdankt es sich selbst keinem anderen; es ist also nicht gegen ein anderes bedürftig. 2. Weil es das absolute Eine ist, kommt ihm das Einessein nicht wie ein von ihm selbst Unterschiedenes zu, sondern es liegt noch über jede positive Einheit hinaus; deshalb bedarf es auch seiner selbst nicht: es ist nicht auf Einheit angewiesen, weil es das Übereine selbst ist.[41] -

Hinter Plotins Aufweis der Einheitsbedürftigkeit des Vielen steht Platons Analyse des defizienten Einheitscharakters des Ganzen im "Parmenides" (157 C - 158 B), die Ganzheit als einen abkünftigen Modus von Einheit erweist. Ganzheit erscheint dort als die Weise, in der das Viele Eines sein kann, indem es an dem Einen teilhat (157 C 2). Das Ganze aber ist notwendig ein Eines aus Vielem (157 C 6). Als solches ist es eine in sich

---

Offenbar in der Angewiesenheit auf Einheit, in dem Anwesendsein-müssen des Ganzen, wenn das Viele wirklich die geeinte Vielheit eines Ganzen seiner Bestandteile darstellen soll, wenn Vieles wirklich "da"-sein soll. Es muß, wenn es nicht durch einen Auseinanderfall in ein gleichgültiges Nebeneinander beziehungsloser Teile sein Bestehen als Einheit verlieren soll, die Vielheit einigen, d.h. auf Einheit gerichtet sein. Das Sein des Vielen ist Gewordensein zur Einheit einer Gestalt" (ebd. 72). - Volkmann-Schluck erkennt darin die Seinsweise des Noein: "Zum Dasein des Vielen gehört das einigende, auf Einheit gerichtete Umgriffensein durch das Noein, in dem jeder Bestandteil seinen Bestand und das Ganze seinen Einheitscharakter erhält. Noein hat hier den ontologischen Sinn des Sicheinens einer Vielheit zum Dasein einer umgrenzten Gestalt" (ebd.).

[41] Vgl. VI 9, 6, 24 - 30.

selbst geeinte Gestalt, indem es den Charakter einer aus dem Gesamt seiner Bestandteile zur abgeschlossenen Vollständigkeit gelangten Einheit besitzt (*μία τις ἰδέα καὶ ἕν τι ὃ καλοῦμεν ὅλον, ἐξ ἁπάντων ἓν τέλειον γεγονός*, 157 D 8 f.). Auf dieses Ganze, das positiven Einheitscharakter hat, sind die Bestandteile wesenhaft bezogen, so daß sie von ihm bestimmt werden (vgl. 157 C 7 ff., 158 C 7 ff.). Als unterschiedene Momente des Ganzen müssen sie ein gegeneinander abgrenzbares Fürsichsein haben und besitzen insofern selber Einheitscharakter (158 A 1 - 3). Aber die Bestimmtheit, die sie kraft ihres Einheitscharakters besitzen und in der sie sich voneinander abheben, haben sie nur *in* dem Ganzen aufgrund der wechselseitigen Begrenzung der Glieder gegeneinander und gegen das Ganze und des Ganzen gegen die Glieder (158 C 7 - D 2).

Weil die Momente erst in dem Ganzen wechselseitige Bestimmtheit haben, bestehen sie nicht unabhängig voneinander, sondern sind auf die Anwesenheit des Ganzen angewiesen. Das Ganze aber ist aufgrund der Unterschiedenheit der in ihm geeinten Momente keine einfache Einheit, sondern die Einheit einer Vielheit. Darum haben das Ganze und jedes der Momente zwar den Charakter von Einheiten, aber nicht aus ihnen selbst, sondern nur dadurch, daß sie an dem überseienden Einen selbst in Andersheit teilhaben (158 A 3 - B 1).

Diese Teilhabe (*μεθέξις*) des Ganzen und der Momente einer Vielheit an dem vielheitslosen, absoluten Einen deutet Plotin nun als das Sichrichten des Vielen auf das Eine, mithin als Lebendigkeit.[42] Nach Platons Beschreibung besitzt das mit sich geeinte Ganze der Momente nicht nur den Charakter der *Idee*, der in sich einigen Gestalt (157 D 8), sondern ebenso den der *Zahl*, sofern es die Einheit einer Vielheit von Einheiten ist: es ist ideenhafte Zahl; diese ist die ursprünglichste Weise der Einheit *in* der Vielheit. Die Ideen-Zahlen aber streben nach dem absoluten Einen, dem Prinzip ihrer Einheit, als dem Guten selbst - so berichtet Aristoteles über Platons Lehre[43] -, so daß die erste Vielheit ihren

---

[42] Vgl. etwa V 3, 15, 10 - 11: *τί οὖν ἐνδεέστερον τοῦ ἑνός; ἢ τὸ μὴ ἕν· πολλὰ ἄρα· ἐφιέμενον δὲ ὅμως τοῦ ἑνός· ἓν ἄρα πολλά*. Vgl. auch VI 7, 16, 15 - 16: (*τὸ πολὺ*) *ἔζη μὲν πρὸς αὐτὸ* (sc. *τὸ ἓν*) *καὶ ἀνήρτητο αὐτοῦ καὶ ἐπέστραπτο πρὸς αὐτό*.

[43] Aristoteles, Eudem. Ethik 1218 a 24 ff. (Vgl. dazu Einl. Anm. 38). Dazu, daß *ἔφεσις* und *ὄρεξις* Lebendigkeit (*ψυχή, ζωή, κίνησις*) voraussetzen, auch Theophrast, Metaph. 5 a 25 - b 7. Diese Angaben bei Aristoteles und Theophrast erhellen auch die *κίνησις, ζωή, ψυχή, νοῦς* und *φρόνησις*, die Platon dem Ideenkosmos, dem *παντελῶς ὄν*, Soph. 248 E ff. zuschreibt.

Einheitscharakter durch das *Sichrichten* (*ὄρεξις, ἔφεσις*) auf das Absolute erhält: in der Hinwendung auf die absolute Einheit des Einen selbst einigt die Vielheit sich selbst und hat so an dem Einen, zu dem sie sich hinwendet, den ihr zukommenden Anteil, indem sie zur in sich gegliederten Einheit der Zahl geworden ist. Dieses Sicheinen der Vielheit in der Zuwendung zum Absoluten setzt nun aber bei dem Vielen, das diese Zuwendung vollzieht, Lebendigkeit voraus, nämlich die Spontaneität des Sichbestimmen-lassen-könnens durch das Eine. Indem er dieses Theorem aus der indirekten Platon-Überlieferung mit dem aus dem "Parmenides" entnommenen Gedanken des einigenden, auf die absolute Einheit des Urgrundes gerichteten Umgriffenseins der unterschiedenen Momente in dem Ganzen verbindet, versteht Plotin beides als die Beschreibung der Wesensweise des Nous, des Noein:[44] Noein ist das Sicheinen einer Vielheit zur Einheit eines vollständigen Ganzen, als das das Denken sich selbst gewahrt.

Gerade in dem sich aus der Vielheit in die Einheit zurückholenden Noein aber sieht Plotin den Ausdruck eines Mangels, der den Geist von dem Absoluten unterscheidet: "Es scheint überhaupt das Denken ein durch den Zusammentritt von Vielem zu einem Selbigen erfolgendes Gewahren eines Ganzen zu sein, wenigstens wenn etwas sich selbst denkt . . . Das schlechthin Einfache und wahrhaft sich selbst Genügende bedarf nichts; erst das in zweiter Linie sich selbst Genügende, das seiner selbst bedarf, das bedarf des Sichselberdenkens; und das, was gegen sich selbst bedürftig ist, das hat das Sichgenügen durch das Ganze erst hergestellt, indem es aus dem Gesamt seiner Teile zureichend geworden ist und so bei sich selbst ist und sich zu sich selbst hinneigt."[45]

K.H. Volkmann-Schluck hat diese Stelle eindringlich kommentiert: "Denken ist daran gebunden, daß eine Vielheit von Momenten zu einem einheitlich Selbigen zusammentritt, das sich als ein Ganzes unterschiedener Momente gewahrt, die in diesem Ganzen erst gegenseitige Bestimmtheit haben. Die Einung ist keine Koordination primärer Bestandteile. Vielmehr hat das Ganze positiven Einheitscharakter, so daß es als ein von ihm selbst in seiner Vollständigkeit im Da-sein gehaltenes Ganzes existiert: Es

[44] Vgl. bes. V 6, 5, 8 - 10: *καὶ τοῦτό ἐστι τὸ νοεῖν, κίνησις πρὸς ἀγαθὸν ἐφιέμενον ἐκείνου· ἡ γὰρ ἔφεσις τὴν νόησιν ἐγέννησε καὶ συνυπέστησεν αὐτῇ· ἔφεσις γὰρ ὄψεως ὅρασις.* (Text nach H-S). VI 7, 17, 14 - 17: *πρὸς ἐκεῖνο μὲν οὖν βλέπουσα ἀόριστος ἦν, βλέψασα δ' ἐκεῖ ὡρίζετο ἐκείνου ὅρον οὐκ ἔχοντος . . . καὶ ἴσχει ἐν αὐτῇ ὅρον καὶ πέρας καὶ εἶδος.*

[45] V 3, 13, 12 - 21. (Text nach Theiler und H-S$^2$).

denkt sich selbst. So unterscheidet Plotin zwei Weisen des Sichgenügens. Die absolute Einheit bedarf ihrer selbst nicht, weil sie sich nicht, Einheit vorhaltend, in die Gegenwärtigkeit bringen muß. Dagegen existiert der Nous in der Angewiesenheit auf sich selbst. Sich selbst denkend je schon ganz in die Anwesenheit gebracht zu haben ist der perfektische Charakter des Nous. Noein hat den Sinn des Gewordenseins zur Einheit eines vollständigen Ganzen, als das der Nous sich selbst in der Gegenwärtigkeit des Vernommenseins hält, und ist der schärfste Ausdruck seiner Defizienz."[46]

Daraus aber folgert Plotin die Notwendigkeit, beim Aufstieg zum Absoluten noch über den Nous und das in ihm gegenwärtige Seinsganze hinauszugehen:

" . . . man muß aufsteigen (sc. zum Einen selbst) aus vielen anderen Gründen und zumal, weil das Zweite (sc. der Geist) nur die Selbstgenugsamkeit hat, die aus dem Gesamt dessen herrührt, woraus es besteht, davon aber ist jedes einzelne selbstverständlich bedürftig; ferner, weil jedes Einzelne an dem Einen selbst teilhat, also nicht das Eine selbst ist. Was ist nun das, an dem es teilhat und welches ihm wie in eins auch allem das Sein gibt ? - Nun, wenn es jedem Einzelnen das Sein gibt und die Vielheit des Einzelnen auch selbst nur durch die Anwesenheit des Einen sich selbst genug ist, dann ist offenkundig, daß Jenes (sc. das Eine selbst) nur darum Sein und Selbstgenugsamkeit hervorzubringen vermag, weil Es selbst 'nicht Sein ist, sondern jenseits des Seins' und jenseits der Selbstgenugsamkeit."[47]

[46] Volkmann-Schluck, *Plotin als Interpret*, 72 - 73.

[47] V 3, 17, 6 - 14. Text nach W. Theiler. - Der Text ist an drei Stellen umstritten: Z. 8 - 9 hat Theiler: *καὶ ὅτι ἕκαστον τοῦ αὐτοενὸς μετείληφε, οὐκ αὐτοέν*. Henry-Schwyzer$^{2}$ (vgl. Addenda ad textum Bd. III, 324) haben statt dessen: *καὶ ὅτι ἕκαστον μετείληφε καὶ μετέχει τοῦ αὐτοενός, οὐκ αὐτὸ ἕν*. Der Sinn ändert sich dadurch nicht; Plotin zitiert hier sinngemäß Plat. Parm. 158 A 3 - 5: *μετέχοι δέ γε ἂν τοῦ ἑνὸς δῆλον ὅτι ἄλλο ὂν ἢ ἕν· οὐ γὰρ ἂν μετεῖχεν, ἀλλ' ἦν ἂν αὐτὸ ἕν*. - Z. 10 haben H-S$^{2}$: *ὃ ποιεῖ αὐτὸ καὶ* (Theiler statt dessen: *καὶ αὐτὸ*) *εἶναι καὶ ὁμοῦ τὰ πάντα*. Man könnte dann auch übersetzen: "welches ihm sowohl das Sein wie auch in eins die Totalität (das Ganzsein) gibt." - Z. 12 haben H-S$^{2}$ *αὐτὸς*, Theiler (nach Müllers Konjektur) *αὐτὸ*. Nach H-S$^{2}$ müßte der Satz ab Z. 11 so übersetzt werden: "Nun, wenn es jedem Einzelnen das Sein gibt und die Vielheit des Geistes und auch er selbst nur durch die Anwesenheit des Einen sich selbst genug ist . . ." Sachlich ergibt das guten Sinn; bedenklich macht aber, daß der Geist seit 17,3 nicht mehr genannt worden ist und daß *τῇ ἑνὸς παρουσίᾳ* die Teilhabe am Einen selbst in Z. 8 f. wiederaufnimmt, die dort - wie auch in

Das Sein ist für Plotin keine Aneinanderreihung unabhängiger Teile. Vielmehr ist es ein Ganzes, in dem jeder der Teile sein Wesen erst in Bezug zum Ganzen und zu den anderen Teilen hat. Jede Idee ist das, was sie ist, nur in vielfältiger *κοινωνία* mit anderen Ideen; sie hat ihr Wesen erst in ihrer Stellung im Ideenganzen. Die einzelne Idee weist deshalb einen Seinsmangel auf, weil sie des Ganzen bedarf, um das zu sein, was sie als einzelne je ist. Das Ideenganze, der Nous, genügt sich zwar in der Vollständigkeit und Ganzheit seiner Inhalte, der Ideen; doch ist das ein Sichgenügen, das sich aus komplementären und für sich mangelhaften Momenten erst hergestellt hat, indem das Ganze - sich selbst denkend - zur Einheit geworden ist. Deshalb existiert der Nous in der Angewiesenheit auf seine Ganzheit und Vollständigkeit. Ferner hat jede Idee, wenn sie ihr Wesen aus dem Ideenganzen hat, dieses Ganze in sich; sie ist ihrerseits, was sie ist, nur, indem sie in der Vollständigkeit der sie bestimmenden Bezüge zu anderen Ideen zu einem positiven Einen und Ganzen geworden ist. Das Sein der Idee ist Gewordensein aus der Vielheit ihrer Bestimmungsmomente zur Einheit einer intellektuell anschaubaren Gestalt. Ebenso existiert der Geist als Ganzer, der im Selbstdenken alle Ideen zum Ideenganzen einigt, im Sichrichten auf Einheit, indem er sich denkend je schon aus der Vielheit seiner Momente in die Einheit des Ganzen zurückgeholt hat. Deshalb genügen sich Geist und Ideen nur durch die Anwesenheit des Einen.

Den Charakter als positive Einheit aber haben Geist und Ideen nicht aus sich selbst, da sie erst aus der Vielheit zur Einheit geworden sind, sondern er muß ihnen von einem Prinzip her zukommen, das nicht erst zur Einheit geworden ist, weil es kein Ganzes von Bestimmtheiten mehr ist: von dem absoluten Einen, das über jede positive Einheit hinausliegt und gerade darum die Einheit des Seinsganzen und jedes einzelnen in ihm begründen kann. Das Sein hat positiven Einheitscharakter, weil es nur als das Ganze dessen, was es ist, anwesend sein kann; darum ist das Eine selbst noch über das Sein hinaus. So ist Es selbst kein Anwesendes, aber alle Anwesenheit ist von ihm her; das Eine "gibt es" also nur als das Gebende, nicht als ein Gegebenes.

---

Plotins Vorlage: Plat. Parm. 158 A 3 ff. - vom Einzelnen ausgesagt ist. Vgl. auch Theilers Anmerkung, *Plotins Schriften* Bd. V b, 388.

### § 3 Abhängigkeit des Vielen von dem absolut Einen

Es geht Plotin also um die Allursächlichkeit des Einen, die der henologischen Reduktion zugrunde liegt und deren die anagogische Dialektik bei ihrer Suche nach dem absoluten Urgrund inne wird. - Diese Allbegründung des Einen denkt Plotin nun näherhin als das Begründetsein alles Vielen und vielheitlich Einen durch das absolute Eine, das keinerlei Vielheit mehr in sich hat und darum jenseits von allem ist, was es begründet. Dies tritt am schärfsten hervor im 3. Kapitel der Enneade V 6, wo Plotin die seinsmäßige Abhängigkeit des Vielen von dem aus aller Vielheit herausgenommenen Einen selbst beweist. Der Beweis richtet sich im Zusammenhang der Schrift V 6 gegen die Bestimmung des Absoluten als Geist oder als Denken, die eine Vielheit in der ersten Einheit ansetzen müßte, und begründet so Plotins Hinausgehen über den Geist:

"Wendet man aber ein, es stehe nichts im Wege, daß das Eine auch Vieles sei, so müßte doch diesem Vielen ein Eines zugrunde liegen: Denn es kann kein Vieles geben, wenn es kein Eines gibt, von dem her oder in dem es ist, oder überhaupt ein Eines da ist und dieses als das Erste von allem gezählt wird; *und dieses muß man allein an und für sich selbst nehmen* (*αὐτὸ ἐφ᾽ἑαυτοῦ δεῖ λαβεῖν μόνον*).

Denn wäre es mit allem anderen zugleich, dann muß man es, da man es mit allem anderen zusammen erfaßt, gleichwohl aber als von den Anderen Verschiedenes, beiseite lassen, weil es mit Anderem zusammen ist, und nach Jenem suchen, das allem anderen zugrunde liegt und nicht mehr mit dem Anderen zusammen ist, sondern einfachhin Eines an sich selbst (*αὐτὸ καθ᾽ ἑαυτό*). Denn das Eine in dem Anderen (das zugeordnete Eine) ist Jenem (dem absoluten Einen) zwar ähnlich, ist aber nicht Jenes. *Sondern das Eine muß rein für sich* (*αὐτὸ μόνον*) *sein*, wenn es auch im Anderen sichtbar werden soll.

Denn wenn jemand behaupten wollte, das Eine habe nur *mit* dem Anderen Bestand: dann wäre es selbst also nicht absolut einfach und dann würde auch das aus Vielem Zusammengesetzte nicht existieren. Denn was nicht einfach sein kann, das kann kein eigenes Bestehen (*ὑπόστασις*) haben und das aus Vielem Zusammengesetzte kann, wenn es kein Einfaches gibt, auch selber nicht bestehen. Denn da jedes Einzelne nicht als ein Einfaches existieren kann, wenn es kein an sich selbst absolut einfaches Eines gibt (*οὐχ ὑφεστηκότος τινὸς ἑνὸς ἁπλοῦ ἐφ᾽ ἑαυτοῦ*) und keiner der einzelnen Bestandteile für sich selbst (*καθ᾽ ἑαυτό*) Bestand haben kann und sich also auch nicht für das Zusammensein mit Anderem bereithalten kann, da er ja überhaupt nicht ist, wie kann da das aus all diesem Zusammengesetzte sein, da es aus lauter Nicht-Seienden entstanden sein müßte, und zwar nicht aus solchen, die etwas Bestimmtes nicht sind, sondern aus solchen, die schlechthin nicht sind ?

Daraus folgt: wenn es etwas Vieles gibt, muß es *vor* dem Vielen das Eine geben."[48]

Es geht Plotin in diesem Beweis um die ontologische Voraussetzungshaftigkeit des Vielen: das Viele setzt das Eine voraus, weil Vielheit überhaupt nur in einer Einheit da ist, die ihrerseits von einer Einheit höherer Ordnung herstammt. Jede Vielheit muß eine ihr vorgängige Einheit voraussetzen, um selber als vielheitliche Einheit sein zu können. Das Erste ist dann die ursprünglichste Einheit, die aus jeder Vielheit schlechthin herausgenommen ist; *das Eine selbst ist, wenn es nur an und für sich selbst (αὐτὸ ἐφ' ἑαυτοῦ) genommen wird, nichts als Einheit einfachhin und jenseits alles anderen.*[49]

Plotin begründet im ersten Beweisschritt[50] die Transzendenz des Einen: das dem anderen zugeordnete Eine, das an allem, was ist, als dessen Einessein miterfaßt wird (*συλλαβόντα*), kann nicht das ursprünglichste Eine sein, eben weil es mit Anderem zusammen ist. Es ist selbst nur die Einheit einer Vielheit; es bezieht sich auf die Vielheit, an der und mit der es erfaßt wird, und ist zugleich von der Vielheit, auf die es sich bezieht, als deren Einheit unterschieden; indem es sich aber auf ein anderes bezieht,

---

[48] V 6, 3, 1 - 22. Text nach W. Theiler. - Henry-Schwyzer[2] transponieren *τὸ συγκείμενον ἐκ πολλῶν* aus Z. 17, das Theiler mit Kirchhoff tilgt, mit Igal in Z. 19 - 20 vor *ἐκ πάντων εἴη σύνθετον*. Man müßte dann übersetzen: " . . . wie kann da das aus Vielem Zusammengesetzte aus all diesem zusammengesetzt sein, da es aus lauter Nicht-Seienden entstanden sein müßte . . ." Der Sinn ändert sich dadurch nicht.

[49] Vgl. V 6, 3, 1 - 4; ebd. 3, 16 - 17; 4, 7 - 10. Vgl. auch V 4, 1, 5 - 10; VI 9, 5, 30 - 33; V 1, 6, 12 - 13; V 1, 7, 20; V 2, 1, 3 - 5; III 9, 4, 7; III 8, 9, 44 - 54; III 8, 10, 26 - 32; V 5, 4, 1 - 7; V 5, 10, 3; V 5, 13, 33 - 36; VI 7, 37, 29 - 31; VI 8, 14, 42; VI 8, 21, 29 - 33; VI 2, 9, 5 - 8; V 3, 11, 19 - 30; V 3, 12, 47 - 52; V 3, 13, 2 - 5; V 3, 15, 15 - 18 usw.; ferner III 8, 11, 10 - 13; III 9, 9, 23; V 5, 4, 8 - 10; V 5, 13, 9 - 13; VI 7, 41, 14 - 17; VI 7, 42, 2 - 4; VI 8, 21, 25 - 28 usw. - Historischer Anknüpfungspunkt Plotins: Platon, Parm. 137 C 4 - 5, D 1 - 2, 140 A 1 - 3, 6 - 7; vgl. auch Speusipp bei Proklos, In Parm. VII 40, 1, ff. = Test Plat. 50 Gaiser (spez. Z. 2 - 4: "si quis le unum ipsum seorsum et solum meditatum, sine aliis, secundum se ipsum ponat, nullum alterum elementum ipsi apponens, nichil etique fiet aliorum").

[50] Vgl. V 6, 3, 4 - 10.

von dem es zugleich selber unterschieden ist, ist es bereits vielfältig: im Sich-Beziehen auf Anderes und zugleich Sich-Auseinanderhalten von diesem liegt schon Unterschiedenheit und Vielheit. Deshalb liegt dem zugeordneten Einen das absolute Eine zugrunde, das unzugeordnet und unbezüglich über alles erhaben ist, weil es absolut einfache Einheit an sich selbst (*αὐτὸ καθ' ἑαυτό*) ist. Das zugeordnete Eine verweist durch seinen Einheitscharakter auf das absolute Eine, es ist ihm ähnlich (*ὅμοιον*), seine Manifestation, es ist aber nicht das Eine selbst, weil es nicht absolute Einheit ist. Das Eine muß als Es selbst (als einfachhin Eines) relationslos für sich (*αὐτὸ μόνον*) sein, wenn es sich im Anderen soll manifestieren können: es gibt kein unum coadunatum ohne das Unum superexaltatum.[51]

Das demonstriert Plotin im zweiten Beweisschritt[52] ex negativo: Die Behauptung, es gebe nur das zugeordnete Eine, das an dem Anderen, d.h. der Vielheit erfaßt wird und nur mit dem Anderen sein Sein hat, aber kein absolutes Eines an sich, führt sich selbst ad absurdum, weil sie zur Konsequenz hat, A) daß das Eine nicht absolut einfach ist, B) daß dann auch das aus Vielem Zusammengesetzte nicht bestehen kann.[53] Konsequenz A ergibt sich unmittelbar aus der Seinsweise des unum coadunatum, das als relationale Einheit nur an und mit einer Vielheit existiert und in seiner Relationalität selbst vielfältig ist. Kosequenz B wird in drei Schritten aus A entwickelt:

(1) Eigenständiges Bestehen, *ὑπόστασις*, kann nur haben, was als Einheit bestehen kann, weil es sonst das ins grenzenlos Viele Zerfließende wäre und nie zu bleibendem Bestand käme; denn das ins Unbegrenzte Zerfließende entgeht fortwährend sich selbst und entschwindet so ins Nichts. Deshalb kann auch das aus Vielem Zusammengesetzte nur existieren, wenn es das Viele einigt, weil es sonst das ins Grenzenlose

---

[51] Die Proklischen Termini "unum coadunatum" und "Unum superexaltatum" entsprechen genau Plotins Unterscheidung zwischen dem *ἓν μετὰ τῶν ἄλλων* und dem *ἓν αὐτὸ καθ' ἑαυτό*. Sie entstammen dem nur lateinisch, in der Übersetzung Moerbekes erhaltenen Schlußteil des Parmenideskommentars (In Parm. VII), herausg. von R. Klibansky und C. Labowsky, *Plato Latinus* III, London 1953 (ND. 1973). Der lateinische Text des gesamten Parmenideskommentars ist von C. Steel ediert worden: *Proclus, Commentaire sur le Parménide de Platon. Traduction de Guillaume de Moerbeke*, 2 Bde., Leuven / Leiden 1982 - 1985.

[52] Vgl. V 6, 3, 11 - 21.

[53] Vgl. V 6, 3, 12 - 13.

Auseinandergehende wäre. Das Viele gibt es also nicht ohne einigende Einheit.[54]

(2) Ferner muß jeder einzelne Bestandteil einer zusammengesetzten Vielheit Einheitscharakter haben, da er sonst keine von anderem abgrenzbare Identität haben könnte; er kann aber nicht absolut einfach sein, da er sich dann dem Zusammensein mit anderen in einem Ganzen entzöge. Wenn es aber keine absolut einfache Einheit an sich, herausgenommen aus allem, gibt, so kann das Einzelne auch nicht in abgeleiteter Weise einfach sein, durch Teilhabe an der absoluten Einheit. Dann hat also das Einzelne keinen Einheitscharakter; jeder einzelne Bestandteil in dem zusammengesetzten Ganzen wäre wesenlos und hätte für sich selbst, *καθ' ἑαυτό*, keinen Bestand; dann aber kann er auch zum Aufbau des Ganzen nichts beitragen, da er als wesenlos Unbestimmtes überhaupt nicht ist, sondern ins Nichts verschwindet.[55]

(3) Damit kann auch das aus diesen wesenlosen Bestandteilen Zusammengesetzte nicht existieren, da es aus lauter Nichtsen bestehen müßte. Denn was aus Nichtigem besteht, ist selbst nichtig. Somit gäbe es weder Eines noch Vieles, sondern überhaupt nichts.[56] Aus der Absurdität dieser Schlußfolgerung ergibt sich, daß das Sein des Vielen das aller Vielheit enthobene absolute Eine voraussetzt.[57]

Der Nerv des Beweises liegt also in der Zurückführung jeder bezüglichen und immanenten Einheit auf die jede Bezüglichkeit und Immanenz transzendierende absolute Einheit, deren Notwendigkeit Plotin im unmittelbar folgenden Kapitel (V 6, 4) nochmals eigens hervorhebt: " . . . In der Zweiheit ist das Eine und ein anderes enthalten; unmöglich aber kann nun dies mit einem anderen verbundene Eine *das* Eine selbst sein, sondern es mußte *vor* dem mit Anderem verbundenen Einen *das Eine an und für sich selbst* geben (*ἀλλ' ἔδει ἓν ἐφ' ἑαυτοῦ πρὸ τοῦ μετ' ἄλλον εἶναι*); - ebenso muß auch dann, wenn in etwas das ihm innewohnende Einfache mit einem anderen verbunden ist, dies Einfache an und für sich selbst einfach sein, ohne irgend etwas von dem in sich zu haben, was es in der Verbindung mit Anderem hat (*καθ' αὑτὸ τοῦτο ἁπλοῦν εἶναι, οὐκ ἔχον οὐδὲν ἐν ἑαυτῷ τῶν ὅσα ἐν τῷ μετ' ἄλλων*). Denn wie kann es als Anderes in einem Anderen sein, wenn nicht vorher dasjenige abgetrennt

---

[54] Vgl. V 6, 3, 13 - 15.

[55] Vgl. V 6, 3, 15 - 19.

[56] Vgl. V 6, 3, 19 - 21. Vgl. dazu Plat. Parm. 165 E 2 - 8, 166 B 7 - C 2.

[57] Vgl. V 6, 3, 21 - 22.

für sich ist, von dem her dies Andere ist ? Denn das (absolut) Einfache kann nicht von einem anderen her sein, was aber Vielheit oder auch nur Zweiheit ist, das muß selber von einem anderen abhängen."[58]

Auch hinter diesen Ausführungen Plotins steht die Einheitsmetaphysik des Platonischen "Parmenides": Nach Plotin muß das seiende Eine der Zweiten Hypothese auf das überseiende Übereine der Ersten Hypothese, das Eine selbst, zurückgeführt werden, weil das seiende Eine als relationale Einheit eine Vielheit in der Einheit involviert und darum einen transzendenten Ursprung vor der Vielheit voraussetzen muß. Das seiende Eine muß sein Wesen als Einheit einem Prinzip verdanken, das von dem frei ist, was dem seienden Einen nicht durch seine Einheit als solche, sondern durch seine Verbindung mit Anderem zukommt, nämlich Relationalität, Unterschiedenheit und Vielheit: es verdankt seinen Einheitscharakter dem überseienden Einen selbst. Die Einheit des zugeordneten, die Vielheit einigenden Einen ist zufolge dieser Zuordnung selber in Vielheit eingeschränkt; sie bewahrt ihren Charakter als *Einheit* nur durch die in ihr anwesende Mächtigkeit des über alles erhabenen einfachhin Einen, das ihr Ursprung ist. Denn das seiende oder zugeordnete Eine ist nicht *reine* Einheit, sondern als einem Anderen zugeordnete Einheit zugleich das Andere dieses Anderen und damit schon Zweiheit; ferner ist es Zweiheit, weil es die beiden Momente des Einen und des Seins in sich hat. *Das einfachhin Eine dagegen ist nichts als reine, einfache Einheit, weil es unzugeordnet nur Es selbst ist*; weil es in sich absolut einfach ist, verdankt es sich nicht einem anderen und ist nicht weiter reduzierbar, sondern ist selbst der Ursprung von allem anderen, dabei aber selbst herausgenommen aus allem, was ihm entspringt (vgl. die Belege in Anm. 49 und in Anm. 95 - 97).

Das Eine selbst manifestiert sich in jeder Einheit jeder Vielheit, ohne als Es selbst in ihr gegenwärtig zu sein. Deshalb muß das Seiende sowohl als Ganzes wie auch in jedem seiner Teile an dem Einen teilhaben, ohne das Eine selbst zu sein, wie es im "Parmenides" heißt.[59] Wiederum ist auf Platons Analyse des "Ganzen" und seines Verhältnisses zum absoluten Einen (Parm. 157 C - 158 B) zu verweisen: das Ganze ist eine aus allen Teilen zur Vollständigkeit gelangte Einheit, auf welche sich die Teile beziehen (157 E 1 f.). Das Ganze muß als Einheit aus Vielem von dem absoluten Einen verschieden sein, aber an ihm teilhaben. Von jedem einzelnen Teil gilt das Gleiche: das Einzelne hat als von anderem

---

[58] V 6, 4, 6 - 13.

[59] Parm. 158 A 6 - B 1.

abgrenzbares Fürsichsein Einheitscharakter; es ist aber nicht reine Einheit, weil es sonst das Eine selbst wäre und aller Unterschied wäre aufgehoben. Aber das ist unmöglich, weil nur das überseiende Eine selbst absolute Einheit ist (157 E 5 - 158 A 6). Also hat alles, sowohl das Ganze als auch jeder einzelne Teil, an dem Einen selbst teil, indem es von ihm her seinen Einheitscharakter erhält, und ist zugleich von dem Einen selbst verschieden. Darum ist alles, was nicht das Eine selbst ist, *Eines* und *Vieles* zumal: Eines durch die Teilhabe an dem Einen und Vieles infolge der Verschiedenheit von ihm (158 A 6 - B 4).

Die Teilhabe hebt die Transzendenz des Einen nicht auf: das Eine selbst ist aufgrund seiner absoluten Einheit und Einfachheit über alles erhaben und nichts kann an ihm so wie es in sich selbst ist, teilhaben, darum ist außer ihm nichts absolut Eines. Zugleich erhält die Teilhabe am Einen alles andere im Sein; denn was keinen Einheitscharakter hat, ist wesenlos und nichtig. Darum ist alles, was ist, Manifestation des Einen, Henophanie, aber nie das Eine selbst, das Autohen.

Daß ohne das Eine nichts sein kann, erklärt Platon Parm. 165 E 2 - 8: was nicht Eines ist, ist auch nicht Vieles. Denn Vielheit involviert Einheit. Ist kein Glied der Vielheit Eines, so ist ihre Gesamtheit nichtig, also auch nicht Vieles. Es ist also weder Vieles noch Eines, sondern gar nichts. (Vgl. 166 C 1: *ἓν εἰ μὴ ἔστιν, οὐδέν ἐστιν.*)

Platon sagt deshalb: "immer enthält das Eine das Sein und das Sein das Eine" (142 E 7); "niemals verläßt das Sein das Eine noch das Eine das Sein" (144 E 1 f.). Dieses seiende, bezügliche, alles ins Sein einende Eine aber ist die Manifestation des Einen selbst, dessen absolutes Überragen die Einheit in allem erst ermöglicht.

Auf diese Metaphysik des Einen, die er in Platons "Parmenides" findet, bezieht sich Plotins Beweis der Abhängigkeit alles Vielen von dem einfachhin Einen, wie auch seine zusammenfassende Formulierung der Allbegründung des Einen, die den philosophischen Ertrag jenes Beweises ausspricht:

"Denn all das Nicht-Eine wird durch das Eine erhalten und ist das, was es ist, durch dieses. Denn wenn es nicht zur Einheit geworden ist, auch wenn es aus Vielem besteht, so kann man auf keine Weise von ihm sagen,daß es ist; und wenn man auch von jedem einzelnen seiner Bestandteile sagen kann, was er ist, so kann man das nur deshalb sagen, weil jeder einzelne von ihnen ein Eines und Selbiges ist.

Dasjenige ferner, was keinerlei Vielheit in sich hat, das ist nun nicht mehr durch die Mitanwesenheit des Einen Eines, sondern das *Eine selbst*, nicht das von einem anderen ausgesagte Eine, sondern weil es das ist, von dem her irgendwie auch alles andere das Einessein erhält, das eine aus näherer, das andere aus weiterer Entfernung."[60]

## § 4 Das absolute Eine jenseits der Totalität

Mit der Zurückführung jeder Vielheit auf das absolute Eine selbst ist zugleich die Voraussetzung gegeben, von der aus Plotin die Transzendenz des Einen über die Totalität einsichtig macht. -

Die Totalität von allem, was wahrhaft ist, ist der Nous als die Alles umfassende Einheit von Denken und Sein.[61] Der Geist ist bei Plotin nicht einfach das höchste Seiende in einem hierarchisch gestuften Seinskosmos, sondern er *ist* wesenhaft das *Ganze* dessen, was im eigentlichen Sinne seiend ist, die Fülle und der Inbegriff des Seins. Der Geist ist die alle Ideen umgreifende, lebendige Einheit, in deren Selbstvollzug jede Vielheit aufgehoben und bewahrt zugleich ist; er ist Viel-Einheit von unendlichem Reichtum der Wesensgehalte, die sich selbst gegenwärtige unerschöpfliche Seinsfülle in der Totalität ihrer Bestimmungen, eine Unendlichkeit, in

---

[60] V 3, 15, 11 - 18. Text nach Beutler-Theiler. - Henry - Schwyzer[2] weichen an zwei Stellen davon ab: Z. 13 haben sie nach de Strycker (Addenda ad textum, Bd. III, 324) *οὔπω ἔστιν ὃ ἂν εἴποι* statt Kirchhoffs *οὔπω "ἔστιν" ἂν εἴποι*, das Theiler übernimmt. Der Sinn der Stelle ist aber nach dem Kontext und dem im Hintergrund stehenden Parm. 166 C 1 nicht, daß man das, was nicht zur Einheit geworden ist, in keiner Weise "es selbst" nennen kann, sondern daß es in keiner Weise *ist*; Theilers Text ist daher vorzuziehen. - Z. 15 haben H-S[2]: *τῷ αὐτῷ* (sc. *τῷ ἓν εἶναι*) *ἔστι. τὸ δε, ὃ* statt Beutler-Theiler: *τὸ αὐτό· ἔτι δὲ τὸ*. Nach H-S[2] müßte man übersetzen: " . . . weil jeder einzelne von ihnen ein Eines ist und eben dadurch (sc. durch sein Einssein) ist." Diese Lösung ist sachlich mindestens so überzeugend wie die Theilers und paläographisch konservativer.

[61] Vgl. etwa I 8, 2, 16; III 8, 8, 42; III 8, 9, 32 ff.; V 1, 4, 21; V 4, 2, 39; V 9, 6, 1; V 9, 8, 22; V 9, 9, 15 f.; VI 4, 5, 8 f.; VI 2, 18, 13 f. Zur Problematik im ganzen: Th. A. Szlezák, *Nuslehre Plotins*, 120 ff.; W. Beierwaltes, *Identität und Differenz*, Frankfurt 1980, 28 ff. Zur Identität von Sein und Denken im Nous K.H. Volkmann-Schluck, *Plotin als Interpret*, 39 ff.; W. Beierwaltes, *Plotin. Über Ewigkeit und Zeit*, Frankfurt 1967, 25 ff.; ders., *Denken des Einen*, Frankfurt 1985, 43 ff., 55 ff.

der jedes Moment zugleich das Ganze und darum selber unendlich ist und Totalitätscharakter hat.[62] Der Geist ist also keine abstrakte und allgemeine Totalität, sondern lebendige, denkend sich selbst vollziehende und sich selbst gegenwärtige Totalität, in der die Selbstidentität jeder einzelnen Idee nicht in die Allgemeinheit der leersten Abstraktion untergeht, sondern als Moment der Totalität selbst bewahrt bleibt, die sich in jedem ihrer Momente als Ganzheit konkretisiert: "Jener Geist . . . hat Alles und ist Alles und ist bei Allem, indem er bei sich selbst ist, und er hat Alles, ohne es zu haben. Denn das, was er hat, ist nicht verschieden von ihm selbst. Auch ist nicht jedes Einzelne in ihm abgesondert; denn jedes Einzelne ist das Ganze und überall ist Allheit; und doch ist es nicht ineinander untergegangen, sondern in anderem Sinne ist wieder jedes für sich selbst."[63] Deshalb ist jede Idee im Geist das Ganze, obwohl jede Idee durch ihre "eigentümliche Mächtigkeit" (*δύναμις ἰδία*)[64] von jeder anderen Idee unterschieden bleibt: "Sie ist Geist, denkendes Sein (Wesenheit), aber nicht die einzelne Idee vom Geist unterschieden, sondern jede einzelne ist Geist. Und zwar ist der Geist insgesamt alle Ideen, die einzelne Idee aber ist der Geist als einzelner."[65] Deshalb ist die Totalität in jedem ihrer Momente ganz sie selbst: "Dort oben ist das Einzelne immerdar aus dem Ganzen, es ist Einzelnes und Ganzes zumal; es tritt zwar als Teil in Erscheinung, in ihm aber erblickt der Scharfsichtige das Ganze."[66] "Denn durchscheinend ist dort Alles und nichts Dunkles und nichts Widerständiges ist dort, sondern Jeder und Alles ist Jedem sichtbar bis ins Innere; denn Licht ist dem Licht durchsichtig. Denn Jeder hat auch Alles in sich und sieht auch im Anderen Alles, so daß überall Alles ist und Jedes ist Alles und das Einzelne ist das Ganze und unermeßlich (unendlich) ist der

---

[62] Vgl. III 8, 8, 40 - 48. Spez. 42 f.: *δεῖ οὖν αὐτὸν πάντα ὄντα καὶ πάντων καὶ τὸ μέρος αὐτοῦ ἔχειν πᾶν καὶ πάντα.* 46 f.: *διὸ καὶ ἄπειρος οὕτως καὶ, εἴ τι ἀπ᾽ αὐτοῦ, οὐκ ἠλάττωται, οὔτε τὸ ἀπ᾽ αὐτοῦ, ὅτι πάντα καὶ αὐτό* . . . . Vgl. ebenso V 8, 9, 22 - 27, spez. 26 f.: *καὶ οὕτως ἐστὶν ἐκεῖνος μέγας, ὡς καὶ τὰ μέρη αὐτοῦ ἄπειρα γεγονέναι.* Vgl. ferner VI 2, 21, 3 - 11; VI 7, 14, 11 ff.

[63] I 8, 2, 15 - 19.

[64] V 9, 6, 8 - 9: *ὁ νοῦς ἐστιν ὁμοῦ πάντα καὶ αὖ οὐχ ὁμοῦ, ὅτι ἕκαστον δύναμις ἰδία.* Vgl. V 8, 9, 16 - 18: *καὶ ἕκαστος* (sc. *νοῦς*) *πάντες συνόντες εἰς ἕν, καὶ ταῖς μὲν δυνάμεσιν ἄλλοι, τῇ δὲ μίᾳ ἐκείνῃ πολλῇ πάντες εἷς· μᾶλλον δὲ ὁ εἷς πάντες.* Vgl. auch IV 8, 3, 6 - 10; VI 2, 20, 10 ff.; VI 2, 21, 3 ff.

[65] V 9, 8, 2 - 4. - Dazu ausführlicher VI 2, 20, 10 - 29; VI 7, 14, 11 - 22. Vgl. auch V 1, 4, 26 ff.

[66] V 8, 4, 22 - 24. Ebd. 4, 11: *ἐξέχει δ᾽ ἐν ἑκάστῳ ἄλλο, ἐμφαίνει δὲ καὶ πάντα.*

Glanz."[67] "So ist der Geist in sich selbst und da er sich selbst in Ruhe besitzt, ist er ewig gesättigte Fülle."[68]

Gerade im Totalitätscharakter des absoluten Geistes sieht nun Plotin die Notwendigkeit begründet, über den Nous hinauszugehen: der Geist als Totalität, als in sich gegliederte, Vielheit und Unterschiedenheit einschließende, allumfassende Einheit kann nicht das Absolute sein, sondern setzt einen Urgrund *jenseits* der Totalität voraus. So dient die Geistmetaphysik bei Plotin immer zugleich zu ihrer eigenen Überwindung in die Metaphysik des Einen, indem Plotin die Vielheit in der Einheit des Geistes aufweist, aus der sein Begründetsein durch die absolute Einheit folgt. Dies soll nun anhand einiger besonders prägnanter Stellen aus dem

---

[67] V 8, 4, 4 - 8. Vgl. auch V 8, 9, 15 - 27. - Zur Interpretation des wichtigen Kapitels V 8, 4 und zur All-Einheits-Struktur des Geistes vgl. W. Beierwaltes, *All-Einheit*, in: ders., *Denken des Einen*, 56 - 64 (Zur Wirkungsgeschichte des Gedankens mit besonderem Blick auf Schelling und Leibniz ebd. 64 - 72). Zur Lichtmetaphorik und -metaphysik Plotins auch ders., *Plotins Metaphysik des Lichtes*, in: *Die Philosophie des Neuplatonismus* (Wege der Forsch. Bd. 436), 75 - 117.

[68] V 9, 8, 7 - 8. Vgl. auch V 1, 4, 10 - 16. - Zu Plotins Begriff des Geistes als lebendiger Totalität und Einheit aller seiner Momente (Ideen), die in jeder Idee als Ganzheit ist, zusammenfassend am besten W. Beierwaltes, *Plotin. Über Ewigkeit und Zeit*, 21 - 34. Zur Fortwirkung und Differenzierung des Gedankens bei Proklos: W. Beierwaltes, *Proklos. Grundzüge seiner Metaphysik*, ²Frankfurt 1979, 31 - 48, 93 - 118 (dort auch 108 ff. zur patristischen und mittelalterlichen Rezeption des Gedankens). - Proklos bringt die Allpräsenz der Totalität und die Alldurchdringung der Momente im Intelligiblen auf die Formel: πάντα ἐν πᾶσιν, οἰκείως δὲ ἐν ἑκάστῳ (Elem. theol. prop. 103; 92, 13 Dodds). Als erster hat Numenios, Test. 33 Leemans = Fr. 41 des Places dieses Strukturgesetz des Intelligiblen stringent formuliert. Der Sache nach geht es jedoch auf Platons συμπλοκὴ τῶν γενῶν καὶ εἰδῶν zurück, wobei besonders Parm. 142 E f., 144 E - 145 C, 157 C - 158 D, Soph. 248 E ff., 253 DE, 254 D - 257 C, Tim. 30 C ff. bereits auf die spätere Formulierung vorausweisen bzw. diese nahelegen können. Der neuplatonischen Strukturformel sachlich nahe steht auch die Auffassung Speusipps, daß die definitorische Bestimmung *eines* Eidos die vollständige Kenntnis aller Übereinstimmungen und Unterschiede im Verhältnis zu *allen anderen* Eide voraussetzt, so daß das systematische Beziehungsganze aller Eide in jedem einzelnen Eidos gespiegelt ist: Fr. 31 a - e Lang = Fr. 38 - 44 Isnardi Parente = Fr. 63 a - e Tarán, vgl. dazu J. Stenzel, RE *Speusippos*, 1650 f.; D. Pesce, *Idea, numero e anima*, Padova 1961, 58 f. - Plotin macht den Zusammenhang der Allpräsenz und Alldurchdringung im Nous mit der platonisch-akademischen Dihairesis - und Koinonia-Problematik vor allem an zwei Stellen deutlich: VI 7, 14, 11 - 22 und VI 2, 20 - 22 (bes. 20, 10 ff.; 21, 18 ff.; 22, 15 ff.).

9. und 10. Kapitel der Enneade III 8 gezeigt werden, an denen Plotin den Rückgang auf ein *Jenseits des Geistes* begründet.

Aus dem Wesen des Geistes selber ergibt sich, daß er nicht das absolut Erste ist, sondern daß es das Jenseits des Geistes (*ἐπέκεινα νοῦ*) geben muß. Plotin nennt dafür drei Gründe: (1) die Vielheit ist später als das Eine; (2) der Geist ist Zahl, hat also seinen Urgrund im absolut Einen; (3) der Geist ist als Einheit von Denkendem und Gedachtem wesenhaft Zweiheit, setzt also ein Prinzip vor der Zweiheit voraus.[69]

(1) Die entscheidende Voraussetzung, die das Begründetsein des Nous in einem *ἐπέκεινα* seiner erweist, ist für Plotin: *ὅτι πλῆθος ἑνὸς ὕστερον*,[70] das metaphysische Grundaxiom des Platonismus, dessen Bedeutung wir ausführlich besprochen haben. Der Geist erweist sich nun in zweifacher Hinsicht als Vielheit: er ist intelligible Zahl und er enthält die Zweiheit von Denkendem und Gedachtem, *νοῦς* und *νοητόν*.

(2) Die Bestimmung des Geistes als intelligible Zahl ist auf dem Hintergrund der Platonischen Idealzahlenlehre zu sehen, die Plotin sich verwandelnd aneignet (Enn. VI 6).[71]

---

[69] Vgl. III 8, 9, 1 - 6.

[70] III 8, 9, 3. Vgl. V 3, 16, 12 - 13: *οὐ γὰρ ἐκ πολλοῦ πολύ, ἀλλὰ τὸ πολὺ τοῦτο ἐξ οὐ πολλοῦ*. V 3, 12, 9 - 10: *δεῖται δὲ πρὸ τοῦ πολλοῦ τὸ ἓν εἶναι, ἀφ' οὗ καὶ τὸ πολύ*. - Der Grundsatz der absoluten Priorität des Einen vor jeder Vielheit entstammt Platons innerakademischer Prinzipienlehre, für die er vielfach bezeugt ist, vgl. z.B. Speusipp bei Proklos, In Parm. VII 40, 1 ff. = Speusipp Fr. 62 Isnardi Parente / 48 Tarán = Test. Plat. 50 Gaiser; Sextus Empiricus, Adv. Math. X 261; Alexander, In Metaph. 55, 22 f. H. zusammen mit Aristoteles, Metaph. 1087 b 9 - 12; vgl. auch Speusipp, Fr. 88 Isnardi P. = Jamblich, De comm. math. sc. IV p. 17, 12 f. Festa (siehe auch oben Anm. 25).

[71] Vgl. dazu die eindringende philosophische Auslegung der Zahlenabhandlung bei K.H. Volkmann-Schluck, *Plotin als Interpret der Ontologie Platos*, 148 - 184 sowie die maßgebenden historischen Analysen bei H.J. Krämer, *Der Ursprung der Geistmetaphysik*, 292 - 311 und bei Th. A. Szlezák, *Platon und Aristoteles in der Nuslehre Plotins*, 90 - 104. Beide haben den engen Zusammenhang der Zahlenabhandlung Plotins mit der innerakademischen Idealzahlen- und Prinzipienlehre Platons nachgewiesen. W. Theilers Wertung der Schrift als "Fortführung der platonischen Grundkonzeption, ohne daß Kenntnisse über das hinaus, was wir in den platonischen Dialogen und naheliegenden, besonders aristotelischen Schriften vor uns haben, postuliert werden müssen" (*Plotins Schriften*, III b, 440), unterschätzt wohl Plotins Vertrautheit mit dem von Aristoteles unabhängigen Zweig der indirekten Platon-Überlieferung; jedenfalls hat Szlezák, op. cit., 97 ff. nachgewiesen, daß Plotin der bei Theophrast, Metaph. 6 b 11 -14 und Sextus Emp., Adv.

Für Platon war die Idee die transzendente Einheit für jeden Bereich des Vielen, der ein gemeinsames Wassein aufweist.[72] Platon stellt die Einheit der Idee der Mannigfaltigkeit ihrer Erscheinungen gegenüber, um so das ontologisch grundlegende Problem von Einheit und Vielheit zu lösen. Platons Lösung besteht in der Überordnung der Einheit über die Vielheit, die nur ist, indem sie an jener teilhat; denn Einheit ist seit Parmenides der Grundzug des Seins. Da aber die Idee immer Idee unter anderen Ideen ist, stellt sich das Problem des Einen und Vielen auch innerhalb der Welt der Ideen selbst; das wahre Sein erweist sich als eine Vielheit von Ideen. Das Problem verschärft sich noch durch die Einsicht, daß eine jede Idee als solche in sich selbst schon Eines und Vieles zumal ist; denn sonst wäre sie unbestimmbar und es gäbe keine *συμπλοκὴ τῶν εἰδῶν*. Daraus ergibt sich die Frage: Wie kann das Seiende als Einheit ein Vieles und als Vielheit ein Eines sein ? Die Antwort darauf gibt die Lehre von den Idealzahlen: diese sucht das Wesen der Idee in der Struktur des Arithmetischen, weil die Zahlen das Beisammensein von Einheiten in einer Einheit sind.[73] Da die Zahl ihrem Wesen nach Einheit von vielen

---

Math. X 258 für Platon bezeugten Priorität der Ideenzahlen vor den (anderen) Ideen folgt, während Aristoteles von einer Gleichsetzung von Ideen und Ideenzahlen berichtet (Metaph. 987 b 22: *τὰ εἴδη εἶναι τοὺς ἀριθμούς*. Vgl. Phys. 209 b 34); Plotins Lösung bemüht sich dabei aber, beide Überlieferungen auszugleichen. - Eine umfänglich kommentierte Ausgabe der Zahlenabhandlung Plotins, die indes auf den *Platonischen* Ursprung der Problematik kaum eingeht, hat J. Pépin herausgegeben: *Plotin. Traité sur les Nombres* (Ennéade VI 6). Introduction, Texte Grec, Traduction, Commentaire et Index Grec par J. Bertier, L. Brisson, A. Charles, J. Pépin, H.D. Saffrey, A.-Ph. Segonds, Paris 1980. - Zum Problem der Ideenzahlen bei *Platon* einleuchtend K. Gaiser, *Platons ungeschriebene Lehre*, [2]Stuttgart 1968, 115 - 145, der Priorität der Idealzahlen und zugleich zahlenhaften Charakter der anderen Ideen ("Ideenbrüche") annimmt (bes. 125 ff., 137 ff.). Ähnlich schon C.J. de Vogel, *Die Spätphase der Philosophie Platons und ihre Interpretation durch Léon Robin* (zuerst 1948), in: *Das Problem der ungeschriebenen Lehre Platons* (Wege der Forsch. Bd. 186), 201 - 216; vgl. auch L. Robin, *La Théorie Platonicienne des Idées et des Nombres d' après Aristote*, Paris 1908, 453 - 462.

[72] Vgl. bes. Politeia 476 A, 479 A, 507 B, 596 A; Parm. 132 A, 133 B, 135 BC; Phileb. 15 AB, 16 DE. Dazu Aristoteles, Metaph. 990 b 7 f., 13 und 1079 a 3, 9; ferner 1081 a 9 - 10, 1082 b 26, 1086 b 27 u.ö.

[73] Vgl. K.H. Volkmann-Schluck, *Plotin als Interpret*, 148 - 149. Volkmann-Schluck verweist dazu auf Aristoteles, Metaph. 1081 a 12. - Daß die Zahlen das Beisammensein von Einheiten in einer Einheit sind, ergibt sich z.B. aus Metaph. 1084 a 22 f. Die Wesensbestimmung der Zahl als Einheit von vielen Einheiten ergibt sich aus dem Platon-Referat Alexanders bei Simplikios, In Phys. 454, 33 f. D. Vgl. dazu Platon, Parm. 158 A 6 f. Dasselbe bei Plotin, V 5, 4, 28 - 31.

Einheiten ist, bleibt sie Einheit, indem sie gleichwohl Vielheit ist; und da sie aus sich selbst zusammengesetzte Einheit ist, so ist sie ein in sich artikuliertes Ganzes, dessen Glieder in einer Einheit geeint sind, ohne ihre Unterschiedenheit zu verlieren.[74] Und so ist die Wesensstruktur der Zahl das Modell für den Aufbau der intelligiblen Welt, die Plotin mit dem Nous gleichsetzt. Dieser ist Einheit aus Einheiten, denn er ist die Einheit aller Ideen, die er im Denken einigt; und da die Ideen, die er denkt, sein eigenes Sein sind, ist er aus sich selbst zusammengesetzte Einheit. Also ist der Geist intelligible Zahl.

Der Urgrund der Zahl und alles Zahlenhaften ist das absolute Eine (*τὸ ὄντως ἕν*),[75] das jede Vervielfältigung von sich ausschließt und darum außerhalb des Bereiches von Zahl ist. Dagegen ist der Geist als entfaltete Einheit Zahl,[76] also Vielheit und damit selbst begründet.

(3) Ferner setzt die Zweiheit von *νοῦς* und *νοητόν* im Geist ein einigendes Prinzip vor der Zweiheit voraus, damit der Geist als die Einheit dieser Zweiheit bestehen kann.[77] Das Prinzip des Geistes kann nicht reiner

---

[74] Für Platon waren die Ideenzahlen Einheiten, die aus wesensverschiedenen und daher nicht addierbaren Einheiten zusammengesetzt sind, so daß jede Idealzahl ein Ganzes aus inhaltlich unterschiedenen Momenten darstellt. Bei der mathematischen Zahl dagegen unterscheiden sich die sie aufbauenden Monaden nicht inhaltlich, sondern nur durch ihre Stellung in der Reihe. Vgl. die Diskussion bei Aristoteles, Metaph. M 7. Vgl. auch Plotin V 5, 4, 33 ff.; 5, 7 ff.

[75] III 8, 9, 4: *ἀριθμοῦ δὲ ἀρχὴ καὶ τοῦ τοιούτου τὸ ὄντως ἕν.* - Vgl. Aristoteles, Metaph. 1088 a 6 - 8: *διὸ καὶ εὐλόγως οὐκ ἔστι τὸ ἓν ἀριθμός· οὐδὲ γὰρ τὸ μέτρον μέτρα, ἀλλ' ἀρχὴ καὶ τὸ μέτρον καὶ τὸ ἕν.*

[76] III 8, 9, 3 - 4: *ἀριθμὸς δὲ οὗτος* (sc. *ὁ νοῦς*). Die Zahl ist das den Geist artikulierende und in verschiedene Stufen gliedernde Element, vgl. VI 6, 9, 26 - 31: *ἡ τοῦ ἀριθμοῦ δύναμις ὑποστᾶσα ἐμέρισε τὸ ὂν καὶ οἷον ὠδίνειν ἐποίησεν αὐτὸν τὸ πλῆθος. ἢ γὰρ ἡ οὐσία αὐτοῦ ἢ ἡ ἐνέργεια ὁ ἀριθμὸς ἔσται, καὶ τὸ ζῷον αὐτὸ καὶ ὁ νοῦς ἀριθμός. ἆρ' οὖν τὸ μὲν ὂν ἀριθμὸς ἡνωμένος, τὰ δὲ ὄντα ἐξεληλιγμένος ἀριθμός, νοῦς δὲ ἀριθμὸς ἐν ἑαυτῷ κινούμενος, τὸ δὲ ζῷον ἀριθμὸς περιέχων.* - Dazu Krämer, *Ursprung der Geistmetaphysik*, 303: "Von diesen Definitionen lehnen sich die erste und die zweite an den 'Parmenides', die vierte an 'Timaios' 30 C ff. an, während die dritte vielleicht 'Sophistes' 248 E im Auge hat, aber von allen bei weitem die selbständigste ist." - Die von Plotin hier *im* Nous unterschiedenen Stufen werden bei Jamblich zu eigenen Hypostasen verselbständigt.

[77] III 8, 9, 5 - 6: *καὶ οὗτος νοῦς καὶ νοητὸν ἅμα, ὥστε δύο ἅμα. εἰ δὲ δύο, δεῖ τὸ πρὸ τοῦ δύο λαβεῖν.* Vgl. V 1, 5, 6 - 7: *ὁ γὰρ ἀριθμὸς οὐ πρῶτος· καὶ γὰρ πρὸ δυάδος τὸ ἕν, δεύτερον δὲ δυὰς καὶ παρὰ τοῦ ἑνὸς*

Geist, *νοῦς μόνον*, ohne die Beziehung auf ein Noeton sein, weil Geist nur im Sich-Beziehen auf ein Noeton ist; als Denkender ist er bei sich selbst, indem er bei seinem Zu-Denkenden ist; denn Denken ist die Anwesenheit des Zu-Denkenden oder Gedachten als eines solchen. Da sich das Prinzip des Geistes nicht auf ein Noeton bezieht - denn dann wäre es Zweiheit - kann es auch nicht Geist sein. Somit ist das der Zweiheit entzogene und ihr vorausliegende Eine jenseits des Geistes, *ἐπέκεινα νοῦ*.[78] Darum ist es auch kein Noeton, denn jedes Noeton ist dem Nous immanent, untrennbar von ihm und mit ihm "zusammengejocht", (*συνέζευκτο*).[79] Das Absolute ist deshalb weder Geist noch Zu-Denkendes, sondern der über beide erhabene Urgrund, welcher den Nous als die Einheit von Denken und Sein (Noeton) allererst stiftet.[80]

Als die lebendige Einheit von Denken und Sein hat der Geist Totalitätscharakter; die Totalität aber muß sich einem Urgrund jenseits der Totalität verdanken. Indem Plotin das Begründetsein des Geistes aus dessen *Totalitätscharakter* erweist, macht er die *Transzendenz des Einen über die Totalität* einsichtig und erreicht so die letzte Verschärfung des Transzendenzbegriffs.

---

*γεγενημένη*. - Zur Zweiheit von Denkendem und Gedachtem bzw. von Denken und Sein im Nous z.B. auch V 1, 4, 26 - 33; V 3, 5, 43 - 45; V 3, 13, 9 f.; V 4, 2, 10 f.; V 4, 2, 43 f.; V 6, 1, 10 - 14; V 6, 2, 2 - 7. 17 - 20; V 6, 6, 10 - 27; VI 9, 2, 36 f. usw.

78 III 8, 9, 9 - 10. Vgl. Platon, Politeia 509 B 9 mit 509 A 3 - 7; vgl. auch Aristoteles, *Περὶ εὐχῆς*, Fr. 1.

79 III 8, 9, 11, vgl. ebd. 7. In Platons Sonnengleichnis 508 A 1 stiftet das Licht als *ζυγός* die Einheit von Sehendem und Gesehenem, was Plotin nach Platons Anweisung 508 B 12 - C 2 auf das Verhältnis von *νοῦς* und *νοητόν* (*νοούμενα*) überträgt (ebenso V 5, 1, 23 - 24 und V 7, 3, 11), das Plotin - anders als Aristoteles (Metaph. 1072 a 30, b 19 f.) - als ein Verhältnis strikter ontologischer Simultaneität auffaßt (vgl. z.B. V 1, 4, 26 - 28; V 2, 1, 13; siehe auch Szlezák, *Nuslehre Plotins*, 128 f. mit Anm. 404), unter Berufung eben auf das Sonnengleichnis. - Hatte Plotin in V 4, 2, 4 - 7. 12 ff. und noch in V 6, 2, 8 - 9 (mit Hervorhebung der Uneigentlichkeit) das Eine selbst, auf das sich die Noesis hinwendet, ein *Noeton* genannt (das freilich der Selbstbeziehung der erfüllten Noesis transzendent bleibt), so wird das an dieser Stelle mit Hinweis auf die Gleichursprünglichkeit von Nous und Noeton ausdrücklich zurückgenommen.

80 Vgl. III 8, 9, 5 - 13. - Z. 11 - 13: *εἰ οὖν μήτε νοῦς μήτε νοητὸν εἴη, τί ἂν εἴη; ἐξ οὗ ὁ νοῦς καὶ τὸ σὺν αὐτῷ νοητὸν φήσομεν* spielt wieder auf das Sonnengleichnis an: Das Agathon begründet Nous und Noeta sowie die Einheit beider, ist aber selbst *jenseits* dessen, was es begründet (509 A 3 - 7, B 6 - 10).

"Denn der Geist selber ist das ursprüngliche Leben, die Verwirklichung der Totalität in ihrer Aufgliederung (Aufgliederung nicht als erst sich Aufgliederndes, sondern als bereits Aufgegliedertes). Ist er nun Leben und Aufgliederung und hat alles in genauer Durchführung und nicht nur im allgemeinen Umriß in sich - denn sonst besäße er es unvollkommen, weil ungegliedert - so muß er notwendig von einem anderen herstammen, das nicht mehr in Aufgliederung ist, sondern Ursprung der Aufgliederung, Ursprung des Lebens, Ursprung des Geistes und der Totalität. Denn die Totalität ist nicht Ursprung, sondern aus dem Ursprung stammt die Totalität; *der Ursprung selbst aber ist nicht Alles noch etwas von Allem*, sonst könnte er nicht die Totalität erzeugen und wäre Vielheit, aber nicht Ursprung der Vielheit; denn überall ist das Erzeugende einfacher als das Erzeugte. Wenn also Jenes (sc. das Eine) den Geist erzeugt hat, muß es selbst einfacher als der Geist sein. Glaubt aber jemand, das Eine selbst sei zugleich auch die Totalität, dann müßte Es entweder jeder einzelne Bestandteil der Totalität als Einheit für sich sein oder alle in eins und zumal. Wenn nun erst alle Bestandteile in eins abstandslos vereinigt das Eine ergeben, so muß es später sein als ihre Gesamtheit; ist es aber früher als die Totalität, so muß anderes die Totalität, Es selbst aber von der Totalität verschieden sein; ist es aber das Eine und die Totalität zugleich, so kann es nicht Ursprung sein. Es muß aber Ursprung sein und *vor* der Totalität sein, damit nach Ihm auch die Totalität sein kann. Was aber das 'jedes einzelne von allem' betrifft, so würde erstlich jeder beliebige von diesen Bestandteilen mit jedem anderen identisch sein; sodann würde 'alles beisammen' sein und es träfe keine Unterscheidung mehr. Auch so ergibt sich, *daß das Eine selbst nichts von allem ist, sondern vor und über allem*."[81]

Der Nous ist das Erste Leben (*ζωὴ πρώτη*),[82] d.h. er ist die ursprüngliche Einheit von Denken und Sein; darum ist er die Verwirklichung der Totalität *ἐν διεξόδῳ*,[83] in ihrer Aufgegliedertheit und Durchstrukturiertheit,

---

[81] III 8, 9, 32 - 54.

[82] III 8, 9, 33; vgl. ebd. 8, 18 ff.

[83] III 8, 9, 33. Vgl. V 8, 3, 35; V 3, 17, 24 - 25; IV 8, 7, 17 - 18. Zur nichtdiskursiven *διέξοδος* des Nous am ausführlichsten VI 7, 13. -

Zum Ausdruck verweisen Henry-Schwyzer[2] III Fontes Addendi, 300 - wie vorher schon Dodds, *Numenios und Ammonios*, in: *Der Mittelplatonismus* (Wege d. Forsch. 70), 504 - auf Numenios, Fr. 21 Leemans = Fr. 12 des Places (spez. Z. 14 - 16). Numenios spricht dort allerdings vom Abstieg des demiurgischen Nous zum sinnenfälligen Kosmos, eine Vorstellung, die Plotin ganz fernliegt, dem es vielmehr um den Durchgang des Nous durch die gegliederte Totalität des Intelligiblen, die er selbst ist, geht. Vgl. dazu J. Bussanich, *The One and its Relation to Intellect in Plotinus*, Leiden 1988, 99 - 102. - Die wirkliche, bisher die alles zum Ganzen zusammenschließt, ohne dabei die einzelnen Momente des Ganzen in unterschiedsloser Einerleiheit versinken zu lassen. Wirkliche Totalität im Unterschied zu abstrakter Allgemeinheit und unbestimmter Möglichkeit ist nur in solcher vollkommenen Durchgestaltetheit, in welcher die einzelnen Momente nicht ineinander übergehen, sondern ihre klare und gleichbleibende Bestimmtheit in dem Ganzen haben, das sich in ihnen artikuliert. So ist die Totalität kein indifferentes Einerlei und auch kein sich erst Entwickelndes und Entfaltendes, noch nicht vollkommen Bestimmtes, sondern die aktuale und vollkommene, nichts im Unbestimmten lassende Artikuliertheit des lebendigen Ganzen aller intelligiblen Gestalten (Ideen), das sich in dieser Artikuliertheit selbst gegenwärtig ist; jede Unbestimmtheit ist vom Nous fernzuhalten, da sie eine seinen Totalitätscharakter aufhebende Unvollkommenheit wäre. Und eben darum muß die Geistestotalität von einem anderen her sein, das nicht mehr in Aufgliederung und damit in Vielheit ist, sondern transzendenter Ursprung alles dessen, was das Wesen des Nous ausmacht: Artikuliertheit, Lebendigkeit und Totalität. Denn die Totalität ist nicht der entspringenlassende Ursprung, sondern das diesem Entsprungene, weil sie als Totalität notwendig Einheit *in* der Vielheit ist. Die Totalität ist Vielheit, weil sie sonst unbestimmt wäre, und zugleich Einheit, weil sie sonst kein Ganzes wäre; also verdankt sie sich einem vielheitsfreien Ursprung.

Das Absolute aber ist Ursprung von allem, gerade weil es die Totalität radikal transzendiert, ohne selber Totalitätscharakter zu haben und ohne in einen es selbst umgreifenden Totalitätshorizont zu gehören: *οὐκέτι τὰ πάντα οὐδέ τι τῶν πάντων*.[84] Das Eine selbst ist in keinem Sinne "etwas

---

übersehene Quelle Plotins ist wohl Platons Beschreibung des dialektischen Verfahrens Parm. 136 E 1 - 3: *ἄνευ ταύτης τῆς διὰ πάντων διεξόδου τε καὶ πλάνης ἀδύνατον ἐντυχόντα τῷ ἀληθεῖ νοῦν σχεῖν*. Plotin dürfte das mit der Beschreibung der auf- und absteigenden Dialektik Politeia 511 B 3 - C 2 (vgl. auch 534 C 1 f.: *διὰ πάντων ἐλέγχων διεξιών*) verbunden und beides auf den vom Einen absteigenden und zu ihm wieder aufsteigenden Durchgang des Nous durch seine Inhalte, die Ideen, bezogen haben.

[84] III 8, 9, 40 - 41. Vgl. V 2, 1, 1 - 6; V 3, 11, 19; V 5, 13, 20 - 21. Weitere Stellen in Anm. 87 und 96. - Mit der Paradoxie, daß das Absolute als Prinzip der Totalität notwendig die Totalität in jeder Bedeutung transzendiert und darum selbst keinem Totalitätshorizont zugehört und als solches auch nicht in Beziehung zur Totalität steht, beginnt *Damaskios* sein Hauptwerk "De Primis Principiis" I 1 - 7 Ruelle = I 1, 4 - 8, 20 Westerink (besonders eindrucksvoll die Aporie des absoluten Prinzips I 1, 4 - 2, 20 W.). Die Paradoxien und Aporien scharf herausarbeitende negative Theologie des Damaskios stellt - zumindest

von allem", weil es sonst nicht Ursprung von allem sein könnte; es ist auch nicht selbst Alles, weil es als Allheit Vielheit wäre, also wieder nicht absoluter Ursprung. Indem Plotin den Grundsatz *πλῆθος ἑνὸς ὕστερον* [85] auf die Totalität anwendet, erweist er diese als begründet in einem Jenseits ihrer selbst. Der von jenem ableitbare Grundsatz *τοῦ γὰρ γεννηθέντος πανταχοῦ τὸ γεννῶν ἁπλούστερον* [86] führt zu dem gleichen Ergebnis. Darum ist das Eine kein graduell Höchstes innerhalb der Totalität, sondern absolutes *ἐπέκεινα* und gerade darum wirklich das Absolute.

Plotin untermauert dies noch dadurch, daß er eine Gleichsetzung des Absluten mit der Totalität als undurchführbar erweist. Wenn das Eine selbst zugleich die Totalität wäre, so wäre es entweder jedes Einzelne von allem für sich (*καθ' ἓν ἕκαστον τῶν πάντων*) oder alles in eins und zumal (*ὁμοῦ πάντα*). Im letzten Fall aber wäre es nicht mehr das Absolute, im ersten Fall gäbe es keine Totalität. Denn wenn erst die abstandslose Vereinigung von allem Einzelnen das Eine ergäbe, dann wäre dieses als Ganzheit später als seine Elemente. Wenn es der Totalität vorangeht, muß es von dieser verschieden sein; wenn es mit ihr zugleich und gleichursprünglich (*ἅμα*) ist, kann es nicht ihr Ursprung sein. Es muß aber der Totalität als Ursprung vorausliegen, damit die Totalität als Einheit einer Vielheit überhaupt betehen kann.

Wäre andererseits das Eine jedes einzelne von allem, so wäre jedes mit jedem identisch - denn jedes wäre dann in sich einfache Einheit und ohne unterscheidende Andersheit - und das gegliederte Seinsganze verschwände im unterschiedslosen Einerlei der Anaxagoreischen Urmischung (*ὁμοῦ πάντα*); mit der Vernichtung der Unterschiedenheit ihrer Momente aber wäre die Totalität selbst aufgehoben. Somit ergibt sich, daß das Eine selbst, das absolute Prinzip, "nichts von allem, sondern vor und über allem ist": *οὐδὲν τῶν πάντων, ἀλλὰ πρὸ τῶν πάντων.* [87]

---

hinsichtlich der Radikalität und Konsequenz ihrer Artikulation - die Vollendung des neuplatonischen Nachdenkens über das Absolute als absolute Transzendenz dar.

[85] III 8, 9, 3. Vgl. oben Anm. 70.

[86] III 8, 9, 42 - 43; vgl. V 3, 16, 7 - 8: *ἡ ἀρχὴ ἑκάστων ἁπλουστέρα ἢ αὐτά.* - Vgl. schon Speusipp, Fr. 88 Isnardi Parente = Jamblich, De comm. math. sc. IV p. 17, 12 f.: *τὸ γὰρ ἁπλούστατον πανταχοῦ στοιχεῖον εἶναι.* Alexander, In Metaph. 55, 22 f. nach Platon, *Περὶ τἀγαθοῦ*: *τὰ γὰρ ἁπλούστερά τε καὶ μὴ συναναιρούμενα πρῶτα τῇ φύσει.*

[87] III 8, 9, 53 - 54. Vgl. V 3, 11, 19; vgl. ebd. 22 - 25; V 4, 2, 40 - 41; VI 9, 11, 35. Vgl. auch VI 9, 3, 39 f.; VI 9, 6, 55; V 1, 7, 18 f.; V 5, 13, 28; VI 7, 32, 12 f.; VI 8, 21, 24 ff.

Nachdem somit die absolute Transzendenz des Einen selbst in äußerster Schärfe, als Transzendenz gegenüber der Totalität, hervorgetreten ist, faßt Plotin nun das Ganze der henologischen Reduktion zusammen und macht dabei zugleich den Sinn der negativen Theologie deutlich:

"So ist es denn gar kein Wunder - oder ist es vielleicht gerade ein Wunder ? -, wie die Vielheit des Lebens aus der Nicht-Vielheit stammt und wie die Vielheit nicht dasein konnte, wenn es nicht das Vor-der-Vielheit gäbe, das nicht Vielheit ist. Denn der Urgrund zerteilt sich nicht auf das Ganze; denn zerteilte er sich, so würde er damit auch das Ganze vernichten, und dieses würde auch nicht von neuem entstehen können, wenn der Urgrund nicht bei sich selbst verharrte in seiner Andersheit (*μενούσης τῆς ἀρχῆς ἐφ' ἑαυτῆς ἑτέρας οὔσης*).

Deshalb führt denn auch überall der Rückgang auf ein Eines. Und bei jedem Einzelnen gibt es ein Eines, auf das man es zurückführen kann, auch das sinnenfällige All auf das vor ihm liegende Eine, das aber noch nicht *einfachhin Eines* ist, bis man schließlich bei dem einfachhin Einen anlangt; dieses aber läßt sich nicht mehr auf ein anderes zurückführen.

Indessen, wenn man dies Eine - d.h. eben den verharrenden Urgrund - bei der Pflanze und das Eine beim Sinnenwesen, das Eine bei der Seele, das Eine beim All ins Auge faßt, so hat man jedesmal das Mächtigste und das eigentlich Wertvolle; bei *dem* Einen aber, das zu dem wahrhaft Seienden gehört und sein Urgrund, seine Quelle und Mächtigkeit ist, da sollten wir auf einmal mißtrauisch werden und argwöhnen, Es sei das Nichts ?

Gewiß, *Es ist das Nichts all dessen, dessen Urgrund es ist, so jedoch*, - da nichts von Ihm ausgesagt werden kann, nicht Sein (*ὄν*), noch Seiendheit (*οὐσία*), noch Leben (*ζωή*) - *daß Es über all das erhaben ist.* Und faßt du Es ins Auge, nachdem du das 'sein' (*τὸ εἶναι*) weggenommen hast, so wirst du staunen vor dem Wunder."[88]

Plotin legt nochmals allen Nachdruck auf die Transzendenz des Ursprungs: die Vielheit verdankt sich einem jenseitigen Urgrund, der nicht

[88] III 8, 10, 14 - 32. Text nach W. Theiler. - In Z. 21 haben H - $S^2$ *τόδε πᾶν*, Theiler und H - $S^1$ *τόδε τὸ πᾶν*, das ebensogut überliefert ist und besseren Sinn gibt. Z. 31 haben H - $S^{1-2}$ *τὸ ὑπὲρ πάντα αὐτῶν*, Theiler mit Pernau *τὸ ὑπὲρ πάντα ταῦτα* nach cod. A corr: "Das sonst überlieferte *αὐτῶν* könnte nur ein unlogischer Gen. part. bei *πάντα* sein" (*Plot. Schr.* III b, 378). Dagegen darf in Z. 28 das überlieferte *τὸ*[2] vor *μηδὲν τούτων* nicht mit Theiler und Ficinus gestrichen werden, "sed *τὸ μηδὲν*[2] (praedicatum) *nihilum* mysticorum posteriorum" (H - $S^2$ ad loc.).

Vielheit ist, sondern schlechthin erhaben über jede Vielheit. Der Urgrund bleibt in strenger Jenseitigkeit für sich selbst, er ist nicht als er selbst bei dem Entsprungenen gegenwärtig und geht nicht in dieses ein. Ginge er in das Entsprungene ein, so zerteilte er sich, da das Entsprungene Vielheit ist; er höbe seine Einfachheit auf und würde so sich selbst als Urgrund und damit zugleich das Entsprungene vernichten. Der Urgrund läßt das Ganze des Entsprungenen hervorgehen und erhält es im Sein, *indem* er selbst in absoluter Jenseitigkeit für sich bleibt. Der Urgrund ist darum gerade *vermöge seiner Transzendenz* Urgrund.[89]

Darum ist die henologische Reduktion, die jede Vielheit auf ein *transzendentes* Eines zurückführt, die Grundweise, in der sich der metaphysische Aufstieg zum Urgrund vollzieht. Die henologische Reduktion führt in letzter Konsequenz über jedes noch irgendwie bestimmbare Eine hinaus zu dem einfachhin Einen selbst (*τὸ ἁπλῶς ἕν*, III 8, 10, 22), das absolut einfach, d.h. schlechthin ohne Vielheit ist (*τὸ ἁπλούστατον*, III 8, 9, 17; II 9, 1, 8; V 3, 13, 34. V 9, 14, 3; V 3, 11, 27: *τὸ πάντῃ ἁπλοῦν*. V 3, 16, 16: *ὄντως ἁπλοῦν*. Vgl. V 5, 6, 26 ff.) und deshalb nicht mehr auf ein anderes zurückgeführt werden kann: das einfachhin Eine ist das Absolute und das Ziel des ganzen Aufstiegs.[90]

Dieser Aufstieg und Rückgang vollzieht sich als *Transzendieren* und als *Negieren*. Da der Ursprung transzendent ist, wird im Rückgang zu ihm das Entsprungene überschritten; das Mittel des Überschreitens aber ist die Negation, denn die Transzendenz des Ursprungs zeigt sich darin, daß er selbst *nichts von allem ist*, was ihm entspringt.

Die Negation, die den Ursprung als das Nichts des Entsprungenen erweist, ist nicht privativ, sondern transzendierend, weil sie die Transzendenz des Ursprungs ausspricht. Denn der in sich und bei sich selbst bleibende Ursprung ist als das Nichts des Entsprungenen dessen vorgängige Ermöglichung, die entspringenlassende, in sich bleibende *Mächtigkeit* (*δύναμις*)[91] und damit zugleich das Machtvollste (*δυνατώτατον*)[92] und

---

[89] Vgl. III 8, 10, 14 - 19. - Der gleiche Sachverhalt auch z.B. V 4, 1, 5 - 15. 2, 37 - 43; V 2, 1, 1 - 9; III 8, 9, 39 - 54. 10, 26 - 31; V 5, 6, 6 - 10. 12, 47 - 50; V 3, 11, 16 - 30.

[90] Vgl. III 8, 10, 19 - 23.

[91] Mit der Auslegung der Transzendenz des Ursprungs als *δύναμις* (III 8, 10, 27, vgl. 25; III 8, 10, 1; III 9, 7, 1; IV 8, 6, 11 ff.; V 1, 7, 9 - 10; V 2, 1, 14; V 3, 15, 32 - 33; V 4, 1, 24 ff. 36; V 4, 2, 36 - 39; V 5, 10, 12 f.; VI 7, 15, 23; VI 8, 9, 45; VI 8, 10, 33; VI 9, 5, 36 ff. u.ö.) folgt Plotin Platon, Politeia 509 B 9: *ἐπέκεινα τῆς οὐσίας πρεσβείᾳ καὶ δυνάμει ὑπερέχον*. (Vgl. Szlezák, *Nuslehre Plotins*, 56; Beierwaltes, *Denken des Einen*, 49).

das eigentlich *Werthafte* (*τίμιον*)[93] gegenüber allem Entsprungenen, das nur von ihm her ist und das ist, was es ist. Das Negieren des Entsprungenen ist somit dessen Transzendieren zum Ursprung hin. Gilt dies schon auf den unteren Stufen der Reduktion, beim Aufstieg zu den intelligiblen Einheitsprinzipien, den Ideen und ihrer Gesamtheit im Geist, so werden Transzendieren und Negieren auf der letzten Stufe, beim Rückgang vom wahren Sein des Intelligiblen zum absoluten Einen, radikal.

Das Eine selbst, das einfachhin Eine, zu dem von dem wahrhaft Seienden aufgestiegen wird und das dessen Urgrund (*ἀρχή*), Quelle (*πηγή*) und Mächtigkeit (*δύναμις*) ist,[94] ist kein leeres Nichts, aber als der universale und absolute Urgrund ist es *nichts von allem*, weil es *absolut jenseits von allem* ist.[95] Das Eine ist in dem Sinne das Nichts, daß es über alles erhaben ist, was ihm das Sein verdankt und was Es selbst darum nicht ist, das aber ist schlechthin Alles.[96] Deswegen wird im letzten Schritt der henolo-

---

Offenbar hat auch Speusipp (vgl. Fr. 34 a und e Lang = Arist. Metaph. XII 7 1072 b 30 ff., N 5 1092 a 11 ff.) den in seiner Transzendenz nur negativ bestimmbaren Urgrund wie Plotin als *δύναμις* ausgelegt; dazu H.J. Krämer, *Der Ursprung der Geistmetaphysik*, 345 f., 351 - 361.

[92] III 8, 10, 25; V 4, 1, 25.

[93] III 8, 10, 26. Das heißt, das Eine ist das Wertprinzip: dies entspricht Platons Gleichsetzung des Einen mit dem Guten selbst, der Plotin folgt, es stimmt aber durchaus auch mit der Einheitsmetaphysik Speusipps überein, der das Eine als Wertprinzip über das Gute (das er im Sinne der Arete auffaßte und auf die Seele beschränkte) hinaushob (Fr. 72 Isnardi Parente = Jamblich, De comm. math. sc. IV, 16, 3 - 12). Zur Bewertung der Differenz Speusipps zu Platon und Plotin in diesem Punkt Krämer, *Ursprung der Geistmetaphysik*, 359 - 361.

[94] III 8, 10, 27. Plotin kombiniert hier Phaidr. 245 C 9 mit Politeia 509 B 9 (vgl. Anm. 91).

[95] Vgl. III 8, 9, 40 - 41. 53 - 54; V 1, 6, 13; V 2, 1, 1 - 6; V 3, 11, 18 - 19. 21 - 25; V 3, 13, 2; V 4, 2, 38 - 43; V 5, 12, 48 - 50; V 5, 13, 19 - 21. 35 - 36; VI 8, 21, 24 - 26; VI 9, 2, 44 - 47; VI 9, 11, 35 und oft.

[96] III 8, 10, 28 - 31: *ἐστι μὲν τὸ μηδὲν τούτων, ὧν ἐστιν ἀρχή, τοιοῦτο μέντοι, οἷον . . . τὸ ὑπὲρ πάντα ταῦτα εἶναι.* (Zum Text vgl. Anm. 88). Vgl. VI 9, 6, 55: *τὸ δὲ πάντων αἴτιον οὐδέν ἐστιν ἐκείνων.* Ebd. 3, 39 - 40: *γεννητικὴ γὰρ ἡ τοῦ ἑνὸς φύσις οὖσα τῶν πάντων οὐδέν ἐστιν αὐτῶν.* V 1, 7, 18 - 19: *ὅτι ἐκεῖνος μηδὲν τῶν πάντων· ταύτῃ γὰρ πάντα ἐξ ἐκείνου.* V 2, 1, 1 ff.; V 5, 13, 28; VI 7, 32, 12 f.; VI 8, 9, 44; ebd. 21, 24 ff. - Zum Begriff des *Nichts durch Transzendenz* Damaskios, De Principiis I 7, 24 - 25 Westerink: *εἰ δὲ τοῦτο οὐδέν ἐστιν, ἔστω διττὸν τὸ οὐδέν, τὸ μὲν κρεῖττον τοῦ ἑνός, τὸ δὲ ἐπίταδε.* Zum Nichts als umfassendstem Ausdruck der Transzendenz des Absoluten W. Beierwaltes, *Proklos. Grundzüge seiner Metaphysik*, 348 - 357.

gischen Reduktion die *Totalität* überschritten; das aber geschieht in der negativen Dialektik, die dem Einen selbst alles abspricht, jedoch so, daß der Sinn der radikalen Negation die Transzendenzbehauptung ist. Darum meint jede Negation in Bezug auf das Absolute eine Transzendenzaussage, jedes "*nicht*" bedeutet das "*jenseits*" und "*über*" des Negierten. Umgekehrt besteht der Inhalt der Transzendenzbehauptung in der Negation des Transzendierten von dem Absoluten, ohne daß dieses dadurch inhaltlich irgendwie positiv bestimmt würde; die Transzendenzaussage hat *keinen* über die Negation des Transzendierten hinausgehenden positiven Inhalt, sondern sie bringt nur den *nicht-privaten* Charakter der Negation, ihre Intentionsrichtung auf das absolute Übermaß des Einen selbst, zum Ausdruck.

Das zeigt sich am deutlichsten, wenn Plotin dem Einen das Sein, die umfassendste und zugleich allgemeinste Bestimmung überhaupt, die Grundlage jeder weiteren Bestimmung ist, abspricht und es als das *Jenseits des Seins* anspricht. Mit dem Sein sind dem Einen zugleich alle Seinsgehalte abgesprochen, deshalb ist das Eine selbst weder das Sein im Sinne des *ὄν*, d.h. des reinen Seins als der ursprünglichsten Bestimmung, abgesehen von allen weiteren Bestimmungen, noch das Sein im Sinne der *οὐσία*, d.h. der eidetisch erfüllten und in ihre Bestimmungen auseinanderlegbaren Seiendheit, noch die *ζωή*, d.h. das Sein in seiner wesenhaften Bezogenheit auf das Denken, - aber so, daß es als absoluter Urgrund das *über* all das Erhabene ist (*τὸ ὑπὲρ πάντα ταῦτα*).[97] Damit aber ist inhaltlich nichts über das Eine ausgemacht, sondern nur hingewiesen auf seine absolute Transzendenz, die sich gerade in der Negation jeder Bestimmtheit zeigt. "Wenn Es aber nichts von diesen ist, so kann man von Ihm nur sagen, daß Es jenseits von diesen ist. Diese aber sind das Seiende (*τὰ ὄντα*) und das Sein (*τὸ ὄν*); Es ist also jenseits des Seins. Denn das 'Jenseits des Seins' meint nicht ein dieses - denn es enthält keine Setzung - und gibt Ihm keinen Namen, sondern es besagt nur: nicht dieses."[98]

Somit hat die Transzendenzbehauptung keinen über die Negation hinausgehenden bestimmten Inhalt, sie hat vielmehr *rein semantischen* (hinweisenden), keinen kategorialen (bestimmenden) Charakter. Sie zeigt

---

[97] III 8, 10, 29 - 31. (Zu Z. 31 siehe Anm. 88). V 5, 12, 48 - 50: *ὑπερβεβηκὼς δὲ τὰ πάντα οἷός τε ἦν καὶ ποιεῖν αὐτὰ καὶ ἐφ' ἑαυτῶν ἐᾶσαι εἶναι αὐτὸς ὑπὲρ αὐτῶν ὤν*. Ebd. 13, 19 - 20: *ὡς ὑπὲρ ταῦτα ἰὼν ἐκεῖνος τούτων αἴτιος ᾖ, ἀλλὰ μὴ αὐτὸς ταῦτα*. Vgl. ebd. 13, 35 - 36; VI 7, 32, 8 - 9. 35, 43. 37, 30; VI 8, 1, 9. 7, 31.

[98] V 5, 6, 9 - 13.

die Richtung an, in der die Negationen zu verstehen sind, wie diese in der radikalen Offenheit des Negativen der absoluten Transzendenz des Einen entsprechen. In diesem Sinne ist die *theologia negativa* bei Plotin immer zugleich *theologia supereminentiae* - weil die Negationen transzendieren, wobei aber der Sinn inhaltlich negativ bleibt.

Das Eine ist somit in seinem Seinscharakter unbestimmbar - "und zwar nicht nur für uns nicht bestimmbar, sondern wesenhaft, an und für sich selbst unbestimmt";[99] darum muß ihm auch das bloße verbale "sein" (*εἶναι*), das den *Seinsakt* als solchen bezeichnet, abgesprochen werden.[100] Denn der Seinsakt, das verbale *εἶναι* oder esse, das in jedem Ist-Sagen enthalten ist, bezieht sich immer auf bestimmtes, in seinem Seinscharakter explizierbares und darum dem Denken offenbares Sein, d.h. aber auf eidetisches Sein, auf Sein im Sinne des *ὄν* oder der *οὐσία*; das Eine selbst aber ist dies alles nicht, weil es absolut einfach und darum absolut unbezüglich ist; darum "*ist*" es in keinem für das Denken ausweisbaren Sinn, weil es über *jede* mögliche Bedeutung von Sein (*οὐσία*, *ὄν*, *εἶναι*) erhaben ist. "Man darf Ihn (sc. das Eine selbst) überhaupt nicht als zu etwas in Beziehung stehend ansprechen; denn Er ist das, was Er ist und ist *vor* allem anderen; *wir tun ja selbst das 'ist' (τὸ ἔστιν) von Ihm fort* und folglich auch jede Beziehung zu dem Seienden."[101] Gerade darin aber zeigt sich das *θαῦμα*, das "Wunder" oder staunenerregende *Übermaß* des Einen,[102] daß von ihm noch nicht einmal gesagt werden kann, "daß" es "ist", weil nur in der Negation des Seins in jeder Bedeutung seine *absolute*, schlechthin alles überragende Transzendenz zum Ausdruck kommt.

Gerhard Huber hat gerade dies zu Recht nachdrücklich betont: "*Jede* Seinsbedeutung ist vom Absoluten fernzuhalten, weil sie ihm unangemessen ist - auch das bloße, ins verbale 'esse' gefaßte Daß."[103] "In

---

[99] G. Huber, *Das Sein und das Absolute*, 57. Vgl. zum folgenden auch 56 f.

[100] III 8, 10, 31. Vgl. VI 7, 38, 1 und 11; VI 8, 8, 14. 19 - 20. Quelle: Platon, Parm. 141 E 9 - 12 mit Politeia 509 B 9. Plotin hält in diesem Zusammenhang ausdrücklich fest, daß bereits der Seinsakt als solcher zufolge seiner Relationalität Vielheit enthält: *ἀλλ' αὐτὸ τὸ εἶναι ἐν αὐτῷ πολύ ἐστι, κἂν ἄλλο τι εἴπῃς, ἔχει τὸ εἶναι* (V 3, 13, 33 - 34).

[101] VI 8, 8, 12 - 15. Vgl. 19 - 20: *τό τε γὰρ "εἶναι" ἀφῃρούμεν.* VI 7, 38, 1: *ἔστι δὲ οὐδὲ τὸ "ἔστιν"*. Vgl. Platon, Parm. 141 E 9 - 10: *οὐδαμῶς ἄρα ἔστι τὸ ἕν.*

[102] Vgl. III 8, 10, 31 - 32: *εἰ δὲ ἀφελὼν τὸ εἶναι λαμβάνοις, θαῦμα ἕξεις*. Vgl. Platon, Politeia 509 C 1 - 2 (*δαιμονία ὑπερβολή*).

[103] Huber, *Das Sein und das Absolute*, 56.

diesem als Negation des Seins richtig verstandenen Nichtsein liegt der ontologisch reine Begriff der Transzendenz."[104]

Wenn also Porphyrios in seinem "Parmenideskommentar" das Eine mit dem "Sein selbst", verstanden als reiner Seinsakt, identifiziert - *ἐνεργεῖ δὲ μᾶλλον καὶ αὐτὸ τὸ ἐνεργεῖν καθαρόν, ὥστε καὶ αὐτὸ τὸ εἶναι τὸ πρὸ τοῦ ὄντος* [105] - so ist damit die Plotinische Konzeption der absoluten Transzendenz des Einen im entscheidenden Punkt verlassen, was schon Proklos und Damaskios dem Porphyrios vorgeworfen haben.[106] Denn indem Porphyrios die radikale Negation durchbricht und das Absolute doch wieder bestimmt - nämlich als absolutes Sein und absolutes Wirken -, so hebt er dadurch gerade die *reine* und *absolute* Transzendenz des Einen auf und macht das Eine selbst zu einem Transzendenten, das auf andere Weise wieder "zugeordnet" sein kann;[107] das Eine wird so zum ursprünglichsten Moment oder Element des Geistes und des Seinsganzen, ist aber eben nicht mehr das absolute *Jenseits* dieser, worauf es Plotin gerade ankam. Damit aber ist das Wesentliche des Plotinischen Transzendenzbegriffs aufgegeben. Darum verfehlt auch die seit Hegel[108] geläufige Interpretation des absoluten Einen als des "reinen Seins" das Eigentliche und Entscheidende von Plotins Konzeption der *reinen* Transzendenz, indem sie diese aus der Sicht der von Porphyrios ausgehenden und von Victorinus, Augustinus und Boethius befestigten

---

[104] Huber, ebd. 57.

[105] Porphyrios, In Parmenidem XII 25 - 27. Zu Porphyrios' Konzeption des Absoluten vgl. P. Hadot, *Porphyre et Victorinus*, 2 Bände, Paris 1968 und ders., *Die Metaphysik des Porphyrios*, in: *Die Philosophie des Neuplatonismus* (Wege der Forsch. 436), 208 - 237.

[106] Vgl. Proklos, In Parmenidem 1070, 15 - 1071, 3 und 1106, 33 - 1107, 9 Cousin und Damaskios, De Principiis I 86, 9 ff. Ruelle = II 1, 11 - 2, 10 Westerink. - Plotin spricht dem Absoluten auch den Akt-Charakter ausdrücklich ab: I 7, 1, 19 - 20; III 8, 11, 8 - 11; III 9, 9, 8 - 10; V 6, 6, 3 - 5; VI 7, 17, 9 - 10; ebd. 40, 29 - 30; VI 8, 12, 36 - 37; bes. V 3, 10, 16 - 21.

[107] Vgl. Proklos, In Parm. 1070, 15 - 1071, 3.

[108] Vgl. Hegel, Werke, Bd. XIX, 445 ff. Dazu oben Anm. 36.

Tradition[109] abschwächt und so ihre Radikalität und Schärfe verfehlt. Der Plotin Hegels ist insofern ein metaphysisch entschärfter Plotin.

Demgegenüber behält beim wirklichen Plotin die Negation immer das letzte Wort, die radikale theologia negativa bleibt uneingeschränkt in Kraft, weil allein die Negation von allem die reine Transzendenz des Einen gegenüber allem wenigstens umschreibend anzudeuten vermag:

"Er (sc. das Eine selbst) ist Nichts und bedarf, um Er selbst zu sein, nicht der Totalität; vielmehr *tu alles andere fort*, wenn du Jenen aussagen oder Seiner inne werden willst. Wenn du nun Alles fortgetan und nur Ihn selbst belassen hast, dann suche nicht danach, was du Ihm beilegen könntest, sondern danach, ob du vielleicht etwas noch nicht von Ihm fortgetan hast in deinem Denken."[110]

Und so lautet die immer wiederholte Forderung Plotins: "*ἄφελε πάντα*" (V 3, 17, 38). Sie meint das Transzendieren über alles *durch* die Negation von allem.

---

[109] Vgl. Huber, *Das Sein und das Absolute*, 56 - 57 und 89 ff. Daß diese Tradition, die das Absolute als "das Sein selbst" bestimmt, auf Porphyrios zurückgeht, was Huber, loc. cit., 89 Anm. 1 schon vermutete, bewies P. Hadot, *Die Metaphysik des Porphyrios* (s.o. Anm. 105), zuerst in: Entretiens sur l' Antiquité classique XII, 1966, 127 - 157. Vgl. auch J.M. Rist, *Mystik und Transzendenz im späteren Neuplatonismus*, in: *Die Philosophie des Neuplatonismus*, 373 - 390 (zuerst: Hermes 92, 1964, 213 - 225). Zur Position des Porphyrios auch W. Beierwaltes, *Identität und Differenz*, 61 ff.; ferner ders., *Das seiende Eine.* Neuplatonische Interpretationen der zweiten Hypothesis des platonischen "Parmenides" und deren Fortbestimmung in der christlichen Theologie und in Hegels Logik, in: *Denken des Einen*, 193 - 255, bes. 198 ff.

[110] VI 8, 21, 24 - 28. - Diese Sätze stehen am Ende der einzigen Schrift Plotins, in der versucht wird, das Eine nicht nur negativ, sondern auch positiv zu bestimmen (bes. Kap. 13 - 21). Freilich bringt Plotin alle positiven Aussagen von vornherein unter das Vorzeichen der Uneigentlichkeit (vgl. bes. 13, 1 - 5. 47 - 50; 18, 52 - 53 usw.) und hält sie durch *οἷον* in der Schwebe. Die Schlußfolgerung ist auch hier die Wegnahme von allem (vgl. oben 21, 24 - 28), darum bleibt das Resumée von Huber auch für VI 8, 13 - 21 gültig: "Die Negation enthüllt sich als Sinn der versuchten positiven Bestimmungen" (*Das Sein und das Absolute*, 82, vgl. ebd. Anm. 3). Vgl. die eingehende Analyse von VI 8 bei P. Henry, *Le problème de la liberté chez Plotin*, Revue Neoscolastique 33 (1931), 50 - 79, 180 - 250, 318 - 339 (zu den Quasi-Prädikaten des Einen und ihrer Aufhebung in der Negation 318 ff. und bes. 336 ff.). Dazu auch unten Kap. III Anm. 59. - Vgl. auch I 6, 8, 24 - 25; VI 9, 6, 51; VI 9, 9, 50 - 52; III 8, 10, 31; V 5, 6, 20 - 21; V 5, 13, 11; VI 7, 35, 7; VI 8, 8, 9 - 10. 12 - 15. 19 - 20; VI 8, 11, 34 - 35; VI 8, 15, 22 - 23; V 3, 17, 37 - 38. Ähnlich *sehr* oft.

# Kapitel III

## Die Paradoxie des absoluten Ursprungs

### § 1 Die Problematik des absoluten Ursprungs

Die henologische Reduktion führt zuletzt zurück zu dem einfachhin Einen selbst, das absolut jenseits von allem ist. Dabei ist wesentlich, daß das Eine selbst nicht nur als das absolut Jenseitige die Seinstotalität transzendiert, sondern zugleich deren Urgrund (*ἀρχή, αἴτιον*) ist. In der henologischen Reduktion wird darum alles auf das absolute Eine zurückgeführt, weil alles, was überhaupt ist, nur von dem Einen her ist. Darin aber liegt ein für den Neuplatonismus eigentümliches Problem: die Problematik des absoluten Ursprungs. -

Das Eine selbst ist in seiner radikalen Transzendenz zugleich der absolute Ursprung, von dem her und aus dem die in sich hierarchisch gestufte Vielheit des Seins ist; denn "es würde überhaupt kein Seiendes existieren, wenn das Eine in sich selbst stehen bliebe, und es gäbe nicht die Vielheit dieses Seienden, das von dem Einen her erzeugt ist, wenn nicht das, was nach Jenem ist, aus Ihm hervorgegangen wäre."[1]

Plotin stellt darum die für das hierarchische System der Hypostasen grundlegende Frage, "wie aus dem Ersten das, was nach ihm ist" entspringe (V 4 tit.; 1, 23); da das Entsprungene nicht mehr absolut einfach sein kann (V 4, 1, 20 - 21), ist zu fragen, wie der Hervorgang (*πρόοδος*, IV

---

[1] IV 8, 6, 2 - 5. - Text nach Harder, der in Z. 5 Vitringas Konjektur *αὐτὸ* übernimmt. Henry-Schwyzer halten das überlieferte *αὐτὰ* und beziehen es auf *τῶν ὄντων*, i.e. *τῶν νοητῶν* in Z. 3, während sie *τῶν ὄντων τούτων* in Z. 4 als = *τῶν αἰσθητῶν* verstehen. Es wäre jedoch merkwürdig, wenn Plotin denselben Ausdruck in demselben Satz in zwei verschiedenen Bedeutungen gebrauchte (doch auch Harder übersetzt in Z. 4 "die Vielheit unserer Erdendinge"); inhaltlich jedenfalls erwartet man nach *τῶν ἀπὸ τοῦ ἑνὸς γεννηθέντων* (Z. 4), daß deren Existenz vom Hervorgang des *dem Einen* - und nicht dem Seienden - Nachgeordneten abhängig gemacht wird und weiter, daß die *πρόοδος* dem *στάντος ἐν αὑτῷ* des Einen (Z. 3) korrespondiert.

8, 5, 33. 6, 5; vgl. V 2, 1, 27)[2] der Vielheit des Seins aus dem einfachhin Einen überhaupt möglich sei.

Gerade von seinem henologischen Grundansatz her, der Zurückführung *jeder* Vielheit auf das aus aller Vielheit schlechthin herausgenommene Eine selbst, drängt Plotin auf "Klärung jener ja schon von den Weisen der alten Zeit vielbesprochenen Frage, wie aus dem Einen, als einem solchen, wie wir behaupten, daß das Eine ist, zur Existenz kommen konnte irgendetwas wie Vielheit oder Zweiheit oder Zahl, wieso Jenes nicht für sich selbst geblieben ist, sondern diese ausgebreitete Vielheit aus Ihm geflossen ist, die wir im Seienden antreffen, von der wir aber fordern, daß sie auf das Eine zurückgeführt werden muß."[3]

---

[2] Neben dem Substantiv benutzt Plotin auch die Verben προιέναι (V 3, 7, 32. 9, 12; V 2, 2, 1; II 3, 7, 23. 26), προέρχεσθαι (V 3, 10, 21. 12, 15; V 2, 1, 20; IV 3, 30, 8; I 8, 4, 29) und προβαίνειν (V 3, 10, 19; V 2, 1, 26) terminologisch für den *Hervorgang* der Hypostasen aus dem Einen und auseinander. - Vorstellung und Terminologie sind altakademisch: Schon Speusipp sprach im gleichen Sinne vom *Hervorgang* der Wirklichkeit aus dem Urgrund, dem Einen selbst: Aristoteles, Metaph. 1091 a 35 (Fr. 34 Lang = 58 Isnardi P. = 44 Tarán): προελθούσης τῆς τῶν ὄντων φύσεως. Jamblich, De comm. math. sc. IV p. 16, 12 Festa (Fr. 72 Isnardi P.): προιούσης γὰρ πορρωτέρω ἀπὸ τῶν ἐν ἀρχῇ φύσεως. Vgl. dazu Merlan, *From Platonism to Neoplatonism*[2], 118 - 119; Krämer, *Ursprung der Geistmetaphysik*, 213, 352 - 355. - Daß Speusipp den Hervorgang der Wirklichkeit aus dem Absoluten ebenso wie Plotin (V 1, 6, 19 - 22) als *zeitlos-ewigen* Akt dachte, folgt schon daraus, daß es dabei um die Begründung des ewig Seienden geht; im Bereich des Ewigen aber gibt es nach Speusipp kein Entstehen (οὐ γάρ ἐστι γένεσις ἐν τοῖς αἰδίοις, Fr. 46 Lang = 36 Isnardi P. = 72 Tarán), weshalb auch die Rede von Operationen in der Mathematik, die von Ewigem handle, nur uneigentlich und metaphorisch sei (ebd.). Speusipp hat ferner wie Xenokrates (Fr. 33, 54 Heinze) eine zeitliche Weltentstehung abgelehnt und erklärt, die mythische Weltschöpfung des Platonischen "Timaios" sei bloß διδασκαλίας χάριν (Fr. 54 a - b Lang = 94 - 95 Isnardi P. = 61 a - b Tarán), wobei er sich offenbar auf die Analogie der mathematischen Konstruktion berief. Vgl. Krämer, *Die Ältere Akademie*, 37; dazu auch M. Baltes, *Die Weltentstehung des Platonischen Timaios nach den antiken Interpreten*. Teil 1, Leiden 1976, 5 - 22, 210 - 216.

[3] V 1, 6, 3 - 8. Die Frage wird oft wiederholt: V 9, 14, 2 ff.; V 4 tit.; V 4, 1, 23; V 2, 1, 3 - 4; III 9, 4, 1; III 8, 10, 14 - 15; V 3, 15, 1 ff.; V 3, 16, 16 ff. - Die Metapher vom *Ausfließen* der Vielheit aus dem Einen (V 1, 6, 7: τοσοῦτον δὲ πλῆθος ἐξερρύη) knüpft an das Sonnengleichnis an, in dem Platon das Begründungsverhältnis von Sonne und Sehen, den sichtbaren Analoga von Hen (Agathon) und Nous als Überfließen der Kraft (δύναμιν . . . ἐπίρρυτον) beschreibt (Politeia 508 B 6 - 7. Zur Herkunft der Emanationsmetaphorik von dieser Stelle im Sonnengleichnis: Szlezák, *Nuslehre Plotins*, 112 f. mit Anm. 341). Plotin verwendet im selben Kapitel das Sonnengleichnis noch einmal -

Es geht Plotin also um die Lösung des alten *Platonischen* Grundproblems des Einen und des Vielen, das der Prinzipienlehre Platons und der Alten Akademie zugrunde liegt. Insbesondere Philip Merlan, Hans Joachim Krämer und Thomas Alexander Szlezák haben in dieser Frage die Problemkontinuität zwischen Platon und Plotin nachgewiesen.[4]

Gegenüber der bei Aristoteles überlieferten Form der Platonischen Prinzipienphilosophie mit ihrer Zwei-Prinzipien-Lehre[5] verschärft sich

---

diesmal das ganz nah verwandte Bild von der Lichtausstrahlung - zur Umschreibung des Hervorgangs aus dem Einen: *περίλαμψιν ἐξ αὐτοῦ μέν, ἐξ αὐτοῦ δὲ μένοντος, οἷον ἡλίου τὸ περὶ αὐτὸν λαμπρὸν ὥσπερ περιθέον, ἐξ αὐτοῦ ἀεὶ γεννώμενον μένοντος* (V 1, 6, 28 - 30. Text nach H-S[2] mit Corr. 200). Besonders deutlich ist die Anknüpfung der Emanationsvorstellung an das Sonnengleichnis und speziell an Politeia 508 B 6 f. in V 3, 12, 39 - 41: *εἰ κατὰ λόγον θησόμεθα, τὴν μὲν ἀπ᾽ αὐτοῦ* sc. *τοῦ ἑνὸς οἷον ῥυεῖσαν ἐνέργειαν ὡς ἀπὸ ἡλίου φῶς νοῦν θησόμεθα καὶ πᾶσαν τὴν νοητὴν φύσιν*. (Text nach H-S[2]). Das Verhältnis von Sonne, Licht und Sehen, wie es in 508 B 6 f., C 4 ff. und D 1 f. geschildert ist, ist hier nach Platons Anweisung 508 B 12 - C 2 auf das Verhältnis von Hen, Nous und Noeta übertragen. Die direkte Anknüpfung an das Sonnengleichnis wird durch den Rest des Satzes bestätigt, der 509 D 2 (H - S[2], app. font ad loc.) sowie 508 D 1 und 5 zitiert: *αὐτὸν* sc. *τὸ ἓν δὲ ἐπ᾽ ἄκρῳ τῷ νοητῷ ἑστηκότα βασιλεύειν ἐπ᾽ αὐτοῦ οὐκ ἐξώσαντα ἀπ᾽ αὐτοῦ τὸ ἐκφανέν - ἢ ἄλλο φῶς πρὸ φωτὸς ποιήσομεν - ἐπιλάμπειν δὲ ἀεὶ μένοντα ἐπὶ τοῦ νοητοῦ* (V 3, 12, 41 - 44).

[4] Ph. Merlan, *From Platonism to Neoplatonism*, Den Haag 1953 ([2]1960, [3]1968); H.J. Krämer, *Der Ursprung der Geistmetaphysik.* Untersuchungen zur Geschichte des Platonismus zwischen Platon und Plotin, Amsterdam 1964 ([2]1967); Th. A. Szlezák, *Platon und Aristoteles in der Nuslehre Plotins*, Basel - Stuttgart 1979.

[5] Erster Rekonstruktionsversuch im Ausgang von Aristoteles: L. Robin, *La Théorie Platonicienne des Idées et des Nombres d' après Aristote*, Paris 1908. - Rekonstruktion auf der Grundlage des Berichtes bei Sextus Empiricus: P. Wilpert, *Zwei aristotelische Frühschriften über die Ideenlehre*, Regensburg 1949, 121 - 221. - Die Arbeiten von Robin und Wilpert waren bahnbrechend für die Erschließung der Platonischen Prinzipientheorie, isolierten diese aber als vermeintliche "Alterslehre" noch zu sehr von den Dialogen. Für die wechselseitige Erschließung von Prinzipienlehre und Dialogwerk ist grundlegend: H. J. Krämer, *Arete bei Platon und Aristoteles. Zum Wesen und zur Geschichte der platonischen Ontologie*, Heidelberg 1959 ([2]Amsterdam 1967). Auf den von Krämer gesicherten Grundlagen, der neben der indirekten Überlieferung vor allem "Politeia" VI - VII und "Parmenides" für die Prinzipienlehre herangezogen hatte, basiert auch der bisher umfassendste Rekonstruktionsversuch: K. Gaiser, *Platons ungeschriebene Lehre.* Studien zur systematischen und geschichtlichen Begründung der Wissenschaften in der Platonischen Schule, Stuttgart 1963 ([2]1968). Dort auch S. 443 - 557 eine Sammlung der

aber das Problem im Neuplatonismus, weil Plotin mit allem Nachdruck auf der Einzigkeit des ersten Prinzips besteht: *alles* muß auf einen einzigen absoluten Ursprung zurückgeführt werden, und zwar aus drei Gründen: (1) Der erste Ursprung muß ein einziger sein, weil ein Zusammenwirken mehrerer gleichursprünglicher und voneinander unabhängiger Prinzipien selber grundlos und zufällig wäre und somit auch die Ordnung dessen, was aus diesen Prinzipien entspringt, - damit aber bliebe die Einheit der Wirklichkeit zuletzt unbegründet;[6] (2) weil eine Mehrheit, auch nur eine Zweiheit zusammenwirkender Prinzipien notwendig ein ursprünglicheres Einheitsprinzip voraussetzt, welches die Zuordnung und das Zusammenwirken jener (sekundären) Prinzipien allererst ermöglicht;[7] (3) vor allem aber, weil das Absolute absolut einfach

---

wichtigsten Zeugnisse der indirekten Überlieferung. Eine vollständige kritische Edition der Berichte über Platons Prinzipien- und Idealzahlenlehre mit Übersetzung und Kommentar soll als Bd. 8 des "*Supplementum Platonicum*" (begründet von K. Gaiser) erscheinen. - Zu dem sachlich wie aufgrund der Quellenlage besonders schwierigen Problem des Dualismus oder Monismus in der Platonischen Prinzipientheorie vgl. C. J. de Vogel, *La Théorie de l' ἄπειρον chez Platon et dans la tradition platonicienne*, RPh 84 (1959), bes. 31; dies., *Was Plato a Dualist*, in: dies., *Rethinking Plato and Platonism*, Leiden 1988, 190 - 206; K. Gaiser, *Platons ungeschriebene Lehre*, bes. 12 - 13, 27, 200 - 201, 506; H.J. Krämer, *Ursprung der Geistmetaphysik*, 332 - 334; C. F. von Weizsäcker, *Parmenides und die Quantentheorie*, in: ders., *Die Einheit der Natur*, München 1971, 476, 491 (erneut in: ders., *Ein Blick auf Platon*, Stuttgart 1981, 57 f., 74 f.); V. Hösle, *Wahrheit und Geschichte*, Stuttgart-Bad Cannstatt 1984, 478 - 490. Eine prononciert monistische Deutung vertritt J.N. Findlay, *Plato. The Written and Unwritten Doctrines*, London 1974, bes. 324 ff. Dazu auch unten Teil II, Kap. I § 5 und Kap. III passim.

6 Vgl. Plotins Kritik am Pluralismus der Aristotelischen Beweger-Lehre V 1, 9, 23 - 27; ferner V 3, 12, 9 - 14; II 4, 2, 10; VI 2, 2, 31. (Vgl. auch Huber, *Das Sein und das Absolute*, 54). Das gleiche Argument findet sich bei Proklos, Theol. Plat. II 2, 15, 10 - 18 S. - W.; II 3, 29, 25 - 30, 5 S. - W.

7 Vgl. V 1, 9, 13 - 20 (Kritik der Aristotelischen Beweger-Lehre); V 3, 12, 9 - 13. Vgl. auch V 1, 5, 6 - 7; V 6, 4, 11 - 13; VI 7, 17, 42 - 43; V 3, 16, 12 - 13. Breiter ausgeführt ist dieses Argument bei Proklos, Theol. Plat. II 1, 12, 16 - 13, 11 (mit Berufung auf Plat. Phileb. 27 B); II 2, 15, 19 - 16, 4 S. - W. Eine ähnliche Argumentation für die Einzigkeit des Ursprungs entwickelt Proklos, In Parm. 619, 30 - 620, 3; 695, 39 - 697, 20; 706, 19 - 27; 709, 6 - 36; 724, 10 - 726, 27 (Hauptstelle) in systematisierender Ausgestaltung der Argumentation Zenons gegen die Vielheit (Parm. 127 E). -

Das Argument, daß zwei oder mehr gleichursprüngliche Prinzipien immer ein ursprünglicheres Prinzip als Grund ihrer Koordination (*αἰτία τῆς μείξεως*) voraussetzen, ist Platonisch: Philebos 23 D, 26 E ff. (bes. 27 B, 30 AB). Ebenso Aristoteles, Metaph. 1075 b 17 - 18: *καὶ τοῖς δύο ἀρχὰς ποιοῦσιν ἄλλην ἀνάγκη ἀρχὴν* sein muß, es zwei absolut einfache Prinzipien aber nicht geben kann (V 4, 1, 5 und 15); denn schon durch ihre Unterschiedenheit voneinander wären sie nicht mehr absolut einfach, so daß das Eine selbst kein zweites einfaches Eines neben sich haben kann (V 4, 1, 15 - 19).

Darum kann sich Plotin nicht mit der Ansetzung des Einen und der unbestimmten Zweiheit als gleichursprünglicher Prinzipien begnügen; die ontologische Voraussetzungshaftigkeit jeder Vielheit (vgl. II § 3) erzwingt vielmehr die Zurückführung auch der unbestimmten Zweiheit auf das absolute Eine als den Einen absoluten Urgrund, in dem auch die unbestimmte Zweiheit noch gründet, weil diese *als Zweiheit* unausweichlich abgeleiteten und abhängigen Charakter hat: "denn *vor* der Zweiheit ist das Eine, die Zweiheit ist erst das Zweite *und von dem Einen her entstanden*, Jenes ist erst ihr Bestimmendes, während sie selbst von sich selbst her unbestimmt ist."[8] "Denn das absolut Einfache kann nicht von einem anderen her sein, *was aber Vielheit oder auch nur Zweiheit ist, das muß selber von*

---

*κυριωτέραν εἶναι*. Die dementsprechende Anordnung der höchsten Prinzipien (das absolute Eine über der Monade und der unbestimmten Zweiheit), die Eudoros bei Simplikios, In Phys. 181, 10 ff. D. den Pythagoreern und Syrian, In Metaph. 112, 14 ff.; 160, 18 - 20; vgl. 165, 35 - 166, 8 Kroll Platon zuschreiben, dürfte auf Speusipp (bei Proklos, In Parm. VII 40, 1 - 5 = Fr. 62 Isnardi Parente / 48 Tarán = Test. Plat. 50 Gaiser) zurückgehen, dessen Darstellung der Platonischen Prinzipien den ersten beiden Hypothesen des "Parmenides" entspricht.

[8] V 1, 5, 6 - 8. Vgl. auch II 4, 15, 17 - 20: *ἐπεὶ καὶ ἐν τοῖς νοητοῖς ἡ ὕλη τὸ ἄπειρον καὶ εἴη ἂν γεννηθὲν ἐκ τῆς τοῦ ἑνὸς ἀπειρίας ἢ δυνάμεως ἢ τοῦ ἀεί, οὐκ οὔσης ἐν ἐκείνῳ ἀπειρίας ἀλλὰ ποιοῦντος*. - In den Berichten über Platons Prinzipienlehre findet sich eine *Ableitung* der unbestimmten Zweiheit aus dem Einen bei Sextus Emp., Adv. Math. X 261 (Test. Plat. 32). Daß Plotin die Prinzipienlehre nicht nur aus Aristoteles und Alexander, sondern auch in ihrer monistischen Form aus der neupythagoreischen Schultradition kannte, beweist Vita Plot. 20, 71 - 76. Auch die monistische Form der Prinzipienlehre kann auf die Alte Akademie zurückgeführt werden, da wir bei Speusipp (Test. Plat. 50) und bei Hermodor (Test. Plat. 31) zwei von Aristoteles und voneinander unabhängige Zeugnisse für einen letzten Monismus Platons haben; dieser ist insofern nicht weniger "authentisch" überliefert als der in den Aristotelischen Berichten vorherrschende Dualismus. Hinzuweisen ist aber auch auf das wenig beachtete Zeugnis des Aristoteles, Metaph. 1087 b 9 - 12 (= Test. Plat. 49), demzufolge Platon der unbestimmten Zweiheit begrifflich wie numerisch Einheitscharakter zugeschrieben hat; dann aber kann sie dem absoluten Einen, dem Prinzip jeder Einheit, wohl kaum gleichursprünglich und unabhängig gegenübergestanden haben. Auch Metaph. 1075 b 17 - 18 scheint Aristoteles einen letzten Prinzipienmonismus Platons und der Akademie zu bezeugen (vgl. die vorherige Anm.).

*einem anderen abhängen.*"[9] Wenn aber die unbestimmte Zweiheit, das Prinzip der Vielheit und Verschiedenheit der Ideen und aller Seienden, selber noch von dem absoluten Einen abkünftig ist, dann stellt sich das Problem der Herkunft der Vielheit aus dem absolut einfachen, jeder Vielheit schlechthin enthobenen Einen in einer Radikalität, die in jenem Dualismus zweier gleichursprünglicher Prinzipien noch verdeckt ist.

Im Unterschied zur bei Aristoteles und Alexander überlieferten Zwei-Prinzipienlehre fragt nun Plotin nach dem Einen Ursprung von allem, von dem *alles* abzuleiten ist, *auch die Zweiheit*. Diese Radikalisierung der Ursprungsfrage im Sinne eines Monismus des Urprinzips ist gleichwohl im Platonismus von Anfang an angelegt, nämlich aufgrund des unbedingten Vorrangs des Einen vor dem Vielen; sie wurde denn auch schon vor Plotin vollzogen, nämlich wie es scheint schon in der Alten Akademie von Speusipp und wohl auch von Platon selber.[10] Eine monistische Fassung der altakademischen Prinzipienlehre, welche wie Plotin die unbestimmte Zweiheit aus dem Einen ableitet, wurde im platonisierenden Neupythagoreismus spätestens seit dem ersten vorchristlichen Jahrhundert vertreten (Alexander Polyhistor, Eudoros, Moderatos, die Pythagoreer bei Sextus Empiricus).[11]

---

[9] V 6, 4, 11 - 13. Vgl. auch VI 7, 17, 42 f.; V 3, 16, 12 f.

[10] Für den Ursprungsmonismus Speusipps ist neben dem Platon-Referat in Fr. 62 Isnardi Parente = Fr. 48 Tarán vor allem Aristoteles, Metaph. Z 2 1028 b 21-24 (= Fr. 33 a Lang / 48 Isnardi P. / 29 a Tarán) aufschlußreich, wo das Eine als einziger Urgrund aller Seinsstufen über diesen und ihren (dualistischen) Sonderprinzipien erscheint: *Σπεύσιππος δὲ καὶ πλείους οὐσίας ἀπὸ τοῦ ἑνὸς ἀρξάμενος* sc. *οἴεται εἶναι, καὶ ἀρχὰς ἑκάστης οὐσίας, ἄλλην μὲν ἀριθμῶν ἄλλην δὲ μεγεθῶν, ἔπειτα ψυχῆς*. Das absolut Eine ist demnach von dem regionalen Prinzip der Zahlen, der Monade, zu unterscheiden (vgl. Fr. 88 Isnardi P. = Jamblich, De comm. math. sc. IV 17, 14 - 15: *ἐν ἀριθμοῖς μονάδα κατὰ τὸ ἕν*); erst der Monade ist die Vielheit als Materialprinzip der Zahlen dualistisch zugeordnet. Vgl. ferner Jamblich, De comm. math. sc. IV 17, 5 zur Allbegründung des Einen (*τοῦ ἑνὸς ὁμοίου ἐγγιγνομένου διὰ παντός*). Zu Platon oben Anm. 5, 7 und 8.

[11] Alexander Polyhistor bei Diogenes Laertios VIII 24 - 33; Eudoros bei Simplikios, In Phys. 181, 10 ff. D. (wörtliches Zitat); Moderatos bei Simplikios, In Phys. 230, 34 ff. D. (nach Porphyrios); Sextus Empiricus, Adv. Math. X 248 - 283; dazu unten Teil II, Kap. I §§ 5 und 7. - Zu den verschiedenen Kombinationsmöglichkeiten von Monismus und Dualismus in der Deutung der altakademischen Prinzipientheorie und zu ihren Realisierungen in der Geschichte des Platonismus: C. J. de Vogel, *La Théorie de l' ἄπειρον*, RPh 84 (1959), 21 - 39 (erneut in: dies., *Philosophia* I, Assen 1970, 378 - 395); dies., *Rethinking Plato and Platonism*, 83 f., 190 - 206; W. Theiler, *Einheit und unbegrenzte*

Auf die geschichtliche Herkunft des Plotinischen Ursprungsmonismus und auf die schwierige Frage, ob die Platonische Prinzipientheorie einen unableitbar dualistischen oder aber einen zuletzt doch monistischen Charakter hatte, wird noch eigens einzugehen sein (unten Teil II, Kapitel I und III). Während die *indirekte* Überlieferung die Prinzipienlehre teils dualistisch (Aristoteles, Theophrast, Alexander), teils monistisch (Speusipp, Hermodor, Sextus) darstellt, sprechen die prinzipientheoretisch relevanten Stellen der *Dialoge* eindeutig für einen letzten Ursprungsmonismus Platons, so vor allem das Sonnengleichnis, der zweite Teil des "Parmenides" (an den Speusipp in seinem Bericht über Platon möglicherweise anknüpft)[12] und eine Passage im "Philebos" (26 E ff.), welche der Zweiheit von Peras und Apeiron ein ursprünglicheres Grundprinzip (*αἰτία*) *als Einheit* überordnet, das ihre Zuordnung zueinander allererst begründet. Für Plotin jedenfalls stellt ein solcher Monismus eines jeden Dualismus hintergreifenden und übersteigenden Urprinzips ganz zweifellos die eigentliche Meinung Platons dar.

---

*Zweiheit von Platon bis Plotin*, in: *Isonomia.* Studien zur Gleichheitsvorstellung im griechischen Denken, Berlin 1964, 89 - 109 (erneut in: ders., *Untersuchungen zur antiken Literatur*, Berlin 1970, 460 - 483); ders., *Philo von Alexandria und der Beginn des kaiserzeitlichen Platonismus*, in: *Parusia.* Festschr. Johannes Hirschberger, Frankfurt 1965, 199 - 218, bes. 205 ff. (erneut in: ders., *Untersuchungen zur antiken Literatur*, 484 - 501); Ph. Merlan, *Monismus und Dualismus bei einigen Platonikern*, in: *Parusia.* Festschr. J. Hirschberger, Frankfurt 1965, 143 - 153; J.M. Rist, *Monism: Plotinus and some Predecessors*, Harv. Stud. in Class. Philol. 69 (1965), 329 - 344; J.M. Dillon, *The Middle Platonists*, London 1977, bes. 12 ff. (Speusipp), 119 f. (Ps.-Pythagoreer), 123 ff. (Eudoros), 342 ff. (Alexander Polyhistor und Sextus Emp.), 346 ff. (Moderatos); auch ders., *Eudoros und die Anfänge des Mittelplatonismus*, in: *Der Mittelplatonismus* (WdF 70, 1981), 3 - 32, bes. 11, 17 - 19, 30 Anm. 12a - 15. - Eine Ableitung der unbestimmten Zweiheit aus dem Einen, wie sie auch Sextus referiert, findet sich zuerst bei Alexander Polyhistor (Sullazeit), der sich seinerseits auf ältere *Πυθαγορικὰ ὑπομνήματα* beruft (Diogenes Laertios VIII 25). Eine ähnliche Fassung der Prinzipien wie bei Eudoros mit Überordnung eines überseienden und übergeistigen höchsten Einheitsprinzips über ein Prinzipienpaar begegnet bereits in den hellenistischen Pseudopythagorica bei Ps.-Archytas (bei Stobaios I p. 278 f. Wachsmuth = p. 19 Thesleff PT) und bei "Archainetos, Philolaos und Brotinos" (bei Syrian, In Metaph. 166, 3 ff. Kroll). W. Burkert, *Hellenistische Pseudopythagorica*, Philologus 105 (1961), 24 ff., 42, 227 ff. und H. Thesleff, *An Introduction to the Pythagorean Writings of the Hellenistic Period*, Abo 1961, 31 ff., 41 Anm. 3, 54, 71, 99 ff., 104, zusammenfassend 113 ff. datieren diese Pseudopythagorica ins 2. und 3. *vor*christliche Jahrhundert; sie müssen daher als Vermittler zwischen der Alten Akademie, insbesondere Speusipp, und dem kaiserzeitlichen Neupythagoreismus in Betracht gezogen werden.

[12] Speusipp bei Proklos, In Parm. VII 40, 1 ff. = Test. Plat. 50 Gaiser. Vgl. W. Beierwaltes, RAC XIV (1987) s. v. *Hen*, 450.

Die henologische Reduktion hat das Begründetsein *jeder* Vielheit in der alle Vielheit und Bezüglichkeit transzendierenden absoluten Einheit des Einen selbst erwiesen; da aber alles Seiende notwendig Einheit und Vielheit zumal ist, muß somit hinter das Sein zurückgegangen werden auf das Eine selbst, das *nicht ist*, weil es absolut einfach ist; daraus aber ergibt sich die Notwendigkeit, das Sein und die für dieses mit-konstitutive Vielheit oder Zweiheit aus dem über das Sein erhabenen und absolut einfachen Einen selbst abzuleiten, welches *allein* der absolute Ursprung von allem ist. Und so sind der Rückgang hinter das Sein und die daraus erwachsende Problematik der Herkunft des Seins aus dem Nicht- und Über-Sein des Einen Konsequenzen aus dem Ursprungsmonismus Plotins, also der Ansetzung des Einen als des einzigen absoluten Ursprungs: "Das Eine ist Alles und doch kein einziges (nicht einmal Eines), denn der Ursprung von Allem ist nicht Alles, sondern Alles ist *aus* Ihm . . . aber wie kann es aus dem schlechthin einfachen Einen kommen, da sich in diesem keinerlei Vielfältigkeit, keine Zweifachheit von irgendetwas zeigt ?"[13]

---

[13] V 2, 1, 1 - 5: *τὸ ἓν πάντα καὶ οὐδὲ ἕν· ἀρχὴ γὰρ πάντων οὐ πάντα, ἀλλ' ἐξ ἐκείνου πάντα . . . πῶς οὖν ἐξ ἁπλοῦ ἑνὸς οὐδεμιᾶς ἐν αὐτῷ φαινομένης ποικιλίας, οὐ διπλόης οὑτινος ὁτουοῦν*; (Text nach Harder, vgl. *Plotins Schriften* I b, 509 - 511). - Der kurze Text enthält eine Reihe von Schwierigkeiten. (1) Der Anfang: *τὸ ἓν πάντα καὶ οὐδὲ ἕν* (Z. 1) ist ein nahezu wörtliches Zitat von Plat. Parm. 160 B 2 - 3 (cf. H-$S^2$ app. font. ad loc.); Platon faßt damit die ersten beiden Hypothesen zusammen, denen zufolge das Eine Alles ist (155 E 1 - 2), wenn es als seiend und somit Alles ausfaltend begriffen wird, und nicht einmal Eines (141 E 10 - 12), wenn es als das einfachhin Eine in seiner Transzendenz genommen wird. - (2) In Z. 2 ist *ἐκείνως* überliefert und wird durch ein wörtliches Zitat der Stelle bei Marius Victorinus, Adv. Arium IV 22, 9 ("*illo modo*") zusätzlich gestützt (dazu P. Henry, *Plotin et l' Occident*, Louvain 1934, 48 - 54). Inhaltlich bleiben aber die von Harder, loc. cit. 510 erhobenen Bedenken. Daß das Eine auf transzendente Weise Alles sei, ist bei Plotin ohne Parallele - V 3, 15, 29 - 33 wird der versuchsweise eingeführte Gedanke, das Eine enthalte auf ungeschiedene Weise Alles *vorweg*, sofort umgebogen in die (übliche) Auskunft, das Eine sei *δύναμις πάντων*; bezeichnend ist VI 8, 21, 24 - 25: . . . *πάντα ἑαυτῷ, μᾶλλον δὲ οὐδὲν οὐδὲ τῶν πάντων δεόμενος εἰς αὑτόν*, - und es widerspricht Plotins dezidierter und oft wiederholter Verneinung des Totalitätscharakters des Einen selbst (z.B. V 4, 2, 38 - 42; VI 9, 2, 44 - 47. 3, 39 - 40; V 1, 7, 18 - 22; III 8, 9, 39 - 54; V 5, 13, 20 - 21; V 3, 11, 16 - 25 usw.) ebenso wie der von ihm herangezogenen 1. Hypothesis des "Parmenides"; es widerspricht ferner eklatant dem unmittelbar Folgenden, wo Plotin die Paradoxie, daß das Eine entspringen läßt, was es selbst weder ist noch hat - diese Paradoxie geht zurück auf Platon, Politeia 508 E 1 - 509 A 7 und 509 B 2 - 10 - in unverhüllter Deutlichkeit formuliert (V 2, 1, 3 - 9, bes. 5 f.: *ἢ ὅτι οὐδὲν ἐν αὐτῷ, διὰ τοῦτο ἐξ αὐτοῦ πάντα, καὶ ἵνα τὸ ὂν ᾖ, διὰ τοῦτο αὐτὸς οὐκ ὄν*), und zwar in vollkommener Übereinstimmung mit den

Im Horizont Plotinischen Denkens muß demgemäß die Urfrage seiner Metaphysik "als die erste, ursprünglichste und zugleich weiteste Frage so gestellt werden" - in der Formulierung von Werner Beierwaltes -: "Warum ist außer dem Einen überhaupt Seiendes und nicht vielmehr nichts Anderes als es selbst ?"[14] Diese Frage ist, worauf Beierwaltes hinweist, zu unterscheiden von der sogenannten Urfrage der Metaphysik: "Warum ist überhaupt Seiendes und nicht vielmehr nichts ?", weil in ihr das Eine als das über das Sein Erhabene immer schon vorausgesetzt wird.[15] Das Eine aber ist in seiner absoluten Transzendenz frag-los, weil über jede Fragbarkeit erhoben, und zugleich das in und vor allem Denken und Sein schlechthin Vorauszusetzende: der voraussetzungslose Urgrund und als solcher das Unvordenkliche. Indem Plotin aber hinter das Seiende im Ganzen zurückgeht und nach dessen Herkunft fragt, stellt er in aller Schärfe die Frage nach der Herkunft der Wirklichkeit als ganzer aus dem Absoluten, die von da an die ganze abendländische Metaphysik bis hin zu Fichte, Hegel und Schelling begleitet.

Weil in ihr die Frage nach dem Sein durch die Frage nach dem Einen als dem Ursprung des Seins hintergriffen wird, hat die Metaphysik Plotins nicht mehr ontologischen, sondern henologischen Charakter; sie ist keine Metaphysik des Seins, sondern des Einen. Die ihr eigentümliche Ur-

---

chronologisch unmittelbar benachbarten Schriften V 1, 7, 18 - 20 und III 9, 4, 8 - 9 wie mit den späteren Schriften V 5, 13, 1 - 11. 17 - 20; VI 7, 15, 19 - 20. 17, 1 - 18 und V 3, 15, 1 - 3. 35 - 40 (dazu, daß das Eine gerade vermöge seiner Transzendenz Ursprung ist, unten § 2). W. Theiler, *Überblick über Plotins Philosophie und Lehrweise* § 19 (*Plotins Schriften* VI, 110) versucht den Widerspruch zu beheben, indem er mit *ἀλλ᾽ ἐκείνως* einen neuen Satz anfangen läßt und versteht: "Alles ist im Hinblick auf Jenes, da es auf Es gleichsam zurückging." Trotz dieser geistreichen Notlösung erscheint mir die von Harder nach W. Heintz vorgeschlagene Verbesserung zu *ἐξ ἐκείνου* einleuchtender, nicht nur im Hinblick auf die von Harder, 510 f. angeführten "nahen Parallelen" VI 7, 32, 12 - 14 und III 8, 9, 39 - 40 sowie auf die Fortsetzung (Z. 3: *ἐξ ἁπλοῦ ἑνὸς*. Z. 5: *ἐξ αὐτοῦ*), sondern auch aufgrund der genauen Entsprechung im 2. Kapitel *derselben* Schrift: *πάντα δὲ ταῦτα ἐκεῖνος καὶ οὐκ ἐκεῖνος· ἐκεῖνος μέν, ὅτι ἐξ ἐκείνου · οὐκ ἐκεῖνος δέ, ὅτι ἐκεῖνος ἐφ᾽ ἑαυτοῦ μένων ἔδωκεν* (V 2, 2, 24 - 26). Auch die arabische Paraphrase stützt Harders Verbesserung, Theologia X § 1: "all things gush forth from it." - (3) In Z. 4 scheint mir Harders Verbesserung des überlieferten *ἐν ταὐτῷ* zu *ἐν αὐτῷ* nötig zu sein, da Plotin dem Einen im Anschluß an Platon, Parm. 139 D 1 - E 3 Identität abspricht, z.B. VI 9, 6, 50 f. (vgl. Harder, 511 z. St.). Vgl. auch Theologia X § 2: "For while it has no identity, identity gushes forth from it."

[14] W. Beierwaltes, *Plotin. Über Ewigkeit und Zeit*, Einleitung, 12.

[15] Vgl. - auch zum folgenden Satz - Beierwaltes, ebd. 11.

sprungsproblematik aber zeigt sich in der Schwierigkeit, von der Grundlage der *negativen* Henologie des absoluten Einen aus eine positive Ontologie des im Einen gründenden Seins und Geistes zu gewinnen. Es handelt sich also um die dem Neuplatonismus eigentümliche Schwierigkeit, "einen konstruktiven Rückweg vom Nichtsein des Einen zum Sein, von der reinen Einheit zur Vielheit zu finden."[16]

Es könnte nun auf den ersten Blick so scheinen, als werde der strikt negative Charakter der Plotinischen Henologie, aus dem diese Schwierigkeit erwächst, schon durch die Behauptung der absoluten Ursprünglichkeit des Einen durchbrochen. Denn wenn das Eine als die Ursache (*αἴτιον, αἰτία*),[17] der Ursprung (*ἀρχή*)[18] und die Quelle (*πηγή*)[19] von allem angesprochen wird, dann scheint es eben damit von vornherein in eine Beziehung zum Sein gebracht zu werden; denn für den Grund ist die Beziehung zum Begründeten wesentlich. Wie aber ist die Kausalität des Einen dann noch mit seiner in der Reduktion rigoros festgehaltenen absoluten Transzendenz und Unbezüglichkeit vereinbar, die doch jede Verbindung des Einen selbst mit dem, was nach ihm ist, ausschließt ? Weil Plotin in seiner negativen Theologie mit der Transzendenz und Unbezüglichkeit des Einen radikal Ernst macht, wird jede Beziehung des Einen selbst zu dem Späteren unmöglich; gerade diese scheint aber gefordert, wenn das Eine Ursprung sein soll, denn Ursächlichkeit ist ein Beziehungsverhältnis.

Es ist nun aber entscheidend, daß Plotin auch hier an der vollkommenen Jenseitigkeit und Unbezüglichkeit des Einen mit Entschiedenheit festhält; seine absolute Transzendenz bleibt auch dann gewahrt, wenn von ihm als Ursprung die Rede ist: "Denn auch, wenn wir das Eine als die Ursache bezeichnen, bedeutet das nicht, etwas *Ihm*, sondern etwas *uns* Zukommendes aussagen: daß *wir* nämlich etwas von Jenem her haben, während

[16] G. Huber, *Das Sein und das Absolute*, 77.

[17] Vgl. etwa III 8, 10, 3; V 1, 4, 30; 5, 5; V 5, 10, 12; 13, 19. 35; VI 7, 16, 23. 25. 27. 29; VI 7, 42, 11. 15; VI 8, 18, 38; VI 9, 3, 49; 6, 27; 9, 2.

[18] Vgl. etwa I 3, 1, 3; I 8, 2, 3; II 9, 1, 21; III 8, 9, 4. 38 - 40. 42. 50; III 8, 10, 17 - 19. 29; V 2, 1, 1; V 3, 11, 16; V 3, 15, 24 - 25. 27; V 3, 16, 38; V 4, 1, 12. 23. 33. 36; V 5, 6, 7; 9, 7; 10, 14; 11, 10; VI 7, 15, 14; 32, 9. 33 - 35; VI 8, 8, 9; 11, 8; 19, 16; VI 9, 3, 15; 5, 24; 6, 34 - 36; 9, 2; 11, 31 - 32.

[19] Vgl. etwa I 6, 9, 41; I 7, 1, 15; III 8, 10, 27; VI 7, 23, 21; VI 9, 5, 36. 9, 1 - 2. - Plotin übernimmt den Ausdruck von Platon, Phaidr. 245 C 9 und überträgt ihn auf das Eine. Das Wort von der *ἀρχὴ καὶ πηγή* ist neben dem Sonnengleichnis (bes. 508 B 6 f.) die Platonische Anknüpfungsstelle für die Emanationsmetaphern Plotins, vgl. Szlezák, *Nuslehre Plotins*, 112 Anm. 340.

Es selbst in sich selbst bleibt. Ja selbst 'Jenes' dürften wir Es im eigentlichen Sinne nicht nennen, wenn wir genau reden wollen, sondern es will das nur die Auslegung dessen sein, was *wir selbst*, die wir das Eine gleichsam von außen umspielen, dabei erfahren, indem wir Ihm bald nahe sind, bald ganz zurückgeworfen werden durch die Weglosigkeit um Es selbst (*ταῖς περὶ αὐτὸ ἀπορίαις*)."[20] Auch als Ursprung also bleibt das Eine in seiner Transzendenz *relationslos* in sich, *ohne* Beziehung auf das, was aus ihm entspringt. "Es ist also ein ursächliches Verhältnis, in dem die Ursache nicht Ursache ist, sondern nur von der Folge her so erscheint. Es ist daher auch die Beziehung zu uns eine Beziehung, die keine Beziehung ist als nur eine von uns aus so gesehene."[21]

Genau genommen sprechen wir also, wenn wir das Eine als Ursprung, Ursache oder Urgrund kennzeichnen, nicht von ihm selber als dem Entspringenlassenden, sondern von dem, was aus ihm entspringt; auch hier gilt der Grundsatz: "Von dem her, was später ist (sc. als das Eine selbst), sprechen wir über Es."[22] Damit wird die Grenze der negativen Theologie in Wahrheit nicht überschritten, das Eine bleibt vielmehr auch als Ursprung unerkennbar und unsagbar. Das Ursprungsein des Einen ist nicht *seine* Beziehung zum Seinsganzen, sondern die Beziehung des Seinsganzen *zu ihm*; das Sein ist durch diese Beziehung als das von dem Einen Abkünftige bestimmt, während das Eine selbst von der Beziehung des Seins zu ihm gänzlich unaffiziert bleibt.: "Denn das Erste selbst ist auf nichts bezogen, alles andere aber auf Jenes."[23] Das Eine selbst bleibt auch als Ursprung allem Seienden schlechthin entzogen und absolut transzendent, es geht nicht in die Ursprungsbeziehung ein, sondern bleibt unbezüglich über sie erhaben; seine Bestimmung als Ursprung und Urgrund hat darum nur *uneigentlichen und metaphorischen Charakter*: bestimmt ist darin nicht *Es selbst*, sondern das *Andere*. Um seine Transzendenz rein zu wahren, spricht darum Plotin dem Einen das Ursprungsein auch wieder ab: Es ist "*Ursprung*, und doch auf andere Weise wieder *nicht Ursprung* . . .

---

[20] VI 9, 3, 49 - 54. (Text nach H-S[1] und Harder). Vgl. VI 8, 8, 9.

[21] K. Jaspers, *Plotin*, in: *Die großen Philosophen* I, 669. Vgl. auch W. Beierwaltes, *Identität und Differenz*, 136 - 138; ders., *Denken des Einen*, 42: "Also auch die Begriffe Ursprung, Ursache oder Grund sind nur mit dem Vorbehalt denkbar und sagbar, daß sie 'von *uns* her' zutreffen, weil sie lediglich den *Bezug* des *Anderen* zum Einen selbst, nicht aber das Eine *selbst* aussagen."

[22] V 3, 14, 7 - 8.

[23] III 9, 9, 2 - 3: *περὶ οὐδὲν γὰρ αὐτὸ τὸ πρῶτον, τὰ ἄλλα δὲ περὶ αὐτό*. Vgl. Platon, Ep. II 312 E 1 - 2: *περὶ τὸν πάντων βασιλέα πάντ' ἐστὶ καὶ ἐκείνου ἕνεκα πάντα*.

man darf Jenen überhaupt nicht als zu etwas in Beziehung stehend ansprechen; denn Er ist das, was Er ist, und ist *vor allem anderen*; wir tun ja selbst das *'Ist'* von Ihm fort, und folglich auch *jede Beziehung zu dem Seienden.*"[24]

Da auch die Bestimmung als Ursprung dem Einen selbst wie jede Bestimmung unangemessen ist, muß sie in der Negation wieder rückgängig gemacht werden. Sie ist gleichwohl sinnvoll und unvermeidlich, um die Abhängigkeitsbeziehung der Seinstotalität zum Einen auszudrücken, vermag dieses selbst jedoch nicht zu treffen, weil es der Ursprungsbeziehung in seiner Transzendenz entzogen bleibt. Darum ist das Eine im eigentlichen Sinne *nicht* Ursprung, sondern darüber erhaben; es ist - wie Plotin in paradoxer Wendung sagt - "das *Vor*ursprüngliche" (*τὸ πρὸ ἀρχῆς*, V 5, 9, 7).[25] - Im gleichen Sinne nennt Proklos das Eine als "ursachelose Ursache" (*ἀναιτίως αἴτιον*)[26] "vorursächlich" (*προαίτιον*).[27] Ursachelose Ursache ist das Eine, weil es als absolute Ursache keine Ursache mehr hat und daher selbst grundlos Ursache ist, sodann, weil es in seiner Transzendenz selbst dem Ursprungsverhältnis entzogen ist und darum zugleich nicht Ursache ist,[28] sondern darüber erhaben (*ὑπὲρ αἴτιον*).[29] Weil das Eine auch als absolute Ursache unsagbar ist, "muß man im Schweigen das Un-

---

[24] VI 8, 8, 9 - 15.

[25] So die ansprechende Konjektur von W. Theiler. Der überlieferte Text lautet: τὸ πρῶτον ἀρχῆς. Henry-Schwyzer[2] schreiben: τὸ πρῶτον ἀρχὴν ὄν, was paläographisch wie inhaltlich weniger überzeugend ist als Theilers Konjektur. Diese wird überdies durch parallele Formulierungen bei Marius Victorinus, Adv. Arium I 3, 25 *(praecausa)* und I 49, 28 (*praeprincipium*) und bei Proklos, In Parm. 1210, 11 (*προαίτιον*) und Theol. Plat. II 9, 59, 24 S. - W. (*προαίτιος*) gestützt; vgl. In Parm. 1123, 37 (*ὑπὲρ αἴτιον*). - Daß das Eine selbst in seiner Transzendenz auch über die Verhältnisbestimmung als Ursprung hinausliegt, lehrte nach dem Zeugnis Speusipps bei Proklos, In Parm. VII 40, 1 - 2 (Fr. 62 Isnardi Parente / 48 Tarán) schon Platon: "Le unum enim melius ente putantes et a quo le ens, et *ab ea que secundum principium habitudine ipsum liberaverunt.*" Plotin lehrt VI 8, 8, 6 - 15 und VI 9, 3, 49 - 54 exakt das Gleiche.

[26] Proklos, Theol. Plat. II 9, 58, 24 S. - W.

[27] Proklos, In Parm. 1210, 11; Theol. Plat. II 9, 59, 24.

[28] Vgl. Proklos, In Parm. 1115, 36 - 1116. 12. Dafür, daß das Eine in seiner relationslosen Absolutheit weder Ursprung noch Ziel sei, beruft sich Proklos dort auf Platon, Parm. 137 D 4 - 5; die Auslegung, die Proklos zu dieser Stelle gibt, wird durch das oben Anm. 25 zitierte Doxographon Speusipps bestätigt.

[29] Proklos, In Parm. 1123, 37. Vgl. auch ebd. 1124, 22 - 26: πάντα γὰρ ὡς αὐτοῦ (sc. τοῦ ἑνὸς) πρὸς αὐτὸ διὰ τούτων ἀποφασκόμενα . . . οὐδὲ γὰρ ἀρχή, καθάπερ εἴπομεν, οὐδὲ μέσον, οὐδὲ τέλος.

sagbare des Einen und Es als ursachelose Ursache *vor* allen Ursachen preisen."[30] Weil somit das Eine *nur von dem Späteren her* in metaphorischer Weise Ursache genannt wird, ohne daß damit etwas über Es selbst ausgesagt oder eine Beziehung, in der Es selbst steht, angedeutet würde, ist das Eine selbst "vorursächlich": *προαίτιον*, und an sich selbst über jede Ursächlichkeit erhaben: *ὑπὲρ αἴτιον*. -

Das Eine ist auch deswegen nur in uneigentlicher und metaphorischer Weise Ursprung, also an sich selbst *nicht* Ursprung, weil Kausalität eine Kategorie des Geistes ist, wie Plotin feststellt: *καθέκαστον αὐτοῦ (*sc. *τοῦ νοῦ) λόγος καὶ αἰτία* (VI 8, 18, 37). Weil das Eine jenseits des Geistes ist, transzendiert es eo ipso auch die Kausalität. Weil der Geist aber sein Geistsein von dem Einen her hat (VI 8, 18, 7: *ἅτε παρ' ἐκείνου ἔχων τὸ νοῦς εἶναι*), ist das Eine vom Geist aus gesehen - also in *analogischer* Perspektive - "Ursache der Ursache" oder der Ursächlichkeit schlechthin (VI 8, 18, 38: *αἴτιον δὲ ἐκεῖνο τοῦ αἰτιοῦ*). Als Ursache der Ursache und der Ursächlichkeit überhaupt ist das Eine "folglich in höherem Sinne Ursache, gleichsam ursächlichste und wahrere Ursache" (*οἷον αἰτιώτατον καὶ ἀληθέστερον αἰτία*, VI 8, 18, 38 - 39), ohne daß mit dieser ausdrücklich als uneigentlich gekennzeichneten (*οἷον*!) Benennung mehr ausgesagt würde als nur die Herkunft oder das Begründetsein von Kausalität überhaupt aus dem Einen selbst, das an sich selbst *nicht* Ursache, sondern über jede Ursächlichkeit erhaben ist, aber von der Perspektive des entsprungenen Geistes her, der wesenhaft durch Kausalität bestimmt ist, als Prinzip von Ursächlichkeit schlechthin (*αἴτιον τοῦ αἰτιοῦ*, VI 8, 18, 38) erscheint. So manifestiert sich im und durch den Geist die absolute Kausalität des Einen selbst, die nur in und durch diese Manifestation überhaupt ist. Gerade als das *Vorursprüngliche* (*τὸ πρὸ ἀρχῆς*, V 5, 9, 7) ist das Eine - aus der uneigentlichen Perspektive des Späteren (d.h. per analogiam) - Ursache von Ursächlichkeit (*αἴτιον τοῦ αἰτιοῦ*). Proklos' Formel der Überkausalität des Einen: *ἀναιτίως αἴτιον πρὸ τῶν αἰτίων πάντων* (Theol. Plat. II 9, 58, 23 - 24) trifft der Sache nach auch bei Plotin zu, da das Eine *ἀρχὴ καίτοι ἄλλον τρόπον οὐκ ἀρχή* (VI 8, 8, 9), nämlich *πρὸ ἀρχῆς* ist.

Plotin bringt damit die absolute Kausalität des Einen als *Über*kausalität oder *Vor*ursprünglichkeit in eine dialektische Schwebe, in der die Unsagbarkeit und Unerkennbarkeit des Einen auch als Ursprung gewahrt bleibt. Ursprung, Urgrund oder Ursache ist das Eine nur vom Geist oder vom Sein her, aber nicht an sich selbst; wir sagen also jene aus, wenn wir es Ursprung nennen, nicht Es selbst. *Die Ursprünglichkeit des Einen bezeich-*

[30] Proklos, Theol. Plat. II 9, 58, 23 - 24.

*net die konstitutive Beziehung von Sein und Geist zum Einen und nicht das Eine selbst*. Sie ist eine Metapher für das Unsagbare. -

Dies hat nun für die von Plotin selbst gestellte Frage nach der Herkunft der Totalität aus dem Einen (V 2, 1, 1 - 5; V 1, 6, 1 - 8; V 4, 1, 23; vgl. V 3, 15, 1 ff.) die entscheidende Konsequenz: Wenn das Eine auch als Ursprung unerkennbar bleibt, ja an sich selbst gar nicht Ursprung ist, dann ist notwendig auch das *Wie* seiner Allbegründung, der Hervorgang aus dem Einen, unbegreiflich. Weil das Eine selbst aufgrund seiner Erkenntnistranszendenz niemals in eine diskursive Argumentation eingehen kann, muß eine begrifflich-spekulative Ableitung des Späteren aus ihm notwendig *scheitern*.[31] Von der negativen Henologie aus ist keine Ontologie spekulativ konstruierbar, eben aufgrund ihres von Plotin konsequent durchgehaltenen negativen Charakters.

Für sich genommen, ist darum der Hervorgang der Vielheit von dem Einen aus vollkommen unbegreifbar.[32] Der Grund für diese Unbegreiflichkeit des Hervorgangs ist die "radikale Abstraktion vom Sein",[33] die

---

31 Vgl. dazu G. Huber, *Das Sein und das Absolute*, 77 - 78.

32 Vgl. H.R. Schwyzer, RE *Plotinos*, 570: "Die Entstehung der Vielheit aus dem Einen kann nur mit Bildern und Vergleichen veranschaulicht werden; für sich genommen, ist sie, vom Einen aus gesehen, gänzlich unverständlich." - Diese Unbegreiflichkeit des Hervorgangs bei Plotin hat schon Hegel konstatiert, *Vorl. über die Geschichte der Philosophie II*: "Aus diesem Ersten geht aber alles hervor, und das Eine schließt sich auf . . . Dies kann aber aus dem Absoluten nicht gefaßt werden . . . Dieser Übergang zum Zweiten wird aber von Plotin nicht philosophisch oder dialektisch gemacht, sondern diese Notwendigkeit wird in Vorstellungen und Bildern ausgedrückt." (Werke XIX, 447). Hegel erblickt darin, indem er die Maßstäbe seiner eigenen Dialektik anlegt, ein *Scheitern* des zentralen spekulativen Gedankens der Ableitung des Seins aus dem Absoluten. Für Plotin dagegen ist gerade die Undenkbarkeit des Hervorgangs, die Unbegreiflichkeit der Abkunft des Seins aus dem Einen aufgrund der Erkenntnistranszendenz des Einen selbst notwendig. Insofern ist auch Plotins Verwendung von bildlichen Metaphern *keine* uneigentliche, weil nicht durch den Begriff zu ersetzende Redeweise, sondern die einzige und darum relativ angemessene Möglichkeit, das Undenkbare im Scheitern des Gedankens in nicht begreifender, sondern von außen umkreisender Weise anzudeuten.

33 G. Huber, *Das Sein und das Absolute*, 76; vgl. auch 73. - Wenn Huber allerdings in dieser Abstraktion spezifisch Spätantikes erkennen möchte (ebd. 77, auch 71 - 75), so muß dem widersprochen werden: Platon und Speusipp vollziehen die Abstraktion vom Sein beim Rückgang zum Einen selbst mit der gleichen Radikalität wie Plotin. Es ist darum auch unzutreffend, wenn Huber im Monismus Plotins eine Radikalisierung der Ursprungsfrage gegenüber Platon und der Akademie erblickt, die an der unaufhebbaren

Plotin beim Rückgang zum absoluten Einen vollzieht; denn da Denken an Sein gebunden ist, ist damit dem Begreifen der Boden entzogen, so daß eine begriffliche Herleitung des Seins aus dem Übersein des Einen unmöglich ist. Der Hervorgang der Vielheit aus dem absoluten Einen ist *undenkbar*, weil alles Denken auf Vielheit angewiesen ist, also diese als schon hervorgegangen voraussetzt. Der Hervorgang der Vielheit konstituiert selbst allererst Denkbarkeit und ist darum als solcher nicht mehr gedanklich einholbar. Weil das Denken *sich selbst verläßt*, wenn es zum Einen selbst aufsteigt, kann dieses nicht den Ausgangspunkt einer denkenden Herleitung des Späteren bilden.[34] "Wenn also nichts vor Jenem

---

Gegebenheit des Seienden festgehalten hätten: "Im Übergang zum monistischen Grundansatz hingegen wird prinzipiell der Anspruch erhoben, daß das Denken von der ursprünglichen Gegebenheit des Seienden radikal abzusehen vermag. Wenn aus dem Einen die Dyas erst erzeugt wird, so scheint dies zu bedeuten, daß in einem gewissen Sinne zunächst weniger da ist, als zum Sein des Seienden erforderlich wäre" (ebd. 73), - genau dies ist aber in der Platonisch-akademischen Prinzipientheorie auch schon der Fall (siehe die folgende Anm.), zumal in Platons "Parmenides" und bei Speusipp (vgl. nur Aristoteles, Metaph. 1092 a 11 - 15), und bildet ihre grundlegende Problematik. - Huber setzt in diesem Zusammenhang einen irreduzibel dualistischen Charakter der Platonischen Prinzipienlehre allzu selbstverständlich voraus, wozu aber die Quellenlage gar nicht berechtigt; die eindeutig monistischen Referate Hermodors und Speusipps (Test. Plat. 31 und 50 G.) werden von ihm nicht erwähnt, während er die bei Sextus, Adv. Math. X 261 berichtete Ableitung der Dyas aus dem Einen nur als Beleg für eine monistische Umformung im Neupythagoreismus zitiert (72 mit Anm. 3), obwohl sie im Kern durchaus echt Platonisch sein kann. In diesem Zusammenhang ist auch darauf hinzuweisen, daß die ältesten Zeugen für den neupythagoreischen Monismus, Ps.-Archytas und Ps.-Brotinos sowie die von Alexander Polyhistor exzerpierten ὑπομνήματα, nach Burkert und Thesleff schon in das 2. oder 3. Jh. v. Chr. zu datieren sind und damit auch chronologisch Anschluß an die Alte Akademie gewinnen (siehe oben Anm. 11). Zur Zurückführung des Neupythagoreismus auf die Alte Akademie allgemein W. Burkert, *Weisheit und Wissenschaft*, Nürnberg 1962, 10, 12, 53 f., 58, 62 f., 70, 214 ff., 237, 344 ff., 355, 407 f., 455. Zur wahrscheinlichen Herkunft speziell des neupythagoreischen Monismus von der Alten Akademie auch H.J. Krämer, *Ursprung der Geistmetaphysik*, 332 ff.; ferner J.M. Dillon, *Eudoros und die Anfänge des Mittelplatonismus*, 11 ("Die Frage ist, ob wir hier einen Synkretismus haben oder einfach nur eine Entwicklung der Lehre des Speusipp").

[34] Auch hier muß betont werden, daß bereits Platon und Speusipp vor dem gleichen Problem standen: "*si quis le unum ipsum seorsum et solum meditatum, sine aliis, secundum se ipsum ponat, nullum alterum elementum ipsi apponens, nichil etique fiet aliorum*" (Speusipp bei Proklos, In Parm. VII 40, 2 - 4 = Test. Plat. 50). Das ist exakt die Problemsituation in Platons "Parmenides", dessen erste Hypothese die reine Transzendenz des Absoluten bis zur Aufhebung in die Unerkennbarkeit durchdenkt; das Seiende ist erst aus dem seienden Einen ableitbar, das bereits eine Zweiheit ist. Ebenso fährt auch Speusipp

(sc. dem Einen selbst) ist, sondern Er der Erste ist, so gilt es, hier haltzumachen und nichts mehr über Ihn auszusagen, *sondern nur bei dem, was nach Ihm ist, zu fragen, wie es entstanden ist.*"[35] Vor dem Einen selbst kommt die Bewegung des Denkens zum Stillstand, indem sich das Denken selbst übersteigt. Weil das Eine über jede Denkbarkeit hinausliegt, kann zwar bei dem Späteren nach dessen Herkunft gefragt werden, nicht mehr aber bei dem Einen selbst, warum oder wie es das Spätere entspringen läßt; vor ihm verstummt jedes Fragen: "Hier heißt es schweigen und fortgehen, die Sache im Unentschiedenen lassen und das weitere Fragen einstellen. Wonach sollte man auch weiter fragen ? Man kann ja zu keinem weiteren Ziel vordringen, denn jedes Fragen schreitet vor bis zum Ursprung, mach aber dort angelangt halt."[36]

Weil das Eine selbst als absoluter Ursprung unerkennbar ist, kann auch der Hervorgang aus ihm nur *metaphorisch*, in Bildern und Analogien, umschrieben werden. Eine begrifflich angemessene Ableitung des Seins aus dem Einen bleibt zwangsläufig aus, weil das schon hervorgegangene Sein in seiner eidetischen Differenziertheit und Vielfältigkeit die Bedingung der Möglichkeit des Begreifens ist. Das Scheitern seiner *gedanklichen* Ableitung bedeutet aber nicht die *sachliche* Unmöglichkeit der Herkunft des Seins aus dem undenkbaren absoluten Einen, "denn die Unmöglichkeit des Gedankens gehört in diesem Fall ausdrücklich zum Wesen der Sache. Weil das Absolute sich notwendig der Erkenntnis entzieht, darum muß auch die Ableitung des Seins aus dem Absoluten scheitern. Es ist eigentlich nur erstaunlich, daß Plotin dies nicht ebenso deutlich wie jenes ausgesprochen hat."[37] *Daß* die Vielheit des Seins ihren letzten oder ersten Ursprung im absoluten Einen hat, erweist die henologische Reduktion als notwendig, *wie* das Eine selbst aber Ursprung der Vielheit des Seins ist, bleibt notwendig unbegreiflich; die Herkunft der Totalität aus dem Einen ist nur *analogisch umschreibbar*, aber nicht *ontologisch explizierbar*, weil sie *Herkunft aus dem Undenkbaren* ist. Für die Herkunft des Geistes aus dem Einen selbst gilt in vorzüglicher Weise, was Karl Jaspers von Plotins spekulativem Transzendieren allgemein sagt: "Diese spekulative Dialektik vollzieht im Scheitern der Aussage ein sinnvolles Scheitern. Der Sinn liegt einmal darin, den Raum zu öffnen für das, was allem Empfangenwerden durch die Denkbarkeit sich entzieht, dann aber darin, die Denkbarkeiten

---

in seinem Referat fort: "interminabilem dualitatem entium principium induxerunt." (Ebd. 40, 4 - 5).

35 VI 8, 10, 18 - 20.

36 VI 8, 11, 1 - 5.

37 Huber, *Das Sein und das Absolute*, 78.

selber so zu denken, daß wir zugleich von ihnen befreit werden."[38] Die darin liegende Einsicht in die unaufhebbare Vorläufigkeit und letzte Unangemessenheit jeder artikulierbaren Erkenntnis angesichts der Herkunft der Wirklichkeit aus dem Unerkennbaren wird am Ende des antiken Neuplatonismus von *Damaskios* besonders hervorgehoben: nicht nur das Eine selbst ist unerkennbar, sondern ebenso der Hervorgang der Vielheit des Seins aus ihm und deren Beziehung zu ihm.[39] Alle Aussagen hierüber müssen dialektisch in der Schwebe gehalten und am Ende in der Negation rückgängig gemacht werden; sie sind nur sinnvoll, um sie transzendierend scheitern zu lassen, aber so, daß im Scheitern des Gedankens ein die Denkbarkeit Übersteigendes eingesehen wird. Das Eine zieht sozusagen alles aus ihm Entspringende in das *"überhelle Dunkel"*[40] seiner Erkenntnistranszendenz; als *im Einen Gründendes* ist auch das Andere im Innersten unerkennbar. Das ist von Plotin her kein Neuansatz, sondern die Aktualisierung und Radikalisierung des seit Plotin - ja seit Platons "Parmenides" - im Platonismus latenten Agnostizismus im Namen der Transzendenz. Damaskios nimmt damit den Cusanischen Gedanken einer Metaphysik aus dem über sich selbst belehrten Nichtwissen vorweg. Eine gehaltvolle Metaphysik des Absoluten verhindert das keineswegs, bei Damaskios sowenig wie bei Plotin oder bei Nikolaus von Kues; aber sie wird begrenzt durch die Einsicht in ihre unaufhebbare Vorläufigkeit und Unangemessenheit angesichts der absoluten Transzendenz des Absoluten.

## § 2 Der Ursprung als Überfülle und Übermächtigkeit

Der Hervorgang der Vielheit des Seins aus dem in Übertranszendenz verharrenden Einen selbst ist seit Plotin ein Grundproblem der

---

[38] Jaspers, *Plotin*, in: *Die großen Philosophen* I, 691.

[39] Dies ist das Thema von Damaskios' Hauptwerk: *Dubitationes et Solutiones de Primis Principiis in Platonis Parmenidem*, ed. C. E. Ruelle, 2 Bände Paris 1889 (NDr. Brüssel 1964, Amsterdam 1966). Kommentierte Neuedition: Damascius, *Traité des Premiers Principes*, ed. L. G. Westerink et trad. J. Combès, Vol. I: *De l' Ineffable et de l' Un*, Paris 1986; Vol. II: *De la Triade et de l' Unifié*, Paris 1989. (Zum Obengesagten vgl. bes. Vol. I, p. 1, 4 - 26, 8; 62, 1 - 98, 27; 99, 1 - 130,8). Eine monographische Untersuchung zu diesem überaus bedeutenden und scharfsinnigen Werk existiert bisher nicht.

[40] ὑπέρφωτος γνόφος: Ps.-Dionysius Areopagita, De mystica theologia 2, PG 3, 1025 A. Vgl. ebd. 1, 1, 1000 A; Ep. V, 1073 A.

neuplatonische Metaphysik.[41] Es ergibt sich, wie wir gesehen haben, unvermeidlich aus der neuplatonischen - und im Prinzip schon Platonischen - Konzeption des Absoluten, und zwar aus zwei Gründen: einmal aus der Zurückführung von *allem* auf einen einzigen, absolut einfachen Urgrund, sodann durch die absolute Transzendenz und Bestimmungslosigkeit des Einen selbst, die jede affirmative Aussage und jede Beziehung zu dem Späteren strikt ausschließt. Damit aber tut sich ein Abgrund auf zwischen dem in Übertranszendenz verharrenden Einen und der Seinstotalität, deren Urgrund das Eine doch ist; diesen χωρισμός, der doch von der absoluten Transzendenz des Einen untrennbar ist, suchten die späteren Neuplatoniker durch die Einführung immer neuer vermittelnder Zwischenstufen zu überbrücken und so kommt es zu der Hypostasenvermehrung im nachplotinischen Neuplatonismus.[42]

---

[41] Vgl. C. Zintzen, Einleitung zu: *Die Philosophie des Neuplatonismus* (Wege der Forsch. Bd. 436), IX und XVIII. E. Bréhier, *La philosophie de Plotin*, Paris 1928 ($^3$1961), 40 nannte dieses Problem zu Recht die "quaestio vexata" der Philosophie Plotins. Vgl. auch H.R. Schwyzer, RE *Plotinos*, 569.

[42] *Porphyrios* ermöglichte einen kontinuierlichen Übergang vom überseienden Absoluten zu den seienden Wesenheiten durch seine Konzeption des Absoluten, die dieses zugleich als transzendent und unbezüglich und als auf das Nachfolgende beziehbar versteht: darum identifizierte er das Eine mit dem absoluten, reinen Sein (In Parm. XII, p. 102 - 106 Hadot); vgl. dazu P. Hadot, *Die Metaphysik des Porphyrios*, W d F 436, 208 - 237. Zu einer eigentlichen Hypostasenvermehrung kommt es bei Porphyrios noch nicht, obwohl er die verschiedenen Aspekte des Nous stärker voneinander abhob und hierarchisierte als Plotin. - Gegen die Preisgabe der reinen Transzendenz des Absoluten durch die Lösung des Porphyrios wandte sich *Jamblich*: er setzte über dem ἓν ἀγαθόν, das er - darin die Konzeption des Porphyrios weiterführend - als Einheit von Bestimmtheit und Unbestimmtheit und als auf die nachfolgenden Stufen bezogen dachte, das vollkommen transzendente und unbestimmbare ἓν ἄρρητον als absolutes Prinzip an (vgl. Damaskios, De principiis I 86, 3 ff. und I 56, 6 ff. Ruelle = II 1, 4 ff. und I 84, 13 ff. Westerink); diese prinzipientheoretische Position Jamblichs dürfte - was wenig beachtet wird - mitbedingt sein durch Jamblichs intensive Rezeption Speusipps, der das Eine selbst über das Gute und das Schöne hinausrückte und seine absolute Transzendenz stark betonte (Fr. 72 Isnardi Parente und Fr. 62 Isnardi P. = Fr. 48 Tarán); Jamblich berief sich ferner auf Platons Andeutungen im 2. und 7. Brief (312 E, 341 C) und auf Parm. 141 E - 142 A. Im System Jamblichs vermittelt das überseiende Eine Gute zwischen dem absolut Transzendenten und den seienden Hypostasen (vgl. Damaskios, De Principiis II 25, 5 ff., bes. 15 - 18; II 28, 1 - 6 Westerink); deren Zahl hat Jamblich durch Aufspaltung der Hypostasen des Intelligiblen (νοητόν), des Intellektuellen (νοερόν) und des Seelischen in je drei Stufen stark vermehrt, um kontinuierliche Übergänge zwischen den Seinsstufen zu ermöglichen. So wird der Zusammenhang zwischen dem Bemühen um durchgängige dialektische Vermittlung und

Insbesondere Proklos versucht zwischen der absoluten Transzendenz des reinen Einen und dem Sein als Vielheit durch die Ansetzung der *Henaden* zu vermitteln. Als *überseiende* Manifestationen des Einen selbst und als erste, der eigentlichen Vielheit noch *vorgängige* Viel-Einheit vermitteln die Henaden zwischen *reiner Einheit* und *Vielheit*, indem sie die Entfaltung des Einen gleichsam vorzeichnen und zugleich dem Vielen Einheit verleihen und dadurch die Vielheit des Seins mit der absoluten Einheit des Urgrundes, des Einen selbst, verbinden.[43]

---

der Multiplikation der transzendenten Hypostasen bei Jamblich exemplarisch deutlich; beide Tendenzen bestimmen von Jamblich an den späteren Neuplatonismus. Zu Jamblich vgl. B. Dalsgaard Larsen, *Jamblique de Chalcis. Exégète et Philosophe*, Aarhus 1972; J.M. Dillon, *Jamblichi Chalcidensis in Platonis dialogos commentariorum fragmenta*, Leiden 1973 (mit ausführlichem Kommentar). - Durchgängige dialektische Vermittlung durch Vermehrung der Zwischenstufen kennzeichnet vor allem auch das System *Proklos*, das komplexeste unter allen neuplatonischen Systemen. Bezüglich des absoluten Prinzips jedoch kehrte Proklos zur Position Plotins - und Platons - zurück, indem er das unsagbare absolute Eine mit dem Guten selbst gleichsetzte (Elem. theol. prop. 13), dabei aber den uneigentlichen, bloß metaphorischen Charakter beider Benennungen stark betonte, die die Unsagbarkeit, Unerkennbarkeit und Unbestimmbarkeit des absolut Transzendenten nicht aufheben (vgl. Theol. Plat. II 6, 40, 2 - 43, 11; bes. 41, 1 ff. S.-W.). Während das Eine selbst für Proklos absolut unbezüglich ist (z.B. Theol. Plat. II 5, 39, 20 - 26 S.-W. In Parm. 1187, 24 f.), vermitteln die überseienden Henaden als Einheit von Bestimmtheit und Unbestimmtheit zur bestimmten Vielheit des Seienden (vgl. Elem. theol. prop. 115; Theol. Plat. I 11, 55, 1 ff.; 56, 21 f.; II 6, 40, 7 f.; II 11, 65, 8 ff.; III 28, 101, 17). Zu Proklos vgl. E.R. Dodds, *Proclus. The Elements of Theology*, Oxford 1933 ($^2$1963); R. Beutler, RE Bd. XXIII, 1 (1957) Art. "*Proklos*", 186 - 247; W. Beierwaltes, *Proklos. Grundzüge seiner Metaphysik*, Frankfurt 1965 ($^2$1979); ders., *Denken des Einen*, Frankfurt 1985, passim (zur Differenz zu Plotin: 155 ff.); H.D. Saffrey, L. G. Westerink, *Proclus. Théologie Platonicienne*, 6 Bände, Paris 1968 - 1987. Zu Proklos' Theorie der Henaden und zu ihrer Herkunft am besten Saffrey-Westerinks Einleitung zu Bd. III (1978), IX - LXXVII.

[43] Vgl. dazu Proklos, Elem. theol. prop. 115; In Tim. I 226, 15 f. Diehl; Theol. Plat. II 6, 40, 7 f.; II 11, 65, 8 - 12; III 3, 13, 16 - 18 S.-W. Zum Problem W. Beierwaltes, *Denken des Einen*, 155, 207 f., 211; ferner ders., *Identität und Differenz*, 36 - 49, bes. 38 f., 43. - Mit den zehn Henaden knüpft Proklos - was wenig beachtet wird - an Platons Theorie von den zehn Ideenzahlen an, welche als erste Manifestationen des absoluten Einen und höchste Form der Einheit *in* Vielheit eine den Henaden systematisch vergleichbare Stellung und Funktion haben, auch wenn Platon die Ideenzahlen nicht als überseiend konzipierte und wahrscheinlich den μέγιστα γένη unterordnete (vgl. Aristot. Metaph. 1084 a 31 - 36). Auch bei Proklos bleiben die Henaden und ihre Prinzipien, der Urgegensatz von αὐτοπέρας und αὐτοαπειρία, dem Einen selbst untergeordnet: In Parm. 1124, 14 f., 23 ff.; Theol. Plat. II 12, 67, 14 ff.

Aber dadurch wird das Problem nicht wirklich gelöst, sondern nur verschoben: denn einerseits droht die Einfügung überseiender Einheiten (Henaden) zwischen dem absoluten Einen und dem Sein die radikale Transzendenz des Einen zu gefährden; andererseits wird der Abgrund zwischen dem Einen und dem Anderen dadurch nicht eigentlich überbrückt, weil auch für Proklos gilt, daß das absolute Eine selbst der höchsten Henadenordnung gegenüber genau so transzendent ist, wie gegenüber allem anderen.[44]

Plotin hatte gesehen, daß infolge der Erkenntnistranszendenz des Einen der Hervorgang aus dem absoluten Ursprung begrifflich nicht erfaßt werden kann. Erkennbarkeit und Begreifbarkeit nämlich bilden sich erst *im* Hervorgang aus dem unerkennbaren Einen und *durch ihn*. Gleichwohl muß Plotin aber versuchen, die Möglichkeit der Herkunft von Sein und Geist aus dem absoluten Einen irgendwie einsehbar zu machen, wenn er an seinem radikalen Ursprungsmonismus konsequent festhalten will.

Es gilt also, eine Lösung zu finden, in der die Herkunft des Seinsganzen aus dem Einen, auch wenn ihr Wie unbegreiflich bleibt, in ihrer

---

[44] Vgl. Proklos, Theol. Plat. II 5, 39, 16 - 26: *τὸ πρῶτον πάντων ὁμοίως ἐκβέβηκε καὶ οὐ τῶν μὲν μᾶλλον τῶν δὲ ἧττον . . . δεῖ δὲ ἐκεῖνο μὲν ἄσχετον πρὸς πάντα καὶ ἀφ᾽ ὅλων ὁμοίως ἐξῃρημένον φυλάττειν . . . ἐκείνου πρὸς μηδὲν τῶν μετ᾽ αὐτὸ σχέσιν ἢ κοινωνίαν ἐπιδεχομένου.* - Beierwaltes' Resumée lautet denn auch: "Die Umstrukturierung des plotinischen Denkens durch Proklos könnte als Antwort auf diese Frage (sc. wie kann das Eine 'geben', was es selbst weder ist noch hat) verstanden werden: als der paradoxe Versuch nämlich, den Übergang vom Einen zum Vielen möglichst gleitend sich vollziehen zu lassen und gleichwohl das Eine als reine Einheit bewahren zu wollen. Sämtliche Metaphern für diesen Übergang , die beiden ersten Prinzipien, sowie die Henaden, die als viele Einheiten oder als viele Eine zwischen dem Einen und Vielen vermitteln sollen, bleiben jedoch notwendig hermeneutische Hilfskonstruktionen, die die Unlösbarkeit der Frage nur noch schärfer markieren." (*Identität und Differenz*, 39). -

Es ist darum nur konsequent, wenn *Damaskios* - der prinzipientheoretisch wieder an Jamblich anknüpft (vgl. oben Anm. 42) - die absolute Unvermittelbarkeit des absolut Transzendenten, das doch das absolute Prinzip ist, als unauflösbare Aporie und Paradoxie in aller Schärfe herausstellt: De Primis Principiis I: "*Über das Unsagbare und das Eine*"; Teil I: "Die Aporie des absoluten Prinzips" (p. 1, 4 - 26, 8 Westerink) und Teil IV: "Das Eine und der Hervorgang" (p. 99, 1 - 130, 8 W.). Damaskios zieht damit nur die Konsequenzen aus der absoluten Transzendenz des Absoluten, die dem Ansatz Plotins - und schon Platons (Test. Plat. 50 G., Parm. 141 E) - angemessen ist.

Möglichkeit verstehbar wird, ohne daß dabei die Transzendenz und Unerkennbarkeit des Einen aufgehoben werden.

Dies gelingt Plotin nun dadurch, daß er gerade die absolute Transzendenz und Einfachheit des Einen selbst von der aus ihm entsprungenen Seinsfülle des Geistes her als überseiende Überfülle und Übermächtigkeit auslegt. Durch den Gedanken der Überfülle gelingt es Plotin, die Ursprünglichkeit des Einen zu begreifen, ohne seine absolute Jenseitigkeit zu gefährden. Plotin führt diesen Gedanken im 1. Kapitel der Frühschrift V 2 durch:

"Das Eine ist Alles und doch kein einziges (*τὸ ἓν πάντα καὶ οὐδὲ ἕν*), denn der Ursprung von Allem ist nicht Alles, sondern Alles ist aus Ihm . . . aber wie kann es aus dem schlechthin einfachen Einen kommen, da in diesem sich keinerlei Vielfältigkeit, keine Zweifachheit von irgendetwas (*οὐ διπλόης οὔτινος ὁτουοῦν*) zeigt ? Darum, weil nichts in Ihm war, eben darum kann Alles aus Ihm kommen; gerade damit das Seiende existieren könne, ist Jener selbst nicht Seiendes, ist aber dessen Erzeuger. Und diese vergleichsweise so genannte Zeugung ist die ursprüngliche: da nämlich Jenes (sc. das Eine selbst) absolut vollkommen ist - denn Es sucht nichts, hat nichts und bedarf nichts -, so ist Es gleichsam übergeflossen (*οἷον ὑπερερρύη*) und Seine Überfülle hat ein anderes hervorgebracht (*καὶ τὸ ὑπερπλῆρες αὐτοῦ πεποίηκεν ἄλλο*)".[45]

Weil das Eine der absolute Ursprung ist, hat alles, was ist, das Sein von dem Einen. Das Eine selbst aber ist kein einziges, es ist Nichts, weil Nicht-Etwas; es ist nicht einmal Eines (*οὐδὲ ἕν*), weil es auch nicht als Einheit bestimmt ist.[46] Denn in seiner absoluten Einfachheit ist das Eine frei von jeder Vielfältigkeit, auch von der Zweifachheit (*διπλόης*) aus Bestimmendem und Bestimmtem, Grenze und Grenzelosigkeit, Einheit und unbestimmter Zweiheit, durch die Etwas erst als Etwas bestimmt ist. Und gerade weil das absolut einfache Eine über alle Bestimmtheit erhaben ist, kann es der absolute Ursprung sein, aus dem alle Bestimmtheit entspringt. Denn die Bestimmtheit entspringt wohl dem Ursprung, der *Ursprung* aller Bestimmtheit kann aber selber nicht mehr

---

[45] V 2, 1, 1 - 9. (Text nach Harder, vgl. oben Anm. 13; zur Metapher des Aus- und Überfließens Anm. 3).

[46] V 2, 1, 1. Vgl. V 4, 1, 8 - 9; V 5, 6, 28 - 30; VI 9, 6, 13 - 15: *Das Eine ist auch nicht Eines.* III 8, 9, 41. 53; ebd. 10, 28; V 1, 7, 19; V 3, 11, 19; ebd. 12, 51; V 5, 13, 21. 28; VI 7, 32, 5. 12 - 13; VI 8, 9, 44; ebd. 21, 24; VI 9, 3, 6. 40; ebd. 6, 55; ebd. 7, 1: *Das Eine ist Nicht-Etwas und Nichts.*

ein Bestimmtes sein, sonst könnte nicht *alle* Bestimmtheit von ihm kommen; denn als bestimmter wäre der Urgrund abgegrenzt gegen anderes und wäre damit nicht mehr Ursprung von *allem* schlechthin; der Ursprung *aller* Bestimmtheit muß also *jenseits* aller Bestimmtheit sein, um absoluter Ursprung zu sein. "Denn darum kann Alles aus Jenem (sc. dem Einen) stammen, weil Jenes durch keinerlei Gestalt erfaßt ist (*ταύτῃ γὰρ πάντα ἐξ ἐκείνου, ὅτι μή τινι μορφῇ κατείχετο ἐκεῖνος*). Denn Jenes ist nur Eines (*μόνον γὰρ ἓν ἐκεῖνο*); wäre Es Alles, so gehörte Es zu dem Seienden; deshalb ist Es nichts von dem, was im Geist ist, sondern dieses stammt aus Jenem."[47] "Da nämlich die Wesenheit des Einen die Erzeugerin aller Dinge ist, ist sie keines von Ihnen."[48] ***Das Eine ist somit absoluter Ursprung gerade vermöge seiner absoluten Transzendenz***: gerade deshalb kann *alles* aus ihm entspringen, "weil Jenes *nichts* von allem ist" (*ὅτι ἐκεῖνος μηδὲν τῶν πάντων*).[49] Und so ist das Nichts des Einen gerade der "springende Punkt seiner Ursprünglichkeit".[50] Denn "Nichts" meint als umfassendste negative Aussage über das Eine nicht seine absolute Aufhebung, so daß es überhaupt nichts wäre, sondern sein aus aller Bestimmtheit herausgehobenes *Übermaß*.[51] "Der Urgrund ist das Gestaltlose (*ἀνείδεον*), nicht das der Gestalt Bedürfende, sondern das, von dem her alle geistige Gestalt kommt. Das Entstehende nämlich mußte, wenn es überhaupt entstehen sollte, ein Etwas werden und erhielt eine ihm eigene Gestalt (*μορφὴν ἰδίαν ἔσχεν*); dasjenige aber, was keiner geschaffen hat, zu was könnte man das machen ?"[52] Da Sein nur als bestimmtes *ist*, denn Seiendes ist immer bestimmtes Seiendes, das durch seine Bestimmtheit als Etwas gegen anderes Etwas abgegrenzt ist, der Urgrund aber frei von Bestimmtheit und Gestalt (*ἀνείδεον*) sein muß, so

---

[47] V 1, 7, 19 - 22 (Text nach Harder und H-S$^2$).

[48] VI 9, 3, 39 - 40.

[49] V 1, 7, 18 - 19. Vgl. V 2, 1, 5 - 6: *ὅτι οὐδὲν ἦν ἐν αὐτῷ, διὰ τοῦτο ἐξ αὐτοῦ πάντα, καὶ ἵνα τὸ ὂν ᾖ, διὰ τοῦτο αὐτὸς οὐκ ὄν*. Weitere gleichlautende Stellen oben in Anm. 46. Vgl. auch Proklos, Theol. Plat. II 7, 50, 9 - 11: *τῷ τῶν πάντων ἐξῃρῆσθαι τὰ πάντα παράγον καὶ τῷ ἀμέθεκτον εἶναι πάντα ὁμοίως τά τε πρῶτα καὶ τὰ ἔσχατα τῶν ὄντων ἀπογεννῶν*.

[50] W. Beierwaltes, *Proklos. Grundzüge seiner Metaphysik*, 348.

[51] Vgl. dazu Beierwaltes, *Proklos*, 348 ff. (Die Nichtigkeit des Ursprungs als Übermaß) und oben Kapitel II § 4. Zum Nichts als umfassendstem Ausdruck der absoluten Transzendenz des Einen bei Plotin vgl. etwa III 8, 9, 39 - 41. 50 - 51. 53 - 54; ebd. 10, 26 - 31; V 1, 7, 18 - 22; V 2, 1, 1 - 9; V 3, 11, 16 - 22; ebd. 12, 50 - 13, 5; V 5, 6, 8 - 13; ebd. 13, 19 - 21. 28. 33 - 36; VI 7, 32, 5 - 14; VI 8, 9, 43 - 45; ebd. 21, 24 - 34; VI 9, 3, 37 - 40; ebd. 6, 55 - 7, 1.

[52] VI 7, 32, 9 - 12. Vgl. auch V 5, 6, 4 - 8; VI 7, 17, 40; ebd. 28, 28 - 29; ebd. 34, 2; VI 9, 3, 4. 39 - 40. 43 - 44 usw.; ferner IV 8, 6, 2; V 1, 7, 19 - 20; VI 7, 17, 18; VI 8, 9, 43 - 44.

ist das Eine gerade *durch* seine Seinstranszendenz Ursprung des Seins. Dieser Sachverhalt wird durch die paradoxe Aussage getroffen, das Eine sei zugleich *Alles* und *Nichts*: "Es ist somit Nichts von dem Seienden und Alles; Nichts, weil das Seiende später ist, Alles aber, weil es aus Ihm stammt."[53]

Die absolute Einheit oder reine Einfachheit des Einen, die Sein und Bestimmtheit strikt von ihm ausschließt, bedeutet gerade nicht seine völlige Abstraktivität und Leere, sondern sein absolutes, allem anderen unvergleichbares und darum unsagbares *Übermaß*. Das wird deutlich, wenn Plotin die *absolute* Einheit des Einen selbst von den Analogien ihrer vielheitslosen Einfachheit und Ungeteiltheit, Punkt und Einzahl, die in ihrer Abstraktheit leer erscheinen, wieder abhebt und in der einfachsten Einheit die Überfülle des Einen erblickt:

"Wir nennen Es das Eine, notgedrungen, weil wir Es einander bezeichnen müssen, wir wollen mit diesem Namen auf den Begriff des Ungeteilten hinleiten und die Seele zur Einheit führen; wir meinen aber 'Eines' und 'ungeteilt' nicht in dem Sinne, wie wir es beim Punkt und der Eins (*μονάς*) meinen; denn das in diesem Sinne Eine ist Ursprung des Wieviel, welches gar nicht zur Existenz gelangt wäre, wäre nicht zuvor das Sein und das, was vor und über dem Sein ist (*μὴ προούσης οὐσίας καὶ τοῦ πρὸ οὐσίας*); nicht hieran also soll man bei der Bezeichnung 'das Eine' denken; sondern diese Dinge sind jenen höheren immer nur ähnlich im Sinne von Analogien in Bezug auf ihre Einfachheit und ihr Freisein von Vielheit und Teilbarkeit. Aber in welchem Sinne nennen wir Es denn Eines und wie läßt Es sich für das Denken erfaßbar machen ? Dadurch, daß Es als Einheit in vollerem Sinn angesetzt wird als es die Einheit der Eins oder des Punktes ist. Denn bei diesen gelangt die Seele, indem sie Größe und die in der Zahl liegende Vielheit fortdenkt, schließlich zu einem Allerkleinsten, das, worauf sie dabei das Denken richtet, ist zwar unteilbar, war aber im Teilbaren und ist in einem anderen; Jenes aber ist nicht in einem anderen, nicht im Teilbaren noch auch unteilbar in dem Sinne wie das Allerkleinste, denn Es ist das Größte von allem, nicht der realen Größe, sondern der Mächtigkeit nach (*μέγιστον γὰρ ἁπάντων οὐ μεγέθει, ἀλλὰ δυνάμει*); so ist Es auch das Unteilbare der Mächtigkeit nach, ist doch auch das, was auf Es folgt, der Mächtigkeit nach, nicht der Masse nach unteilbar und ungeteilt. So muß man Ihn (sc. das Eine) auch als unendlich (*ἄπειρον*) ansehen, nicht weil Er an Größe oder Zahl unabschreitbar wäre (*οὐ τῷ ἀδιεξιτήτῳ ἢ τοῦ μεγέθους ἢ τοῦ ἀριθμοῦ*),

[53] VI 7, 32, 12 - 14. Vgl. V 2, 1, 1 - 2; 2, 24 - 26 und dazu oben Anm. 13; ferner III 8, 9, 39 - 42. 49 - 54.

sondern weil die Überfülle Seiner Mächtigkeit unumfaßbar ist (ἀλλὰ τῷ ἀπεριλήπτῳ τῆς δυνάμεως)."[54]

Das unvergleichbare, alles überragende Übermaß des Einen liegt gerade in seiner absoluten, reinen Einheit und Einfachheit; in seiner reinen Transzendenz ist das einfachhin Eine nicht steril oder leer, sondern absolutes Übermaß, das durch seine *Überfülle* das Sein hervorbringt: *οἷον ὑπερερρύη καὶ τὸ ὑπερπλῆρες αὐτοῦ πεποίηκεν ἄλλο* (V 2, 1, 9; vgl. V 1, 6, 7: *ἐξερρύη*). In der überseienden Überfülle des Einen aber sieht Plotin seine Mächtigkeit zu allem (*δύναμις πάντων*),[55] durch die es das Ganze des Seins vorgängig ermöglicht, gerade weil Es selbst über das Sein erhaben ist: "Jenes nämlich war jenseits des Seins; und so ist Es Mächtigkeit zu allem, das Zweite aber ist schon Alles."[56]

---

[54] VI 9, 5, 38 - 6, 11. Text nach Harder, der in 6, 8 Vitringas Verbesserung des überlieferten ἀμέγεθες (das H-S halten) zu ἀμερὲς übernimmt; vgl. Harders Anmerkung z. St., *Plotins Schriften* I b, 476. - Plotin setzt sich in diesem Passus polemisch gegen Speusipp ab. Die Bezugnahme auf Speusipp läßt sich an drei Punkten festmachen: 1. Die Auslegung des Einen als Minimum (σμικρότατον, 6, 4 vgl. 7), die Plotin hier zurückweist, ist durch Porphyrios, In Parm. I 20 - 22 (p. 66 Hadot) und durch Damaskios, De Principiis I 2, 25 - 3, 2 Ruelle = I 3, 9 - 11 Westerink als Lehrmeinung Speusipps bezeugt (Speusipp Fr. 61 Isnardi Parente / 49 b Tarán und Fr. 36 Lang / 60 Isnardi P. / 49 a Tarán). - 2. Plotin betont, daß die mathematischen Minima Punkt und Einzahl dem Absoluten kraft ihrer teillosen Einfachheit nur analog sind (5, 44 - 46) und hebt die *absolute* Einheit des Einen selbst über den Einheitscharakter des geometrischen Punktes und der arithmetischen Monade hinaus (5, 41 ff.; 6, 2 ff.); daß diese als Prinzipien der Zahlen und Größen *οὐχ ἓν ἀλλ' οἷον τὸ ἕν* seien, ist mehrfach bezeugte Lehrmeinung Speusipps (Aristoteles, Metaph. 1085 a 31 - 33 = Fr. 49 Lang / 84 Isnardi P. / 51 Tarán; Jamblich, De comm. math. sc. IV 17, 12 - 15 = Fr. 88 Isnardi P.; vgl. auch Arist. Top. I 18, 108 b 23 ff. = Fr. 85 I.P.). Diesen Gedanken Speusipps nimmt Plotin positiv auf, wendet ihn aber gegen Speusipps Ansetzung des Einen als Minimum, die offenbar durch die mathematischen Analogien motiviert war. - 3. In innerem Zusammenhang mit der Analogisierung des Einen mit Punkt und Monade und mit seiner Ansetzung als Minimum steht auch die von Plotin zurückgewiesene Deutung seiner Unendlichkeit als *ἀδιεξίτητον ἢ τοῦ μεγέθους ἢ τοῦ ἀριθμοῦ* (6, 10 f.), die darum ebenfalls Speusipp zuzuschreiben ist: für ihn war das Eine offenbar als absolutes Minimum quantitativ und numerisch unausmeßbar und so unendlich. Dazu ausführlich: Verf., *Speusipp und die Unendlichkeit des Einen* (erscheint im "Archiv für Geschichte der Philosophie").

[55] V 4, 1, 36; ebd. 2, 38; V 1, 7, 9 - 10; III 8, 10, 1; V 3, 15, 32 - 33 u.ö.

[56] V 4, 2, 37 - 39. Vgl. außer den in der vorigen Anm. genannten Parallelstellen auch IV 8, 6, 11 ff.; V 4, 1, 24 ff.; V 4, 2, 36 f.; VI 9, 5, 36 ff.; V 2, 1, 14; III 9, 7, 1; III 8, 10, 25. 27; V 5, 10, 12 f.; VI 7, 15, 23; VI 7, 32, 31; VI 8, 9, 45; VI 8, 10, 33; V 3, 16, 2 f. - Th. A.

Durch das Übermaß seiner Mächtigkeit (*ὑπερπλῆρες* = *ὑπερβολὴ τῆς δυνάμεως*, VI 8, 10, 33) bringt das Eine das Sein *notwendig* hervor. Plotin versucht die *Notwendigkeit* dieses Hervorgangs durch eine Analogie einsehbar zu machen: "Wenn das Erste absolut vollkommen ist, das Vollkommenste von allem, und auch die Erste Mächtigkeit, dann muß Es von allem Seienden das Mächtigste sein und die anderen Mächtigkeiten, insofern sie mächtig sind, nur Nachahmungen von Jenem. Nun sehen wir aber bei allem anderen, wie das, was zur Vollendung kommt, zeugt und sich nicht zufrieden gibt, in sich selbst zu verharren, sondern ein anderes hervorbringt, und zwar nicht nur das, was bewußten Willen (*προαίρεσις*) hat, sondern auch das, was ohne Willensentschluß (*ἄνευ προαιρέσεως*) aus sich wachsen läßt, ja selbst das Unbeseelte gibt soviel es vermag von seinem Wesen ab; so wärmt z.B. das Feuer, der Schnee kältet, die Arzneien üben eine ihrem Wesen entsprechende Wirksamkeit auf Anderes, alle aber ahmen sie damit den Urgrund nach Vermögen nach in Bezug auf Ewigkeit und Gutheit: wie sollte also das Vollkommenste, das Erste Gute in sich selbst stehen bleiben, gleichsam mit sich kargend oder aus Schwäche, Es, das doch Mächtigkeit zu allem ist ?"[57] "Wohnt doch

---

Szlezák, *Nuslehre Plotins*, 56 und ebenso W. Beierwaltes, *Denken des Einen*, 49 haben zu Recht darauf hingewiesen, daß Plotins Auslegung der Transzendenz des Einen als Übermaß an Dynamis an Wortlaut und Sinn der Platonischen Transzendenzformel (*ἐπέκεινα τῆς οὐσίας πρεσβείᾳ καὶ δυνάμει ὑπερέχοντος*) anknüpft; Seinstranszendenz und Über-Mächtigkeit des Absoluten sind auch bei Platon mit seiner Stellung als Urgrund verknüpft (Politeia 509 B 6 ff.; vgl. 508 E 1 ff., 509 A 6 ff.). Daß absolute Transzendenz, begriffliche Negativität und Über-Mächtigkeit den Begriff der absoluten *ἀρχή* schon bei Platon und Speusipp konstituieren und daß in diesem Punkt keinerlei sachliche Differenz zu Plotin besteht, zeigte eindrucksvoll H.J. Krämer, *Der Ursprung der Geistmetaphysik*, 338 - 369 ("Das Eine als Potenz"), bes. 355 ff.; Krämer wies dabei auch schon auf die Transzendenzformel Pol. 509 B 9 f. hin (loc. cit., 363). Vgl. ebenso Krämer, *Arete bei Platon und Aristoteles*, 542 - 551.

[57] V 4, 1, 23 - 36. - Das Prinzip der neid-losen Gutheit, deren Überfülle wesensnotwendig Anderes hervorbringt, ist ebenfalls schon Platonisch: Tim. 29 E 1 - 3: *ἀγαθὸς ἦν, ἀγαθῷ δὲ οὐδεὶς περὶ οὐδενὸς οὐδέποτε ἐγγίγνεται φθόνος· τούτου δ' ἐκτὸς ὢν πάντα ὅτι μάλιστα ἐβουλήθη γενέσθαι παραπλήσια ἑαυτῷ*. Diese Aussage statuiert ein allgemeines und höchstes Prinzip (E 4 f.: *ἀρχὴ κυριωτάτη*!); die Parallelstelle "Phaidon" 97 C - 99 D, wo von der Allbegründung des Agathon die Rede ist (bes. 98 B 1 - 3: *ἑκάστῳ οὖν αὐτῶν ἀποδιδόντα τὴν αἰτίαν καὶ κοινῇ πᾶσι τὸ ἑκάστῳ βέλτιστον ᾤμην καὶ τὸ κοινὸν πᾶσιν ἐπεκδιηγήσεσθαι ἀγαθόν*) beweist, daß die neidlos überfließende Gutheit des Demiurgen Tim. 29 E für die transzendenten Prinzipien überhaupt und zuletzt für das Eine selbst steht. Plotin ist also durchaus im Recht, wenn er die von Platon im "Timaios" ausgesprochene Formel von der neidlos überfließenden Gutheit mit der Seinsbegründung

jedem Wesen (= jeder Seinsstufe) inne, das ihm Nachgeordnete hervorzubringen und sich selbst zu entfalten, wie aus einem Samen von einem teillosen Ursprung aus fortzuschreiten zum Ziel der sinnenfälligen Erscheinung, wobei jedoch das Frühere stets an dem ihm eigenen Ort verharrt und das nach ihm Seiende nur gleichsam aus sich gebiert vor übergewaltiger Kraft, deren Fülle es in sich trägt und die es nicht in Schranken des Neides zurückhalten durfte, sondern sie mußte immer weiter schreiten, bis die gesamte Wirklichkeit ihre äußerste Möglichkeit erreicht hatte, getrieben von der unermeßlichen Macht, welche ihre Wirkung über alles hinsendet und sich keinem vorenthalten mochte; denn nichts konnte hindern, daß jegliches, je im Grad seines Vermögens, an der Wesenheit des Guten Anteil erhielt."[58]

Durch die *Analogie*, in der die Wesensgesetzlichkeit alles Seienden, sich selbst zu entfalten und das Nach-ihm-Seiende hervorzubringen, auf den absoluten Urgrund zurückgeführt wird, denkt Plotin den Hervorgang des Seins aus dem Einen als metaphysische Notwendigkeit: durch seine neidlose Gutheit oder Überfülle ist das Eine notwendig absoluter Ursprung. Es ist aber entscheidend, daß diese Notwendigkeit *nicht* als Wesensgesetzlichkeit des Einen selbst zu fassen ist,[59] sondern *analogischen* Cha-

---

durch die Über-Mächtigkeit des ἀγαθόν = ἕν Politeia 509 B verknüpft. - Für den Grundsatz, daß alles Vollkommene (d.h. biologisch Vollendete) zeugt und ein Anderes hervorbringt, verweist R. Harder, *Plotins Schriften* I b, 456 auf Aristoteles, De anima 415 a 25 ff.; doch knüpft Aristoteles dort seinerseits an Platon, Symp. 206 E ff. an, wo die Zeugung als artmäßige Teilhabe an der Unsterblichkeit gedeutet wird (vgl. W. Theiler, *Aristoteles. Über die Seele*, 1959, [6]Darmstadt 1983, 114; Szlezák, *Nuslehre Plotins*, 56). Auch die von Plotin angeführten Beispiele Feuer und Schnee gehen auf Platon, Phaidon 103 C ff. zurück. (Vgl. J. M. Rist, *Plotinus. The road to reality*, Cambridge 1967, 69; Szlezák, *Nuslehre Plotins*, 59 Anm. 199). - Zur Wirkungsgeschichte des von Platon grundgelegten, von Plotin entfalteten Gedankens vom bonum als "diffusivum sui" vgl. K. Kremer, *Bonum est diffusivum sui.* Ein Beitrag zum Verhältnis von Neuplatonismus und Christentum. ANRW Bd. 36, 2 (1987), 994 - 1032; auch ders., *Dionysius Pseudo - Areopagita oder Gregor von Nazianz ?* Zur Herkunft der Formel: " Bonum est diffusivum sui", Theologie u. Philosophie 63 (1988), 579 - 585.

[58] IV 8, 6, 7 - 18. - Der Vergleich mit dem Samen und der durch ihn verdeutlichte Gedanke der Entfaltung aus einem vielheitslosen und übermächtigen Urgrund gehen auf Speusipp zurück; vgl. Arist. Metaph. 1072 b 35 f., 1092 a 17 und dazu unten Anm. 68 - 69.

[59] Anders W. Beierwaltes, *Plotin. Über Ewigkeit und Zeit*, 13 f., der die Notwendigkeit, Anderes entspringen zu lassen, als Wesensgesetzlichkeit des Einen selbst auffaßt, ohne ihren analogen, also doch *uneigentlichen* Charakter zu berücksichtigen. - K. Kremer, *Bonum est diffusivum sui*, 999 ff., bes. 1005 ff. und 1011 ff. stellt dagegen den

---

Notwendigkeitscharakter des Hervorgangs aus dem Einen überhaupt in Frage. Kremer nähert jedoch Plotins Konzeption zu stark der genuin jüdisch-christlichen Vorstellung einer Schöpfung aus souveräner Freiheit Gottes. Für seine These einer "freigewollten Emanation" bei Plotin beruft sich Kremer hauptsächlich auf VI 8, 17, 20 ff. und 18, 38 - 43, wonach das Eine nach Seinem Willen hervorbringt und das Hervorgebrachte so ist, wie Jenes will (loc. cit. 1006 f.). Dies darf jedoch - wie *alle* unter dem Vorbehalt der *Uneigentlichkeit* gemachten (VI 8, 8, 1 - 8; 11, 1 - 13; 13, 1 - 5. 47 - 50; 18, 52 - 53 usw.) und durch *οἷον* (VI 8, 7, 47 ff.; 13, 6 ff. usw.) *in ihrer Geltung suspendierten* (programmatisch VI 8, 13, 47 - 50) Quasi-Prädikationen des Einen in VI 8 - *nicht* als direkte und dogmatisch gültige Aussage über das Eine verstanden werden; diese positiven Quasi-Prädikationen des Einen werden von Plotin nur gesetzt, um sie in der Negation wieder aufzuheben (z.B. VI 8, 8, 6 - 8. 9 - 16. 19 - 22; 9, 37 - 42. 45 - 49; 11, 34 - 37; 12, 25 - 37; 19, 1 - 4. 12 - 20; 21, 19 - 24. 24 - 28 u.ö.). Zudem haben sie bei Plotin primär didaktische Funktion (VI 8, 13, 4: *τῆς πειθοῦς χάριν*. VI 8, 13, 48: *ἐξ ἀνάγκης ἐνδείξεως ἕνεκα*), nämlich den - möglicherweise gnostischen oder christlichen - *τολμηρὸς λόγος* (VI 8, 7, 11) abzuwehren, das bestimmungslose Absolute unterliege dem Zufall (von VI 8, 7, 12. 32 an durchgehend). (Eine gnostische Quelle des *τολμηρὸς λόγος* vermuten E. Bréhier, *Notice* zu VI 8 (*Plotin. Ennéades* Bd. VI), 125 f., 131 und V. Cilento, *Paideia Antignostica*, Firenze 1971, 25, 224 f.; einen christlichen Einwand gegen die Bestimmungslosigkeit des reinen Einen vermutet dagegen A.H. Armstrong, *Two Views of Freedom.* A Christian Objection in Plotinus Enneads VI 8 (39), 7, 11 - 15 ?, Studia Patristica XVII 1 (1979), 397 - 406; christlichen Einfluß auf Plotin VI 8, 18, 38 - 43 vermutet Th. Kobusch, *Studien zur Philosophie des Hierokles von Alexandrien.* Untersuchungen zum christlichen Neuplatonismus, München 1976, 77 - 80 - doch ist dies bei Plotins dezidierter Ablehnung von Gnosis und Christentum kaum plausibel). - Zur absoluten Freiheit des Einen in VI 8 treffend K. Jaspers, *Plotin*, 686 f.: "Freiheit, so scheint es, ist die Kategorie, die dem Ersten angemessen ist. Freiheit aber ist eine Kategorie, die selber eine Unbegreiflichkeit in sich schließt, so daß sie im Unterschied von allen das Gegenständliche und Erkennbare ermöglichenden Kategorien das Prinzip einer ganz anderen Kategoriengruppe ist. Darauf beruht es, daß Plotin von der Freiheit des Ersten anders spricht als von den übrigen Kategorien, daß er aber auch diese Kategorie der Freiheit schließlich zurücknimmt, um das Undenkbare und Allbegründende entschieden vor schlechthin jeder Bestimmung zu bewahren." Zur Negation auch der Freiheit in bezug auf das Absolute wäre zu verweisen auf VI 8, 7, 6 - 10; 8, 9 - 11 (*ἀποτιθεμένοις δὴ πάντα καὶ τὸ ἐπ' αὐτῷ ὡς ὕστερον καὶ τὸ αὐτεξούσιον*); 12, 25 - 37; 15, 22 - 23 (*τὰ δ' ἄλλα ἀφέντες, τί ἂν εἴποιμεν αὐτὸ ἢ ὅτι πλέον ἢ ἐλεύθεροι, καὶ πλέον ἢ αὐτεξούσιοι*); vgl. 21, 25 - 30. - Plotin versteht die absolute Freiheit des Einen letzthin *negativ* als Freiheit *von* allem, was denkbar und sagbar ist, so daß die Freiheit des Einen gerade in seiner absoluten Transzendenz liegt (VI 8, 21, 25 - 31: *ὅταν αὐτὸν εἴπῃς ἢ ἐννοηθῇς, τὰ ἄλλα πάντα ἄφες. ἀφελὼν πάντα, καταλιπὼν δὲ μόνον αὐτὸν . . . περὶ οὗ οὐκέτι ἄλλο οὔτε λέγειν οὔτε λαβεῖν· ἀλλ' ὑπεράνω κείμενον μόνον τοῦτο ἀληθείᾳ ἐλεύθερον*). Um seine Transzendenz rein zu wahren, muß dem Einen darum auch das Wollen abgesprochen werden: *μᾶλλον δὲ ὃ* rakter hat, wie Karl Jaspers zu Recht hervorgehoben hat: "Wenn Plotin das Sein als ungewollten Nebenerfolg des Überseins durch eine Notwendigkeit entspringen läßt, so meint er mit solchem Begriff wie mit jedem Begriff und jedem Bild einen Bezug auf das durch Begriff und Bild Unerreichbare. Keineswegs wird etwa eine Notwendigkeit gedacht, die über dem Einen und Ersten stände. Denn dann würde diese Notwendigkeit das Ursprüngliche und das über das Übersein des Einen Mächtige sein."[60] Von der Notwendigkeit des Hervorgangs gilt das über die Ursächlichkeit des Einen Gesagte: Es ist eine Notwendigkeit, die *keine* Notwendigkeit ist, sondern nur von dem Entsprungenen her als solche erscheint. Im Hervorgang des Seins aus dem Übersein des Einen manifestiert sich eine Notwendigkeit einer transzendenten Kausalität, die nur *in* und *durch* diese Manifestation überhaupt ist. Karl Jaspers sagt darum zu Recht: "Man darf auch nicht sagen, es (sc. das Eine) sei notwendig, denn es ist frei, weil durch sich. Aber Freiheit eignet ihm wiederum nicht, weil es Grund der Freiheit, nicht frei, sondern mehr als Freiheit ist. Es liegt jenseits jener Seinsweisen, die wir in Zusammenhängen des Seienden als zufällig, als notwendig, als frei denken."[61]

Ebenso wie die Überkausalität des Einen hat auch seine Übermächtigkeit, in der Plotin den Grund seiner Ursprünglichkeit erblickt, nur *analogischen* und *metaphorischen* Charakter: "Mächtigkeit zu allem" und überseiende Überfülle ist das Eine nicht an sich selbst, sondern für das ent-

---

ϑέλει ἀπορρίψασαν εἰς τὰ ὄντα, αὐτὴν (sc. τὴν τοῦ ἑνὸς δύναμιν) δὲ μείζονα παντὸς τοῦ ϑέλειν οὖσαν τὸ ϑέλειν μετ' αὐτὴν ϑεμένην (VI 8, 9, 46 - 48). Denn die (unmittelbar vorher eingeführte) Quasi-Bestimmung als δύναμις πᾶσα αὐτῆς ὄντως κυρία (VI 8, 9, 45) bleibt dem Absoluten unangemessen, von dem in seiner Transzendenz weder das "So" noch auch das "Nicht-So" gilt (VI 8, 9, 39 - 41). - Dies bleibt unberücksichtigt, wenn K. Kremer und prononcierter noch vor ihm E. Benz, *Marius Victorinus und die Entwicklung der abendländischen Willensmetaphysik*, Stuttgart 1932, bes. 197 ff., 289 ff., 414 ff. Plotin zum Vorläufer des christlichen Voluntarismus machen, indem die unter Vorbehalt gemachten und in der Negation zurückgenommenen Quasi-Bestimmungen des Einen in VI 8 als direkte Aussagen über das Absolute (miß-)verstanden werden.

[60] Jaspers, *Plotin*, in: *Die großen Philosophen*, 663.

[61] Jaspers, ebd. 685. (Vgl. dazu auch oben Anm. 59). Zum Beleg ist zu verweisen auf Plotin, VI 8, 7, 32 - 36; 8, 21 - 27; 9, 23 - 38; 10, 7 - 18; 11, 33 - 37; 14, 9 - 16. 35 - 42; 15, 10 - 13. 30 - 33; 16, 21 - 24; 18, 25 - 43: *Das Eine ist jenseits von Zufall und Ungefähr.* VI 8, 9, 11 - 13. 15 - 23. 39 - 44; 10, 24 - 35: *Das Eine ist jenseits von Notwendigkeit und Müssen.* VI 8, 7, 6 - 10; 8, 9 - 11; 12, 25 - 37; 15, 21 - 23: *Das Eine ist jenseits von Freiheit und Selbstbestimmung* (vgl. auch VI 8, 20, 28 - 31).

sprungene Andere und *nur von diesem her. Seine "Mächtigkeit zu allem" ist keine Bestimmung des Einen an sich selbst, sondern die Bestimmung der Beziehung des Seins zu ihm:* daß dieses nämlich durch das Übersein des Einen vorgängig ermöglicht wird; das Eine selbst aber *"muß über alle Mächtigkeit erhaben sein"* (*δεῖ ὑπὲρ πάσας εἶναι δυνάμεις*, VI 7, 32, 7). Das Übersein des Einen ist zwar vom Sein aus gesehen *dessen* absolute Ermöglichung und *insofern* die Mächtigkeit zu allem, aber das Eine selbst in seiner reinen Transzendenz wird durch die analoge Kennzeichnung als Mächtigkeit nicht erreicht, es ist darüber erhaben und bleibt als *Über-Mächtigkeit* (*ὑπερβολὴ τῆς δυνάμεως*, VI 8, 10, 33) unfaßbar.

Im Begriff der *Überfülle* des Einen endlich verschlingen sich Analogie, *Über*steigerung und Negation ebenso wie in dem der *Über*-Mächtigkeit: von der entsprungenen Fülle des Seins wird analogisch auf die *Über*-Fülle (*ὑπερπλῆρες*, V 2, 1, 9) des entspringenlassenden Ursprungs zurückgegangen, die sich in jener Seinsfülle manifestiert; indem aber durch das "*Über*" dem Einen selbst die Fülle abgesprochen wird, bleibt seine Transzendenz in dieser Analogie gewahrt. Das "Über" in "Überfülle" zeigt gegenüber dem aus ihr Entsprungenen (der absoluten Seinsfülle des Nous) eine Steigerung an, die keine Steigerung mehr ist, weil in ihr das Zu-Steigernde (die Fülle) schlechthin *überstiegen* wird. Die negative Theologie der absoluten Transzendenz erweist sich als Sinn der Analogien, die die transzendente Kausalität des Einen zu umschreiben versuchen, die, auf direktem Wege unerkennbar, sich gleichwohl im Lichte ihrer Manifestationen zeigt; denn das dem absoluten Einen durch die Negation Abgesprochene *ist* nur aus der Überfülle und Übermacht des Einen selbst. -

Durch seine absolute Überfülle ist das Eine Urgrund des ihm Nachgeordneten: Es ist "Quelle des Lebens, Quelle des Geistes, Urgrund des Seins, Ursache des Guten, Wurzel der Seele: nicht als flössen diese aus Ihm und verringerten Es damit; sie sind ja keine Masse: dann müßten diese Hervorbringungen vergänglich sein; sie sind aber ewig, weil ihr Urgrund unverändert bleibt und sich nicht in sie zerteilt (*ὅτι ἡ ἀρχὴ αὐτῶν ὡσαύτως μένει οὐ μεμερισμένη εἰς αὐτά*), sondern ganz bleibt; deshalb bleiben auch sie, so wie das Licht bleibt, solange die Sonne bleibt."[62]

Der Hervorgang des Seins aus dem Übersein des Einen darf also keinesfalls als "Emanation" aufgefaßt werden, in welcher der Urgrund aus sich selbst herausginge und dem Entsprungenen immanent würde. Vielmehr

---

[62] VI 9, 9, 1 - 7.

*verharrt* (*μένει*)[63] der Urgrund in seiner Transzendenz unverändert und unvermindert in sich und bei sich selbst, wenn durch den Überfluß seiner Überfülle Anderes aus ihm entspringt; und er läßt dieses gerade dadurch entspringen, daß er selbst in sich selbst verharrt,[64] vor und über dem Entsprungenen. So wie das Licht, das von der Sonne ausstrahlt, die

[63] Vgl. I 6, 7, 26; I 7, 1, 23; I 8, 2, 22; III 8, 10, 7. 19. 24; IV 8, 6, 10; V 1, 3, 11 f.; 6, 13. 28 - 30; V 2, 2, 2. 25 f.; V 3, 12, 34; V 4, 2, 19 ff. 33 - 34; V 5, 5, 1 ff.; V 9, 2, 27; VI 8, 7, 44 ff.; 10, 32 ff.; 15, 35 f.; VI 9, 5, 37 f.; 9, 5 ff. usw. - Daß bei Plotin trotz der bei ihm begegnenden Metaphorik des Aus- und Überfließens der Sache nach *keine* Emanation im Sinne eines aus sich selbst herausgehenden Ursprungs vorliegt, zeigte bereits H. F. Müller, *Ist die Metaphysik des Plotinos ein Emanationssystem ?* Hermes 48 (1913), 408 - 425. Müllers grundsätzliche Erörterung des Problems blieb für die Plotinauffassung seither bestimmend. Vgl. dazu auch A.H. Armstrong, "*Emanation*" *in Plotinus*, Mind 46 (1937), 61 - 66; J. Trouillard, *La procession plotinienne*, Paris 1955, 71 ff.; H. Dörrie. *Emanation*. Ein unphilosophisches Wort im spätantiken Denken, in: *Parusia* (Festschr. Hirschberger), 119 - 141 (für Plotin bes. 135 ff.).

[64] V 4, 2, 19 - 22: *εἴ τι οὖν μένοντος αὐτοῦ ἐν αὐτῷ γίνεται, ἀπ' αὐτοῦ τοῦτο γενεται, ὅταν ἐκεῖνο μάλιστα ᾖ ὅ ἐστι. μένοντος οὖν αὐτοῦ ἐν τῷ οἰκείῳ ἤθει ἐξ αὐτοῦ μὲν τὸ γινόμενον γίνεται, μένοντος δὲ γίνεται.* Ebenso die in der vorigen Anm. angeführten Parallelstellen. - Daß der Ursprung in sich selbst verharrt, wenn das Nachgeordnete aus ihm entspringt, und so dem Entsprungenen transzendent bleibt, ist schon bei Platon ein prinzipientheoretischer Grundsatz, der mehrfach an hervorgehobener Stelle formuliert wird: Tim. 42 E 5 - 6: *καὶ ὁ μὲν δὴ ἅπαντα ταῦτα διατάξας ἔμενειν ἐν τῷ ἑαυτοῦ κατὰ τρόπον ἤθει.* Tim. 37 D 6: *μένοντος αἰῶνος ἐν ἑνί.* Platon nimmt damit seinerseits einen eleatischen Grundsatz verwandelnd auf: Parmenides, Fr. 8, 29: *ταὐτόν τ' ἐν ταὐτῷ τε μένον καθ' ἑαυτό τε κεῖται.* Xenophanes, Fr. 26: *αἰεὶ δ' ἐν ταὐτῷ μίμνει κινούμενος οὐδέν.* - Für Platon vgl. ferner vor allem Symp. 211 B 2 - 5: *τὰ δὲ ἄλλα πάντα καλὰ ἐκείνου μετέχοντα τρόπον τινὰ τοιοῦτον, οἷον γιγνομένων τε τῶν ἄλλων καὶ ἀπολλυμένων μηδὲν ἐκεῖνο μήτε τι πλέον μήτε ἔλαττον γίγνεσθαι μηδὲ πάσχειν μηδέν.* Ferner Phaidr. 245 D 1 - 6. Sinngemäß auch Politeia 508 E 1 - 509 A 7, 509 B 2 - 10: Das Agathon = Hen bleibt als Ursprung von Erkenntnis, Wahrheit und Sein seinen Prinzipiaten transzendent. Der Gedanke, daß das Absolute in sich selbst verharrt, ist ferner dadurch grundgelegt, daß sein sichtbares Analogon, die Sonne, als Ursprung der Werdeprozesse selber nicht ins Werden eingeht (509 B 4: *οὐ γένεσιν αὐτὸν* sc. *τὸν ἥλιον ὄντα*). Ebenso auch Speusipp, Fr. 72 Isnardi Parente = Jamblich, De comm. math. sc. IV, 15, 9 f.; 16, 10 ff.; Fr. 34 e Lang / 57 Isnardi P. / 43 Tarán = Arist. Metaph. 1092 a 14 f. im Zusammenhang mit der Seinstranszendenz des Einen. Der Grundsatz von der in sich bleibenden Transzendenz des Ursprungs bestimmt von der Alten Akademie an den gesamten Platonismus, vor Plotin z.B. schon Numenios Fr. 14 des Places; ferner Albinos, Eisagoge 170, 22 f. Hermann.

Manifestation der Lichtmacht der Sonne ist, die Sehen und Sichtbarkeit ermöglicht, selbst aber durch ihre Überhelle das Sehen blendet, so ist das Entsprungene die Manifestation der unvermindert in sich verharrenden Übermacht des absoluten Ursprungs, die in ihrer Über-Fülle an ihr selbst niemals sichtbar werden kann, sich aber in der entsprungenen Seinsfülle als übervolle, alles Entsprungene schlechthin überragende Mächtigkeit erweist. Das dem Platonischen Sonnengleichnis entstammende Bild von der Sonne und dem von ihr ausstrahlenden Licht[65] umschreibt die doppelte Paradoxie, daß das Eine unverändert Es selbst und in sich selbst bleibt, wenn Anderes aus ihm hervorgeht, und daß alles Andere nur darum aus ihm entspringen kann, *weil* Es selbst in seiner Transzendenz rein für sich bleibt. Auch die zahlreichen anderen Bilder von Quelle und Fluß,[66] Wurzel und Baum,[67] Samen und Lebewesen,[68] Zentrum und Kreis[69] usw. umkreisen dieselbe Paradoxie: Alles Seiende

[65] Vgl. z.B. I 7, 1, 25 f.; IV 3, 17, 12 ff.; V 1, 6, 28 ff.; V 1, 7, 4; V 3, 12, 39 ff.; V 3, 15, 6; VI 7, 21, 13 f.; VI 8, 18, 33 f.; VI 9, 9, 6 f. usw.

[66] Vgl. z.B. III 8, 10, 3 ff.; I 7, 1, 15; II 5, 3, 40; VI 2, 6, 7; VI 7, 12, 24; VI 9, 5, 35 f. - Ursprung dieses Vergleichs: Platon, Phaidr. 245 C 9.

[67] Vgl. z.B. III 8, 10, 10 ff.; III 3, 7, 10 ff.; VI 8, 15, 33 ff.

[68] Vgl. z.B. IV 8, 6, 7 ff.; II 6, 1, 10 ff.; III 2, 2, 18 ff.; III 7, 11, 23 ff.; IV 9, 5, 9 ff.; IV 9, 3, 17 f.; V 9, 6, 9 ff. - Der Sperma-Vergleich stammt von Speusipp und veranschaulicht bei diesem den gleichen Sachverhalt wie bei Plotin, vgl. Aristoteles, Metaph. 1072 b 30 ff., 1092 a 11 ff. = Speusipp, Fr. 34 a, e Lang / 53, 57 Isnardi P. / 39, 43 Tarán und dazu Krämer, *Ursprung der Geistmetaphysik*, 352 ff. - In engem sachlichen Zusammenhang mit dem Sperma-Vergleich steht die im gleichen Sinne von Plotin gebrauchte Metapher der Entfaltung (ἐξείλιξις): III 8, 8, 34 ff.; IV 8, 6, 7 ff. (*ἐξελίττεσθαι οἷον σπέρματος*); V 3, 10, 51 f.; VI 7, 9, 38 ff.; VI 8, 18, 18 ff. (Das Eine ist als Ursprung des Geistes *οἷον ἐξελιχθὲν οὐκ ἐξεληλιγμένον*).

[69] Vgl. z.B. I 7, 1, 23 f.; III 8, 8, 36 f.; IV 4, 16, 23 ff.; V 1, 11, 10 ff.; VI 5, 5 passim; VI 8, 18, 8 - 25; VI 9, 8, 11 ff. 19 ff. Vgl. ferner II 2, 1, 31 ff.; III 7, 3, 19 ff.; IV 1, 16 f.; IV 2, 1, 24 ff.; IV 4, 23, 9 f.; IV 7, 6, 11 ff.; VI 9, 8 passim für die Hypostasen des Einen, besonders die Seele. - Zur intelligiblen Struktur dieser Bilder vgl. A. Faust, *Der Möglichkeitsgedanke*, Heidelberg 1931, Bd. I, 368 ff.; H.J. Krämer, *Der Ursprung der Geistmetaphysik*, 339 - 343; W. Beierwaltes, *Plotins Metaphysik des Lichtes*, WdF Bd. 436, 96 ff., 101 ff.; ders., *Plotin. Über Ewigkeit und Zeit*, 17 - 20, 168 f., 256 f.; ders., *Denken des Einen*, 48 ff. und passim. Zu Geschichte und spekulativem Gehalt der Kreismetapher vgl. D. Mahnke, *Unendliche Sphäre und Allmittelpunkt*. Beiträge zur Genealogie der mathematischen Mystik, Halle 1937 (zu Plotin 215 ff.); ferner W. Beierwaltes, *Proklos. Grundzüge seiner Metaphysik*, 165 - 239; auch H. Blumenberg, *Paradigmen zu einer Metaphorologie*, Archiv für Begriffsgesch. 6 (1960), 123 ff. - Daß Plotins Bilder von Quelle und Fluß, Wurzel und Baum, Samen und Lebewesen, Zentrum und Kreis in der Zahlenspekulation des Neupythagoreismus weithin vorgebildet

entspringenlassender Ursprung vermag das Eine nur deshalb zu sein, weil es selbst unverändert in seiner absoluten Transzendenz verharrt. Durch die Überfülle seiner Mächtigkeit manifestiert sich das Eine in allem Seienden und bleibt zugleich als überseiender Urgrund über alles erhaben. Dies wird durch den paradoxen Gedanken begriffen, daß das Eine überall und zugleich nirgends ist: "Wie wird nun aus dem Einen die Vielheit ? Weil Es (sc. das Eine) überall ist; denn es gibt nichts, wo Es nicht wäre. So erfüllt Es also Alles; Es ist also Vielheit, vielmehr ist Es geradezu Alles. Wäre das Eine nämlich nur überall, so wäre Es selbst Alles (die Totalität); da Es aber auch nirgends ist, entsteht Alles *durch* das Eine, sofern das Eine überall ist, aber von dem Einen selbst *verschieden*, weil Er selbst nirgends ist. Aber warum muß denn der Eine nicht nur überall, sondern überdies auch nirgends sein ? Weil Er vor und über allem (als) einfachhin Eines sein muß. So muß der Eine Alles erfüllen und schaffen und Er darf nicht das Alles, was Er schafft, auch selber sein."[70]

Gerade weil das Eine selbst über alles Seiende erhaben ist, läßt es das Entsprungene als Für-sich-Seiendes sein; seine absolute Transzendenz aber schließt jede Beziehung seinerseits zu dem Entsprungenen aus, so daß der Ursprung von allem ohne Beziehung auf das, was aus ihm

---

sind und daß der den Bildern zugrunde liegende Gedanke des durch Negativität (Transzendenz) und Über-Mächtigkeit bestimmten Urgrunds über den Neupythagoreismus auf die Alte Akademie (Platon, Speusipp) zurückgeht, hat H.J. Krämer, *Ursprung der Geistmetaphysik*, 339 ff., 346 ff., 352 ff. eindrucksvoll gezeigt. Auch die Bilder sind teilweise schon altakademischen Ursprungs: So knüpft Plotin mit der Licht- und höchstwahrscheinlich auch mit der Fluß-Metaphorik an Platon (Sonnengleichnis, Ep. VII 341 CD, Phaidr. 245 C), mit dem Sperma-Vergleich - mit dem Wurzel-Metapher und Entfaltungsgedanke engstens zusammenhängen - an Speusipp an (siehe auch Anm. 2, 3, 58 und 68). Zur Geschichte des Entfaltungsgedankens vgl. H. Dörrie, RAC III (1961), 476 ff. s. v. *Entwicklung*, bes. 488 ff. Hinter der geometrischen Metaphorik von Zentrum, Kreis und Radien steht die Auswertung der Dimensionenfolge für die Verdeutlichung ontologischer Dependenz- und Derivationsverhältnisse in der Alten Akademie, dazu K. Gaiser, *Platons ungeschriebene Lehre*, 44 ff., 46 - 51, 73 - 88, 502 ff. mit Test. Plat. 22 B, 25 A, 26 A, 28 a - b, 32, 33 a - b, 34, 38; zur Problematik des Punktes bei Platon, Speusipp und Xenokrates W. Theiler, *Einheit und unbegrenzte Zweiheit von Platon bis Plotin*, Isonomia, 98 ff. Die Kreisspekulation geht schon auf den vorplatonischen Pythagoreismus zurück, vgl. W. Burkert, *Weisheit und Wissenschaft*, 301 ff.

[70] III 9, 4, 1 - 9. Vgl. auch V 5, 9, 11 - 23; VI 8, 16, 1 ff. - Plotin verbindet in dieser Paradoxie zwei Gedanken aus den ersten beiden Hypothesen des Platonischen "Parmenides": 138 A - B (Das Eine selbst ist nirgends) und 144 B - E (Das seiende Eine ist überall, d.h. bei allem Seienden).

entspringt, in sich und für sich selbst bleibt, weil er in seiner Absolutheit des Entsprungenen in keiner Hinsicht bedarf. "Denn das Eine hat die gesamte Mächtigkeit; denn das nach Ihm Kommende hat nicht die gesamte Mächtigkeit, sondern nur soviel, als nach Ihm vorhanden ist und von Ihm ausgeht. So ist Jenes Herr auch über diese Mächtigkeit, ohne des aus Ihm Entstandenen zu bedürfen, sondern Er hat ganz und vollständig das Entstandene fortgetan, weil Er des Entstandenen in nichts bedarf, sondern Er ist derselbe, der Er war, auch bevor Er dies hervorbrachte. Es wäre Ihm auch gleichgültig, wenn es nicht entstanden wäre . . . aber Alles ist entstanden, Er selbst aber ist nicht Alles, sonst würde Er aller Dinge bedürfen, *sondern Er überschreitet die Totalität und ist gerade dadurch imstande, Alles zu schaffen und für sich sein zu lassen und selbst über allem zu sein.*"[71]

**§ 3 Der Urakt des Denkens:**

**Die Selbstkonstitution des Geistes in der Hinwendung auf das Eine selbst**

Die absolute Transzendenz des Einen impliziert seine vollkommene Unbedürftigkeit und in eins damit seine Unbezüglichkeit zu allem. Dann aber ist es ausgeschlossen, den Hervorgang des Vielen aus dem Einen als Zuwendung des Einen selbst zu dem aus ihm entspringenden Anderen zu denken, sondern der Hervorgang vollzieht sich notwendig als Zuwendung des hervorgehenden *Anderen* selbst zum absoluten Einen, durch welche Zuwendung das Andere zum zweiten Einen und damit zum Geist bestimmt wird:

"Alles, was sich bewegt, muß etwas haben, zu dem hin es sich bewegt. Da nun Jenes (sc. das Eine selbst) nichts hat, zu dem Es sich bewegen könnte, so dürfen wir nicht annehmen, daß Es sich bewege; sondern wenn nach Ihm etwas entsteht, muß es notwendig entstanden sein, indem jenes (sc. das Entstehende) sich stets auf Es (sc. das Eine) hingewendet hat (*εἴ τι μετ᾽ αὐτὸ γίνεται, ἐπιστραφέντος ἀεὶ ἐκείνου πρὸς αὐτὸ ἀναγκαῖόν ἐστι*

[71] V 5, 12, 39 - 50. Vgl. ebd. 13, 19 - 20: *ὡς ὑπὲρ ταῦτα ἰὼν ἐκεῖνος τούτων αἴτιος ᾖ, ἀλλὰ μὴ αὐτὸς ταῦτα.* 13, 34 - 36: *οὐδὲν ἔχον ἐν ἑαυτῷ, ἀλλὰ ἀμιγὲς πάντων καὶ ὑπὲρ πάντα καὶ αἴτιον τῶν πάντων.* Vgl. ebenso III 8, 9, 39 - 54; ebd. 10, 28 - 31; III 9, 4, 8 - 9; V 1, 7, 18 - 20; V 2, 1, 1 - 7; VI 7, 17, 1 - 12; ebd. 32, 5 - 14; VI 9, 3, 37 - 40 usw.

*γεγονέναι*); ganz ausschließen müssen wir dabei die Entstehung in der Zeit, da wir es mit dem ewig Seienden zu tun haben; sondern wir legen ihnen nur dem Ausdruck nach Entstehung bei, um damit dem Begründungsverhältnis und der Rangordnung gerecht zu werden (*τῷ δὲ λόγῳ τὴν γένεσιν προσάπτοντας αὐτοῖς αἰτίας καὶ τάξεως αὐτοῖς ἀποδώσειν*), und müssen also sagen, daß das, was in diesem Sinne aus dem Ersten entsteht, entsteht, indem Jenes sich nicht bewegt. Denn wenn Es sich bewegte, während etwas entsteht, so würde das Entstehende nach der Bewegung das Dritte nach Jenem (sc. dem Einen selbst) und nicht unmittelbar das Zweite. Wenn also etwas Zweites, unmittelbar nach Jenem (sc. dem Einen) Seiendes dasein muß, so muß es in die Existenz getreten sein, während Jenes unbewegt war, sich nicht zu ihm neigte oder einen Entschluß faßte oder überhaupt sich irgend bewegte."[72]

Bewegung (*κίνησις*) setzt ein Woraufhin der Bewegung (*πρὸς ὅ κινεῖται*) voraus. Da das Eine aber als absolut Einfaches ohne jede Beziehung zu sich selbst oder Anderem ist, hat es kein Woraufhin der Bewegung und ist notwendig absolut unbewegt. *Der Hervorgang meint also keine Bewegung des Einen selbst aus sich heraus und zum Anderen hin*; das Eine bleibt vielmehr im Hervorgang des Anderen unaffiziert von diesem in sich selbst. Also muß der Hervorgang des Anderen als *dessen* Hinwendung (*ἐπιστροφή*) zum Einen gedacht werden: das hervorgehende Andere wendet sich *im* Hervorgehen auf das Eine selbst hin; *der Hervorgang selber vollzieht sich in der Bewegung der Hinwendung zum Einen oder als diese*. Das Andere *ist* nur im hervorgehenden Sich-Hinwenden auf das Eine selbst; *das Sein des Zweiten ist wesenhaft die Einheit von Hervorgang* (*πρόοδος*) *und Hin- oder Zurückwendung* (*ἐπιστροφή*); nur durch und als diese Einheit ist überhaupt Seiendes.

Diese Einheit von *πρόοδος und ἐπιστροφή* ist nicht als prozeßhaftes Nacheinander in Zeit zu denken, sondern als zeitfreies Zugleich und Ineins, ohne phasenhafte Verschiedenheit. Es entsteht nicht zunächst Etwas, das sich dann auf den Ursprung zurückwendet, sondern *das Entstehen selber ist als solches schon Hinwendung auf den entspringenlas-*

---

[72] V 1, 6, 15 - 27. Text nach Henry-Schwyzer[1]. - Zu der umstrittenen Frage, ob *αυτὸ* in Z. 18 reflexiv aufzufassen ist oder nicht s. Anm. 73; zu der verwandten und ebenso umstrittenen Stelle V 1, 7, 5 - 6 s. Anm. 81. - Für Z. 20 - 22 schlagen Henry-Schwyzer[2] III *Addenda ad textum*, 324 abweichend von ihrer oben übernommenen Konjektur in der Editio maior folgende Lesart vor: *τῷ δὲ λόγῳ τὴν γένεσιν προσάπτοντας αὐτοῖς ἀποδόσει αἰτίας καὶ τάξεως*. Zu übersetzen wäre dann: "sondern wir legen ihnen nur dem Ausdruck nach Entstehung bei, indem wir das Begründungsverhältnis und die Rangordnung angeben."

*senden Ursprung. Die Hinwendung zum absoluten Urgrund, dem Einen selbst, ist selber der den Hervorgang als solchen konstituierende Akt: εἴ τι μετ' Αὐτὸ γίνεται, ἐπισταφέντος ἀεὶ ἐκείνου* sc. *τοῦ μετὰ τὸ ἕν πρὸς Αὐτὸ* sc. *τὸ ἕν ἀναγκαῖόν ἐστι γεγονέναι* (V 1, 6, 17 - 19).[73] Der Satz spricht das

---

[73] Text nach Henry-Schwyzer[1]. - Die Stelle ist ebenso wie die Parallelstelle V 1, 7, 5 - 6 eine Crux der Plotinforschung. "Die beiden Stellen gehören zu den schwierigsten im ganzen Plotin und zu den wichtigsten. Am Text ist nicht zu rütteln; das Problem, ob dem Einen ein ἐπιστρέφεσθαι zu sich selbst zugestanden werden darf, oder ob hier nur von der ἐπιστροφή des νοῦς zum Einen gesprochen wird, ist daher nicht textkritisch, sondern, wenn überhaupt, nur philosophisch lösbar" (H.R. Schwyzer, Gnomon 58, 1986, 599). Sachlich wie sprachlich ist indes die nicht-reflexive Lesart entschieden vorzuziehen: (1) Durch eine Hinwendung zu sich selbst höbe das Eine seine absolute Einfachheit in die Zweiheit der Selbstbezüglichkeit auf; Plotin spricht aber dem Einen Selbstbezug mit Verweis auf seine relationslose, reine Einfachheit ausdrücklich ab: VI 9, 6, 50 - 52; VI 7, 39, 1 - 28; VI 8, 12, 28-37; V 6, 5, 2 - 3: ὃ δ' ἐστὶ πάντη ἕν, ποῦ χωρήσεται πρὸς αὐτό; (vgl. V 3, 1, 3 - 4: ὡς τοῦ ἁπλοῦ παντάπασιν ὄντος οὐ δυναμένου εἰς ἑαυτὸ ἐπιστρέφειν). Denn jede auf sich selbst gerichtete ἐνέργεια impliziert bereits Vielheit, vgl. 3, 10, 20 - 21; διὸ δεῖ τὸ ἐνεργοῦν ἢ περὶ ἄλλο ἐνεργεῖν, ἢ αὐτὸ πολύ τι εἶναι, εἰ μέλλοι ἐνεργεῖν ἐν αὐτῷ. (2) Die ἐπιστροφή ist der Akt, in dem sich das entsprungene Zweite zum Absoluten zurückwendet und sich darin als eigene ὑπόστασις konstituiert (vgl. bes. V 2, 1, 9 - 11: τὸ δὲ γενόμενον εἰς αὐτὸ sc. τὸ ἓν ἐπεστράφη καὶ ἐπληρώθη καὶ ἐγένετο πρὸς αὐτὸ βλέπον). Dann kann aber das Subjekt von ἐπιστραφέντος ἀεί nicht das Eine, sondern nur das Entstehende sein, das sich *jeweils* auf das Eine hinwendet und dadurch Einheitscharakter und Sein empfängt. Die ἐπιστροφή zum Ursprung ist das allgemeine Gesetz, nach dem sich die Konstitution aller Hypostasen vollzieht: V 4, 2, 5 ff.; VI 9, 2, 35 ff.; V 1, 5, 7 ff.; V 2, 1, 9 ff.; V 6, 5, 7 ff.; III 8, 8, 30 ff.; III 8, 11, 23 ff.; V 5, 5, 16 ff.; VI 7, 15, 16 ff.; VI 7, 16, 13 ff.; VI 7, 17, 14 ff.; V 3, 11, 1 ff. für den Nous (für die unteren Hypostasen: II 3, 17, 15 ff.; III 2, 16, 14 ff.; III 4, 1, 8 ff.; III 5, 3 ff.; IV 3, 9, 24 ff.; IV 3, 10 passim; V 1, 7, 40 ff.; V 2, 1, 19 ff.; vgl. auch Proklos, Elem. theol. prop. 25 - 39). Da sich aber das Sein jeder Hypostase in ihrem - inhaltlich je anders bestimmten - *Einheitscharakter* konstituiert, richtet sich jede ἐπιστροφή mittelbar oder unmittelbar auf das Eine selbst, das ohne ἐπιστροφή einfachhin Es selbst ist, vgl. I 7, 1, 23: δεῖ οὖν μένειν αὐτὸ (sc. τὸ ἕν), πρὸς αὐτὸ δὲ ἐπιστρέφειν πάντα. Vgl. auch V 5, 12, 7 - 9: πάντα γὰρ ὀρέγεται ἐκείνου καὶ ἐφίεται αὐτοῦ φύσεως ἀνάγκῃ, ὥσπερ ἀπομεμαντευμένα, ὡς ἄνευ αὐτοῦ οὐ δύναται εἶναι. Plotin knüpft damit an Platons Prinzipienlehre an, nach der die erste Vielheit, die Ideenzahlen, ihren Einheitscharakter durch das Streben nach dem absoluten Einen erhalten (Arist. Eudem. Eth. 1218 a 19 ff. 25 ff.). (3) Plotin spricht dem Einen selbst in dem Kontext, in dem der Satz steht, jede Bewegung ab (V 1, 6, 15 - 27); da Plotin die ἐπιστροφή in VI 7, 16, 16 ausdrücklich als κίνησις qualifiziert, stünde eine ἐπιστροφή des Einen zu sich selbst in eklatantem Widerspruch zum Kontext. (4) Sprachlich ausschlaggebend ist nicht, daß ἐκεῖνος in Kapitel V 1, 6 mehrfach das Eine meint, sondern "daß in derselben Zeile 6, 18

untrennbare *Ineins* von γένεσις (πρόοδος) und ἐπιστροφή aus, die in Wahrheit *ein und derselbe* Akt sind. "Hervorgang und Rückgang sind in der Einen, durch diesen Hervor- und Rückgang allererst entstehenden ὑπόστασις identisch".[74] In dem *Einen* Grundakt der Zuwendung zum absoluten Einen konstituiert sich das Sein; das aus dem Einen entspringende Viele empfängt im Akt der Hinwendung auf das absolut Eine, in welchem Akt es allererst entspringt, selber Einheitscharakter und erhält Sein, indem es die Vielheit einigt; und so ist das Seiende geeinte Vielheit, die durch ihre Einheit im Sein erhalten wird, das Sein selbst aber ist "Spur des Einen".[75] Plotin kann darum die Grundworte für Sein: *ὄν, εἶναι, οὐσία, ἑστία* in symbolischer Etymologie von ἕν herleiten.[76]

Der Eine Konstitutionsakt des Seins ist also kein zeitliches Geschehen, sondern der ewige Akt der Begründung des ewig Seienden, den nur die

---

das Eine zweimal mit αὐτό bezeichnet ist (μετ' αὐτὸ und πρὸς αὐτὸ) und daß Plotin daher gerade zur Unterscheidung ἐκεῖνο für das Gewordene verwendet - ginge es um die Rückwendung des Einen zu sich selbst, so hätte es genügt zu sagen ἐπιστραφέντος ἀεὶ αὐτοῦ πρὸς αὐτό" (Szlezák, *Nuslehre Plotins*, 70 Anm. 227). Die nicht reflexive Lesart verteidigen mit starken Gründen G. Huber, *Das Sein und das Absolute*, 69 Anm. 11 und ihm folgend H. Buchner, *Plotins Möglichkeitslehre*, München 1970, 44 Anm. 4; P. Aubin, *Le Problème de la "Conversion"*, Paris 1963, 161 ff.; vor allem W. Theiler, *Das Unbestimmte, Unbegrenzte bei Plotin*, Revue internationale de philosophie 24 (1970), 296 und *Überblick* §§ 18 - 19 (*Plotins Schriften* VI, 110); Th. A. Szlezák, *Nuslehre Plotins*, 70 Anm. 227; besonders gründlich M. Atkinson, *Plotinus. Ennead V 1 On the Three Principal Hypostases.* A Commentary with Translation, Oxford 1983, ($^2$1985), 135 - 140. Das Eine als Subjekt von ἐπιστραφέντος ἀεὶ verteidigt insbesondere P. Hadot, Revue de l'histoire des religions 164 (1963), 94 f., dem H.R. Schwyzer, *Nachlese zur indirekten Überlieferung des Plotintextes*, Mus. Helv. 26 (1969), 260 und H - S$^2$ folgen; für die reflexive Lesart ebenso J.M. Rist, *Plotinus. The road to reality*, 268 Anm. 44; J. Igal, *La genesis de la Inteligencia en un pasaje de las Eneadas de Plotino*, Emerita 39 (1971), 135; A. Graeser, Gnomon 44 (1972), 824 mit Anm. 2; H.J. Blumenthal, *Nous and Soul in Plotinus: Some Problems of Demarcation, in: Plotino e il Neoplatonismo in Oriente e in Occidente*, Roma 1974, 204 mit Anm. 7; W. Beierwaltes, *Denken des Einen*, 45; J. Bussanich, *The One and its Relation to Intellect in Plotinus*, Leiden 1988, 37 - 43. Harder entschied sich wie die meisten älteren Übersetzer (Ficino, Müller, Mac Kenna, Bouillet, Bréhier) für die reflexive Lesart, Cilento dagegen für die nicht-reflexive, die auch durch die arabische Paraphrase (*Theologia* VIII § 141) gestützt wird; vgl. die Liste bei H-S$^1$ III *Addenda ad textum*, 397.

[74] W. Beierwaltes, *Plotin. Über Ewigkeit und Zeit*, 16.

[75] V 5, 5, 13 - 14. Vgl. auch III 8, 11, 19 - 23.

[76] Vgl. V 5, 5, 19 - 25 und dazu R. Ferwerda, *Plotinus on Sounds.* An Interpretation of Plot. V 5, 5, 19 - 27, Dionysius 6 (1982), 43 - 57.

diskursive, in Zeit verflochtene Sprache in ein Vor und ein Nach auseinanderlegt, so daß das zeitlose Ineins von Hervorgang und Rückgang als Nacheinander von Phasen erscheint. Plotin betont darum eigens die Zeitlosigkeit der intelligiblen *γένεσις* des wahrhaft Seienden. Dies entspricht ganz der platonischen Tradition: im Sinne der Platonischen Prinzipientheorie hat schon die Alte Akademie, insbesondere Speusipp, die Zeitlosigkeit intelligibler Begründungsverhältnisse hervorgehoben.[77]

Der intelligiblen Bewegung der Hinwendung auf das absolute Eine, in der die entspringende Vielheit zur Einheit wird und dadurch allererst ist, geht keine Bewegung von Seiten des Einen selbst voraus. Das Sein, das sich in der Hinwendung auf das absolute Eine zum seienden Einen bestimmt, ist vielmehr *unmittelbar* das Zweite nach dem Einen selbst. Dieses aber bleibt in seiner absoluten Transzendenz vollkommen frei von jedem Bezug zu dem aus ihm Entspringenden;[78] die Bewegung des Entspringens im Einen Ur-Akt von *πρόοδος* und *ἐπιστροφή* gehört vielmehr ganz und gar dem Zweiten an. Von einer "Intentionalität" des Einen, die den Geist notwendig hervorbringe, wie Beierwaltes meint,[79] kann also keine Rede sein; dagegen könnte zu Recht von einer auf das Eine selbst gerichteten "Intentionalität" des Zweiten gesprochen werden, durch welche das Zweite allererst ist, weil es in der Zuwendung zu dem Einen entspringt. Plotin nimmt damit ein wesentliches Motiv der Platonischen Prinzipientheorie wieder auf: Nach dieser empfängt die erste Vielheit ihren Einheitscharakter im *Sichrichten* (*ἔφεσις, ὄρεξις*) oder in der Hinwendung auf die absolute Einheit des Einen selbst; in dieser Hinwendung auf das

---

[77] Vgl. Plotin, V 1, 6, 19 - 22 und Speusipp Fr. 46 Lang = 36 Isnardi P. = 72 Tarán. Siehe auch oben Anm. 2.

[78] V 1, 6, 22 - 27: *τὸ οὖν γινόμενον ἐκεῖθεν οὐ κινηθέντος φατέον γίγνεσθαι· εἰ γὰρ κινηθέντος αὐτοῦ τι γίγνοιτο, τρίτον ἀπ᾿ ἐκείνου τὸ γιγνόμενον μετὰ τὴν κίνησιν ἂν γίγνοιτο καὶ οὐ δεύτερον. δεῖ οὖν ἀκινήτου ὄντος, εἴ τι δεύτερον μετ᾿ αὐτό, οὐ προσνεύσαντος οὐδὲ βουληθέντος οὐδὲ ὅλως κινηθέντος ὑποστῆναι αὐτό.* Vgl. dazu I 7, 1, 13 - 20: *εἰ οὖν ἔφεσις καὶ ἐνέργεια πρὸς τὸ ἄριστον ἀγαθόν, δεῖ τὸ ἀγαθὸν μὴ πρὸς ἄλλο βλέπον μηδ᾿ ἐφιέμενον ἄλλου ἐν ἡσύχῳ οὖσαν πηγὴν καὶ ἀρχὴν ἐνεργειῶν κατὰ φύσιν οὖσαν καὶ τὰ ἄλλα ἀγοθοειδῆ ποιοῦσαν οὐ τῇ πρὸς ἐκεῖνα ἐνεργείᾳ - ἐκεῖνα γὰρ πρὸς αὐτήν - οὐ τῇ ἐνεργείᾳ οὐδὲ τῇ νοήσει τἀγαθὸν εἶναι, ἀλλ᾿ αὐτῇ μονῇ τἀγαθὸν εἶναι. καὶ γὰρ ὅτι ἐπέκεινα οὐσίας, ἐπέκεινα καὶ ἐνεργείας καὶ ἐπέκεινα νοῦ καὶ νοήσεως.* Auch V 6, 5, 18 - 19: *ἡ δ᾿ ἐνέργεια ἁπάντων πρὸς τὸ ἀγαθόν.* V 3, 10, 16 - 18: *οὐδὲ γὰρ ἔχει τὸ ἓν πάντη εἰς τί ἐνεργήσει, ἀλλὰ μόνον καὶ ἔρημον ὂν πάντη στήσεται.*

[79] Plotin, *Über Ewigkeit und Zeit*, 17.

absolute Eine und durch sie *einigt* die Vielheit sich selbst zur Einheit und erhält dadurch Sein und Bestimmtheit. Dieser Gedanke der auf das Eine selbst gerichteten "Intentionalität" der ersten Vielheit ist der Platonische Ursprung des neuplatonischen Begriffs der *ἐπιστροφή*.[80] -

Inwiefern aber ist nun dies durch die Zuwendung zum absolut Einen entspringende Zweite notwendig Geist ? Und wie kann der Geist aus dem über alles hinausliegenden Einen, das nicht Geist ist, entspringen ? "Wir nennen den Geist ein Bild von Jenem (sc. dem Einen) - denn wir müssen uns deutlicher ausdrücken - erstlich darum, weil das Erzeugte irgendwie ein zweites Jenes sein muß und weil es vieles von Ihm bewahren und Ähnlichkeit mit Ihm haben muß, wie sie auch das Licht mit der Sonne hat. Aber Jenes ist nicht Geist. Wie erzeugt Es also den Geist ? *Weil er durch die Hinwendung auf Jenes selbst (sc. das Eine) sah; dieses Sehen aber ist der Geist.*"[81]

---

[80] Vgl. Aristoteles, Eudem. Ethik 1218 a 19 ff. 24 ff.: Die Ideenzahlen streben zum absolut Einen und haben dadurch selber Einheitscharakter. Das Referat wird bestätigt und ergänzt durch Parm. 157 E 1 - 158 B 1 und 158 C 5 - D 6: Die erste Vielheit erhält Einheitscharakter, Sein und Bestimmtheit zumal, indem sie in Andersheit an dem überseienden absoluten Einen teilhat, während sie an sich selbst reine Unbestimmtheit ist. Der Charakter der geeinten ersten Vielheit als Idee ist 157 D 8 ausgesprochen; ihr Charakter als Zahl ergibt sich daraus, daß sie *τῷ τε ὅλῳ καὶ τῷ μορίῳ* an dem Einen teilhaben (158 A 6 f.), also eine aus Einheiten aufgebaute Einheit sein muß.

[81] V 1, 7, 1 - 6: *εἰκόνα δὲ ἐκείνου λέγομεν τὸν νοῦν· δεῖ γὰρ σαφέστερον λέγειν· πρῶτον μέν, ὅτι δεῖ πως εἶναι ἐκεῖνο τὸ γενόμενον καὶ ἀποσῴζειν πολλὰ αὐτοῦ καὶ εἶναι ὁμοιότητα πρὸς αὐτό, ὥσπερ καὶ τὸ φῶς τοῦ ἡλιοῦ. ἀλλ᾽ οὐ νοῦς ἐκεῖνο. πῶς οὖν νοῦν γεννᾷ; ἢ ὅτι τῇ ἐπιστροφῇ πρὸς αὐτὸ ἑώρα· ἡ δὲ ὅρασις νοῦς.* (Text nach Henry-Schwyzer[1]). - Ob in Z. 6 *αὐτὸ* oder *αὑτὸ* zu lesen ist, ist ebenso umstritten wie bei der Parallelstelle V 1, 6, 18 (s. Anm. 73); wie dort, so kann die Frage auch hier nur philosophisch entschieden werden. Nach der reflexiven Lesart würde Z. 5 - 6 bedeuten: "weil das Eine durch die Zuwendung zu sich selbst sah"; damit aber höbe das Eine seine absolute Einfachheit in die geeinte Zweiheit von Sehendem und Gesehenem auf und wäre somit selber Nous (*ἡ δὲ ὅρασις νοῦς*); Plotin hatte aber unmittelbar vorher festgestellt: *ἀλλ᾽ οὐ νοῦς ἐκεῖνο* (Z. 4 - 5). Die Frage: *πῶς οὖν νοῦν γεννᾷ;* (Z. 5) ergibt sich gerade dadurch, daß das Eine in seiner Transzendenz selber keinen Geistcharakter hat, also Prinzip dessen ist, was ihm selbst abgesprochen wird (ebenso V 2, 1, 3 - 7 und V 3, 16, 16 - 19, wo die Dringlichkeit der Frage ebenfalls mit *πῶς οὖν* V 2, 1, 3; V 3, 16, 18 akzentuiert, die Antwort dann mit *ἢ ὅτι* V 2, 1, 5 eingeleitet wird). Die Paradoxie, daß das Eine entspringen läßt, was es selbst weder ist noch hat, wird von Plotin immer wieder unverhüllt formuliert (V 1, 7, 18 - 20; V 2, 1, 3 - 7; III 9, 4, 8 - 9; V 5, 13, 1 - 11. 17 - 20; VI 7, 15, 19 - 29; ebd. 17, 1 - 18; V 3, 15, 1 - 3. 35 - 40); sie

geht zurück auf Platon (Politeia 508 E 1 - 509 A 7 und 509 B 2 - 10, worauf Plotin V 1, 7, 3 - 4 hinweist) und auf Speusipp (Jamblich, De comm. math. sc. IV 15, 7 - 10). Eine *ἐπιστροφή* des Einen zu sich selbst widerspräche zudem der unmittelbar vorangehenden Schrift VI 9, 6, 42 - 52, wo Plotin dem Einen Denken, Bewegung (worunter nach VI 7, 16, 16 auch die *ἐπιστροφή* fällt) und sogar jedes vorreflexive einfache Beisichsein abspricht: *οὐδὲ νόησις, ἵνα μὴ ἑτερότης· οὐδὲ κίνησις . . . ἐπεὶ οὐδὲ τὸ συνεῖναι δεῖ προσάπτειν, ἵνα τηρῇς τὸ ἕν, ἀλλὰ καὶ τὸ νοεῖν καὶ τὸ συνεῖναι ἀφαιρεῖν καὶ ἑαυτοῦ νόησιν καὶ τῶν ἄλλων*. Die Stelle V 1, 7, 5 - 6 muß darum so erklärt werden: "Das durch die Kraft oder das Überfließen des Einen Erzeugte ist zuerst noch ungeformt, unbestimmt und wird durch den Blick auf Jenes (das auch ungeformt ist . . .) geformt zum geistigen Sehen, 'Denken' (V 4, 2, 24 f.) und Geist" (W. Theiler, *Plotins Schriften* VI, 110 mit Berufung auf die Parallelstelle V 2, 1, 9 ff.; vgl. Rev. internat. de philos. 24 (1970), 296). - Außer Theiler und H - $S^1$ erkannten die nicht-reflexive Bedeutung der Stelle Ficino, Bouillet, Cilento und Armstrong; ferner Huber, Buchner und Szlezák (alle wie Anm. 73) sowie K.H. Volkmann-Schluck, *Plotin als Interpret*, 122; H.J. Krämer, *Ursprung der Geistmet.*, 314; J. Igal, *La genesis de la Inteligencia*, Emerita 39 (1971), 129 ff.; G. O'Daly, *Plotinus' Philosophy of the Self*, Shannon 1973, 71 f.; mit bes. ausführlicher Begründung M. Atkinson, *Plotinus, Ennead V 1*, 156 - 160; weiter K. Corrigan, *Plotinus, Enneads V 4, 2 and related passages*, Hermes 114 (1986), 196 - 198; F.M. Schroeder, *Conversion and Consciousness in Plotinus, Enneads V 1, 7*, Hermes (1986), 187; A.C. Lloyd, *Plotinus on the Genesis of Thought and Existence*, Oxford Studies in Ancient Philosophy 5 (1987), 160; K. Kremer, *Plotin. Seele - Geist - Eines*, Hamburg 1990, Einl. XXV f. - Die reflexive Lesart verteidigt bes. ausführlich P. Hadot, Rev. de l'hist. des rel. 164 (1963), 92 - 96, dem sich Schwyzer und Bussanich anschlossen (wie Anm. 73) und dem auch H - $S^2$ folgen; ferner O. Becker, *Plotin und das Problem der geistigen Aneignung*, Berlin 1940, 27; W. Beierwaltes, *Plotin. Über Ewigkeit und Zeit*, 14 f.; ders., *Denken des Einen*, 45; A. Graeser, *Plotinus and the Stoics*, Leiden 1972, 133 f.; M.J. Canta Cruz, *Sobre la generacion de la Inteligencia en las Eneadas de Plotino*, Helmantica 30 (1979), 312 f. - Die einzige Stelle, an der Plotin dem Einen Selbstbezüglichkeit, Selbstunterscheidung und quasi-denkende Selbsterfassung zuschreibt, ist V 4, 2, 15 - 19 (chron. Schrift 7, vgl. dazu Kap. IV § 3 Anm. 24). Doch wird dies schon in VI 9, 6, 42 - 52 (chron. Schrift 9) ausdrücklich widerrufen (ebenso in III 9, 9; V 6, 3 - 6; III 8, 11; VI 7, 37 - 41; V 3, 13), wo Plotin dem Einen nicht nur Denken und Bewegung, sondern 6, 50 - 51 sogar das einfache Beisichsein abspricht, was wohl nur so verstanden werden kann, daß Plotin damit *jede* Form der Selbstbeziehung des Einen verneint (Negation jedes Selbstbezugs des Absoluten auch V 6, 5, 2 - 3 und VI 7, 39, 1 - 28). VI 9, 6, 52 - 54 ist keine Gegeninstanz, da Plotin hier nur sagt, das Absolute lasse sich mit dem einfachen Denkakt *eher vergleichen* als mit dem sich vom Gedachten unterscheidenden Denkenden; denn der Denkakt ist als solcher nur Vereinigungspunkt von Gedachtem und Denkendem und darum *für dieses* Grund des Denkendseins, ohne selber zu denken (*νόησις δὲ οὐ νοεῖ, ἀλλ' αἰτία τοῦ νοεῖν ἄλλῳ*, VI 9, 6, 53 f., vgl. V 6, 6, 9 f.); genau darin entspricht er dem Einen als dem Prinzip der Einheit von Denken und Sein. In VI 9, 6, 14 - 15 heißt es vom Absoluten: *ἑνικώτερον τῆς σῆς νοήσεως εἶναι* und in VI 7, 37, 15 ff.; 38, 16 ff. wird seine Gleichsetzung mit dem

Der Geist ist "Bild des Einen" (εἰκὼν ἐκείνου). Das Wesen des Bildes hatte Platon im "Sophistes" als συμπλοκή von Sein und Nichtsein bestimmt:[82] Es ist die Anwesenheit eines an ihm selbst Abwesenden und hat als solche den Charakter der Repräsentation. Bild bedeutet ferner Sichtbarkeit: Es ist die Versichtbarung eines an ihm selbst Unsichtbaren. "Der Geist ist Bild des Einen" meint also: Er ist als Repräsentation des absolut einfachen, über Sein und Denken erhabenen Einen selbst das zweite Eine, das seiende, durch sein Sein in die Vielheit entfaltete und in die Denkbarkeit herausgetretene Eine gemäß der zweiten Hypothese des Platonischen "Parmenides". Das überseiende Eine selbst, das Eine einfachhin, manifestiert sich in ihm, ohne als Es selbst in ihm anwesend zu sein. Das seiende Eine aber verweist durch seinen Charakter als *Einheit* über sich selbst hinaus auf das überseiende Übereine, das absolut einfache Eine selbst; in diesem über sich hinausweisenden Einheitscharakter des zweiten Einen liegt seine "Ähnlichkeit" (ὁμοιότης) mit dem Absoluten, sein Charakter als "Bild" (εἰκών) oder "Spur" (ἴχνος) des Einen selbst.[83] Als Manifestation des über das Sein hinausliegenden absoluten Einen bekundet der Geist die überwältigende Überfülle des absoluten

---

nichtdenkenden reinen Denkakt ausdrücklich verworfen; VI 7, 39, 1 ff. endet auch der Versuch, dem Absoluten eine ἁπλῇ ἐπιβολῇ πρὸς αὐτὸ (Theiler nach Kirchhoff; H - $S^2$: αὐτὸν) zuzuschreiben, in der Negation (vgl. dazu Theiler, *Plotins Schriften* III b, 515, 516 zu 39, 1 und 28), was der Negation des συνεῖναι αὐτῷ in VI 9, 6, 50 f. vollkommen entspricht. Die Aussagen über einen Quasi-Selbstbezug des Einen in VI 8, 13 - 21 passim (z.B. 16, 19 - 30), die Beierwaltes, Bussanich u.a. für sich anführen, stehen unter dem wiederholt eingeschärften Vorbehalt der Uneigentlichkeit (VI 8, 8, 1 - 8; bes. 13, 1 - 5; 18, 52 - 53 u.ö.), sind durch οἷον in ihrer Geltung suspendiert (programmatisch VI 8, 13, 47 - 50) und werden in der Negation zurückgenommen; so wird der Selbstbezug des Absoluten VI 8, 12, 28 - 37 prinzipiell verneint (vgl. die prinzipiellen Aussagen zur alleinigen Geltung der Negation VI 8, 11, 1 - 13 und 21, 24 - 30; 11, 34 - 35: ἐν ἀφαιρέσει πάντα τὰ περὶ τούτου λεγόμενα). Die Quasi-Aussagen über das Eine in VI 8 haben zudem explizit didaktische Absicht (VI 8, 13, 4. 48), nämlich ein privatives Fehlverständnis der absoluten Bestimmungslosigkeit des Einen zu verhindern (ähnlich auch W. Beierwaltes, *Plotin. Geist - Ideen - Freiheit*, Hamburg 1990, Einl. XXXI). Sie können darum nicht gegen das Zeugnis von VI 9, 6, 50 f. für eine Selbstzuwendung des Einen in V 1, 7, 5 f. und 6, 18 angeführt werden.

[82] Soph. 240 BC.

[83] Vgl. V 1, 7, 1 - 4; V 4, 2, 25 - 26; V 2, 1, 14 - 15; III 8, 11, 19 - 23; V 5, 5, 10 - 14. 23; VI 6, 17, 28; VI 7, 17, 39; ebd. 40, 19 - 20; VI 8, 18, 15 - 22. Hierzu W. Beierwaltes, *Realisierung des Bildes*, in: ders., *Denken des Einen*, 73 - 113, bes. 79 ff. Zum Repräsentationsbegriff Plotins auch F. M. Schroeder, *The Platonic Parmenides and imitation in Plotinus*, Dionysius 2 (1978), 51 - 73 und ders., *Representation and Reflection in Plotinus*, Dionysius 4 (1980), 37 - 59.

Ursprungs, die an sich selbst verborgen ist, weil das absolut Einfache niemals in die Denkbarkeit heraustreten kann, so wie das Licht die Macht der Sonne bekundet, deren Überhelle das Sehen blendet, die aber im sich ausbreitenden Licht insofern sichtbar wird, als sie die Sichtbarkeit allererst ermöglicht. Und so wie sich die Macht der Sonne, die Sichtbarkeit sowie Wachstum und Erhaltung der sichtbaren Dinge spendet, dem Platonischen Sonnengleichnis zufolge in dem von ihr ausgehenden Licht bekundet, das darum "sonnenhaft" ist, ebenso bekundet sich die einheitstiftende Übermacht des Einen selbst, die alles Seiende ins Sein eint, im Geist als der *Einheit* aller Ideen, der im Denken alle Ideen in die Einheit eines *κόσμος νοητός* bindet und sich in dieser Einheit selbst anschaut. In der *Einheit* des sich selbst anschauenden Denkens, welche die Einheit in der Vielheit der Ideen bewahrt, ist der Nous "von der Art des Einen" (henoid oder agathoid) und darum das zweite Eine nach dem Einen selbst.[84]

Wieso aber ist die erste Vielheit, die von dem absoluten Einen her entsteht, Geist, wenn doch das, aus dem sie entsteht, nicht Geist ist, sondern das absolut einfache Eine jenseits des Geistes ? Plotins Antwort lautet: Weil der ursprüngliche Akt der Hinwendung auf den Ursprung, durch den das Zweite in die Existenz tritt, ein geistiges Sehen ist: *ὅτι τῇ ἐπιστροφῇ πρὸς Αὐτὸ ἑώρα· ἡ δὲ ὅρασις αὕτη νοῦς* (V 1, 7, 5 - 6).[85] In dem Gerichtetsein - auf . . . liegt schon die Zweiheit und Unterschieden-

---

[84] Plotin verweist V 1, 7, 3 - 4 (*ὁμοιότητα . . . ὥσπερ καὶ τὸ φῶς τοῦ ἡλιοῦ*) selbst auf das Sonnengleichnis. Wenn er den Nous aber V 1, 7, 2 und V 4, 2, 25 "irgendwie" oder "gleichsam Jenes" (Harder übersetzt "ein zweites Es") nennt, dann versteht er das *ἀγαθοειδής*-Sein des Geistes vom "Parmenides" her: das Prinzipat des Einen ist das zweite oder seiende Eine nach dem überseienden Einen selbst; es ist agathoid kraft seines Einheitscharakters, der ihm von Jenem her zukommt, nicht aufgrund seiner inhaltlichen Bestimmungen. Zum *ἀγαθοειδής*-Motiv Szlezák, *Nuslehre Plotins*, 151 - 160, 165 f., der darin ein latentes Gegengewicht gegen die negative Theologie Plotins konstatiert. Das ist indes nur dann der Fall, wenn man die "Ähnlichkeit" des Geistes mit dem Einen als inhaltliche Übereinstimmung deutet; versteht man sie vom Einheitscharakter des Geistes her, so ist sie lediglich dessen einseitige Relation zum Einen, der keine Geistähnlichkeit des Einen selbst entspricht. Zu diesem Problem bei Platon siehe Teil II Kap. II § 4 und III § 3.7.

[85] Vgl. V 2, 1, 9 - 13: *τὸ γενόμενον εἰς αὐτὸ* (sc. *τὸ ἓν*) *ἐπεστράφη καὶ ἐπληρώθη καὶ ἐγένετο πρὸς αὐτὸ βλέπον καὶ νοῦς οὗτος. καὶ ἡ μὲν πρὸς ἐκεῖνο στάσιν αὐτοῦ τὸ ὂν ἐποίησεν, ἡ δὲ πρὸς αὐτὸ θέα τὸν νοῦν. ἐπεὶ οὖν ἔστη πρὸς αὐτό, ἵνα ἴδῃ, ὁμοῦ νοῦς γίγνεται καὶ ὄν.* III 9, 9, 7: *τῷ πρὸς τὸ πρῶτον βλέπειν* sc. *νοεῖν λέγεται.* Vgl. auch V 4, 2, 4 - 7 und V 1, 5, 17 - 19. Zur Interpretation siehe K.H. Volkmann-Schluck, *Plotin als Interpret*, 122 ff.

heit, welche die Bedingung der Denkbarkeit bildet. Diese Zweiheit ist von ihr selbst her völlig unbestimmt; Plotin nimmt mit dem Gedanken der unbestimmten Zweiheit ebenso wie mit dem Motiv der Hinwendung auf das Eine Platons Prinzipienlehre wieder auf.[86] Durch das Sich-Hinwenden auf den Ursprung bildet sich der Bereich der Denkbarkeit, des Noeton, an dem das Entstehende, indem seine "zunächst" unbestimmte Intention erfüllt wird, zur Noesis wird. Die Hinwendung auf das Eine konstituiert eine "zunächst" vollkommen unbestimmte Zweiheit: eine an sich selbst leere und unbestimmte Intention, ein reines Hin-zu, und das in ihr Intendierte, an dem sich die von sich her leere Intention zur Noesis, zum geistigen Erblickthaben eines Noeton, erfüllt. Eine andere Stelle bestätigt dies: "Das Entstandene wandte sich auf Jenes (sc. das Eine) hin und wurde erfüllt und es entstand, indem es auf Jenes hinblickte, und das ist der Geist. Und zwar brachte sein Hinstehen zu Jenem das Sein hervor, sein Schauen zu Jenem aber den Geist; da er nun zu Jenem hinstand, um Es zu schauen, wird er Geist und Sein ineins."[87]

Durch die Hinwendung auf die absolute Überfülle des Einen wird das Zweite, das in eben dieser Hinwendung entsteht, erfüllt (*ἐπληρώθη*).[88]

---

[86] Zum Konstitutionsakt des Geistes und zu seiner geschichtlichen Einordnung siehe H.J. Krämer, *Der Ursprung der Geistmetaphysik*, 312 - 337 und passim; dazu ergänzend Th. A. Szlezák, *Nuslehre Plotins*, 52 - 119, bes. 54 - 72, 86 - 92, 104 - 110. - Plotin beruft sich dort, wo er den Ur-Akt des Denkens erstmals thematisiert, ausdrücklich auf die Prinzipienlehre Platons: V 4, 2, 7 - 9: *διὸ καὶ εἴρηται· ἐκ τῆς ἀόριστου δυάδος καὶ τοῦ ἑνὸς τὰ εἴδη καὶ οἱ ἀριθμοί· τοῦτο γὰρ ὁ νοῦς*. Vgl. V 1, 5, 6 - 9. 14 - 15. H - $S^2$, app. font. verweisen hierzu auf Aristoteles, Metaph. A 6 987 b 21 - 22 und M 7 1081 a 13 - 15 sowie auf Fr. 28 $Rose^3$ = Alexander, In Metaph. 85, 16 - 17. - Die Zuwendung des Prinzipiierten zum Einen ist durch Arist. Eudem. Ethik 1218 a 24 ff. ebenfalls für Platon belegt; daß das Prinzipiat an ihm selbst unbegrenzte Vielheit ist und erst durch die Zuwendung zum Einen selbst Einheit und Bestimmtheit erhält, ergibt sich aus Parm. 157 E 1 - 158 D 6 (s. Anm. 80). Der bei Aristoteles, Metaph. 1087 b 9 - 12, 1088 a 15 bezeugte Einheitscharakter der *ἀόριστος δυάς* impliziert ebenso, daß sie im Sinne von Parm. 157 E 1 ff. als Prinzipiat am absolut Einen orientiert ist; zum Bewegungs- und Strebecharakter der *ἀόριστος δυάς* vgl. die zahlreichen Belege bei Krämer, loc. cit., 326 ff.; H. Happ, *Hyle*, 203 - 207.

[87] V 2, 1, 9 - 13 (Text in Anm. 85).

[88] V 2, 1, 10. VI 7, 16, 15 - 21: *ἐπέστραπτο πρὸς αὐτό* (sc. *τὸ ἕν*), *ἡ δὴ κίνησις αὕτη πληρωθεῖσα τῷ ἐκεῖ κινεῖσθαι καὶ περὶ ἐκεῖνο ἐπλήρωσεν αὐτὸ καὶ οὐκέτι κίνησις ἦν μόνον, ἀλλὰ κίνησις διακορὴς καὶ πλήρης· ἑξῆς δὲ πάντα ἐγένετο καὶ ἔγνω τοῦτο ἐν συναισθήσει αὐτοῦ καὶ νοῦς ἤδη*

Und weil das, womit es erfüllt wird, nicht das absolut transzendente Eine selbst, sondern sein eigenes Wesen, die Fülle der Ideen, ist, ist das Entstandene Geist, der in der Hinwendung auf den Ursprung sich selbst denkt.[89] Die Hinwendung auf das absolute Eine, aus der das Sein entsteht, hat den Charakter eines zunächst noch unbestimmten Hinblickens[90], einer jedem erfüllten Denkakt vorausgehenden, an sich selbst leeren Denkintention,[91] die durch die Hinwendung auf das Eine ein Woraufhin ihres Hin-zu erhält;[92] dadurch bildet sich allererst die

---

*ἦν, πληρωθεὶς μέν, ἵν' ἔχῃ, ὃν ὄψεται.* VI 7, 16, 31 - 32: *πληρούμενος μὲν οὖν ἐγίνετο, πληρωθεὶς δὲ ἦν, καὶ ὁμοῦ ἀπετελέσθη καὶ ἑώρα.*

[89] VI 9, 2, 35 - 36: *εἰς αὐτὸν γὰρ ἐπιστρέφων εἰς ἀρχὴν ἐπιστρέφει* sc. *ὁ νοῦς.* VI 9, 2, 40 - 43: *χρὴ τὸν νοῦν τοιοῦτον τίθεσθαι, οἷον παρεῖναι μὲν τῷ ἀγαθῷ καὶ τῷ πρώτῳ καὶ βλέπειν εἰς ἐκεῖνον, συνεῖναι δὲ καὶ ἑαυτῷ νοεῖν τε καὶ ἑαυτὸν καὶ νοεῖν ἑαυτὸν ὄντα τὰ πάντα.* V 6, 5, 12 - 17: *ὅταν τὸ ἕτερον παρὰ τὸ ἀγαθὸν αὐτὸ νοῇ, τῷ ἀγαθοειδὲς εἶναι νοεῖ καὶ ὁμοίωμα ἔχειν πρὸς τὸ ἀγαθὸν καὶ ὡς ἀγαθὸν καὶ ἐφετὸν αὐτῷ γενόμενον νοεῖ καὶ οἷον φαντασίαν τοῦ ἀγαθοῦ λαμβάνον . . . καὶ γὰρ αὖ ἐν τῇ νοήσει αὐτοῦ κατὰ συμβεβηκὸς αὐτὸ νοεῖ· πρὸς γὰρ τὸ ἀγαθὸν βλέπων αὐτὸν νοεῖ.* Vgl. V 3, 11, 1 - 16, bes. 12 - 15: *οὗτος οὖν ὁ νοῦς ἐπέβαλε μὲν ἐκείνῳ, λαβὼν δὲ ἐγένετο νοῦς, ἀεὶ ἓν διέμενος* (Igal; MSS: *ἐνδιάμενος*) *καὶ γενόμενος καὶ νοῦς καὶ οὐσία καὶ νόησις, ὅτε ἐνόησε.* Vgl. auch V 6, 2, 7 - 9; V 1, 6, 41 - 49; V 5, 5, 16 - 19; V 3, 10, 8 - 12.

[90] V 2, 1, 10 - 11: *ἐγένετο πρὸς Αὐτὸ βλέπον.* VI 7, 17, 14 - 15: *πρὸς ἐκεῖνο μὲν οὖν βλέπουσα ἀόριστος ἦν.* V 3, 11, 4 - 5: *ὥρμησε μὲν ἐπ' Αὐτὸ* sc. *τὸ ἓν οὐχ ὡς νοῦς, ἀλλ' ὡς ὄψις οὔπω ἰδοῦσα.* Vgl. V 4, 2, 6: *ἀόριστος μὲν αὐτὴ* sc. *νόησις ὥσπερ ὄψις.*

[91] VI 7, 16, 13 -16: *οὔπω νοῦς ἦν ἐκεῖνο βλέπων, ἀλλ' ἔβλεπεν ἀνοήτως. ἢ φατέον ὡς οὐδὲ ἑώρα πώποτε, ἀλλ' ἔζη μὲν πρὸς αὐτὸ καὶ ἀνήρτητο αὐτοῦ καὶ ἐπέστραπτο πρὸς αὐτό.* VI 7, 35, 29 - 30: *ἔχει δὲ καὶ τὸ μὴ νοεῖν, ἀλλὰ ἄλλως ἐκεῖνον βλέπειν.* V 3, 11, 11 - 12: *πρὸ δὲ τούτου* sc. *τοῦ νοεῖν ἔφεσις μόνον καὶ ἀτύπωτος ὄψις.* Vgl. V 6, 5, 8 - 10: *καὶ τοῦτό ἐστι νοεῖν, κίνησις πρὸς ἀγαθὸν ἐφιέμενον ἐκείνου· ἡ γὰρ ἔφεσις τὴν νόησιν ἐγέννησε καὶ συνυπέστησεν αὐτῇ· ἔφεσις γὰρ ὄψεως ὅρασις* (Text nach H-S). Zum Strebecharakter des Denkens auch III 8, 11, 23 f.; V 3, 10, 49 f.

[92] Vgl. bes. V 6, 5, 6 - 8: *ἐπειδὴ ὑπέστησε τὸ ἀγαθὸν* sc. *τὸ νοεῖν καὶ τὸ γενόμενον ἐκίνησε πρὸς αὐτό, τὸ δ' ἐκινήθη τε καὶ εἶδε.* In Z. 6 ist Gollwitzers Konjektur *ὑπέστησε* unerläßlich, vgl. Szlezák, *Nuslehre Plotins*, 87 Anm. 271 mit Verweis auf III 8, 11, 37; V 3, 15, 29; ebenso Theiler, *Plotins Schriften* VI, 110 mit 173. Gegen das überlieferte *ὑπέστη* (das H - S halten) ist zu verweisen auf VI 8, 10, 36: *οὐδὲ ὑπέστη* sc. *τὸ ἕν.* 37 - 38: *τὸ οὖν πρὸ ὑποστάσεως πῶς ἂν ἢ ὑπ' ἄλλου ἢ ὑφ' αὑτοῦ ὑπέστη;*

Denkbarkeit (*νοητόν*): das in der Hinwendung auf das Eine selbst oder durch sie konstituierte Sein (*ὄν*) wird zum Gegenstand der Denkintention, die sich an ihm erfüllt und zur Noesis (zum Denkvollzug) wird, indem sie das entstandene Sein als aufgliederbare Einheit, d.h. aber schon als Vielheit erblickt. So konstituiert sich das Zweite zum Geist, indem es aus der Hinwendung auf das Eine ein Noeton erhält, an dem es sich zur Noesis aktualisiert: "Die Verwirklichung des Geistes ist das Denken ; das Denken aber sieht das Zu-Denkende, wendet sich zu diesem hin und wird von ihm gleichsam hervorgebracht (*ἀποτελειουμένη*) und vollendet (*τελειουμένη*), weil es an sich selbst unbestimmt ist wie das Sehen und erst durch das Zu-Denkende (Gedachte) seine Bestimmtheit erhält."[93]

Weil sich die an ihr selbst unbestimmte Denkintention durch die Zuwendung zum Ursprung als Noesis erfüllt, kann in der frühen Phase Plotins das Eine selbst als das Woraufhin der ursprünglichen Denkintention Noeton genannt werden: "Während also Jenes (sc. das Eine) als das Zu-Denkende verharrt, wird das Entstehende zum Denken; und da es Denken ist und nun das denkt, aus dem es entstanden ist - denn etwas anderes hat es nicht -, so wird es Geist, gleichsam ein zweites Zu-Denkendes und gleichsam Jenes, Nachahmung und Bild von Jenem."[94]

Könnte hier der Eindruck entstehen, als entstünde der Geist dadurch, daß er in der Hinwendung auf das Eine *dieses selbst* denke, so daß das Eine selbst als das Gedachte in die Zweiheit der Selbstbezüglichkeit des Denkens einginge,[95] so wird dies an anderer Stelle ausdrücklich

---

[93] V 4, 2, 3 - 7. (In Z. 6 ist der Text nicht mit Volkmann, Harder und H - $S^2$ zu ändern; vgl. Theiler, *Plotins Schriften* VI, 111 und 173). - Hierzu die eingehende Quellenanalyse von Szlezák, *Nuslehre Plotins*, 57 ff. Für die Begrenzung der unbestimmten Denkintention (= Dyas) durch das Eine beruft sich Plotin ausdrücklich auf Platons Prinzipienlehre: V 4, 2, 7 - 9; V 1, 5, 6 - 9. 14 - 18. Für die Begrenzung des Unbegrenzten bei Platon wäre zu verweisen z.B. auf Arist. Metaph. A 8 989 b 18, M 7 1081 a 25, 1083 b 23 f., N 4 1091 a 25; Alexander, In Metaph. 56, 19 f. 26 ff. H.; Simplikios, In Phys. 454, 14; 455, 6 f. D. (nach Porphyrios und Alexander); Sextus Emp., Adv. Math. X 277; darüber hinaus ist vor allem auf Plat. Parm. 158 C 7 - D 6 zu verweisen (vgl. Anm. 80 und 86).

[94] V 4, 2, 22 - 26. Vgl. V 6, 2, 10 - 12: *ὅ τε νοῦς τὸ ἐπιβάλλειν τῇ νοήσει κενὸν ἔχει ἄνευ τοῦ λαβεῖν καὶ ἑλεῖν τὸ νοητὸν ὃ νοεῖ· οὐ γὰρ ἔχει τὸ νοεῖν ἄνευ τοῦ νοητοῦ*. (Text nach Theiler, vgl. *Plot. Schr.* II b, 425 zu Z. 10).

[95] Dies ist jedoch auch in der Frühphase Plotins nicht der Fall; vgl. die Klarstellung V 6, 2, 7 - 9: *ὅ τε νοῦς ὁ τὸ νοητὸν ἔχων οὐκ ἂν συσταίη μὴ οὔσης οὐσίας καθαρῶς νοητοῦ, ὃ πρὸς μὲν τὸν νοῦν νοητὸν ἔσται, καθ' ἑαυτὸ δὲ οὔτε νοοῦν οὔτε νοητὸν κυρίως ἔσται.*

abgelehnt, weil das einfachhin Eine der auf es gerichteten Denkintention als Undenkbares entzogen ist:
"Jenes (sc. das Eine selbst) ist *das Gute selbst*, der Geist aber ist gut, weil er im Betrachten das Leben hat. Er betrachtet aber, was als Betrachtetes auch seinerseits gutgestaltig ist und was er *empfing*, als er die Wesenheit des Guten schaute. Es gelangte aber zu ihm nicht so, wie es dort (sc. in Jenem) war, sondern so, wie er selber es empfing. Denn der Urgrund ist Jener (sc. das Eine) und aus Jenem kommt es in ihn (sc. den Geist), und dieser hat es aus Jenem *geschaffen*. Denn es war nicht erlaubt, daß er im Hinblicken zu Jenem gar nichts dachte, *noch auch, daß das Gedachte schon in Jenem war*; denn dann hätte er es nicht *selbst erzeugt*. So erhielt er von Jenem die Mächtigkeit zum Erzeugen und dazu, sich mit seinen eigenen Erzeugnissen zu erfüllen, *indem Jener gab, was Er selbst nicht hatte*; sondern aus dem einfachhin Einen, das Jener ist, wurde für den Geist Vieles."[96]

Hier wird deutlich: die auf das Eine selbst gerichtete Denkintention vermag dieses nicht zu erreichen. Sie richtet sich zwar auf das einfachhin Eine, aber sie empfängt Es nicht, weil Es aufgrund seiner absoluten Einfachheit undenkbar ist.[97] Darum vermag das noch nicht sehende Hinblicken das Eine selbst nicht zu erblicken, sondern in der Hinwendung zu ihm empfängt sie aus der Übermacht des absolut Einen die *Mächtigkeit*

---

[96] VI 7, 15, 10 - 20. (In Z. 10 lese ich *τὸ μὲν γάρ ἐστιν τἀγαθόν*, da Plotin VI 7, 38, 6 von dem Einen sagt: *οὐδ' "ἔστιν ἀγαθὸν" λέγειν ἀξιοῦντες*, vgl. ebd. 2). Vgl. V 3, 11, 1 - 8: *διὸ καὶ ὁ νοῦς οὗτος ὁ πολύς, ὅταν τὸ ἐπέκεινα ἐθέλῃ νοεῖν, ἓν μὲν οὖν αὐτὸ ἐκεῖνο, ἀλλ' ἐπιβάλλειν θέλων ὡς ἁπλῷ ἔξεισιν ἄλλο ἀεὶ λαμβάνων ἐν αὑτῷ πληθυνόμενον· ὥστε ὥρμησε μὲν ἐπ' αὐτὸ οὐχ ὡς νοῦς, ἀλλ' ὡς ὄψις οὔπω ἰδοῦσα, ἐξῆλθε δὲ ἔχουσα ὅπερ αὐτὴ ἐπλήθυνεν· ὥστε ἄλλου μὲν ἐπεθύμησεν ἀορίστως ἔχουσα ἐπ' αὐτῇ φάντασμά τι, ἐξῆλθε δὲ ἄλλο λαβοῦσα ἐν αὑτῇ αὐτὸ πολὺ ποιήσασα.* (Text nach H - S$^2$). Vgl. auch III 8, 8, 31 - 34: *ἐπεὶ καὶ ὅταν τὸ ἓν θεωρῇ, οὐχ ὡς ἕν· εἰ δὲ μή, οὐ γενεται νοῦς. ἀλλὰ ἀρξάμενος ὡς ἓν οὐχ ὡς ἤρξατο ἔμεινεν, ἀλλ' ἔλαθεν ἑαυτὸν πολὺς γενόμενος, οἷον βεβαρημένος καὶ ἐξείλιξεν αὑτὸν πάντα ἔχειν θέλων.*

[97] Vgl. V 3, 11, 1 - 10; VI 7, 15, 20 - 24; VI 7, 16, 10 - 13; III 8, 8, 30 - 33 und dazu V 3, 10, 40 - 44: *δεῖ τοίνυν τὸ νοοῦν ἕτερον καὶ ἕτερον λαβεῖν καὶ τὸ νοούμενον κατανοούμενον ὂν ποίκιλον εἶναι· ἢ οὐκ ἔσται νόησις αὐτοῦ· ἀλλὰ θίξις καὶ οἷον ἐπαφὴ μόνον ἄρρητος καὶ ἀνόητος· προνοοῦσα οὔπω νοῦ γεγονότος καὶ τοῦ θιγγάνοντος οὐ νοοῦντος.* Vgl. auch VI 7, 35, 30 - 33; VI 2, 6, 18 - 20.

*des Erzeugens* (*δύναμις εἰς τὸ γεννᾶν*)[98] und sie erfüllt sich nur, indem sie kraft dieser eine Vielheit erblickbarer, also schon vielfältiger Einheiten (Ideen) erzeugt; diese erblickt sie und wird dadurch zum *sehenden Sehen* (*ὅρασις ὁρῶσα, ἰδοῦσα ὄψις*), d.h. zum Geist.[99]

Der Geist entsteht, indem die ursprüngliche, noch nicht denkende Denkintention in der Hinwendung zu dem an sich selbst Undenkbaren, dem über jede Denkbarkeit hinausliegenden einfachhin Einen selbst, ein Noeton erhält, das sie denkt, indem sie es zu einer Vielheit voneinander abgehobener und in dieser Abgehobenheit aufeinander bezogener Noeta artikuliert. Der Geist entsteht also, indem er im *Hinblicken* auf das *Unerblickbare* (*ἀνείδεον*) *Anblicke* (*εἴδη*) bildet, sich mit den *von ihm selbst erzeugten* Anblicken *erfüllt* und so *sieht*.[100] Das an sich selbst unbestimmte Hinblicken auf das über alle Bestimmtheit hinausliegende Eine selbst empfängt nämlich gerade durch seine Intentions*richtung* auf das unbestimmbare *absolut Eine* selber Einheitscharakter und damit Bestimmtheit.[101] Seine Bestimmtheit erhält es jedoch in der Weise, daß es

---

[98] VI 7, 15, 18. Vgl. ebd. 40, 13 - 14. Plotin deutet so die Dynamis, die nach Plat. Politeia 508 E 2 das Erkennende vom Guten erhält (vgl. 509 B 2 - 3), indem er die Begründung des Erkennens mit der Begründung des Seins aus der Übermacht des transzendenten Absoluten Pol. 509 B 2 - 10 zusammennimmt; die Kapitel VI 7, 15 - 17 enthalten durchgängig Hinweise und Anspielungen auf das Sonnengleichnis (vgl. Szlezák, *Nuslehre Plotins*, 105 f.). VI 7, 17, 32 - 34 deutet das dreiphasige Konstitutionsgeschehen des Geistes (Intention auf das Eine - Ermächtigung - entfaltete Ideenvielheit) unter dem Leitbegriff der Dynamis: *ἦν οὖν ἡ μὲν ζωὴ δύναμις πᾶσα, ἡ δὲ ὅρασις ἡ ἐκεῖθεν δύναμις πάντων, ὁ δὲ γενόμενος νοῦς αὐτὰ ἀνεφάνη τὰ πάντα.*

[99] V 1, 5, 19; V 3, 11, 10; III 8, 11, 2.

[100] Vgl. VI 7, 15, 10 - 20; VI 7, 16, 10 - 22. 31 - 35; VI 7, 17, 1 - 18. 39 - 41; VI 7, 35, 29 - 33; III 8, 8, 31 - 40; V 3, 11, 1 - 16.

[101] VI 7, 17, 14 - 18: *πρὸς ἐκεῖνο μὲν οὖν βλέπουσα ἀόριστος ἦν, βλέψασα δ' ἐκεῖ ὡρίζετο ἐκείνου ὅρον οὐκ ἔχοντος. εὐθὺς γὰρ πρὸς ἕν τι ἰδοῦσα ὁρίζεται τούτῳ καὶ ἴσχει ἐν αὐτῇ ὅρον καὶ πέρας καὶ εἶδος· καὶ τὸ εἶδος ἐν τῷ μορφωθέντι, τὸ δὲ μορφῶσαν ἄμορφον ἦν.* - Die Stelle ist grundlegend, aber wegen *ἕν τι* in Z. 16 auch mißverständlich: Nach V 3, 12, 51 kann damit nicht das absolute Eine gemeint sein (*εἰ γὰρ τὶ ἕν, οὐκ ἂν αὐτοέν*), dagegen wird V 3, 12, 50 gerade das Erkennen selber aufgrund seines Einheitscharakters so bezeichnet (*ἓν γάρ τι καὶ τὸ γινώσκειν*); in V 1, 7, 15 ist das Sein als Emanat des Absoluten *ἕν τι*. Darum ist unter dem *ἕν τι*, auf das hinblickend die Denkintention bestimmt wird, und zwar so, daß das Bestimmende - also das von ihr erblickte Eine - ihr selbst immanent ist (17, 18 - 19: *ὁ δὲ ὅρος οὐκ ἔξωθεν*), der Einheitscharakter zu verstehen, den die Denkintention selber durch ihre Hinwendung auf das unerblickbare absolut Eine empfängt, d.h. durch die

sich kraft des vom Absoluten empfangenen Einheitscharakters *selbst bestimmt*, indem es jene empfangene Einheit als aufgliederbare Einheit erblickt und zum in sich gegliederten Ganzen einer geeinten Vielheit von Einheiten artikuliert, zu einer Vielheit voneinander unterschiedener und darin zugleich aufeinander bezogener Ideen.[102]

---

Intentionsrichtung auf die über alle Bestimmtheit hinausliegende absolute Einheit, durch die sich die unbestimmte Vielheit oder Zweiheit einigt. Diese durch die Zuwendung zum Absoluten empfangene Einheit *erblickt* die Denkintention (ἰδοῦσα) und wird dadurch - da sie selbst die von ihr gesehene Einheit ist - zur erfüllten Selbstbeziehung der Noesis; vgl. V 3, 7, 10. 12: τὸ ἰδεῖν τοῦτό ἐστι τὸ αὐτὸ εἶναι τὸ ὁρώμενον. - Hinter der Stelle steht wohl Plat. Parm. 157 E 1 - 158 D 6: Dort erfolgt die Begrenzung der an ihr selbst unbegrenzten Vielheit (158 C 6, D 6) durch die Teilhabe an dem absoluten Einen, das seinerseits unbegrenzt ist (137 D 7, 8); wie bei Plotin ist "der kreative Vorgang im Intelligiblen als Bestimmung des Unbestimmten durch das Unbestimmbare gedacht" (Szlezák, *Nuslehre Plotins*, 107). Durch diese Teilhabebeziehung - die als *Hinwendung* auf das Eine zu deuten Arist. EE 1218 a 24 ff. nahelegt - kommt dem Prinzipiat eine Einheit zu, die als ἕν τι (157 E 1) scharf gegen das Prinzip, das absolut Eine (αὐτὸ ἕν, 158 A 5; παντελῶς ἕν, 157 C 4), abgegrenzt wird; die Bestimmung der Vielheit zum geeinten Ideenkosmos (157 D 8 f.) erfolgt dabei in der Weise, daß diesem als der Einheit eines gegliederten Ganzen die bestimmende Grenze *immanent* ist (158 C 7 - D 2, D 5: πέρας παρέσχε πρὸς ἄλληλα, was Plotin 17, 17 ἴσχει ἐν αὐτῇ ὅρον καὶ πέρας aufnimmt).

102 VI 7, 17, 18 - 32: ὁ δὲ ὅρος οὐκ ἔξωθεν . . . ἀλλ' ἦν πάσης ἐκείνης τῆς ζωῆς ὅρος πολλῆς καὶ ἀπείρου οὔσης, ὡς ἂν παρὰ τοιαύτης φύσεως ἐκλαμψάσας . . . ἀλλ' ὥριστο μέντοι· ἦν ἄρα ὁρισθεῖσα ὡς ἑνός τινος πολλοῦ . . . διὰ μὲν τὸ πολὺ τῆς ζωῆς πολλὰ ὁρισθεῖσα, διὰ δὲ αὖ τὸν ὅρον ἕν. τί οὖν τὸ "ἓν ὡρίσθη"; νοῦς· ὁρισθεῖσα γὰρ ζωὴ νοῦς. τί δὲ τὸ "πολλά"; νόες πολλοί . . . εἰ οὖν πολλοί, διαφορὰν δεῖ εἶναι. πάλιν οὖν πῶς ἕκαστος διαφορὰν ἔσχεν; ἢ ἐν τῷ καὶ εἷς ὅλως γενέσθαι εἶχε τὴν διαφοράν· οὐ γὰρ ταὐτὸν ὁτουοῦν νοῦ το πᾶν. - Die Anknüpfung an Plat. Parm. 157 E 1 - 158 D 6 (bes. 158 A 1 - 3, C 7 - D 6) ist hier ganz deutlich; für die Selbstunterscheidung des Einen Geistes in die Vielheit der Geister (= Ideen), von denen jeder Einheitscharakter hat, ist ergänzend die Selbstaufgliederung des seienden Einen Parm. 142 D 5 ff. 144 B 1 ff. 144 E 8 - 145 A 3 herangezogen. Zur Aufgliederung der vom Absoluten empfangenen Einheit in die Vielheit vgl. auch VI 7, 15, 20 - 24 und 16, 10 - 13; ferner III 8, 8, 30 - 40 mit Anknüpfung an die z.B. bei Arist. De an. 404 b 19 - 27 (= Test. Plat. 25 A Gaiser) für Platon bezeugte dimensional-ontologische Aufgliederung des Ideenkosmos, wobei Plotin hervorhebt, daß jeder der durch Aufgliederung entstandenen Einzelgeister (= Ideen) selber Totalitätscharakter hat (III 8, 8, 40 - 48), wie ja auch bei Platon jede der seienden Einheiten, in die sich das ursprüngliche ἓν ὄν ausgliedert, von derselben Struktur ist wie dieses.

So erhält der Geist in seinem Konstitutionsakt Bestimmtheit, bestimmende Grenze und artikulierende Gestalt nicht von außen, sondern durch sich selbst und in sich selbst (VI 7, 17, 17: *καὶ ἴσχει ἐν αὐτῇ ὅρον καὶ πέρας καὶ εἶδος*). Der Hinwendung auf das absolute Eine selbst verdankt die Denkintention die *Richtung auf Einheit* und damit den noch unbestimmten, aber Bestimmtheit ermöglichenden Charakter als Einheit; in der Artikulation dieser empfangenen Einheit zur geeinten Vielheit bestimmter Einheiten (= Ideen) *konstituiert der Geist sich selbst*, wobei er die einigende und artikulierende, d.h. Einheiten-bildende Mächtigkeit, kraft derer er sich bestimmt, eben in seiner Hinwendung auf die Übermacht und Überfülle des Einen selbst empfängt. So ist das seinsjenseitige Eine zwar das Prinzip der Bestimmung und Artikulation des Geistes, jedoch so, daß die durch seine einheitstiftende Übermacht ermöglichte Bestimmtheit und Artikuliertheit des Seins ganz und gar dem konstituierten Geist immanent ist, während das Eine selbst in seiner absoluten Transzendenz frei von jeder Bestimmtheit bleibt.[103] So *empfängt* der Geist seinen Gehalt, das Intelligible, in der Hinwendung auf das undenkbare Eine, aber so, daß er jenen Gehalt in dieser Hinwendung *selbst erzeugt* (VI 7, 15, 17: *αὐτὸς ἐγέννα*); die Macht zum Erzeugen aber verdankt der Geist der Übermacht des Einen selbst. Diese das Intelligible erzeugende Macht aber ist eben die Einheiten-bildende Kraft des Denkens, das, gerichtet auf das über alle Denkbarkeit hinausliegende einfachhin Eine, sich mit den von ihm selbst gebildeten Einheiten erfüllt und dadurch denkt; und zwar ist das, was es denkt, die geeinte Vielheit der von ihm selbst gebildeten Einheiten, welche das intelligible Sein ausmacht, und in welcher das Denken zugleich sein eigenes Bilden von Einheiten, d.h. aber sich selbst *als Denken*, als erfüllten Denkvollzug (Noesis), denkt. Plotin faßt das Ganze der Selbst-Konstitution des Geistes in der Hinwendung auf das in seiner absoluten Transzendenz und Einfachheit über jede Denkbarkeit hinausliegende Eine selbst in der

[103] VI 7, 17, 17 - 18: *καὶ τὸ εἶδος ἐν τῷ μορφωθέντι, τὸ δὲ μορφῶσαν ἄμορφον ἦν*. VI 7, 17, 39 - 41: *ἐπεὶ δὲ ὁ νοῦς εἶδος καὶ ἐν ἐκτάσει καὶ πλήθει, ἐκεῖνος ἄμορφος καὶ ἀνείδεος· οὕτω γὰρ εἰδοποιεῖ*. Vgl. VI 7, 32, 9 - 10: *ἀρχὴ δὲ τὸ ἀνείδεον, οὐ τὸ μορφῆς δεόμενον, ἀλλ' ἀφ' οὗ πᾶσα μορφὴ νοερά*. V 1, 7, 19 - 20: *ταύτῃ γὰρ πάντα ἐξ ἐκείνου, ὅτι μή τινι μορφῇ κατείχετο ἐκεῖνος*. Ferner V 5, 6, 4 - 8; VI 8, 9, 43 - 44; ebd. 11, 31 - 32; VI 9, 3, 39 - 40. 43 - 44.

Spätschrift V 3[104], seiner letzten Äußerung zu diesem Thema, so zusammen:

"Was also das absolut Verschiedene ist (sc. das Eine selbst), das bleibt Es selbst in bezug auf Sich selbst und sucht nichts im Hinblick auf Sich selbst; das aber, was sich selbst entfaltet, das muß eben darum auch Vielheit sein. - Wenn aber dieser vielfältige Geist das absolut Jenseitige denken will, dann will er zwar Jenes als Es selbst, als einfachhin Eines, denken, aber in dem Bestreben, Jenes als absolut Einfaches in den Blick zu nehmen, endet er damit, daß er immer wieder ein Anderes erfaßt, das in ihm (sc. dem Geist) selbst zur Vielheit wird: so machte er sich zwar auf zu Jenem (sc. dem Einen selbst) nicht als Geist, sondern wie ein Sichten (eine Sehintention), die noch nicht zum Sehvollzug gelangt ist, aber sie endete damit, daß sie empfing, was sie selbst zur Vielheit gemacht hatte; so daß es ein Anderes war, was sie erstrebte - sie hatte davon nur auf ganz unbestimmte Weise eine Vorstellung vor sich -, ein Anderes, was sie am Ende empfing, nachdem sie es in sich selbst vielfältig gemacht hatte. Denn so besitzt sie auch wiederum die Prägung des Gesehenen; - denn sonst hätte sie es (sc. das Gesehene) nicht empfangen können, damit es in ihr entstehe; und diese Prägung erzeugte ein Vielfältiges aus dem Einen und so erkannte die Sehintention das Geschaute und sah es, und in eins damit wurde sie sehendes Sehen. Dies aber ist schon Geist, indem es das Geschaute besitzt, und zwar als Geist besitzt; vor diesem (sc. Besitz des Geschauten als Geist) aber war es nur reines Streben und ungeprägtes Sichten (Sehintention). Dieser Geist also nahm zwar Jenes (sc. das absolut jenseitige Eine selbst) in den Blick, indem er aber empfing, wurde er Geist, und zwar Geist, der ständig auf Einheit angewiesen ist (oder: der ständig auf Einheit ausgeht) und zu Geist, Seiendheit und Denkvollzug wird, sobald er gedacht hat; denn vor diesem (sc. Denkakt) war er nicht Denken (Denkvollzug), da er kein Zu-Denkendes (Gedachtes) hatte, und nicht Geist, da er das Denken noch nicht vollzogen hatte. Das aber, was vor und über diesen (sc. Geist, Seiendheit und Denkvollzug) ist, das ist ihr Urgrund, nicht als ihnen innewohnender - denn der Ursprung ist nicht immanent - sondern als ihr Vonwoher; das aber, von woher ein Jegliches ist, ist nicht ein bestimmtes Einzelnes, sondern verschieden von schlechthin Allem. Es ist also nicht ein Eines von Allem, sondern vor und über Allem; mithin auch vor und über dem Geist. Denn auch die Totalität ist ja wiederum innerhalb des Geistes, so daß Jenes auch auf diese Weise

---

104 Schrift 49 der chronologischen Ordnung. Zur Nous-Konstitution in Kap. 11 ff. Szlezák, *Nuslehre Plotins*, 108 ff.; eine eingehende philologisch-historische Kommentierung des Passus 11, 1 - 18 gibt J. Bussanich, *The One and its Relation to Intellect in Plotinus*, 221 - 236.

vor dem Geist ist. Und wenn das, was nach Jenem (sc. dem Einen selbst) ist, die Bedeutung der Totalität hat, so ist Jenes auch auf diese Weise vor und über Allem (der Totalität)."[105]

Die intelligible Seinsfülle, die Totalität der Ideen im Geist, entsteht allererst in der auf das absolut jenseitige Eine gerichteten Denkintention dadurch, daß diese das Eine selbst nicht zu erreichen vermag; die Denkintention wird zum Denkvollzug erst dadurch, daß sie sich mit der von ihr selbst hervorgebrachten Ideenvielheit erfüllt und diese denkt; im Denken der Ideen kommt das entstandene Zweite zu sich selbst und indem es die Ideen denkt, deren Sein es selbst ist, denkt es sich selbst und ist darum der sich selbst anschauende Nous; es erblickt sich selbst als *Ideen-bildendes* und darum *sehendes* Sehen. Erst in diesem sich in der geeinten Vielheit der Ideen selbst anschauenden Denken besitzt das Zweite seine volle Struktur: als sich selbst denkender Geist (*νοῦς*), als im Denken geeintes und zugleich in seine Momente artikuliertes Sein (*οὐσία*) und als in einem Akt vereinigende und unterscheidende Kraft des Denkens (*νόησις*). Der Hervorgang des Geistes aus dem seinsjenseitigen Einen ist also *zugleich* ein *Erzeugtwerden* des Geistes aus dem absoluten Ursprung, weil er in der Hinwendung auf diesen entsteht, und ein *Sich-selbst-Erzeugen* des Geistes, weil er das, was er ist, nämlich Sein und Geist und Denkvollzug, in der Hinwendung auf den über das Sein und die Denkbarkeit hinausliegenden Ursprung selber erst hervorbringt.[106]

---

[105] V 3, 10, 50 - 11, 22. Text nach Henry-Schwyzer². -In 11, 13 - 14 ist anstelle des korrupten *ἐνδιάμενος* mit Igal, Emerita 41 (1973), 90 entweder *ἐνδεόμενος* zu lesen oder *ἓν διέμενος*.

[106] Vgl. V 3, 11, 12 - 15: *οὗτος οὖν ὁ νοῦς ἐπέβαλε μὲν ἐκείνῳ, λαβὼν δὲ ἐγένετο νοῦς, ἀεὶ δὲ ἓν διέμενος* - oder *ἐνδεόμενος* - *καὶ γενόμενος καὶ νοῦς καὶ οὐσία καὶ νόησις, ὅτε ἐνοήσε.* V 1, 7, 13 - 22: *αὐτὸς* sc. *ὁ νοῦς γοῦν δι᾽ αὐτὸν καὶ ὁρίζει τὸ εἶναι αὐτῷ τῇ παρ᾽ ἐκείνου δυνάμει καὶ ὅτι οἷον μέρος ἕν τι τῶν ἐκείνου καὶ ἐξ ἐκείνου ἡ οὐσία, καὶ ῥώννυται παρ᾽ ἐκείνου καὶ τελειοῦται εἰς οὐσίαν παρ᾽ ἐκείνου καὶ ἐξ ἐκείνου. ὁρᾷ δὲ αὐτῷ* sc. *ὁ νοῦς ἐκεῖθεν, οἷον μεριστῷ ἐξ ἀμερίστου, καὶ τὸ ζῆν καὶ τὸ νοεῖν καὶ πάντα, ὅτι ἐκεῖνος* (sc. *τὸ ἓν*) *μηδὲν τῶν πάντων· ταύτῃ γὰρ πάντα ἐξ ἐκείνου, ὅτι μή τινι μορφῇ κατείχετο ἐκεῖνος· μόνον γὰρ ἓν ἐκεῖνο· καὶ εἰ μὲν πάντα, ἐν τοῖς οὖσιν ἂν ἦν. διὰ τοῦτο ἐκεῖνο οὐδὲν μὲν τῶν ἐν τῷ νῷ, ἐξ αὐτοῦ δὲ πάντα.* Daß die Konstitution des Geistes *zugleich* Selbstkonstitution und Konstitution durch das Eine ist, sagt Plotin explizit V 1, 5, 17 - 18: *μορφοῦται δὲ ἄλλον μὲν τρόπον παρὰ τοῦ ἑνός, ἄλλον δὲ παρ᾽ αὐτοῦ.* Vgl. auch VI 7, 16, 33 - 35: *ἀρχὴ δὲ αὐτοῦ* sc. *τοῦ νοῦ ἐκεῖνό τε ὃ πρὶν πληρωθῆναι ἦν, ἑτέρα δὲ ἀρχὴ οἷονεὶ ἔξωθεν ἡ πληροῦσα ἦν, ἐφ᾽ ἧς οἷον ἐτυποῦτο πληρούμενος.*

Plotin betont dabei die *produktive*, das Sein *konstituierende* und *bestimmende* Kraft des Denkens auch und gerade darum so sehr, um die absolute Transzendenz seines Ursprungs, des einfachhin Einen selbst, zu wahren. Denn das einfachhin Eine ist nicht das ursprünglichste *Element* des Denkens, nicht das dem Denken immanente Einheitsmoment, sondern sein ihm jenseitiges Vonwoher (*τὸ ἀφ' οὗ, ἐξ ὡν*), das sich entziehende Woraufhin (*πρὸς ὅ*) seiner ursprünglichen Intention, dessen absoluter Einfachheit und Übermacht, auf die es jedem Gedachthaben vorweg ursprunghaft bezogen ist, das Denken seine Gerichtetheit auf Einheit, die Kraft des Vereinigens und Bestimmens, also sein Einheitsmoment und damit seine Produktivität verdankt. Weil aber das Eine selbst in seiner absoluten Einfachheit dem Denken notwendig entzogen bleibt, vermag dieses sein Streben nach Einheit nicht dadurch zu erfüllen, daß es seinen Ursprung, das absolut transzendente Eine selbst, erblickt und muß darum - gleichsam ersatzweise - spontan selber Einheiten bilden, mit denen es sich erfüllt. Indem es sich als unendliches Streben nach absoluter Einheit auf das Unerreichbare der absoluten Transzendenz richtet, erzeugt das Denken eine unendliche Vielheit denkbarer, also schon vielfältiger Einheiten, den unerschöpflichen Reichtum des Intelligiblen in der Fülle der Ideen, mit der es sich erfüllt und dadurch erst zum Denken wird, und zwar zum vollkommen erfüllten und gesättigten Denken,[107] weil die Fülle der Ideen Unendliches zu denken gibt.

So ist es gerade die absolute Transzendenz des einfachhin Einen, die als ihre Implikation die Produktivität des aus dem Einen entspringenden und auf das Eine gerichteten Denkens entbindet. Umgekehrt kommt dem Denken seine Spontaneität und Produktivität gerade und nur deshalb zu, weil sich ihm das Absolute, auf das es allem vorweg bezogen ist, in seiner reinen Transzendenz notwendig entzieht. Die Produktivität des Denkens, die seiner *Angewiesenheit auf Einheit* entspringt, ist somit gerade der Ausdruck dessen, daß es hinter dem Absoluten, auf das seine ursprüngliche Intention gerichtet ist, wesenhaft zurückbleibt, indem es eben das, worin es hinter dem Absoluten zurückbleibt, nämlich Sein, Geist und Erkenntnis und damit Vielheit, selbst allererst konstituiert. Darum zeigt sich in der Produktivität des sich selbst konstituierenden Geistes seine *Bedürftigkeit* in der Beziehung auf das jenseitige Absolute und damit sein bloß *zweiter* Rang, sein Entsprungensein, am schärfsten. Zugleich aber manifestiert sich in der Produktivität und Spontaneität des

---

[107] Vgl. V 1, 7, 30 - 35: *πλήρη δὲ ὄντα ὧν ἐγέννησε καὶ ὥσπερ καταπιόντα πάλιν τῷ ἐν αὑτῷ ἔχειν . . . ᾗ καὶ πλήρης καὶ νοῦς ἐν κόρῳ.* III 8, 11, 22 - 24. 25 - 26. 41 - 44; VI 7, 16, 15 - 22. 31 - 35.

Geistes die einheits- und seinsstiftende *Übermächtigkeit* seines Urgrundes, des Einen selbst; denn die Produktivität des Denkens liegt gerade in seiner einheitstiftenden Kraft, die es seiner ursprünglichen Hinwendung auf das jenseitige Absolute verdankt. Das über jede Denkbarkeit hinausliegende Eine selbst ermächtigt gerade durch seine absolute Einfachheit, durch die es sich dem Denken notwendig entzieht, dieses zum Hervorbringen der eidetischen Vielheit des Seins. Indem die Übermacht des absolut jenseitigen Einen das auf es gerichtete Denken zu seiner Selbstkonstitution als Sein und als Geist ermächtigt, *gibt das Eine, was es selbst nicht hat*,[108] *schafft es, was es selbst nicht ist*,[109] und ist so der *transzendente* Urgrund der Totalität als dem von dem Absoluten Verschiedenen. Weniger paradox läßt sich der Ursprung des Geistes aus dem undenkbaren, jenseitigen Absoluten, die Herkunft der dem Geist immanenten Totalität oder der Totalität *als* Geist *aus dem absolut Transzendenten* nach Plotin nicht beschreiben.[110]

---

[108] VI 7, 15, 19 - 20: διδόντος ἐκείνου ἃ μὴ εἶχεν αὐτός. VI 7, 17, 1 - 6; V 3, 15, 1 - 3; vgl. ebd. 35 - 36.

[109] III 9, 4, 8 - 9: οὐκ εἶναι sc. δεῖ τὸ ἓν τὰ πάντα, ἃ ποιεῖ. Vgl. V 2, 1, 5; V 1, 7, 18 - 19.

[110] Vgl. dazu die Zusammenfassung von G. Huber, *Das Sein und das Absolute*, 65 - 66: "Das Denken, aus dem das Sein hervorgeht, ist zugleich hinnehmend und schaffend. Hinnehmend ist es, insofern es wesentlich Denken nur dadurch ist, daß es sich als Intention auf das Eine richtet: in dieser Intention empfängt es seinen Gehalt. Aber zugleich empfängt es nicht das, worauf es gerichtet ist. Die leere Intention, das noch nicht sehende Blicken, wird zwar erfüllt und geformt (vgl. V 2, 1, 9 - 13; VI 7, 16, 13 - 35; 17, 14 - 25; V 3, 11, 1 - 16). Aber sie vermag doch nicht das zu erblicken und zu empfangen, worauf sie gerichtet ist; sondern der Gehalt des übermächtigen Einen zerschlägt sich ihr gleichsam im Empfangen; an die Stelle des jenseitigen Einen tritt die Vielheit des immanenten Seins, und eben diese Vielheit ist es, was als Erzeugnis des Denkens gelten muß (VI 7, 15, 20 - 24; 16, 10 - 13; III 8, 8, 30 - 33). Das Denken ist in dem Maße *schöpferisch*, als es *unfähig* ist, zu empfangen. Der Geist schafft eben das, worin er hinter dem Absoluten zurückbleibt . . . Der Konstitutionsprozeß des Geistes ist so von dessen Seite Empfangen und Erzeugen zugleich, darum von Seiten des Einen zwar ein Geben, aber zugleich Geben dessen, was es selbst nicht hat (VI 7, 15, 19 - 20; 17, 1 - 6; V 3, 15, 1 - 3; cf. ib. 35 - 36), Schaffen dessen, was es selbst nicht ist (III 9, 4, 8 - 9)".

# Kapitel IV

## Die absolute Transzendenz des Einen selbst

### § 1 Seinstranszendenz

Sein und Geist konstituieren sich in der Hinwendung auf das über Sein und Geist hinausliegende Eine selbst. Die Hinwendung auf das Eine, aus der alles Seiende seinen Einheitscharakter empfängt und dadurch ist, ist die Weise, in der das Eine Urgrund von allem ist: "Alles streckt sich zu Jenem (sc. dem Einen) hin und trachtet nach Ihm aus Notwendigkeit seiner Natur, gleich als ahne es, daß es ohne Jenes nicht sein kann."[1] Das Sein ist nur in der Zuwendung zum Übersein des Einen und durch sie.

Das Eine selbst aber ist absolut jenseits von allem, was durch die Zuwendung zu ihm seinen Urgrund in ihm hat; es ist *reine* und *absolute Transzendenz*. Weil das Eine nur negativ durch seine absolute Transzendenz bestimmt ist, sei diese nun zum Abschluß zusammengefaßt.[2] Die Transzendenz des Einen bestimmt sich von dem her, dem gegenüber das Eine transzendent ist, zunächst als *Seinstranszendenz*. Gemäß dem Totalitätscharakter des Seins ist das Eine in seiner Seinstranszendenz über *alles* erhaben, d.h. schlechthin über jede Bestimmung; darum ist das Platonische "Jenseits des Seins" auch der umfassendste Ausdruck seiner Transzendenz. Mit der Seinstranszendenz ist zufolge der Identität von Denken und Sein notwendig die *Geisttranszendenz* des Einen verknüpft. Dies bedeutet nicht nur seine Transzendenz über die Nous-Hypostase, sondern zugleich die Negation der Geistigkeit des Einen: das Eine denkt nicht, auch nicht sich selbst, weil es in seiner absoluten Einfachheit ohne Selbstbezüglichkeit ist; es ist über Denken und Selbsterfassung erhaben.[3] In der

---

[1] V 5, 12, 7 - 9. Vgl. I 7, 1, 20 - 23; I 8, 2, 2 - 4; III 8, 11, 9 - 10;V 6, 5, 18 - 19. Vgl. auch Proklos, Elem. theol. prop. 13. Quelle: Platon bei Arist. Eud. Eth. 1218 a 24 ff.

[2] Vgl. zum folgenden G. Huber, *Das Sein und das Absolute*, 55 ff., 60 ff., 66 ff., 80 ff. Von Huber übernehme ich auch die dreifache Auslegung der Transzendenz des Absoluten als Seinstranszendenz, Geisttranszendenz und Erkenntnistranszendenz.

[3] III 9, 9, 12 - 15: *ἐπέκεινα ἄρα νοήσεως τἀγαθόν. ἀλλ᾽ οὐ παρακολουθήσει αὑτῷ* (Harder; H-S$^2$: *αὐτῷ*) . . . *ἐστι πρὸ τῆς παρακολουθήσεως τἀγαθόν*. V 6, 5, 4 - 5: *καὶ συναισθήσεως καὶ πάσης κρεῖττον νοήσεως*. VI 7, 41, 26 - 27: *μειζόνως ἐστὶν ἢ κατὰ γνῶσιν καὶ νόησιν καὶ συναίσθησιν αὐτοῦ*.

Seinstranszendenz liegt schließlich, gemäß dem Seinsbezug alles Erkennens, die *Erkenntnistranszendenz* des Einen. Weil das Eine jenseits von Sein und Geist ist, ist es über jede Erkennbarkeit erhaben; darum muß in der Beziehung zu ihm zuletzt über das Erkennen hinausgegangen werden; das Überschreiten des Erkennens im Vollzug des Erkennens führt zur Mystik und enthüllt das auf das Eine gerichtete Erkennen als Erkenntnis des Unerkennbaren.

Die absolute Transzendenz des Einen ist zunächst und vor allem Transzendenz gegenüber dem Sein, daraus ergeben sich Geisttranszendenz und Erkenntnistranszendenz; die Seinstranszendenz des Einen ist bereits eingehend erörtert worden (vgl. II §§ 2 und 4), daher können wir uns relativ kurz fassen. Für Plotin ist die Formulierung der Seinstranszendenz des Einen durch Platon im Sonnengleichnis (Politeia 509 B) entscheidend; er legt das Platonische "Jenseits des Seins" (*ἐπέκεινα τῆς οὐσίας*) mit Hilfe der ersten Hypothese des "Parmenides" als reine Transzendenz aus; dabei ist der Totalitätscharakter des Seins für den so verstandenen Sinn der Seinstranszendenz konstitutiv.[4] Im Hinblick darauf faßt Plotin die Seinstranszendenz des Einen zusammen:

"Da aber das entstandene Sein (*οὐσία*) Gestalt (*εἶδος*) ist . . . und zwar nicht eine bestimmte einzelne Gestalt, sondern die Gestalthaftigkeit im ganzen (*εἴδους οὐ τινός, ἀλλὰ παντός*), so daß keine weitere Gestalt mehr übrig bleibt, so muß Jenes (sc. das Eine selbst) notwendig gestaltlos (*ἀνείδεον*) sein. Als Gestaltloses aber ist Es kein Sein; denn das Sein muß ein Dieses (*τόδε*) sein, das heißt aber ein Bestimmtes. Jenes aber ist nicht als ein Dieses zu fassen; denn dann wäre Es nicht mehr der Urgrund, sondern nur dasjenige, was man eben als ein Dieses angesprochen hat. Wenn nun alle Seinsgehalte in dem aus Jenem Entstandenen sind, als welchen von diesen wirst du Jenes dann ansprechen ? Wenn Es aber nichts von diesen ist, dann kann man Es nur als das Jenseits von diesen

---

Vgl. VI 9, 6, 42 - 52; III 9, 7, 3 - 4; V 6, 2, 15. 20; V 6, 6, 30 - 32; III 8, 11, 9 - 15. 43; VI 7, 37, 22 - 31; VI 7, 38, 10 - 11. 22 - 25; VI 7, 39, 9 - 14. 20 - 28. 33 - 34; VI 7, 40, 35 - 56; VI 7, 41, 9 - 10. 31. 35; V 3, 10, 5 - 6. 46 - 52; V 3, 12, 47 - 49; V 3, 13, 6 - 12. 34 - 36. - Die *ὑπερνόησις* des Einen, von der Plotin VI 8, 16, 32 unter dem Vorbehalt der Uneigentlichkeit spricht (*οἷον* 16, 31 hält den ganzen Ausdruck bis 16, 33 in suspenso), besagt nur, daß die Negation der Geistigkeit des Absoluten keine Privation in sich schließt und ist im übrigen ebenso wie das parallele *ὑπερόντως* (VI 8, 14, 42) und *ὑπεράγαθον* (VI 9, 6, 40) sowie *ὑπέρκαλον* (VI 7, 33, 20; I 8, 2, 8) - vgl. auch *κάλλος ὑπὲρ κάλλος* (VI 7, 32, 29), womit Plat. Resp. 509 A 7 aufgenommen wird - ein *inhaltlich negativer* Ausdruck der Transzendenz des Einen. (Vgl. unten Anm. 26).

[4] Vgl. dazu Huber, *Das Sein und das Absolute*, 58 - 60.

ansprechen. Diese aber sind das Seiende und das Sein (τὰ ὄντα καὶ τὸ ὄν): Es ist also jenseits des Seins. Denn das 'Jenseits des Seins' sagt nicht ein Dieses aus, - denn es enthält keine Setzung -, und es gibt 'Ihm keinen Namen', sondern es besagt nur: nicht dieses. Und indem es das tut, wird Jenes in keiner Weise dadurch umfaßt."[5]

Das Sein entsteht durch die Zuwendung zum Einen selbst, in der es Einheitscharakter empfängt, dadurch bestimmt wird und so Gestalt (εἶδος, μορφή) ist. Die eidetische Bestimmtheit ist der Grundzug des Seins und macht seine Erkennbarkeit für das Denken aus. Sein ist für Plotin - wie für die ganze griechische Philosophie seit Parmenides - wesenhaft bestimmtes und in seiner Bestimmtheit erkennbares Sein; darum wird es seit Platon als Eidos ausgelegt. "Das Sein ist eidetisch bestimmt" bedeutet: es *ist*, indem es sich durch seinen Einheitscharakter gegen das Nichtsein *abgrenzt* und in dieser Abgrenzung seine Bestimmtheit hat. Der Seinsbegriff wird von Parmenides gewonnen und herausgearbeitet in der abhebenden Abgrenzung gegen das Nichtsein (vgl. Fr. 8). Wenn Sein also Bestimmtheit bedeutet, dann sind, so Platon, die reinen, unwandelbar sich selbst gleichbleibenden Bestimmtheiten das eigentlich Seiende; das besagt die "Ideenlehre". Weil Platon das Sein in den Ideen aufsucht, faßt er es als οὐσία, d.h. als Wesenheit (Seiendheit), als reine, dem Denken sich zeigende Bestimmtheit. Von diesem Seinsverständnis geht Plotin aus, wenn er die Seinstranszendenz des Einen zeigt.

Der Grundzug des Seins ist seit Parmenides die Einheit; in ihr hat es seine Bestimmtheit. Als bestimmtes aber ist das Sein immer schon Zweiheit: es läßt sich auseinanderlegen in etwas und das, was es ist, z.B. das seiende Eine in Sein und Einheit (vgl. Platon, Parm. 142 B 7 ff.); es besitzt eine Struktur und ist damit schon vielfältig. Dagegen ist das absolut Eine ohne jede ontologische Struktur, eben weil es absolut einfach ist (vgl. II § 2). Als absolut Einfaches kann es nicht eidetisch bestimmt sein; es ist also gestaltlos (ἀνείδεον),[6] auch ohne intelligible Formbestimmtheit (ἄμορφον δὲ ἐκεῖνο καὶ μορφῆς νοητῆς)[7] und darum überhaupt unbestimmt

[5] V 5, 6, 1 - 14.

[6] V 5, 6, 4 - 5; VI 7, 17, 40; VI 7, 28, 28; VI 7, 32, 9; VI 7, 33, 21; VI 9, 3, 4. 43 - 44 u.ö.

[7] VI 9, 3, 39. Vgl. VI 8, 11, 31 - 32; VI 7, 17, 17 - 18. 40 - 41; VI 7, 32, 9 - 10; VI 7, 33, 30; auch V 1, 7, 19 - 20; IV 8, 6, 2. Vgl. auch VI 9, 3, 43 - 44: ἀνείδεον πρὸ εἴδους ὂν πάντος. VI 7, 32, 9: ὑπὲρ πάσας μορφάς. V 3, 12, 52: πρὸ τοῦ τί. VI 9, 3, 37 - 38: ἐκεῖνο δὲ οὔ τι, ἀλλὰ πρὸ ἑκάστου, οὐδὲ ὄν.

(*ἀόριστον*)[8] und unbegrenzt, unendlich (*ἄπειρον*).[9] Das absolut einfache Eine liegt über jede Bestimmtheit hinaus und damit auch über das Sein, weil Sein wesentlich Bestimmtheit bedeutet. "Indem das Absolute das Eidos transzendiert, transzendiert es eo ipso auch das Sein."[10]

Nun ist "das Sein", die *οὐσία* als solche, nicht ein bestimmtes Eidos neben anderen, sondern das Eidetische im ganzen, der Inbegriff aller intelligiblen Strukturen. Als Inbegriff aller intelligiblen Strukturen hat das Sein Totalitätscharakter. Also ist das, was das Sein als diesen Inbegriff aller intelligiblen Strukturen begründet, selber nicht mehr von intelligibler Struktur; es ist ohne Eidos und eben darum keine Ousia. Denn wäre es als Etwas bestimmt, dann könnte es nicht *alle* Bestimmtheit vorgängig begründen. Das Eine ist also nicht als dieses oder jenes Bestimmte (*τόδε*) fixierbar, weil es überhaupt keine washafte Bestimmtheit hat. Was immer in seinem Seinsgehalt bestimmbar ist, ist das Eine nicht. Das einfachhin Eine ist notwendig jenseits aller bestimmbaren Seinsgehalte; es ist jenseits des Seienden (*τὰ ὄντα*), d.h. dessen, was in seinem Seinsgehalt als dieses oder jenes bestimmbar ist, und jenseits des Seins (*τὸ ὄν*), d.h. des Seiendseins überhaupt und als solchen, das allen weiteren Seinsbestimmungen als ursprünglichste Bestimmung vorausgeht.[11]

Das "Jenseits des Seins" (*ἐπέκεινα ὄντος*) aber ist nicht selbst wieder eine Bestimmung. Es bestimmt nicht das über alle Bestimmungen erhabene Eine, weil es das Eine nicht als dieses oder jenes setzt, sondern seine Transzendenz über jede Setzung ausspricht.[12] Die Transzendenzbehaup-

---

[8] VI 8, 9, 43. - Wenn es im selben Kapitel im Widerspruch hierzu vom Einen heißt: *ὥστε ὡρισμένον τι. λέγω δὲ ὡρισμένον, ὅτι μοναχῶς* (VI 8, 9, 10), so ist hier wohl beidemale mit Beierwaltes *κεχωρισμένον* zu konjizieren, vgl. *Plotin. Geist - Ideen - Freiheit*, 91 - 92 z. St. (mit Verweis auf Proklos, In Parm. 1184, 12 f. und 18). - Vgl. auch VI 7, 17, 15. VI 9, 6, 11 (*ἀπεριλήπτον*).

[9] VI 9, 6, 10 - 12; V 5, 10, 19 - 23; V 5, 11, 1 - 4; VI 7, 32, 15 - 16. - Zu verschiedenen möglichen Bedeutungen der Unendlichkeit des Einen vgl. Proklos, In Parm. 1118, 10 - 33 und 1123, 22 - 1124, 37 (Plotin dort 1118, 19) und dazu Verf., *Speusipp und die Unendlichkeit des Einen* (erscheint noch).

[10] G. Huber, *Das Sein und das Absolute*, 55. Plotin, V 5, 6, 5: *ἀνείδεον δὲ ὂν οὐκ οὐσία.*

[11] Vgl. V 5, 6, 1 - 10.

[12] Vgl. V 5, 6, 11 - 13: *τὸ γὰρ ἐπέκεινα ὄντος οὐ τόδε λέγει - οὐ γὰρ τίθησιν - οὐδὲ ὄνομα αὐτοῦ λέγει, ἀλλὰ φέρει μόνον τὸ οὐ τοῦτο.* Ebenso V 3, 13, 1 - 5. - V 5, 6, 26: *τάχα δὲ καὶ τὸ "ἓν" ὄνομα τοῦτο ἄρσιν ἔχει πρὸς τὰ πολλά.*

tung hat selber keinen positiven (setzenden) Gehalt mehr, weil ihr Inhalt gerade die Negation dessen ist, was das Eine nicht ist und über das es in der Transzendenzbehauptung hinausgehoben wird (vgl. II § 4). Das aber ist alles, was in seinem Sein bestimmbar ist, weil es von einem bestimmten Seinsgehalt ist. Indem also die Transzendenzbehauptung das Eine über jede Bestimmtheit des Seins und über das Sein selbst als den Inbegriff reiner Bestimmtheit hinaushebt, vollzieht sie selber keine Setzung, sondern gerade die Aufhebung jeder Setzung. Eben darum ist sie das Einzige, was wir überhaupt über das Eine sagen können. Mit einem Platonzitat (Parm. 142 A 3: *οὐδὲ ὄνομα αὐτοῦ*) hebt Plotin die Unnennbarkeit des absoluten Einen hervor, das durch das "Jenseits des Seins" nicht benannt, sondern über das, was es selbst nicht ist, hinaus erhoben wird.[13]

Das "Jenseits des Seins" hebt das absolute Eine über das Sein hinaus und damit - zufolge des Totalitätscharakters des Seins - implizit über alle überhaupt möglichen und denkbaren Bestimmungen. Plotin expliziert die absolute Transzendenz des Einen, die in seiner Seinsjenseitigkeit ausgesprochen ist, durch eine Reihe von negativen Prädikationen, die sich dem Gedankengang der ersten Hypothese des Platonischen "Parmenides" genau anschließen:[14]

Weil das Eine selbst absolut einfach ist, ist es ohne jede Vielheit. Folglich ist es ohne Teile und kein Ganzes; es ist ohne Anfang, Mitte und Ende; somit ist es ohne Grenze und Bestimmtheit (*πέρας*), also grenzenlos oder unendlich (*ἄπειρον*); es hat keine Gestalt und ist weder in sich selbst noch in anderem, also nirgends; es ist jenseits von Ruhe und Bewegung; weil es nichts anderes ist als einfachhin Eines, ist es jenseits von Identität und Andersheit, sowohl in Bezug auf sich selbst als auch in Bezug auf anderes; darum ist es auch jenseits von Ähnlichkeit und Unähnlichkeit mit sich

---

[13] Gerade die beiden Platonischen Prägungen Parm. 142 A 3 und Resp. 509 B 9 enthalten für Plotin "die größtmögliche sprachliche Annäherung an das Unsagbare": Szlezák, *Nuslehre Plotins*, 31 f. mit Anm. 91 (wo auch Plotins Verwendung von Ep. VII 341 C 5, Phileb. 63 B 7, Soph. 249 A 2 und Pol. 284 E 6 - 7 - die jedoch alle bei weitem nicht so oft zitiert werden wie Resp. 509 B 9 und Parm. 142 A 3 - dokumentiert ist).

[14] Dazu eingehend J.M. Charrue, *Plotin. Lecteur de Platon*, Paris 1978, 43 - 84. - Zu Plotins Anknüpfung an Platons "Parmenides" unten Teil II Kap. I § 3; zu den Negationen der Ersten Hypothese und zu ihrer Aufnahme durch Plotin im einzelnen dort Kap. III § 3. - Als erster wies E.R. Dodds, *The Parmenides of Plato and the Origin of the Neoplatonic "One"*, CQ 22 (1928), 129 ff., bes. 132 ff. auf die Erste Hypothesis als den Ursprung der negativen Theologie Plotins hin.

selbst oder anderem; jenseits von Gleichheit und Ungleichheit und über jede Vergleichbarkeit erhaben; es ist jenseits von Ewigkeit und Zeit; jenseits aller Seinsweisen und darum jenseits des Seins schlechthin, auch jenseits des Einesseins; das überseiende Übereine ist damit zugleich über jede Erkennbarkeit erhaben, also unerkennbar, unsagbar und unnennbar (vgl. Platon, Parm. 137 C - 142 A).

In diesen Negationen wird die absolute Transzendenz des Einen *ausgesprochen*, indem ihm alle Bestimmungen des Intelligiblen wie des Sinnenfälligen *abgesprochen* werden: "So wie der, welcher die intelligible Wesenheit schauen will, keine Vorstellung von etwas Sinnlichem in sich haben darf, um das zu erschauen, was jenseits des Sinnenfälligen ist, so wird auch der, welcher das Jenseits des Intelligiblen schauen will, Es nur schauen, wenn er alle Denkbarkeit (*τὸ νοητόν πᾶν*) wegnimmt; *daß* Jenes ist, das erkennt er durch das Intelligible, *wie* (*οἷον*) Es aber ist, nur dadurch, daß er das Intelligible forttut. Dieses Wie aber muß wohl bedeuten *ohne Wie* (*οὐχ οἷον*); denn es gibt ein *Wie* nicht bei dem, für das es auch kein *Was* (*τί*) gibt."[15]

In der Aufhebung der Denkbarkeit durch die Negationen umkreisen wir das Eine. Der Aufstieg zum Intelligiblen kann dabei als Analogon dienen für den Aufstieg über das Intelligible hinaus zum Einen selbst. Wer die Idee von etwas erfassen will, der muß dabei jede Vorstellung von Sinnlichem weglassen; nur in der transzendierenden Ablösung von allem Sinnenfälligen wird die Idee erreicht. Analog wird auch das Eine nur in der transzendierenden Ablösung von allem Denkbaren erreicht. Plotin kennzeichnet dieses apophatische Verfahren des Transzendierens somit als die Iteration des rational Vollziehbaren,[16] durch welche die Denkbarkeit aufgehoben wird; rational vollziehbar ist die Negation als Aufhebung des Sinnenfälligen zur Herausstellung des rein Intelligiblen, welches alles Sinnenfällige transzendiert; mit der Iteration dieses verneinenden Transzendenzschrittes in der Aufhebung auch der Denkbarkeit aber hebt sich das Denken zuletzt selber auf in das Undenkbare der absoluten Transzendenz. Weil es absolut einfach und jenseits des Seins ist, entzieht sich das Eine jeder Denkbarkeit; denn

---

[15] V 5, 6, 17 - 23. Vgl. V 3, 12, 50 - 52; VI 9, 3, 37 - 38; VI 8, 11, 9 - 13: *τὸ δὲ οἷόν ἐστι ζητεῖν τί συμβέβηκεν αὐτῷ, ᾧ συμβέβηκε μηδέν. τὸ δὲ τί ἐστι δηλοῖ μᾶλλον τὸ μηδὲν δεῖν περὶ αὐτοῦ ζητεῖν . . . μηδὲν αὐτῷ θέμιτὸν εἶναι προσάπτειν μαθόντας.*

[16] Vgl. H. Blumenberg, RGG[3] VI, Sp. 991 s.v. *Transzendenz und Immanenz*; ders., *Die Legitimität der Neuzeit*, [2]Frankfurt 1988, 562.

Denken intendiert immer ein bestimmtes Etwas, das Eine aber ist über jede washafte Bestimmtheit hinaus und darum undenkbar.[17] So verweist zwar jeder intelligible Gehalt durch seinen Einheitscharakter darauf, "daß" das Eine ist, weil er dieses als seinen Ursprung, als Prinzip seiner Einheit, voraussetzt. "Wie" das Eine aber ist, kann nur durch Negation der Denkbarkeit umschrieben werden, weil dem Einen ein "Wie" (*οἶον*) ebensowenig zukommt wie ein "Was" (*τί*). Die in jedem Denken von etwas vorausgesetzte Differenz von "Wie" und "Was", von Bestimmtheit und dem durch sie Bestimmten, bleibt dem Einen in seiner Transzendenz ebenso unangemessen wie die noch fundamentalere Differenz von Wassein und einfachem Daßsein.

Denn auch, "daß" (*ὅτι*) das Eine "ist", wird nur aus der Perspektive des Seins gesagt, das das Eine als seinen Urgrund voraussetzt: "Das Sein (*τὸ εἶναι*), so wie wir von Jenem sagen, Es sei, haben wir aus dem, was nach Ihm ist."[18] Vom Sein als dem Entsprungenen aus ist die Aussage unvermeidlich, "daß" das Eine "ist", freilich ohne daß das Eine in seinem An-sich dadurch getroffen wird. "Die Seinsaussage in Bezug auf das Absolute erwächst einer Übertragung der Seinsbestimmtheit des Seins auf das, was ihr zufolge seiner Transzendenz enthoben ist . . . Der Gehalt der Aussage ist nicht aus dem Einen geschöpft, sondern aus dem Sein".[19]

Wenn die Fragen, "was" und "wie" das Eine ist, aufgegeben werden müssen, weil sie dem Einen unangemessen sind, so muß ihm zuletzt auch abgesprochen werden, "daß" es ist. Das Eine selbst ist über jede Bedeutung von Sein erhaben, auch über die bloße Existenzbehauptung, über das "Ist" im Sinne des bloßen "Daß"; - "*οὐδαμῶς ἄρα ἔστι τὸ ἕν*" heißt es bei Platon (Parm. 141 E 9 - 10) und Plotin hebt dies mehrfach hervor: "Es ist auch nicht das Ist" (VI 7, 38, 1); "Es ist nicht" (ebd. 38, 11); "wir tun selbst das Ist von Ihm fort" (VI 8, 8, 14).[20]

---

[17] V 3, 12, 50 -13, 5; V 5, 6, 5 - 12. 20 - 25; VI 9, 4, 1 - 10; VI 8, 11, 1 - 13; III 8, 9, 19 - 22 u.ö.

[18] VI 8, 11, 7 - 8. Vgl. ebd. 26: *λεγόμενον ὑπ' ἀνάγκης τῶν λόγων εἶναι.*

[19] G. Huber, *Das Sein und das Absolute*, 81. - Dies gilt für alle Aussagen über das Eine: V 3, 14, 7 - 8; VI 8, 8, 3 - 8; VI 9, 5, 33 - 34; III 8, 10, 34 - 35; III 8, 11, 19 - 23.

[20] Vgl. auch VI 9, 2, 46 - 47. 3, 38: *οὐδὲ ὄν*. VI 9, 11, 41; III 8, 10, 30 - 31; VI 8, 8, 19 - 20; VI 8, 10, 36: *οὐδὲ ὑπέστη*. Ebd. 37: *πρὸ ὑποστάσεως*. VI 8, 14, 42: *ὑπερόντως*. V 3, 14, 16 - 17: *κρεῖττον τούτου, ὃ λέγομεν "ὄν"*.

Somit spricht Plotin dem Einen das Sein in jeder möglichen Bedeutung ab, ausdrücklich auch im Sinne des verbalen reinen εἶναι,[21] das allen anderen Bedeutungen von Sein zugrunde liegt; da aber die Verneinung des Seins von dem Absoluten nicht privativ ist, zeigt sich gerade in ihr das Wunder der reinen Transzendenz: "Es ist das Nichts alles dessen, dessen Urgrund Es ist, so jedoch - da nichts von Ihm ausgesagt werden kann, nicht Sein, noch Seiendheit, noch Leben - das Es über all das erhaben ist. Und könntest du Es erfassen, indem du auch das 'sein' (τὸ εἶναι) wegläßt, so würdest du staunen vor dem Wunder."[22]

## § 2 Geisttranszendenz

Weil Sein und Geist identisch sind, ist mit der Seinstranszendenz notwendig die Geisttranszendenz des Einen verbunden:[23] das Eine selbst ist "nicht Geist" (III 8, 11, 25), es "denkt nicht" (V 6, 2, 2), es ist "jenseits des Geistes" (V 4, 2, 44; III 8, 9, 9 - 10; I 7, 1, 20), "über dem Geist" (VI 7, 37, 23 - 24). Aufgrund seiner absoluten Einfachheit ist das Eine "jenseits des Denkens" (III 9, 9, 12; I 7, 1, 20), es "transzendiert das Denken" (VI 7, 39, 34), es "erfaßt auch nicht sich selbst" (III 9, 9, 12 - 13), es "denkt sich nicht selbst" (VI 9, 6, 46), es erkennt und weiß sich nicht selbst (VI 9, 6, 46; V 6, 6, 31); denn "was jenseits des Seins ist, ist auch jenseits des Denkens" (V 6, 6, 30, cf. I 7, 1, 19 - 20), es ist "über das Selbstbewußtsein und jeden Denkakt erhaben" (V 6, 5, 4 - 5), steht "höher als Selbsterkenntnis und Selbstdenken und Selbstbewußtsein" (VI 7, 41, 26 - 27). Jede Form der Selbst-

---

[21] III 8, 10, 31: ἀφελὼν τὸ εἶναι. VI 8, 8, 19 - 20: τό τε γὰρ εἶναι ἀφῃροῦμεν. VI 7, 41, 35 - 37. Vgl. III 9, 9, 10; VI 7, 17, 10; I 7, 1, 19 - 20: ἐπέκεινα ἐνεργείας. - Anders als Porphyrios (In Parm. XII 25 - 27) hebt Plotin das Absolute also auch über den reinen Seinsakt hinaus. Plotin betont, das Sein schließe als solches bereits Vielheit ein: ἀλλ' αὐτὸ τὸ εἶναι ἐν αὐτῷ πολύ ἐστι, κἂν ἄλλο τι εἴπῃς, ἔχει τὸ εἶναι (V 3, 13, 33 - 34). Bei dieser Vielheit des Seinsaktes denkt Plotin entweder an die Zweiheit von Sein und Einheit, die nach Plat. Parm. 142 E 1 - 2 (vgl. D 5) auch das εἶναι als solches enthält, oder an die wesenhafte Bezogenheit des Seinsaktes auf das Seiende, die durch die "ontologische Differenz" nicht aufgehoben wird. Hinzuweisen ist auch auf V 6, 6, 19 - 21, wonach das εἶναι in seiner Fülle immer schon zugleich das νοεῖν und das ζῆν in sich enthält.

[22] III 8, 10, 28 - 32.

[23] Vgl. VI 7, 41, 32 - 37.

beziehung und d.h. jede Geistigkeit muß dem Einen abgesprochen werden, weil es als absolut Einfaches ohne Unterschied zu sich selbst ist, welcher Unterschied zu sich die Bedingung der Selbstbezüglichkeit darstellt.[24] Darum spricht Plotin schon im 6. Kapitel der Schrift VI 9 dem

---

[24] VI 9, 6, 42 - 52; III 9, 7, 1 - 4; ebd. 9, 1 - 20; V 6, 5, 1 - 5; ebd. 6, 30 - 32; III 8, 9, 5 - 15; ebd. 11, 13 - 15; VI 7, 37, 22 - 31; ebd. 38, 10 - 25; ebd. 39, 1 - 28; ebd. 40, 35 - 56; ebd. 41, 8 - 17. 25 - 37; V 3, 10, 16 - 52; ebd. 11, 15 - 30; ebd. 12, 47 - 52; ebd. 13, 6 - 24. 34 - 36. - Die einzige Stelle, an der Plotin dem Einen ein transzendentes Quasi-Bewußtsein zuzuschreiben scheint, ist V 4, 2, 15 - 19: *οὐκ ἔστιν οἷον ἀναίϑητον, ἀλλ' ἔστιν αὐτοῦ πάντα ἐν αὐτῷ καὶ σὺν αὐτῷ, πάντη διακριτικὸν ἑαυτοῦ, ζωὴ ἐν αὐτῷ καὶ πάντα ἐν αὐτῷ, καὶ ἡ κατανόησις αὐτοῦ αὐτὸ οἷονεὶ συναισϑήσει οὖσα ἐν στάσει ἀιδίῳ καὶ νοήσει ἑτέρως ἢ κατὰ τὴν νοῦ νόησιν*. (Text nach H - S). Diese Aussagen der Frühschrift V 4 ( = chron. 7) sind bei Plotin ohne Parallele und mit seinen sonstigen Aussagen über das Eine unvereinbar. Plotin widerruft sie schon kurze Zeit später, wenn er in der Frühschrift VI 9 ( = chron. 9) dem Einen nicht nur das Denken (VI 9, 6, 42 - 52), sondern auch das unterschiedslose Beisichselbstsein (VI 9, 6, 49 - 51) sowie den Totalitätscharakter (VI 9, 2, 44 - 47) abspricht. Auch das Selbstbewußtsein (die mit der *συναίσϑησις* synonyme *παρακολούϑησις αὐτῷ*) wird dem Einen schon in der Frühschrift III 9 ( = chron. 13) ebenso abgesprochen (III 9, 9, 12 - 20) wie die *ζωή* (III 9, 9, 17 - 18, vgl. VI 7, 17, 10 - 14 u.ö., implizit schon VI 9, 2, 24 - 25) und die *στάσις* (III 9, 7, 1 - 2). In V 6, 5 - 6 spricht Plotin dem Einen dann kategorisch Selbstdenken, Selbsterfassung und Selbstbewußtsein in jeder Form ab; er betont hier wie in späteren Schriften, die *συναίσϑησις* impliziere Vielheit (dazu grundsätzlich V 3, 13, 12 - 13. 21 - 22) und könne darum dem absolut Einen und Einfachen in keiner Weise zukommen (V 6, 5, 1 - 5 und 6, 30 - 32; ebenso V 3, 13, 6 - 24. 34 - 36 und VI 7, 41, 9 - 15, vgl. ebd. 25 - 37). Darüber hinaus verneint Plotin auch eine einfache Selbstberührung (*ἁπλῆ ἐπιβολὴ πρὸς αὐτό, ἐπαφή*) des Absoluten, weil dieses ohne Unterschied zu sich selbst sei (VI 7, 39, 1 - 5. 18 - 28), und ebenso die Selbstbezüglichkeit des Absoluten, die dessen absolute Einheit aufhöbe (VI 8, 12, 28 - 37, bes. 35 ff.; vgl. ebd. 13, 3). Die Selbstunterscheidung als Bedingung der Möglichkeit von Selbstbezug und Selbstbewußtsein spricht Plotin dem Einen durchgängig ab, z.B. VI 7, 39, 2 ff.; VI 8, 12, 28 ff.; VI 9, 6, 42 ff.; V 3, 10, 33 ff.; V 6, 6, 31 f.; vgl. V 3, 15, 31; VI 9, 10, 14; VI 7, 34, 14. - Im Hinblick auf die quasi-intellektuellen Prädikate des Einen in V 4, 2, 15 - 19, die Plotin dem Einen später kategorisch abspricht, hat R. Harder - im Anschluß an O. Becker, *Plotin und das Problem der geistigen Aneignung*, 31 - zu Recht von einer "dogmatischen Selbstkorrektur" Plotins gesprochen (*Sources de Plotin*, 380; vgl. auch *Plotins Schriften* I b, 454 f.); Th. A. Szlezák, *Nuslehre Plotins*, 87 mit Anm. 270 (vgl. 164 Anm. 539) hat sich dem angeschlossen. Andere bestreiten, daß ein Widerspruch zu den Aussagen Plotins über das Nicht-Denken des Einen vorliege, da das Selbstbewußtsein dem Einen auch V 4, 2, 18 nur "gleichsam", unter Vorbehalt, zugesprochen wird (H.R. Schwyzer, *"Bewußt" und "Unbewußt" bei Plotin*, in: *Sources de Plotin*, 371 ff.; H.J. Krämer, *Ursprung der Geistmetaphysik*, 396 ff.; F.P. Hager, *Der Geist und das Eine*, 298 f.; A. Graeser, *Plotinus and the Stoics*, 132 ff. u.a.; vgl. J. Bussanich, *The One and its Relation to Intellect*, 20 - 27 mit guter Forschungsübersicht). Dennoch

Einen das Denken ab, wobei er betont, daß die Negation des Denkens keine Privation in sich schließt:

"Es ist auch kein Denken, sonst wäre Andersheit in Ihm, noch auch Bewegung; denn Es ist *vor* der Bewegung und *vor* dem Denken. Was sollte Es denn auch denken ? Sich selbst ? Dann müßte Es vor dem Denken seiner selbst nichtwissend sein und des Denkens bedürfen, damit Es sich kennenlerne, Es, das doch absolut unbedürftig, sich selbst genug ist. Indessen kann es nur deshalb, weil Es sich nicht erkennt und denkt, kein Nichtwissen in Ihm geben, denn Nichtwissen findet nur statt, wo ein Zweites da ist, wenn eines das andere nicht weiß. Jenes aber, da Es allein für sich ist, erkennt nichts, andererseits hat Es aber nichts in sich, das Es nicht wüßte, sondern da Es einfachhin Eines ist und bei sich selber, bedarf Es nicht des Denkens seiner selbst. Eigentlich darf man Ihm auch das Beisichselbst-Sein nicht zuschreiben, um die Einheit rein zu wahren,

---

bleibt festzuhalten, daß die συναίσθησις dem Einen seit III 9, 9 (= chron. 13) nicht einmal "gleichsam" zukommt (sie fehlt auch unter den Quasi-Prädikaten in VI 8, 13 ff.); vor allem aber: "Über dem Streit um den 'Widerspruch' in der Frage des Selbstbewußtseins wurde übersehen, daß die 'Selbstunterscheidung' - ein wesentliches Moment des Selbstbewußtseins (vgl. V 3, 13, 12 f. 21 f.) - eine nicht zu integrierende Singularität im Werk Plotins darstellt" (Szlezák, loc. cit., 164 Anm. 539). Neuerdings wurde sogar bestritten, daß sich die Stelle V 4, 2, 15 - 19 überhaupt auf das Eine selbst bezieht (K. Corrigan, *Plotinus, Enneads V 4, 2 and related passages*, Hermes 114, 1986, 196 ff.; ähnlich A.C. Lloyd, *Plotinus on the Genesis of Thought and Existence*, Oxford Stud. in Anc. Philos. 5, 1987, 157; vgl. schon K.H. Volkmann-Schluck, *Plotin als Interpret*, 124 Anm. 1); die - freilich ungenaue - arabische Paraphrase, die *Epistula de Scientia Divina* § 172 bezieht die Stelle auf den "Ersten Geist". - *Nicht* auf das Eine zu beziehen ist jedenfalls der scheinbar parallele Passus V 1, 7, 11 - 13: nach Henry-Schwyzer[2] mit Corrigenda 200 - ebenso M. Atkinson, *Plotinus. Ennead V 1*, 167 - 169 (Forschungsüberblick bei Bussanich, loc. cit., 49 f.; auch K. Kremer, *Plotin. Seele - Geist - Eines*, XXX) - ist dort nur gesagt: "Hat doch der Geist schon von sich selbst her gleichsam ein Mitgewahren von dem Vermögen, daß er das Sein hervorzubringen vermag" (vgl. VI 9, 5, 35: καὶ ἄγει εἰς οὐσίαν νοῦς). So auch schon Volkmann-Schluck, loc. cit., 124 f. mit der treffenden Erklärung: "Das 'Gewahren des Vermögens' bezieht sich auf die Bewegung der Noesis, die sich zur Selbstbezüglichkeit der Usia - durch Hinwendung auf die Einheit - bringt und die Usia so existent werden läßt. Diese Denkbewegung ist kein Erfassen einer bestimmten Usia, da sich Bestimmtheit und Grenze in diesem Denkvollzug (von dem Einen gestiftet) allererst bilden; sie ist die sich zur Usia aktuierende Tätigkeit." Volkmann-Schluck weist zu Recht darauf hin, "daß συναίσθησις eine Art von Gewahren meint, das zwar eine Vielheit voraussetzt, aber nicht von der Art eines ausdrücklichen Erfassens ist." - Die einzigen von fern an V 4, 2, 15 - 19 anklingenden späteren Stellen, VI 8, 16, 31 - 33 und VI 8, 18, 18 - 22 sind wohl ganz anders zu deuten (vgl. Anm. 3 und 26).

sondern man muß Denken wie Beisichsein ausschließen, auch das Denken seiner selbst wie das der anderen Dinge."[25]

Hier wird also dem Einen selbst ausdrücklich nicht nur das *Selbstdenken* abgesprochen, sondern auch das unterschiedslose *Beisichselbst-Sein*, weil *jede* Form der Selbstbeziehung die absolute, relationslose Einheit des Einen aufheben müßte. Das Eine selbst ist in seiner reinen Einheit absolut unbezüglich; Selbstbezüglichkeit, Beisichsein, Denken und Selbsterfassung müssen um seiner absoluten Einheit und reinen Einfachheit willen vereint werden. Das einfachhin Eine ist nur einfachhin das Eine, und es ist als absolute Einheit über jede Selbsterfassung erhaben.[26]

---

[25] VI 9, 6, 42 - 52.

[26] VI 9, 6, 49 - 52; VI 8, 12, 28 - 37; VI 7, 39, 1 - 5. 20 - 28. 31 - 34; ebd. 41, 9 - 14. 25 - 37; V 6, 5, 1 - 5; ebd. 6, 30 - 32; vgl. V 3, 1, 3 - 4. Siehe auch Anm. 24 und oben Kap. III § 3 Anm. 73 und 82. -

Die prinzipielle Negation der Selbsterfassung des Absoluten wird auch in VI 8 nicht durchbrochen, wo Plotin dem Einen οἷον ἐγρήγορσις und ὑπερνόησις zuschreibt (VI 8, 16, 31 - 33) und sagt, der Geist bezeuge durch seine νοερὰ φύσις den Quasi-Geist im Einen, der nicht Geist sei, sondern absolute Einheit (VI 8, 18, 18 - 22; vgl. zum Quasi-Nous ebd. 16, 14 - 30). Denn zum einen stehen beide Aussagen unter dem von Plotin wiederholt eingeschärften Vorzeichen der Uneigentlichkeit (VI 8, 13, 1 - 5; 18, 52 - 53 usw.), haben rein metaphorischen Charakter (vgl. VI 8, 8, 1 - 8) und sind durch οἷον suspendiert (programmatisch VI 8, 13, 47 - 50). Da sie zudem - wie *alle* Quasi-Prädikate des Einen in VI 8 - erklärtermaßen didaktische Absicht haben (VI 8, 13, 4. 48) und in umfassender Negation widerrufen werden (vgl. VI 8, 11, 1 - 13. 34 - 35; 21, 24 - 30 zur Alleingültigkeit der Negation), dürfte es kaum möglich sein, in ihnen "mehr als die Abwehr einer Mißdeutung der Negation ins Privative zu sehen" (Huber, *Das Sein und das Absolute*, 68). Anders Krämer, *Ursprung der Geistmetaphysik*, 394 - 403 und besonders J. Bussanich, *The One and its Relation to Intellect*, 173 - 220 und passim, der die Quasi-Prädikationen des Einen in VI 8 wie dogmatisch gültige Aussagen Plotins behandelt und sie als negatio negationis mit affirmativer Nebenbedeutung verstehen möchte (220). - Zum anderen ist festzuhalten, daß eine inhaltlich positive Aussage über das Eine weder VI 8, 16, 31 - 33 noch VI 8, 18, 18 - 22 intendiert ist, wie das einschränkende οἷον, das ὑπέρ in ὑπερνόησις (16, 32), das die Denkhaftigkeit des Einen gerade verneint, sowie die mit dem Quasi-Nous unmittelbar verknüpfte Negation (VI 8, 18, 21 f.: τὸν οἷον ἐν ἑνὶ νοῦν οὐ νοῦν ὄντα· ἓν γάρ) hinreichend beweisen. Wie die parallelen Supereminenztermini ὑπερόντως (VI 8, 14, 42) und ὑπεράγαθον (VI 9, 6, 40) sowie ὑπέρκαλον (VI 7, 33, 20; I 8, 2, 8) ist auch die ὑπερνόησις des Einen ein inhaltlich negativ bleibender Ausdruck der Transzendenz - Harders Übersetzung "ein Denken über dem Denken" verschiebt die Bedeutung ins Affirmative, die wörtliche Übersetzung "Über-Denken" ist vorzuziehen - und wird von Plotin selber in diesem Sinne erläutert: ἡ ἐνέργεια αὐτοῦ καὶ οἷον ἐγρήγορσις . . . καὶ ὑπερνόησις . . . ἐστιν ἐπέκεινα

Der zitierte Text enthält bereits in nuce die wesentlichen Argumente Plotins für das Nicht-Denken des Einen, die in zahlreichen späteren Schriften Plotins entfaltet werden.[27]

Die eingehendste Begründung für das Nicht-Denken des Einen gibt Plotin in den Kapiteln 37 und 38 der Schrift VI 7 in Auseinandersetzung mit der Noustheologie des Aristoteles. Wir interpretieren diesen Gedankengang Plotins Schritt für Schritt.

Die Auseinandersetzung mit dem Aristotelismus ist notwendig, denn Aristoteles hatte im 12. Buch der Metaphysik das Absolute als das reine Denken seiner selbst bestimmt. Nach Aristoteles ist die Seinsweise des Höchsten und Vollkommensten das Denken (*νόησις*).[28] Nun ist Denken die Anwesenheit des Gedachten als eines solchen und darum durch das

---

*οὐσίας καὶ νοῦ καὶ ζωῆς ἔμφρονος . . . αὐτὸς ἄρα ἐστὶν ἐνέργεια ὑπὲρ νοῦν καὶ φρόνησιν καὶ ζωήν* (VI 8, 16, 31 - 36 - die *ἐνέργεια* wird dem Einen übrigens an zahlreichen anderen Stellen abgesprochen: III 8, 11, 8 - 11; III 9, 9, 8 - 10; V 3, 10, 16 - 21; V 6, 6, 3 - 5; VI 7, 17, 9 f.; ebd. 40, 29 f.; vgl. VI 8, 12, 36 f.; das Eine ist streng genommen *ἐπέκεινα ἐνεργείας*, VI 7, 17, 10; III 9, 9, 10; I 7, 1, 19 - 20). Das *ἅπαξ εἰρημένον* von der *ὑπερνόησις* des Einen besagt so verstanden dasselbe wie *τὸ ὑπερβεβηκὸς τὸ νοεῖν* (VI 7, 39, 34). Wichtig ist auch, daß Plotin die überkühne Metapher vom Quasi-Geist im Einen - sie wird mit Verweis auf dessen absolute Einheit sofort widerrufen (VI 8, 18, 21 f.) - im folgenden durch den Hinweis auf die geisttranszendente Übermacht des Einen, deren Manifestation der Geist ist (VI 8, 18, 29 f.), und auf die Methode der übersteigernden Analogie, die via analogiae et supereminentiae (18, 32 f.), erläutert, um abschließend die Uneigentlichkeit des Gesagten hervorzuheben (18, 52 f.). Es scheint mir daher nicht ratsam, die Aussagen in VI 8, 16 und 18 mit der schon in VI 9, 6 widerrufenen Frühposition von V 4, 2, 15 - 19 (s. Anm. 24) in Verbindung zu bringen und diese durch jene zu erläutern, wie dies Krämer, Bussanich u.a. tun.

[27] Vor allem III 9, 9; V 6, 2 - 6; III 8, 11; VI 7, 37 - 41; V 3, 10; V 3, 13. - Zur Enneade VI 7, der umfangreichsten Schrift Plotins, liegen zwei Kommentare vor: P. Hadot, *Plotin. Traité 38. VI 7.* Introduction, traduction, commentaire et notes, Paris 1988; G. Siegmann, *Plotins Philosophie des Guten. Eine Interpretation von Enneade VI 7,* Würzburg 1990 (zum Nicht-Denken des Einen 168 ff.).

[28] Aristoteles, Metaph. XII 7 und 9. Zu Aristoteles' Noustheologie vgl. H.J. Krämer, *Ursprung der Geistmetaphysik,* bes. 159 - 173; ders., *Zur geschichtlichen Stellung der aristotelischen Metaphysik I: Zur Aristotelischen Theologie,* Kant-Studien 58 (1967), 313 - 337; ders., *Grundfragen der aristotelischen Theologie I: Die Noesis noeseos bei Aristoteles,* Theologie und Philosophie 44 (1969), 363 - 382; L. Elders, *Aristotle's Theology. A Commentary on Book XII of the Metaphysics,* Assen 1972.

Gedachte bestimmt.[29] Wenn also das Denken das Höchste ist, dann muß auch das Gedachte das Höchste und Vollkommenste sein. Da also das Höchste nur das Höchste denken kann, das Höchste und Vollkommenste überhaupt aber das Denken selber ist, so ergibt sich, daß das Höchste das Denken des Denkens selbst ist (*νόησις νοήσεως*).[30] Weil aber ein rein auf sich selbst gerichtetes Denken leer erscheint, haben andere, sowohl Aristoteliker als auch Platoniker, dem Höchsten auch das Denken der intelligiblen Wesensformen der Dinge zugeschrieben.[31] Sie stimmen aber mit Aristoteles darin überein, daß sie das Vollkommenste und Höchste als die reine Präsenz seiner selbst im Selbstdenken bestimmen (VI 7, 37, 1 - 5).

Plotin setzt dieser Konzeption, die auch den vorplotinischen Platonismus weithin bestimmt hat,[32] zunächst drei Einwände entgegen:

(1) Wenn das absolut Erste denkend wäre, dann würde es durch das Denken erhabener und das Denken stände höher als das, was das Erste an sich selbst ist; das Erste hätte also erst durch das Denken seinen Rang.[33] Es ist aber umgekehrt: das Denken hat seinen Rang erst durch das Erste, d.h. durch seinen transzendierenden Bezug auf das Eine, in dem es sich konstituiert (vgl. III § 3). Wenn also das Erste seinen Rang durch das Denken hat, dann hat es an sich selbst einen geringeren Rang,

---

[29] Aristoteles, Metaph. XII 7 1072 b 22 - 23: *τὸ γὰρ δεκτικὸν τοῦ νοητοῦ καὶ τῆς οὐσίας νοῦς, ἐνεργεῖ δὲ ἔχων*. Vgl. auch 1072 a 30; b 18 - 20; 1074 b 18 - 21.

[30] Aristoteles, Metaph. XII 9 1074 b 33 - 35: *αὑτὸν ἄρα νοεῖ, εἴπερ ἐστὶ τὸ κράτιστον, καὶ ἔστιν ἡ νόησις νοήσεως νόησις*. Vgl. 1072 b 18 - 21.

[31] Vgl. Alexander, De an. 86, 14 - 23; 109, 4 - 26 Bruns. Ferner z.B. Albinos, Didaskalikos 163, 13; 164, 26 f. Hermann. - Von Aristoteles her liegt eine solche Deutung nahe, wenn man Metaph. 1072 b 19 - 20 (*αὑτὸν δὲ νοεῖ ὁ νοῦς κατὰ μετάληψιν τοῦ νοητοῦ*) mit 1072 a 30 - 31 (*νοῦς δὲ ὑπὸ τοῦ νοητοῦ κινεῖται, νοητὴ δὲ ἡ ἑτέρα συστοιχία καθ᾽ αὑτήν*) verbindet. Daß eine entsprechende Theorie, derzufolge das höchste Prinzip, die Nous-Monas, sich in den ihm immanenten Ideen selbst denkt, schon von Xenokrates vertreten wurde, hat H.J. Krämer sehr wahrscheinlich gemacht (*Ursprung der Geistmetaphysik*, 119 - 126; *Grundfragen der aristotelischen Theologie II: Xenokrates und die Ideen im Geiste Gottes*, Theologie u. Philosophie 44, 1969, 481 - 505).

[32] Siehe dazu H.J. Krämer, *Der Ursprung der Geistmetaphysik*, 63 - 119; J. Pépin, *Idées grécques sur l'homme et sur dieu*, 297 ff. (spez. 300); auch Ph. Merlan, *Monopsychism, Mysticism, Metaconsciousness*, Den Haag 1962 ($^2$1969); R. E. Witt, *Albinus and the History of Middle Platonism*, Cambridge 1937 ($^2$Amsterdam 1967).

[33] Plotin bezieht sich damit auf Aristoteles, Metaph. 1074 b 20 - 21: *διὰ γὰρ τοῦ νοεῖν τὸ τίμιον αὐτῷ ὑπάρχει.*

ist also gar nicht das schlechthin Erste. Wenn es dagegen seinen Rang durch sich selbst hat, dann ist es *vor* dem Denken vollkommen (*πρὸ τῆς νοήσεώς ἐστι τέλειος*)[34] und bedarf zu seiner Vollkommenheit nicht des Denkens; das Erste ist auch ohne das Denken das absolut Vollkommene (VI 7, 37, 5 - 10).

(2) Aristoteles hatte die Bestimmung des Höchsten und Vollkommensten als Denken des Denkens ontologisch begründet: das Höchste ist unveränderlich, also muß es reine Aktualität (*ἐνέργεια*) ohne jede Potenz (*δύναμις*) sein, weil es sonst die Möglichkeit der Veränderung und somit Nichtsein in sich hätte.[35] Als reine Wirklichkeit aber ist das zu höchst Seiende, das jedes Nichtsein von sich ausschließt, notwendig reines Denken, und zwar reines Denken seiner selbst, denn dieses ist als solches die sich selbst gegenwärtige Wirklichkeit und Wirksamkeit als solche. Dagegen wendet Plotin ein, daß mit der Bestimmung des Ersten als Denken, d.h. als Selbstgegenwart, schon eine Zweiheit gegeben ist: es läßt sich auseinanderlegen in das, was es an sich selbst ist, d.h. seine *οὐσία* und deren Selbstgegenwart in der *νόησις*. Damit aber ist es nur Geeintes, nicht aber an und durch sich selbst einfachhin Eines. Zur Verdeutlichung vergleicht Plotin den Nous mit dem Sehen, das für Plotin wie für Aristoteles und Platon die prinzipiell gleiche Struktur besitzt wie die Noesis, da sie diese als intellektuelle Anschauung konzipieren:[36] Das

---

[34] VI 7, 37, 9. Vgl. dazu V 6, 2, 13 - 16: *ἔδει δὲ πρὸ τοῦ νοεῖν τέλειον εἶναι παρ' αὐτοῦ τῆς οὐσίας. ᾧ ἄρα τὸ τέλειον ὑπάρξει, πρὸ τοῦ νοεῖν τοῦτο ἔσται· οὐδὲν ἄρα δεῖ αὐτῷ τοῦ νοεῖν· αὐτάρκης γὰρ πρὸ τούτου· οὐκ ἄρα νοήσει.*

[35] Aristoteles, Metaph. 1071 b 19 - 20: *ἐνδέχεται γὰρ τὸ δυνάμει ὂν μὴ εἶναι. δεῖ ἄρα εἶναι ἀρχὴν τοιαύτην ἧς ἡ οὐσία ἐνέργεια.* Vgl. auch 1072 b 7 - 8. 27 - 28; 1074 b 18 - 21. 25 - 27. 33 - 35; 1075 a 3 - 5 u. öfter.

[36] Für Platon ergibt sich das aus der Strukturanalogie von *νοῦς* und *ὄψις* im Sonnengleichnis (bes. 508 B 12 - C 2) sowie aus der systematischen Unterscheidung von *νόησις* und *διάνοια* im Liniengleichnis. Platon beschreibt die Erkenntnis der Ideen und der Prinzipien als intellektuelle Schau, wobei er wiederholt die Metaphern der Berührung und der Erleuchtung verwendet und das Strukturmoment der "Plötzlichkeit" (*ἐξαίφνης*), des Heraustretens aus der Zeit und den Bezügen des diskursiven Denkens, hervorhebt; Phaidon 79 D; Symposion 210 E, 211 DE, 212 A; Politeia 490 B, 533 D, 540 A; Phaidros 247 C - E, 249 C, 250 A und BC; Ep. VII 341 CD, 342 D, 343 E, 344 B; vgl. auch Parm. 136 E. Für Aristoteles siehe Metaph. IX 10 1051 b 24, 25; XII 7 1072 b 20 - 21; De an. III 5 430 a 15. 19 - 20; III 6 430 b 27 - 30; An. post. II 19 100 b 5 - 17; Nik. Ethik VI 6 1141 a 3 ff. Grundsätzlich wichtig ist Speusipp, Fr. 30 Lang = 35 Isnardi P. = 73 Tarán: Die noetische Erfassung (*ἐπαφή*) der Prinzipien ist einfach, nicht-diskursiv, von höchster Selbstevidenz und eine

Auge ist an sich selbst nur das Vermögen des Sehens; erst der Sehakt macht das der Möglichkeit nach Sehende, das Auge, zum wirklich Sehenden. Aus dem Vergleich erhellt, daß die Differenz von Möglichkeit und Wirklichkeit und damit die Zweiheit in der Einheit des aktualen Sehens bzw. des aktualen Denkens bei der Bestimmung des Absoluten als Denken nicht überwunden ist; darum wird das Absolute als das absolut Einfache gerade verfehlt, wenn es als reines Denken und reine Aktualität konzipiert wird.[37] (VI 7, 37, 10 - 14).

(3) Wollte man nun das Absolute als reine *ἐνέργεια* und reine *νόησις* im Sinne des reinen Denkakts, des Denkens rein als Vollzug bestimmen, so wendet Plotin ein, daß gerade der reine Denkvollzug als solcher nicht sich selber denkt, so wenig wie der reine Akt der Bewegung als solcher sich selber bewegt.[38] Der Denkvollzug vereinigt vielmehr das Zu-Denkende oder Gedachte mit dem Denkenden und ist darum für dieses der Grund seines Denkendseins; insofern nun im Denken seiner selbst das Gedachte das Denkende selbst ist, denkt dieses sich selbst in seinen inhaltlichen Bestimmungen, zu denen auch die Einheit von Denkendem und Gedachtem im Denkvollzug gehört. Nicht aber wird im Denken seiner selbst, das immer die Selbsterfassung eines Denkenden in seiner Bestimmtheit durch das Denken und das in ihm Gedachte ist, der einfache Denkakt als solcher gedacht, losgelöst von einem Denkenden, das ihn vollzieht, und von einem Gedachten, das in ihm erfaßt wird.[39]

---

Eminenzform des Sehens. Zur Sache vgl. etwa K. Oehler, *Die Lehre vom noetischen und dianoetischen Denken bei Platon und Aristoteles*, München 1962; A.C. Lloyd, *Non-discursive thought - an enigma of Greek philosophy*, Proc. of the Aristotelian Soc. 70 (1969/70), 261 - 274. - Für Plotin erübrigen sich wohl gesonderte Nachweise.

[37] Das gleiche Argument auch III 8, 11, 1 - 5: *ἐπεὶ γὰρ ὁ νοῦς ἐστιν ὄψις τις καὶ ὄψις ὁρῶσα, δύναμις ἔσται εἰς ἐνέργειαν ἐλθοῦσα. ἔσται τοίνυν τὸ μὲν ὕλη, τὸ δὲ εἶδος αὐτοῦ - οἷον καὶ ἡ κατ' ἐνέργειαν ὅρασις - ὕλη δὲ ἐν νοητοῖς· ἐπεὶ καὶ ἡ ὅρασις ἡ κατ' ἐνέργειαν διττὸν ἔχει.* - Vgl. dazu Aristoteles, De an. 417 b 10: *τὸ μὲν οὖν εἰς ἐντελέχειαν ἄγειν ἐκ δυνάμει ὄντος τὸ νοοῦν.* Parallelisierung von Denken und Wahrnehmung unter diesem Aspekt z.B. De an. 427 a 9, 429 a 13 - 18.

[38] VI 7, 37, 15 - 16: *οὐκ ἂν οὖσα νόησις νοοῖ, ὥσπερ οὐδὲ κίνησις κινοῖτο ἄν.* Vgl. VI 9, 6, 53 - 54: *νόησις δὲ οὐ νοεῖ, ἀλλ' αἰτία τοῦ νοεῖν ἄλλῳ.* V 6, 6, 9 - 10: *ἔπειτα οὐδ' ἡ νόησις νοεῖ, ἀλλὰ τὸ ἔχον τὴν νόησιν.* Dazu R. Arnou, "*L' acte de l' intelligence entant qu' elle n' est pas intelligence*", in: Melanges J. Maréchal, Paris 1950, II 249 - 262.

[39] Vgl. VI 7, 40, 6: *νόησις πᾶσα ἔκ τινός ἐστι καὶ τινός.* Ebd. 41, 10 - 12: Drei-Einheit von *νοοῦν - νόησις - νοούμενον.* Zur *νόησις* als Identifikationsakt von

Wäre nun das Absolute einfache, reine *νόησις*, dann gäbe es ein Denken als reinen Vollzug, ohne etwas, das denkt, d.h. ohne ein Seiendes, dessen Sein durch das Denken bestimmt ist. Das aber ist unmöglich: Als Vereinigungsprinzip von Denkendem und Gedachtem ist der Denkakt rein als solcher, ohne ein Denkendes, das ihn vollzieht und sich in ihm als durch das Denkendsein bestimmt erfaßt, nicht möglich. Der einfache Denkvollzug, die reine *νόησις* und *ἐνέργεια*, das Denken als reine Aktuosität hat seine Bestimmtheit nur als Bestimmung eines durch es bestimmten Seienden, d.h. eines Denkenden; ohne dieses wäre es selbst unbestimmt und wäre darum auch kein Denken. Die *νόησις* ist gerade als reine *ἐνέργεια*, als reiner Vollzug, nicht denkbar ohne das Denkende, *dessen ἐνέργεια* sie ist;[40] ohne Denkendes wäre sie keine *νόησις* mehr, sondern überhaupt nicht. Darum gilt: einen Denkvollzug rein als solchen, ohne ein Denkendes, welches ihn vollzieht, kann es nicht geben; denn wenn nichts mehr da ist, das denkt, ist auch das Denken selber nicht mehr da. Denkendes *und* Denkvollzug aber sind schon eine Zweiheit, also nicht das absolut Erste (VI 7, 37, 15 - 16).

Plotin spricht darum das Denken dem Ersten ab, weil dieses absolut einfach und ohne Verschiedenheit in sich selbst ist, und teilt es dem Zweiten

---

Denkendem und Gedachtem im Denken seiner selbst V 3, 5, 43 - 48: *ἓν ἅμα πάντα ἔσται, νοῦς, νόησις, τὸ νοητόν. εἰ οὖν ἡ νόησις αὐτοῦ τὸ νοητόν, τὸ δὲ νοητὸν αὐτός, αὐτὸς ἄρα ἑαυτὸν νοήσει· νοήσει γὰρ τῇ νοήσει, ὅπερ ἦν αὐτός, καὶ νοήσει τὸ νοητόν, ὅπερ ἦν αὐτός. καθ' ἑκάτερον ἄρα ἑαυτὸν νοήσει, καθότι καὶ ἡ νόησις αὐτὸς ἦν, καὶ καθότι τὸ νοητὸν αὐτός, ὅπερ ἐνόει τῇ νοήσει, ὃ ἦν αὐτός.*

[40] Vgl. dazu VI 7, 40, 6 - 9: *καὶ ἡ μὲν* sc. *νόησις συνοῦσα τῷ ἐξ οὗ ἐστιν ὑποκείμενον μὲν ἔχει τὸ οὗ ἐστι νόησις, οἷον δὲ ἐπικείμενον αὐτὴ γίνεται ἐνέργεια αὐτοῦ οὖσα καὶ πληροῦσα τὸ δυνάμει ἐκεῖνο*. Ebd. 41, 12 - 13: *εἰ δὲ ταὐτὸν νοῦς, νόησις, νοητόν, πάντη ἓν γενόμενα ἀφανιεῖ αὐτὰ ἐν αὑτοῖς.* Die drei Momente des erfüllten Denkens *νοῦς - νόησις - νοητόν* sind also nur in ihrer *relationalen* Einheit als solche denkbar; bei Aufhebung ihrer Unterschiedenheit in die absolute, relationslose Einheit verschwinden sie selber. Darum kann auch das vermittelnde Element in dieser Drei-Einheit, die *νόησις*, nicht rein als solche von ihren beiden Relata abgelöst werden: Mit der Aufhebung der Relationalität des Denkens in die reine Einheit ist das Denken selber als Vollzug auch aufgehoben. - Anders als Plotin löst Porphyrios den nicht-selbstbezüglichen reinen Denkakt von seinen Relata ab und identifiziert ihn in seiner ersten, absolut unbezüglichen Form mit dem Einen selbst (In Parm. XIII-XIV, spez. XIV 5 - 16), das er als den einfachen absoluten Seinsakt denkt (In Parm. XII 25 f.). Porphyrios faßt diesen subjektlosen Denkakt ohne Objekt als "absolute Erkenntnis" (*ἀπόλυτος γνῶσις οὐ γιγνώσκοντος οὖσα καὶ γιγνωσκομένου, ἀλλὰ τὸ ἓν τοῦτο γνῶσις οὖσα*, In Parm. VI 8 - 10).

zu, d.h. dem Nous als dem aus dem Absoluten Entstandenen. Er konstatiert dabei einen Wesensbezug zwischen dem Entstandensein des Geistes und seiner Selbstgegenwart im Denken: nur das aus einem anderen Entstandene hat es nötig, zu sich selbst zu kommen und bei sich selbst gegenwärtig zu sein, darum kommt ihm das Denken zu, und zwar das Denken seiner selbst. "Es sucht gleichsam nach seiner eigenen Wesenheit, nach sich selbst und nach dem, was es hervorgebracht hat."[41] Entstehen bedeutet ein Suchen nach sich selbst, ein Streben nach Erfüllung der eigenen Wesensbestimmung, die das, was erst entsteht, eben noch nicht besitzt; das Entstehende *ist* noch nicht bei sich, es *kommt* allererst zu sich selbst. Das Denken aber ist als Denken seiner selbst ein Sich-selbst-immer-schon-Gefundenhaben, Selbstbesitz in der Gegenwart des eigenen Wesens bei sich selbst;[42] und so ist das Denken die Erfüllung des Entstehens als das vollendete Zu-sich-selbst-Gekommensein und Bei-sich-selbst-Sein. Die Selbstentzweiung des Denkens in ein Denkendes und ein Gedachtes ist im Denken seiner selbst immer schon in die Einheit beider aufgehoben.[43] Diese Einheit des Selbstdenkens *in* seiner Selbstentzweiung ist aber selbst nur möglich aufgrund der vorgängigen Zuwendung des Denkens zum absoluten Einen, dem es entspringt und dem es seine einheitstiftende und vereinigende Kraft verdankt. So verdankt sich die Einheit des Geistes im Denken seiner selbst gerade seiner ursprünglichen und allem Selbstdenken vorausgehenden Hinwendung (*ἐπιστροφή*, VI 7, 37, 21) auf die nicht-denkende und nicht-denkbare absolute Einheit seines Ursprungs, des Einen selbst, in welcher Hinwendung sich das Denken allererst konstituiert. In dieser Hinwendung auf seinen Ursprung erfüllt es sich, wird sich selbst gegenwärtig und ist damit Geist (vgl. Kapitel III § 3). Im Denken kommt also gerade die *Bedürftigkeit* des Geistes hinsichtlich des jenseitigen Absoluten, zu dem er durch das Denken in Beziehung steht und auf das bezogen er überhaupt erst denkend ist, zum Ausdruck. Darum bedarf das Absolute des Denkens nicht; denn das absolut Erste und absolut Einfache kommt nicht erst durch eine Genesis zu sich selbst

---

[41] VI 7, 37, 19 - 20: *οἷον ζητεῖν αὑτοῦ τὴν οὐσίαν καὶ αὑτὸ καὶ τὸ ποιῆσαν αὑτό*. Vgl. V 6, 5, 1 - 2: *ἔτι τὸ πολὺ ζητοῖ ἂν ἑαυτὸ καὶ ἐθέλοι ἂν συννεύειν καὶ συναισθάνεσθαι αὑτοῦ*. Vgl. dazu V 3, 13, 12 - 24.

[42] Vgl. V 3, 10, 49 - 50: *καὶ γὰρ αὖ πόθος τις καὶ ἡ γνῶσις ἐστι καὶ οἷον ζητήσαντος εὕρεσις*. V 1, 4, 16: (*ὁ νοῦς*) *νοεῖ δὲ οὐ ζητῶν, ἀλλ' ἔχων*. - Hegel, *Vorl. über die Gesch. d. Philos.* II: "Der *νοῦς* ist das Sich-selbst-Finden seiner selbst" (Werke XIX, 448).

[43] III 8, 11, 5 - 6: *τὸ οὖν ἓν δύο γέγονε καὶ τὰ δύο ἕν*. Vgl. V 6, 6, 26 - 27; VI 7, 40, 15 - 18; VI 7, 41, 18 - 21 usw.

und es hat nichts vor und über sich, auf das bezogen es denkend sein könnte (VI 7, 37, 16 - 23).

Plotin beruft sich für die Geisttranszendenz des absolut Ersten auf Platon;[44] zugleich macht er deutlich, daß die Negation der Geistigkeit des Ersten keine Privation in sich schließt: "Der Geist nämlich, wenn er nicht denkt, wäre ungeistig (*ἀνόητος*); denn dasjenige, welches das Denken zu seiner Wesensweise (*φύσις*) hat, das ist, wenn es dies nicht vollbringt, ungeistig; dem es aber gar nicht zukommt, etwas zu vollbringen, wie kann man auf das etwas Zu-Vollbringendes zuerst beziehen und dann dessen Fehlen (*στέρησις*) über es bestimmend aussagen (*κατηγοροῖ*), weil es ja nichts vollbringt ?"[45]

Das Sein des Geistes hat den Charakter des *ἔργον*, weil er nur ist, wenn er sein Wesen, das Ideenganze, im Hinblicken auf das überseiende und übergeistige Eine selbst hervorbringt. Das Hervorbringen des Ideenganzen ist das Denken, das in seinem Bezug auf das Eine zugleich empfangend und erzeugend ist; das Denken, die Wesensweise des Geistes, ist also das Vollbringen des *ἔργον*, das der Geist selbst ist; weil das *ἔργον* des Geistes sein eigenes Sein ist, ist er *ἐνέργεια*. Der Geist hat sein Sein im Vollbringen seiner selbst, weil er nur im und als Denken sich selbst als das Ganze der Ideen gegenwärtig ist. Fehlte ihm das Denken, so fehlte ihm sein Wesen und er wäre nicht mehr Geist (*ἀνόητον*, VI 7, 37, 26).

*Dem Einen selbst dagegen kann nichts fehlen, weil ihm nichts zukommt*; denn *Fehlen* (*στέρησις*) ist das Ausbleiben dessen, was einem Wesen an sich zukäme; da das Eine aber absolut einfach ist, kommt ihm an sich selbst überhaupt nichts zu. Weil ihm keinerlei *ἔργον* zukommt, ist es sinnlos, das Denken zuerst als etwas ihm Zukommendes auf das Eine zu beziehen und dann dessen Fehlen von ihm auszusagen; ebensogut könnte man von dem Einen, dem keine Bestimmung zukommt, das Fehlen des Arzt-Seins aussagen (VI 7, 37, 23 - 28).

Dem über alle Bestimmungen hinausliegenden absoluten Einen kommt darum kein *ἔργον* zu, weil keinerlei Hervorbringen es ankommt (*ὅτι μηδὲν*

---

[44] VI 7, 37, 23 - 24: *διὸ ὑπὲρ νοῦν φησιν ὁ Πλάτων εἶναι ὀρθῶς*. H-S², app. font. verweisen dazu auf Resp. 509 A 7 und B 9; Theiler, *Plot. Schr.* III b, 514 verweist auf Resp. 508 C 1 - 2 - nimmt man diese Stelle mit 509 B 9 und B 2 - 4 zusammen, so bezeugt sie in der Tat die Transzendenz des Agathon über den *νοῦς* und die *νοούμενα*. (Vgl. dazu auch Proklos, In Parm. VII 28, 13 - 17).

[45] VI 7, 37, 24 - 27. Ähnlich schon VI 9, 6, 44 - 48.

ἐπιβάλλει αὐτῷ ποιεῖν, VI 7, 37, 29); denn das absolut Einfache muß nicht erst zu sich selbst kommen, darum ist es ohne ἔργον und mithin auch ohne Denken. Das absolut Eine ist vollkommen unbedürftig und über alles Seiende erhaben: *ἀρκεῖ γὰρ αὐτὸς καὶ οὐδὲν δεῖ ζητεῖν παρ' αὐτὸν ὑπὲρ τὰ πάντα ὄντα.*[46] Das Absolute ist unbedürftig in Bezug auf sich selbst und alles andere, "indem Es ist, was Es ist" (*ὢν αὐτὸς ὅ ἐστιν*),[47] d.h. weil es das einfachhin Eine ist; es bedarf nicht darüber hinaus noch des Gegenwärtigseins bei sich selbst im Denken (VI 7, 37, 28 - 31).

Aber selbst, wenn wir von dem Einen sagen, "Es ist, was Es ist" (*ὅ ἐστιν*, VI 7, 37, 23 und 31), um seine ursprüngliche, reine Einfachheit und absolute Vollkommenheit auszudrücken, so ist diese Aussage sofort wieder als nur uneigentlich zurückzunehmen, weil dem Einen selbst aufgrund seiner Seinstranszendenz das *ἔστιν* oder *ὅ ἐστιν* nicht zukommt: "Es ist auch nicht das Ist; denn auch dessen bedarf Es in nichts."[48] Dennoch kommen wir ohne das *ἔστιν* nicht aus, wenn wir nicht überhaupt von dem Einen schweigen wollen. Der Sinn des *ἔστιν* muß also modifiziert werden, wenn vom Absoluten die Rede ist. Diese Modifikation ist darum möglich, weil das "ist" in sich doppelsinnig ist.

Im Ist der *Aussage* wird einer Sache das diese zu einem Seienden bestimmende Sein zugesprochen. Das Eine selbst aber bedarf nicht eines ihm erst zukommenden Seins, um dann als Seiendes bestehen zu können, denn es ist jenseits des Seins und "*ist*" darum überhaupt nicht (vgl. II § 4 u. IV § 1). Darum kann von ihm auch nicht ausgesagt werden: "es ist gut" ("*ἀγαθός ἐστι*"); denn dies ist eine Modifikation von "es ist" und würde das dem Sein Transzendente zu einem Gut-Seienden bestimmen. Von

---

[46] VI 7, 37, 29 - 31. Vgl. VI 9, 6, 16 - 20; V 6, 2, 15 - 16; V 6, 4, 1 - 4; V 3, 13, 16 - 17; III 8, 11, 10 - 13; II 9, 1, 8 - 9; I 8, 2, 4 - 5 usw. - VI 7, 41, 27 - 31: *ἐπεὶ οὐδὲ ἑαυτῷ οὐδέν ἐστιν· οὐδὲν γὰρ εἰσάγει εἰς αὐτόν, ἀλλὰ ἀρκεῖ αὐτό . . . οὐδὲ βλέπει δὴ ἑαυτό.*

[47] VI 7, 37, 31. Vgl. VI 7, 40, 42; VI 8, 8, 13; ebd. 9, 5; ebd. 9, 23; ebd. 9, 34; ebd. 10, 23. 25; ebd. 12, 1; ebd. 13, 33. 37; ebd. 15, 27 - 28; V 6, 6, 7 usw. - Diese Wendungen knüpfen an Plat. Parm. 139 C 1 (*οὕτως εἴη ὅπερ ἔστιν, ἕν*) an, um die absolute Einheit des Einen zum Ausdruck zu bringen; sie stehen jedoch unter dem Vorzeichen der Uneigentlichkeit und werden von Plotin - wie übrigens schon von Platon (Parm. 141 E 10 - 11: *οὐδ' ἄρα οὕτως ἔστιν ὥστε ἓν εἶναι*) - in der Negation zurückgenommen (VI 8, 8, 14. 20; VI 7, 38, 1. 11).

[48] VI 7, 38, 1 - 2. Ebd. 11: *οὐκ ἔστι*. Vgl. VI 8, 8, 14. 20; III 8, 10, 30 - 31. Quelle: Plat. Parm. 141 E 9 - 10. - Von dem Einen selbst kann allenfalls gesagt werden: *πρώτως αὐτὸς καὶ ὑπερόντως αὐτός* (VI 8, 14, 42).

dem seinsjenseitigen Absoluten kann das Ist nicht im Sinne der bestimmenden Aussage von etwas über etwas ausgesagt werden.

Die andere Weise des Ist-Sagens ist der reine Hinweis (*σημαῖνον*). *Σημαίνειν* meint den Bedeutungsgehalt von Worten, bevor sie zu einer Aussage verbunden werden: sie be-zeichnen eine Sache, d.h. sie geben ein Zeichen, ohne zu bestimmen, ob das von ihnen Bezeichnete ist und wie und was es ist; als reine Zeichen verhalten sie sich in einer Neutralität bezüglich des Seins und Nichtseins des Bezeichneten, während im Ist der Aussage die ausgesagte Sache in dem sie bestimmenden Was- und Wie-Sein gegenwärtig ist. *Wenn von dem Einen überhaupt gesprochen wird, so kann von ihm nicht in kategorialem, sondern nur in rein semantischem Sinne gesprochen werden*; das Ist muß, wenn vom Absoluten die Rede ist, in einen bloß zeichenhaften Charakter zurückgenommen werden, so daß das Ist-Sagen auf das Absolute bezogen nicht mehr seinsbestimmend, sondern nur noch hinweisend ist. Wir sagen das Eine nicht aus, sondern wir weisen auf Es hin, wenn wir von ihm sprechen; denn die Sageweise der Aussage ist aufgrund ihrer zwiefältigen Struktur ("etwas über etwas") dem absolut Einfachen unangemessen. Wenn darum Plotin von dem Absoluten sagt, es sei "das Gute" (*τἀγαθόν*), so ist dieses Sagen über das Absolute in rein semantischer Bedeutung zurückgehalten, ohne daß damit das Unsagbare in seinem An-sich benannt (*λέγοντες οὐκ αὐτό*)[49] oder etwas Zukommendes von dem ausgesagt würde, dem aufgrund seiner absoluten Transzendenz nichts zukommt (VI 7, 38, 1 - 6).[50]

Es ist nicht angemessen, von dem Absoluten zu sagen, "es ist gut", aber auch nicht, das "gut" durch den Artikel zu substantivieren (*οὐδ' "ἔστιν ἀγαθὸν" λέγειν ἀξιοῦντες οὐδὲ τὸ "τὸ" προτιθέναι αὐτοῦ*), weil beide Male das Unsagbare ausgesagt würde. Nun ist aber "das Gute" seit Platon der Name für das Absolute, ohne den wir uns nicht über das Absolute verständigen könnten, denn "das Gute" nennt das Absolute gerade nicht in seinem unsagbaren An-sich, sondern in seinem Bezug zu seinen Prinzipiaten, der vielmehr deren Bezug zum Absoluten ist: "Das Gute" bezeichnet das Absolute, das einfachhin Eine selbst, als dasjenige, das von

---

[49] VI 7, 38, 4 - 5. Vgl. V 3, 14, 5 - 6: *περὶ αὐτοῦ μὲν λέγειν, αὐτὸ δὲ μὴ λέγειν*. Vgl. auch VI 9, 4, 11 - 12; V 5, 6, 24; V 3, 13, 1: *ἄρρητον*.

[50] Vgl. VI 8, 8, 6 - 7: *οὐδὲν ἂν εὕροιμεν εἰπεῖν οὐχ ὅτι κατ' αὐτοῦ, ἀλλ' οὐδὲ περὶ αὐτοῦ κυρίως*. Vgl. auch VI 8, 11, 9 - 13: *τὸ δὲ οἷόν ἐστι ζητεῖν τί συμβέβηκεν αὐτῷ, ᾧ συμβέβηκε μηδέν. τὸ δὲ τί ἐστι δηλοῖ μᾶλλον τὸ μηδέν δεῖν περὶ αὐτοῦ ζητεῖν . . . μηδὲν αὐτῷ θεμιτὸν εἶναι προσάπτειν μαθόντας*.

allem Seienden erstrebt wird, weil alles Seiende des aus ihm kommenden Einheitscharakters bedarf,[51] während das Eine selbst in seiner reinen Einfachheit das absolut Unbedürftige, schlechthin sich selbst Genügende ist, das als das Übereine nicht einmal der Einheit bedarf, da es nicht einmal Eines ist.[52] Darum nennt Plotin es mit Platon unter Kontraktion des Artikels mit dem Adjektiv einfachhin *τἀγαθόν*, "das Gute", ohne das "ist" des Satzes "X ist das Gute"; denn "das Gute", *τἀγαθόν* , einfachhin ist weder Subjekt noch Prädikat, weil es nicht mit "ist" verbunden ist, es enthält also keine Zweiheit einer Aussage (Z. 8 - 9: *ἵνα μὴ ἄλλο, τὸ δὲ ἄλλο ποιῶμεν, ὡς μὴ δεῖσθαι τοῦ "ἔστιν" ἔτι, οὕτω λέγομεν "τἀγαθόν"*), sondern ist in ununterscheidbarer Einheit einfache Be-zeichnung des Absoluten, ohne dieses irgendwie zu bestimmen (VI 7, 38, 6 - 9).

Nach diesen Klärungen fragt Plotin nun, indem er die Aristotelische Problematik des Absoluten als reines Denken und Erkennen seiner selbst erneut aufnimmt: Aber wie kann denn das Absolute ohne Bewußtsein und Erkenntnis seiner selbst sein ? Doch was könnte es denn von sich wissen ? Das Absolute kann nicht "Ich bin" ("*ἐγώ εἰμι*") sagen, denn es "ist" ja nicht. Es wäre sonst ein durch Sein bestimmtes Seiendes, aber nicht das überseiende Eine selbst. Es kann auch nicht sagen: "Ich bin das Gute" ("*τὸ ἀγαθόν εἰμι*"), weil es damit das Ist bestimmend über sich selbst aussagen würde (VI 7, 38, 9 -13).[53]

---

[51] Vgl. I 7, 1, 7 - 10. 13 - 23; I 8, 2, 2 - 4; III 8, 11, 9 - 11; III 9, 9, 2 - 4; V 5, 12, 7 - 9; VI 7, 41, 28 - 29; VI 9, 6, 39 - 43. Quelle: Platon bei Arist. Eudem. Eth. 1218 a 24 ff. und Nik. Eth. 1094 a 3; Plat. Ep. II 312 E 1 - 3.

[52] *Als das Gute selbst ist das Eine das absolut Unbedürftige:* I 8, 2, 4 - 5; II 9, 1, 8 - 9; III 8, 11, 10 - 11; V 3, 13, 16 - 17; V 4, 1, 12 - 13; VI 7, 23, 7 - 8; VI 9, 6, 16 - 39 usw. - *Das Eine bedarf seiner selbst nicht:* VI 9, 6, 20. 24 - 25; VI 7, 41, 30 - 31 usw.; vgl. V 3, 17, 14: *ἐπέκεινα αὐταρκείας*. - *Das Über-Eine ist nicht einmal Eines:* V 2, 1, 1; V 4, 1, 8 - 9; V 5, 6, 28 - 30. 32 - 33; VI 9, 6, 2. 13 - 15; vgl. VI 9, 5, 30 - 31; VI 8, 14, 42. Proklos, In Parm. 1123, 37 - 38: *ὑπὲρ ἕν*. Quelle hierfür: Plat. Parm. 141 E 10 - 12 und 160 B 3.

[53] Ähnlich V 3, 10, 31 - 40: "Denn wenn das absolut Ungeteilte (sc. das Eine) sich selbst aussagen sollte, so müßte es zuvor sagen, was es nicht ist; und somit müßte es Vieles sein, um Eines sein zu können. Und wenn es dann sagen würde 'Ich bin dieses', so spräche es unwahr, wenn es mit 'dieses' etwas von ihm selbst Verschiedenes meinte, wenn dagegen etwas, was ihm zukommt, so bezeichnete es sich damit als Vielheit (oder es könnte höchstens sagen 'Ich Ich' und 'bin bin'). Was nun aber, wenn es nur eine Zweiheit wäre und sagen würde 'Ich und dieses' (= 'Ich bin dieses')? So wäre es damit notwendig schon Vielheit: denn es spräche von Unterschiedenem und zwar davon, inwiefern es unterschieden ist, und wäre damit schon Zahl und vieles andere." Hierzu W. Beierwaltes, *Denken des Einen*, 40 f.

Es sagt aber auch nicht nur "das Gute" als solches ohne "ich bin" (*ἀλλ᾽ οὐ τὸ "ἀγαθὸν" μόνον ἐρεῖ*)[54]. Denn "gut" kann zwar ohne "ist" gedacht werden, wenn es nicht von einem Subjekt prädiziert wird. Eine Selbsterkenntnis des Absoluten läge aber nur dann vor, wenn es *sich selbst* als das Gute dächte; dächte es dagegen nur das Gute einfachhin, so wäre ihm zwar das Gute gegenwärtig, aber nicht auch, daß es selber das Gute ist. Damit läge keine Selbsterkenntnis vor; denn zur Selbsterkenntnis gehört die auf sich selbst bezügliche Noesis, so daß der Denkinhalt wäre: "Ich bin das Gute", "*ἐγώ εἰμι τὸ ἀγαθόν*"[55] (VI 7, 38, 13 - 18).

Wenn nun das Denken als solches (*νόησις αὐτή*), nicht als reiner Denkvollzug, sondern als erfülltes Gegenwärtighaben des Gedachten, das Gute ist, dann kann das Denken als solches nur das In-sich-Haben des Guten selbst sein; dann aber wäre das Erste das Gegenwärtig-Haben des Guten und damit wäre schon die Zweiheit von Denken bzw. Denkendem und Gedachtem hergestellt. Wenn nun das denkende Anwesend-Haben des Guten als solches das absolut Höchste wäre, dann wäre zwar das Gute selbst in ihm gegenwärtig, aber nicht das das Gute Denkende; denn das reine Gegenwärtig-Haben des Guten als solches ist noch keine Selbsterkenntnis. Damit aber wäre das Denkende nicht *als solches* das Gute, sondern nur dadurch und erst dadurch, daß es das Gute denkt und als Denkendes durch das in ihm gegenwärtige Gute selbst als ein Gutes bestimmt ist;[56] als solches wäre es dagegen nur Noesis und nicht das Gute; die Noesis rein als solche ist also gerade nicht selbst das Gute. Wenn aber das Denken nur dadurch gut ist, daß es das Gute gegenwärtig hat, dann besteht ein Unterschied zwischen dem Denken als solchem und dem, was es gegenwärtig hat, dem reinen Guten selbst; und dann ist das Denken durch das Gute bestimmt und ist nicht schon als solches das Gute selbst. Damit

---

[54] VI 7, 38, 13. *ἀλλ᾽ οὐ* konjiziert Theiler anstelle des überlieferten *ἀλλὰ*, vgl. *Plot. Schr.* III b, 515 z. St.. Theilers Text, der auch das folgende *τι προσθείς* tilgt, erscheint mir gedanklich stringenter als die konservative Lesart bei Henry-Schwyzer.

[55] VI 7, 38, 16; vgl. 18. - Vgl. V 3, 10, 35 - 37: *εἶθ᾽ ὅταν λέγῃ "εἶμὶ τόδε", τὸ "τόδε" εἰ μὲν ἕτερόν τι αὐτοῦ ἐρεῖ, ψεύσεται· εἰ δὲ συμβεβηκὸς αὐτῷ, πολλὰ ἐρεῖ ἢ τοῦτο ἐρεῖ "εἰμὶ εἰμὶ" καὶ "ἐγὼ ἐγώ".*

[56] VI 7, 38, 18 - 20: *καὶ εἰ μὲν ἡ νόησις αὐτὴ τὸ ἀγαθόν, οὐκ αὐτοῦ ἔσται νόησις, ἀλλ᾽ ἀγαθοῦ, αὐτός τε οὐκ ἔσται τὸ ἀγαθόν, ἀλλ᾽ ᾗ νοήσει.* Text nach Theiler, vgl. *Plot. Schr.* III b, 515 z. St. Theilers Konstruktion des Textes wird gestützt durch VI 7, 15, 10 - 11: *τὸ μὲν* (sc. *τὸ ἓν*) *γάρ ἐστι τἀγαθόν* (MSS: *ἀγαθόν*), *ὁ δὲ* (sc. *ὁ νοῦς*) *ἀγαθός ἐστιν ἐν τῷ θεωρεῖν τὸ ζῆν ἔχων*. (Die Konjektur *τἀγαθόν* anstelle des überlieferten *ἀγαθόν* erscheint mir notwendig, weil es VI 7, 38, 6 vgl. 2 von dem Einen heißt: *οὐδ᾽ "ἔστιν ἀγαθὸν" λέγειν ἀξιοῦντες*).

aber ist das Denken des Guten von dem Guten selbst verschieden, und zwar geht dann das Gute selbst als das Bestimmende des Denkens dem Denken des Guten voraus (VI 7, 38, 18 - 22).

Wenn aber das Gute als solches *vor* dem Denken und ursprünglicher als dieses ist, dann ist es sich selbst genug und bedarf zu seiner Vollkommenheit oder vielmehr Übervollkommenheit nicht der Gegenwart seiner selbst im selbstbezüglichen Denken. Müßte es sich selbst gegenwärtig sein, um gut zu sein, so wäre es nicht das Gute selbst, sondern ein des Guten Bedürftiges, das nämlich der Bestimmung *durch* das Gute bedarf, dieses also nicht selbst sein kann. Also denkt das Eine nicht sich selbst, gerade *weil* es das absolut unbedürftige Gute ist (VI 7, 38, 22 - 25).[57]

Zusammenfassend läßt sich sagen: das Eine selbst, das in seiner absoluten Einfachheit das absolut unbedürftige Gute ist, bedarf keines Denkens, eben weil es in seiner vollkommenen Einfachheit nichts entbehrt; jede Hinzufügung würde seine absolute Vollkommenheit oder besser Über-Vollkommenheit nur verringern, indem sie seine *absolute reine* Einheit und Einfachheit aufhöbe; darum müssen ihm Denken und Betätigung, Aktuosität (*ἐνέργεια*) abgesprochen werden.[58] "Alles andere nämlich übt seine Betätigung in Bezug auf das Gute und um des Guten willen; das Gute selbst aber bedarf keines Dinges, daher kommt Ihm auch nichts zu als Es selbst. Sprichst du also das Wort 'das Gute' aus, so denke nichts weiteres hinzu; denn setzt du etwas hinzu, so wirst du Es um so viel, als du hinzugesetzt hast, vermindern. So tu auch nicht das Denken hinzu, auf daß du nicht damit ein Anderes hinzutust und eine Zweiheit hervorrufest, Geist und Gutes. Denn der Geist bedarf des Guten, das Gute aber nicht seiner."[59] Das Denken aber, das nicht selbst das Gute ist, sondern des

---

[57] Genau parallel ist III 9, 9, 10 - 15: *οὐδὲ γὰρ τὸ πρώτως σεμνὸν ἡ νόησις· οὔκουν οὐδὲ πᾶσα, ἀλλ᾽ ἡ τοῦ ἀγαθοῦ· ἐπέκεινα ἄρα νοήσεως τἀγαθόν. ἀλλ᾽ οὐ παρακολουθήσει αὑτῷ. τί οὖν ἡ παρακολούθησις αὑτῷ; ἀγαθοῦ ὄντος ἢ οὔ; εἰ μὲν γὰρ ὄντος, ἤδη ἐστὶ πρὸ τῆς παρακολουθήσεως τἀγαθόν*. - Vgl. ebenso III 8, 11, 39 - 45.

[58] Ebenso auch I 7, 1, 19 - 20; III 8, 11, 8 - 11 und 44 - 45; III 9, 9, 8 ff.; V 3, 10, 16 - 52; V 6, 2, 15; ebd. 5, 10 f.; ebd. 6, 3 ff.; VI 7, 17, 9 ff.; ebd. 40, 29 ff. usw.

[59] III 8, 11, 9 - 16. Vgl. I 7, 13 - 20. V 6, 5, 18 - 19: *ἡ δὲ ἐνέργεια ἁπάντων πρὸς τὸ ἀγαθόν*. V 3, 10, 16 - 21: *οὐδὲ γὰρ ἔχει τὸ ἓν πάντῃ εἰς τί ἐνεργήσει, ἀλλὰ μόνον καὶ ἔρημον ὂν πάντῃ στήσεται· ᾗ γὰρ ἐνεργεῖ, ἄλλο καὶ ἄλλο . . . διὸ δεῖ τὸ ἐνεργοῦν ἢ περὶ ἄλλο ἐνεργεῖν, ἢ αὐτὸ πολύ τι εἶναι, εἰ μέλλοι ἐνεργεῖν ἐν αὑτῷ*. - Verbot jeder *προσθήκη* auch: III 9, 9, 23; V 5, 4, 8 - 10; V

Guten bedarf, hat erst durch seine Beziehung auf das jenseitige Gute, das über alle Denkbarkeit hinausliegende Absolute, seinen Rang und seine Würde: "Denn nicht das primär Verehrungswürdige ist das Denken, und nicht jedes Denken ist verehrungswürdig, sondern allein das Denken, das sich auf das Gute bezieht; darum ist das Gute selbst jenseits des Denkens."[60]

## § 3 Erkenntnistranszendenz

Die Transzendenzbehauptung setzt das Eine über Sein, Geist, Denken und Aktuosität hinaus: "Denn weil Es jenseits des Seins ist, ist Es auch jenseits der Energeia und jenseits des Geistes und des Denkens."[61] Weil Erkenntnis ein Akt des Geistes ist und sich stets auf in seinem Sein bestimmtes Seiendes oder auf das es bestimmende Sein bezieht, liegt darin notwendig die *Erkenntnistranszendenz* des Einen, so daß Plotin sagen muß:

"Wie Jenes (sc. das Eine) jenseits des Geistes ist, so ist Es auch jenseits der Erkenntnis (*ἐπέκεινα γνώσεως*); und wie Es in keiner Hinsicht irgend eines Dinges bedarf, so auch nicht des Erkennens (*οὐδὲν δεόμενον ὥσπερ οὐδενός, οὕτως οὐδὲ τοῦ γινώσκειν*). Sondern das Erkennen wohnt erst der Zweiten Wesenheit inne. Denn auch das Erkennen ist Etwas-Eines (*ἕν τι*), Jenes dagegen ist einfachhin Eines ohne das Etwas; denn wäre Es Etwas-Eines, so wäre Es nicht das Eine selbst (*αὐτοέν*); denn das 'Es selbst' ist vor dem 'Etwas' (*τὸ γὰρ "αὐτὸ" πρὸ τοῦ "τὶ"*). Darum ist Es auch in Wahrheit unsagbar (*ἄρρητον τῇ ἀληθείᾳ*); denn was immer du auch sagen magst, immer wirst du Etwas aussprechen. Sondern das *'jenseits von allem und jenseits des hocherhabenen Geistes'* ist unter allem (sc. was man sagen kann) allein zutreffend (*ἀληθές*), denn es ist kein

5, 13, 9 - 13; VI 7, 41, 16; VI 7, 42, 4; VI 8, 21, 25 - 28. Vgl. Proklos, Elem. theol. prop. 8; Theol. Plat. II 2, 23, 10 - 12; II 10, 63, 14 - 16 und öfter. Quelle: Platon, Parm. 140 A 1 - 3.

[60] III 9, 9, 10 - 12. Vgl. V 6, 5, 5 - 11.

[61] I 7, 1, 19 - 20. Vgl. VI 7, 17, 10 - 11: *ἐπέκεινα ἐνεργείας, ὥστε καὶ ἐπέκεινα ζωῆς*. V 3, 12, 47 - 48: *ὥσπερ ἐπέκεινα νοῦ, οὕτως καὶ ἐπέκεινα γνώσεως*. III 9, 9, 14 - 15: *πρὸ τῆς παρακολουθήσεως*. V 6, 5, 4 - 5: *καὶ συναισθήσεως καὶ πάσης κρεῖττον νοήσεως*. VI 7, 41, 26 - 27: *μειζόνως ἐστὶν ἢ κατὰ γνῶσιν καὶ νόησιν καὶ συναίσθησιν αὐτοῦ*.

Name für Jenes, sondern besagt, daß Es nicht etwas von allem ist und daß es 'keinen Namen von Ihm gibt', weil wir nichts von Ihm aussagen können, sondern wir versuchen nur, soweit das möglich ist, für uns selbst einen Hinweis über Jenes zu geben (*ἀλλ' ὡς ἐνδέχεται, ἡμῖν αὐτοῖς σημαίνειν ἐπιχειροῦμεν περὶ αὐτοῦ*)."[62]

Das Erkennen selber hat notwendig den Charakter der Einheit, aber den der bestimmten und bezüglichen Einheit (*ἕν τι*), nicht der absoluten und reinen. Denn das Erkennen enthält immer die Einheit des Erkannten; denn was nicht Eines ist, zergeht ins völlig Unbestimmte und entzieht sich damit dem Erkennen. Das Erkennen ist darum notwendig auf Einheit gerichtet. Zugleich erkennt es aber nur solches, dessen Einheit selber in Vielheit eingeschränkt ist, weil es nur so ein Bestimmtes (*τί*) ist und als Bestimmtes erkennbar ist. Erkennen ist darum notwendig immer ein Erkennen von Bestimmtem (VI 7, 40, 6: *νόησις πᾶσα ἔκ τινός ἐστι καὶ τινός*. V 3, 10, 40 - 43: *δεῖ τοίνυν τὸ νοοῦν ἕτερον καὶ ἕτερον λαβεῖν καὶ τὸ νοούμενον κατανοούμενον ὂν ποικίλον εἶναι· ἢ οὐκ ἔσται νόησις αὐτοῦ· ἀλλὰ θίξις καὶ οἷον ἐπαφὴ μόνον ἄρρητος καὶ ἀνόητος*). Ein in seinem Einheitscharakter Bestimmtes (*τὶ ἕν*) aber wird dadurch erkannt, daß ihm die ihm zukommende Bestimmtheit zugesprochen wird: etwas ist eben dieses bestimmte Was, das es ist. Indem es immer etwas und das dieses Etwas in seinem Sein bestimmende Was zugleich auseinanderlegt und identifizierend aufeinander bezieht, ist das Erkennen entzweiend und vereinigend zumal, mithin keine *reine* Einheit. Das Erkennen ist ferner auch insofern entzweiend und vereinigend zumal, als es das Erkennende mit dem Erkannten im Erkenntnisakt zu einer Einheit verbindet, jedoch zu einer Einheit, die nicht unterschiedslos einfach ist, sondern welche die Zweiheit von Erkennendem und Erkanntem oder von Erkenntnis und Erkanntem als geeinte in sich enthält.[63] Der Erkenntnisakt ist somit zwar einheitstiftend, aber als das Geeintsein Unterschiedener ist er selbst eine durch Unterschiedenheit in sich bestimmte Einheit (*ἕν τι*).

---

[62] V 3, 12, 47 - 13, 6.

[63] Vgl. V 3, 13, 9 - 10: *πολὺ γὰρ αὐτὸ ποιοῦμεν γνωστὸν καὶ γνῶσιν ποιοῦντες*. VI 7, 39, 14 - 16: *νοήσας δὲ αὐτὸς πολὺς γίνεται, νοητός, νοῶν, κινούμενος καὶ ὅσα ἄλλα προσήκει νῷ*. VI 7, 40, 16 - 18: *καὶ αὖ ᾗ ἑαυτὴν νοεῖ ἡ φύσις, οὐχ ἕτερον, ἀλλ' ᾗ λόγῳ, τὸ νοούμενον καὶ τὸ νοοῦν, πλῆθος ὄν, ὡς δέδεικται πολλαχῇ*. V 3, 10, 23 - 26: *δεῖ τοίνυν τὸ νοοῦν, ὅταν νοῇ, ἐν δυσὶν εἶναι . . . καὶ ἀεὶ ἐν ἑτερότητι τὴν νόησιν εἶναι καὶ ἐν ταὐτότητι δὲ ἐξ ἀνάγκης· καὶ εἶναι τὰ κυρίως νοούμενα πρὸς τὸν νοῦν καὶ τὰ αὐτὰ καὶ ἕτερα.*

Das Absolute dagegen ist keine durch Unterschiedenheit in sich oder in bezug zu Anderem bestimmte Einheit, sondern als *reine absolute Einheit* das über allen Unterschied und damit auch über alle Bestimmtheit hinausliegende Eine einfachhin, *das Eine selbst* (*αὐτοέν*), das auch nicht durch Einheit bestimmt ist, weil es damit schon ein durch Einheit bestimmtes Etwas (*τὶ ἕν*) wäre, also nicht mehr einfachhin das Eine selbst; es ist über alle Bestimmtheit als Etwas hinaus einfachhin Es selbst (*αὐτό*). Als das alle Bestimmtheit erst ermöglichende Prinzip jeder Einheit ist das Absolute selber vor dem Etwas (*πρὸ τοῦ τί*, V 3, 12, 52), über jedes Was hinaus; das Eine selbst ist darum nicht mehr als Was bestimmt, also auch nicht als Einheit, sondern es ist als das Übereine jenseits von Bestimmtheit schlechthin, darum "jenseits von allem" (*ἐπέκεινα πάντων* V 3, 13, 2), auch jenseits des allumfassenden Inbegriffs aller Bestimmtheit, des Geistes (*καὶ ἐπέκεινα τοῦ σεμνοτάτου νοῦ*, ebd. 2 - 3).

Das Eine selbst ist darum in seiner absoluten Transzendenz jeder Erkennbarkeit und Sagbarkeit schlechthin entzogen. Denn weil Erkennen und Sagen intentional sind, erkennen und sagen sie immer Etwas und können darum das einfachhin Eine prinzipiell nicht erreichen, das nicht Etwas-Eines ist, sondern einfachhin das Eine selbst (*αὐτοέν*);[64] das Eine selbst aber ist "nur Es selbst und wahrhaft Es selbst" (*μόνον αὐτὸ καὶ ὄντως αὐτό*),[65] "denn Er ist ursprünglich Er selbst und über das Sein hinaus Er selbst" (*καὶ γὰρ πρώτως αὐτὸς καὶ ὑπερόντως αὐτός*).[66] Darum ist es "jenseits jeder Erkenntnis" (*ἐπέκεινα γνώσεως*) und damit, weil jedes gehaltvolle Sprechen auf Erkenntnis bezogen ist, auch unsagbar (*ἄρρητον*).[67]

Das *einzige*, was überhaupt über das unsagbare Absolute gesagt werden kann, ist das absolute *ἐπέκεινα* der Transzendenzbehauptung; diese hat keinen eigentlichen Aussagecharakter, weil sie das absolute Eine weder bestimmt noch benennt, sondern es *über* alle Bestimmtheit und *über* alle Namen hinaushebt und so zeigt, daß das Absolute gerade "*nicht etwas von allem*" (*οὔτε τι τῶν πάντων*)[68] ist. Die Transzendenzbehauptung statuiert keinen aussagbaren Gehalt, sondern sagt nur, was das Eine selbst nicht

[64] V 3, 12, 51; 15, 16; 17, 9. Vgl. Platon, Parm. 137 B 3, D 2, 158 A 5; Soph. 245 A 5 - 6; Aristoteles, Metaph. 1091 b 14, 1092 a 15 usw.; Eud. Eth. 1218 a 20. 25. Das Eine selbst ist nur das Eine selbst, *οὐ κατ' ἄλλου*: V 3, 15, 16 - 17; V 5, 4, 6 - 7; VI 9, 5, 30 - 31.

[65] VI 8, 21, 32.

[66] VI 8, 14, 42.

[67] V 3, 13, 1. Vgl. V 5, 6, 24; VI 9, 4, 11 - 12; auch VI 8, 8, 6 - 7.

[68] V 3, 13, 4; V 3, 11, 19; III 8, 9, 41; V 5, 13, 21; vgl. V 3, 11, 24 u.ö.

ist; sie bleibt inhaltlich negativ, aber sie zeigt an, daß das mit dieser Verneinung Gemeinte nicht ein Nichtiges, sondern das überseiende Absolute selbst ist. Indem sich in der Transzendenzbehauptung *ἐπέκεινα πάντων*[69] und *οὔτε τι τῶν πάντων* oder *οὐδὲν τῶν πάντων*[70] gegenseitig auslegen, zeigt sich in ihrem Licht die Negation als nicht-privativ, sondern als Anzeige des absoluten und unsagbaren Übermaßes, *ὑπεροχῆς σημαντικόν*;[71] darum vermag sie auf das in seiner reinen Transzendenz Unsagbare hinzuweisen (*σημαίνειν*),[72] ohne es auszusagen. Hinweis auf das Unsagbare ist die negative Transzendenzbehauptung deshalb, weil sie als Behauptung ohne positiven Gehalt, als Negation aber ohne Privation ist, so daß gesagt werden kann: "Das Transzendente ist zugleich ein Ja und ein Nein. Es ist ein Ja, das als ein Nein zu allen unseren positiven Aussagen gesetzt wird; es ist ein Nein, das zugleich positive Behauptung von etwas ist, das über alle unsere positiven Aussagen hinausgeht."[73]

---

[69] V 3, 13, 2; V 1, 6, 13; V 4, 2, 39 - 40. Vgl. III 8, 9, 50 - 51. 54; III 9, 4, 7; V 3, 11, 19. 22. 25; V 4, 1, 5; V 4, 2, 40 - 41; VI 9, 11, 35: *πρὸ πάντων*. III 8, 10, 31; V 5, 12, 48; V 5, 13, 33. 35; VI 7, 37, 30: *ὑπὲρ τὰ πάντα*.

[70] III 8, 9, 53 - 54; V 1, 7, 19; V 5, 13, 28; VI 7, 32, 12 - 13; VI 8, 21, 24 - 25; VI 9, 3, 40; VI 9, 6, 55 usw. Zum Nichts als umfassendstem Ausdruck der absoluten Transzendenz des Einen bei Plotin vgl. III 8, 9, 39 - 41. 50 - 51. 53 - 54; ebd. 10, 26 - 31; V 1, 7, 18 -22; V 2, 1, 1 - 9; V 3, 11, 16 - 22; ebd. 12, 50 - 13, 5; V 5, 6, 8 - 13; ebd. 13, 19 - 21. 28. 33 - 36; VI 7, 32, 5 - 14. 29; VI 8, 9, 43 - 45; ebd. 21, 24 - 34; VI 9, 3, 37 - 40; ebd. 6, 55 - 7, 1 und öfter. Als das absolut jenseitige Nichts von Allem ist das Eine selbst nicht einmal Eines (*οὐδὲ ἕν, μηδὲ ἕν*): V 2, 1, 1; V 4, 1, 8 - 9; V 5, 6, 28 - 30. 32 - 33; VI 7, 32, 5; VI 9, 6, 13 - 15 und öfter. Platon, Parm. 141 E 10 - 12. Vgl. Damaskios, De Principiis I 7, 24 - 25 Westerink: *εἰ δὲ τοῦτο οὐδέν ἐστιν, ἔστω διττὸν τὸ οὐδέν, τὸ μὲν κρεῖττον τοῦ ἑνός, τὸ δὲ ἐπίταδε.*

[71] So Proklos, In Parm. 1110, 6. Der ganze Passus In Parm. 1109, 21 - 1110, 15 ist grundsätzlich wichtig zum transzendierenden Charakter der Negation in bezug auf das Absolute. Siehe dazu W. Beierwaltes, *Proklos. Grundzüge seiner Metaphysik*, 348 - 357. Zur dreifachen Bedeutung der Negation, die entweder privativ oder relativ oder transzendierend ist: Proklos, In Parm. 1072, 19 - 1074, 21; Theol. Plat. II 5, 38, 13 - 39, 5 und II 10, 63, 8 - 17. Zum Nichtsein des Absoluten als Übersein und zur Abhebung gegen andere Bedeutungen von Nichtsein: Proklos, In Parm. VII 44, 13 - 46, 18; In Parm. 999, 19 - 39; In Remp. II 375, 5 ff.

[72] V 3, 13, 5 - 6. Vgl. V 5, 6, 25; VI 7, 38, 3 - 4; VI 9, 5, 38 - 41; VI 2, 17, 4 - 5 u.ö.

[73] J. Wahl, *Immanence et transcendence*, Actes du Congrès Descartes VIII (1937), 57. Zit. nach M. de Gandillac, *Nikolaus von Kues.* Deutsch von H. Fleischmann, Düsseldorf 1953, 278 Anm. 42.

Weil die Transzendenzbehauptung *als Negation* das über alle Affirmation hinaus *Positive* oder vielmehr *Überpositive* andeutet, ist sie die einzige Möglichkeit, das Unsagbare zu sagen, indem sie es über alle positive Aussage hinaushebt. In diesem Sagen aber wird nicht das unsagbare Eine selbst getroffen, sondern vielmehr *unser* Aufstieg zu ihm: "Ja selbst 'Jenes' dürften wir Es im eigentlichen Sinne nicht nennen, wenn wir genau reden wollen, *sondern es will das nur die Auslegung dessen sein, was wir selbst, die wir das Eine gleichsam von außen umspielen, dabei erleben*, indem wir Ihm bald nahe bleiben, bald ganz zurückgeworfen werden durch die Weglosigkeit um Es selbst."[74]

Alle Rede über das Eine bringt nicht *Es selbst* zur Sprache - denn Es selbst ist absolut unsagbar, darum kann von Ihm selbst nicht die Rede sein -, sondern bezeichnet das Eine nur von dem her, was Es selbst nicht ist, was aber durch es ist;[75] die verneinende Rede vom Absoluten weist deshalb auf das Absolute in seiner Transzendenz hin, weil sie von dem Erkennbaren und Sagbaren her - dieses verneinend - auf das verweist, was an sich selbst weder erkennbar noch sagbar ist; dieser Hinweis aber zielt auf *uns*, denn er soll uns anleiten, alles Erkennbare und Sagbare zu transzendieren. Die *Um*schreibungen des Einen durch Negation und Paradoxie *be*schreiben nicht Es selbst, sondern unser Transzendieren auf Es hin.

Auch die Namen des Einen sind Hinweise auf das Unnennbare, die nur um unseretwillen nötig sind;[76] wir benennen es, ohne damit etwas über es ausgemacht zu haben, denn auch wenn wir es das Gute oder das absolut Einfache nennen, sagen wir damit gar nichts über es aus (vgl. III 8, 9, 16 - 18).[77] Die Namen "das Gute" (*τἀγαθόν*) und "Urgrund von allem" (*ἀρχὴ*

[74] VI 9, 3, 51 - 54. Text nach H-S[1] und Harder. Pages von H-S[2] übernommene Änderung des in allen MSS überlieferten *ὄντως* (Z. 52) erscheint mir nicht nötig.

[75] V 3, 14, 1 - 8: *λέγομεν μέν τι περὶ αὐτοῦ, οὐ μὴν αὐτὸ λέγομεν . . . ὥστε περὶ αὐτοῦ μὲν λέγειν, αὐτὸ δὲ μὴ λέγειν. καὶ γὰρ λέγομεν ὃ μὴ ἔστιν· ὃ δέ ἐστιν, οὐ λέγομεν· ὥστε ἐκ τῶν ὕστερον περὶ αὐτοῦ λέγομεν.* Vgl. VI 8, 8, 3 - 4. Auch VI 9, 5, 34; III 8, 10, 34 - 35; ebd. 11, 19 - 23 und öfter. Siehe dazu Kap. I § 1.

[76] VI 9, 5, 31 - 32 mit 39; V 5, 6, 25 - 28; II 9, 1, 5 - 8; VI 7, 38, 4 - 6; VI 2, 17, 2 - 5; V 3, 13, 5 - 6 usw.

[77] Vgl. II 9, 1, 5 - 7: *ὅταν λέγομεν τὸ ἕν, καὶ ὅταν λέγομεν τἀγαθόν . . . οὐ κατηγοροῦντας ἐκείνης* sc. *φύσεως οὐδέν.* VI 2, 17, 2 - 5: *τὸ μὲν ἀγαθόν, εἰ τὸ πρῶτον, ἣν λέγομεν τὴν τοῦ ἀγαθοῦ φύσιν, καθ᾽ ἧς οὐδὲν κατηγορεῖται, ἀλλ᾽ ἡμεῖς μὴ ἔχοντες ἄλλως σημῆναι οὕτω λέγομεν.* Vgl. auch V 3, 11, 23 - 25.

*τῶν πάντων*) sind reine Metaphern für das Unsagbare, sie bezeichnen nicht das Absolute selbst, sondern die Beziehung des Späteren zu Ihm und müssen daher in der Negation wieder aufgehoben werden. Für die Kennzeichnung des Einen als absoluter Urgrund, als übermächtige Mächtigkeit zu allem und als überseiende Überfülle ist das schon gezeigt worden (vgl. III §§ 1 und 2). Für seine Kennzeichnung als "das Gute" gilt das Gleiche: das Eine ist nicht an und für sich selbst das Gute, sondern nur für das Andere (VI 7, 41, 28 - 29; VI 9, 6, 40 - 42), das sich in der Zuwendung zu ihm konstituiert; denn als das Gute "ist Es dasjenige, von dem alles abhängt und zu dem alles Seiende strebt, weil es in Ihm seinen Urgrund hat und Seiner bedarf."[78] Die Kennzeichnung als das Gute steht also in Relation zur *Bedürftigkeit*, diese aber ist die Beziehung *des Seienden*, das nur als Einheit sein kann, zum absoluten Einen; dieses selbst aber ist als absolut Einfaches vollkommen unbedürftig, da es als das Übereine nicht einmal des Einesseins bedarf; "mithin gibt es auch für das Eine selbst kein Gutes, folglich auch keinen Willen nach irgendeinem Guten, sondern Es ist das Übergute (*ὑπεράγαθον*), welches nicht für sich selbst, sondern für die anderen Dinge gut ist."[79] "Man darf Es also auch nicht das Gute nennen, da Es den anderen das Gute darbietet, sondern höchstens in einem besonderen Sinne das Gute über alles Gute hinaus (*ἀλλὰ ἄλλως τἀγαθὸν ὑπὲρ τὰ ἄλλα ἀγαθά*)."[80] Denn insofern die Benennung als "das Gute" dem Absoluten noch eine irgendwie inhaltlich bestimmte Bedeutung zuzusprechen scheint, bleibt auch sie der Transzendenz des Absoluten notwendig unangemessen.[81]

---

[78] I 8, 2, 2 - 4. Vgl. I 7, 1, 7 - 10. 13 - 19. 20 - 23; V 5, 12, 7 - 9; I 6, 7, 10 - 12 usw.

[79] VI 9, 6, 39 - 41. Vgl. VI 7, 41, 28 - 29; V 5, 13.

[80] VI 9, 6, 55 - 57. Vgl. V 3, 11, 23 - 25; VI 2, 17, 2 - 5. - Entsprechend ist auch die Kennzeichnung des Absoluten als das "Überschöne" zu verstehen: I 8, 2, 7 - 8: *αὐτός τε γὰρ ὑπέκαλος καὶ ἐπέκεινα τῶν ἀρίστων*. VI 7, 32, 28 - 30: *καὶ τὸ κάλλος αὐτοῦ ἄλλον τρόπον καὶ κάλλος ὑπὲρ κάλλος. οὐδὲν γὰρ ὂν τί κάλλος*; VI 7, 32, 32 - 34: *καὶ γὰρ γεννᾷ αὐτὸ καὶ κάλλιον ποιεῖ τῇ παρ' αὐτοῦ περιουσίᾳ τοῦ καλλους, ὥστε ἀρχὴ κάλλους καὶ πέρας κάλλους*. VI 7, 33, 19 - 20: *τὸ ὑπέρκαλον μὴ μεμετρῆσθαι*. I 6, 9, 41 - 42: *τὸ δ' ἀγαθὸν τὸ ἐπέκεινα καὶ πηγὴν καὶ ἀρχὴν τοῦ καλοῦ*.

[81] V 3, 11, 23 - 25: *οὐδὲ τἀγαθόν οὐν* sc. *τὸ ἐπέκεινα πάντων· εἰ σημαίνει ἕν τι τῶν πάντων τἀγαθόν, οὐδὲ τοῦτο· εἰ δὲ τὸ πρὸ πάντων, ἔστω οὕτως ὀνομασμένον*. - Obwohl Plotin also wie Platon den Namen "das Gute" - wenn auch mit dem Vorbehalt der Uneigentlichkeit - für das Absolute beibehält, unterscheidet sich seine Position doch inhaltlich nicht von jener Speusipps: Jamblich, De comm. math. sc. IV 16, 10 - 11 = Speusipp, Fr. 72 Isnardi Parente: *τὸ δὲ ἓν οὔτε καλὸν οὔτε ἀγαθὸν ἄξιον καλεῖν, διὰ τὸ καὶ τοῦ καλοῦ καὶ τοῦ ἀγαθοῦ ὑπεράνω*

Zuletzt ist sogar die Kennzeichnung als "das Eine" dem Absoluten unangemessen, denn "von Ihm ist schon die Aussage falsch, daß Es Eines sei."[82] Im eigentlichen Sinne kommt dem Absoluten überhaupt kein Name zu (vgl. Plat. Parm. 142 A 3), weil es in seiner absoluten Transzendenz über alle Namen erhaben ist. "Wir sprechen über ein Unsagbares und benennen Es nur, um für uns selbst einen Hinweis zu geben, so gut wir vermögen. *Dabei meint auch die Benennung als 'das Eine' nur eine Negation in Bezug auf das Viele*, weshalb denn auch die Pythagoreer Es untereinander symbolisch als A-pollon (d.h. der Un-Viele) bezeichneten, durch die Negation des Vielen. Wenn dagegen 'das Eine' eine Setzung ist, der Name sowohl wie das dadurch Bezeichnete, dann würde Es durch diesen Namen undeutlicher bezeichnet, als wenn man Ihm überhaupt keinen Namen gäbe. Denn dieser Name wurde Ihm wohl gegeben, damit der Suchende anhebe bei ihm (sc. dem Namen 'das Eine'), welcher schlechthin die Einfachheit anzeigt, um Ihm zuletzt auch dies abzusprechen, da dieser Name zwar soweit möglich treffend von dem Nennenden gesetzt ist, jedoch ebenfalls nicht angemessen ist, um Jene Wesenheit kundzutun."[83] Das Eine selbst ist in seiner absoluten Transzendenz verborgen und tritt niemals aus seiner transzendenten Verborgenheit heraus; darum kann kein Name es "kundtun" oder "offenbaren" (*δηλοῦν*). Der Name des Einen vermag nur darum auf das absolut Transzendente hinzuweisen, weil er selber ohne positiven Gehalt ist, denn er bezeichnet nur die Aufhebung der Vielheit; als reine Negation sagt er nur, was das Absolute nicht ist, ohne es zu bestimmen. Darum kann er als Hinweis auf die reine Einfachheit des Absoluten zwar zunächst dienen, am Ende aber muß auch er - um der reinen Transzendenz des Absoluten willen - als unangemessen aufgehoben werden; - so wie die Negationen der ersten Hypothese des Platonischen "Parmenides" von der als absolute Nicht-Vielheit verstandenen Einfachheit des Einen ausgehen, um dem Einen selbst am Schluß auch jeden faßbaren Einheitscharakter abzusprechen.[84] Aufgrund des ne-

---

*εἶναι*. - H.J. Krämer, *Ursprung der Geistmetaphysik*, 359 - 361 hält dazu mit Recht fest, daß in diesem Punkt zwischen Speusipp auf der einen und Plotin sowie Platon auf der anderen Seite ein wesentlicher sachlicher Unterschied nicht besteht; die verbale Differenz ist bedingt durch Speusipps Restriktion des Agathon auf die Arete der Seele.

[82] V 4, 1, 8 - 9. Vgl. V 5, 6, 28 - 30. 32 - 34; VI 9, 5, 30 - 31. 38 - 42; VI 9, 6, 13 - 15; V 2, 1, 1; auch V 3, 13, 4 - 5; V 3, 15, 16 - 17; V 5, 4, 6 - 7. Quelle: Platon, Parm. 141 E 10 - 12.

[83] V 5, 6, 24 - 34.

[84] Platon, Parm. 137 C 4 mit D 1 - 2 zu 141 E 10 - 11: *εἰ ἕν ἐστιν* sc. *τὸ ἕν . . . δεῖ δέ γε μὴ πολλὰ ἀλλ᾽ ἓν αὐτὸ εἶναι . . . οὐδ᾽ ἄρα οὕτως ἔστιν ὥστε ἓν εἶναι.* Plotin V 5, 6, 30 - 33: *τάχα γὰρ τοῦτο* sc. *τὸ ἓν ἐλέγετο, ἵνα ὁ ζητήσας,*

gativen Gehalts ist "das Eine" zwar noch die angemessenste unter allen unagemessenen Bezeichnungen, die am deutlichsten auf die reine Transzendenz des Absoluten verweist, "aber noch die angemessenste Bezeichnung führt zur Einsicht in die Unangemessenheit von Bezeichnung schlechthin".[85]

In seiner reinen Transzendenz wird das Absolute durch keine Bezeichnung getroffen, auch nicht durch die negative des Einen, weil auch die Negation es nur von dem her andeutet, was Es selbst nicht ist. Zwar macht die Negation, indem sie dem Absoluten alle Bestimmungen des Seins und des Denkens abspricht, seine absolute Transzendenz sichtbar; aber indem die negative Transzendenzbehauptung gerade als Verneinung von dem aus geschieht, was das Absolute selbst nicht ist und über das es in seiner Transzendenz erhaben ist, wird in ihr das Absolute in seinem An-sich nicht getroffen; darum bleibt auch sie dem Absoluten unangemessen, "denn sie bezeichnet das Absolute wesentlich als das, was nicht das Sein ist, durch eine Relation also, in der das Absolute wesentlich doch nicht steht. Die Unwahrheit der negativen Transzendenzbehauptung ist ihre Unwesentlichkeit für das Absolute. Allein, über solche Unwesentlichkeit kommt keine Aussage hinaus."[86]

Weil somit das Absolute von keiner Aussage und keiner Benennung erreicht wird, sagt Plotin: "wir sagen zwar etwas über Es, wir sagen aber nicht Es selbst und haben weder Erkenntnis noch Denken von Ihm."[87] Denn "weil alles über Es in der Negation gesagt wird,"[88] beziehen sich diese Negationen zwar auf das Absolute, vermögen es aber nur von außen zu umkreisen,[89] ohne Es selbst zu erreichen, da Es "mehr und größer ist, als gesagt werden kann, denn Es selbst ist höher als Wort und Geist und

---

*ἀρξάμενος ἀπ' αὐτοῦ, ὃ πάντως ἁπλότητός ἐστι σημαντικόν, ἀποφήσῃ τελευτῶν καὶ τοῦτο.*

[85] K.H. Volkmann-Schluck, *Plotin als Interpret*, 85.

[86] G. Huber, *Das Sein und das Absolute*, 82. - Huber fährt fort: "Sie (sc. die negative Transzendenzbehauptung) bestimmt zwar kein Verhältnis, in dem das Absolute steht, geschweige sein Wesen; wohl aber bestimmt sie das Verhältnis, worin das andere, das Seiende im ganzen und auch der Mensch, zum Absoluten steht. Und damit ist sie die vielleicht wesentlichste philosophische Aussage. *Die Transzendenz bezeichnet nicht das Verhältnis des Absoluten zum anderen, wohl aber dessen Verhältnis zu ihm*, dasjenige Verhältnis also, um das es der Philosophie Plotins letztlich zu tun ist" (ebd. 82 - 83).

[87] V 3, 13, 1 - 3. Vgl. VI 8, 8, 6 - 8; VI 9, 4, 1 - 3.

[88] VI 8, 11, 34 - 35. Vgl. ebd. 11, 1 - 13; ebd. 21, 25 - 28.

[89] VI 9, 3, 52 - 53: *ἡμᾶς οἷον ἔξωθεν περιθέοντας*. Vgl. VI 9, 8, 43 - 45.

Wahrnehmung."[90] Darum wird das absolute Eine selbst "weder benannt noch ausgesagt noch vermutet noch erkannt und nichts von allem Seienden nimmt Es wahr", wie Platon gesagt hatte (Parm. 142 A 4 - 6).

Die negative Methode hebt sich zuletzt selber auf, indem sie das Absolute als unsagbar und unerkennbar erweist und damit auch sich selbst als unzureichend erkennt. Weil sich das Denken dem in seiner reinen Transzendenz über alle Denkbarkeit hinausliegenden Absoluten nur in der *radikalen Negation* nähert, deren Vollzug das Wegnehmen von *allem*,[91] das Fahrenlassen von *allem*[92] ist, darum muß im Vollzug der radikalen Negation zuletzt auch die Negation selber fahrengelassen werden. Weil sie als *Methode des Denkens* das Denken über sich selbst und über das Sein hinausführt, muß die *ἀπόφασις* auch sich selbst in der *ὑπεραπόφασις*[93] transzendieren. Erst die Aufhebung aller Erkenntnis, allen Denkens und allen Sagens, auch des verneinenden, in der Negation der Negation, der *ὑπεραπόφασις*, entspricht der Erkenntnistranszendenz des Absoluten und bereitet die alles Erkennen übersteigende Einung mit dem über alles Erkennen hinausliegenden, unsagbaren Absoluten vor, in der das Denken von sich selbst freigeworden ist.[94] Darin aber sieht Plotin

---

[90] V 3, 14, 17 - 18. Darum gilt von dem Absoluten: *μηδενὸς αὐτοῦ κατηγορεῖσθαι δυναμένου*, III 8, 10, 29 - 30; II 9, 1, 7; VI 7, 41, 38; VI 2, 17, 3 - 4; V 3, 13, 4 - 5 usw.

[91] III 8, 10, 31; V 5, 13, 11; VI 8, 21, 26 - 28; V 3, 17, 38.

[92] V 5, 6, 20; VI 7, 35, 7; VI 8, 15, 22 - 23.

[93] Proklos, In Parm. 1172, 35. - Zur Negation der Negation, die nicht in die Affirmation umschlägt, sondern in der sich die Selbstaufhebung des Denkens und Sagens in das erfüllte Schweigen vor dem Unsagbaren vollzieht, siehe Proklos, In Parm. VII 70, 5 - 76, 7 Klibansky-Labowsky = 518, 72 - 521, 69 Steel und dazu W. Beierwaltes, *Proklos. Grundzüge seiner Metaphysik*, 361 - 366; auch ders., *Denken des Einen*, 278 f., 290 f. Proklos knüpft die Negation der Negation an Plat. Parm. 142 A 6 - 8 an, wo Platon aus der Negation jeder Erkennbarkeit und Sagbarkeit des Einen selbst (Parm. 142 A 3 - 6 - eine Stelle, die Plotin überaus oft zitiert) den Schluß ziehe, daß dem Einen auch die Negationen nicht zukommen können. Der Sache nach liegt die Negation der Negation bei Plotin an Stellen wie V 3, 14; V 5, 6 und VI 8, 8 vor, welche die prinzipielle Unangemessenheit *jeder* Rede vom Absoluten, ausdrücklich auch der verneinenden, festhalten. Schon für Plotin gilt vom absolut Einen: "*exaltatum est propter simplicitatem ab omni oppositione et omni negatione*" (Proklos, In Parm. VII 70, 9 - 10 = 518, 77 - 78 Steel. Sinngleich Plotin V 3, 14, 1 - 3. 6 - 7. 17 - 18; V 5, 6, 31 - 33; VI 8, 8, 6 - 8).

[94] VI 9, 4, 3 - 9: *πάσχει δὲ ἡ ψυχὴ τοῦ ἓν εἶναι τὴν ἀπόστασιν καὶ οὐ πάντη ἐστὶν ἕν, ὅταν ἐπιστήμην τοῦ λαμβάνῃ· λόγος γὰρ ἡ ἐπιστήμη, πολλὰ δὲ ὁ λόγος. παρέρχεται οὖν τὸ ἓν εἰς ἀριθμὸν καὶ πλῆθους*

den letzten Sinn aller Rede vom Unsagbaren: " . . . wir reden und schreiben nur davon, um zu Ihm hinzuführen, aufzuwecken aus den Begriffen zur Schau und gleichsam den Weg zu weisen dem, der etwas erschauen will; denn nur bis zum Wege und bis dahin, ihn zu gehen, reicht die Belehrung, die Schau muß dann selbst vollbringen, wer sehen will."[95]

---

*πεσοῦσα. ὑπὲρ ἐπιστήμην τοίνυν δεῖ δραμεῖν καὶ μηδαμῇ ἐκβαίνειν τοῦ ἓν εἶναι, ἀλλʼ ἀποστῆναι δεῖ καὶ ἐπιστήμης καὶ ἐπιστητῶν καὶ παντὸς ἄλλου.* VI 9, 11, 11 - 13: *οὐδὲ λόγος οὐδέ τις νόησις οὐδʼ ὅλως αὐτός, εἰ δεῖ καὶ τοῦτο λέγειν. ἀλλʼ ὥσπερ ἁρπασθεὶς ἢ ἐνθουσιάσας ἡσυχῇ ἐν ἐρήμῳ.*

[95] VI 9, 4, 12 - 14.

## ZWEITER TEIL

## DER URSPRUNG DER METAPHYSIK DES EINEN

## IN DER PHILOSOPHIE PLATONS

### Kapitel I

### Die platonische Selbstauslegung Plotins

### und die Herkunft der Metaphysik des Einen

#### § 1 Plotins Berufung auf Platon

In Plotins Metaphysik des über alle Bestimmungen schlechthin erhabenen Einen selbst kommt der Gedanke der Transzendenz des Absoluten in niemals überbotener Weise zum Ausdruck. Von dem absolut transzendenten Einen Plotins ist gesagt worden: "Von ihm her kann erst eigentlich von einem Absoluten die Rede sein und hat dieser Begriff seine Bedeutung und sein Gewicht."[1]

Gleichwohl hat sich Plotin - wie schon bisher deutlich geworden sein dürfte - nicht als philosophischer Neuerer verstanden.[2] Gerade für seine Theorie des über Sein und Denken hinausliegenden absoluten Einen beruft er sich ausdrücklich auf Platon, und zwar nur auf Platon.[3] Dieses

---

[1] G. Huber, *Das Sein und das Absolute*, 17.

[2] Anders J.M. Rist, *Plotinus. The road to reality*, 169 - 187: "The originality of Plotinus" und A. Eon, *La notion plotinienne d' exegese*, Revue internationale de philosophie 24 (1970), 252 - 289, bes. 263 f., 276, 283. Zur Kritik an Rists und Eons Auffassung von der Eigenständigkeit und dem Originalitätsbewußtsein Plotins s. Th. A. Szlezák, *Platon und Aristoteles in der Nuslehre Plotins*, 21 ff., 40 f., 48 ff.

[3] Vgl. Plotins Doxographie V 1, 8 - 9. - Bezeichnenderweise beruft sich Plotin nirgends explizit auf Speusipp, dessen Einheitsmetaphysik der seinen so nahe steht. Die einzigartige Bedeutung Platons für Plotin hat die Forschung denn auch wiederholt hervorgehoben: E. Zeller, *Die Philosophie der Griechen in ihrer geschichtlichen Entwicklung* III $2^5$, 474 f.; W. Theiler, *Plotin und die antike Philosophie*, Mus. Helv. 1 (1944), 214; ders., *Plotin zwischen Plato und Stoa*, in: *Les Sources de Plotin*, 66; H.R. Schwyzer, RE

Selbstverständnis Plotins ist philosophisch und historisch ernstzunehmen, wenn man seine Philosophie wirklich verstehen will; es wird ferner durch die neuere Platon-Forschung grundsätzlich durchaus bestätigt;[4] darum sollen nunmehr die platonische Selbstauslegung Plotins und ihr Rechtsgrund im Denken Platons selber ausdrücklich thematisiert werden.

Plotin formuliert seine Berufung auf Platon programmatisch im 8. Kapitel der Frühschrift V 1 "Über die drei ursprünglichen Hypostasen"; nachdem er zuvor (Kapitel 1 - 7) den Grundriß seiner Metaphysik der Hypostasen erstmals im Ganzen zusammenhängend dargestellt hat, sagt Plotin hier: "Darum lehrt auch Platon drei (sc. hypostatische Urgründe): 'Alles', das heißt das Erste, 'bezieht sich auf den König aller Dinge', sagt er, 'und das Zweite bezieht sich auf das Zweite und auf das Dritte das Dritte'. Auch sagt er, daß 'das Ursächliche einen Vater' habe, und zwar meint er mit dem Ursächlichen den Geist; denn der Geist ist für ihn der Demiurg, von ihm sagt er, daß er die Seele schaffe in jenem Mischkrug; Vater dieses Ursächlichen nun, welches der Geist ist, nennt er das Gute, das jenseits des Geistes und jenseits des Seins Stehende. Weiter nennt er an vielen Stellen das Seiende und den Geist Idee. Somit hat Platon gewußt, daß aus dem Guten der Geist und aus dem Geist die Seele hervorgeht.[5] *Diese Lehren sind also nicht neu, nicht erst jetzt, sondern schon längst dargelegt - wenn auch nicht in aller Breite entwickelt (μὴ ἀναπεπταμένως)*[6] *- und unsere jetzigen Lehren verstehen sich nur als Auslegung jener alten, und sie belegen mit dem Zeugnis von Platons eigenen Schriften, daß diese Lehren alt sind.*"[7]

---

*Plotinos*, 547 - 554, bes. 550; ders., *Plotin und Platons Philebos*, Revue internationale de Philosophie 24 (1970), 192; H.J. Krämer, *Der Ursprung der Geistmetaphysik*, 292 f.; A.H. Armstrong, *Plotinus*, in: *The Cambridge History of Later Greek and Early Medieval Philosophy*, Cambridge 1967, 213 f.; K.H. Volkmann-Schluck, *Plotin als Interpret der Ontologie Platos*, 130 - 147: "Die platonische Selbstdeutung Plotins", bes. 135 f.; am eingehensten Th. A. Szlezák, *Platon und Aristoteles in der Nuslehre Plotins*, 18 - 41, bes. 19 f., 31 ff., 38 ff.

4 Siehe Einleitung § 3.

5 Vgl. die Zusammenfassung V 1, 10, 1 - 4 und II 9, 1, 1 - 16.

6 Szlezák, *Nuslehre Plotins*, 39 übersetzt: "aber nicht in voller Entfaltung."

7 V 1, 8, 1 - 14. Cf. VI 2, 1, 3 - 5: *ἀκόλουθον ἂν εἴη εἰπεῖν, τί ποτε ἡμῖν περὶ τούτων φαίνται τὰ δοκοῦντα ἡμῖν πειρωμένοις εἰς τὴν Πλάτωνος ἀνάγειν δόξαν.* V 8, 4, 54 - 55: *ὅπως δέ, εἴασε ζητεῖν καὶ ἀνευρίσκειν, εἴπερ ἄξιοι τῆς προσηγορίας* (sc. *Πλατωνικοὶ*) *φαμὲν εἶναι* ...

Plotin nennt hier an besonders hervorgehobener Stelle ausdrücklich Platon als den Urheber der von ihm vorgetragenen Metaphysik des über Denken und Sein hinausliegenden Absoluten, des sich aus ihm entfaltenden Geistes und seines Abbildes, der Seele; zum Beleg zitiert er von Platon selber hervorgehobene Schlüsselstellen aus dem II. und dem VI. Brief (312 E und 323 D), dem "Philebos" (28 C - 31 A),[8] dem "Timaios" (34 B - 35 B und 41 D) und der "Politeia" (508 B - 509 B).[9] *Plotin beansprucht also keine gegenüber Platon neue Intuition des absoluten Einen und seiner Entfaltungsstufen, sondern seine Metaphysik will nur die Explikation der philosophischen Grundeinsichten Platons sein, ohne inhaltlich über Platon hinauszugehen*;[10] allerdings erhebt Plotin den Anspruch, das Ganze der von Platon in den Dialogen unter je verschiedenem Aspekt nur anfangsweise entwickelten Philosophie im Zusammenhang eines Systems von den letzten und höchsten Prinzipien aus darzustellen. Dieses System versteht Plotin nach seinem höchsten Prinzip und seiner zentralen, das Ganze strukturierenden Problematik als *Metaphysik des Einen*.

## § 2 Der Eleatismus als Anfang der Einheitsmetaphysik

Der geschichtliche Ursprung der Metaphysik des Einen liegt nach Plotin in der Philosophie des Parmenides,[11] und zwar insbesondere in der dort entdeckten Einheit von Denken und Sein: *τὸ γὰρ αὐτὸ νοεῖν ἐστίν τε καὶ*

---

[8] H - $S^2$ verweisen im app. font. zu *αἴτιον μὲν τὸν νοῦν λέγων* (8, 4 f.) auf Phaid. 97 C 1 - 2 nach Anaxagoras Fr. B 12; auf die systematisch entscheidende Stelle Phileb. 28 C ff. wies schon Volkmann-Schluck, *Plotin als Interpret*, 135 hin.

[9] H - $S^2$ app. font. weisen *ἐπέκεινα νοῦ* (8, 7) als Zitat von Aristoteles Fr. 49 Rose (= *Περὶ εὐχῆς* fr. 1) aus; indes ist der ganze Ausdruck 8, 7 f. *τὸ ἐπέκεινα νοῦ καὶ ἐπέκεινα οὐσίας* auf das Sonnengleichnis zu beziehen; *ἐπέκεινα νοῦ* faßt sinngemäß die Passage "Politeia" 508 B 13 f., E 3 - 509 A 5 in Angleichung an den Wortlaut von 509 B 9 zusammen. Vgl. 509 B 7 - 10: *τὸ εἶναί τε καὶ τὴν οὐσίαν ὑπ᾽ ἐκείνου αὐτοῖς* sc. *τοῖς γιγνωσκομένοις προσεῖναι, οὐκ οὐσίας ὄντος τοῦ ἀγαθοῦ, ἀλλ᾽ ἔτι ἐπέκεινα τῆς οὐσίας πρεσβείᾳ καὶ δυνάμει ὑπερέχοντος.* 509 A 6 - 7: *ἐπιστήμην μὲν καὶ ἀλήθειαν παρέχει, αὐτὸ δ᾽ ὑπὲρ ταῦτα κάλλει ἐστίν.*

[10] Vgl. Volkmann-Schluck, *Plotin als Interpret*, 136; Schwyzer, RE *Plotinos*, 550; Krämer, *Ursprung der Geistmetaphysik*, 292; Szlezák, *Nuslehre Plotins*, 28 f., 38 - 41.

[11] Vgl. zum folgenden V 1, 8, 14 - 23 und dazu Volkmann-Schluck, *Plotin als Interpret*, 136 - 138.

*εἶναι* (Fr. 3). Plotin versteht diesen Satz des Parmenides[12] im Sinne seiner eigenen Nousmetaphysik als Gleichsetzung von Sein und Geist: *εἰς ταὐτὸ συνῆγεν ὂν καὶ νοῦν.*[13] Plotin zufolge hat Parmenides zum ersten Mal das Sein von seinem denkenden Vernehmen (*νοεῖν*) her interpretiert und damit den noetischen oder rein intelligiblen Charakter des wahren Seins entdeckt: das Sein ist das vom reinen Denken Vernommene - man hat dies zu Recht "eine radikale noematische Deutung der Seinslehre des Parmenides" genannt.[14]

Das im Denken Vernommene muß nach Parmenides ein in sich geschlossenes *Eines* (*ἕν, συνεχές*) und *Ganzes* (*οὖλον, μουνογενές, ὁμοῦ πᾶν*) sein (Fr. 8, 4 - 6), sonst könnte es nicht gedacht werden; also ist das Sein Eines. *Einheit* ist die Grundbestimmung des Seins, weil Einheit die Bedingung seiner Denkbarkeit ist. Dann aber kann das Viele nicht *sein*; denn um im Denken als seiend vernommen werden zu können, müßte das Viele Eines sein. Das Viele erfüllt den Seinsanspruch nicht, weil es dem Einheitsvorgriff des Denkens nicht genügt. Damit erweist sich nun alle sinnliche Vielheit dem Denken als Schein (*δόξα*); Parmenides hebt darum das im Denken vernommene Sein, das Eines ist, von allem Sinnlichen, das immer Vieles ist, ab. Dadurch ist er der Entdecker der Dimension des Intelligiblen, die Platon zum Zentrum seiner Philosophie gemacht hat.

Dem Ausschluß aller Sinnlichkeit und Körperlichkeit dient nach Plotin auch die nähere Bestimmung des Seins durch Parmenides; damit es als Einheit gedacht werden kann, muß das Sein *unbewegt* (*ἀκίνητον*, Fr. 8, 26. 38), d.h. unveränderlich sein; damit ist jede somatische Bewegung (einschließlich Werden und Vergehen) von ihm ausgeschlossen, ohne daß freilich die Bewegung des Denkens dabei eine positive Auslegung fände; doch sichert die Unbewegtheit dem Sein die fundamentale Bestimmung des Sich-Gleichbleibens (*ἵνα μένῃ ὡσαύτως*, vgl. Parmenides Fr. 8, 29 - 49), welche die Bedingung seiner Denkbarkeit und damit - da hier Sein in Korrespondenz zum Denken gedacht ist (Fr. 3; Fr. 8, 34) - seines Charakters als Sein im vollsten Sinne ist. Parmenides hat ferner in seinem Kugelvergleich (Fr. 8, 42 - 49),[15] den Plotin als Metapher deutet, die alles umfassende und auch das Denken in sich einbegreifende *Totalität* des Seins zum Ausdruck gebracht; denn da außer dem Sein nichts *ist*, muß es

---

[12] Zu seiner historisch korrekten Bedeutung vgl. K. Bormann, *Parmenides. Untersuchungen zu den Fragmenten*, 70 - 86.

[13] V 1, 8, 16 - 17.

[14] K.H. Volkmann-Schluck, *Plotin als Interpret*, 137.

[15] Historische Interpretation bei Bormann, *Parmenides*, 177 ff.

allumfassend sein (*πάντα ἔχει περιειλημμένα*), und wenn es gedacht wird, kann das Denken nicht außerhalb, sondern nur in ihm selbst sein (*τὸ νοεῖν οὐκ ἔξω, ἀλλ' ἐν ἑαυτῷ*, vgl. Parmenides Fr. 8, 34 - 36). Mit diesen Gedanken hat Parmenides die Metaphysik des Einen begründet (V 1, 8, 14 - 22).

Doch das fundamentale Problem des Einen und des Vielen findet Plotin bei ihm zuletzt nicht entwirrt. Denn Parmenides hat das Eine mit dem Sein gleichgesetzt. "Indem er es aber in seinen Schriften Eines nannte, verursachte er selbst den Vorwurf, daß dieses Eine ja als Vieles angetroffen werde."[16] Parmenides also dachte das Eine nur als Grundzug des Seins, nicht als dessen jenseitigen Ursprung; die *Seinstranszendenz* des absoluten Einen ist ihm verborgen geblieben.

Ein solcher Einheitsbegriff aber trägt seine Widerlegung in sich selbst. Plotin erneuert die Kritik am Eleatismus, die Platon im "Sophistes" (244 B ff.) und im "Parmenides" (142 B ff.) vorgetragen hatte: Das *nur* als Einheit gedachte Sein läßt keinerlei Vielheit in sich zu; doch erweist sich das Eine Sein, wenn es gedacht wird, immer schon als Vielheit, denn im Denken wird ihm unvermeidlich eine Mehrheit von Bestimmungen zugesprochen; schon indem ihm die Bestimmung des Einen zukommt, ist es eine Zweiheit.[17] So ist die Einheit des Seins nur als das einige Ganze (*ἓν ὅλον*, vgl. Plat. Parm. 157 E 1, 4) einer Vielheit von einheitlichen Bestimmungen, die seinen Seinscharakter auslegen, denkbar, mithin als intelligible Totalität, der als solcher schon Einheit und Vielheit zumal zukommen.

## § 3 Die Grundlegung der Einheitsmetaphysik in Platons "Parmenides"

Plotin hebt darum die Theorie des Einen, die Platon in seinem Dialog "Parmenides" entwickelt, als die eigentliche Grundlegung der Metaphysik des Einen gegen die eleatische All-Einheitslehre positiv ab: "Da spricht der 'Parmenides' bei Platon genauer: er unterscheidet voneinander das Erste Eine, das schlechthin und absolut Eine (*τὸ πρῶτον ἕν, ὃ κυριώτερον ἕν*), das Zweite, welches er 'Eines Vieles' (*ἓν πολλά*) nennt, und das

---

[16] V 1, 8, 22 - 23.

[17] Vgl. Platon, Soph. 245 B 7 - 9: *πεπονθός τε γὰρ τὸ ὂν ἓν εἶναί πως οὐ ταὐτὸν ὂν τῷ ἑνὶ φανεῖται, καὶ πλέονα δὴ τὰ πάντα ἑνὸς ἔσται.*

Dritte, 'Eines und Vieles' (ἓν καὶ πολλά); so stimmt er ebenfalls überein mit der Lehre von den drei Wesenheiten."[18]

Nach Plotin liegt also die Lösung des Problems des Einen und Vielen in der erst von Platon vollzogenen Unterscheidung des absoluten Einen, das die von Parmenides entdeckte Einheit von Denken und Sein allererst begründet und darum selbst über sie hinaus, absolut "jenseits" (ἐπέκεινα), sein muß, von seinen Entfaltungsstufen, die in je verschiedenem Intensitätsgrad Vielheit und Andersheit enthalten; Vielheit und Andersheit sind so nicht nichtig wie bei den Eleaten, sondern als Derivationsformen von Einheit ihrerseits seiend und mitkonstitutiv für das aus dem Einen entfaltete Seiende. Ihren prägnantesten Ausdruck findet diese Unterscheidung des einfachhin Einen selbst von seinen Vielfalt einschließenden Prinzipiaten in dem Platonischen "Jenseits des Seins" (ἐπέκεινα τῆς οὐσίας, Resp. 509 B 9); das absolute Eine ist als Urgrund des Seins und des Denkens sowie ihres Zusammenhangs notwendig selbst

---

[18] V 1, 8, 23 - 27. - Daß diese Interpretation des Platonischen "Parmenides" schon vor Plotin bekannt war, beweist die Auslegung des Moderatos von Gades (1. Jh. n. Chr.), die Simplikios, In Phys. 230, 35 ff. Diels nach Porphyrios referiert: οὗτος (sc. ὁ Πλάτων) γὰρ κατὰ τοὺς Πυθαγορείους τὸ μὲν πρῶτον ἓν ὑπὲρ τὸ εἶναι καὶ πᾶσαν οὐσίαν ἀποφαίνεται, τὸ δὲ δεύτερον ἕν, ὅπερ ἐστὶ τὸ ὄντως ὂν καὶ νοητόν, τὰ εἴδη φησὶν εἶναι, τὸ δὲ τρίτον, ὅπερ ἐστὶ τὸ ψυχικόν, μετέχειν τοῦ ἑνὸς καὶ τῶν εἰδῶν, τὴν δὲ ἀπὸ τούτου τελευταίαν φύσιν τὴν τῶν αἰσθητῶν οὖσαν μηδὲ μετέχειν, ἀλλὰ κατ' ἔμφασιν ἐκείνων κεκοσμῆσθαι, τῆς ἐν αὐτοῖς ὕλης τοῦ μὴ ὄντος πρώτως ἐν τῷ ποσῷ ὄντος οὔσης σκίασμα καὶ ἔτι μᾶλλον ὑποβεβηκυίας καὶ ἀπὸ τούτου. Zu diesem Text E.R. Dodds, *The Parmenides of Plato and the origin of the Neoplatonic "One"*, Classical Quaterly 22 (1928), 129 ff., speziell 136 ff.; H.J. Krämer, *Ursprung der Geistmetaphysik*, 251 ff.; Ph. Merlan, *Greek Philosophy from Plato to Plotinus*, in: A.H. Armstrong (Hrsg.), *The Cambridge History of Later Greek and Early Medieval Philosophy*, Cambridge 1967, 94; J. Whittaker, *ΕΠΕΚΕΙΝΑ ΝΟΥ ΚΑΙ ΟΥΣΙΑΣ*, Vigiliae Christianae 23 (1969), 91 ff., speziell 96 f.; J.M. Dillon, *The Middle Platonists*, 347 ff.; dazu auch unten III § 1. Aus dem unmittelbar vorangehenden Satz (In Phys. 230, 34: ταύτην δὲ περὶ τῆς ὕλης τὴν ὑπόνοιαν ἐοίκασιν ἐσχηκέναι πρῶτοι μὲν τῶν Ἑλλήνων οἱ Πυθαγόρειοι, μετὰ δ' ἐκείνους ὁ Πλάτων, ὡς καὶ Μοδέρατος ἱστορεῖ) ergibt sich, daß der zitierte Passus ein sinngemäßes Zitat aus Moderatos ist, in dem dieser behauptet, Platon folge mit seiner Lehre von der doppelten Materie den Pythagoreern; es scheint mir daher natürlicher, das οὗτος (Z. 35) zu Beginn des Moderatos wiedergebenden Passus mit Krämer und Dillon auf Platon anstatt mit Dodds auf Moderatos zu beziehen.

jenseits aller Bestimmungen des Seins und des Denkens (Erste Hypothesis des "Parmenides").[19]

Erst die Seinstranszendenz des einheitstiftenden Absoluten macht das auch im Seinsbegriff des Eleaten Parmenides de facto vorliegende, dort aber nicht reflektierte Ineins von Einheit und Vielheit ( *ἓν πολλά*)[20] denkbar; das Sein hebt als die Totalität aller Bestimmungen in sich jede Vielheit in die Einheit auf, ohne sie in Unterschiedslosigkeit untergehen zu lassen, erhält sie also zugleich; es ist die Einheit der Bestimmungen, auch der entgegengesetzten, die in ihm koinzidieren (Zweite Hypothesis des "Parmenides").[21]

Das so als in sich dialektisch bewegte Einheit und d.h. als Geist gedachte Sein aber bleibt nicht - wie bei dem Eleaten Parmenides - in sich selbst verschlossen, sondern es setzt eine weitere Entfaltungsstufe der Einheit aus sich heraus: die Seele faltet die im Geist in Einheit eingefaltete Vielheit und Andersheit diskursiv und d.h. zugleich zeitlich sukzessiv aus in eine Vielheit ontisch distinkter und je in sich schon vielfältiger Einheiten, deren umgreifende, unterscheidende und zugleich verbindende Einheit (*ἓν καὶ πολλά*)[22] sie selbst ist (Dritte Hypothesis des "Parmenides").[23]

Nach Plotin unterscheidet also Platon im "Parmenides" drei Grundbedeutungen des Einen: (1) Das absolut Eine (*τὸ ἁπλῶς ἕν*),[24] das Eine selbst (*τὸ αὐτοέν*)[25], das in reiner Einfachheit jenseits aller Vielheit steht und darum jede Bestimmtheit, Sein und Denkbarkeit schlechthin transzendiert. -

(2) Das die Totalität aller Bestimmtheit geeint umfassende Eine des Seins (*ἓν ὄν*),[26] das die Vielheit der reinen Bestimmungen (Ideen) in sich ein-

---

[19] Parm. 137 C - 142 A.

[20] Parm. 144 E 5.

[21] Parm. 142 B - 155 E.

[22] Parm. 155 E 5.

[23] Parm. 155 E - 157 B.

[24] Plot. Enn. III 8, 10, 22.

[25] Plot. Enn. V 3, 12, 51; 15, 16; vgl. Plat. Parm. 137 B 3, D 2, 158 A 5, Soph. 245 A 6. Vgl. auch Parm. 159 C 5, Soph. 245 A 8: *τὸ ἀληθῶς ἕν*. Speusipp bei Proklos, In Parm. VII 40, 2 - 3: *le unum ipsum*.

[26] Parm. 142 D 4.

faltet und zugleich ihre Entfaltung in Gegensatzpaaren als Strukturgesetz bestimmt; dieses Viel-Eine (ἓν πολλά) ist darum entfaltet und unentfaltet zugleich (ἀδιάκριτον καὶ αὖ διακεκριμένον),[27] es ist nämlich als Strukturprinzip der Ideenwelt entfaltet und zugleich als Einfaltung aller Ideen unentfaltet; es wird nur im die Verstandesgegensätze übersteigenden noetischen Denken (νόησις, φρόνησις) erkannt. -

(3) Das sich in die Mannigfaltigkeit distinkter Einzelbestimmungen (λόγοι) ausfaltende und diese vorgängig in sich umgreifende Eine der Seele (ἓν καὶ πολλά), das als Individuationsprinzip, das die je eigene Einheit des Einzelnen stiftet, im Einzelnen und zugleich als Organisationsprinzip, das die getrennten Einzelnen zum Strukturganzen des Kosmos zusammenschließt, im Ganzen ist;[28] die Seele ist darum geteilt und ungeteilt zugleich (μεμερισμένον καὶ ἀμέριστον);[29] ihre Inhalte werden vom trennenden und verbindenden dianoetischen Denken (διάνοια, λογισμός) begriffen.[30]

Durch diese Unterscheidung der drei Grundbedeutungen des Einen (absolute, noetisch-komplikative und dianoetisch-explikative Einheit) hat Platon den entscheidenden Schritt über Parmenides hinaus getan und die Metaphysik des transzendenten Absoluten und seiner Entfaltung in die Totalität aller Seienden begründet. Dabei ist der Gesamtentwurf wesentlich bestimmt durch die von der negativen Henologie der Ersten Hypothesis herausgearbeitete *absolute Transzendenz des Absoluten*, des Einen selbst, aus dem die beiden folgenden Hypothesen das eine Bestimmungsvielfalt implizierende Eine des Seins und das jene Bestimmungsvielfalt explizierende Eine der Seele entfalten. (Die restlichen Hypothesen, auf die Plotin nicht mehr eingeht, behandeln die positive und negative Beziehung - Verbindung und Trennung - des Einen zu der an sich selbst unbe-

---

[27] Plot. Enn. VI 9, 5, 16; vgl. V 6, 1, 13: ἁπλοῦν καὶ οὐχ ἁπλοῦν; VI 8, 18, 18: ἐξελιχθὲν οὐκ ἐξεληλιγμένου.

[28] Vgl. z.B. IV 2, 2, 39 - 48; IV 9, 5, 1 - 12; IV 8, 4, 6 - 21. Vgl. auch die ausführliche Diskussion dieser Problematik IV 3, 1 - 8.

[29] Plot. Enn. IV 2, 2, 40; vgl. Plat. Tim. 35 A 1 - 4.

[30] Vgl. V 3, 2 - 4. Zur trennenden und verbindenden Funktion der Dianoia bes. V 3, 2, 7 - 11: τὸ δ᾽ ἐν αὐτῇ sc. τῇ ψυχῇ λογιζόμενον παρὰ τῶν ἐκ τῆς αἰσθήσεως φαντασμάτων ... συνάγον καὶ διαιροῦν· ἢ καὶ ἐπὶ τῶν ἐκ τοῦ νοῦ ἰόντων ... καὶ ἔχει καὶ περὶ τούτους τὴν αὐτὴν δύναμιν.

stimmten Vielheit des "Anderen", d.h. wohl mit Sicherheit des Gegenprinzips der unbestimmten Zweiheit).[31]

Die einzigartige Bedeutung des Platonischen "Parmenides" für die Neuplatoniker,[32] die diesen Dialog für sie zum "Grundbuch des Platonis-

---

[31] Vgl. Parm. 158 B 5 - D 8, bes. C 5 ff.: *οὐκοῦν οὕτως ἀεὶ σκοποῦντες αὐτὴν καθ᾽ αὑτὴν τὴν ἑτέραν φύσιν τοῦ εἴδους ὅσον ἂν αὐτῆς ἀεὶ ὁρῶμεν ἄπειρον ἔσται πλήθει*; D 5 f.: *ἡ δ᾽ ἑαυτῶν* (sc. *τῶν ἄλλων τοῦ ἑνὸς*) *φύσις καθ᾽ ἑαυτὰ ἀπειρίαν*. Dies entspricht vollkommen dem unbestimmten Vielheitsprinzip der *Περὶ τἀγαθοῦ*-Berichte. Selbst der Charakter der *ἀόριστος δυάς* als *μέγα - μικρόν* wird im "Parmenides" angedeutet: 150 C 6 ff.: *οὔτε ἄρα τὰ ἄλλα μείζω τοῦ ἑνὸς οὐδὲ ἐλάττω, μήτε μέγεθος μήτε σμικρότητα ἔχοντα, οὔτε αὐτὼ τούτω πρὸς τὸ ἓν ἔχετον τὴν δύναμιν τὴν τοῦ ὑπερέχειν καὶ ὑπερέχεσθαι, ἀλλὰ πρὸς ἀλλήλω*. Vgl. auch Krämer, *Arete bei Platon und Aristoteles*, 134 f., 137, 324, 333 Anm. 170, 420.

[32] Ich kann der Einschränkung der Bedeutung des "Parmenides" für die neuplatonische Tradition nicht zustimmen, die J.M. Rist, *The Neoplatonic One and Plato's Parmenides*, Transactions of the American Philological Association 93 (1962/63), 389 ff. bes. 398 ff. (in Polemik gegen Dodds) vornimmt. Auch wenn die Lehre vom Einen vor Plotin über den Neupythagoreismus tradiert wird, so ändert dies nichts daran: 1) daß Plotin die absolute Transzendenz des Einen im engsten Anschluß an den "Parmenides" (und an Staat 509 B) entwickelt, wie durch die zahlreichen wörtlichen oder sinngemäßen Entsprechungen belegt ist; 2) ist das Übersein des Einen im Neupythagoreismus *nur* für Moderatos sicher bezeugt (Simplikios, In Phys. 230, 35 ff.), bei diesem aber als Interpretation des "Parmenides"; 3) ist die von Rist vorgeschlagene Zurückführung der zuerst bei Eudoros faßbaren Lehre vom doppelten Einen (bei Simplikios, In Phys. 181, 10 ff.) auf eine Interpretation des "Philebos" weit weniger einleuchtend als ihre seit Dodds übliche Herleitung von den ersten beiden Hypothesen des "Parmenides"; wenn diese Lehre aber im "Philebos" zu finden ist, so ist sie jedenfalls mit weit geringerem interpretatorischen Aufwand im "Parmenides" auch zu finden; 4) völlig voreilig ist Rists Zurückweisung eines tiefergehenden Einflusses Speusipps auf den Neupythagoreismus - das Gegenteil ist wahrscheinlich der Fall: so führt Burkert den gesamten Neupythagoreismus auf die Alte Akademie zurück (*Weisheit und Wissenschaft*, bes. 73, auch 10, 12, 53 f., 58, 62 f., 70, 214 ff., 237, 344 ff., 355, 407 f., 455; ganz ähnlich auch Dillon, *The Middle Platonists*, passim, bes. 8, 12, 22, 38, 341 ff., 344, 347 ff., 351 u.ö., der dabei Speusipp besonders hervorhebt und auch auf die Bedeutung des "Parmenides" hinweist); 5) wenn die Theorie des überseienden Einen auf Platon und Speusipp zurückgeht - was auch Rist für wahrscheinlich hält - und "Politeia" 509 B auf das Eine der Prinzipienlehre zu beziehen ist, dann bestätigt das doch gerade die Richtigkeit der neuplatonischen "Parmenides"-Interpretation. Der "Parmenides", in dem *beide* Prinzipien der mündlichen Lehre enthüllt werden (s.o. Anm. 31), ist vielmehr das wichtigste Zeugnis im Schriftwerk Platons zur Rückgewinnung der sonst nur in doxographischer Verkürzung

mus"[33] werden ließ, liegt somit in einem Doppelten: in den Hypothesen des zweiten Teils fand man den metaphysischen Gesamtentwurf Platons enthüllt, der den Zusammenhang aller Wirklichkeitsbereiche vom Übersein des "voraussetzungslosen Urgrundes" (Resp. 510 B 7) bis zur sich in die Physis auslegenden Seele (Plotin) bzw. bis zur reinen Privation des baren Nichts (Proklos, Damaskios) unter dem Leitbegriff des Einen entwickelt;[34] vor allem aber fand man in der das Ganze tragenden negativen Henologie der ersten Hypothese *τὰ ἐνθουσιαστικώτατα δόγματα φιλοσοφίας* (Proklos, In Parm. 1057, 11 f.): die Krönung der Metaphysik in der Theorie des über alle Bestimmungen hinausliegenden Absoluten.

## § 4 Platon und Parmenides in der Sicht der neueren Platonforschung

Plotins Analyse des Ursprungs der Metaphysik des Einen in Platons kritisch erweiternder Anknüpfung an den Eleatismus ist in den Grundzügen historisch durchaus zutreffend.[35] Vor allem hat Plotin die

---

referierten Prinzipienmetaphysik in ihrer vollen Bedeutung. Ferner ist es möglich, daß - wie schon Dodds annahm (CQ 22, 136 ff.) - die bei Eudoros faßbare und mit der Lehre vom doppelten Einen zusammenhängende monistische Auffassung der Prinzipienlehre auf den Einfluß des "Parmenides" zurückzuführen ist; dieser wäre dann seit der Wiedergeburt metaphysischen Denkens im 1. Jh. v. Chr. eine Hauptquelle der Einheitsmetaphysik, - was nicht besagt, daß er die *einzige* war.

[33] K.H. Volkmann-Schluck, *Plotin als Interpret*, 143. Der "Parmenides" löst in dieser Funktion seit Plotin den "Timaios" ab.

[34] Vgl. Proklos' Überblick über die Auslegungen der einzelnen Hypothesen durch die Neuplatoniker In Parm. VI 1051, 34 - 1064, 12 sowie die genaue Analyse dieses Passus durch H.D. Saffrey und L.G. Westerink, *Proclus. Théologie Platonicienne.* Vol. I, pp. LXXV-LXXXIX. Zu Damaskios J. Combès, *Damascius. Traité des Premiers Principes.* Vol. I, pp. LVI-LXXII. Vgl. unten Kap. III Anm. 5 und 21.

[35] Vgl. H.J.Krämer, *Arete bei Platon und Aristoteles*, 487 ff. (Kap. V: Platon und Parmenides), dort bes. 515 f.: "Platon, der vom parmenideischen ἕν ausgeht, ordnet sich vom historischen Ursprung seiner Philosophie her in die Geschichte der frühgriechischen Ontologie ein . . . Damit ist zugleich die strenge Kontinuität der philosophiegeschichtlichen Thematik von der vorsokratischen Seinsphilosophie zur neuplatonisch-abendländischen Tradition aufgedeckt. Sie ist durch die entscheidende Mittlerrolle Platons gekennzeichnet: das Eine Plotins und der Neuplatoniker erweist sich, geschichtlich betrachtet, als das Eine Platons, das seinerseits unmittelbar auf das Eine Seiende des Parmenides zurückgeht."

Krämer →

Herkunft der Seinstranszendenz des Absoluten - also der Lehre vom überseienden, absoluten Einen - aus Platons Auseinandersetzung mit der eleatischen Einheitsproblematik richtig erkannt.[36] Es sei hierfür das Resumée zitiert, das Hans-Joachim Krämer in seinem - für die neuere Platon-Forschung grundlegenden[37] - Buch "*Arete bei Platon und Aristoteles*" diesbezüglich gezogen hat:

"Platon polemisiert im 'Parmenides' (142 B f., 143 B) und 'Sophistes' (244 B - 245 D) ausdrücklich gegen die eleatische Alleinheitslehre, das heißt gegen die Gleichsetzung von ὄν und ἕν, und ersetzt den monistischen Seinsbegriff des Parmenides durch einen umfassenderen, welcher die Pluralität von ὄντα berücksichtigt. Das Seiende (ὄν) ist fortan nicht mehr eines (ὄν = ἕν), sondern viele (ὄντα). - Dieser neue Seinsbegriff, der als Oberbegriff alles einzelne Seiende unter sich befaßt, betrifft jedoch nur die Verfassung des innerweltlich Seienden, des Seienden im ganzen, nicht aber den Seinsgrund, das Eine, selbst. Dieses steht vielmehr nach den einander ergänzenden Zeugnissen von 'Politeia' 509 B und der ersten Hypothesis des 'Parmenides' (bes. 141 E) als Quelle aller Seiendheit selber ἐπέκεινα τῆς οὐσίας. Das Verhältnis zwischen ὄν und ἕν hat sich also gegenüber Parmenides dadurch gewandelt, daß sich das ὄν (die οὐσία) dem ἕν unterordnet. Das ἕν ist, genauer ausgedrückt, ἀρχὴ τῶν ὄντων, Seins*prinzip*, und übersteigt damit die Verfassung alles Seienden schlechthin, dessen Seiendheit es selbst erst begründet. - Mit diesem Schritt hat Platon - im Durchgang durch die eleatische Position - den Begriff des *Seinsprinzips* in ganz neuartiger Weise konstituiert. Er legt, im Unterschied zur übrigen Tradition (Milesier, Anaxagoras, Empedokles, Demokrit), die ganze übersinnlich-noetische Abstraktheit des parmenideischen Einen zugrunde, erhebt es aber zugleich - jetzt im Sinne jener Tradition - zum *Prinzip*, zum Seins*grund* alles einzelnen Seienden und damit über das Seiende (ὄν) selbst hinaus. Das Eine gelangt damit zum äußersten Grade von 'Transzendenz' (ὑπερβολή 'Politeia' 509 C 2) und wird das Übersteigende (vgl. ὑπερέχον B 10) schlechthin. Es erscheint bei Platon nicht nur von den letzten sinnlichen Resten, die ihm bei Parmenides noch anhaften (Kugelform u. dgl.), kritisch gereinigt, sondern auch aller übrigen Bestimmungen entkleidet: die erste Hypothesis des 'Parmenides' spricht dem ἕν an sich alle Eigenschaften in Gestalt von Gegensatzpaaren ab und ver-

[36] Vgl. dazu ferner: H.J. Krämer, *ΕΠΕΚΕΙΝΑ ΤΗΣ ΟΥΣΙΑΣ*. Zu Platon Politeia 509 B, AGPh 51 (1969), 1 - 30.

[37] Vgl. dazu K. Oehler, *Der entmythologisierte Platon.* Zur Lage der Platonforschung, ZphF 19 (1965), 393 - 420; wiederabgedr. bei: J. Wippern (Hrsg.), *Das Problem der Ungeschriebenen Lehre Platons.* (WdF Bd. 186), 95 - 129.

stößt damit scheinbar fortwährend gegen den Satz vom ausgeschlossenen Dritten. Das Eins an sich ist demnach nicht näher bestimmbar. Platon wird damit - das Eins manifestiert sich als ϑεός ('Nomoi' 716 C 4, vgl. ϑεῖον 'Theaitet' 176 E 4) - im Prinzip zum Begründer der *negativen Theologie*. Nur eine einzige Bestimmung bleibt übrig: es ist - und eben dies ist das Wesen des 'Grundes', des Prinzips - keine Vielheit, sondern im höchsten Grade Eines, das Eins. Die eleatische Seinsphilosophie ist damit zu einer letzten, absoluten Abstraktion fortgeführt. Der Seinsgrund ist zum Grenzbegriff geworden und wirkt als solcher in der neuplatonisch - abendländischen Tradition weiter."[38]

Platon hat die Seinslehre des Parmenides nach drei Richtungen zugleich erweitert:[39] auf die äußerste Transzendenz des Einen selbst, des Seinsgrundes hin, auf die innere Dialektik und die in ihr erschlossene eidetische Differenziertheit des reinen Seins, das sich zum intelligiblen Kosmos der Ideen artikuliert, hin, und auf die Hierarchie der einander subordinierten Seinsstufen hin, innerhalb derer die Seele die entscheidende Mittel-(Mittler-)stelle zwischen intelligibler und sensibler Welt einnimmt. Dadurch hat Platon die Totalität aller Seienden vom Urgrund, dem Einen selbst, her erschlossen. Getragen wird diese Metaphysik des sich in das hierarchisch gestufte Seinsganze hinein manifestierenden Einen durch die gegenüber der gesamten vorplatonischen Tradition völlig neuartige Konzeption der radikalen ontologischen und gnoseologischen *Transzendenz* des Urgrundes, der so erst die Bedeutung des *Ab-soluten* (d.h. des aus Allem Herausgelösten und darum Unbestimmbaren) erhält. *So ist die äußerste Transzendenz und Absolutheit des reinen Einen der metaphysische Angelpunkt schon der Platonischen - und nicht erst der neuplatonischen - Philosophie*.

Das entscheidende begriffliche Mittel dieser Philosophie ist - und darin zeigt sich die hier vorliegende Wiederaufnahme *und* Überwindung des Eleatismus zugleich - die über den Eleatismus weit hinausgehende dialektische Differenzierung des Einheitsbegriffs, wie sie in den beiden ersten Hypothesen des "Parmenides" vorgenommen wird.

*Absolute Einheit* (reine Einfachheit) ist das über alle Bestimmungen hinausliegende, selbst nur noch negativ (als Nicht-Vielheit) bestimmte

---

[38] H.J. Krämer, *Arete bei Platon und Aristoteles*, 541 - 543.

[39] Krämer, ebd. 543 unterscheidet zwei Richtungen: "nach der Totalität des einzelnen Seienden und nach der äußersten Transzendenz des Seinsgrundes hin."

Wesen des Absoluten,[40] dessen reine Transzendenz gerade in seiner begrifflichen Negativität zum Ausdruck kommt; das absolute Eine ist zum Grenzbegriff geworden, mit dem das Denken - seine eigenen Denkmöglichkeiten aufhebend - das Mysterium eines absoluten "Jenseits" berührt. - Inhaltlich erfüllte, also seiende Einheit schließt dagegen von Anfang an die ins Unendliche gehende Zweiteilung in Sein und Einssein und damit die *Antinomie von Einheit und Vielheit* in sich (vgl. Parm. 142 B 5 - 143 A 3); aus der anfänglichen Bestimmungszweiheit des ἓν ὄν lassen sich sodann alle fundamentalen Seinsbestimmungen, in Gegensatzpaaren geordnet, in dialektischer Analyse geregelt entwickeln; so wird durch sie die Entfaltung des Einen in das All des Seienden und zugleich (Zweiteilung, Gegensatzpaare) die dihairetische Struktur des *τόπος νοητός* der Ideen begriffen. Denn da Seiendes nur als *Einheit in der Vielheit* denkbar ist und da jede seiende und denkbare Einheit stets die Dichotomie in Einheit (Bestimmendes) und Sein (Bestimmtes) aufweist, so ist das ἓν ὄν als allgemeinste formale Struktur aller Seienden zugleich das Gliederungsprinzip des Ideenkosmos. - Damit ist der eleatische Grundbegriff des ἕν nach der einen Seite zum universalen ontologischen Strukturbegriff erweitert und nach der anderen Seite zum Grenzbegriff des Absoluten verschärft.

Zitieren wir noch einmal Krämers Charakterisierung der Platonischen Grundkonzeption: "Platons Konzeption ist entscheidend davon bestimmt, daß die begriffliche Negativität dem Grund, sofern er Grund ist, wesentlich zugehört, weil er als solcher allem Seienden vorausliegt und darum über jeden Vergleich, jedes Attribut und jede Prädikation erhaben ist. In seiner schlechthinnigen Transzendenz und Absolutheit entzieht sich der Grund dem Zugriff des diskursiven Denkens, das stets eine Vielheit voraussetzt, und ist daher im strengen Sinne undefinierbar, inprädikabel und sprachlich nicht faßbar. Er läßt sich in der Tat im Unterschied zu allem Seienden nicht affirmativ, sondern nur - gleichsam ersatzweise - negativ, nämlich durch die Verneinung der vielen seienden Dinge, also auf dem Umweg über die Welt, begrifflich festlegen. Der Grund ist demgemäß, vom Seienden her betrachtet, eigentlich 'Nichts', oder aber schärfer von der Welt als Vielheit her gefaßt: das aller Individuation vorhergehende *Nicht-Viele*, das *Eine*. Die platonische 'Bestimmung' des Seinsgrundes als Eins verharrt also notwendig in der Negation, gibt aber im Bereich begrifflichen, diskursiven Denkens (*λόγος, διάλογος, διάνοια*) das 'Wesen' des Grundes am angemessensten wieder. . . . Der limitative Begriff des Eins erweist sich damit - und dies ist die einzigartige Wendung

---

[40] Diese *reine absolute* Einheit kennzeichnet *ausschließlich* das Absolute selbst: Parm. 158 A 5 f.: *νῦν δὲ ἑνὶ μὲν εἶναι πλὴν αὐτῷ τῷ ἑνὶ ἀδύνατόν που.*

der platonischen Philosophie - als die Brücke, die den Grund in die Sphäre begrifflichen Denkens übersetzt und insofern erst in seinem Grund-sein nachvollziehbar macht. An ihm hängt die gesamte dialektische Wissenschaft vom Seienden, denn die bloße Negation reicht schon zu, sie mit einem fest bestimmten Sinn zu erfüllen. Sie erschöpft sich nicht formal in der vergeblichen, unendlichen Annäherung an das schlechthin Unerreichbare, sondern gewinnt mit der Bestimmung des Seinsgrundes als *Eins* am Grund selber den ihr zukommenden Anteil."[41]

"Die platonische Philosophie ist auf die Bestimmung des Grundes als Eins verbindlich festgelegt. Sie stellt sich darin als der groß angelegte Versuch dar, den Grund als Grund, die Weise, wie er als Grund des Seienden wirksam ist, zu begreifen . . . . Der Ansatz aus der Negation heraus, das Unternehmen, die Wirklichkeit aus dem Gegenbegriff der Nicht-Welt, des Nicht-Vielen und Nicht-Seienden diskursiv abzuleiten, zeigt, daß das Problem hier - im Unterschied zu allen Vorsokratikern - zum ersten Mal in seiner ganzen Schwierigkeit erfaßt und zugleich mit ungewöhnlicher denkerischer Energie zu lösen versucht war: mehr als durch die Einarbeitung neuer Seinsaspekte - die Zurückführung der Arete auf das *ὄν* - sind die Früheren durch die neuartige limitative Fassung des Arche-Begriffs zusammen mit einer umfassenden Deduktion des Seienden, die mit dem Streben nach Totalität den Anspruch auf eine neue methodische Strenge und Konsequenz verbindet, übertroffen . . . Der Entwurf, den Platon vorlegt, die begriffliche Fixierung des Absoluten als *Einheit*, gibt sich als die einzige mögliche Weise, wie vom Seinsgrund her systematisch philosophiert werden kann: der *ἕν* - Begriff negiert den Seinscharakter der Welt, erweist sich aber zugleich als die beherrschende kategoriale Konstituante ihrer Existenz. Er vermittelt darum zwischen der Transzendenz des Absoluten und dem einzelnen Seienden und macht damit das Wesen des *Grundes*, den Grund in seiner seinsbegründenden Macht begreifbar."[42]

---

41 H.J. Krämer, *Arete bei Platon und Aristoteles*, 543 f., 545.

42 Krämer, ebd. 550.

## § 5 Von der Alten Akademie zum Neuplatonismus:

## Die Kontinuität der einheitsmetaphysischen Tradition

Plotins Berufung auf Platon besteht somit aufs Ganze gesehen historisch zu Recht. Im einzelnen gilt dies vor allem anderen für die Theorie des über alle Bestimmungen von Sein und Denken hinausliegenden Absoluten, das *μέγιστον μάθημα* (Resp. 505 A 2) Platons und Plotins: sie ist für *Platon* sowohl durch seine Schriften[43] als auch durch die Prinzipienlehre der *ἄγραφα δόγματα*[44] so gut bezeugt, daß an der Herkunft dieser Lehre von Platon selbst eigentlich kein Zweifel möglich ist. Ferner ist die Lehre vom überseienden Einen auch für *Speusipp*, Platons ersten Nachfolger in der Akademie, sicher bezeugt.[45] Schließlich beweist auch das Fragment der *Aristotelischen* Frühschrift "Über das

[43] Vgl. die Sammlung aller einschlägigen Stellen bei Proklos, Theologia Platonis II 4 und bei Max Wundt, *Platons Parmenides*, 33 ff., 70 ff.: "Politeia" VI 505 A - 511 E; "Parmenides" 137 C - 142 A; "Sophistes" 243 DE, 244 B - 245 B, 249 E - 250 D; "Philebos" 20 B - 21 E, 27 B; Ep. II 312 D - 313 A; Ep. VII 341 B - E; hinzuzufügen wäre noch "Politeia" VII 534 BC, "Philebos" 64 E und Ep. VI 323 D.

[44] Die Zeugnisse sind gesammelt bei K. Gaiser, *Platons ungeschriebene Lehre.* Anhang: *Testimonia Platonica.* Quellentexte zur Schule und mündlichen Lehre Platons, dort vor allem Nr. 50 (Speusipp) und Nr. 52 (Porphyrios); ferner Aristoteles, Metaph. 987 b 23, 996 a 7, 1001 a 6 ff. mit 1092 a 14 f.

[45] Aristoteles, Metaph. N 5, 1092 a 14 f. = Speusipp Fr. 34 e Lang / 57 Isnardi Parente / 43 Tarán: *ὥστε μηδὲ ὄν τι εἶναι τὸ ἓν αὐτό.* - Jamblich, De communi mathematica scientia IV 15, 7 ff. Festa: = Speusipp Fr. 72 Isnardi P.: *τὸ ἓν ὅπερ δὴ οὐδὲ ὄν πω δεῖ καλεῖν, διὰ τὸ ἁπλοῦν εἶναι καὶ διὰ τὸ ἀρχὴν μὲν ὑπάρχειν τῶν ὄντων, τὴν δὲ ἀρχὴν μηδέπω εἶναι τοιαύτην οἷα ἐκεῖνα ὧν ἐστιν ἀρχή.* Proklos, In Parm. VII 40, 1 ff. Klibansky - Labowsky = 501, 62 ff. Steel = Speusipp Fr. 62 Isnardi P. / 48 Tarán: "*Le unum enim melius ente putantes et a quo le ens, et ab ea que secundum principium habitudine ipsum liberaverunt.*"

Gebet",[46] daß die Geisttranszendenz des Absoluten in der Akademie vertreten wurde.

Dagegen bleiben die in der Forschung viel beachteten Parallelen jener Lehre im vorneuplatonischen Raum ambivalent: zwar finden sich *Ansätze* zu einer Theorie des Absoluten und das *Programm* einer negativen Theologie, beide werden aber im Vorneuplatonismus nicht konsequent und systematisch durchgeführt, sie bleiben rudimentär.[47] Für die Frage der geschichtlichen Herkunft der neuplatonischen Metaphysik des überseienden Einen ist entscheidend, daß die Seinstranszendenz des Absoluten von keinem Autor *vor* Plotin und *nach* Speusipp mit Entschiedenheit vertreten wird,[48] *obwohl* ihre Formulierung durch Platon,

---

[46] Aristoteles Fr. 49 Rose = *Περὶ εὐχῆς* Fr. 1: *ὁ θεὸς ἢ νοῦς ἐστὶν ἢ καὶ ἐπέκεινά τι τοῦ νοῦ*. Das ungewöhnliche Wort *ἐπέκεινα* nimmt "Politeia" 509 B 9 auf und scheint in der Akademie ein fester Terminus für die Transzendenz des Absoluten gewesen zu sein. Die erste der beiden hier angedeuteten Alternativen ist die (spätere) eigene Lösung des Aristoteles (Metaph. XII) und des Xenokrates (Fr. 15, 16 Heinze); die zweite Alternative (*ἐπέκεινά τι τοῦ νοῦ*) ist die Position Platons und Speusipps. Vgl. Platon, Politeia 508 B 13 f. E 3 ff. mit 509 B 6 - C 2. - Speusipp Fr. 38 Lang / 89 Isnardi P. / 58 Tarán: *. . . τὸν νοῦν οὔτε τῷ ἑνὶ οὔτε τῷ ἀγαθῷ τὸν αὐτόν, ἰδιοφυῆ δέ*. - Vgl. ferner noch Aristoteles, Eth. Eudem. 1248 a 27 - 29: *λόγου δ᾽ ἀρχὴ οὐ λόγος, ἀλλά τι κρεῖττον· τί οὖν ἂν κρεῖττον καὶ ἐπιστήμης εἴη καὶ νοῦ πλῆν θεός;*

[47] Vgl. dazu Krämer, *Ursprung der Geistmetaphysik*, 63 ff. (Numenius), 92 ff. (Mittelplatonismus), 223 ff. (Gnosis), 264 ff. (Logos-Theologie) mit sehr reichem Material.

[48] Die einzige sicher bezeugte Ausnahme ist Moderatos bei Simplikios, In Phys. 230, 35 D. mit der Formulierung *τὸ πρῶτον ἓν ὑπὲρ τὸ εἶναι καὶ πᾶσαν οὐσίαν*. Hierzu ist zweierlei zu beachten: 1. Moderatos spricht nicht in eigenen Namen, sondern referiert Platon, Parm. 141 E in einer an den Wortlaut von "Politeia" 509 B angeglichenen Formulierung. - 2. Die zitierte Formulierung gehört inhaltlich Moderatos und darf nicht auf die Zwischenquelle Porphyrios zurückgeführt werden, da sie von dessen eigener Interpretation des "Parmenides" in einem ganz entscheidenden Punkt abweicht: denn für Porphyrios ist das *πρῶτον ἕν* zwar *ὑπὲρ τὸ ὂν καὶ πᾶσαν οὐσίαν* (Sent. 26), aber gerade nicht *ὑπὲρ τὸ εἶναι*, sondern *αὐτὸ τὸ εἶναι καθαρόν* (In Parm. XII 26). Diese Abweichung, die für die Zuverlässigkeit des Moderatos-Referats bei Simplikios ein wichtiges Kriterium abgibt, ist m.W. in der bisherigen Diskussion unbeachtet geblieben. - Sicher bezeugt ist die Seinstranszendenz des Absoluten auch für den kaum zuverlässig datierbaren Ps.-Brotinos (Syrian, In Metaph. 166, 5 f. Kroll: *Βροτίνος δὲ ὡς νοῦ παντὸς καὶ οὐσίας δυνάμει καὶ πρεσβείᾳ ὑπερέχει* sc. *ἡ ἑνιαία αἰτία*). Auch hier ist die wörtliche Anlehnung an "Politeia" 509 B zu beachten; Syrian (In Metaph. 183, 1 ff.) und Ps.-Alexander (In Metaph. 821, 33 ff. Hayduck) stellen denn auch Ps.-Brotinos unmittelbar neben Platon. Wahrscheinlich will auch Eudoros mit der Formulierung *ὁ ὑπεράνω θεός*

"Politeia" 509 B und "Parmenides" 141 E, bekannt ist und relativ häufig zitiert wird;[49] entscheidend ist ferner, daß in den vorneuplatonischen Systemen (Mittelplatonismus, Neupythagoreismus, jüdisch-christliche Logos-Theologie: Philon, Clemens, Origenes) neben die negative Theologie stets eine affirmative tritt, die dem Seinsgrund positive Bestimmungen zuspricht, die nicht zurückgenommen oder methodisch als nur vorläufig gekennzeichnet werden.[50]

Da die Systembildungen des Vorneuplatonismus in der metaphysisch entscheidenden Frage, ob der Urgrund *ἐπέκεινα νοῦ καὶ οὐσίας* oder aber *πρῶτος νοῦς* und *αὐτὸ τὸ ὄν*[51] (*οὐσιότης*)[52] sei, schwanken und sich überwiegend für die zweite Lösung entscheiden,[53] können sie als *primäre*

---

die Seinstranszendenz des höchsten Prinzips ausdrücken, auch er freilich in einem Referat über "Pythagoreer", hinter dem die Platonisch-akademische Prinzipienlehre steht (s. Anm. 60).

[49] Vgl. die sehr reichen Belege bei J. Whittaker, *ΕΠΕΚΕΙΝΑ ΝΟΥ ΚΑΙ ΟΥΣΙΑΣ*, Vigiliae Christianae 23 (1969), 91 - 104; vgl. auch ders., *Neopythagoreanism and the Transzendent Absolute*, Symbolae Osloenses 54 (1970), 77 - 86.

[50] Charakteristisch das Nebeneinander von *θεολογία κατ' ἀφαίρεσιν* und *κατὰ σύνθεσιν* z.B. bei Kelsos (Origenes, Contra Celsum VII 42) und bei Albinos (Didaskalikos X). Der Vergleich mit Ps.-Dionysius Areopagita, De myst. theol. II - III, wo die affirmative Theologie nur mehr analoge und kausale Bedeutung hat und der negativen Theologie untergeordnet wird, erhellt deutlich den hier durch den Neuplatonismus eingetretenen Wandel. Dazu auch Johannes Eriugena, De divisione naturae I 14 über das Verhältnis von affirmativer und negativer Theologie.

[51] Numenios Fr. 26 Leemans = Fr. 17 des Places. Vgl. Fr. 22 L. = Fr. 13 des Pl. Für Numenios steht auch der so gefaßte Urgrund über der *οὐσία* und den Ideen: Fr. 25 Leemans = Fr. 16 des Places, vgl. auch Fr. 11 L. = Fr. 2 des Pl.

[52] Albinos, Didaskalikos X, 164, 30 Hermann.

[53] Vgl. das Resumée von Whittaker, *ΕΠΕΚΕΙΝΑ*, 104: "The above survey has shown that there existed in the minds of writers of the Middle Platonic period a confusion concerning the status of the ultimate principle with reference to *οὐσία* and *νοῦς*, and furthermore that the source of this confusion lies in the writings of Plato and in related Early Academic speculation. The general tendency in the first two centuries after Christ was to identify God with Platonic reality, but at the same time the importance of such key passages as Rep. 509 B and the First Hypothesis of the Parmenides was widely acknowledged. In the case of *νοῦς* the conflict no doubt took many forms, but seems mainly to have lain between on the one hand the incorporation into Platonism of the conception of the Forms as the thoughts of the supreme deity who must in consequence be identified as a kind of *νοῦς*, and on the other hand the desire to find a first principle which transcends the multiplicity inherent in an deity of this nature."

Quelle der neuplatonischen Theorie des über *alle* Bestimmungen erhabenen Absoluten nicht in Betracht kommen; dasselbe gilt für die platonisierenden Systeme der Hochgnosis (bes. Basilidianer, Valentinianer), weil sie ihrem vorseienden Ursprung (*βυθός, ὁ οὔκων θεός*) Selbstbezug, Selbsterfassung, Denken (*ἔννοια, ἐπίνοια, ἐνθύμησις*) und damit zumindest latente Subjekthaftigkeit zuschreiben[54] - von ihrer mythologischen Form, die den Urgrund als personales Wesen erscheinen läßt, ganz abgesehen.

Dagegen können die genannten vorneuplatonischen Systembildungen (einschließlich der platonisierenden Gnosis), gerade wegen ihrer ambivalenten Haltung zum Transzendenzproblem, als Zeugen für das latente Weiterwirken einer von Platon in der Akademie begründeten Tradition der Einheitsmetaphysik - die dann von Plotin, und in voller Konsequenz und Radikalität erst von ihm, erneut aktualisiert wird - verstanden werden, wenn einmal die Platonisch-akademische Abkunft des *Systemtypus* (Seinstranszendenz und Negativität des Ursprungs, Stufenfolge *ἕν - νοῦς (εἴδη) - ψυχή - φύσις*),[55] der für den Neuplatonismus seit Plotin charakteristisch ist, feststeht. Für diese Deutung spricht entschieden, daß im vorneuplatonischen Raum nicht nur die Schriften Platons (einschließlich des Sonnengleichnisses und des "neuplatonisch" verstandenen "Parmenides" bei Moderatos), sondern auch seine innerakademische Prinzipienlehre präsent ist. Diese Prinzipienlehre[56] ist nun in einer dualistischen und einer monistischen Fassung überliefert und in beiden Fassungen im Vorneuplatonismus wirksam:

1) Nämlich bei Alexander von Aphrodisias in der aus den Berichten des Aristoteles bekannten und auf dessen *Περὶ τἀγαθοῦ*-Nachschrift zurück-

[54] Vgl. dazu Krämer, *Ursprung der Geistmetaphysik*, 231 - 264, hier bes. 254 ff. mit Belegen.

[55] Zur Herkunft von Platon und Speusipp im einzelnen Krämer, *Ursprung der Geistmetaphysik*, 193 - 223 und 338 - 369; vgl. dazu schon Dodds, *The Parmenides of Plato*, 129 ff. bes. 140; Ph. Merlan, *From Platonism to Neoplatonism*, ²Den Haag 1960, 96 - 140: "*Speusippus in Jamblichus*"; C. J. de Vogel, *On the Neoplatonic Character of Platonism and the Platonic Character of Neoplatonism*, Mind 62 (1953), 43 - 64.

[56] Zum folgenden vgl. zusammenfassend K. Gaiser, *Quellenkritische Probleme der indirekten Platonüberlieferung*, in: H.G. Gadamer, W. Schadewaldt (Hrsg.), *Idee und Zahl.* Studien zur platonischen Philosophie (Abh. der Heidelberger Akad. d. Wiss. 1968, 2), 31 - 84; dort 38 eine Skizze der verschiedenen Überlieferungszweige.

gehenden Form eines *Dualismus* zweier - so scheint es wenigstens - gleichursprünglicher Prinzipien, der auch Numenios geläufig ist.[57] -

2) Sodann bietet Sextus Empiricus die Prinzipienlehre in einer den Neuplatonismus vorbereitenden *monistischen* Fassung (Ableitung der *ἀόριστος δυάς* aus dem Einen), die sich als "Lehre der Pythagoreer" ausgibt, aber genuin Platonisches Gedankengut bietet (in bisweilen stoisierender Terminologie); ja, der Sextus-Bericht (Adversus Mathematicos X, §§ 248 - 283)[58] ist nicht nur der umfangreichste, sondern auch in der Wiedergabe des Gedankengangs der präziseste und luzideste Auszug aus Platons Vorlesung "Über das Gute", der überhaupt bekannt ist. Eine solche monistische und sich als "pythagoreisch" gebende Version der altakademischen Prinzipienlehre, deren Hauptzeuge Sextus ist, liegt in verwandter Form - mit der bei Sextus nur angedeuteten[59] Lehre vom doppelten (absoluten und zugeordneten) Einen - auch bei Eudoros[60] und

---

[57] Numenios, Test. 30 Leemans = Fr. 52 des Places = Chalcidius, In Platonis Timaeum Commentaria cap. 295 - 299 mit Polemik gegen den Prinzipienmonismus der Neupythagoreer.

[58] Dazu Ph. Merlan, *Beiträge zur Geschichte des antiken Platonismus* I: *Zur Erklärung der dem Aristoteles zugeschriebenen Kategorienschrift*, Philologus 89 (1934), 35 - 53; P. Wilpert, *Neue Fragmente aus Περὶ τἀγαθοῦ*, Hermes 76 (1941), 225 - 250; erneut in: J. Wippern (Hrsg.), *Das Problem der Ungeschriebenen Lehre Platons* (WdF Bd. 186), 166 - 200; P. Wilpert, *Zwei aristotelische Frühschriften über die Ideenlehre*, Regensburg 1949, 128 - 221; H.J. Krämer, *Arete bei Platon und Aristoteles*, 282 ff. und passim; K. Gaiser, *Platons ungeschriebene Lehre*, 73 ff., 496 ff.; ders., *Quellenkritische Probleme der indirekten Platonüberlieferung*, 63 - 83.

[59] Sextus unterscheidet zwischen der Eins (bei Sextus: *ἕν*) als Zahl-Prinzip und dem Einen (bei Sextus: *μονάς*) als universalem Seinsprinzip: Adv. math. X 276.

[60] Bei Simplikios, In Phys. 181, 10 ff. Diels (wörtliches Zitat !): *κατὰ τὸν ἀνωτάτω λόγον φατέον τοὺς Πυθαγορικοὺς τὸ ἓν ἀρχὴν τῶν πάντων λέγειν, κατὰ δὲ τὸν δεύτερον λόγον δύο ἀρχὰς τῶν ἀποτελουμένων εἶναι, τό τε ἓν καὶ τὴν ἐναντίαν τούτῳ φύσιν. ὑποτάσσεσθαι δὲ πάντων τῶν κατὰ ἐναντίωσιν ἐπινοουμένων τὸ μὲν ἀστεῖον τῷ ἑνί, τὸ δὲ φαῦλον τῇ πρὸς τοῦτο ἐναντιουμένῃ φύσει. διὸ μηδὲ εἶναι τὸ σύνολον ταύτας ἀρχὰς κατὰ τοὺς ἄνδρας. εἰ γὰρ ἡ μὲν τῶνδε ἡδὲ τῶνδέ ἐστιν ἀρχή, οὐκ εἰσὶ κοιναὶ πάντων ἀρχαὶ ὥσπερ τὸ ἕν. διό, φησί, καὶ κατ' ἄλλον τρόπον ἀρχὴν ἔφασαν τῶν πάντων τὸ ἕν, ὡς ἂν καὶ τῆς ὕλης καὶ τῶν ὄντων πάντων ἐξ αὐτοῦ γεγενημένων. τοῦτο δὲ εἶναι καὶ τὸν ὑπεράνω θεόν . . . φημὶ τοίνυν τοὺς περὶ τὸν Πυθαγόραν τὸ μὲν ἓν πάντων ἀρχὴν ἀπολιπεῖν, κατ' ἄλλον δὲ τρόπον δύο τὰ ἀνωτάτω στοιχεῖα παρεισάγειν . . . ὥστε ὡς μὲν ἀρχὴ τὸ ἕν, ὡς δὲ στοιχεῖα τὸ ἓν καὶ ἡ ἀόριστος δυάς, ἀρχαὶ ἄμφω ἓν*

ὄντα πάλιν. καὶ δῆλον ὅτι ἄλλο μέν ἐστιν ἓν ἡ ἀρχὴ τῶν πάντων, ἄλλο δὲ ἓν τὸ τῇ δυάδι ἀντικείμενον, ὃ καὶ μονάδα καλοῦσιν. Dieser Passus - er ist als der früheste metaphysische Text des Platonismus seit der Alten Akademie von großer geschichtlicher Bedeutung - ist viel diskutiert worden. Zum folgenden vgl. E.R. Dodds, *The Parmenides of Plato*, 135 ff.; W. Theiler, *Philo von Alexandria und der Beginn des kaiserzeitlichen Platonismus*, in: *Parusia*. Festschr. Johannes Hirschberger, Frankfurt 1965, 199 - 218, bes. 205 ff.; J. Whittaker, *ΕΠΕΚΕΙΝΑ*, 97 f.; J.M. Dillon, *The Middle Platonists*, 123 ff.; ders., *Eudoros und die Anfänge des Mittelplatonismus*, in: C. Zintzen (Hrsg.), *Der Mittelplatonismus* (WdF Bd. 70), 3 - 32, bes. 11 ff., 17 ff. Ich möchte folgende Punkte hervorheben:

1. Ganz offenkundig liegt bei Eudoros eine dem Sextus-Bericht verwandte monistische Fassung der Platonischen Prinzipienlehre vor, die genau wie der Sextus-Bericht (X 261) das Materialprinzip aus dem Einen ableitet; die Beziehung auf Platon ist wegen der ἀόριστος δυάς sicher; sie ergibt sich außerdem aus dem von Alexander, In Met. 58, 21 ff. berichteten Versuch Eudoros', den Aristotelischen Bericht über die Platonische Prinzipienlehre Met. 987 b 18 ff. monistisch zu "korrigieren". Eudoros ergänzte den Wortlaut Metaph. 988 a 10 - 11: τὰ γὰρ εἴδη τοῦ τί ἐστιν αἴτια τοῖς ἄλλοις, τοῖς δ' εἴδεσι τὸ ἕν durch den Zusatz: καὶ τῇ ὕλῃ.

2. Der Monismus ergibt sich aus dem Rückgang *hinter* die beiden Komplementärprinzipien auf ein ursprünglicheres Prinzip. Eudoros sagt uns auch, warum dieser Rückgang notwendig ist: ἀρχαὶ ἄμφω ἓν ὄντα πάλιν. Also auch die ἀόριστος δυάς ist als Prinzip selber logisch wie numerisch eine Einheit und setzt damit das Eine als absolutes Einheitsprinzip voraus. Das ist nicht nur gut platonisch argumentiert und paßt in die aus Περὶ τἀγαθοῦ bekannten Kriterien für logisch-ontologische Priorität (μὴ συναναιρεῖσθαι, πρότερον - ὕστερον φύσει); Eudoros kann sich dafür sogar auf Aristoteles' Platon-Referat Metaph. 1087 b 9 - 12 (= Test. Plat. 49) berufen, vgl. auch Metaph. 1088 a 15.

3. Eudoros Unterscheidung zwischen einem übergegensätzlichen Urprinzip auf höchster Betrachtungsebene und einem Elementen-Dualismus als zweiter Stufe, aus dem die Gegensatzbestimmungen abgeleitet werden, geht - wie schon Dodds sah (ebenso Whittaker) - auf Platons "Parmenides" zurück: Eudoros' ἀνωτάτω λόγος entspricht der ersten Hypothesis, sein δεύτερος λόγος der zweiten Hypothesis; dagegen ist die von Rist (s. Anm. 32) vorgeschlagene Herleitung aus dem "Philebos" weniger überzeugend; Eudoros' Unterscheidung einer monistischen höchsten und einer dualistischen zweiten Stufe hat aber große Ähnlichkeit mit Speusipps Auffassung der Platonischen Prinzipien (s. Anm. 71) und ebenso mit Syrians Darstellung der Prinzipienlehre (In Metaph. 112, 14 ff. Kroll: "Jene (sc. die Anhänger der Ideenlehre) behaupten immer, daß es unter dem Einen Urgrund von Allem, welchen sie das Gute oder das Eine über allem Seienden nannten, zwei Ursachen in der Wirklichkeit gebe, die Monade und die unbestimmte Zweiheit. Diese Ursachen wiesen sie gleichmäßig jeder Stufe des Seins zu"). Die terminologische Differenzierung zwischen dem absoluten ἕν und der μονάς als dem zweiten ἕν entspricht ebenfalls der Lehre

Moderatos[61] vor und wird von dem letzten auf Platons "Parmenides" bezogen; sie scheint außerdem dem systematischen Grundgerüst des gnostischen Valentinianismus zugrunde zu liegen, da hier das Vier-Stufen-Modell (*ἕν - εἴδη / ἀριθμοί - ψυχή - φύσις*) und die Negativität des Ursprungs wiederkehren.[62]

---

Speusipps (Fr. 88 Isnardi Parente = Jamblich, De comm. math. sc. IV 17, 14 f.; vgl. auch Arist. Metaph. 1028 b 21 - 24).

4. Die sich ergebende Lehre vom doppelten Einen - dem absoluten und dem dem Gegenprinzip zugeordneten - entspricht der von Moderatos referierten "pythagoreischen" Interpretation des "Parmenides": auch hier folgt auf das absolute Eine ein Elementenpaar - das zweite Eine und ein intelligibles Materialprinzip. Es ist also gut möglich, daß auch Eudoros die "pythagoreischen" Prinzipien *ἕν* und *ἀόριστος δυάς* mit dem "Parmenides" in Verbindung brachte und dadurch zu seiner Theorie kam.

5. Das Übersein des Einen ist für Eudoros - anders als für Moderatos - nicht expressis verbis bezeugt. Es läßt sich aber erschließen: a) aus der Übergegensätzlichkeit des höchsten Einen - wenn die 1. Hypothesis des "Parmenides" im Hintergrund steht, also Erhabenheit auch über kontradiktorische Gegensätze (Sein - Nichtsein) gemeint ist; b) aus dem Ausdruck *ὑπεράνω θεός* - wenn hier eine Reminiszenz an Resp. 509 B vorliegt (so H. Dörrie, Entretiens sur l' Antiquité Classique XII, 1966, 32).

6. Eudoros ist der erste Platoniker seit der Älteren Akademie, der sich auf die Autorität von Platons Schriften beruft: seine Definition des Lebensziels zitiert "Theaitet" 176 B: *ὁμοίωσις θεῷ κατὰ τὸ δυνατόν* (vgl. Areios Didymos bei Stobaios II 42 ff. Wachsmuth). Zugleich kannte er die mündliche Lehre Platons, da er deren Kategorienlehre gegen die des Aristoteles ausspielte (vgl. Simplikios, In Cat. 174, 14 ff.). Dies spricht beides für die Wahrscheinlichkeit, daß Eudoros die Prinzipienlehre von *Περὶ τἀγαθοῦ* in der Henologie des "Parmenides" wiederfand; ihre Etikettierung als "pythagoreisch" entspricht dabei der Selbststilisierung der Alten Akademie, besonders Speusipps; Eudoros schreibt auch die Platonische *ὁμοίωσις θεῷ* schon Pythagoras zu (s. auch Anm. 18, Anm. 48 u. Anm. 71).

[61] Bei Simplikios, In Phys. 230, 35 ff. D. (Text in Anm. 18).

[62] Vgl. Krämer, *Ursprung der Geistmetaphysik*, 236 ff., 251 ff., 259 ff. Die Abhängigkeit der gnostischen Grundlehren vom Platonismus hat schon Plotin scharf ausgesprochen II 9, 6, bes. 6 ff.: *ὡς γὰρ τῆς ἀρχαίας Ἑλληνικῆς οὐχ ἁπτόμενοι ταῦτα σκευωροῦνται εἰδότων καὶ σαφῶς τῶν Ἑλλήνων ἀτύφως λεγόντων* . . . 10 ff.: *ὅλως γὰρ τὰ μὲν αὐτοῖς παρὰ τοῦ Πλάτωνος εἴληπται, τὰ δέ, ὅσα καινοτομοῦσιν, ἵνα ἰδίαν φιλοσοφίαν θῶνται, ταῦτα ἔξω τῆς ἀληθείας εὕρηται* . . . 37 ff.: *ἃ καλῶς λέγουσι παρ' ἐκείνων* sc. *τῶν Πλατωνικῶν λαβόντας, ψυχῆς ἀθανασίαν, νοητὸν κόσμον, θεὸν τὸν πρῶτον, τὸ τὴν ψυχὴν δεῖ φεύγειν τὴν πρὸς σῶμα ὁμιλίαν, τὸν χωρισμὸν τὸ ἀπ' αὐτοῦ, τὸ ἐκ γενέσεως φεύγειν εἰς οὐσίαν· ταῦτα γὰρ κείμενα παρὰ τῷ Πλάτωνι σαφῶς οὑτωσὶ λέγοντες καλῶς ποιοῦσιν* . . . 55 ff.: *τὰ δ' ὕστερον τούτοις*

Eine monistische Fassung der platonisch-akademischen Prinzipien, wie sie im kaiserzeitlichen Neupythagoreismus geläufig ist, ist ferner schon in den hellenistischen Pseudopythagorica des 2. oder 3. *vorchristlichen* Jahrhunderts nachweisbar, und zwar in den von Alexander Polyhistor exzerpierten *Πυθαγορικὰ ὑπομνήματα* mit einer dem Sextus-Bericht verwandten Ableitung der Dyas aus dem Einen[63] sowie bei "Ps.-Brotinos" und "Ps.-Archytas" mit einer an Eudoros erinnernden Überordnung des Einheitsprinzips über einen sekundären Prinzipiengegensatz;[64] diese hellenistischen Pseudopythagorica verbinden den Neupythagoreismus mit der Alten Akademie und haben darum für die Kontinuität der einheitsmetaphysischen Tradition von der Akademie bis zum Neuplatonismus eine nicht zu unterschätzende Bedeutung.[65] Auffällig ist insbesondere die Verwandtschaft der "Ps.-Brotinos" zugeschriebene Lehre vom Einen mit Speusipp und Platons "Parmenides" einerseits und mit Eudoros, Moderatos und dem Neuplatonismus (speziell Plotin und Proklos) andererseits.

Der über den Neupythagoreismus (Ps. - Brotinos, Alexander Polyhistor, Eudoros, Moderatos, Sextus) laufende Traditionszweig der indirekten Platon-Überlieferung muß aus inhaltlichen Gründen (Monismus, Zuweisung an die Pythagoreer) von Aristoteles unabhängig sein; da sein Gehalt in wesentlichen Punkten aber auch durch Aristoteles und die an ihn anknüpfende Tradition (Theophrast, Alexander von Aphrodisias) sowie unabhängig von Aristoteles durch Hermodor (Test. Plat. 31) und durch Speusipp (Test. Plat. 50) für Platons *Περὶ τἀγαθοῦ* bezeugt ist,[66] so muß

---

*παρ' ἐκείνων ληφθέντα, προσθήκας δέ τινας οὐδὲν προσηκούσας εἰληφότα.* Diesem Urteil Plotins entspricht die Einordnung der Gnosis, zumal des Valentinianismus, als heterodoxer Platonismus bei den christlichen Häresiologen Hippolytos, Irenaeus und Clemens. Vgl. auch Theilers Vorbemerkung zu II 9, *Plotins Schriften* III b, 414 ff.

63 Alexander Polyhistor bei Diogenes Laertios VIII 25: *ἀρχὴν μὲν τῶν ἁπάντων μονάδα· ἐκ δὲ τῆς μονάδος ἀόριστον δυάδα ὡς ἂν ὕλην τῇ μονάδι αἰτίῳ ὄντι ὑποστῆναι* ...

64 "Archainetos, Philolaos und Brotinos" bei Syrian, In Metaph. 166, 3 ff. Kroll. Ps.-Archytas bei Stobaios I p. 278 f. Wachsmuth = P T p. 19 Thesleff.

65 Vgl. dazu Krämer, *Ursprung der Geistmetaphysik*, 332 f. und oben Teil I Kap. III Anm. 10, 11 und 33.

66 Vgl. den Nachweis von Wilpert, *Neue Fragmente aus Περὶ τἀγαθοῦ*, Hermes 76, 225 - 250, für den Sextus-Bericht. Vor Wilpert haben bereits R. Heinze, *Xenokrates.* Darstellung der Lehre und Sammlung der Fragmente, Leipzig 1892, 37 ff. und vor allem Ph. Merlan, *Beiträge zur Geschichte des antiken Platonismus* I, 37 ff. bes 41 ff. das Pythagoreer-Referat bei Sextus für Platon in Anspruch genommen. Mit jenem stellt W.

der "neupythagoreische" Traditionszweig - wohl über eine hellenistische Zwischenquelle[67] - auf die Alte Akademie selbst zurückgehen, d.h. auf Nachschriften unmittelbarer Schüler Platons;[68] man könnte wegen der Zuweisung an die Pythagoreer an Speusipp, Xenokrates oder Herakleides Pontikos denken,[69] wegen der Überordnung des Einen über das Vielheitsprinzip ebenfalls an Speusipp oder auch an Hermodor.[70] Vielleicht

---

Theiler, *Einheit und unbegrenzte Zweiheit von Plato bis Plotin*, (*Isonomia*. Berlin 1964), 103 ff. den monistischen Zweig des Neupythagoreismus (Alexander Polyhistor, Photios cod. 249, Eudoros, Aetios, Moderatos) zusammen; im gleichen Sinne auch W. Burkert, *Weisheit und Wissenschaft*, 51 ff.

[67] Vgl. Gaiser, *Quellenkritische Probleme der indirekten Platonüberlieferung*, 72 ff. mit der dort referierten Forschungsliteratur. Nach W. Theiler, *Philo von Alexandria und der Beginn des kaiserzeitlichen Platonismus*, 208 käme Eudoros als Zwischenquelle für Sextus Empiricus in Frage.

[68] Vgl. außer Merlan, Wilpert und Krämer (Anm. 58) besonders Burkert, *Weisheit und Wissenschaft*, 56 ff. und Gaiser, *Quellenkritische Probleme*, 78 ff. (für Sextus). Ähnlich für den Pythagoreismus insgesamt schon E. Frank, *Plato und die sogenannten Pythagoreer*, Halle 1923, ND. Darmstadt 1962, passim. - Simplikios, In Phys. 151, 6 - 19 und 453, 22 - 454, 21 D. bezeugt Nachschriften von *Περὶ τἀγαθοῦ* außer für Aristoteles auch für Speusippos, Xenokrates, Herakleides Pontikos und Histiaios; dazu kommt das Platon-Werk Hermodors (Simplikios, In Phys. 247, 30 - 248, 20 D.).

[69] Dazu Burkert, *Weisheit und Wissenschaft*, 46 - 73 (*Die spätere Tradition im Widerspruch zu Aristoteles und ihre Quellen: Speusipp, Xenokrates, Herakleides*), bes. 56 ff. u. 73; ferner Gaiser, *Quellenkritische Probleme*, 32, 78, 80. Theilers Annahme (*Philo von Alexandria und der Beginn . . .*, 208 - 209), Eudoros sei für die Zuweisung der Platonischen Vorlesung an die Pythagoreer verantwortlich, ist angesichts der pythagoreischen Selbststilisierung der Akademie an sich schon unwahrscheinlich und mit dem Speusipp-Fragment bei Proklos (Test. Plat. 50) definitiv widerlegbar.

[70] Hermodor, den Porphyrios als Hauptzeugen für den Monismus Platons zitierte, leugnete den Prinzipiencharakter der unbestimmten Zweiheit (bei Simplikios, In Phys. 247, 30 - 248, 15 Diels = Test. Plat. 31; dort am Schluß 248, 11 ff.): *αὐτῶν ἀμφοτέρων τῶν συζυγιῶν πάντα πλῆν τοῦ ἑνὸς στοιχείου τὸ μᾶλλον καὶ τὸ ἧττον δεδεγμένον* (Heinze: *δέδεκται*). *ὥστε ἄστατον καὶ ἄμορφον καὶ ἄπειρον καὶ οὐκ ὂν τὸ τοιοῦτον λέγεσθαι κατὰ ἀπόφασιν τοῦ ὄντος. τῷ τοιούτῳ δὲ οὐ προσήκειν οὔτε ἀρχῆς οὔτε οὐσίας* (*ὄνομα* em. Theiler). Simplikios, In Phys. 256, 22 stimmt zu und zitiert zur Bekräftigung Aristoteles, Physik I 9, 192 a 22 - 23: *ἡ ὕλη ὥσπερ ἂν εἰ θῆλυ ἄρρενος* (sc. *ἐφίεται τὸ ἕν*). Hinzuweisen ist auch auf Physik 192 a 7 (*οἱ δὲ τὸ μὴ ὂν τὸ μέγα καὶ τὸ μικρὸν ὁμοίως*): danach faßte Platon das Materialprinzip als privatives Nichtsein auf, was die Angabe Hermodors bestätigt. Der hier bezeugte privative Charakter des *μέγα-μικρόν* aber impliziert schon den

liegt aufs Ganze gesehen Speusipp am nächsten, der in seiner Schrift "Über die pythagoreischen Zahlen" die Lehre von den Prinzipien des überseienden Einen und der unbestimmten Zweiheit, deren Verhältnis Speusipp ganz "neuplatonisch" auffaßte,[71] den Pythagoreern zuwies - dies Werk aber lag Nikomachos[72] und Jamblich[73] noch vor, muß also in dem

---

"neuplatonischen" und "neupythagoreischen" Monismus des Einen, des Prinzips des Seins, dessen bloße Privation das μέγα-μικρόν ist.

[71] Speusipp bei Proklos, In Parm. VII 40, 1 - 5 Klibansky - Labowsky = 501, 62 - 67 Steel (Speusipp Fr. 62 Isnardi P. / 48 Tarán = Test. Plat. 50 Gaiser): "*Le unum enim melius ente putantes et a quo le ens, et ab ea que secundum principium habitudine ipsum liberaverunt. Existimantes autem quod, si quis le unum ipsum seorsum et solum meditatum, sine aliis, secundum se ipsum ponat, nullum alterum elementum ipsi apponens, nichil utique fiet aliorum, interminabilem dualitatem entium principium induxerunt.*"

Daß Speusipp hier primär Platon und nicht eigene Lehre gibt, folgt aus der *interminabilis dualitas* (nach Aristoteles, Metaph. 987 b 25 - 27 ein ἴδιον Platons). Diese aber wird erst nachträglich als sekundäres Prinzip eingeführt, und zwar darum, weil allein aus dem Einen selbst in seiner reinen Einfachheit und Transzendenz die Vielheit des Seins nicht ableitbar ist. Speusipp bzw. Platon steht also genau wie Plotin vor der Unmöglichkeit, einen konstruktiven Rückweg von der Seinstranszendenz des Absoluten zum Sein zu finden (vgl. oben Teil I, Kap. III § 1). Zugleich ergibt sich dadurch für Speusipp - genau wie später für Eudoros - eine monistische *erste* Stufe der Betrachtung, auf der das Absolute in seiner Transzendenz für sich allein bleibt (*le unum ipsum seorsum et solum meditatum*), so daß es in seiner reinen Absolutheit nicht einmal als Prinzip bestimmt ist (*ab ea que secundum principium habitudine ipsum liberaverunt*); darauf folgt eine dualistische *zweite* Stufe, auf der durch Zuhilfenahme der unbestimmten Zweiheit das Seiende aus den Prinzipien abgeleitet wird (*interminabilem dualitatem entium principium induxerunt*); das Gegenprinzip tritt also genau wie bei Eudoros *erst* auf der *zweiten* Stufe auf. Diese Strukturverwandtschaft mit dem System des Eudoros spricht für die Abhängigkeit des Eudoros, - und dann auch die des engverwandten Moderatos, - von Speusipp; wie Eudoros und Moderatos weist auch Speusipp die Prinzipienlehre den Pythagoreern zu: "*testatur et iste hanc esse antiquorum opinionem*". - Daß aber Speusipp Platons Lehre nicht etwa willkürlich verzerrt, sondern vielmehr sehr genau wiedergibt, beweist der Vergleich mit dem "Parmenides", in dem exakt die beiden von Speusipp unterschiedenen Stufen vorkommen: die erste Hypothesis "*le unum ipsum seorsum et solum meditatum, sine aliis, secundum se ipsum ponat, nullum alterum elementum ipsi apponens*", während die zweite Hypothese aus der eine *unendliche Zweiteilung* einschließenden Bestimmungs-*Zweiheit* des ἓν ὄν die Grundbestimmungen des Seienden deduziert. - Vgl. dazu auch oben Teil I, Kap. III § 1, bes. Anm. 5 - 12, 33 - 34 sowie unten Kap. III § 1.

[72] Das umfangreichste Fragment Speusipps (aus Περὶ Πυθαγορικῶν ἀριθμῶν) ist bei Jamblich, Theologoumena arithmetica 82, 10 - 85, 23 De Falco (= Speusipp Fr. 4 Lang / Fr. 122 Isnardi Parente / Fr. 28 Tarán) erhalten, die auf die

ganzen fraglichen Zeitraum zugänglich gewesen sein; ferner ist die Zahlenlehre Speusipps für den Neupythagoreismus insgesamt bekanntlich so grundlegend, daß man Speusipp als den eigentlichen Stifter des Neupythagoreismus ansehen kann. Andererseits weist aber gerade der Sextus-Bericht in seiner Terminologie (*μονάς* statt *ἕν* als Bezeichnung des Absoluten) und in manchen inhaltlichen Einzelheiten (Ideen-Zahlen) eher auf Xenokrates als Quelle hin; auch dieser scheint das Verhältnis der beiden obersten Prinzipien eher monistisch aufgefaßt zu haben.[74] Doch ist wohl mit einem bestimmenden Einfluß *beider* Diadochen (evtl. sogar noch anderer Schüler Platons) auf den Neupythagoreismus und die Tradierung der altakademischen Prinzipientheorie durch ihn zu rechnen. -

Nach all dem muß von einem Fortwirken des esoterischen Systems der Alten Akademie, das gerade in den hochkaiserzeitlichen Zeugnissen (Sextus-Bericht, Moderatos, Alexander von Aphrodisias) besonders deutlich hervortritt, im Neuplatonismus und in den ihn vorbereitenden Systembildungen (Neupythagoreismus, Mittelplatonismus, Valentinianis-

---

gleichnamige Schrift des Nikomachos zurückgeht. (Dort auch die bei Sextus, Adv. math. X, 248 ff. wichtige Dimensionsreihe Punkt - Linie - Fläche - Körper und ihre Ableitung aus der Tetraktys).

[73] Jamblich, De communi mathematica scientia cap. IV 15, 6 - 18, 12 Festa hat Ph. Merlan, *From Platonism to Neoplatonism*, 86 - 118 bzw. [2]96 - 140 als - mindestens teilweise wörtlichen - Auszug aus Speusipp erwiesen. Die Einwände, die L. Tarán, *Speusippus of Athens*, Leiden 1981, 86 - 107 gegen die Zuweisung des Kapitels an Speusipp erhebt, hat J.M. Dillon, *Speusippus in Jamblichus*, Phronesis 29 (1984), 325 - 332 bündig widerlegt. - Dagegen ist unsicher, ob Proklos noch Speusipp selber gelesen hat, oder ob Nikomachos (so Klibansky, Plato Latinus III 86) oder Jamblich Vermittler war, vgl. J.M. Dillon, *Proclus' Commentary on Plato's Parmenides*, Princeton 1987, 485 f.

[74] Xenokrates, Fr. 15 Heinze setzt das Seinsprinzip, die Nous-Monas, mit dem intelligiblen Kosmos der Ideen und Zahlen gleich, in dessen Erfassung sich die Nous-Monas offenbar selbst denkt. Man sieht nicht, "wie dann die *ἀόριστος δυάς* als Materialprinzip im intelligiblen Bereich selbständig neben der Monas bestehen kann" (Krämer, *Ursprung der Geistmetaphysik*, 123 f., vgl. 124 Anm. 344: "Die *ἀόριστος δυάς* ist in der Transzendenz gleichsam aufgezehrt und vollständig in die von der *μονάς* bestimmte intelligible Ordnung eingegangen").

Ferner ordnet das selbe Fr. 15 die mit der Weltseele identifizierte Dyas als Zweiten Gott der Nous-Monas als dem Ersten Gott unter, was - durch Verwechslung oder bewußtes In-eins-Setzen der *ψυχή-δυάς* mit der *ἀόριστος δυάς* - leicht zu einer monistischen Deutung führen konnte (vgl. Krämer, op. cit., 78 Anm. 198, 333 Anm. 526). Zum Materialprinzip des Xenokrates und zu seinem Verhältnis zum Seinsprinzip eingehend H. Happ, *Hyle. Studien zum aristotelischen Materiebegriff*, Berlin 1971, 241 - 256.

mus, Logos-Theologie) ausgegangen werden; die Kontinuität der platonischen Tradition von der Akademie bis zu Plotin wäre damit im Prinzip gegeben. Die Formierung des Neuplatonismus ist jedenfalls nicht *nur* aus dem literarischen Einfluß der Platonischen Dialoge zu verstehen, sondern ebenso (und vielleicht noch mehr) von der ungeschriebenen Prinzipienlehre Platons und der Akademie her, deren Bedeutung für die Philosophie Plotins schon Longinos bezeugt.[75] Doch ist die Prinzipienlehre des esoterischen Platonismus, zumal die Lehre vom Einen, spätestens von Moderatos und dann für alle Späteren maßgeblich von Plotin mit dem "Parmenides" in Zusammenhang gebracht worden; Porphyrios, der die Zeugnisse für die *ἄγραφα δόγματα περὶ τἀγαθοῦ* wahrscheinlich wie kein zweiter spätantiker Autor kannte, zog zu ihrem Verständnis den "Philebos" heran,[76] der ausgezeichnet informierte Jamblich - er las noch die Schriften Speusipps und die exoterischen Werke des Aristoteles - fand die Prinzipienlehre vor allem in "Parmenides", "Timaios", "Philebos" und "Politeia" wieder, Proklos und Damaskios bezogen sie sowohl auf "Parmenides" als auch auf "Philebos". Da die beiden Traditionen, die mündliche und die schriftliche, also von der neuplatonischen Platon-Interpretation aufeinander bezogen werden, wie ja das System von *Περὶ τἀγαθοῦ* zumal in den Spätdialogen, allen voran "Parmenides" und "Philebos", überall durchscheint, dürfen sie nicht gegeneinander ausgespielt werden; daß das System "hinter" den Schriften liegt, gilt noch von Plotin ebenso wie von

---

[75] Vita Plotini 20, 71 - 76: *ὃς μὲν* (sc. *Πλωτῖνος*) *τὰς Πυθαγοείους ἀρχὰς καὶ Πλατωνικάς, ὡς ἐδόκει, πρὸς σαφεστέραν τῶν πρὸ αὐτοῦ καταστησάμενος ἐξήγησιν· οὐδὲ γὰρ οὐδὲν ἐγγύς τι τὰ Νουμηνίου καὶ Κρονίου καὶ Μοδεράτου καὶ Θρασύλλου τοῖς Πλωτίνου περὶ τῶν αὐτῶν συγγράμμασιν εἰς ἀκρίβειαν*. Vgl. Enn. II 4, 5, 28 - 35; V 1, 5, 6 - 18; V 4, 2, 7 - 9. - Plotin hängt dabei nicht primär von den Aristotelischen Berichten in "Metaphysik" und "Physik" (die er natürlich kennt) ab, sondern steht wie Eudoros, Moderatos (!) und Sextus Emp. Adv. math. X 248 ff. in neupythagoreisch - akademischer Schultradition, die zuletzt wohl auf Speusipp zurückgeht (s. Anm. 71); dies beweist neben dem Zeugnis Longins Plotins von Aristoteles abweichende, aber mit den Neupythagoreern bei Sextus übereinstimmende monistische Ableitung der unbestimmten Zweiheit aus dem Einen: Enn. V 1, 5, 6 - 8: *καὶ γὰρ πρὸ δυάδος τὸ ἕν, δεύτερον δὲ δυὰς καὶ παρὰ τοῦ ἑνὸς γεγενημένη ἐκεῖνο ὁριστὴν ἔχει, αὐτὴ δὲ ἀριστον παρ᾽ αὑτῆς*. II 4, 15, 17 - 20: *ἐπεὶ καὶ ἐν τοῖς νοητοῖς ἡ ὕλη τὸ ἄπειρον καὶ εἴη ἂν γεννηθὲν ἐκ τῆς τοῦ ἑνὸς ἀπειρίας ἢ δυνάμεως ἢ τοῦ ἀεί, οὐκ οὔσης ἐν ἐκείνῳ ἀπειρίας ἀλλὰ ποιοῦτος*. Zur *ἀπειρία* des Einen vgl. Parm. 137 D 6 - 8 und Plot. VI 9, 6, 10 - 12; ferner Proklos, In Parm. 1116, 25 - 1124, 37, bes. 1118, 10 ff., 1123, 22 ff; dazu vom Verf., *Speusipp und die Unendlichkeit des Einen* (erscheint im Archiv f. Gesch. d. Philos.).

[76] Bei Simplikios, In Phys. 454, 18 f. D.

Platon.[77] Vielleicht darf man das Verhältnis von mündlicher und schriftlicher Platon-Überlieferung bei der Grundlegung des Neuplatonismus dahin bestimmen, daß die Grundaufstellungen des Systems, das Ganze des metaphysischen Entwurfs, das die Platon-Auslegung Plotins und seiner Nachfolger vorgängig bestimmt, der esoterischen Tradition der *ἄγραφα δόγματα* entstammt;[78] indem sich die aus der Schultradition überkommene Gesamtauffassung aber in der systematischen Interpretation der Dialoge auf das ihnen zugrunde liegende System hin ausspricht, ergibt sich eine Platon-Orthodoxie, die sich an den *Schriften* als den authentischen Zeugnissen orientiert und die eigene Lehre aus *ihnen* legimitiert: *καὶ εἶναι τοὺς λόγους τούσδε μὴ καινοὺς μηδὲ νῦν, ἀλλὰ πάλαι μὲν εἰρῆσθαι . . . μαρτυρίοις πιστωσαμένους τὰς δόξας ταύτας παλαιὰς εἶναι τοῖς αὐτοῦ τοῦ Πλάτωνος γράμμασιν.*[79] Damit ist die ursprünglich aus dem System von *Περὶ τἀγαθοῦ* überkommene Gesamtauffassung Platons in die Interpretation des Platonischen Schriftwerks eingegangen und in dieser dialektisch aufgehoben; doch zeigt sich ihre Herkunft aus dem innerakademischen System Platons noch in den immer weiter verfeinerten Interpretationsmethoden der großen Platon-Kommentare des nachplotinischen Neuplatonismus, wenn jeder Dialog als Ganzes und in seinen einzelnen Teilen auf eine der Wirklichkeitsstufen des esoterischen Systems bezogen wird, d.h. auf das Transzendente (Prinzipien, Idealzahlen, Ideen), das Mathematische oder das Sinnenfällige, wobei aber jede Einzelstelle zugleich per analogiam auf die beiden anderen Stufen mitverweist.[80]

---

[77] Vgl. P.O. Kristeller, *Der Begriff der Seele in der Ethik Plotins*, Heidelberg 1929, 3; W. Theiler, *Die Vorbereitung des Neuplatonismus*, Berlin 1930 ($^2$1964), 63; H.R. Schwyzer, RE *Plotinos*, 548, 550.

[78] Vgl. Schwyzer, RE *Plotinos* 550: "Nicht nur setzen nämlich Plotins Schriften bereits sein dahinterliegendes geschlossenes System voraus, sondern dieses System setzt wieder Platons Philosophie voraus . . . und zwar werden Platons Lehrmeinungen als System angesehen." Ebd. 552: "Die Gedanken (sc. Platons) . . . werden natürlich nie aus dem Dialog heraus interpretiert, in dem sie stehen, sondern sie werden herausgenommen und miteinander verknüpft; sie haben für Plotin den Wert von Axiomen, und so erhält er das Gerüst für sein philosophisches System."

[79] V 1, 8, 10 - 14.

[80] K. Praechter, *Richtungen und Schulen im Neuplatonismus*, in: Genethl. C. Robert, Berlin 1922, 122 f. sah in Jamblich den Urheber dieser Interpretationsmethode; das ihr zugrunde liegende Prinzip der durchgängigen Analogizität der Seinsstufen hat aber schon Speusipp aufgestellt, den Jamblich ja noch las. Vgl. das Urteil von Krämer, *Ursprung der Geistmetaphysik*, 13: "Es scheint, als sei der Standort, von dem aus die Neuplatoniker Platons Schriften interpretieren, gar nicht so inadäquat und illegitim, sondern stimme mit

## § 6 Metaphysik des Einen und Nous-Theologie:

## Plotins Aristoteleskritik

Wenn wir also den Ausgangspunkt des Neuplatonismus im Platonismus der Alten Akademie zu suchen haben,[81] der das systematische Grundgefüge und wesentliche Motive der "neuplatonischen" Metaphysik vorwegnimmt, wenn insbesondere die Theorie des über Sein und Denken hinausliegenden absoluten Einen bei Platon und bei Speusipp - und nur bei ihnen - schon vorgebildet ist, so entspricht dies der historisch-doxographischen Selbsteinordnung der Philosophie Plotins (V 1, 8 - 9). Wie wir schon sahen, vermißt Plotin bei Parmenides, dem Begründer der Einheitsphilosophie, das absolute Eine; Parmenides, in dem Plotin - problemgeschichtlich zweifellos zu Recht - den entscheidenden Vorgänger Platons sieht,[82] kannte nur das seiende Eine,[83] das absolute Eine lehrt uns erst Platon und nur er (V 1, 8).

Plotin unterscheidet damit offenbar *zwei* historische Phasen in der Entfaltung der Einheitsmetaphysik, von denen die *erste* das seiende Eine entdeckt, die *zweite* das über dieses hinausliegende absolute Eine; diese Phasen entsprechen also der doppelten Reduktionsbewegung der Platonischen Prinzipienphilosophie, welche vom Sinnlichen zu den Ideen und von den Ideen zum Einen selbst, dem absoluten Prinzip, aufsteigt; ontologisch gewendet, führt die Reduktion vom Werdenden zum Seienden und von diesem zum Übersein des Absoluten. Diesen letzten Schritt beim transzendierenden Rückgang vom Begründeten zum Grund und Ursprung tat erst Platon;[84] der in ihm vorausgesetzte Reduktionsschritt vom Sinnenfäl-

---

demjenigen der älteren Platoniker bis zu einem gewissen Grade überein und sei ihnen von diesen durch unterirdische Überlieferung überkommen gewesen."

[81] Vgl. schon Dodds, *The Parmenides of Plato*, 140: "It seems to me that with Speusippus we are already well started on the road to Neoplatonism." (Vgl. ebd. 129: "The failure to distinguish Neoplatonism from Platonism").

[82] Vgl. schon Aristoteles, Met. N 5, 1089 a 1 ff. Dazu Ph. Merlan, *τὸ ἀπορῆσαι ἀρχαικῶς*, Philologus 111 (1967), 119 ff. sowie H.J. Krämer, *ΕΠΕΚΕΙΝΑ*, 11 ff.

[83] Das hat nach Plotin auch Proklos besonders hervorgehoben, z.B. In Parm. 1134, 17 - 1135, 5; 1152, 18 - 37; 1240, 29 - 1241, 9 u.ö. Ebenso auch Damaskios, De Principiis I § 13, p. 39, 19 ff. Westerink.

[84] Th. A. Szlezák kommt nach Prüfung aller einschlägigen Selbstzeugnisse zu diesem Ergebnis: "Plotins Bild der Philosophiegeschichte läßt sich demnach etwa folgendermaßen skizzieren. Die Wahrheit trat in zwei Stufen zutage: bei (Pherekydes und)

ligen und Werdenden zum Intelligiblen und Seienden wurde indes schon vor Platon getan, namentlich von Parmenides. Aber nicht nur die Eleaten, sondern auch Anaxagoras, Heraklit und Empedokles wußten nach Plotin, daß das Eine das Prinzip aller Wirklichkeit ist; sie besaßen schon eine Erkenntnis des seienden Einen,[85] freilich noch roh und unartikuliert, der nötigen Genauigkeit noch entbehrend (V 1, 9, 1 - 7). - Plotin steht in diesem Punkt seiner Doxographie offensichtlich unter dem Einfluß des Aristoteles: dieser nämlich deutet die Arché-Spekulationen der Vorsokratiker als tastende Vorgriffe auf die ausgearbeitete Prinzipienmetaphysik Platons und der Akademie (bes. Physik I 4, 187 a 16 - 20; I 6, 189 b 8 - 16; vgl. I 5, 188 b 26 - 189 a 10); so findet er bei Anaxagoras[86] die Lehre von den zwei letzten Prinzipien, dem Einen und dem Unbestimmten, in verschwommener Weise vorweggenommen (Metaph. A 8, 989 a 30 - b 21, bes. b 16 ff.) und Ähnliches bei Empedokles[87] wenigstens intendiert (Metaph. A 4, 985 a 23 - 31). Wenn Aristoteles die vorsokratische Philosophie nach dem Modell seiner eigenen und der Platonischen Metaphysik interpretiert (Metaphysik A, Physik I), so folgt ihm Plotin darin, wenn er auch die Akzente anders setzt als Aristoteles: für Plotin gibt nicht mehr das schrittweise Hervortreten der Platonisch-Aristotelischen Prinzipien- und Ursachenlehre den Leitfaden ab, sondern die Entdeckung einer transzendenten Einheit als Grund der Mannigfaltigkeit des Sinnlichen.

---

Pythagoras und solchen Vorplatonikern, die ihm folgten, endgültig und unzweideutig dann bei Platon" (*Nuslehre Plotins*, 43 f.). Den entscheidenden qualitativen Unterschied zwischen beiden Stufen erblickt Szlezák in der größeren Genauigkeit Platons, der "als einziger die dreistufige Struktur der intelligiblen Welt klar zu erfassen vermochte" (ebd. 50, vgl. 36 - 38); ferner habe Platon als einziger die Unsagbarkeit des Einen angemessen zum Ausdruck gebracht ( 31 f. mit Anm. 91, 40, 49 f.).

[85] Daß dieses gemeint ist und nicht das absolute Eine, beweist V 1, 9, 4: *τὸ ἓν οἶδεν ἀίδιον καὶ νοητόν* (zu Heraklit). Vgl. dazu W. Burkert, *Plotin, Plutarch und die platonisierende Interpretation von Heraklit und Empedokles*, in: *Kephalaion.* Festschr. C.J. de Vogel (1975), 137 ff.

[86] Vgl. Plotin, V 1, 9, 1 f.: *Ἀναξαγόρας δὲ νοῦν καθαρὸν καὶ ἀμιγῆ λέγων ἁπλοῦν καὶ αὐτὸς τίθεται τὸ πρῶτον καὶ χωριστὸν τὸ ἕν* mit Arist. Met. A 8, 989 b 15 ff.: . . . *τοῦτον* (sc. *τὸν νοῦν*) *δὲ ἀμιγῆ μόνον καὶ καθαρόν. ἐκ δὴ τούτων συμβαίνει λέγειν αὐτῷ τὰς ἀρχὰς τό τε ἕν* (*τοῦτο γὰρ ἁπλοῦν καὶ ἀμιγές*) *καὶ θάτερον, οἷον τίθεμεν ἀόριστον πρίν ὁρισθῆναι καὶ μετασχεῖν εἴδους τινός.*

[87] Vgl. Plot. V 1, 9, 5 ff.: *τῷ δὲ Ἐμπεδοκλεῖ τὸ νεῖκος μὲν διαιρεῖ, ἡ δὲ φιλία τὸ ἕν . . . τὰ δὲ στοιχεῖα ὡς ὕλη* mit Arist. Met. A 4, 985 a 25 ff.: . . . *εἰς τὰ στοιχεῖα διίστηται τὸ πᾶν ὑπὸ τοῦ νείκους . . . ὑπὸ τῆς φιλίας συνίωσιν εἰς τὸ ἕν . . . τὰ ὡς ἐν ὕλης εἴδη λεγόμενα στοιχεῖα.* Vgl. De gen. et corr. 315 a 23.

Nach diesem Kriterium erweisen sich Anaxagoras, Empedokles und Heraklit[88] neben den Eleaten als Vorläufer Platons. Nach demselben Kriterium gehört aber auch die Nous-Theologie des Aristoteles zur Tradition des Platonismus; Plotin beurteilt sie darum vom Standpunkt der Metaphysik des Einen aus und erhebt sofort 6 Einwände:

- 1. Aristoteles setzt das Erste zu Recht als transzendent und intelligibel an (*χωριστὸν μὲν τὸ πρῶτον καὶ νοητόν*);[89] indem er ihm aber das Denken seiner selbst[90] und damit die Zweiheit des Selbstbezugs zuschreibt, fällt er hinter den bei Platon schon erreichten denkjenseitigen Ursprung zurück und macht das Prinzip selber zu einem Abgeleiteten (*νοεῖν δὲ αὐτὸ ἑαυτὸ λέγων πάλιν αὖ οὐ τὸ πρῶτον ποιεῖ*); Aristoteles ist also nur bis zum Geist vorgedrungen (V 1, 9, 7 - 9).

- 2. Aristoteles hält aber nicht einmal an der Einheit des transzendenten Geistes fest, sondern nimmt eine Vielzahl geistiger Wesen neben dem Ersten Geist an, deren Anzahl er nach der Zahl der Gestirnsphären (55) bestimmt,[91] deren Beweger sie sind (V 1, 9, 9 - 11).

- 3. Damit aber macht Aristoteles die Physik zum Prinzip der Theologie; der Physik (hier: der Himmelsmechanik) kommt aber wissenstheoretisch bloß Wahrscheinlichkeitscharakter (*τὸ εὔλογον*) zu, aber keine zwingende Vernunftnotwendigkeit (*ἀνάγκη*),[92] wie sie Platons Ableitung der streng hierarchisch geordneten und arithmologisch strukturierten Ideenwelt aus den Prinzipien für sich in Anspruch nahm; Plotin bezweifelt aber selbst die kosmologische Plausibilität der Aristotelischen Himmelslehre: nimmt man nämlich an, daß alle Sphären zusammen ein einheitliches System (*μία σύνταξις*) bilden, in dem ihnen die Bewegung von der äußersten, der Fixsternsphäre mitgeteilt wird, so ist die Vielzahl der Gestirnsbeweger überflüssig[93] (V 1, 9, 11 - 15).

- 4. Unklar bleibt bei Aristoteles auch das Verhältnis der unbewegten Beweger untereinander, insbesondere ob sie auf den Ersten und Obersten

---

[88] Vgl. Fr. 108: . . . *γινώσκειν ὅτι σοφόν ἐστι πάντων κεχωρισμένον*. Fr. 41: *ἔστι γὰρ ἓν τὸ σοφόν*. Fr. 32: *ἓν τὸ σοφὸν μοῦνον*.

[89] Vgl. Aristoteles, De an. III 5, 430 a 17 und Metaph. XII 7, 1072 a 26. 30.

[90] Vgl. Aristoteles, Metaph. XII 7, 1072 b 19 - 20; XII 9, 1074 b 33 - 35.

[91] Vgl. Aristoteles, Metaph. XII 8, 1074 a 14 - 16.

[92] Vgl. Aristoteles, Metaph. XII 8, 1074 a 16 - 17.

[93] Vgl. Aristoteles, Physik VIII 6; dazu W. Jaeger, *Aristoteles. Grundlegung einer Geschichte seiner Entwicklung*, Berlin 1923, ²1955, 376 ff.

zurückzuführen sind oder ob sie eine Pluralität unableitbarer Prinzipien darstellen. Im ersten Fall (der von Aristoteles her der näherliegende ist) ergäbe sich eine intelligible Hierarchie der Beweger, in der der Erste und Höchste alle anderen - diese denkend - umfaßt (*ὥστε περιέχοι ἂν κἀκεῖ τὸ πρῶτον*); dies aber wäre ein dem Platonischen analoger *κόσμος νοητός*, und ferner wäre der göttliche Denkakt dann nicht mehr (wie es bei Aristoteles den Anschein haben kann) leer und objektlos nur auf sich selbst bezogen, sondern auf Inhalte im Seinsrang von Ideen (*ἀληθέστερα = ὄντως ὄντα*)[94] (V 1, 9, 15 - 23).

- 5. Wenn dagegen jeder einzelne Beweger als Prinzip unableitbar ist, so sind diese Prinzipien in ihrer irreduziblen Pluralität selber grundlos und zufällig (*κατὰ συντυχίαν αἱ ἀρχαὶ ἔσονται*); wie aber aus dem durch keine übergeordnete Einheit koordinierten, also willkürlich-zufälligen Zusammentreffen voneinander unabhängiger Prinzipien die strukturelle Einheit der Welt, die der griechische Kosmos-Begriff ausdrückt, entspringen kann, bleibt dann unverständlich; damit aber ist auch das Postulat der Übereinstimmung der Anzahl der Himmelssphären und der Anzahl der transzendenten Beweger unbegründet, das doch erst die Annahme mehrer Prinzipien veranlaßt hatte (V 1, 9, 23 - 26).

- 6. Zuletzt ist angesichts der Aristotelischen Zurückweisung der akademischen Prinzipienlehre unbegreiflich, wie eine Vielheit voneinander real verschiedener unkörperlicher Wesen ohne ein sie trennendes Materialprinzip überhaupt möglich sein soll[95] (V 1, 9, 26 - 27). -

Plotins Kritik an Aristoteles richtet sich also keineswegs gegen die Konzeption eines transzendenten, sich selbst denkenden Geistes als solche, sondern speziell gegen diejenigen Momente an ihr, die sich ihrer Einordnung in ein platonisches System widersetzen: nämlich (1) gegen die Gleichsetzung des Geistes mit dem Absoluten, die dessen absolute

---

[94] Daß dies in der Tat die Ansicht des Aristoteles war, hat Krämer, *Ursprung der Geistmetaphysik*, 159 - 173 (Ideen-Zahlen und Unbewegte Beweger. Die Struktur des göttlichen Denkaktes) aus dem Vergleich mit Xenokrates wahrscheinlich gemacht. Vgl. dazu die kritische Rez. von K. Oehler, Gnomon 40, 1968, 641 - 653 sowie die überzeugende Replik von Krämer, *Grundfragen der aristotelischen Theologie*, Theologie u. Philosophie 44, 1969, 363 - 382 u. 481 - 505.

[95] Vgl. Aristoteles, Metaph. XII 8, 1074 a 35 - 37: *τὸ δὲ τί ἦν εἶναι οὐκ ἔχει ὕλην τὸ πρῶτον· ἐντελέχεια γάρ. ἓν ἄρα καὶ λόγῳ καὶ ἀριθμῷ τὸ πρῶτον κινοῦν ἀκίνητον ὄν*. Zum Problem vgl. W. D. Ross, *Aristotle's Metaphysics*, Oxford 1924, Introduction CXXXV - CXLI.

Transzendenz leugnet; (2) gegen die Annahme einer Vielzahl geistiger Prinzipien, deren Verhältnis untereinander ungeklärt und deren Möglichkeit beim Fehlen eines Materialprinzips fraglich bleibt, und damit indirekt (3) gegen die Aristotelische Kritik an der Platonischen Ideen- und Prinzipienlehre mit ihrer Ableitung der Ideen und Idealzahlen aus den letzten Prinzipien; (4) gegen die Entleerung des göttlichen Denkakts durch den Verzicht auf die Ideenlehre, und allgemein (5) gegen die empirisch - physikalische Grundlage (Bewegungs- und Himmelslehre) der Aristotelischen Theologie, die kontingente Sachverhalte zu Konstitutiva der Metaphysik macht und so deren Wissenschaftscharakter (im strengen Platonischen Sinn) gefährdet.[96]

## § 7 Platonismus und Pythagoreismus bei Plotin

Am Ende seiner Doxographie - in einem an die Aristoteles-Kritik angehängten Nachtrag - führt Plotin die Tradition der Einheitsmetaphysik auf Pythagoras und die Pythagoreer (*Πυθαγόρας καὶ οἱ μετ᾽ αὐτόν*) und noch darüber hinaus auf den Theologen Pherekydes von Syros,[97] den halblegendären Lehrer des Pythagoras, zurück (V 1, 9, 28 - 30). Danach haben diejenigen von den Alten die Lehre vom Einen[98] ausgebildet, die sich "am meisten" (*μάλιστα*) an die Lehre des Pythagoras und seiner Nachfolger gehalten hätten: damit aber sind wohl Platon und seine Schüler in der Akademie, vorab Speusipp und Xenokrates, gemeint, da

---

[96] Vgl. auch Szlezák, *Nuslehre Plotins*, 42: "Plotins Kritik am aristotelischen Nus, die sich auf Aristoteles' eigene und Theophrasts Einwände stützt, bleibt im Ton maßvoll . . . doch folgt daraus nicht, daß die Trennungslinie bei ihm nicht klar gezogen wäre."

[97] Ich sehe keinen Grund *καὶ Φερεκύδους* (Z. 29) mit Harder und Müller zu streichen; Pherekydes erscheint in der Doxographie als Lehrer des Pythagoras (vgl. z.B. Cicero, Tusc. I 38: "Pherecydes Syrius primus . . . discipulus eius Pythagoras") und wird darum von Plotin als ältester Archeget genannt. Vgl. Szlezák, *Nuslehre Plotins*, 37 Anm. 121.

[98] V 1, 9, 29 f.: *περὶ ταύτην μὲν ἔσχον τὴν φύσιν*. Der Sinn hängt von *τῶν ἀρχαίων οἱ μάλιστα συντασσόμενοι αὖ τοῦς Πυθαγόρου καὶ τῶν μετ᾽ αὐτὸν* (Z. 28 f.) ab: wenn damit die gesamte in Kapitel 8 - 9 angeführte Tradition (Platon, Eleaten, Heraklit, Anaxagoras, Empedokles, Aristoteles) zusammengefaßt sein soll, ist "diese Wesenheit" generell eine transzendente Sphäre der Einheit, wenn dagegen speziell an Platon und seine Schüler gedacht ist - was die Hervorhebung (*οἱ μάλιστα*) nahelegt -, so ist das absolute Eine gemeint.

die Einheit von Platonischer und Pythagoreischer Philosophie schon für die Alte Akademie ein feststehendes Dogma war.[99] Sodann unterscheidet Plotin zwischen einer schriftlichen und einer mündlichen, esoterischen Tradition der Metaphysik des Einen (*οἱ μὲν ἐξειργάσαντο ἐν αὐτοῖς αὐτῶν λόγοις, οἱ γὲ οὐκ ἐν λόγοις, ἀλλ' ἐν ἀγράφοις ἐνδείκνυον συνουσίαις*, V 1, 9, 30 - 32); man kann dies durchaus als ausdrückliche Berufung Plotins auf die ungeschriebene Prinzipienlehre der Alten Akademie und ihre Vermittlung durch mündliche Schultradition (Neupythagoreismus) verstehen;[100] bei den Schriften denkt Plotin wohl vor allem an Platons "Parmenides" (vgl. V 1, 8, 24 - 27).[101]

Der hier von Plotin hergestellte Zusammenhang von Platonismus und Pythagoreismus ist alles andere als ungewöhnlich. Schon in der Alten Akademie avancierte Pythagoras zu einer Platon nahezu ebenbürtigen Autorität, die ganz durch das Medium der Philosophie Platons gesehen und der zentrale Platonische Lehren zugeschrieben wurden;[102] namentlich die genuin Platonische[103] Theorie von den zwei Prinzipien des Einen und der unbestimmten Zweiheit erscheint schon bei Speusipp (Test. Plat. 50) als pythagoreische Weisheit und wird als solche vom späteren, ganz

---

[99] Vgl. Speusipp bei Proklos, In Parm. VII 40, 1 ff. Klibansky (= Test. Plat. 50); Theophrast, Metaphysik 11 a 27 ff.; dazu Burkert, *Weisheit und Wissenschaft*, 55 - 58.

[100] Krämer, *Ursprung der Geistmetaphysik*, 295 Anm. 404, 367 Anm. 639. Anders Szlezák, *Nuslehre Plotins*, 37 Anm. 122.

[101] Th. A. Szlezák, Nuslehre Plotins, 37 f. unterscheidet bei Plotin V 1, 9, 30 - 32 drei Gruppen: Die Schriften verweisen auf Platon, dessen größere Genauigkeit durch *ἐξειργάσαντο* (9, 30) hervorgehoben werde, die *ἄγραφοι συνουσίαι* (9, 31) auf Pythagoras, während die dritte Gruppe die nötige Genauigkeit in der Ausarbeitung vermissen lasse: Parmenides, Anaxagoras, Aristoteles, die zwischen dem Geist und dem Einen nicht unterschieden.

[102] Vgl. Burkert, *Weisheit und Wissenschaft*, 57, 58, 61, 62, 63, 66.

[103] Sie wird von Aristoteles ausdrücklich als solche gekennzeichnet und vom Pythagoreismus abgesetzt: Metaph. A 6, 987 b 25 - 988 a 1: Als wesentliche Unterschiede werden angeführt *τὸ δὲ ἀντὶ τοῦ ἀπείρου ὡς ἑνὸς δυάδα ποιῆσαι, τὸ δ' ἄπειρον ἐκ μεγάλου καὶ μικροῦ τοῦτ' ἴδιον; καὶ . . . τὸ μὲν οὖν τὸ ἓν καὶ τοὺς ἀριθμοὺς παρὰ τὰ πράγματα ποιῆσαι . . . καὶ ἡ τῶν εἰδῶν εἰσαγωγή*. Daraus folgt, daß immer dann, wenn in der späteren Tradition die *ἀόριστος δυάς* des *μέγα-μικρόν* oder *transzendente* Prinzipien (und Zahlen) auftreten, Platonische Lehre vorliegt. (Von Speusipp unterscheidet sich Platon des näheren durch *ἀόριστος δυάς* und Ideenlehre, von Xenokrates vor allem durch die Seinstranszendenz des Einen).

und gar platonisierenden Neupythagoreismus tradiert;[104] selbst Aristoteles, der als einziger Platon-Schüler zwischen Platonischer und pythagoreischer Lehre unterschied,[105] sah doch in Platons Denken die Synthese von sokratischer Dialektik und pythagoreischer Spekulation (Metaph. A 6). Auch Parmenides, den Platon selbst unübersehbar als seinen wichtigsten Anknüpfungspunkt ausgezeichnet hat (bes. "Theaitet", "Sophistes", "Parmenides"), gilt in der antiken Doxographie als Pythagoreer, so daß der Eleatismus ebenfalls dem Pythagoreismus zugerechnet werden konnte. Das Motiv für diese Gleichsetzung von Platonischem und Pythagoreischem ist schon in Platons "Philebos" (16 C) ausgesprochen: der Pythagoreismus, dem seit jeher der Charakter einer übermenschlichen, religiösen Weisheit anhaftete, erschien als das Wissen der Alten, "die besser waren als wir und den Götter näher wohnten", als "Gabe der Göttern an die Menschen". In der Berufung auf "Pythagoras", den *ϑεῖος ἀνήρ* par excellence, zeigt sich der religiöse Grundzug des Platonismus;[106] was Wunder, daß man ihm gerade die höchste Lehre Platons, die Theorie des Einen, zuschrieb.

Zwar war der ältere, d.h. der vorplatonische Pythagoreismus, so wenig wir von ihm wissen, mit Sicherheit *keine* Philosophie der Einheit:[107] die zwei höchsten Prinzipien dieses noch ganz archaischen Denkens waren *πέρας* und *ἄπειρον*, aus denen das *ἕν* erst erzeugt wurde[108] - eine für die

---

[104] Vgl. Eva Sachs, *Die fünf Platonischen Körper*, Philol. Unters. 24 (1917), 123: "In gewisser Weise kann man sagen, Xenokrates, Speusipp, Philipp von Opus und Herakleides sind die Stifter des Neupythagoreismus." Ähnlich schon Ed. Zeller, *Die Philosophie der Griechen in ihrer geschichtlichen Entwicklung*, [4]Leipzig 1903, III 2, 126 ff.

[105] Vgl. Burkert, *Weisheit und Wissenschaft*, 58: "Timaioskommentierung und die mündlich überlieferte Idealzahlenlehre schließen sich für Platons Schüler - einschließlich des Aristoteles - zusammen zu einem System, das für die Platoniker Lehre des Pythagoras ist, der sie selbst mit mehr oder weniger tiefgreifenden Modifikationen folgen, während Aristoteles das gleiche System als platonisch kennzeichnet und andere, offensichtlich ältere, weniger fortgeschrittene Philosopheme als Lehre der 'Pythagoreer' damit konfrontiert. Die spätere Tradition - seit Theophrast - folgt den Platonikern . . ." Vgl. Burkert, ebd. 70 f.

[106] Vgl. Burkert, *Weisheit und Wissenschaft*, passim, bes. 79 f., 85.

[107] Vgl. die Darstellung von Burkert, *Weisheit und Wissenschaft*, 26 - 46: "Die Philosophie der Pythagoreer nach Aristoteles." - Vgl. ebd. 14 f.: "Grundlage der Untersuchung sind dabei die Angaben des Aristoteles: er - und er allein - stellt Platonisches und Pythagoreisches einander gegenüber, nennt Übereinstimmungen und - was fast wesentlicher ist - Unterschiede."

[108] Aristoteles, Metaph. A 5, 986 a 17 - 21: *τοῦ δὲ ἀριϑμοῦ στοιχεῖα τό τε ἄρτιον καὶ τὸ περριτόν, τούτων δὲ τὸ μὲν πεπερασμένον τὸ δὲ ἄπειρον,*

späteren platonisierenden Pythagoreer und pythagoreisierenden Platoniker ebenso ärgerliche wie unsinnige Ansicht.[109] Aber nachdem die Gleichsetzung mit dem Platonismus durch die Schüler Platons einmal vollzogen war, ging der Pythagoreismus völlig in jenem auf, und was später unter diesem Namen verbreitet wurde, namentlich im Neupythagoreismus der Kaiserzeit, aber auch schon in den hellenistischen Pseudopythagorica, war inhaltlich platonische Lehre, die nicht auf die Dialoge, sondern auf das esoterische System der Akademie zurückgeht (Pseudo-Pathagoreer, Sextus, Aetius, Photios bibl. cod. 249, Eudoros, Moderatos, Numenios).[110] So konnte der (Neu-)"Pythagoreismus" zum Vermittler der Platonischen Metaphysik des Einen werden, als deren vermeintlicher Urheber er (bzw. "Pythagoras") seit Jamblich von den späteren Platonikern und noch von Nikolaus von Kues gefeiert wurde.[111]

Es ist also nicht bemerkenswert, *daß* Plotin die Einheitsmetaphysik in die Traditionslinie des Pythagoreismus stellt, sondern viel eher, *wie* er dies tut. Pythagoras erscheint nämlich keineswegs als der eigentliche geschichtliche Archeget der Philosophie des Einen, sondern diese wurde

---

*τὸ δ' ἓν ἐξ ἀμφοτέρων εἶναι τούτων (καὶ γὰρ ἄρτιον εἶναι καὶ περιττόν) τὸν δ' ἀριθμὸν ἐκ τοῦ ἑνὸς, ἀριθμοὺς δέ, καθάπερ εἴρηται, τὸν ὅλον οὐρανόν.*

109 Vgl. Asklepios, Metaphysikkommentar (ed. Hayduck, CAG VI 2), 38, 25 (zu Met. 986 a 19: *τὸ δ' ἓν ἐξ ἀμφοτέρων εἶναι τούτων*): *μᾶλλον δ' ἀμφότερα ἐκ τοῦ ἑνός*.

110 Vgl. Burkert, *Weisheit und Wissenschaft*, 73: "Die Tradition, die das 'Ableitungssystem' auf Pythagoreer, ja auf Pythagoras zurückführt, ist als das zu nehmen, was sie ist: Zeugnis für die Alte Akademie, für Speusipp, Xenokrates, Herakleides, nicht für den historischen Pythagoreismus; es handelt sich dabei, wie erwähnt, um nahezu die gesamte nacharistotelische Pythagoreismustradition." - Vgl. Burkerts Erklärung dafür, ebd. 82: "Es gab kein 'Wort des Pythagoras', und mangels authentischer Quellen mußte, wer über Pythagoras Angaben machen wollte, sich an die Darstellungen halten, die zuversichtlich von einer Philosophie des Pythagoras sprachen. Aristoteles sprach nur von 'Pythagoreern', abgesehen davon, daß deren Lehre in der polemischen Darstellung des Aristoteles zerflattert, während die positiven Ausführungen der Platoniker eher handlich abgerundete Angaben brachten. Zudem war die platonische Interpretation die allein einleuchtende und mochte daher als die 'echtere' erscheinen."

111 Z.B. Nikolaus von Kues, De docta ignorantia I 7, n. 21: "*Et haec est illa trina unitas, quam Pythagoras, omnium philosophorum primus, Italiae et Graeciae decus, docuit adorandum.*" - Zur Pythagoreisierung des Neuplatonismus durch Jamblich siehe K. Praechter, *Richtungen und Schulen im Neuplatonismus*, 113; R. Harder, *Ocellus Lucanus*, Berlin 1926 (ND. Dublin 1966), XV ff.; B. Dalsgaard Larsen, *Jamblique de Chalkis*, 78.

vielmehr von denen ausgebildet, *οἱ μάλιστα συντασσόμενοι αὖ τοῖς Πυθαγόρου καὶ τῶν μετ' αὐτόν* (V 1, 9, 28 - 29), das aber waren Platon und seine Schüler, die sich ja selbst "in die Linie des Pythagoras einordneten" und damit vor allem eine religiöse Tradition und Lebensformung (*βίος Πυθαγόρου*) für sich in Anspruch nahmen.[112]

"Plotin stellt sich bewußt zu Platon":[113] nach seinem ausdrücklichen Zeugnis war es erst *Platon*, der noch jenseits der zuerst von Parmenides entdeckten transzendenten Einheit des Seins das absolute Eine selbst lehrte, und vor allem um dieser Lehre willen versteht sich Plotin als Platoniker. -

Wir wenden uns nun in den beiden folgenden Kapiteln den beiden wichtigsten Passagen in Platons Schriften zu, in denen die Metaphysik des Einen in einem größeren Zusammenhang faßbar ist und auf die sich Plotin (wie alle Neuplatoniker nach ihm) immer wieder beruft. Dies sind:

- die Metaphysik des überseienden Guten selbst im VI. Buch der "Politeia", wie sie insbesondere das Sonnengleichnis darstellt; sowie

- die prinzipienmetaphysische Dialektik des absoluten Einen und des seienden Einen in den beiden ersten Hypothesen des "Parmenides".

Die folgenden Interpretationen verfolgen den Zweck, die Theorie des über Sein und Denken erhabenen Einen selbst an ihrem Ursprung im Denken Platons aufzusuchen und so die Grundlage aufzudecken, auf der Plotins Metaphysik des Absoluten basiert (auf Plotins Interpretationen zum "Parmenides", die für den Neuplatonismus insgesamt grundlegend sind, wird in dem einschlägigen Kapitel (Kap. III § 3) eigens eingegangen, ohne daß hierin Vollständigkeit intendiert ist). Dabei wird vorausgesetzt, daß die Philosophie des mittleren und späten Platon ein System bildet, das zwar als solches in keinem Dialog entwickelt wird, das aber im Hintergrund aller späteren Dialoge steht und das in den zentralen Passagen der "Politeia" (V - VII) sowie in den "dialektischen Spätdialogen" ("Theaitet", "Sophistes", "Politikos", "Parmenides", "Philebos", "Timaios") faßbar ist;

---

[112] Vgl. Jaeger, *Aristoteles*, 99 f.

[113] W. Burkert, *Lexikon der Alten Welt*, Zürich - Stuttgart 1965 (ND. 1991), Sp. 2085 s.v. *Neupythagoreer.* Ähnlich Szlezák, *Nuslehre Plotins*, 35: "Die Pythagoreer sind jedoch für Plotin fast ohne Bedeutung." - Nach Ausweis des Index Fontium bei Henry-Schwyzer[2] bezieht sich Plotin äußerst selten auf Pythagoras oder Pythagoreer, nur ein einziges Mal für das absolute Eine: V 5, 6, 27.

diese Voraussetzung erlaubt es, die zentralen metaphysischen Gedanken Platons synchron als Ausdruck einer konstanten Grundlehre, die sich mit dem indirekt überlieferten System der *ἄγραφα δόγματα* inhaltlich deckt, zu interpretieren - insofern ist unsere Platon-Deutung "neuplatonisch".

## Kapitel II

### Der Aufstieg zum Guten selbst in der "Politeia"

### § 1 Einleitung: Transzendenz und Transzendieren bei Platon

Die umfassendste und geschlossenste Darstellung seiner Metaphysik im ganzen gibt Platon innerhalb seines Schriftwerkes in den drei großen Gleichnissen der "Politeia" (VI - VII).[1] Ihr gemeinsamer Inhalt ist der

---

[1] Aus der unübersehbaren Literatur zu den Gleichnissen und zur Dialektikkonzeption der "Politeia" sei auf folgende Werke verwiesen: J. Stenzel, *Studien zur Entwicklung der platonischen Dialektik von Sokrates zu Aristoteles. Arete und Diairesis*, Breslau 1917 (²Leipzig 1931, ³Darmstadt 1961); ders., *Zahl und Gestalt bei Platon und Aristoteles*, Leipzig - Berlin 1924 (²1933, ³Darmstadt 1959); ders., *Metaphysik des Altertums*, München - Berlin 1934 (NDr. 1971), 105 - 125; ders., *Der Begriff der Erleuchtung bei Platon* (1926), in: ders., *Kleine Schriften zur griechischen Philosophie*, Darmstadt 1956 (⁴1972), 151 - 170; P. Friedländer, *Platon*. Bd. I: *Seinswahrheit und Lebenswirklichkeit* (1928), 3. erw. Aufl. Berlin 1964, 3 - 33, 63 - 89, 233 - 242; H.G. Gadamer, *Platos dialektische Ethik* (1931) und andere Studien zur platonischen Philosophie, Hamburg 1968; ders., *Die Idee des Guten zwischen Plato und Aristoteles*, Heidelberg 1978, erneut in: ders., *Ges. Werke*. Bd. 7: *Plato im Dialog*, Tübingen 1991, 136 - 289; ders., *Mathematik und Dialektik bei Plato* (1982), in: ders., *Ges. Werke*. Bd. 7, 290 - 312; F.M. Cornford, *Mathematics and Dialectic in the Republic VI. - VII.* Mind 41 (1932), 37 - 52, 173 - 190; erneut in: R.E. Allen (Hrsg.), *Studies in Plato's Metaphysics*, London - New York 1965, 61 - 95; L. Robin, *Les rapports de l' être et de la conaissance d' après Platon* (1932/33), publié par P.M. Schuhl, Paris 1957; A. Preiswerk, *Das Einzelne bei Platon und Aristoteles*, Philologus Suppl.-Bd. 32, 1, Leipzig 1939; M. Heidegger, *Platons Lehre von der Wahrheit*, Bern 1947 (³1975); H.J. Krämer, *Arete bei Platon und Aristoteles*, Heidelberg 1959 (²1967); ders., *Die platonische Akademie und das Problem einer systematischen Interpretation der Philosophie Platons*, Kantstudien 55 (1964), 69 - 101; ders., *Über den Zusammenhang von Prinzipienlehre und Dialektik bei Platon.* Zur Definition des Dialektikers Politeia 534 B - C, Philologus 110 (1966), 35 - 70; erneut in: J. Wippern (Hrsg.), *Das Problem der ungeschriebenen Lehre Platons* (Wege d. Forsch. 186), Darmstadt 1972, 394 - 448; ders., *ΕΠΕΚΕΙΝΑ ΤΗΣ ΟΥΣΙΑΣ.* Zu Platon, Politeia 509 B, AGPh 51 (1969), 1 - 30; ders., *Platone e i fondamenti della metafisica*, Milano 1982 (³1989); W. Beierwaltes, *Plotins Metaphysik des Lichtes*, ZphF 15 (1961), 334 - 362, erneut in: C. Zintzen (Hrsg.), *Die Philosophie des Neuplatonismus* (Wege d. Forsch. 436), Darmstadt 1977, 75 - 117; K. Gaiser, *Platons ungeschriebene Lehre*, Stuttgart 1963 (²1968); ders., *Platons Zusammenschau der mathematischen Wissenschaften*, Antike u. Abendland 32 (1986), 89 - 124; K. Bormann, *Platon*, Freiburg - München 1973 (²1987), 44 - 95; C.J. de Vogel, *Encore*

Aufstieg zur Transzendenz des Absoluten im Überstieg über alle Erkenntnisinhalte. Dabei wird die Ontologie der klassischen Ideenlehre, wie sie der "Phaidon" und das 5. Buch der "Politeia" entwickeln, als Grundlage vorausgesetzt.

Im Sonnengleichnis (Politeia VI 506 E - 509 C mit Vorspiel 504 A - 506 E), dem ersten und metaphysisch grundlegenden der drei Gleichnisse, wird die Ideenlehre durch eine Metaphysik des absoluten Prinzips fundiert,[2] die unübersehbar auf Platons innerakademische Prinzipienlehre (*Περὶ τἀγαθοῦ*) hinweist, und die der Sache nach bereits die Einheitsmetaphysik des späteren Platonismus enthält. Die beiden folgenden Gleichnisse (von der Linie und von der Höhle) sowie die Ausführungen über den Bildungsweg des Philosophen im 7. Buch der "Politeia" bauen darauf auf und geben nähere Aufschlüsse über einzelne Züge der im Sonnengleichnis skizzierten Metaphysik des Absoluten.

Das Sonnengleichnis gipfelt in der "erhabensten Paradoxie",[3] daß nämlich das absolute Prinzip, das Eine und Gute selbst,[4] "nicht Sein ist, sondern

---

*une fois: Le Bien dans la République de Platon*, in: *Zetesis.* Fs. E. de Strycker, Antwerpen 1973, 40 - 56; dies., *Rethinking Plato and Platonism*, Mnemosyne Suppl.-Bd. 92, Leiden 1988; J.N. Findlay, *Plato. The Written and Unwritten Doctrines*, London 1974; C.F. von Weizsäcker, *Ein Blick auf Platon. Ideenlehre, Logik und Physik*, Stuttgart 1981; G. Reale, *Per una nuova interpretazione di Platone.* Rilettura della metafisica dei grandi dialoghi alle luce delle "Dottrine non scritte", Milano 1984 ($^5$1987); Th.A. Szlezák, *Platon und die Schriftlichkeit der Philosophie.* Interpretationen zu den frühen und mittleren Dialogen, Berlin - New York 1985, 271 - 326. - Zur neuplatonischen Deutung des Sonnengleichnisses: Proklos, *In Platonis Rempublicam Commentarii*, ed. W. Kroll, Bd. I Leipzig 1901, 269, 4 - 287, 17; *Theologia Platonis*, ed. H.D. Saffrey et L.G. Westerink, Vol. II Paris 1974, cap. 7, p. 43, 12 - 51, 19; *Elementatio theologica*, ed. E.R. Dodds, Oxford 1933 ($^2$1963), prop. 1 - 13, p. 2, 1 - 16, 8. - Zur Interpretation des Sonnengleichnisses durch Plotin: Th. A. Szlezák, *Platon und Aristoteles in der Nuslehre Plotins*, passim.

[2] Vgl. H.J. Krämer, *Arete bei Platon und Aristoteles*, 473: "Die verschiedenen Funktionen des Prinzips lassen sich an einer einzigen Stelle der 'Politeia' zusammenfassend veranschaulichen. Es handelt sich um . . . das Stück 508 D - 509 B, anerkanntermaßen die philosophisch belangvollste Partie des ganzen dialogischen Werkes. Jede philosophische Platoninterpretation war und ist gehalten, sich an diesen Seiten zu bewähren."

[3] P. Friedländer, *Platon* I$^3$, 67.

[4] Diese Gleichsetzung ist - mit Priorität des absolut Einen als "Wesen" des Guten - bei Aristoteles Metaph. 1091 b 13 - 15 für Platon bezeugt. In der "Politeia" wird das Wesen des Guten bewußt zurückgehalten (506 DE, vgl. 509 C 7), zugleich aber ein λόγος τῆς οὐσίας des ἀγαθόν gefordert (534 BC), der freilich nur ein negativer sein kann (534 B 9:

noch jenseits des Seins": *οὐκ οὐσίας ὄντος τοῦ ἀγαθοῦ, ἀλλ' ἔτι ἐπέκεινα τῆς οὐσίας* (509 B 8 - 9); damit ist die Seinstranszendenz des Absoluten zum ersten Mal in der Geschichte der Philosophie und für den Neuplatonismus maßgebend ausgesprochen;[5] das Sonnengleichnis beschreibt sie auf der Grundlage der eleatischen Unterscheidung von Sein und Erscheinungswelt[6] als doppelte Transzendenz und legt damit den zweifachen Überstieg über die Erscheinung zum Seienden und über das Seiende im ganzen zum Absoluten als das Bewegungsgesetz der Platonischen und neuplatonischen Metaphysik fest.

(1) Zuerst wird die als Erscheinung gegebene welthafte Wirklichkeit zum wahrhaft oder eigentlich Seienden (*τὸ ὄντως ὄν*)[7] hin überschritten, das sich zum intelligiblen Reich (*νοητὸς τόπος*, 517 B 5) der reinen Wesenheiten artikuliert. Diese bestimmen und begründen Wesensgehalt und Bestand der erscheinenden Wirklichkeit und transzendieren diese zugleich. Platon nennt das "Teilhabe" (*μέθεξις*): die Erscheinungen bleiben je und je hinter der vollen Bestimmung ihres Wesens zurück und sind so das, was sie sind, zugleich auch nicht; das aber setzt voraus, daß die reinen Wesensbestimm*theiten* als solche an sich selbst sind (*αὐτὰ καθ' αὑτά*) und jenseits der Welt der Erscheinungen für sich selbst bestehen (erste Transzendenz).[8] Diese Welttranszendenz der reinen Wesensgestalten eröffnet erst die Dimension für Platons "dialektische Wissenschaft vom Seienden und Intelligiblen" (*ἡ τοῦ διαλέγεσθαι ἐπιστήμη τοῦ ὄντος τε καὶ νοητοῦ*, 511 C 5): Denn das Denken ist darauf angewiesen, daß die von ihm gemeinten Bedeutungsgehalte mit sich selbst identisch sind und

---

*ἀφελών*, vgl. Theaitet 201 E ff., 205 C ff. zur Undefinierbarkeit der letzten Prinzipien) - dies führt von selbst auf den negativen Begriff des Einen als des absolut Un-Vielen, auf den Platon 509 C 1 (Apollon!) wohl anspielt.

[5] Vgl. oben Kap. I §§ 3 - 5.

[6] Platon nimmt sie Politeia 476 B ff. ausdrücklich auf, faßt aber das transzendente Sein als Pluralität von Ideen, während das Eine als Prinzip des Seins noch jenseits des - selber die Erscheinungswelt transzendierenden - Seins steht. Vgl. die eindringliche problemgeschichtliche Analyse dieser Zusammenhänge bei Krämer, *Arete bei Platon und Aristoteles*, 514 ff., 535 ff.; ders., *ΕΠΕΚΕΙΝΑ ΤΗΣ ΟΥΣΙΑΣ*, AGPh 51, 1 - 30, bes. 6 ff.

[7] Phaidros 247 E 2, 249 C 4. 247 C 7: *οὐσία ὄντως οὖσα*. Politeia 477 A 3: *παντελῶς ὄν*. Vgl. Soph. 248 E 7 f.

[8] Zum *χωρισμός* der Ideen z.B. Aristoteles, Metaph. 1040 b 28, 1078 b 31 und sehr oft. Daß Aristoteles in diesem Punkt - trotz seiner daran geknüpften Polemik - Platon durchaus korrekt wiedergibt, ergibt sich aus Stellen wie Phaidr. 247 C - E, Tim. 51 BC, 52 A - C, die den Ideen ein transzendentes Sein zuschreiben; nach Tim. 30 C ff. bilden die Ideen einen eigenen Kosmos als transzendentes Urbild (*παράδειγμα*) der sichtbaren Welt.

sich unwandelbar gleichbleiben, und Wissen gibt es nur dort, wo identische und gleichbleibende Denkinhalte in einem notwendigen Zusammenhang untereinander stehen, also durch allen einzelnen Gehalten gemeinsame Bestimmungen verbunden und zugleich durch entgegengesetzte, sich wechselseitig ausschließende Bestimmungen unterschieden und besondert werden. So bilden die reinen Wesenheiten untereinander ein einiges, in sich selbst vielfältig gegliedertes Ganzes, die Totalität eines *κόσμος νοητός*, dessen innere, von Zufall und Veränderung freien Beziehungen die Dialektik erforscht. Dialektik als Wissenschaft von den reinen Beziehungen des rein Seienden setzt also die *Einheit* der intelligiblen Welt voraus, ferner die wesenhafte Zusammengehörigkeit des erkannten Seienden und des erkennenden Denkens, die Parmenides zum ersten Mal ausgesprochen hatte (Fr. 3).[9]

(2) Da somit das wahrhaft seiende Intelligible, das Reich der Ideen, von der Struktur der Einheit *in* Vielheit ist, sucht Platon auch für die Totalität der transzendenten Ideen noch nach einem Urgrund dieser Totalität (*ἀρχὴ τοῦ παντός*), einem letzten, schlechthin Unbedingten (*τὸ ἀνυπόθετον*, 511 B 6), hinter das nicht weiter zurückgegangen werden kann und das die Einheit des Intelligiblen und zugleich die Einheit von Denken und Sein in letzter Instanz begründet. Darum werden auch die intelligiblen Wesenheiten und das sich in ihnen artikulierende, sie umgreifende Sein (*οὐσία*) selbst noch einmal überschritten zur Seinstranszendenz des Einen selbst, des Prinzips aller Einheit;[10] über dieses aber kann nicht mehr hinausgegangen werden, weil es als absoluter Urgrund (510 B 7: *ἀρχὴ ἀνυπόθετος*), der die Totalität von allem stiftet, selbst jenseits des Seins (*ἐπέκεινα τῆς οὐσίας*, 509 B 9, vgl. Parm. 141 E), d.h. aber zufolge des Totalitätscharakters des Seins jenseits der Totalität, jenseits aller Bestimmungen schlechthin ist (vgl. Parm. 137 C - 142 A):

---

[9] Sie wird Politeia 477 A 3 - 4 ausdrücklich aufgenommen: *τὸ μὲν παντελῶς ὂν παντελῶς γνωστόν, μὴ ὂν δὲ μηδαμῇ πάντῃ ἄγνωστον.* Das entspricht genau Fr. 2, 2 - 8, vgl. Fr. 6, 1 - 2 und Fr. 8, 8 - 9 bei Parmenides. Daß das *παντελῶς ὄν* nicht nur Gegenstand des Erkennens ist, sondern daß ihm auch an ihm selbst *νοῦς* und *φρόνησις* zukommen, sagt Platon Soph. 248 E - 249 A ausdrücklich; er lehrt also wie Parmenides (Fr. 3; 8, 34 - 36) die *Einheit* von Sein und Erkennen. Spätestens Aristoteles faßt diese Einheit dann als *Identität* mit seiner Lehre, daß beim Immateriellen erkennender Geist und erkannter Inhalt dasselbe sind (De an. 430 a 3 - 5, 431 a 1 - 4, b 17; Metaph. 1075 a 1 - 5). Plotin verbindet diese Aristotelische These zu Recht mit Parmenides Fr. 3 und Plat. Soph. 248 E ff.; vgl. Th.A. Szlezák, *Nuslehre Plotins*, 121 - 135, bes. 123, 135.

[10] Zur Seinstranszendenz des Einen bei Platon: H.J. Krämer, *Arete bei Platon und Aristoteles*, bes. 541 - 551; ders., *ΕΠΕΚΕΙΝΑ ΤΗΣ ΟΥΣΙΑΣ*, AGPh 51, 1 - 30.

Platon faßt damit die Transzendenz des Absoluten als *absolute ontologische Transzendenz* (zweite Transzendenz).

Schon Platon und nicht erst Plotin denkt somit das Absolute als absolute Transzendenz; das Philosophieren hat schon bei ihm den Charakter eines Überschreitens bis zum Unüberschreitbaren; das Transzendieren ist die Grundbewegung schon der Platonischen Philosophie. Die Form dieses transzendierenden Denkens aber ist die Iteration des rational Vollziehbaren:[11] des Überstiegs von der begründeten Vielheit der Erscheinungen zur begründenden Einheit der Idee; im Überstieg auch über die Ideen zu deren unbedingt gründendem Grund aber übersteigt das Denken sich selbst und hebt sich dadurch auf. Denn weil die Transzendenz des Absoluten auch schon bei Platon ebensogut Erkenntnistranszendenz, (vgl. 509 A 7 mit 4 - 6: *ὑπὲρ ταῦτα* sc. *ἐπιστήμη, γνῶσις, νοῦς καὶ ἀλήθεια κάλλει ἐστίν*. Vgl. auch Parm. 142 A 1 - 6)[12] wie Seinstranszendenz (*ἐπέκεινα τῆς οὐσίας*, 509 B 9) ist, so "berührt" (*ἁψάμενος*, 511 B 7) das Denken das Absolute dann und *nur* dann, wenn es über alle Denkbarkeit hinausgestiegen ist zum Undenkbaren und darum auch Unsagbaren[13] der absoluten Transzendenz, wenn es sich also *als* Denken selber verlassen hat. So liegt im Herzen des Platonischen Intellektualismus ein mystischer Agnostizismus - ein auch für den Neuplatonismus überaus charakteristisches Motiv. "Es liegt eine höchst paradoxe Spannung in dieser Antithese", so schreibt Paul Friedländer, "daß einerseits die Logoi und nur sie für Platon das Sein aufschließen . . ., daß aber aus eben diesem Sein etwas herausragt, was jenseits von allem ist und darum auch von den Logoi nicht erfaßt werden kann."[14] Platon habe, so Friedländer weiter, "wie vielleicht kein Zweiter, um beides gewußt: um die Logoi und um das Arrheton, daß man unweigerlich durch jene hindurch müsse, damit man

---

[11] Vgl. H. Blumenberg, RGG[3] VI, 991 s.v. *Transzendenz und Immanenz* und *Die Legitimität der Neuzeit* ([2]Frankfurt 1988), 562 unter Verweis auf Plotin, Enn. V 5, 6, 17 ff.

[12] Zur Erkenntnistranszendenz des Agathon im Sonnengleichnis: C.J. de Vogel, *Encore une fois: Le Bien dans la République de Platon*, in: *Zetesis*, 40 - 56; dies., *Rethinking Plato and Platonism*, 45 - 50 (gegen die Einwände von G.J. de Vries und Th.A. Szlezák). Zu Platon als Denker der Transzendenz auch dies., *Plato, de filosoof van het transcendente*, Baarn 1968 ([3]1983).

[13] Ep. VII 341 C 5 - 6: *ῥητὸν γὰρ οὐδαμῶς ἔστιν ὡς ἄλλα μαθήματα*. Parm. 142 A 3 - 4: *οὐδ' ἄρα ὄνομα ἔστιν αὐτῷ οὐδὲ λόγος οὐδέ τις ἐπιστήμη οὐδὲ αἴσθησις οὐδὲ δόξα*. - Dazu H.J. Krämer, *Arete bei Platon und Aristoteles*, 466: "Das Absolute entzieht sich strenggenommen jeder näheren Bestimmung und sprachlichen Erfassung, *sofern sie nicht negativ limitierend ist.*"

[14] Friedländer, *Platon I*[3], 67.

diesem sich nähere, soweit das für Menschen möglich ist, aber auch, daß unweigerlich jene in dieses münden."[15]

So *wissen* wir das Absolute, das aller Erkenntnis den Grund gibt, gerade weil Es selbst jenseits aller Erkenntnis ist,[16] nur im *Nichtwissen* - freilich in einem Nichtwissen, das sich selbst *als* Nichtwissen weiß und das sich darum nur durch das Wissen des Wißbaren hindurch erreicht, indem es dieses transzendiert. Alles Denken und Sprechen über das absolut Transzendente muß sich darum ständig selbst widerrufen und ins Unsagbare aufheben: dies ist der Sinn der "negativen Theologie", deren Begründer Platon ist.

So ist das sich wissende Nichtwissen des Absoluten das Ziel der Platonischen Philosophie; das Wissen des Wißbaren (der Ideen) schließt sich nicht in sich selbst, sondern weist über sich hinaus auf ein Jenseits alles Wissens. Platons "dialektischer Weg" (*διαλεκτικὴ πορεία*, 532 B 4), ausgehend vom Sokratischen Wissen des Nichtwissens, das die Suche nach Wissen initiiert, führt durch das Wissen der Wesensgründe hindurch und darüber hinaus zum sich wissenden Nichtwissen der absoluten Transzendenz; dies schließt eine dorthin führende, in der via negativa des absolut Einen gipfelnde Prinzipientheorie nicht aus, sondern notwendig ein. Diese Struktur hat Karl Jaspers, für dessen eigenes Philosophieren sie ebenfalls bedeutsam ist, so charakterisiert: "Das höchste Wissen der Philosophie spricht sich als Nichtwissen aus, das aber nicht das anfängliche, zugunsten des Wissens aufzuhebende Unwissen, sondern das auf dem Grunde allen Wissens, erst an dessen Grenze sich vollendende Nichtwissen ist."[17] Es ist dieses wissende Nichtwissen, das im Neuplatonismus und in den von ihm intensiv beeinflußten Philosophien

---

[15] Friedländer, ebd., 68. - Gerade weil Friedländer dies zu Recht betont, ist sein Versuch der Abgrenzung Platons gegen den Neuplatonismus so wenig überzeugend. Die von ihm (356 Anm. 4) als evident "unplatonisch" zitierte Bemerkung des Proklos, In Remp. I 205 Kroll (*ταῦτα, ὦ φίλοι ἑταῖροι, μνήμῃ κεχαρίσθω τῆς τοῦ καθηγεμόνος ἡμῶν συνουσίας, ἐμοὶ μὲν ὄντα ῥητὰ πρὸς ὑμᾶς, ὑμῖν δὲ ἄρρητα πρὸς τοὺς πολλούς*) spricht genau den Grundsatz des adressatenbezogenen ("esoterischen") Philosophierens aus, den zuletzt Szlezák, *Platon und die Schriftlichkeit*, spez. 271 - 326 eindrucksvoll als das von Platon konsequent durchgehaltene Aufbauprinzip der "Politeia" (und anderer Dialoge) aufgezeigt hat.

[16] Vgl. Plotin, V 3, 12, 48: *ἐπέκεινα γνώσεως* zu Platon, Parm. 142 A 5: *οὐδὲ γιγνώσκεται* sc. *τὸ ἕν*.

[17] K. Jaspers, *Der philosophische Glaube angesichts der Offenbarung*, München 1962 ($^{3}$1984), 475 (mit Verweis auf die negative Theologie).

des Johannes Eriugena und des Nikolaus von Kues, ähnlich ferner auch beim späten Fichte und beim späten Schelling, die Theorie des Absoluten bestimmt.

## § 2 Platons gnoseologischer Ansatz: Das Megiston Mathema

Platon nähert sich dem wissenden Nichtwissen des Absoluten im 6. Buch der "Politeia" zunächst durch die Frage nach dem *μέγιστον μάθημα* (504 E 4 - 5, 505 A 2; vgl. 503 E 4, 504 A 3), dem am meisten Zu-Lernenden. Der Ausdruck besagt ein Doppeltes: als höchstes Erkenntnisziel gesucht wird die letzte Voraussetzung alles Erkennens, das letztbegründende Prinzip der Erkenntnis. Platons Ausgangsfrage ist also gnoseologisch: nach dem ursprünglichsten Prinzip aller Erkenntnis; das *μέγιστον μάθημα* ist das Erkenntnisprinzip. *Was* aber das letzte Erkenntnisprinzip inhaltlich ist, das muß sich aus einer Analyse der Platonischen Begriffe von Erkenntnis und Lernen ergeben.

*Μάθημα*, Zu-Lernendes, kann nach Platon weder etwas schon Gewußtes noch etwas schlechthin Ungewußtes sein: denn was wir schon wissen, das müssen wir nicht erst lernen; und was wir schlechthin nicht wissen, das können wir nicht lernen, weil wir hier nicht einmal wissen, was wir eigentlich suchen (vgl. Men. 80 D - E). Ein *μάθημα* ist vielmehr nur solches, was in aller Erschlossenheit von Wirklichkeit je schon vorausgesetzt ist, was aber eben darum nicht schon als solches im Blick steht und so zunächst verborgen ist - es ist das unausdrücklich immer schon Mit-Gewußte, eben damit aber das ausdrücklich zunächst nicht Gewußte. Lernen (*μανθάνειν*) ist dann die Erhebung des unausdrücklich Mitgewußten ins ausdrückliche Wissen. Erkenntnis (*ἐπιστήμη, νόησις, φρόνησις, γνῶσις*) ist somit das direkte Erfassen des in aller Realitätserfassung schon Miterfaßten, z.B. der in allen dreieckigen Gebilden miterfaßten mathematischen Struktur "Dreieck" oder der in allen gerechten Staats- und Seelenverfassungen miterfaßten Wesensstruktur "Gerechtigkeit", d.h. Platonisch: der *Idee* des Gerechten an sich. Das bedeutet aber: Lernen und Erkennen im Platonischen Sinne richten sich grundsätzlich niemals auf empirische Fakten, sondern auf die apriorischen Bedingungen und Voraussetzungen unseres theoretischen und praktischen Verhaltens zur Wirklichkeit; denn wir müssen schon wissen, was Gerechtigkeit oder was ein Dreieck "selbst an sich selbst" (*αὐτὸ καθ' αὑτό*) ist, um etwa ein gegebenes Segel als dreieckig oder eine faktische Staatsordnung als gerecht ansprechen zu können -

indem wir dabei nämlich auf die Idee als Maßstab unseres Urteils hinsehen.

Um aber die Idee, die maßgebende Hinsicht für jedes von uns als real Erfaßte, in der sich allererst sein Wesen zeigt, eigens und als solche in den Blick zu bekommen, bedarf es einer Umkehrung der gewohnten Blickrichtung weg vom vordergründig Erschlossenen und hin zu dessen hintergründigen, erschließenden Voraussetzungen - es bedarf einer "Umwendung der Seele" (*ψυχῆς περιαγωγή*, 521 C 6; vgl. 518 C: *σὺν ὅλῃ τῇ ψυχῇ . . . περιακτέον*),[18] verstanden als Abwendung von den sinnlich erscheinenden und vergänglichen Einzeldingen und Zuwendung zu den sie bestimmenden, immerseienden Wesenheiten an sich, die nur dem reinen Denken zugänglich sind. Nur was erst infolge einer solchen Umwendung der Seele - als Abwendung von der Erscheinung und Zuwendung zum reinen Wesen - eigens *er*kannt wird, obwohl es aller Erfahrung zuvor schon *be*kannt ist, nennt Platon ein *μάθημα*.

Paradigmatisch hierfür ist die Mathematik: Denn was die reinen Zahlen und Größen an ihnen selbst sind, das muß uns allem Berechnen und Bemessen von Erfahrungsgegenständen zuvor schon bekannt sein. "Weil nun die Zahlen und Maße dieses immer schon Bekannte vordringlich sehen lassen, heißen sie in vorzüglichem Maße *μαθήματα*. Dieses vordringlich Offenkundige legt der Mathematiker seinen Beweisen als Grundlage zu Grunde".[19] Weil sich das mathematische Wissen dem Zahlen- und Maßhaften und seinem Strukturzusammenhang als solchem zuwendet in einer apriorischen und methodisch gesicherten Erkenntnis von apodiktischer Evidenz, darum ist es eine Vorform der dialektischen Seinswissenschaft Platons: Die Zahlen beweisen eine Ordnung immaterieller Art, die unserem Denken von ihm selbst her - a priori - bekannt ist; sie ist aus keiner Sinneserfahrung ableitbar, weil sie jede mögliche Erfahrung mitkonstituiert; wir setzen sie beständig schon voraus, aber wir müssen uns ihr - von aller Erfahrung absehend - eigens zuwenden, um sie als solche zu erkennen; das Mathematische öffnet somit allererst den Blick für den Unterschied von Intelligiblem und Sinnenfälligem (523 A - 525 A;

---

[18] Vgl. auch 525 BC, 526 E. Zu den Implikationen vgl. W. Jaeger, *Paideia* Bd. III, Berlin 1947 ([4]1973), 19 ff.; ferner K. Gaiser, *Platons Zusammenschau der mathematischen Wissenschaften*, Antike und Abendland 32, 92 ff.

[19] K.H. Volkmann-Schluck, *Nicolaus Cusanus. Die Philosophie im Übergang vom Mittelalter zur Neuzeit*, Frankfurt 1957 ([2]1968), 27.

vgl. Phaid. 101 BC). So beginnt mit der Mathematik die Erkenntnis der intelligiblen Welt.[20]

Platons Hochschätzung der Mathematik ist indes nicht nur propädeutisch - didaktisch, sondern führt bis ins Innerste seines Denkens: Denn die fundamentalste Grundlage des Mathematischen ist das *Verhältnis von Einheit und Vielheit*, das Thema von Platons Prinzipienlehre. Die Zahlenreihe und die Dimensionenfolge zeigen die sukzessive Entfaltung der Einheit in die Vielheit; ihr Prinzip ist die Einheit (*μονάς, ἕν*). In der Zahlenreihe zeigt sich in exemplarischer Weise *Ordnung als durch Einheit bestimmte und strukturierte Vielheit* - und eben durch diesen ihren Charakter ist Ordnung erkenntnisermöglichend. Damit aber zeigt sich an der Struktur des Mathematischen - als dem "Vergewisserungsbereich der Ontologie"[21] - modellhaft die Grundstruktur menschlicher Erkenntnis überhaupt: diese bezieht sich immer auf maßgebende Einheitshinsichten (= Ideen), die eine sinnlich gegebene Mannigfaltigkeit ordnen und strukturieren und so erst erkennbar machen, und die unserer Geistseele von ihr selbst her bekannt sind: "Denn zum Menschen gehört es, das gemäß der Idee Gesagte zu verstehen, indem er zu dem geht, was aus *vielen* Wahrnehmungen durch das Denken zu einer *Einheit* zusammengefaßt wird" (*δεῖ γὰρ ἄνθρωπον συνιέναι κατ᾽ εἶδος λεγόμενον, ἐκ πολλῶν ἰὸν αἰσθήσεων εἰς ἓν λογισμῷ συναιρούμενον*).[22] *Platon versteht somit menschliche Erkenntnis prinzipiell als auf Einheit gerichtete Synthesis und Synopsis*;[23] sie

---

[20] Vgl. vor allem Politeia VII 521 D - 533 C; auch schon Phaid. 101 BC. Zu Rolle und Bedeutung der Mathematik bei Platon grundlegend K. Gaiser, *Platons ungeschriebene Lehre*, 20 ff. und bes. 41 - 204 (Erster Teil: *Mathematik und Ontologie*); vgl. auch H.G. Gadamer, *Mathematik und Dialektik bei Plato*, Ges. Werke 7, 290 - 312; K. Gaiser, *Platons Zusammenschau*, 92 ff. und 97 - 124.

[21] Vgl. K. Gaiser, *Platons ungeschriebene Lehre*, 22 ("Vergewisserungsbereich für die Seinslehre"), 23 ("Modellbereich der Ontologie") u.ö. - "Diese Annahme einer Analogie zwischen dem Gesamtaufbau der Realität und dem speziellen Bereich der Mathematik darf als fundamentale Voraussetzung der ganzen platonischen Ontologie bezeichnet werden." (Ebd. 22).

[22] Phaidr. 249 B 6 - C 1. Vgl. ebd. 265 D 3 - 5: *εἰς μίαν τε ἰδέαν συνορῶντα ἄγειν τὰ πολλαχῇ διεσπαρμένα, ἵνα ἕκαστον ὁρζιόμενος δῆλον ποιῇ περὶ οὗ ἂν ἀεὶ διδάσκειν ἐθέλῃ*. - Zur Idee als *ἓν ἐπὶ πολλῶν* vgl. Politeia 476 A, 479 A, 507 B, 596 A; Parm. 132 A, 133 B, 135 BC; Phileb. 15 AB, 16 DE u.ö.; ferner Aristoteles, Metaph. 990 b 7 f. 9, 1079 a 3. 9, 1081 a 9 f., 1082 b 26, 1086 b 27 usw.

[23] Dies gilt modo eminentior für die Dialektik als höchste Form diskursiver Erkenntnis: Politeia 537 C 7: *ὁ μὲν γὰρ συνοπτικὸς διαλεκτικός, ὁ δὲ μὴ οὔ*. - Den Übergang von der Mathematik zur Dialektik bildet die Synopsis der mathematischen

kommt zustande, indem das Denken eine Vielheit auf die sie bestimmende Einheit zurückbezieht: dies ist die ὑπόϑεσις des εἶδος.[24] Der Einheitsgrund, in dessen Licht die Vielheit allererst erkennbar ist, wird dabei je schon vorausgesetzt. Er ist nicht ableitbar aus der durch ihn erst ermöglichten Vielheit; er ist unserem Denken vielmehr schon von ihm selbst her - also a priori - bekannt; aber wir *er*kennen ihn erst, wenn wir ausdrücklich auf die maßgebende Einheit als solche hinsehen, indem wir von der Vielheit wegsehen.

Erkennen als denkendes Vereinheitlichen oder denkende Reduktion von Vielheit auf Einheit ist mithin nur möglich unter der beständigen Voraussetzung von Einheit; das Erkennen kommt zu sich selbst, wenn es auf die jeweils vorausgesetzte Einheit eigens hinsieht. Die ausdrückliche Hinsichtnahme auf die in jeder Wirklichkeitserfassung schon vorausgesetzten und maßgebenden Einheitsgründe ist das Platonisch verstandene μανϑάνειν; es vollzieht sich anhand der Rückfrage nach den Voraussetzungen, unter denen eine Erfahrung oder ein Wissen jeweils möglich ist. Die höchste Form des μανϑάνειν ist darum die *Dialektik* als Ideenwissenschaft, welche die intelligiblen Einheitsgründe selber auf ihren *Zusammenhang untereinander* - ihre κοινωνία und συμπλοκή - hin ansieht und dabei als aufsteigende Dialektik (ἄνοδος, dialectica ascendens) auf immer höhere, ursprünglichere und einfachere Einheiten zurückführt.[25] Die

---

Fächer (537 C 1 ff.). Die diesen Übergang ermöglichende οἰκειότης τε ἀλλήλων τῶν μαϑημάτων καὶ τῆς τοῦ ὄντος φύσεως (537 C 2 - 3) ist die Bezogenheit von Vielheit auf Einheit als ihr Prinzip bzw. die Entfaltung der Einheit in die Vielheit, die das *gemeinsame Strukturprinzip aller mathematischen Fächer und der Ontologie* darstellt. Hierzu umfassend K. Gaiser, *Platons Zusammenschau*, 97 - 116 (Dialoge), 116 - 119 (ἄγραφα δόγματα); vgl. auch schon H.J. Krämer, *Über den Zusammenhang von Prinzipienlehre und Dialektik bei Platon*, in: *Das Problem der ungeschriebenen Lehre Platons* (WdF Bd. 186), 427 ff., bes. 429 f.; ähnlich schon F.M. Cornford, *Mathematics and Dialectic in the Republic VI. - VII.*, in: R.E. Allen (Hrsg.), *Studies in Plato's Metaphysics*, bes. 80 - 85 und 92.

[24] Vgl. Phaid. 100 B - E. Zur mit der Ideenannahme geleisteten Reduktion der Vielheit auf Einheit bes. Politeia 476 A - D, 479 A - 480 A, 493 E, 507 B, 596 A; Phaidr. 249 BC, 265 D; Parm. 128 E - 129 A, 130 B - E, 135 BC; Phileb. 15 AB; vgl. auch Krat. 439 C, 440 B; Men. 72 CD, 75 A; Euthyphr. 5 D, 6 D. Die Anknüpfung der Ideenlehre an die eleatische Ontologie des ἓν ὄν ist von Anfang an unverkennbar; vgl. dazu H.J. Krämer, *Arete bei Platon und Aristoteles*, 518 ff.; ders., *ΕΠΕΚΕΙΝΑ*, 8 ff.; auch K. Bormann, *Platon*, 48 ff.

[25] Vgl. Phaid. 101 D 5 - E 3; Symp. 210 C 6 - E 1, 211 C 6 - D 1; Politeia 511 B 5 - 7. - Zur Dialektik als Wissenschaft von den reinen Ideenbeziehungen vgl. Soph. 253 D 1 - E 6 und dazu Proklos, In Parm. 650, 10 - 651, 9. - Die im Liniengleichnis angedeutete

Dialektik setzt somit die Reduktion der Vielheit auf die Einheit, welche die *ὑπόθεσις* des *εἶδος* leistet (vgl. bes. Politeia 476 A, 507 B, 596 A; Parm. 128 E - 129 A), im Bereich der Ideen selber fort; dies - und nicht schon die "Hypothesis der Eide" - ist erst die eigentliche "Ideenlehre".[26]

Das *μέγιστον μάθημα* ist also notwendig jenes, was jede Hinsichtnahme auf Einheit und damit jede Erkenntnis überhaupt vorgängig ermöglicht, weil es in jeder denkenden Einheitssuche - also sowohl in der "Hypothesis des Eidos" als auch in der eigentlichen dialektischen "Ideenlehre" - als ihr Prinzip immer schon vorausgesetzt wird: *das Eine selbst* (*τὸ ἓν αὐτό*), das absolute Prinzip aller Einheit. Denn jede *Einheit in der Vielheit* - also jede Idee - und jedes *Beziehen von Vielheit auf Einheit* - also jede Erkenntnis - setzt die *reine Einheit* des absolut Einen immer schon voraus: das Eine ist das *in* und *vor* Allem schon Vorausgesetzte, mithin das absolute Prinzip. Das Eine selbst aber ist aufgrund seiner absoluten Einfachheit nicht weiter auf eine noch ursprünglichere Einheit zurückführbar: das einfachhin Eine ist *absolut voraussetzungslos* oder *unbedingt* (*ἀνυπόθετον*, 511 B 6; vgl. 510 B 7, 533 C 8) und darum sowohl das Ziel als auch die Bedingung des dialektischen Aufstiegs zu immer ursprünglicherer Einheit und Einfachheit. Das aber macht gerade den Begriff des *μέγιστον μάθημα* aus: *als* Erkenntnisprinzip das höchste Erkenntnisziel zu sein.

Das Eine erweist sich als absolutes Prinzip aber nicht nur in der reduktiv aufsteigenden Dialektik. Die absteigende Dialektik (*καθόδος*, dialectica descendens) bewährt seine absolute Ursprünglichkeit, indem sie aus ihm schrittweise immer komplexer werdende Seinsbestimmungen ableitet, die mit den vielfältig verschiedenen Beziehungen, die zwischen ihnen möglich sind, sämtliche reinen Wesenheiten konstituieren (vgl. 511 B - C mit Parm. 142 B ff. zur Ableitung der Ideen aus dem Einen); "dabei nimmt sie (sc. die Dialektik) überhaupt nichts Sinnenfälliges zu Hilfe, sondern nur die Ideen selbst, schreitet so von Idee zu Idee und endet auch bei Ideen" (511 C 1 - 2: *αἰσθητῷ παντάπασιν οὐδενὶ προσχρώμενος, ἀλλ' εἴδεσιν*

---

Zweiteilung der Dialektik in die reduktive *ἄνοδος* zum absoluten Prinzip und die daran anschließende *καθόδος* ist auch für die innerakademische Prinzipienlehre Platons mehrfach bezeugt, vgl. bes. Arist., Eth. Nic. I 4 1095 a 30 - b 3 = Test. Plat. 10 mit Gaisers Kommentar, *Platons ungeschriebene Lehre*, 454 f.; vgl. ebenso Test. Plat. 22 B (Alexander), 30 (Theophrast) und 32 (Sextus).

[26] Mit dieser Unterscheidung folge ich C.F. von Weizsäcker, *Ein Blick auf Platon*, 19.

*αὐτοῖς δι' αὐτῶν εἰς αὐτά, καὶ τελευτᾷ εἰς εἴδη.*)[27] Die Dialektik bleibt auch im Abstieg reine Ideendialektik; ihr absolutes Prinzip ist das Eine, zu dem sie transzendierend aufsteigt und dessen Manifestation in der hierarchischen Ordnung der Ideen sie absteigend entfaltet. (511 B 7 - 8: *ἐχόμενος τῶν ἐκείνης* sc. *τῆς ἀρχῆς ἐχομένων, οὕτως ἐπὶ τελευτὴν καταβαίνῃ*).

Diesen Aufstieg zum absoluten Prinzip und die nachfolgende Ableitung aller reinen Ideenbestimmungen aus ihm nennt Platon den "längeren Umweg" (*μακροτέρα περὶοδος*, 504 B 2), auf dem die volle Wesensbestimmung einer jeden Idee aus der Totalität ihrer Beziehungen zu ihren übergeordneten Seinsgründen allererst möglich ist; erst auf diesem Weg der auf- und absteigenden Dialektik bekommt man alle Ideen "so schön wie irgend möglich zu Gesicht", weil die Elemente ihres Wesensaufbaus voneinander abgehoben und so dieser Wesensaufbau vom universalen Urgrund her vollkommen durchsichtig (*καταφανῆ*, 504 B 2) geworden ist (vgl. 504 B 1 - 3.)[28] So führt die dialektische Wesensbestimmung der Idee zu ihrer *noetischen* Erfassung (*νοῦς, νόησις*), die Platon und seine Schule als *intellektuelle Anschauung* konzipieren;[29] diese noetische Schau der

---

[27] Daß Platon dabei nicht nur allgemein Über- und Unterordnungsverhältnisse von Ideen, sondern konkret die Dihairesis der Ideen bis zum ἄτομον εἶδος im Blick hat, halten H.J. Krämer, *Arete bei Platon und Aristoteles*, 126 f. und K. Bormann, *Platon*, 60 ff., bes. 62 f. gegen gelegentliche Bestreitung (Stenzel u.a.) zu Recht fest; auch W.D. Ross, *Plato's Theory of Ideas*, [2]Oxford 1953, 119 erkennt an dieser Stelle das dihairetische Verfahren. Zum Verhältnis zur Dialektikkonzeption der Spätdialoge betont Bormann gegen Ross: "Die Grundkonzeption Platons hinsichtlich der Dialektik ist die gleiche in der Politeia und in den anderen Schriften" (loc. cit. 63).

[28] Platon spielt 504 B 1 - 3 offensichtlich auf die Letztbegründung der Ideen im dialektischen Regressus zum absoluten Ursprung nach 511 BC an. Ähnliche Hinweise auf eine dem Ideal höchster Exaktheit genügende dialektische Letztbegründung für die Bestimmung der Kardinaltugenden und des Wesens der Seele auch 435 D und 611 B - 612 A. Dazu Krämer, *Arete bei Platon und Aristoteles*, 32, 117 f., 131 f., 389 ff., 533.

[29] Platon unterscheidet systematisch zwischen νόησις und διάνοια: diese ist diskursiv-zeitlich, durch Vorstellungsinhalte vermittelt und unfähig zur Letztbegründung; jene dagegen ist unmittelbar, ganzheitlich, rein denkend und schließt immer Prinzipienerkenntnis ein (vgl. 510 C - 511 E, 533 D - 534 A). Platon spricht dem noetischen Erkennen ausdrücklich die gleiche Struktur zu wie dem Sehen (508 C 1 - 2), d.h. vor allem das gleiche unmittelbar-ganzheitliche Präsent-haben seiner Inhalte, und beschreibt die noetische Ideen- und Prinzipienerkenntnis regelmäßig als "Schau", "Berührung" oder "Erleuchtung", wobei er das Moment der Plötzlichkeit (ἐξαίφνης), des Heraustretens aus der Zeit und den Bezügen des diskursiven Denkens, als für sie konstitutiv hervorhebt: Phaid. 79 D; Symp. 210 E,

Ideen aber ist nur "zusammen mit dem Urgrund" (*μετὰ ἀρχῆς*, 511 D 2), d.h. im Licht ihres Seins- und Erkenntnisprinzips möglich: nachdem die dialektische Analyse jede Wesenheit in ihre Elemente zerlegt und sie dadurch als Vielheit erscheinen läßt, schaut der Nous selbst jede Idee im Lichte des Einen als Einheit.[30]

Wenn der erste Transzendenzschritt über das Sinnenfällige hinaus, die *ὑπόθεσις* des *εἶδος*, die Ideen selber nur im "Umriß" (*ὑπογραφή*, 504 D 6) sehen läßt, so gibt erst die dialektische Wesensbestimmung jeder Idee auf dem "Umweg" über den Urgrund, das Eine, - der also den radikalen zweiten Transzendenzschritt über das Intelligible hinaus einschließt - der Erkenntnis der Ideen ihre "ganz und gar vollendete Ausführung" (*τὴν τελεωτάτην ἀπεργασίαν*, 504 D 7) in jener "höchsten Genauigkeit und Reinheit" (*ἀκριβέστατα καὶ καθαρώτατα* 504 E 1), die den höchsten Gegenständen (*τὰ μέγιστα* 504 E 2, vgl. 503 E 4, 504 A 3) allein angemessen ist (vgl. 504 D - E), und ermöglicht so erst ihre "schönste" (*κάλλιστα*, 504

---

211 DE, 212 A; Politeia 490 B, 533 D, 540 A; Phaidr. 247 C - E, 249 C, 250 A und BC; Ep. VII 341 CD, 343 E, 344 B; vgl. auch Parm. 136 E. Am deutlichsten hat vielleicht Speusipp den Anschauungscharakter der noetischen Erkenntnis ausgesprochen: Fr. 30 Lang / 35 Isnardi P. / 73 Tarán = Proklos, In Eucl. 179, 12 ff.: *δεῖ γὰρ δὴ πανταχοῦ τὰς ἀρχὰς τῶν μετὰ τὰς ἀρχὰς διαφέρειν τῇ ἁπλότητι, τῷ ἀναποδείκτῳ, τῷ αὐτοπίστῳ. καθόλου γὰρ, φησὶν ὁ Σπεύσιππος, ὧν ἡ διάνοια τὴν θήραν ποιεῖται τὰ μὲν οὐδεμίαν ποικίλην ποιησαμένη διέξοδον προβάλλει καὶ προευτρεπίζει πρὸς τὴν μέλλουσαν ζήτησιν καὶ ἔχει τούτων ἐναργεστέραν ἐπαφὴν μᾶλλον ἢ τῶν ὁρατῶν ἡ ὄψις* ... Vgl. auch Aristoteles, Metaph. 1051 b 24 - 25, 1072 b 20 - 21; De an. 430 a 15. 19 - 20, b 27 - 30; An. post. 100 b 5 - 17; Nik. Eth. 1141 a 3 ff. - Zur Sache vgl. H.J. Krämer, *Arete bei Platon und Aristoteles*, 27 ff. Anm. 27, 465 - 467, 544 - 546; K. Oehler, *Die Lehre vom noetischen und dianoetischen Denken bei Platon und Aristoteles*, München 1962; A.C. Lloyd, *Non-discursive thought - an enigma of Greek philosophy*, Proc. of the Aristot. Soc. 70 (1969/70), 261 - 274.

[30] Vgl. dazu Sextus Emp., Adv. Math. X § 258 nach "*Περὶ τἀγαθοῦ*": *ἐπείπερ ἑκάστη ἰδέα κατ᾽ ἰδίαν μὲν λαμβανομένη ἓν εἶναι λέγεται· κατὰ σύλληψιν δὲ ἑτέρας ἢ ἄλλων δύο ἢ τρεῖς ἢ τέσσαρες*. Dazu Politeia 476 A 5 - 7: ... *πάντων τῶν εἰδῶν περὶ ὁ αὐτὸς λόγος, αὐτὸ μὲν ἓν ἕκαστον εἶναι, τῇ δὲ τῶν πράξεων καὶ σωμάτων καὶ ἀλλήλων κοινωνίᾳ πανταχοῦ φανταζόμενα πολλὰ φαίνεσθαι ἕκαστον*. Die Stelle beweist zweifelsfrei, daß nicht nur die Koinonie der Ideen, sondern auch die - sachlich von dieser ohnehin unabtrennbare - Ideenzahlenlehre in der "Politeia" schon vorliegt (vgl. auch 500 C, 523 E - 526 A). Die von Arist. Metaph. 1078 b 9 - 12 bezeugte Frühform der Ideenlehre vor der Gleichsetzung von Ideen und Zahlen muß also chronologisch *vor* der "Politeia" (und vor dem "Phaidon", vgl. 96 D - 97 B mit 101 A - C) angesetzt werden. Vgl. G. Reale, *Per una nuova interpretazione di Platone*, 321 ff. und schon Stenzel, RE *Speusippos*, 1659.

B 1), nämlich noetisch unmittelbare Erfassung in einer intellektuellen Anschauung, einer reinen Wesensschau (*νόησις*).[31]

Damit spielt Platon einerseits auf eine noetische Schau der Ideenwelt an, in welcher der ganze Ideenkosmos jede einzelne Idee durchstrahlt, weil jede Idee ihr dialektisch bestimmbares Wesen nur aus dem Ganzen der Ideen hat, so daß die Totalität aller Ideen in jeder einzelnen Idee als einer eigenen Totalität mitanwesend ist und zur Erscheinung kommt;[32] die Neuplatoniker entwickelten daraus ihr *πάντα - ἐν - πᾶσιν* - Theorem.[33] Zugleich aber verweist die nachdrückliche Hervorhebung der höchsten *Genauigkeit, Reinheit* und *Angemessenheit* des Höchsten und seiner Erkenntnis (504 B - E) auf das absolute Eine als den *vollkommenen und exaktesten Maßstab* (*τέλειον καὶ ἀκριβέστατον μέτρον*) für alle Seienden.[34] Wenn nämlich "kein unvollkommenes Maß für irgendetwas Maß-

---

[31] Daß die dialektisch-diskursive Bestimmung der Ideen ihrer noetischen Erfassung vorausgehen muß, ergibt sich klar aus Politeia 534 B 3 - 6: *ἦ καὶ διαλεκτικὸν καλεῖς τὸν λόγον ἑκάστου λαμβάνοντα τῆς οὐσίας; καὶ τὸν μὴ ἔχοντα, καθ᾽ ὅσον ἂν μὴ ἔχῃ λόγον αὑτῷ τε καὶ ἄλλῳ διδόναι, κατὰ τοσοῦτον νοῦν περὶ τούτου οὐ φήσεις ἔχειν;* Vgl. auch Ep. VII 344 B: . . . *ἐν εὐμενέσιν ἐλέγχους ἐλεγχόμενα καὶ ἄνευ φθόνων ἐρωτήσεσιν καὶ ἀποκρίσεσιν χρωμένων, ἐξέλαμψε φρόνησις περὶ ἕκαστον καὶ νοῦς*. Parm. 136 E 1 - 3: *ἄνευ ταύτης τῆς διὰ πάντων διεξόδου τε καὶ πλάνης ἀδύνατον ἐντύχοντα τῷ ἀληθεῖ νοῦν σχεῖν*. Auch Symp. 210 C 6 - E 1.

[32] Vgl. bes. Parm. 142 E f., 144 E - 145 C, 157 C - 158 D; Soph. 248 E ff., 253 DE, 254 D - 257 C; Tim. 30 C ff. - Da jede Idee ihr bestimmtes Wesen aufgrund ihrer Inklusions- und Exklusionsbeziehungen zu den anderen Ideen hat, ergibt sich, daß die vollständige Bestimmung *eines* einzelnen Eidos strenggenommen die Explikation *aller* seiner *positiven und negativen* Beziehungen zu *allen* anderen Eide und Gene voraussetzt und damit die Kenntnis des systematischen Beziehungsganzen aller Ideen, so daß jede vollständige Definition das Wissen des Seinsganzen impliziert, was Speusipp auch ausgesprochen hat: Arist. An. post. 97 a 6 - 22 = Speusipp, Fr. 31 a Lang / 38 Isnardi P. / 63 a Tarán; vgl. Fr. 31 b - e Lang. Speusipp bringt damit nur die implikative Erfassung des Ganzen in der Erkenntnis jedes seiner Momente auf den Begriff, die Platon schon im "Menon" ausgesprochen hatte: *ἅτε γὰρ τῆς φύσεως ἁπάσης συγγενοῦς οὔσης . . . οὐδὲν κωλύει ἓν μόνον ἀναμνησθέντα . . . τἆλλα πάντα αὐτὸν ἀνευρεῖν* (81 C 9 - D 3).

[33] Proklos, Elem. theol. prop. 103: *πάντα ἐν πᾶσιν, οἰκείως δὲ ἐν ἑκάστῳ*. Plotin, Enn. V 8, 4; V 9, 8; VI 7, 14; VI 2, 20 - 21; auch III 8, 8, 40 ff.; I 8, 2, 15 ff. und oft. Erste stringente Formulierung bei Numenios, Test. 33 Leemans = Fr. 41 des Places.

[34] Zum Folgenden vgl. H.J. Krämer, *Über den Zusammenhang von Prinzipienlehre und Dialektik bei Platon*, in: *Das Problem der ungeschriebenen Lehre Platons* (Wege d. Forsch. 186), 394 - 448, bes. 425 ff.

stab sein kann" (ἀτελὲς γὰρ οὐδὲν οὐδενὸς μέτρον, 504 C 2 - 3),[35] dann kann Maß und Maßstab der vollkommenen Ideen nur das absolut Vollkommene und d.h. das absolut Einfache und Teillose sein: *das Eine der Prinzipienlehre ist als Seinsprinzip exaktestes, d.h. absolut teilloses und schlechthin einfaches Maß der ersten Vielheit (der Ideenzahlen).*[36]

Analog ist schon jede Idee als Einheit *Maß* der von ihr bestimmten Vielheit, und zwar in doppelter Weise: (a) an ihr zeigt sich das Wesen der Dinge, (b) und ineins damit, daß die Dinge hinter ihrem reinen Wesen zurückbleiben. Platon exemplifiziert das im "Phaidon" (74 A - 75 B) an der Idee des Gleichen an sich (αὐτὸ τὸ ἴσον): Das Vergleichen und Unterscheiden von "gleichen" und "ungleichen" Dingen setzt das *Gleiche an sich* als einheitlichen und identischen Maßstab voraus, der selbst kein durch Gleichheit qualifiziertes Ding, sondern das reine Gleichheitswesen an ihm selbst ist. Erst am Maßstab absoluter Gleichheit mit sich selbst - als der Bedingung der Möglichkeit des Vergleichens - bemißt sich die größere oder geringere Gleichheit und Ungleichheit von Dingen untereinander; zugleich ist klar, daß diese relative Gleichheit, die immer Ungleichheit einschließt, dem Maßstab absoluter Selbstgleichheit niemals entspricht, sondern darauf nur verweist. Die Idee ist also für die an ihr teilhabenden Dinge das Maß des Seins - des Wasseins - und der Vollkommenheit in der Ausprägung des Wasseins. Dieses Maß ist exakt (ἀκριβές), insofern es unteilbar (ἀδιαίρετον) ist und darum Mehr oder Weniger (μᾶλλον καὶ ἧττον), Überschuß und Mangel (ὑπεροχὴ καὶ ἔλλειψις) strikt von sich ausschließt: so steht es selbst jenseits des von ihm Gemessenen. Mithin gründet die Exaktheit des Maßes in seiner ungeteilten Einheit und Einfachheit.[37]

---

35 Der Satz ist sprachlich doppeldeutig. Zu Übersetzung und Interpretation Krämer, loc. cit., 425 f. Anm. 78.

36 Vgl. Krämer, loc. cit., 436 und 439. Verwiesen sei auf die bei Krämer, ebd. 434 - 439 angeführten zahlreichen Belege aus der indirekten Platon-Überlieferung, insbesondere Aristoteles, Metaph. 1088 a 4 - 5: σημαίνει γὰρ τὸ ἓν ὅτι μέτρον πλήθους τινός, καὶ ὁ ἀριθμὸς ὅτι πλῆθος μεμετρημένον. 1021 a 12 - 13: τὸ δ' ἓν τοῦ ἀριθμοῦ ἀρχὴ καὶ μέτρον. 1053 a 1: διὸ τὸ τοῦ ἀριθμοῦ μέτρον ἀκριβέστατον. Vgl. auch 1016 b 18 f., 1052 b 15 ff., 1053 b 4 ff., 1072 a 33, 1087 b 33 u.ö.

37 Vgl. Arist. Metaph. 1052 b 35 - 1053 a 2: ὅπου μὲν οὖν δοκεῖ μὴ εἶναι ἀφελεῖν ἢ προσθεῖναι, τοῦτο ἀκριβὲς τὸ μέτρον, διὸ τὸ τοῦ ἀριθμοῦ ἀκριβέστατον· τὴν γὰρ μονάδα τιθέασι πάντῃ ἀδιαίρετον. 1078 a 9 - 11: καὶ ὅσῳ δὴ ἂν περὶ προτέρων τῷ λόγῳ καὶ ἁπλουστέρων, τοσούτῳ μᾶλλον ἔχει τὸ ἀκριβές (τοῦτο δὲ τὸ ἁπλοῦν ἐστίν).

Paradigmatisch hierfür ist wiederum die Mathematik: die Eins, die als Prinzip der Zahl selber keine Zahl ist,[38] ist als einfachste und teillose Grundeinheit *ἀκριβέστατον μέτρον* der Zahl;[39] denn die an ihr gemessene Anzahl der Einheiten, die eine Zahl enthält, definiert deren Wesen und ihre Stellung im Ganzen der Zahlenreihe. Damit aber berühren wir ein zentrales Motiv der Prinzipienlehre, das Platon in "Politeia" 504 B - E andeutet:[40] Das Eine selbst ist als absolut einfacher Urgrund das allerexakteste, d.h. schlechthin teillose Maß der ersten Vielheit, der wesenhaften Zahlen (Ideenzahlen), und damit aller Seienden.[41] Denn alles Seiende *ist* nur, sofern es *Eines* ist;[42] je einheitlicher es ist, desto seiender ist es auch (vgl. Politeia 380 D ff.); seine Wesenheit ist durch seine spezifische Einheit - seine Idealzahl[43] - definiert und seine Arete besteht in der Verwirklichung des ihm spezifisch zukommenden Einheitscharakters. Weil somit Sein, Seinsrang, Wesen und Arete eines jeden Seienden in seinem Einessein gründen, ist das überseiende Eine selbst das absolute, genaueste Maß für alle Seienden, das Ur-Maß und Über-Maß, aus dem alle einzelnen Maße aller besonderen Seinsbereiche abgeleitet sind. Das Eine selbst ist das *absolute Maß für das Einssein* und damit sowohl für Sein und Nichtsein als auch für die Vollkommenheit aller Seienden hinsichtlich ihrer Arete wie hinsichtlich ihres Ranges im Seinsganzen. Als

---

[38] Arist. Metaph. 1088 a 6 - 8: *διὸ καὶ εὐλόγως οὐκ ἔστι τὸ ἓν ἀριθμός· οὐδὲ γὰρ τὸ μέτρον μέτρα, ἀλλ᾽ ἀρχὴ καὶ τὸ μέτρον καὶ τὸ ἕν.*

[39] Arist. Metaph. 1053 a 1 - 2 (Text in Anm. 37).

[40] Vgl. auch Politikos 284 D; Nomoi 716 C; Pappos, Test. Plat. 67 b Gaiser. Aristoteles, Politikos Fr. 2 Ross = Fr. 79 Rose: *πάντων γὰρ ἀκριβέστατον μέτρον τἀγαθόν ἐστιν.* Dazu Krämer, *Arete bei Plat. u. Arist.*, 547 f.

[41] Vgl. Krämer, *Prinzipienlehre u. Dialektik*, 436 mit Verweis auf Arist. Metaph. 1088 a 4 ff. und 1021 a 12 f.

[42] Parm. 144 C 4 - 5, 158 A 1 - 3; Alexander, In Metaph. 56, 30 f. H. = Test. Plat. 22 B Gaiser; ex negativo Parm. 166 C 1, vgl. Politeia 478 B 12 f. Siehe Teil I Kap. I § 2. Vgl. hierzu auch Krämer, *Arete bei Platon und Aristoteles*, 472 - 473.

[43] Die Ideenzahl, unter die eine Idee fällt, bestimmt sich wohl durch die Anzahl der in ihrer Definition aufgezählten Wesensmomente, vgl. O. Becker, *Zum Problem der platonischen Idealzahlen*, in: ders., *Zwei Untersuchungen zur antiken Logik*, Klass.-philol. Stud. 17 (1957), 1 ff., 16 ff.; P. Wilpert, *Zwei aristotelische Frühschriften zur Ideenlehre*, 144 ff. bes. 169; ähnlich schon J. Stenzel, *Zahl und Gestalt bei Platon und Aristoteles*², 117. Zum Verhältnis von Ideen und Ideenzahlen fand schon L. Robin, *La Théorie Platonicienne des Idées et des Nombres*, 453 - 462 die richtige Lösung (Priorität der Ideenzahlen bei zahlenhaftem Charakter der anderen Ideen); vgl. C.J. de Vogel, *Die Spätphase der Philosophie Platons und ihre Interpretation durch L. Robin*, WdF Bd. 186, 201 - 216; K. Gaiser, *Platons ungeschriebene Lehre*, 115 - 145.

*Maßstab* für Sein und Nichtsein ist das Eine selbst notwendig *jenseits* der Alternative von Sein und Nichtsein (vgl. 509 B 9);[44] es steht *über* den Gegensätzen, die es selbst erst begründet, und muß darum jenseits aller inhaltlichen Bestimmungen sein (vgl. Parm. 137 C - 142 A); als Maß der Vollkommenheit aber ist es an sich selbst das absolut Vollkommene oder vielmehr das Übervollkommene: das Eine ist darum "*das Gute selbst*" (*αὐτὸ τὸ ἀγαθόν*, 506 D 8 - E 1, 507 A 3, 534 C 4, 540 A 8 - 9), oder "*die Idee des Guten*" (*ἡ τοῦ ἀγαθοῦ ἰδέα*, 505 A 2, 508 E 2 - 3, 517 B 8 - C 1, 534 C 1);[45] seine Seinstranszendenz ist zugleich seine absolute *Übermächtigkeit* und *Überfülle* (vgl. 509 B 9 - 10: *ἐπέκεινα τῆς οὐσίας πρεσβείᾳ καὶ δυνάμει ὑπερέχοντος*, 509 C 2: *ὑπερβολή*).

## § 3 Das Gute als Einheitsprinzip

Platon führt die Idee des Guten im VI. Buch der "Politeia" umstandslos als etwas Altbekanntes ein: "Denn daß die Idee des Guten das *μέγιστον μάθημα* ist, *hast du ja schon oft gehört*" (505 A 2 - 3). Auch damit wird offenbar auf die Prinzipienlehre hingewiesen, die ja unter dem Titel "*Περὶ τοῦ ἀγαθοῦ*" vorgetragen wurde; denn von der "Idee des Guten" ist in den Dialogen sonst nicht die Rede.

Sie wird als jenes Prinzip eingeführt, kraft dessen alle anderen Dinge erst brauchbar und nützlich werden: *ᾗ δὴ καὶ δίκαια καὶ τἆλλα προσχρησάμενα χρήσιμα καὶ ὠφέλιμα γίγνεται* (505 A 3 - 4). Das Gute ist also zunächst das *Prinzip der Arete*. Diese erscheint unter dem Doppelaspekt von *χρῆσις* und *ὠφελία*: (1) Gut ist einmal das, was brauchbar oder tauglich (*χρήσιμος*) ist, nämlich zum Vollzug des Aktes, in dem sich sein Wesen vollendet; so ist z.B. ein Auge gut, wenn es scharf und deutlich sieht; die Sehtüchtigkeit ist die Arete des Auges. (2) Gut ist ferner auch das, was für anderes nützlich oder heilsam (*ὠφέλιμος*) ist, nämlich indem

---

[44] Um Sein und Nichtsein überhaupt unterscheiden und entgegensetzen zu können, muß ich *beide* als einheitliche Bestimmungen denken, das Eine also schon voraussetzen. Vgl. K. Flasch, *Hist. Wörterbuch d. Philos.* Bd. II (1972), Sp. 369 s.v. *das Eine, Einheit.*

[45] "Idee" ist das Eine oder Gute allerdings nur per analogiam, insofern es in analoger Weise Seinsgrund für die Ideen ist wie diese für die Dinge, vgl. Arist. Metaph. 988 a 10 - 11. b 4 - 6.

es dies andere zum Vollzug seines Wesensaktes tauglich macht, wie z.B. das Licht das Auge erst instandsetzt, zu sehen und darum gut für das Auge ist. Beide Aspekte des Gutseins gehören ontologisch zusammen: Die *Tauglichkeit* eines Seienden zu seinem Wesensakt - seine *χρῆσις*- liegt in seiner *Einigkeit und Übereinstimmung mit sich selbst*; denn was in sich selbst uneins ist, das ist zu seiner eigentümlichen Leistung nicht imstande. *Das Wesen der Arete ist also Geordnetheit*, d.h. die Verwirklichung von Einheit in der Vielheit,[46] und zwar der höchsten einem Seienden spezifisch erreichbaren Einheit. Von daher versteht sich Platons ethische Forderung, "aus Vielen Einer zu werden" (443 E 1: *παντάπασιν ἕνα γενόμενον ἐκ πολλῶν*, cf. Epinomis 992 B 6);[47] die innere Einheitlichkeit der Seele und ihres Abbildes, der Polis, ist das Werk der höchsten ethischen Arete, der Gerechtigkeit.[48] - Die *Nützlichkeit* von etwas für anderes - seine *ὠφελία* - setzt einen strukturellen Zusammenhang zwischen ihnen voraus (z.B. Licht - Auge), der sie als Momente eines übergreifenden Strukturganzen erscheinen läßt (z.B. des Sehvorganges), dessen *Einheit* die Zuordnung der einzelnen Strukturmomente zueinander verbürgt und dadurch die Förderlichkeit des einen für das andere begründet. Das Nützliche ist nützlich nur aufgrund seiner Eingefügtheit in eine Strukturganzheit, die es mitkonstituiert: Nützlichkeit erweist sich damit als Funktion von Ordnung, d.h. wiederum von Einheit in der Vielheit. *Χρῆσις* und *ὠφελία* sind einheitlich bedingt durch Ordnung; *Gutsein bedeutet Geordnetsein als Bestimmtsein durch Einheit*.[49]

---

[46] Vgl. dazu Krämer, *Arete bei Platon u. Aristoteles*, 118 - 145, bes. 135 ff., auch 472 f., 538, 554.

[47] Vgl. auch Politeia 370 A ff., 374 A ff., 392 C ff., 422 E f., 462 A f., 554 D f. und öfter.

[48] Politeia 443 C 9 - E 2: "In Wahrheit aber war die Gerechtigkeit, wie nun ersichtlich, zwar etwas von dieser Art (sc. das Seine tun), doch nicht in bezug auf das äußere Wirken dessen, was einer in sich hat, sondern in bezug auf das innere. Denn das ist ja doch sein wahres Selbst und wahrhaft das Seinige. Ein solcher Mensch duldet nämlich nicht, daß irgend ein Vermögen seines Inneren Fremdartiges verrichte, noch daß von den Vermögen der Seele sich eines in des anderen Aufgaben einmische. Vielmehr hat er sein Haus in Wahrheit wohlbestellt, hat die Herrschaft über sich selbst gewonnen, hat in sich *Ordnung* geschaffen, *sich mit sich selbst innig befreundet* und jene drei Seelenvermögen in *Einklang* gebracht, gerade so, als wären es die Haupttöne eines *Zusammenklangs* . . . Alle diese hat er fest *verbunden*, so daß er nicht mehr eine Vielheit darstellt, sondern *völlig Einer geworden ist*, besonnen und *wohlgeordnet*." (Übers. Apelt-Bormann).

[49] Vgl. z.B. Politeia 462 A 9 - B 2: *ἔχομεν οὖν τι μεῖζον κακὸν πόλει ἢ ἐκεῖνο ὃ ἂν αὐτὴν διασπᾷ καὶ ποιῇ πολλὰς ἀντὶ μιᾶς; ἢ μεῖζον ἀγαθὸν τοῦ ὃ ἂν συνδῇ τε καὶ ποιῇ μίαν*; Dazu z.B. Arist. Metaph. 988 a 14 - 15: *ἔτι δὲ τὴν*

Die Idee des Guten ist also das *Prinzip von Ordnung schlechthin* (517 C, dazu 516 B - C), d.h. aber: "sie ist für alles die Ursache alles Richtigen und Schönen" (*πᾶσι πάντων αὕτη ὀρθῶν τε καὶ καλῶν αἰτία* 517 C 2),[50] *weil* sie alle Gestalten von Einheit in der Vielheit erst begründet. Sie ist das universal einheitstiftende Prinzip. *Für Platon ist darum das Gute selbst seinem Wesen nach das Eine selbst*, wie uns Aristoteles berichtet: . . . *φασὶν αὐτὸ τὸ ἓν τὸ ἀγαθὸν αὐτὸ εἶναι, οὐσίαν μέντοι τὸ ἓν αὐτοῦ ᾤοντο εἶναι μάλιστα* (Met. N 4 1091 b 13 - 15).[51] Die von Aristoteles und anderen für Platon bezeugte Gleichsetzung des Guten selbst mit dem absoluten Einen, wobei diesem als dem "Wesen" des Guten die sachliche Priorität zukommt, muß darum der Interpretation des Sonnengleichnisses zugrunde gelegt werden, wenn wirklich verstehbar werden soll, inwiefern "das Gute" nicht nur das Prinzip der Arete, sondern auch das Prinzip des Seins und des Erkennens sein soll. "Das Gute" bezeichnet die *Überfülle* und *Übermächtigkeit* des absoluten Einen (vgl. 509 B 9 - 10: *πρεσβείᾳ καὶ δυνάμει ὑπερέχον*. Ebd. C 2: *ὑπερβολή*), durch die es alles Seiende ins Sein eint.[52] "Das Gute" ist mithin der Name für den Seinsbezug des in seiner reinen Transzendenz an sich selbst vollkommen unbezüglichen Absoluten (vgl. 509 B 9 - 10 zu Parm. 137 C - 142 A), es benennt den Urgrund von den Prinzipiaten her: das Eine ist das Gute, weil es das Seiende im Sein erhält;[53] indem es überall Einheit, Identität, Bestimmtheit und Proportion stiftet, ermächtigt es das Seiende allererst dazu, zu sein und das

---

*τοῦ εὖ καὶ τοῦ κακῶς αἰτίαν τοῖς στοιχείοις ἀπέδωκεν ἑκατέροις ἑκατέραν*. Dazu auch Politeia 380 D ff.

[50] Vgl. Ep. II 312 E 2 - 3: *ἐκεῖνο αἴτιον ἁπάντων τῶν καλῶν*.

[51] Auch Arist. Eud. Eth. 1218 a 19 - 21: *τοῖς ἀριθμοῖς καὶ ταῖς μονάσιν τἀγαθοῦ ὑπάρχοντος διὰ τὸ εἶναι τὸ ἓν αὐτὸ τὸ ἀγαθόν*. 1218 a 25 - 26: *καὶ ἡ ἀπόδειξις ὅτι τὸ ἓν αὐτὸ τὸ ἀγαθόν, ὅτι οἱ ἀριθμοὶ ἐφίενται*. Vgl. auch Hermodor bei Simplikios, In Phys. 248, 2 ff. Diels; Sextus Emp., Adv. Math. X 268 zu 275; Arist. Metaph. 988 a 14 f., 1075 a 35 f., 1084 a 34 f., 1091 a 29 - b 3, Phys. 192 a 15 u.ö.; Aristoxenos, Harmonika II 30 - 31 Meibom (nach Aristoteles).

[52] Vgl. auch Phaid. 99 C 5 - 6: *τὸ ἀγαθὸν καὶ δέον συνδεῖν καὶ συνέχειν*. Daß hieraus bereits die Identität des Guten mit dem Einen folgt, hält Proklos, In Parm. 1097, 14 - 16 mit Recht fest.

[53] Vgl. Def. 414 E 9: *ἀγαθὸν τὸ αἴτιον σωτηρίας τοῖς οὖσιν*. - Die pseudo-platonischen "Definitiones" enthalten altakademisches Material, das auf die für Speusipp (Diog. Laert. IV 1, 5) und für Platon (Arist. Top. 140 a 3 ff. und 148 a 1, 5 f.) bezeugten Definitionensammlungen zurückgehen dürfte, vgl. H.J. Krämer, *Die Ältere Akademie*, 123.

zu sein, was es ist (vgl. Politeia 509 B 6 - 10 mit Parm. 157 C 1 - 158 D 8).[54]

Die Art und Weise, wie das Eine alles Seiende ins Sein eint und im Sein erhält, geht aus dem "Parmenides", welcher der "Politeia" sachlich und wahrscheinlich auch chronologisch nahe steht, mit größter Klarheit hervor.[55]

Das Seiende *ist* als auf Einheit bezogene Vielheit; insofern ist es geordnet und vernünftig einsehbar, also gut. Die Ordnung der Teile in einem Ganzen ist seine Daseins- und Steigerungsbedingung; sie ist für es gut.[56] Durch sie hat sowohl das Ganze als auch jeder der Teile Anteil an dem Einen (Parm. 158 A 6 - 7: *μετέχειν δέ γε τοῦ ἑνὸς ἀνάγκη τῷ τε ὅλῳ καὶ τῷ μορίῳ*),[57] so daß die einzelnen Teile aufgrund ihres Einheitscharakters untereinander und im Verhältnis zum Ganzen wechselseitige Begrenzung und Bestimmtheit haben (Parm. 158 C 7 - D 2: *καὶ μὴν ἐπειδάν γε ἓν ἕκαστον μόριον μόριον γένηται, πέρας ἤδη ἔχει πρὸς ἄλληλα καὶ πρὸς τὸ ὅλον, καὶ τὸ ὅλον πρὸς τὰ μόρια*). Darin konstituiert sich Ganzheit als struktural gegliederte Einheit einer Gestalt (*μία τις ἰδέα, ἕν τι ὅλον*, Parm. 157 D 8, E 1); das Ganze wird bestimmt als eine "aus allen Teilen zur Vollständigkeit gelangte Einheit, auf die sich die Teile beziehen" (*ἐξ ἁπάντων ἓν τέλειον γεγονός, τούτου μόριον ἂν τὸ μόριον εἴη*, Parm. 157 E 1 - 2). Dabei haben die unterschiedenen Teile erst *in* diesem Ganzen wechselseitige Bestimmtheit (Parm. 157 C 7 - E 3 und 158 C 7 - D 2). Umgekehrt bestimmt sich das Ganze gerade *in* der Unterschiedenheit seiner Momente zum *ἓν διαφερόμενον ἑαυτῷ*, zur in sich strukturierten Einheit (vgl. Parm. 158 D 3 - 5: *τοῖς ἄλλοις δὴ τοῦ ἑνὸς συμβαίνει ἐκ μὲν τοῦ ἑνὸς καὶ ἐξ ἑαυτῶν κοινωνησάντων, ὡς ἔοικεν, ἕτερόν τι γίγνεσθαι ἐν*

---

[54] Der eigentliche Grundakt des Einen, durch den es Sein und Einheit zugleich setzt, ist dabei die "Begrenzung" der unbegrenzten Vielheit, wie aus dem "Parmenides" (spez. 158 C 7 - D 2) und den Berichten über die innerakademische Lehre (z.B. Aristoteles, Metaph. 989 b 18, 1081 a 25, 1083 b 23 f., 1091 a 25; Simplikios, In Phys. 454, 14; 455, 6 f. D.; Sextus Emp., Adv. Math. X 277. Vgl. Speusipp bei Jamblich, De comm. math. sc. IV 16, 17 f.) übereinstimmend hervorgeht. Dazu Krämer, *Arete bei Platon und Aristoteles*, 137 ff., 333 Anm. 170, 430, 472 f., 517 f. und passim; ders., *ΕΠΕΚΕΙΝΑ*, 6.

[55] Vgl. H.J. Krämer, *Arete bei Plat. u. Arist.*, 474 Anm. 188: "Die Zuhilfenahme des 'Parmenides' für die Erklärung rechtfertigt sich schon durch die dort wiederkehrende Lichtsymbolik: vgl. 'Politeia' 518 C mit 'Parmenides' 131 B."

[56] Vgl. dazu Krämer, ebd. 135 - 145, bes. 139 ff. und das Resumée 324 f. ("Ordnung ist darum die Seinsstruktur schlechthin").

[57] Vgl. auch Soph. 245 A - B.

ἑαυτοῖς, ὃ δὴ πέρας πρὸς ἄλληλα. Soph. 242 E 1 - 3 in Anknüpfung an Heraklit, Fr. 8, 10: ὡς τὸ ὂν πολλά τε καὶ ἕν ἐστιν, ἔχθρᾳ δὲ καὶ φιλίᾳ συνέχεται. διαφερόμενον γὰρ ἀεὶ συμφέρεται . . .); es verhält sich in seinen Teilen zu sich selbst und ist sich in der Vollständigkeit der Teile "lebend" und "denkend" selbst gegenwärtig; denn indem sich das Ganze in seinen Momenten zu sich selbst verhält, *lebt* es, und indem es sich in ihrer Vollständigkeit als Einheit selbst gegenwärtig ist, *denkt* es ihnen sich selbst.[58] Zugleich hat jedes der Momente des Ganzen für sich genommen wieder den Charakter einer Ganzheit: die Struktur des Ganzen wiederholt sich in den Teilen (vgl. Parm. 157 E 5 ff. mit 142 D 6 ff.), so daß das Ganze und die Teile wechselseitig ineinander sind.[59]

Damit ist die dialektische Seinsstruktur der Ideen (vgl. Parm. 157 D 8 f.: μία τις ἰδέα καὶ ἕν τι ὃ καλοῦμεν ὅλον) beschrieben: Das Eidos ist dialektisch bestimmbar, weil es eine Vielheit von eidetischen Bestimmtheiten in der Einheit eines Ganzen zusammenfaßt: es hat den Charakter einer "Einheit aus Vielem" (ἓν ἐκ πολλῶν, Parm. 157 C 6).[60] Jedes einzelne Bestimmungsmoment des Eidos ist aber selbst ein Eidos, also ein einheitliches Ganzes eidetischer Bestimmtheiten. So durchdringen die Ideen einander in einer κοινωνία, welche die Eigenbestimmtheit jeder Idee nicht aufhebt, sondern gerade konstituiert: Die Ideen sind das, was sie sind, wesentlich durch ihre Beziehung zu den anderen Ideen. Der Ideenkosmos ist also Einheit aus Einheiten und d.h. Zahl, und zwar als wesenhafte Zahl eine Ganzheit aus Ganzheiten, in der das Ganze sich in den Teilen widerspiegelt und die Teile nicht weniger an Wesensfülle

---

[58] Vgl. Soph. 248 E - 249 A, Tim. 30 C ff., 39 E. Dazu H.J. Krämer, *Ursprung der Geistmetaphysik*, 193 - 207 mit weiteren Belegen für den Nous-Charakter des Ideenkosmos (vor allem Politeia 500 BC und Arist. De an. 404 b 18 ff.).

[59] Die einzelne Idee ist selber ὅλον: Soph. 253 D 8, vgl. 245 D mit Parm. 157 D 8 f. Vgl. A. Preiswerk, *Das Einzelne bei Platon und Aristoteles*, 188: "Das Eidos (ist) nicht nur 'Stelle' der Ordnung, sondern als solches (da es *durch* seine Stelle im Ganzen der Ordnung bestimmt ist) in gewissem Sinne das Ganze der Ordnung selbst." H.J. Krämer, *Arete bei Platon und Aristoteles*, 139 f.: "(Das einzelne Eidos) hat durch sein Eins-sein direkt, durch seine genau bestimmbare Funktion in der prästabilierten Harmonie des Ideenkosmos mittelbar an der ordnenden Kraft des ἕν teil. In ihm ist gleichsam der ganze κόσμος εἰδῶν wirksam gegenwärtig, weil sich in ihm alle Bezüge und Verhältnisse des Systems widerspiegeln." Proklos brachte dies auf die Formel: πάντα ἐν πᾶσιν, οἰκείως δὲ ἐν ἑκάστῳ (Elem. theol. prop. 103). Vgl. auch Speusipp Fr. 31 a - e Lang und oben Anm. 32 - 33.

[60] Darin liegt der zahlenhafte Charakter des Eidos: denn Zahl ist Einheit aus vielen Einheiten: Arist. Metaph. 1084 a 22 f.; Alexander bei Simplikios, In Phys. 454, 33 f. D.

haben als das Ganze (dadurch unterscheidet er sich von der monadischen Zahl); er verwirklicht so das Höchstmaß von Einheit in der Entfaltetheit.

In der intelligiblen Ordnung des Seins, die eint und zugleich entfaltet, manifestiert sich die einheitstiftende Macht des Guten, des überseienden Einen selbst; wie der Spätdialog "Philebos" andeutet, der damit nur die Konzeption der "Politeia" und des "Parmenides" weiter ausfaltet und darum in diesem Zusammenhang wohl herangezogen werden darf, zeigt sich die *Macht des Guten* (*ἡ τοῦ ἀγαθοῦ δύναμις*) als das Schöne in der Dreiheit seiner Wesenscharaktere *Maßbestimmtheit* (*συμμετρία*), *Vollkommenheit* (*κάλλος*) und *Intelligibilität* (*ἀλήθεια*), die den Ideenkosmos durchgängig bestimmen und in allen seinen Bezügen durchwalten (vgl. Phileb. 64 C - 65 A).[61] Die einheitstiftende Mächtigkeit des Einen zeigt sich im Seienden durch Maßhaftigkeit (*μετριότης*) und Maßbestimmtheit (*συμμετρία*), durch die das Viele, das an sich selbst unbegrenzt (*ἄπειρον*) und unbestimmt (*ἀόριστον*) ist und so ins Nichts zergehen müßte,[62] ins Sein geeint wird und Grenze (*πέρας*) und Bestimmtheit (*ὅρος*) erhält. Die Maßbestimmtheit seiner Teile, dergemäß jeder Teil jeden anderen zum Vorschein kommen läßt, erhält das Viele im Sein, indem sie *Einheit* in der Vielheit verbürgt, in welcher Einheit die Teile sich auf das Ganze und das Ganze sich in seinen Teilen auf sich selbst bezieht (vgl. Parm. 157 C - 158 D, spez. 157 C 7 - E 3 und 158 C 7 - D 2). Das aber ist das Wesen der Schönheit (*κάλλος*), der Vollkommenheit des *κόσμος νοητός*, der sein Wesen in vollständiger Ausgeprägtheit und Artikuliertheit besitzt, indem das Ganze und die Teile sich welchselseitig durchdringen und ineinander sind;[63] und dies ist als die Durchlichtetheit, durch die alles Seiende intelligibel ist, zugleich die Wahrheit (*ἀλήθεια*). Die reinen, harmonischen Verhältnisse zwischen den Ideen selbst aber begründen die Ordnung unserer Welt und die je besondere Arete der einzelnen Seienden in ihr, wie schon aus dem "Gorgias" erhellt: *κόσμος τις ἄρα ἐγγενόμενος ἐν ἑκάστῳ ὁ ἑκάστου οἰκεῖος ἀγαθὸν παρέχει ἑκάστον τῶν ὄντων* (Gorg. 506 E 2 - 4). Die Ideen begründen das Gutsein aller Dinge, indem sie mit der spezifischen Ordnung jedes Einzelnen zugleich seine richtige Einfügung in

61 Vgl. zur Interpretation H.G. Gadamer, *Platos dialektische Ethik*, 168 - 172; K.H. Volkmann-Schluck, *Nicolaus Cusanus*, 127.

62 Vgl. Parm. 158 C 2 - 7. - Die Dialektik von Peras und Apeiron Phileb. 23 C ff., an die 64 C ff. angeknüpft wird, weist unübersehbar auf Parm. 158 A - D zurück.

63 Vgl. dazu Plotin V 8 *Περὶ τοῦ νοητοῦ καλλοῦς*, bes. cap. 4 und dazu W. Beierwaltes, *Denken des Einen*, 56 - 64.

die umfassendere Ordnung des Weltganzen bestimmen; in ihr hat jedes Einzelne seinen sinnvollen, festbestimmten Platz.[64]

Das ewige Urbild aller Ordnung, die harmonisch gegliederte Einheit des Ideenkosmos, der in sich alle Wesensgründe der Dinge vereint, ist darum selbst der Inbegriff aller Arete und das *θεῖον παράδειγμα* der rechten Ordnung der menschlichen Seele und der Polis (vgl. Politeia 500 B - E), welche die Weltordnung im Kleinen darstellen. Darum kann die Gerechtigkeit, das Ordnungsprinzip von Polis und Seele, in analoger Weise auch die intelligible Ordnung der Ideen selbst charakterisieren (vgl. 500 C 3 - 4: *οὔτ' ἀδικοῦντα οὔτ' ἀδικούμενα ὑπ' ἀλλήλων*. Hier von den Ideen gesagt). Ebenso wie umgekehrt die Schönheit des Ideenkosmos sich in der Arete der Seele und des Staates abbildet (vgl. 501 A - B, dazu 444 D - E; Symp. 210 B - C). Die Entfaltung der Einheit in die Fülle des Seins ist *Schönheit*, die einende Ordnung der Vielen in einem einigen Ganzen ist *Gerechtigkeit*; beide erscheinen im *richtigen Verhältnis des Ganzen und der Teile*, also im Gesetz der geometrischen Gleichheit (*ἰσότης γεωμετρική*), "die unter Göttern und Menschen Großes vermag" (Gorgias 508 A),[65] weil sie das Regellose ausgleicht und ordnet. Dies sichert der Wirklichkeit die letzte Einheitlichkeit und ermöglicht ihre denkende Beurteilung.

Schönheit und Gerechtigkeit haben ihre normative Kraft, weil sie Gestalten der Einheit in der Vielheit sind.[66] Sie sind darum nur bezogen auf das Gute als ihren Einheitsgrund zureichend erkennbar; wir erkennen, was gerecht oder schön ist, zureichend erst, wenn wir nicht erkennen, inwiefern es gut, d.h. aber Eines ist (vgl. 506 A 4 - 7: *δίκαιά τε καὶ καλὰ ἀγνοούμενα ὅπῃ ποτὲ ἀγαθά ἐστιν . . . μηδένα αὐτὰ πρότερον γνώσεσθαι ἱκανῶς*). *Gutheit bedeutet für Platon Einheit*: Denn "gut" ist etwas, wenn es ganz und vollständig es selbst ist, wenn es ein vollendetes Ganzes und Eines ist (*ἓν ὅλον τέλειον*, Parm. 157 E 4). Gutsein ist der Zustand, in dem ein Seiendes am meisten es selbst, d.h. aber mit sich selbst Eines ist; es ist die vollendete Einheit eines Wesens mit sich selbst als die Erfüllung seiner höchsten Seinsmöglichkeit, in der es sich selbst genug ist und keines

---

[64] Vgl. Krämer, *Arete bei Platon u. Aristoteles*, 140 f.

[65] Vgl. zum prinzipientheoretischen Hintergrund z.B. Sextus Emp., Adv. Math. X 270 ff.

[66] Vgl. Krämer, *Arete bei Platon u. Aristoteles*, 139 mit Anm. 225 und öfter.

anderen mehr bedarf, um zu sein, was es ist.[67] Die Einheit bringt es aus der Zerstreuung ins grenzenlos Viele zu sich selbst, so daß es mit sich selbst identisch ist (vgl. Parm. 158 C 7 - D 2 mit B 5 ff.). Es geht dabei nicht bloß darum, daß jedes Etwas auch ein Eines ist, was nur einen formalen Begriff von Einheit gibt, sondern um *die* Einheit, in der ein Seiendes sich erfüllt, die es zu einem in sich Vollendeten, Ganzen, sich selbst Genügenden macht. *Diese* Einheit ist zugleich das Gute:[68] in ihr erfüllt sich der Seinssinn eines Seienden, indem es ganz und gar das ist, was es ist; sie erscheint in der Schönheit, die uns beseligt, und in der Gerechtigkeit, die jedem das Seine gibt, so daß es das sein kann, was es ist, ist sie als Ordnung wirksam.

Darum sucht jedes Wirkliche, vorzüglich jedes erkennende Wesen, die Einheit, in der es sich vollendet, als das Gute;[69] es verwirklicht sie niemals abschließend, da es immer zugleich durch Vielheit bestimmt, also von der Zerstreuung bedroht ist. D.h. aber: es hat nur teil an dem Guten, es *ist* nie das Gute selbst; seine Gutheit ist immer abkünftig und bemißt sich danach, in welchem Maß es mit sich selbst zur Einheit geworden ist. Die reinen Ideen, die ganz und gar das sind, was sie sind, haben darum den Charakter zugleich *ontologischer* und *axiologischer Normen*: als vollendete Gestalten von Einheit stehen sie der Vielheit der an ihnen teilhabenden Dinge gegenüber (507 B), die so sein wollen wie die Idee (vgl. Phaid. 75 A - B); die Dinge sind gut, wenn sie ihrer Idee entsprechen. So ist die Einheit der letzte Bezugspunkt aller Werturteile, allen Unterscheidens von gut und nicht gut: sie ist das Gute in allem Guten, das Normative in allen Normen.[70] Die Idee des Guten ist also das letzte Einheitsprinzip,

---

[67] Vgl. Phileb. 20 DE und 67 A; dazu Arist. Metaph. 1091 b 16 ff. Siehe dazu Gadamers ontologische Analyse des Begriffs des Guten, *Platos dialektische Ethik*, 101 und 168 ff.

[68] Vgl. Proklos, Elem. theol. prop. 13: *πᾶν ἀγαθὸν ἑνωτικόν ἐστι τῶν μετεχόντων αὐτοῦ, καὶ πᾶσα ἕνωσις ἀγαθόν, καὶ τἀγαθὸν τῷ ἑνὶ ταὐτόν* (14, 24 - 25). *καὶ εἰ τὸ ἓν συναγωγόν ἐστι καὶ συνεκτικὸν τῶν ὄντων, ἕκαστον τελειοῖ κατὰ τὴν ἑαυτοῦ παρουσίαν* (14, 32 - 33). *εἰ δὲ καὶ ἡ ἕνωσις ἀγαθὸν καθ' αὑτὸ καὶ τὸ ἀγαθὸν ἑνοποιόν, τὸ ἁπλῶς ἀγαθὸν καὶ τὸ ἁπλῶς ἓν ταὐτόν, ἑνίζον τε ἅμα καὶ ἀγαθῦνον τὰ ὄντα* (16, 1 - 3).

[69] Vgl. Phileb. 20 D; Politeia 505 DE; dazu Arist. Nik. Eth. 1094 a 3: *ἀγαθόν = οὗ πάντα ἐφίεται*. Vgl. das Streben der Ideenzahlen nach dem absolut Einen (Arist. Eud. Eth. 1218 a 25 ff.), dem das Streben der emirischen Dinge nach ihrer Idee (Phaid. 75 AB) auf abgeleiteter Stufe entspricht.

[70] Vgl. die Referate bei Aristoteles, Metaph. 988 a 14 f. und Sextus Emp., Adv. Math. X 268 zu 275.

das alle Normen des Denkens und Handelns begründet; sie ist die letzte Voraussetzung denkenden Weltumgangs, an der die Verwirklichung des richtigen Lebens für den Einzelnen wie für die Gemeinschaft hängt (vgl. 517 C 4 - 5 mit 505 A 2 - B 3, D 5 - 9, 506 A 4 - B 1, 540 A 4 - B 7): sie ist der voraussetzungslose Urgrund, das überseiende Eine selbst, das alle Ordnung begründet (vgl. Politeia 516 B 9 - C 2, 517 B 8 - C 5, 540 A 6 - B 1 mit Parm. 157 E 4 - 158 D 2).[71]

Platon hält freilich das Wesen des Agathon in der Politeia absichtlich zurück: "Was das Gute selbst eigentlich ist, wollen wir für jetzt beiseite lassen - denn es scheint mir zuviel, um mit meinem gegenwärtigen Anlauf auch nur das zu erreichen, was ich jetzt darüber meine" (*αὐτὸ μὲν τί ποτ᾽ ἐστὶ τἀγαθὸν ἐάσωμεν τὸ νῦν εἶναι - πλέον γάρ μοι φαίνεται ἢ κατὰ τὴν παροῦσαν ὁρμὴν ἐφικέσθαι τοῦ γε δοκοῦντος ἐμοὶ τὰ νῦν* 506 D 8 - E 1).[72] Statt dessen macht Platon seine Wirksamkeit als absolutes *Prinzip des Seins* und *des Erkennens* durch eine Analogie von einzigartiger Erschließungskraft einsichtig: die Sonne ist als Ursprung des Lichtes "der Sprößling des Guten selbst" (*ἔκγονος αὐτοῦ τοῦ ἀγαθοῦ*, 506 E 3, 507 A 3, 508 B 12 - 13), "den das Gute selbst als sein Analogon erzeugt hat" (*ὃν*

---

[71] Vgl. hierzu und zur folgenden Deutung des Sonnengleichnisses Krämer, *Arete bei Platon und Aristoteles*, 137 f., 473 - 476, 536 ff.; ferner ders., *ΕΠΕΚΕΙΝΑ ΤΗΣ ΟΥΣΙΑΣ*, AGPh 51, 1 - 30.

[72] Der Ausdruck der Zurückhaltung wird auf dem Höhepunkt des Sonnengleichnisses - nach der Eröffnung über die Seinstranszendenz des Agathon (509 B) - wiederholt: *Καὶ μηδαμῶς γ᾽, ἔφη, παύσῃ, εἰ μή τι, ἀλλὰ τὴν περὶ τὸν ἥλιον ὁμοιότητα αὖ διεξιών, εἰ πῃ ἀπολείπεις. - Ἀλλὰ μήν, εἶπον, συχνά γε ἀπολείπω* (509 C 5 - 7). - Platon läßt das Wesen des Agathon in dem für die Öffentlichkeit bestimmten Dialog verhüllt; da der negative Begriff des absolut Einen aufgrund seines paradoxen Charakters Mißverständnissen ausgesetzt ist (vgl. Glaukons ironische Reaktion 509 A 6 ff. und C 1 f.), bleibt er den dialektisch hinreichend Geschulten in der Akademie vorbehalten. Platon deutet zugleich an, daß die Glaukons Erstaunen provozierende Transzendenz des Guten mit seinem zurückgehaltenen Wesen zusammenhängt: *Σὺ γὰρ . . . αἴτιος, ἀναγκάζων τὰ ἐμοὶ δοκοῦντα περὶ αὐτοῦ λέγειν* (509 C 3 - 4). 506 E 2 ist *τὸ δοκοῦν ἐμοί* das *τί ἐστι* des *ἀγαθόν*. Daß die Seinstranszendenz des Absoluten in der ungeschriebenen Prinzipienlehre Platons thematisiert und dort aus der absoluten Einfachheit des Einen abgeleitet war, ergibt sich aus den innerakademischen Berichten (vor allem Test. Plat. 50 und 52, ferner Speusipp, Fr. 72 Isnardi P., Arist. Metaph. 1092 a 14 f.) ebenso wie aus dem "Parmenides" (141 E). Vgl. hierzu auch Krämer, *ΕΠΕΚΕΙΝΑ*, 4 - 5 mit Anm. 15. - Zu 506 DE und 509 C als Ausdruck bewußter Verschweigung des Eigentlichen auch Krämer, *Arete bei Plat. u. Arist.*, 324, 389, 392, vgl. 24; ferner Szlezák, *Platon und die Schriftlichkeit*, 304 - 317, 324 f. (mit Widerlegung konkurrierender Deutungen).

τἀγαθὸν ἐγέννησεν ἀνάλογον ἑαυτῷ, 508 B 13, vgl. 517 C 3) und "der ihm am ähnlichsten ist" (ὁμοιότατος ἐκείνῳ, 506 E 3 - 4). Die unerschöpfliche Lichtmacht der Sonne ist in der Tat das aus ihm selbst am meisten einleuchtende Bild (εἰκών, 509 A 9) für das Absolute, das seiner Übermacht und Überfülle am ehesten entspricht. Freilich setzt noch die größte Ähnlichkeit des Bildes als des Entsprungenen mit dem Ursprung aufgrund der absoluten Transzendenz des Ursprungs immer dessen je größere Unähnlichkeit voraus; so ist Analogie eine Weise des *wissenden Nichtwissens*.

## § 4 Die Sonne als Analogon des Agathon (Das Sonnengleichnis):

## Das Gute als Prinzip des Seins und der Erkenntnis

Analogie, Bild und Metapher bewegen sich immer schon innerhalb der Unterscheidung von Urbild und Abbild, Idee und Ideat, intelligibler und sinnenfälliger Welt.

Platon beginnt damit, daß er die transzendente Einheit der Idee der Vielheit ihrer Erscheinungen gegenüberstellt: es gibt viele schöne Dinge und viele gute Dinge. Darüber hinaus gibt es *Ein* Schönes an sich und *Ein* Gutes an sich und so bei aller Vielheit.[73] Jedes Viele, das wir im Logos auf ein gemeinsames Wassein hin ansprechen, steht unter einer einheitlichen Idee; denn das jeweilige Wassein (ὃ ἔστιν) selbst ist als solches nur

---

[73] Wenn Platon "das Gute an sich" 507 B 5 - ebenso Phaid. 65 D 7, 75 C 11 - D 1, 76 D 8, 100 B 6 u.ö. - zusammen mit dem "Schönen an sich" und weiteren Ideen als Beispiel für Ideen überhaupt und als eine Idee unter anderen anführt, so ist an diesen Stellen wohl nicht das höchste Prinzip, die "Idee des Guten" im Sinne des überseienden Guten und Einen selbst gemeint, sondern die spezifische Idee der Arete als eine - wenn auch ranghohe - Idee unter anderen, vgl. Proklos, Theol. Plat. II 7, 46, 13 - 47, 27 S.-W. Aus den Berichten über die Prinzipienlehre ergibt sich jedenfalls ebenso deutlich wie aus dem Sonnengleichnis (spez. 508 E - 509 C), daß Platon das mit dem absolut Einen gleichgesetzte Gute selbst nicht als ein Glied der Ideenwelt, sondern als das überseiende Prinzip aller Ideen angesehen hat (vgl. z.B. Arist. Metaph. 988 a 10 - 11. b 4 - 6). Ebenso hebt das Liniengleichnis die ἀρχὴ τοῦ παντός als das ἀνυπόθετον strikt von ihren Prinzipiaten ab (510 B, 511 B), und die künftigen Philosophenkönige bedürfen einer zwanzigjährigen Schulung in dialektischer Ideenwissenschaft und ideengeleiteter Politik, um zur Schau der "Idee des Guten" zu gelangen (537 D, 540 A), so gewaltig erscheint Platon die Differenz zwischen den Ideen und ihrem Prinzip.

Eines (507 B 2 - 7).[74] Die Idee ist das einheitliche Wassein für jeden Bereich der Vielheit, sie ist das Eine, auf das hinblickend das viele Einzelne als das angesprochen wird, was es einheitlich ist. Als die einende Einheit, die das Viele des Einzelnen auf das hin eint, was es einheitlich ist, ist die Idee der Vielheit nicht immanent - denn dann wäre sie zerteilt, also nicht mehr Eines - sondern besteht außerhalb der Vielheit für sich selbst: sie ist transzendent. Die Idee ist das ἓν ἐπὶ πολλῶν,[75] die transzendente Einheit als *Grund* einer Vielheit. Darin liegt der *χωρισμός*, die ontologische Differenz zwischen dem einheitlichen Wassein und den vielen Einzeldingen. Denn die Wesenheiten selbst sind ewig das, was sie sind, eingestaltig an sich selbst und unwandelbar sich selbst gleichbleibend: *ἀεὶ αὐτῶν ἕκαστον ὃ ἔστι, μονοειδὲς ὂν αὐτὸ καθ' αὑτό, ὡσαύτως κατὰ ταὐτὰ ἔχει* (Phaid. 78 D 5 - 6); das wesenhaft Seiende selbst (*αὐτὸ ἕκαστον ὃ ἔστιν, τὸ ὄν*, ebd. D 3 - 4), das Immerseiende (*τὸ ὂν ἀεί*, Tim. 27 D 6) ist damit von prinzipiell anderer Seinsart als das vielerlei Einzelne, das immer Werdende (*τὸ γιγνόμενον ἀεί*, ebd.), das entsteht und vergeht und sich ständig verändert (vgl. bes. Phaid. 78 C - 79 D; Tim. 27 D - 29 A).

Das Vielgestaltige und Veränderliche, das sich bald so und bald anders zeigt, erfassen wir im sinnlichen Sehen; das Einheitliche und Unveränderliche, das immer dasselbe Wassein sehen läßt, zeigt sich nur im die Sinneswahrnehmung transzendierenden reinen Denken (507 B 9 - 10).[76] Entsprechend unterscheidet Platon eine Welt des Intelligiblen (*νοητὸς τόπος*, 508 C 1, 517 B 5, vgl. C 3) und eine Welt des Sinnenfälligen oder Sichtbaren (*ὁρατὸς τόπος*, vgl. 508 C 2, 517 C 3) als zwei Arten des Seienden (*δύο εἴδη τῶν ὄντων*, Phaid. 79 A 5; Politeia 509 D 1 - 3: *δύο αὐτὼ εἶναι . . . τὸ μὲν νοητοῦ γένος τε καὶ τόπος, τὸ δ' αὖ ὁρατοῦ*). Die sichtbare Welt aber ist das Abbild der intelligiblen Welt (vgl. Tim. 29 A - B), sie hat nur in der Teilhabe an dieser Sein, darum entsprechen sich die Strukturen beider Welten in strenger Analogie.

---

[74] Vgl. ebenso Politeia 476 A, 479 A, 596 A, vgl. 478 B 10 ff.; Parm. 131 B 5, C 9 f., 132 A 1 ff., B 2. 5, C 4, 133 B 1, 135 B 3 ff., C 9 f.; Phileb. 15 A 6, B 1; vgl. auch Krat. 439 C, 440 C; Men. 72 C 7, D 8, 75 A 5; Euthyphr. 5 D 3 f., 6 D 11. Vgl. zum folgenden auch K. Bormann, *Platon*, 49 ff.; auch K.H. Volkmann-Schluck, *Das Wesen der Idee in Platos Parmenides*, Philos. Jahrb. 69 (1961), 34 ff.

[75] Aristoteles, Metaph. 990 b 7, 13 und 1079 a 3, 9 nach "Περὶ ἰδεῶν". Vgl. An. post. 77 a 5: die Idee ist ἓν παρὰ τὰ πολλά.

[76] Vgl. ebenso Phaid. 65 B - D, 79 A u.ö.; Tim. 28 A; Soph. 248 A; Politeia 476 B usw.

Eine Strukturverwandtschaft besteht für Platon auch zwischen dem sinnlichen Sehen des je Einzelnen und dem geistigen Erkennen der einheitlichen Wesenheiten: Beide haben nämlich den Charakter der - sinnlichen oder intellektuellen - *Anschauung*; Anschauung aber besagt die *unmittelbare Präsenz des Angeschauten* als es selbst und als ganzes in der Simultaneität eines einzigen Aktes.

Im Anschauungscharakter liegt der einzigartige Vorzug des Sehens vor allen anderen Sinneswahrnehmungen:[77] 1) Einmal nämlich darin, daß im Sehen eine Sache *als sie selbst* und als ganze unmittelbar präsent ist, während die anderen Sinne immer nur eine Beschaffenheit *an* einer Sache, die diese repräsentiert, aber nie sie selbst erfassen. 2) Zum anderen darin, daß das Sehen vieles nebeneinander Liegende zugleich, als Ein Bild und in Einem Augenblick sieht, während etwa das Gehör nur sukzessiv wahrnehmen kann.[78] Das Sehen aktuiert somit eine doppelte Einheit: 1) Die Einheit des Sehenden mit dem Gesehenen im Sehakt. 2) Die Einheit des Gesehenen selbst, dessen Mannigfaltigkeit das Sehen in Eine Sicht zusammensieht. Der Vorzug des Sehens und der Sichtbarkeit vor aller sonstigen Wahrnehmung beruht gerade auf diesem Einheitscharakter. Als Einheit von an sich Unterschiedenem aber setzen sie ein Drittes[79] als vermittelndes Element voraus (507 C 10 ff.), das die Zweiheit von Sehendem und Gesehenem und die Vielheit des Gesehenen selbst erst zur Einheit zusammenbindet. Denn das Sehende, das Auge, ist an ihm selbst nur die Möglichkeit des Sehens und auch das Sichtbare ist nicht schon von ihm selbst her in der Sicht präsent (507 D 10 - E 2). Das Sehen ist ferner keine unmittelbare Einung des Vernehmenden mit dem Vernommenen wie das Fühlen, es setzt vielmehr sowohl Unterschiedenheit und Distanz zwischen Sehendem und Gesehenem wie auch die Differenziertheit des Gesehenen in sich selbst voraus, soll es möglich sein.

Das einende Dritte, das vereint und unterscheidet zumal, ist nun das Licht (φῶς). "Licht ist das Manifestierende schlechthin: Es erhellt, klärt, grenzt ab, bestimmt und macht dadurch die jedem Seienden eigene Gestalt offensichtig."[80] Durch seine artikulierende Helligkeit gliedert es das

[77] Vgl. Politeia 507 C 6 - 8.

[78] Vgl. H. Jonas, *The Nobility of Sight*, Philosophy and Phenomenological Research 14 (1953), 507 - 519 (the simultaneity of presentation).

[79] 507 E 1: *γένος τρίτον*. Vgl. 507 D 1.

[80] W. Beierwaltes, *Plotins Metaphysik des Lichtes*, in: *Die Philosophie des Neuplatonismus* (WdF Bd. 436), 86. - Zur Geschichte der Lichtsymbolik ist instruktiv R. Bultmann, *Zur Geschichte der Lichtsymbolik im Altertum*, Philologus 97 (1948), 1 - 36; zur

Sichtbare und schließt es zugleich zu einem in sich geeinten Ganzen zusammen und macht es dadurch erst sichtbar. Zugleich aktualisiert das Licht das Sehvermögen und ist damit das "kostbare Joch" (508 A 1), durch das der Sinn des Sehens und die Macht des Gesehenwerdens im aktualen Sehen zur in sich selbst unterschiedenen Einheit zusammengespannt sind (*ἐζύγησαν*) (507 E 6 - 508 A 2).

Ursprung und Quelle des Lichtes aber ist die Sonne, der höchste himmlische Gott. Als Herr (*κύριος*) des Lichtes verursacht (*ποιεῖ*, 508 A 5; vgl. *αἰτιάσασθαι* A 4) Helios
1) das Sehen des Auges,
2) das Gesehenwerden des Sichtbaren,
3) die Einheit von Sehendem und Gesehenem im Sehakt (508 A 4 - 8).

Die Sonne ist somit dreifach Ursache, weil sie durch die *einende* Kraft ihres Lichtes den Einheitscharakter des Sehens stiftet: sie ist das begründende Eine der Sehwelt. Platon entfaltet nun die Beziehung des Sehens zu seinem Einheitsgrund (508 A 9 ff.): Das Sehen (*ὄψις*) ist nicht selbst die Sonne, weder das Sehvermögen als solches, noch sein Organ, das Auge (*ὄμμα*). Als das Organ des Lichtes aber ist das Auge das "sonnenhafteste" (*ἡλιοειδέστατον*, 508 B 3) aller Sinnesorgane: es ist selbst "sonnenhaft", weil es durch sein eigenes inneres Licht das Licht der Sonne zu sehen vermag und so wie die Sonne Licht ausstrahlt.[81] Darum ist auch das Sehen für Platon *kein* bloß rezeptiver Vorgang, sondern ein Sich-Verhalten des Sehenden zu dem Gesehenen, in dem sich das eigene Licht des Sehenden mit dem Licht des Gesehenen verbindet.[82] Das Auge ist im

---

Wirkungsgeschichte auch J. Koch, *Über die Lichtsymbolik im Bereich der Philosophie und der Mystik des Mittelalters*, Stud. Generale 13 (1960), 653 - 670.

[81] Daß das Auge ein eigenes inneres Licht besitzt, das es beim Sehen ausstrahlt, ergibt sich aus Tim. 45 BC. Der Gedanke geht (ebenso wie das mit ihm verbundene Prinzip der Konnaturalität von Erkennendem und Erkanntem) zurück auf Empedokles, Fr. 84, 86 (zum Prinzip der Konnaturalität auch Fr. 109). Vgl. zu diesem Motivkomplex W. Beierwaltes, *Lux Intelligibilis. Untersuchungen zur Lichtmetaphysik der Griechen*, München 1957, 39 ff., 65 ff.

[82] Das beweist Platons Analyse des Sehvorgangs Tim. 45 B 4 - D 6: "Alles das vom Feuer, was nicht die Eigenschaft hat zu brennen, sondern nur ein sanftes Licht zu verbreiten, ließen sie (sc. die Götter) zu der leibhaften Substanz werden, die einem jeden Tage eigentümlich ist. In unserem Innern befindet sich nämlich ebenfalls ein reines Feuer, das der Bruder des anderen ist; dieses ließen die Götter in einem glatten und kompakten Flusse durch die Augen ausströmen, indem sie das ganze Auge, vor allem aber seine Mitte, so zusammenzogen, daß es jenes andere Feuer, das dichter ist, gänzlich abhält und nur eben

Sehen somit selber lichtend und das Sehen selbst ist ein Lichten, indem es das Gesehene gliedert und in das Ganze Einer Sicht zusammensieht und so eint und unterscheidet zumal. Die lichtende Kraft (Sehkraft) aber, das innere Licht des Auges, besitzt dieses "wie eine ihm zugemessene Emanation" der unerschöpflichen Lichtmacht der Sonne (508 B 6 - 7: *οὐκοῦν καὶ τὴν δύναμιν ἣν ἔχει* sc. *τὸ ὄμμα ἐκ τούτου* sc. *τοῦ ἡλιοῦ ταμιευομένην ὥσπερ ἐπίρρυτον κέκτηται;*).[83]

Die Sonne selbst aber, deren unermeßliche Lichtfülle gleichsam überfließt und sich verströmt und dadurch alles erhellt und das Sehen ermöglicht, verharrt zugleich als Quelle des sich verströmenden Lichtes immer bei sich selbst, und ihr Überfluß an Licht vermindert sich nicht durch die von ihr ausstrahlende Helligkeit.[84] Die Sonne ist nicht selbst Sehen, sondern durch ihr Licht Ursache des Sehens und *als solche* wird sie von diesem gesehen (508 B 9 - 10: *ὁ ἥλιος ὄψις μὲν οὐκ ἔστιν, αἴτιος δ' ὢν αὐτῆς ὁρᾶται ὑπ' αὐτῆς ταύτης*). Das Sehen sieht also nicht Helios, wie er als reine Lichtmacht einfachhin an sich selbst ist; reines, einfaches Licht, wie es in sich selbst ist, ist nämlich unsichtbar. Sichtbar ist erst die sich ausbreitende Helle, in der sich die Lichtmacht der Sonne selbst manifestiert; die Helligkeit des Sonnenballs selbst aber verzehrt durch ihr

---

dieses reine wie durch ein Sieb durchläßt. Wenn nun das Tageslicht diesen Sehstrahl rings umfängt, dann trifft das ausfallende Gleichartige wieder auf ein Gleichartiges und verschmilzt mit ihm, und es bildet sich so eine homogene Substanz in der geraden Richtung, in der die Augen blicken, und zwar an der Stelle, wo der von innen ausfallende Sehstrahl auf den anderen auftrifft, der von den äußeren Dingen her mit ihm zusammenstößt. Und da nun diese Substanz infolge ihrer Gleichartigkeit als Ganzes auch dieselben Eindrücke empfängt, so gibt sie, wenn sie mit irgendetwas je in Berührung kommt oder etwas anderes mit ihr, die Bewegungen davon durch den ganzen Leib weiter bis zur Seele und vermittelt uns die Empfindung, dank welcher wir zu sehen behaupten. Verschwand aber das verwandte Feuer in der Nacht, so ist das andere von ihm abgeschnitten; es tritt nämlich nun zu Ungleichartigem heraus, und dadurch verändert es sich selbst auch und erlischt, weil es nicht mehr von gleicher Natur ist wie die Luft in seiner Nähe; denn diese enthält nun kein Feuer mehr." (Übers. R. Rufener).

[83] An diese Stelle knüpft Plotins Emanationsmetaphorik an, vgl. V 3, 12, 39 - 41: *τὴν μὲν ἀπ' αὐτοῦ* sc. *τοῦ ἑνὸς οἷον ῥυεῖσαν ἐνέργειαν ὡς ἀπὸ ἡλίου φῶς νοῦν θησόμεθα καὶ πᾶσαν τὴν νοητὴν φύσιν* (Text nach H-$S^2$).

[84] Daß sich die Sonne bei der Lichtemanation nicht selbst vermindert, ergibt sich daraus, daß sie nicht zum Bereich des Werdens gehört (509 B 5). Das darin liegende Prinzip des Gebens ohne Verminderung des Gebers hat Platon wiederholt an hervorgehobener Stelle ausgesprochen: Symp. 211 B 2 - 5, Phaidr. 245 D 1 - 6. Es ist im späteren Platonismus konstitutiv für das Verhältnis von Grund und Begründetem.

Übermaß alles Sehen. Die Sonne selbst, deren Überhelle den Blick blendet, ist darum nur schwer zu erblicken (vgl. 517 C 1: μόγις ὁρᾶσθαι) - nämlich nur indirekt durch das von ihr ausstrahlende Licht.[85]

Die Sonne ist aber Bild und Analogon des Agathon: Die Sonne ist in der Dimension des Sichtbaren im Verhältnis zum Sehen und zum Gesehenen das, was das Gute selbst in der Sphäre des Intelligiblen in bezug zum Geist und zum Gedachten (Ideen) ist (508 B 12 - C 2: ἥλιος - ὄψις - ὁρώμενα = ἀγαθόν - νοῦς - νοούμενα).[86] Alles über das Verhältnis von Sonne, Sehen und Sichtbarem Gesagte gilt darum in urbildlicher Weise von dem Verhältnis von Agathon, Nous und Intelligiblem. Was aber entspricht nun dem zwischen der Sonne, dem Gesichtssinn und dem Gesehenen vermittelnden Element des Lichtes? Platon betrachtet zunächst seine Funktion noch genauer:

Das Auge verdankt seine Sehkraft dem ihm innewohnenden Licht und das Sichtbare verdankt seine Sichtbarkeit der bei ihm anwesenden Farbe, Farbe aber ist Entfaltung und Begrenzung des Lichtes.[87] Gleichwohl aber ermöglicht erst das Licht der Sonne durch seine sich ausbreitende, artikulierende Helligkeit das aktuale Sehen, indem es die von ihm beleuchteten Dinge gegeneinander abhebt und besondert und dadurch die jedem Sichtbaren eigene Gestalt hervortreten läßt; zugleich aber umgreift die Helle des Lichtes alles in ihr Aufscheinende und versammelt es in die

---

[85] Platon spricht zwar 516 B 4 - 7 davon, zuletzt werde die Sonne αὐτὸ καθ' αὐτὸ ἐν τῇ αὐτοῦ χώρᾳ geschaut, während nach Phaid. 99 D 5 ff. eine solche unmittelbare Schau der Sonne zur Erblindung führt. Daß die Sonne am Ziel des Aufstiegs nicht mehr in Abbildern, sondern an sich selbst gesehen wird, braucht in der Übertragung auf das Agathon nicht mehr zu bedeuten, als daß dieses am Ziel der Dialektik nicht mehr in seinen Prinzipiaten, sondern via negationis in seiner Transzendenz erfaßt wird (vgl. 534 B zu 509 B); Platon könnte damit freilich auch eine transintellektuelle mystische Schau des Absoluten andeuten, vgl. Ep. VII 341 CD zu Politeia 540 A ( . . . ἰδόντας τὸ ἀγαθὸν αὐτό).

[86] Damit wird das ἀγαθόν sowohl vom νοῦς als auch vom Bereich der νοούμενα strikt unterschieden (vgl. ἄλλο 508 E 5, ὑπὲρ ταῦτα 509 A 7), da es als beider Prinzip selbst weder νοῦς noch νοητόν ist. Dazu Proklos, In Parm. VII 28, 14 - 16: τὸ πρῶτον ἐπέκεινα οὐσίας ἔλεγεν εἶναι καὶ οὐκ οὐσίαν, αἴτιον δὲ οὐσίας καὶ ἐπέκεινα νοοῦντος καὶ νοουμένου παντός, ὥσπερ τὸν ἥλιον τῶν ὁρώντων καὶ τῶν ὁρωμένων αἴτιαν εἶναί φαμεν. Vgl. auch C.J. de Vogel, *Rethinking Plato and Platonism*, 46 ff.

[87] Vgl. Tim. 67 C - 68 D und dazu K. Gaiser, *Platons Farbenlehre*, in: *Synusia* (Festschr. W. Schadewaldt), Pfullingen 1965, 173 - 222.

Einheit eines gegliederten Ganzen, das in der Simultaneität eines einzigen Hinblicks wahrgenommen wird. Das klare und artikulierte Sehen des Sichtbaren ist darum nur in der zugleich artukulierenden und verbindenden Helle des Tageslichtes (*ἡμερινὸν φῶς*) möglich, in dem sich die Sehkraft erst zu voller Wirksamkeit entfaltet; im nächtlichen Dämmerschein (*νυκτερινὰ φέγγη*) dagegen verliert das Sehen seine unterscheidende Kraft und die Augen werden stumpf. Darum sehen wir nur das vom Sonnenlicht Beschienene in voller Klarheit (508 C 4 - D 2).[88]

Dem Sehen und Sichtbarkeit gewährenden Sonnenlicht entspricht nun in der Sphäre des Intelligiblen "die Wahrheit und das Sein", das von den Neuplatonikern wegen der urbildlichen Entsprechung zum sinnenfälligen Licht so genannte "intelligible Licht". Richtet nämlich die Seele ihren Nous[89] auf das, "worauf das Licht der Wahrheit und des Seins herabscheint" (*οὗ καταλάμπει ἀλήθειά τε καὶ τὸ ὄν*, 508 D 5), "dann schaut und erkennt sie es selbst und es zeigt sich, daß sie Einsicht (Geist) hat" (*ἐνόησέν τε καὶ ἔγνω αὐτὸ καὶ νοῦν ἔχειν φαίνεται*, D 6). "Richtet sie sich aber auf das mit Finsternis Vermischte, das Werdende und Vergehende, dann meint sie nur und ist stumpfsinnig, indem sie ihre Meinungen ständig umwirft, und gleicht einer solchen, die keine Einsicht hat" (D 6 - 9). Wie schon die Bestimmung des Werdenden als "mit Finsternis (d.h. Nichtsein) vermischt" zeigt, hat das "intelligible Licht" einen Doppelcharakter als "Wahrheit" (*ἀλήθεια*) und als "Sein" (*ὄν*), einen ontologischen und einen gnoseologischen Aspekt. Platon entfaltet zunächst den gnoseologischen Aspekt des "intelligiblen Lichtes", der dessen *einheitstiftende* Kraft als Grund der geistigen Einsicht am deutlichsten hervortreten läßt.

Geistige Einsicht (*νοῦς, νόησις*) meint hier - wie auch aus der Strukturanalogie mit dem sinnlichen Sehen deutlich hervorgeht - eine *intellektuelle Anschauung*, in welcher der Geist die reinen Wesenheiten als ganze und auf einmal in einem Akt zeitfreier Intuition schaut.[90] Eine Wesenheit wird aber erst dann ganz als sie selbst geschaut, wenn sie in der Totalität der sie bestimmenden Bezüge zu den anderen Wesenheiten, d.h. im Ganzen des Ideenkosmos geschaut wird. Wenn also das "intelligible Licht der Wahrheit und des Seins" die intellektuelle Anschauung der Wesenheiten selbst ermöglicht, so darum, weil es - analog dem Licht der Sonne - eine doppelte Einheit vermittelt: 1) Die Einheit von Erkennendem und

---

[88] Vgl. dazu auch Tim. 45 B 4 - D 6 (Text in Anm. 82).

[89] Der Nous ist das "Auge der Seele" (*τὸ τῆς ψυχῆς ὄμμα*, 533 D 2) und der "Lichtstrahl der Seele" (*τῆς ψυχῆς αὐγή*, 540 A 7).

[90] Vgl. oben Anm. 29.

Erkanntem im Erkenntnisakt, d.h. die aktuale intellektuelle Anschauung als Einheit von Denken und Sein, von Denkendem und Gedachtem; 2) die Einheit des Gedachten selbst. Denn indem das "intelligible Licht" den Ideen Einheitscharakter verleiht, hebt es sie in ihrer je eigenen Bestimmtheit voneinander ab und verbindet sie zugleich zur Einheit des *κόσμος νοητός* und macht sie dadurch erst intelligibel.

Durch seine einheitstiftende Kraft also verbindet das "intelligible Licht" alles Intelligible zur Einheit eines in sich selbst gelichteten Ganzen, des Ideenkosmos, und ermöglicht zugleich die Einheit von Nous und Idee, von Denkendem und Seiendem im Akt der Erkenntnis. Diese Kraft aber verdankt das "intelligible Licht" seinem Ursprung, der "Idee des Guten": "Jenes also, was dem Erkannten Wahrheit gewährt und was dem Erkennenden die Kraft zu erkennen gibt, das, sage, sei die Idee des Guten" (*τοῦτο τοίνυν τὸ τὴν ἀλήθειαν παρέχον τοῖς γιγνωσκομένοις καὶ τῷ γιγνώσκοντι τὴν δύναμιν ἀποδιδὸν τὴν τοῦ ἀγαθοῦ ἰδέαν φάθι εἶναι*, 508 E 1 - 3).

Dieser Einheitsgrund des Erkennens aber ist nach dem übereinstimmenden Zeugnis des "Parmenides" und der Berichte über die innerakademische Prinzipienlehre Platons *das überseiende Eine selbst*: Es verleiht jeder Idee *Einheitscharakter*, damit Bestimmtheit und von allen anderen Ideen abgrenzbares Fürsichsein, und begründet zugleich die Einheit aller Ideen im Ideenganzen : *καὶ μὴν καὶ περὶ τοῦ μορίου γε ἑκάστου ὁ αὐτὸς λόγος· καὶ γὰρ τοῦτο ἀνάγκη μετέχειν τοῦ ἑνός. εἰ γὰρ ἕκαστον αὐτῶν μόριόν ἐστι, τό γε ἕκαστον εἶναι ἓν δήπου σημαίνει, ἀφωρισμένον μὲν τῶν ἄλλων, καθ᾽ αὑτὸ δὲ ὄν, εἴπερ ἕκαστον εἶναι . . . μετέχειν δέ γε τοῦ ἑνὸς ἀνάγκη τῷ τε ὅλῳ καὶ τῷ μορίῳ. τὸ μὲν γὰρ ἓν ὅλον ἔσται, οὗ μόρια τὰ μόρια· τὸ δ᾽ αὖ ἕκαστον ἓν μόριον τοῦ ὅλου, ὃ ἂν ᾖ μόριον ὅλου* (Parm. 157 E 5 - 158 A 3. 158 A 6 - B 1). Dadurch aber macht das Eine die Ideen sowohl in ihrer Eigenbestimmtheit als auch in ihrer Verflochtenheit untereinander erkennbar und ermöglicht die Dialektik als Ideenwissenschaft.

Erkennen bedeutet ferner die Zurückführung der Vielheit in die Einheit ihres Grundes (vgl. Phaidr. 249 B 6 - C 1); die zurückführende und vereinigende Kraft aber, durch die das Erkennen die Vielheit des Erkannten in sich zu umfassen und in die Einheit ihres Grundes zu einen vermag, verdankt es dem Einen selbst; dessen absolute Einheit ermöglicht allererst jeden Erkenntnisakt als Vereinigung einer Vielheit. Im "Theaitetos" (184 D) ist es darum der *Einheitscharakter* der Geistseele, welcher ihre Inhalte zur Einheit zusammenführt und dadurch - wie Platon im folgenden (bis 185 E) ausführt - jede Erkenntnis, jedes Unterscheiden von Sein und Nichtsein wie überhaupt jeden Gebrauch allgemeiner Bestimmungen wie identisch und verschieden, ähnlich und unähnlich usw. sowie ausdrücklich auch jede sinnliche Wahrnehmung allererst ermöglicht;[91] die denkende Geistseele ist somit als aktiver Einheitsgrund aller ihrer Inhalte selber von der Art des Einen, dem sie die Kraft zur Vereinigung vielfältiger Inhalte verdankt.[92] Indem das Eine aber der Idee ihren Grundcharakter als Einheit verleiht und dem Nous den Grundakt des Einigens ermöglicht, so daß sich Idee und Nous in ihrem Einheitscharakter füreinander entsprechen, ist es auch Grund für ihre Einheit im aktualen Wissen (*ἐπιστήμη, γνῶσις*). Der Einheitsgrund der Ideen und des Denkens, das Gute als das absolute Eine, ist mithin

(1) das Prinzip der Erkennbarkeit der Ideen;
(2) das Prinzip der Erkenntniskraft des Nous;
(3) das Prinzip des aktualen Wissens, d.h. aber der Einheit von Denken und Sein im Erkenntnisakt.

Als das absolute Eine ist die Idee des Guten "die Ursache des Wissens und der Wahrheit, soweit diese im Denken erkannt wird" (*αἰτίαν δ᾿ ἐπιστήμης οὖσαν καὶ ἀληθείας, ὡς γιγνωσκομένης μὲν διανοοῦ* 508 E 3 - 4). Weil Einheit das umfassendste und ursprünglichste Prinzip alles Erkennens ist,[93] darum ist das Prinzip der Einheit, die absolute Einheit selbst, "die Herrin, die Wahrheit und Einsicht gewährt" (*κυρία ἀλήθειαν καὶ νοῦν παρασχομένη* 517 C 4). Die "Idee des Guten" ist also notwendig das Eine selbst, wenn sie das absolute Erkenntnisprinzip ist. Wahrheit (*ἀλήθεια*) und Wissen (*ἐπιστήμη, γνῶσις*) oder Einsicht (*νοῦς*) aber sind Weisen der Einheit in der Vielheit, in denen sich das absolute Eine manifestiert wie die Sonne in dem von ihr ausstrahlenden Licht.

---

[91] Zur grundlegenden Bedeutung dieser Stelle Krämer, *Arete bei Platon und Aristoteles*, 475 mit Verweis auf E. Cassierer in: M. Dessoir (Hrsg.), *Lehrbuch der Geschichte der Philosophie*, Berlin 1925, 108 (Entdeckung der Einheit des Bewußtseins, Vergleich mit Kant und Dilthey). Auch K. Flasch, *Die Metaphysik des Einen*, 108: "Wichtig ist, daß nach Platon noch nicht einmal die Wahrnehmung außerhalb der transzendentalen Einheit des Ich möglich ist. Der alte Gedanke, daß das reine Viele nicht sein könne, bekommt damit eine neue transzendentale Wendung. Noch wichtiger ist, daß sich Platon darüber klargeworden ist, daß auch Sein und Nichtsein nur durch die subjektive Vermittlung in der Einheitsfunktion der 'Seele' aussagbar sind." - Von daher ist es plausibel, das zwischen Sein und Nichtsein vermittelnde dritte Eine des "Parmenides" als Seele zu deuten.

[92] Vgl. auch Arist. De an. 404 b 22 - 23: *νοῦν μὲν τὸ ἕν, ἐπιστήμην δὲ . . . μοναχῶς γὰρ ἐφ᾿ ἕν.*

[93] Vgl. Arist. Metaph. V 6 1016 b 20 - 21: *ἀρχὴ οὖν τοῦ γνωστοῦ περὶ ἕκαστον τὸ ἕν.*

Das dem Licht in seiner erhellenden Wirksamkeit Entsprechende, die Wahrheit (ἀλήθεια), ist die *Unverborgenheit* des Seienden in seinem Sein, so daß es von ihm selbst her dem vernehmenden Denken von Grund auf erschlossen ist.[94] Nach dem "Parmenides" gründet diese Unverborgenheit des Seienden in seinem Charakter als *Einheit* in der Vielheit; nach dem "Philebos", der hierin nur die Konzeption des "Parmenides" weiter ausführt und damit zugleich einen wesentlichen Aspekt der hinter dem "Parmenides" und der "Politeia" stehenden Prinzipienlehre Platons enthüllt, hängt die Wahrheit oder Unverborgenheit ebenso wie die Schönheit an der Maßhaftigkeit (μετριότης) und Maßbestimmtheit (συμμέτρια) des Seienden, in der sich die einheitstiftende "Macht des Guten" (δύναμις τοῦ ἀγαθοῦ) als das "Wesen des Schönen" (φύσις τοῦ καλοῦ) manifestiert (Phileb. 64 D 9 - E 10); gemeint ist im "Philebos" das richtige Verhältnis des Ganzen und der Teile, das der "Parmenides" (157 C 1 - 158 D 8) als die Wesensweise des Ideenkosmos beschreibt. Die *Maßbestimmtheit* dieses Verhältnisses meint aber genauer den *zahlenhaft* bestimmten Einheitscharakter der Ideen, ihr Wesen als *Einheiten aus vielen Einheiten* und d.h. ihren Charakter als *Ideenzahlen* (Phileb. 16 C - 19 A; vgl. dazu Parm. 158 A 1 - B 1, C 7 - D 2), der schon im 5. Buch der "Politeia" (476 A 5 - 7)[95] angedeutet ist. So ist es letztlich die organisierende, gleichermaßen vereinigende wie gliedernde und artikulierende Kraft der reinen Ideenzahlen als der Wesensgründe alles Seienden, in welcher die Unverborgenheit des Seienden, die (ontologische) "Wahrheit" gründet.

"Wahrheit" meint aber nicht nur die Erkennbarkeit des Seienden, sie ermöglicht auch die aktuale Erkanntheit des Seienden im Wissen und ist

---

[94] Zur Wahrheit als Unverborgenheit vgl. M. Heidegger, *Platons Lehre von der Wahrheit*. Unabhängig davon, ob die Etymologie ἀ - λήθεια sprachwissenschaftlich richtig ist oder nicht, ist sie schon deswegen treffend, weil "die Griechen von Homer an bis in die Spätzeit ἀληθής mit λαθ-, ληθ-, λανθ- assoziiert haben" (P. Friedländer, *Platon* I[3], 234); vgl. bes. Sextus Emp., Adv. Math. VIII 8: ὅθεν καὶ ἀληθὲς φερωνύμως εἰρῆσθαι τὸ μὴ λῆθον τὴν κοινὴν γνώμην. Olympiodor, In Phaed. 156, 15 Norvin: ὅθεν καὶ ἡ ἀλήθεια τὸ ὄνομα δηλοῖ λήθης ἐκβολὴν εἶναι τὴν ἐπιστήμην. - Anders als Heidegger es will, bedeutet die ἀλήθεια von Homer an *zugleich* die "Entborgenheit", "Un-entzogenheit" des Seienden *und* seine Erkanntheit im Denken - *beide* Bedeutungen sind auch für Platons Sonnengleichnis maßgebend; in anderen Kontexten kann sie auch "Wirklichkeit" und "Wahrhaftigkeit" bedeuten. Vgl. W. Luther, *Der frühgriechische Wahrheitsgedanke im Lichte der Sprache*, Gymnasium 65 (1958), 75 ff.; E. Heitsch, Die *nicht-philosophische* ΑΛΗΘΕΙΑ, Hermes 90 (1962), 24 - 33.

[95] Vgl. dazu oben Anm. 30. - Die Ideenzahlen sind angedeutet auch Parm. 143 D ff.

darum das Joch (ζυγόν, 508 A 1), das erkennendes Denken und erkanntes Seiendes zur Einheit bindet, - so wie das Licht Auge und Farbe als Joch zusammenspannt. Daher ist auch die Geistseele den von ihr erkannten Ideen gerade in ihrem *Zahlcharakter* verwandt: Denn nach dem Zeugnis des "Timaios" (35 A - 37 C) und einem Bericht bei Aristoteles (De an. 404 b 16 - 27 = Test. Plat. 25 A), der den prinzipientheoretischen Hintergrund der im "Timaios" beschriebenen Seelenstruktur enthüllt,[96] ist die Seele als die nach mathematischer Proportion gefügte Einheit aus den Elementen des unteilbaren und des teilbaren Seins sowie der Selbigkeit und der Verschiedenheit (Tim. 35 A - 36 D, dazu 41 D, 89 E ff.) selber *Zahl* und noch genauer - da die Seele kraft der ihr wesenhaft zukommenden Spontaneität das Prinzip der Bewegung ist (vgl. Phaidr. 245 C 5 ff.) - sich selbst in sich und durch sich selbst bewegende Zahl.[97] Nach dem

---

[96] Vgl. dazu L. Robin, *Untersuchungen über die Bedeutung und Stellung der Physik in der Philosophie Platons*, in: *Das Problem der ungeschriebenen Lehre Platons* (WdF Bd. 186), 261 - 298, spez. 280 - 292; Ph. Merlan, *Beiträge zur Geschichte des antiken Platonismus II: Poseidonios über die Weltseele in Platons Timaios*, Philologus 89 (1934), 197 - 214; F.M. Cornford, *Plato's Cosmology*, London 1937, 59 - 66; K. Gaiser, *Platons ungeschriebene Lehre*, 41 - 66. - Die in der "Politeia" (435 D, 611 A ff.) und im "Phaidros" (246 A) mehrfach angedeutete μακροτέρα ὁδός zur Bestimmung des "wahren Wesens" der Seele läuft auf eine ontologische Analyse der Struktur der Geistseele hinaus, wie sie der "Timaios" und das Zeugnis des Aristoteles (Test. Plat. 25 A) bieten. Bei dieser Betrachtung der wahren Natur der Seele zeigt sich nach Politeia 612 A 4 ihre Einfachheit (μονοειδής) gegenüber der dreiteiligen Struktur der inkarnierten Seele im IV. Buch; dabei wird angedeutet, daß auf dieser Einfachheit der reinen Geistseele ihre Unsterblichkeit und ihre Wesensverwandtschaft mit dem göttlichen Bereich der Ideenwelt beruhen (vgl. Politeia 611 E 1 - 3 mit 518 DE, 589 D - 590 D und Phaid. 78 B - 80 E). Da jedoch der Ideenkosmos selbst durch *Ordnung* und *Proportion* bestimmt ist (Pol. 500 C, dazu Parm. 158 CD) und da auch die einzelnen Ideen keine einfachen, sondern *zahlenhafte* Einheiten sind (Pol. 476 A 2 - 5), so ist auch für die Geistseele ein entsprechender *gefügehafter* Einheitscharakter anzunehmen, was Platon in "Politeia" X ebenfalls andeutet (611 B 6: καλλίστη σύνθεσις. Ebd. C 5: δικαιοσύνη, die als Ordnungseinheit eines Ganzen die Proportion von Teilen voraussetzt); dadurch ist die Heranziehung des "Timaios" und des Aristotelischen Referats, die eben dies enthüllen, gerechtfertigt. Vgl. Krämer, *Arete bei Platon u. Aristoteles*, 131 - 133 mit Anm. 209, 475 f. mit Anm. 191; Szlezák, *Platon und die Schriftlichkeit*, 317 - 323; ders., *Unsterblichkeit und Trichotomie der Seele im zehnten Buch der Politeia*, Phronesis 21 (1976), 31 - 58.

[97] Vgl. Arist. De an. 404 b 27 - 30: ἐπεὶ δὲ καὶ κινητικὸν ἐδοκεῖ ἡ ψυχὴ εἶναι καὶ γνωριστικὸν οὕτως, ἔνιοι συνέπλεξαν ἐξ ἀμφοῖν, ἀποφηνάμενοι τὴν ψυχὴν ἀριθμὸν κινοῦνθ' ἑαυτόν. Vgl. auch Plutarch, De an. procr. 1, 1012 D u.ö. Auch wenn an diesen beiden Stellen speziell Xenokrates referiert ist, so bringt doch dessen

daran anknüpfenden Bericht bei Aristoteles ist die Seele Zahl gerade als die Einheit ihrer vier Erkenntnisvermögen (*νοῦς, ἐπιστήμη, δόξα, αἴσθησις*), die nicht nur den vier Seins- und Erkenntnisstufen im Liniengleichnis der "Politeia" (509 D 6 ff.) entsprechen, sondern die in der abgestuften Entfaltung der Einheit des Nous in die wachsende Vielheit der untergeordneten Erkenntnisvermögen die nach dem Tetraktys-Modell organisierte Struktur des Ideenkosmos wiederholen, wobei die vier Erkenntnisvermögen selber den vier ersten, den gesamten Seinsaufbau organisierenden Ideenzahlen entsprechen.[98] Wie Aristoteles hervorhebt, ist es dieser zahlenhafte, die Seinsstruktur exakt wiederspiegelnde Aufbau der Seele, in dem nach Platon ihre universale, alle Seinsstufen umfassende und aufschließende Erkenntniskraft gründet.[99] Vom "Philebos" her darf man den komplementären Gedanken hinzufügen, daß es der zahlenhaft bestimmte Einheitscharakter der Ideen ist, der Maßhaftigkeit, Schönheit und Unverborgenheit zumal in sich schließt, durch den das Seiende dem

---

Seelendefinition die Platonische Lehre nur auf eine handliche Formel. - Zu der sehr aufschlußreichen Interpretationsgeschichte des zentralen "Timaios"-Passus im antiken Platonismus: M. Baltes, *Die Weltentstehung des platonischen Timaios nach den antiken Interpreten*, Teil I und II (Proklos), Leiden 1976/1979; W. Deuse, *Untersuchungen zur mittelplatonischen und neuplatonischen Seelenlehre*, Mainz 1983.

[98] Arist. De an. 404 b 19 - 27 nach "*Περὶ φιλοσοφίας*": *αὐτὸ μὲν τὸ ζῷον ἐξ αὐτῆς τῆς τοῦ ἑνὸς ἰδέας καὶ τοῦ πρώτου μήκους καὶ πλάτους καὶ βάθους . . . ἔτι δὲ καὶ ἄλλως, νοῦν μὲν τὸ ἕν, ἐπιστήμην δὲ τὰ δύο (μοναχῶς γὰρ ἐφ' ἕν), τὸν δὲ τοῦ ἐπιπέδου ἀριθμὸν δόξαν, αἴσθησιν δὲ τὸν τοῦ στερεοῦ. οἱ μὲν γὰρ ἀριθμοὶ τὰ εἴδη αὐτὰ καὶ αἱ ἀρχαὶ ἐλέγοντο, εἰσὶ δ' ἐκ τῶν στοιχείων, κρίνεται δὲ τὰ πράγματα τὰ μὲν νῷ, τὰ δ' ἐπιστήμῃ, τὰ δὲ δόξῃ, τὰ δ' αἰσθήσει· εἴδη δ' οἱ ἀριθμοὶ οὗτοι τῶν πραγμάτων*. - Siehe hierzu K. Gaiser, *Quellenkritische Probleme der indirekten Platonüberlieferung*, 49 - 63 (dazu, daß hier Platon und nicht etwa Xenokrates referiert ist, dort 54 ff. mit weiterer Literatur). Die hier erwähnte *ἰδέα τοῦ ἑνός* (404 b 20), mit der 404 b 22 der *νοῦς* gleichgesetzt wird, ist selbstverständlich nicht das überseiende Eine selbst, zumal sie ebenso wie die drei anderen Ideenzahlen aus den beiden Urprinzipien *ἕν* und *ἀόριστος δυάς* abgeleitet wird (404 b 25: *εἰσὶ δ' ἐκ τῶν στοιχείων*). Es handelt sich dabei vielmehr um das seiende Eine im Sinne der zweiten Hypothesis des "Parmenides" bzw. um das ihm immanente Moment des Einen (Parm. 143 A 6 f.: *αὐτὸ τὸ ἕν, ὃ δή φαμεν οὐσίας μετέχειν*) als die höchste Idee (Ideenzahl). Ähnlich auch Krämer, *Ursprung der Geistmetaphysik*, 203 mit Anm. 26.

[99] Arist. De an. 404 b 16 - 18: *τὸν αὐτὸν δὲ τρόπον καὶ Πλάτων ἐν τῷ Τιμαίῳ τὴν ψυχὴν ἐκ τῶν στοιχείων ποιεῖ· γινώσκεσθαι γὰρ τῷ ὁμοίῳ τὸ ὅμοιον, τὰ δὲ πράγματα ἐκ τῶν ἀρχῶν εἶναι*. In diesem Sinne ist auch die Feststellung, *ὅτι ἡ ψυχὴ τὰ ὄντα πώς ἐστι πάντα* (De an. 431 b 21) zu verstehen.

Denken von sich her erschlossen ist.[100] Der in dieser Unverborgenheit des Seienden gründende Wesensbezug von zahlenhaft bestimmtem Sein und zahlenhaft bestimmtem Denken aber ist im Wissen Aktualität, denn Wissen ist das Anwesend-haben des Seienden in seinem Sein, die Präsenz des reinen Wasseins im Denken, - so wie das aktuale Sehen das Präsenthaben des Sichtbaren ist. Wahrheit, Wissen und Nous haben also ihre Bestimmtheit in der *Einheit* von Denken und Sein, deren Urgrund das Gute selbst ist; als Weisen von Einheit sind sie "gutgestaltig" oder "von der Art des Guten" (*ἀγαθοειδῆ*, 509 A 3), weil sich die einheitstiftende Mächtigkeit des Einen und Guten in ihnen manifestiert; - so wie das Licht, das Sehen und das Auge "sonnenhaft" oder "von der Art der Sonne" (*ἡλιοειδῆ*, 509 A 1, vgl. 508 B 3) sind, weil sie ihr lichtendes und erhellendes Wesen von der Sonne her haben.

Sowenig aber das Licht oder das Sehen selbst die Sonne ist, sowenig ist die Wahrheit oder das Wissen selbst das Gute und das Eine selbst; beide verdanken ihre vereinigende Kraft vielmehr einem *jenseitigen* Ursprung. Denn Wissen und Wahrheit haben zwar Einheitscharakter - und sind darin "von der Art des Agathon" -, jedoch so, daß sie ihre Einheit gerade *in* der Vielheit und Unterschiedenheit dessen haben, was in ihnen geeint ist - wie ja auch das Licht die Einheit und Selbigkeit der Helle in der Vielheit des in ihr Aufscheinenden ist oder wie das Sehen die Einheit des Sehaktes in der Zweiheit von Sehendem und Gesehenem ist. Ebenso setzt die Einheit des Wissens die Zweiheit von Wissendem und Gewußtem voraus, deren Einheit als der Bezug Unterschiedener das Wissen ist. Und die Wahrheit gründet als Unverborgenheit in der eidetischen Differenziertheit des reinen Seins, zuletzt also in der zahlenhaften Struktur des Ideenkosmos. Als *Einheit in der Vielheit* aber vermag weder das Wissen noch die Wahrheit die Einheit von Sein und Denken, in der sie beide ihr Wesen haben, von sich her zu begründen. Das Gute selbst, das als Prinzip der Einheit von Sein und Denken Wahrheit und Wissen allererst ermöglicht, ist darum nicht mit ihnen identisch, sondern liegt notwendig als *reine absolute Einheit* über sie beide hinaus: das Agathon ist *ἄλλο καὶ κάλλιον ἔτι τούτων ἡγούμενος* (508 E 5 f.), *ἔτι μειζόνως τιμητέον τὴν τοῦ ἀγαθοῦ ἕξιν* (509 A 4 f.), *ἐπιστήμην μὲν καὶ ἀλήθειαν παρέχει, αὐτὸ δ' ὑπὲρ ταῦτα κάλλει ἐστίν* (509 A 6 - 7). Weil es die alles umfassende Einheit der Wahrheit und des Wissens übersteigt, indem es sie begründet, darum ist

[100] Dem entsprechen die Andeutungen des "Sophistes" (228 A - D) über die *συμμετρία* und *ἀμετρία* der Geistseele - d.h. offenbar Ordnung oder Zerrüttung ihres zahlenhaften Gefüges (*συμμετρία ἡ πρὸς ἄλληλα* 228 C 4) -, von der ihre Teilhabe an der *ἀλήθεια* (228 C 10) abhängt, was an Pol. 508 E direkt anknüpft. Vgl. Krämer, *Arete bei Plat. u. Arist.*, 475 Anm. 191.

das Agathon inhaltlich unbestimmt und deshalb auch kein Seiendes (vgl. 509 B 9): es ist das über alle Bestimmtheit hinausliegende absolute Eine selbst. Denn alles in seinem Sein Bestimmte ist eben zufolge seiner Bestimmtheit auch erkennbar und eben darum nicht selbst das Prinzip seiner Erkennbarkeit, Bestimmtheit und Einheit.

Indem es allem Seienden Einheitscharakter verleiht, ist das absolute Eine aber nicht nur das Prinzip der Erkenntnis und der Erkennbarkeit, sondern auch das Prinzip des Seins und der Wesensfülle aller Seienden.[101] Die Sonne, der Einheitsgrund alles Sichtbaren, ist ja nicht nur die Ursache der Helle, in der alle Dinge sichtbar sind, sondern auch durch ihr Licht und seine Wärme der Grund des Werdens (*γένεσις*) und des Wachsens (*αὔξη*) und der Nahrung (*τροφή*), d.h. der Erhaltung für alles Sinnenfällige und Gewordene, ohne indes selbst ein Werden zu sein (509 B 2 - 4).

"Ebenso mußt du nun auch sagen, daß das Erkannte nicht nur das Erkennbarsein von dem Guten her hat, sondern daß ihm auch das Sein und die Seiendheit von Jenem her zukommen; doch ist das Gute selbst nicht Seiendheit, sondern noch jenseits der Seiendheit und überragt die Seiendheit an Ursprünglichkeit und Mächtigkeit" (*καὶ τοῖς γιγνωσκομένοις τοίνυν μὴ μόνον τὸ γιγνώσκεσθαι φάναι ὑπὸ τοῦ ἀγαθοῦ παρεῖναι, ἀλλὰ καὶ τὸ εἶναί τε καὶ τὴν οὐσίαν ὑπ᾽ ἐκείνου αὐτοῖς προσεῖναι, οὐκ οὐσίας ὄντος τοῦ ἀγαθοῦ, ἀλλ᾽ ἔτι ἐπέκεινα τῆς οὐσίας πρεσβείᾳ καὶ δυνάμει ὑπερέχοντος*, 509 B 6 - 10).[102]

Das Agathon - das absolute Eine selbst - ist als *Urgrund* des Seins und der Seiendheit selbst *jenseits* des Seins und der Seiendheit; durch sein über das Sein hinausliegendes Übermaß an Mächtigkeit (vgl. B 9 - 10: *δυνάμει ὑπερέχοντος*, C 2: *ὑπερβολή*) stiftet es Sein (*εἶναι*), Seiendheit (*οὐσία*) und Erkennbarkeit (*ἀλήθεια, γιγνώσκεσθαι*) in eins und zumal, indem es den Ideen - und durch sie allem Seienden - Einheitscharakter und damit zugleich Identität, feste Bestimmtheit, Abgrenzung von Anderem und

---

[101] Vgl. Parm. 157 E - 158 D, 165 E - 166 C, Soph. 245 AB; dazu die Referate Arist. Metaph. A 6 987 b 21, 988 a 11; Alexander, In Metaph. 56, 30 f. H.; Sextus Emp., Adv. Math. X 260 - 261, 277; Speusipp bei Proklos, In Parm. VII 40, 1 ff. = 501, 62 ff. Steel; Simplikios, In Phys. 454, 15 (Porphyrios) und 455, 6 f. (Alexander).

[102] Glaukons ironische Reaktion auf diese Eröffnung (509 C 1 - 2: *Ἄπολλον . . . δαιμονίας ὑπερβολῆς*) enthält einen wichtigen Hinweis auf das Eine: A-pollon = der Un-Viele war eine in pythagoreischen und akademischen Kreisen verbreitete Chiffer für das Eine, vgl. Plutarch, De Iside 75 p. 381 f.; Plotin, Enn. V 5, 6, 27 f.

Fürsichsein verleiht. Das Eine selbst eint durch seine einheitstiftende Übermacht alles Seiende ins Sein, zugleich aber auch in die Fülle seines Wesens und in die Erkennbarkeit, und begründet dadurch auch die Einheit von Sein und Denken, die aller Erkenntnis zugrunde liegt. Aus dem "Parmenides", der schon wiederholt zur Erhellung der im Sonnengleichnis angedeuteten Prinzipienmetaphysik heranzuziehen war, geht dies mit größter Klarheit hervor: Durch die Teilhabe an dem überseienden Einen empfängt alles Seiende Einheit und Bestimmtheit[103] und eben damit Existenz und Wesensfülle (*τὸ εἶναί τε καὶ τὴν οὐσίαν*, Politeia 509 B 7 f.); denn was nicht *Eines* ist, das *ist* überhaupt nicht, sondern zergeht als grenzenlos Vieles ins Nichts.[104] Darum *ist* das Seiende nur, sofern es *Eines* ist; es ist seiend darum, *weil* es Eines ist: durch seine Einheit ist es vom Nichtsein abgehoben und zum Sein bestimmt.[105] Darum bedeutet Sein Bestimmtheit, weil es ein in seinem Einheitscharakter vom Nichtsein Abgehobenes und darin Bestimmtes ist. In der vollendeten Einheit und Identität mit sich selbst aber ist es in der Fülle seines Wesens: das ist die *οὐσία* ("Seiendheit") im Unterschied zum *εἶναι* als bloßem Daßsein. Indem sich Seiendes aber in der Bestimmtheit seines Seins vom Nichtsein und von allem anderen Seienden abhebt, ist es intelligibel: es zeigt sich dem Denken in seiner Bestimmtheit, durch die es sich als bestimmtes Wassein von anderem Bestimmten abgrenzt. In dieser Weise also gründen Existenz, Seiendheit und Erkennbarkeit alles Seienden in seinem Einheitscharakter, den es dem Einen selbst verdankt.[106]

Das absolute Eine selbst aber liegt über alle Bestimmtheit hinaus und ist darum notwendig *jenseits des Seins und der Seiendheit* (509 B 9 - 10, vgl.

---

[103] Vgl. bes. Parm. 157 E - 158 D mit den Angaben über die begrenzende und bestimmende Wirksamkeit des Einen in den Referaten aus "*Περὶ τἀγαθοῦ*", z.B. Arist. Metaph. 989 b 18, 1081 a 25, 1083 b 23 f., 1091 a 25; Alexander, In Metaph. 56, 19 f. 26 ff.; Simplikios, In Phys. 454, 14 und 455, 6 f. (nach Porphyrios und Alexander); Sextus Emp., Adv. Math. X 277. Vgl. ferner Speusipp bei Jamblich, De comm. math. sc. IV 16, 17 f.; Xenokrates, Fr. 68 Heinze.

[104] Vgl. Parm. 165 E 5 - 7 mit 166 C 1: *ἐν γὰρ πολλοῖς οὖσιν ἐνείη ἂν καὶ ἕν. εἰ γὰρ μηδὲν αὐτῶν ἐστὶν ἕν, ἅπαντα οὐδέν ἐστιν, ὥστε οὐδ' ἂν πολλὰ εἴη . . . ἓν εἰ μὴ ἔστιν, οὐδέν ἐστιν*. Pol. 478 B 12 - 13 (*μηδέν* = *μηδὲ ἕν*).

[105] Vgl. Parm. 157 E 4 - 158 D 6 zu 165 E 2 - 166 C 2 und 144 C 2 - 8 (bes. 4 f.: *εἴπερ γε οἶμαι ἔστιν, ἀνάγκη αὐτὸ ἀεί, ἕωσπερ ἂν ᾖ, ἕν γέ τι εἶναι, μηδὲν δὲ ἀδύνατον*).

[106] Vgl. Krämer, *Arete bei Platon u. Aristoteles*, 137 ff. und öfter.

Parm. 137 C - 142 A, bes. 141 E).[107] Denn Sein (οὐσία, ὄν, εἶναι) bedeutet wesenhaft Bestimmtheit und ist damit schon eine Zweiheit: es läßt sich auseinanderlegen in etwas und das, was es ist, also in Bestimmtes und Bestimmendes, wie dies die zweite Hypothesis des "Parmenides" mit der Unterscheidung des seienden Einen in Sein und Einheit, genauer in durch Einheit bestimmtes Sein und durch Sein bestimmte Einheit demonstriert (vgl. Parm. 142 B ff.); es hat eine Struktur und ist damit schon vielfältig. Das absolute Eine transzendiert darum notwendig sowohl die Seiendheit (οὐσία) als Inbegriff aller Bestimmtheit, als auch den Seinsakt (εἶναι), der sich immer auf Seiendes in seiner Bestimmtheit bezieht: οὐδαμῶς ἄρα τὸ ἓν οὐσίας μετέχει . . . οὐδαμῶς ἄρα ἔστι τὸ ἕν (Parm. 141 E 9 - 10). Das Eine selbst ist daher ἐπέκεινα τοῦ εἶναι καὶ τῆς οὐσίας (so paraphrasiert Proklos, In Parm. 1097, 12 - 13, indem er Politeia 509 B 9 nach dem Wortlaut in B 7 - 8 ergänzt). "Das Sein" ist nun der Inbegriff aller reinen Bestimmtheiten, aller Ideen: es hat den Charakter der Totalität; indem das Eine also die allumfassende Einheit des Seins transzendiert, übersteigt es die Totalität, indem es sie begründet. *Das Eine ist gerade aufgrund seiner Seinstranszendenz Urgrund der Totalität* (ἡ τοῦ παντὸς ἀρχή, 511 B 7);[108] denn seine absolute Transzendenz bedeutet nicht die Leere der äußersten Abstraktion, sondern gerade sein *absolutes, allem anderen unvergleichbares Übermaß* (δαιμονία ὑπερβολή, C 1 - 2; vgl. A 6: ἀμήχανος κάλλος) und darum *absolute Mächtigkeit und Ursprünglichkeit* (πρεσβείᾳ καὶ δυνάμει ὑπερέχον, B 9 - 10).[109]

Wie sich die Sonne durch ihr Licht manifestiert, das allem Sichtbaren Entstehung, Erhaltung und Sichtbarkeit und den Augen Sehkraft schenkt, selbst aber in der Überhelle ihres Glanzes verborgen ist und das Sehen blendet, so ist auch das Agathon, "das Allem Licht spendet" (τὸ πᾶσι φῶς παρέχον, 540 A 8) μόγις ὁρᾶσθαι (517 C 1), nämlich nur indirekt durch das von ihm ausstrahlende "intelligible Licht" zu erfassen, in dessen strahlender Helle es sich manifestiert und verbirgt zugleich. Das Eine selbst

---

[107] Vgl. auch Speusipp bei Proklos, In Parm. VII 40, 1: "*Le unum enim melius ente putantes et a quo le ens*". Speusipp bei Jamblich, De comm. math. sc. IV 15, 7 - 9: τὸ ἓν ὅπερ δὴ οὐδὲ ὄν πω δεῖ καλεῖν, διὰ τὸ ἁπλοῦν εἶναι καὶ διὰ τὸ ἀρχὴν μὲν ὑπάρχειν τῶν ὄντων. Arist. Metaph. 1092 a 14 f.

[108] Vgl. Speusipp bei Jamblich, De comm. math. sc. IV 15, 7 - 10; ferner z.B. Plotin, V 1, 7, 18 - 20; V 2, 1, 1 - 9; III 9, 4, 8 - 9; III 8, 9, 39 - 54; ebd. 10, 14 - 19. 26 - 31; V 5, 6, 1 - 13; ebd. 13, 1 - 11. 17 - 20; V 3, 15, 1 - 3. 35 - 40 usw.; Proklos, In Remp. I 276, 6 ff.; 279, 22 f.

[109] Vgl. dazu Plotin, V 4, 2, 37 - 40; VI 9, 6, 1 - 16; VI 7, 17, 1 - 18 usw.; ferner Proklos, Theol. Plat. II 7, 49, 20 - 50, 11.

übersteigt in seiner absoluten Transzendenz jede Erkenntnis (509 B zu 508 E - 509 A, vgl. Parm. 141 E - 142 A). Es manifestiert sich aber in seiner einheitstiftenden Mächtigkeit: indem die überseiende Mächtigkeit des Einen das Seiende ins Sein und in die Erkennbarkeit eint und Sein und Denken ins aktuale Wissen eint, konstituiert sie das "intelligible Licht" in seiner Doppelnatur: *ἀλήθειά τε καὶ τὸ ὄν* (508 D 5).[110] Wenn es erlaubt ist, hier noch einmal den "Philebos" heranzuziehen, dann ist das "intelligible Licht der Wahrheit und des Seins" seinem Wesen nach zugleich das Schöne, das erscheinende Eine.[111] Denn die Mächtigkeit des Guten erscheint in der Wesenheit des Schönen (vgl. Phileb. 64 E 5 - 6: *νῦν δὴ καταπέφευγεν ἡμῖν ἡ τοῦ ἀγαθοῦ δύναμις εἰς τὴν τοῦ καλοῦ φύσιν*), das durch seine Wesenscharaktere Maßbestimmtheit (*μετριότης, συμμετρία*), Vollkommenheit (*κάλλος*) und Wahrheit (*ἀλήθεια*) alles Seiende in das Sich-Zeigen und damit auch in die Bezogenheit auf das Denken hervorbringt (vgl. Phileb. 64 C - 65 E).

## § 5 Die Agathonspekulation als Metaphysik des Einen

So endet denn auch in der "Politeia" die Analogie des Agathon mit der Sonne in der negativen Theologie der absoluten Transzendenz: das Gute selbst - das absolute Eine - ist nicht Sein (*εἶναι*), nicht Seiendheit (*οὐσία*), nicht Wahrheit (*ἀλήθεια*), nicht Wissen (*ἐπιστήμη, γνῶσις*) und nicht Denken oder Geist (*νοῦς*), sondern jenseits von all diesem, also jenseits von allem. Das Absolute liegt über das Sein und über das Erkennen hinaus (509 B 8 - 10 und 508 E 6 - 509 A 7): Das ist die Zusammenfassung

[110] Vgl. Proklos, In Remp. I 279, 26 - 29. - Als Quelle des intelligiblen Lichtes kann das Eine und Gute *τοῦ ὄντος τὸ φανότατον* (518 C 9) genannt werden, ebenso auch *εὐδαιμονέστατον τοῦ ὄντος* (526 E 3 - 4, vgl. Theait. 176 E 3) und *τὸ ἄριστον ἐν τοῖς οὖσι* (532 C 6), sofern es sich - im Sinne der *zweiten* Hypothesis des "Parmenides" - als Licht und als Sein manifestiert. Das Eine *an sich* steht dagegen - nach dem Sonnengleichnis (509 AB) und der *ersten* Hypothesis des "Parmenides" (bes. 141 E) - *jenseits* von Sein, Wahrheit und Licht. Vgl. Krämer, *Arete bei Plat. u. Arist.*, 542 Anm. 103; ebenso schon Proklos, Theol. Plat. II 7, 48, 9 ff.

[111] Die Gleichsetzung von *καλόν* und *ἀλήθεια* - Plotin nimmt sie z.B. VI 9, 40, 10 - 11 vor - findet ihre Bestätigung durch Pol. 508 E 4 - 6: *καλῶν ἀμφοτέρων ὄντων, γνώσεώς τε καὶ ἀληθείας, ἄλλο καὶ κάλλιον τούτων* sc. *τὸ ἀγαθόν* (vgl. 509 A 7: *ὑπὲρ ταῦτα κάλλει*).

der negativen Theologie des absoluten Einen, die Platon im "Parmenides" an der ganzen Reihe der ontologischen Fundamentalbestimmungen breit entwickelt (137 C 4 - 142 A 8) und die auch dort in der Negation des Seins (141 E) und der Erkenntnis (142 A) kulminiert.[112] Das "Jenseits des Seins" (*ἐπέκεινα τῆς οὐσίας*) - die *δαιμονία ὑπερβολή*, mit der das Sonnengleichnis endet - ist der umfassendste Ausdruck der *Transzendenz* (*ἐπέκεινα, ὑπερέχον, ὑπερβολή*) des Absoluten; denn zufolge des Totalitätscharakters des Seins impliziert die Verneinung des Seins die Negation aller überhaupt denkbaren und möglichen Bestimmungen; aufgrund des Seinsbezugs alles Erkennens (vgl. 477 A) aber folgt aus der Seinstranszendenz des Absoluten seine Erkenntnistranszendenz mit Notwendigkeit. -

Platons Metaphysik des Einen mit ihrem - für alle spätere Einheitsmetaphysik charakteristischen - *doppelten* Transcensus, den Aristoteles in seiner Berichterstattung wiederholt besonders hervorhebt,[113] läßt sich dem Sonnengleichnis mit großer Klarheit entnehmen: Wie nämlich die Idee als Einheit des reinen Wasseins über die Vielheit ihrer Erscheinungen hinausliegt (507 B), so liegt der Urgrund aller Ideen, das Eine und Gute selbst, als reine absolute Einheit über alle Vielheit der Ideen, damit aber über alles Sein und alle Erkennbarkeit hinaus (vgl. 508 E - 509 C, 511 B). Die Metaphysik des Einen steigt also von der bestimmten Vielheit der Erscheinungen auf zu der Einheit ihrer Bestimmung, der reinen Idee, und von dieser zu der absoluten Einheit jenseits aller Bestimmungen, die Bestimmtheit als Einheit einer Vielheit überhaupt erst ermöglicht; das absolute Eine macht jede Idee erst zur Idee, indem es ihr Einheitscharakter verleiht: *τὰ γὰρ εἴδη τοῦ τί ἐστιν αἴτια τοῖς ἄλλοις, τοῖς δ' εἴδεσι τὸ ἕν* (Aristoteles, Metaph. 988 a 10 - 11); *τὸ τί ἦν εἶναι ἑκάστῳ τῶν ἄλλων τὰ εἴδη παρέχονται, τοῖς δ' εἴδεσι τὸ ἕν* (ebd. 988 b 4 - 6). Es ist darum der Urgrund (*ἀρχή*)[114] und die Ursache (*αἰτία*)[115] schlechthin, das absolut Erste (*τὸ πρῶτον*).[116]

---

[112] Vgl. Proklos, Theol. Plat. II 7, 47, 24 - 48, 8; In Parm. VII 28, 13 - 21 = 496, 7 - 13 Steel. Siehe auch M. Wundt, *Platons Parmenides*, 34 und 70.

[113] Z.B. Metaph. 989 b 18 - 23, 988 a 10 - 11, 988 b 4 - 6.

[114] Politeia 510 B 5, 7, 511 A 5, B 5, 7, C 7, 8, D 2, 533 C 3, 8.

[115] Politeia 508 E 3, 517 C 2; Ep. II 312 E 2; vgl. Phileb. 27 B. Das Eine ist *βασιλεὺς πάντων* Ep. II 312 E 1 - 2, vgl. Politeia 509 D 2, 517 C 4.

[116] Ep. II 312 D 7; vgl. Ep. VII 344 D 4 - 5: *περὶ φύσεως ἄκρα καὶ πρῶτα* (offenbar terminologisch für die Prinzipien). Vgl. die an das Sonnengleichnis anklingende Definition von "Prinzip" bei Arist. Metaph. V 1 1013 a 17 - 19: *πασῶν μὲν οὖν κοινὸν τῶν ἀρχῶν τὸ πρῶτον εἶναι ὅθεν ἢ ἔστιν ἢ γίγνεται ἢ γιγνώσκεται.*

Wie nun die Idee als Einheit des Wasseins für jeden Bereich der Vielheit die Voraussetzung (*ὑπόθεσις*) zu seiner Bestimmung und Erkenntnis ist (vgl. Phaid. 100 B), so ist das über alle Ideen hinausliegende Eine selbst das über alle Voraussetzungen und Bedingungen hinausliegende "Unbedingte" (*τὸ ἀνυπόθετον*, 511 B 6), das "voraussetzungslose" Absolute, von dem aus alle Ideen sowohl für sich als auch in ihrem Zusammenhang untereinander erst dialektisch bestimmbar und noetisch erkennbar sind (vgl. Politeia 511 B - C mit Parm. 142 B 5 ff. und 157 C 1 ff.). Als absoluter und universaler Urgrund (*ἀρχὴ ἀνυπόθετος*, 510 B 7; *ἡ τοῦ παντὸς ἀρχή*, 511 B 7) ist es jenseits von Denken und Sein, weil es alle Bestimmungen des Denkens und des Seins erst begründet. Das Denken muß darum im Aufstieg zum Absoluten alle Bestimmungen des reinen Seins transzendieren; das Ziel des ganzen dialektischen Aufstiegs: die "Aufhebung der Voraussetzungen" (vgl. 533 C 8 - 9: *τὰς ὑποθέσεις ἀναιροῦσα, ἐπ' αὐτὴν τὴν ἀρχὴν ἵνα βεβαιώσηται*) durch die Zurückführung aller reinen Bestimmtheiten auf das Eine selbst muß darum in die Ausgrenzung des überseienden Absoluten, des *ἓν αὐτό* und *ἀγαθὸν αὐτό*, aus allen Seinsbestimmungen durch eine negative Dialektik münden, die Platon ausdrücklich fordert: *ὃς ἂν μὴ ἔχῃ διορίσασθαι τῷ λόγῳ ἀπὸ τῶν ἄλλων πάντων ἀφελὼν τὴν τοῦ ἀγαθοῦ ἰδέαν, καὶ ὥσπερ ἐν μάχῃ διὰ πάντων ἐλέγχων διεξιών, μὴ κατὰ δόξαν ἀλλὰ κατ' οὐσίαν προθυμούμενος ἐλέγχειν, ἐν πᾶσι τούτοις ἀπτῶτι τῷ λόγῳ διαπορεύηται, οὔτε αὐτὸ τὸ ἀγαθὸν φήσεις εἰδέναι τὸν οὕτως ἔχοντα οὔτε ἄλλο ἀγαθὸν οὐδέν* (534 B 8 - C 5).[117]

Die hier geforderte dialektische Bestimmung des Absoluten aus der sukzessiven Verneinung alles dessen, was Es selbst nicht ist (*ἀπὸ τῶν ἄλλων πάντων ἀφελών*, 534 B 9), wird in der Ersten Hypothese des "Parmenides" (137 C 4 - 142 A 8) wirklich durchgeführt;[118] der unfehlbare Grundsatz (*ἀπτὼς λόγος*, 534 C 3) aller Negationen ist dabei die absolute Einfachheit des Absoluten,[119] die, wie die Erste Hypothesis an allen Fundamen-

---

[117] Zur Detailerklärung dieser Stelle H.J. Krämer, *Über den Zusammenhang von Prinzipienlehre und Dialektik bei Platon*, 397 ff.

[118] Vgl. Proklos, In Remp. I 285, 5 - 28 und In Parm. VII 64, 16 - 24 mit 58, 22 ff. = 515, 80 - 88 und 512, 86 ff. Steel. Auf die via negativa des reinen Einen deutet auch Krämer, *Prinzipienlehre u. Dialektik*, 425 ff.; *Arete bei Plat. u. Arist.*, 466, 545 mit Anm. 109 die Stelle.

[119] Proklos, In Remp. I 285, 31 - 286, 10 bezieht den λόγος ἀπτώς auf die Methode der ἀφαίρεσις selber. Da diese in der reinen Einfachheit des Einen gründet, macht es sachlich keinen Unterschied, ob man den λόγος ἀπτώς auf die absolute Nicht-Vielheit des Einen oder auf die in ihr wurzelnde negative Methode bezieht.

talbestimmungen des Seienden zeigt, unwiderlegbar *jede* Bestimmung von ihm abweist. Wir wenden uns daher nun abschließend der Dialektik des Einen im "Parmenides" zu, welche die Prinzipienlehre Platons innerhalb des Schriftwerkes selbst weitgehend enthüllt.[120] Hier zeigen insbesondere die ersten beiden Hypothesen das Eine einmal in seiner reinen Transzendenz als das Absolute (Erste Hypothesis), sodann in seiner Verbindung mit einem anderen, dem erst in der dritten Hypothesis enthüllten Prinzip der unbegrenzten Vielheit (*πλῆθος ἄπειρον*, vgl. 158 C 6 - 7), als das Seinsprinzip, aus dem sich alle Fundamentalbestimmungen des Seienden entfalten und das so den durch diese strukturierten Kosmos der Ideen begründet (Zweite Hypothesis). Dabei sei vorab (Kap. III § 1) auf die vielfältigen Interpretationsmöglichkeiten des zweiten Teils des "Parmenides" eingegangen, um die hier versuchte prinzipientheoretische und einheitsmetaphysische Deutung in Konfrontation mit konkurrierenden Auslegungen zu rechtfertigen. Ferner sei in diesem Zusammenhang auf die überaus lange und traditionsreiche Interpretationsgeschichte dieses Textes eingegangen, die wohl bis zu den Schülern Platons in der Alten Akademie zurückreicht und die den "Parmenides" als einen Schlüsseltext für das Verständnis des Platonischen Denkens erweist.

---

[120] Vgl. Krämer, *Arete bei Plat. u. Arist.*, 135: "Diese Prinzipienlehre tritt erst im 'Parmenides' zutage." "Der '*Parmenides*' stellt die beiden Prinzipien des Einen und Vielen in ihrer gegenseitigen Bezogenheit dar. Da hier die Weise, wie die beiden ἀρχαί ineinanderwirken, paradigmatisch entwickelt wird, ist der 'Parmenides' geeignet, die Bruchstücke der Vorträge (sc. 'Über das Gute') zu erläutern. . . Die Hypothesismethode more geometrico durchleuchtet alle für das Verhältnis der beiden Prinzipien denkbaren Fälle und legt so die eine wirkliche Struktur des Seienden in ihrer inneren Notwendigkeit bloß" (261).

## Kapitel III

## Die Dialektik des Einen im "Parmenides":

## Das Eine selbst als reine Transzendenz

### § 1 Zur Interpretation des "Parmenides"

Auf die überragende Bedeutung des Dialogs "Parmenides" für Plotin, aber auch für das Verständnis der Platonischen Prinzipienphilosophie, wurde schon wiederholt hingewiesen. Der "Parmenides" ist der einzige Dialog, in dem Platon direkt über das Eine spricht. Für Plotins Metaphysik des überseienden und bestimmungslosen Einen selbst ist er der bei weitem wichtigste Anknüpfungspunkt. Er verdient darum im Rahmen einer Untersuchung über die Metaphysik des absoluten Einen besondere Aufmerksamkeit.

Die Neuplatoniker sahen seit Plotin im "Parmenides" das "Grundbuch des Platonismus",[1] dessen Auslegung die vornehmste Aufgabe des Platoninterpreten war. Diese Auslegung nahm nach Plotin die Form des systematischen Kommentars mit festliegenden Interpretationsprinzipien an. Erhalten sind die großen und bedeutenden Kommentare des Proklos[2] und des Damaskios,[3] sowie umfangreiche Fragmente eines anonymen

---

[1] K.H. Volkmann-Schluck, *Plotin als Interpret*, 143.

[2] *Procli Commentarium in Platonis Parmenidem*, in: *Procli Opera Inedita*, ed. V. Cousin, Paris 1864 (ND. Frankfurt 1962; ND. nur des Parmenideskommentars Hildesheim / New York 1980), pp. 617 - 1258; *Procli Commentarium in Parmenidem, pars ultima adhuc inedita interprete Guillelmo de Moerbeka*, ed. R. Klibansky et L. Labowsky, London 1953 (Plato Latinus III. ND. Nendeln 1973); *Proclus, Commentaire sur le Parménide de Platon, Traduction de Guillaume de Moerbeke*, ed. C. Steel, 2 Bände Leuven / Leiden 1982/85; *Proclus' Commentary on Plato's Parmenides.* Translated by G.R. Morrow and J.M. Dillon with Introduction and Notes by J.M. Dillon, Princeton 1987. - Dazu auch O. Zimmermann, *Platons Parmenides und der Kommentar des Proklos*, Heidelberg 1936.- *Proclus, Théologie Platonicienne.* Texte établi et traduit par H.D. Saffrey et L.G. Westerink, 6 Bände Paris 1968 - 87 (Bd. 2 zur 1. Hypothesis, ab Bd. 3 ein ausführlicher Kommentar zur 2. Hypothesis).

[3] *Damascii Successoris Dubitationes et Solutiones de Primis Principiis in Platonis Parmenidem*, ed. C.A. Ruelle, 2 Bände Paris 1889 (ND. Brüssel 1964; Amsterdam 1966);

Kommentars aus einem Turiner Palimpsest, der mit größter Wahrscheinlichkeit von Porphyrios stammt.[4] Wir wissen ferner von Kommentaren des Amelios, des Jamblich, des Theodoros von Asine, des Plutarch von Athen, des Syrianos und des Marinos, über deren Inhalte wir in Grundzügen orientiert sind.[5] Diese neuplatonische Hochschätzung des "Parmenides" wirkte in der Neuzeit bei Nikolaus von Kues und Ficino,[6] bei Leibniz und Hegel nach; so nannte Hegel den "Parmenides" das "größte Kunstwerk der alten Dialektik."[7]

---

*Damascius, Traité des Premiers Principes.* Texte établi par L.G. Westerink et traduit par J. Combès, bisher 2 Bände, Paris 1986/89.

4 P. Hadot, *Porphyre et Victorinus*, 2 Bände Paris 1968. Text in Bd. II, pp. 61 - 113. - Die Zuweisung des *Anonymus Taurinensis* an Porphyrios rechtfertigt Hadot ebd. Bd. I, 102 - 143 und in dem Aufsatz: *Fragments d' un Commentaire de Porphyre sur le Parménide*, Revue des Études Grècques 74 (1961), 410 - 438. - Erstedition des (im Krieg verbrannten) Anon. Taur. von W. Kroll, Rhein. Mus. 47 (1892), 616 - 627.

5 Unsere wichtigste Quelle sind die zahlreichen Einzelangaben des Proklos, die über seinen gesamten Kommentar (bes. Buch VI - VII) verstreut sind, vor allem aber sein detaillierter Generalüberblick über die neuplatonische Auslegung der einzelnen Hypothesen In Parm. VI 1051, 34 - 1064, 12. Die von Proklos durchweg anonym referierten Vorgänger sind in den Handschriften durch einen wissenden Scholiasten namentlich identifiziert (außer Theodoros). Vgl. die genaue Analyse des gesamten Passus von H.D. Saffrey und L.G. Westerink, *Proclus. Théologie Platonicienne.* Vol. I. Introduction pp. LXXV - LXXXIX. - Daß der von Proklos referierte "Philosoph von Rhodos" (den der Scholiast als einzigen nicht identifiziert) Theodoros von Asine ist, zeigte H.D. Saffrey, *Le "Philosophe de Rhodes": est-il Théodore d' Asine*, in: Mém. A.J. Festugière, Paris 1984, 65 - 76. - Zur Parmenidesinterpretation Plutarchs von Athen auch R. Beutler, s.v. *Plutarchos* 3), RE Bd. XXI, 1 Sp. 970 - 973; zu derjenigen des Marinos H. Dörrie, s.v. *Marinos* 1., Der Kleine Pauly Bd. 3, Sp. 1026. - Eine zusammenfassende Darstellung der neuplatonischen Parmenidesinterpretation fehlt. Einen in vielen Einzelheiten veralteten Überblick gibt M. Wundt, *Platons Parmenides*, Stuttgart - Berlin 1935, 7 - 26.

6 Zur Wirkungsgeschichte des "Parmenides" und seiner neuplatonischen Deutung in Mittelalter und Renaissance R. Klibansky, *Plato's Parmenides in the Middle Ages and the Renaissance*, Medieval and Renaissance Studies 1, 2, London 1943, 281 - 330. ND. zus. mit: ders., *The Continuity of the Platonic Tradition during the Middle Ages*, New York 1982.

7 *Phänomenologie des Geistes.* Vorwort (Werke ed. Moldenhauer-Michel Bd. 3), 66. Ähnlich in den *Vorlesungen über die Geschichte der Philosophie II* (Werke Bd. 19), 79: "Die ausgeführte eigentliche Dialektik aber ist im Parmenides enthalten, dem berühmtesten Meisterstück der Platonischen Dialektik." Ebd. 81: "Dieser Dialog ist eigentlich die reine Ideenlehre Platons." - Dagegen deutete der frühe Hegel im *Skeptizismusaufsatz* den "Parmenides" noch als "echten Skeptizismus", "welcher das ganze Gebiet jenes Wissens durch Verstandesbegriffe umfaßt und zerstört" und damit "selbst die negative Seite der

Nun ist freilich der "Parmenides" der notorisch umstrittenste und rätselhafteste unter allen Dialogen Platons. Es bedarf daher wohl vorab einer Rechtfertigung, wenn hier eine positive metaphysische Deutung des zweiten Teils dieses Dialogs vorgelegt wird, die in der dialektischen Behandlung des Einen und des Vielen eine Metaphysik des überseienden Einen selbst und seiner Entfaltung in das All des Seienden erblickt.

Die Kontroverse um die Auslegung des dialektischen Teils des "Parmenides" beschränkt sich indes nicht auf die einfache Alternative zwischen inhaltlich positiver, metaphysischer Deutung und inhaltlich negativer, logischer Deutung; vielmehr gibt es innerhalb beider Richtungen wiederum mehrere, grundsätzlich verschiedene Interpretationsansätze. Dabei können wir mit Proklos vier Grundtypen der Auslegung unterscheiden, die sich bei allen Variationen im Einzelnen von der Antike bis zur Gegenwart durchhalten:[8]

1. Der zweite Teil des Dialogs hat logische Bedeutung; er entwickelt keine eigene Theorie, sondern wendet lediglich Zenons Argumentationsmethode zur Widerlegung der eleatischen Metaphysik des Einen an und

---

Erkenntnis des Absoluten" ausmacht (Werke Bd. 2, 228). - Zu Hegels Parmenidesdeutung und ihrer Entwicklung K. Düsing, *Hegel und die Geschichte der Philosophie.* Ontologie und Dialektik in Antike und Neuzeit, Darmstadt 1983, 55 - 96. (Zu Hegels kritischer Aufnahme der neuplatonischen Deutung, insbesondere derjenigen des Proklos, ebd. 151 - 159, auch 134 - 142). Auch ders., *Ontologie und Dialektik bei Plato und Hegel*, Hegel-Studien 15 (1980), 95 - 150, spez. 123 - 135; ders., *Formen der Dialektik bei Plato und Hegel*, in: M. Riedel (Hrsg.), *Hegel und die antike Dialektik*, Frankfurt 1990, 169 - 191, spez. 180 ff. Vgl. ferner W. Künne, *Hegel als Leser Platos*, Hegel-Studien 14 (1979), 109 - 146 sowie M. Baum, *Die Entstehung der Hegelschen Dialektik*, Bonn 1986, passim. - Leibniz schreibt über den "Parmenides": "Qui specimen profundissimae Platonis philosophiae cupit, is legat . . . ipsum Parmenidem . . . (sc. qui) de Uno et Ente, id est Deo ( . . . ) admiranda ratiocinatur" (Philos. Schr. ed. Gerhardt IV, 176).

[8] Vgl. In Parm. 630, 15 - 645, 8. Proklos unterscheidet 640, 17 ff. die theologische Deutung Syrians, der er selber folgt und die speziell die 2. Hypothesis auf die verschiedenen Götterordnungen bezieht, als fünfte Richtung von der rein einheitsmetaphysischen der Neuplatoniker von Plotin bis Plutarch. Mir scheint dies jedoch keinen wesentlichen Unterschied zu begründen, da es sich nur um eine Deutungsvariante speziell der 2. Hypothesis handelt und da diese fünfte Richtung mit der einheitsmetaphysischen vierten prinzipiell vollkommen übereinstimmt, wie Proklos selbst hervorhebt (641, 1 - 22). - Zum folgenden vgl. J.M. Dillon, *Proclus' Commentary*, General Introduction XXIV - XXXIV, 7 - 9. - Eine Zweiteilung in logische (negative) und metaphysische (positive) Interpretation nimmt Proklos vor in der Theol. Plat. I cap. 8 - 11, pp. 33, 13 - 55, 9 S. - W.

endet aporetisch.[9] Die "Übung" ist also antieleatische Ironie und Spiel, vorgetragen von Parmenides selbst. Die Urheber dieser Auslegungsrichtung, die heute von den meisten Interpreten vertreten wird,[10] kennen wir nicht; wir können sie aber im Umkreis der skeptischen Neuen Akademie vermuten, die im "Parmenides" ein Beispiel für ihre eigene Methode der destruktiven Argumentation gesehen haben dürfte, ähnlich wie sie im "Theaitetos" eine skeptische Erkenntnistheorie fand.[11]

2. Der zweite Teil ist eine logische Übung mit positiver, nämlich propädeutischer Absicht.[12] Er dient der Einübung in eine formale Methode allseitig konsequenten Argumentierens; diese ist zur Verteidigung der Ideenlehre gegen Einwände nötig und bereitet Platons eigene Lehre vor, hat aber selber keine positive ontologische Bedeutung. Die in ihr entwickelten Paradoxien und Widersprüche werden dann teils rein logisch, teils aber auch als sachlich bedeutsam interpretiert, nämlich sofern sie zwar nicht Platons eigene Lehre enthalten, wohl aber deren Möglichkeit ex negativo vorbereiten sollen. Der Ansatz zu einer solchen logischen Auslegung, die negativ, aber nicht rein destruktiv ist, läßt sich bei den kaiserzeitlichen Platonikern Albinos und Thrasyllos nachweisen;[13]

---

[9] Vgl. dazu Proklos, In Parm. 630, 37 - 633, 12.

[10] Vgl. etwa O. Apelt, *Untersuchungen über den Parmenides des Platon*, in: ders., *Beiträge zur Geschichte der griechischen Philosophie*, Leipzig 1891 (ND. 1975), 1 - 66; A.E. Taylor, *Plato. The Man and his Work* (1926), ND. London 1971, 349 ff.; H.F. Cherniss, *Parmenides and the Parmenides of Plato*, Am. Journal of Philology 53 (1932), 122 - 138; G. Calogero, *Studi sull Eleatismo*, Roma 1932. Deutsch: *Studien über den Eleatismus*, Darmstadt 1970, bes. 243 - 280; W.G. Runciman, *Plato's Parmenides*, Harvard Studies in Class. Philol. 64 (1959), 89 - 120; L. Sichirollo, *Gestalten und Probleme der Platonischen Dialektik*, in: ders., *Διαλέγεσθαι - Dialektik. Von Homer bis Aristoteles*, Hildesheim 1966, 61 - 84; M. Schofield, *The Antinomies of Plato's Parmenides*, C. Q. N. S. 27 (1977), 139 - 158; H.G. Zekl, *Der Parmenides.* Untersuchungen über innere Einheit, Zielsetzung und begriffliches Verfahren eines platonischen Dialogs, Marburg 1971; ferner ders., *Platon. Parmenides.* Übers. und hrsg. von H.G.Z., Hamburg 1972; R.E. Allen, *Plato's Parmenides.* Translation and Analysis, Minneapolis 1983; R.P. Hägler, *Platons "Parmenides". Probleme der Interpretation*, Berlin / New York 1983.

[11] Vgl. Wundt, *Platons Parmenides*, 10; Dillon, *Proclus' Commentary*, XXV mit Anm. 11; dort auch der Verweis auf Anon. Theait. Comm. 54, 38 ff. ed. Diels - Schubart.

[12] Vgl. dazu Proklos, In Parm. 633, 12 - 635, 27.

[13] Vgl. Albinos, Didaskalikos 6; vgl. aber auch ders., Eisagoge 3, wo Albinos eine elenktische Deutung vertritt; Thrasyllos bei Diogenes Laertius III 58. Vgl. Dillon, *Proclus' Commentary*, XXV, 29 Anm. 14, 30 Anm. 17. Gleichwohl ist Albinos' negative Theologie Didaskalikos 10, p. 165, 4 ff. Hermann zumindest indirekt durch die 1. Hypothesis inspiriert,

durchgeführt ist sie (außer für die 1. Hypothese) in den anonymen Scholien, die in unseren Proklos-Handschriften erhalten sind und die jüngst dem byzantinischen Polyhistor Georgios Pachymeres (13. Jh.) zugewiesen worden sind.[14] Sowohl die rein logische als auch die negativ-ontologische Deutung werden auch heute vertreten.[15]

3. Die "Übung" hat metaphysische Bedeutung: sie enthält - genau wie das Lehrgedicht des Parmenides - eine Lehre vom Seienden oder eine ontologische Dialektik der reinen Ideen.[16] Meist wird dann angenommen, daß von den entgegengesetzten, einander im Ergebnis und z.T. auch in den einzelnen Argumenten widersprechenden Hypothesen jeweils nur die eine wahr ist und positiven Sinn hat. Der Schwerpunkt der Auslegung liegt hierbei auf der zweiten Hypothesis, während die erste das unbezügliche, reine Eine - das dann aber nicht Platon, sondern den Eleaten zugeschrieben wird - widerlegen soll. Eine solche rein ontologische Deutung hat offenbar der Platoniker Origenes vertreten.[17] Bei größten Abweichungen im Einzelnen wird eine (positive) ontologische Deutung in der Forschung

---

vgl. dazu A.H. Armstrong, *The Archicture of the intelligible Universe in the Philosophy of Plotinus*, 10. Zu Thrasyllos vgl. auch Anm. 24.

[14] In Cousins Proklos-Ausgabe Sp. 1257 - 1314. Jetzt: Georgios Pachymeres, Ὑπόμνηματα εἰς τὸν Παρμενίδην Πλάτωνος, ed. and transl. by Th.A. Gadra, S.M. Honen, P.M. Stinger and G. Umholz. Introduction by L.G. Westerink, Athen / Paris / Brüssel 1989.

[15] Eine rein logische Deutung vertreten etwa G. Ryle, *Plato's Parmenides*, Mind 48 (1939), 129 - 151. 302 - 325, bes. 129 ff., 311 ff.; W.D. Ross, *Plato's Theory of Ideas*, Oxford 1951, bes. 92 - 101. Eine negativ-ontologische Deutung vertreten mit unterschiedlicher Akzentuierung K. Düsing, *Ontologie und Dialektik bei Plato und Hegel*, Hegel-Studien 15 (1980), 95 - 150, bes. 98 - 109; K.M. Sayre, *Plato's late Ontology.* A riddle resolved, Princeton 1983, bes. 37 - 74; ähnlich auch schon M. Suhr, *Platons Kritik an den Eleaten.* Vorschläge zur Interpretation des platonischen Dialogs "Parmenides", Hamburg 1969; ferner K. Gloy, *Einheit und Mannigfaltigkeit*, Berlin / New York 1981, bes. 25 - 82. Welche Ontologie ex negativo vorbereitet wird, wird dabei ganz verschieden beurteilt: für Düsing jene des "Sophistes", für Sayre jene des "Philebos", für Suhr die Idealzahlenlehre.

[16] Vgl. dazu Proklos, In Parm. 635, 31 - 638, 2.

[17] Zu Origenes siehe Proklos, Theol. Plat. II 4, 31, 4 - 22 und In Parm. VI 1065, 3 ff.; In Parm. VII 64, 1 - 16 K - L = 515, 66 - 81 Steel. Die beiden letzten Stellen weisen eine negative Deutung der 1. Hypothesis zurück, während die erste beweist, daß Origenes Platon ein überseiendes Absolutes absprach. Vgl. H.D. Saffrey und L.G. Westerink, *Proclus. Théologie Platonicienne*, Vol. II. Introd. X - XX. Auch Dillon, *Proclus' Commentary*, 8 und 419 Anm. 38.

u.a. von Zeller, Natorp, Stenzel, Cornford, Liebrucks und Huber vertreten.[18]

4. Die "Übung" hat metaphysische Bedeutung: den Hypothesen über das Eine liegt eine Metaphysik des überseienden Einen selbst und seiner Entfaltung in das hierarchisch gestufte Ganze des Seienden und Nichtseienden zugrunde.[19] Die einander widersprechenden Hypothesen werden dann auf inhaltlich verschieden bestimmte Seinsstufen (Hypostasen) sowie auf die an sich selbst unbestimmbaren Prinzipien des Einen und des Vielen selbst (1. und 4. bzw. 5. Hypothese) bezogen. Dabei werden verschiedene Bedeutungen des "Einen" und der "Anderen" sowie von "Sein" und "Nichtsein" in den einzelnen Hypothesen unterschieden; ferner wird Platons innerakademische Prinzipienlehre zur Deutung der dialektischen Übung herangezogen, die nach dieser Interpretation das esoterische System Platons in verschlüsselter Form darstellt. Der Schwerpunkt der Auslegung liegt hierbei auf der ersten Hypothesis, die als negative Theologie des absolut transzendenden Einen selbst verstanden wird, während in den folgenden Hypothesen vom unbedingten Urgrund zu den Prinzipiaten abgestiegen werde. Umstritten bleibt dabei, ob auch die vier letzten Hypothesen unter der Voraussetzung, daß das Eine nicht ist, einen positiven Sinn haben[20] oder ob es sich dabei um Widerlegungen absurder Behauptungen handelt, die die Notwendigkeit,

---

[18] Vgl. E. Zeller, *Über die Komposition des Parmenides und seine Stellung in der Reihe der Platonischen Dialoge*, in: ders., *Platonische Studien*, Tübingen 1839 (ND. Amsterdam 1969), 157 - 196; P. Natorp, *Platos Ideenlehre. Eine Einführung in den Idealismus*, Leipzig 1903, 235 ff.; J. Stenzel, *Die Dialektik des platonischen Seinsbegriffs*, in: ders., *Metaphysik des Altertums*, München / Berlin 1931 (ND. München 1971), 128 - 139, erneut in: *Das Problem der ungeschriebenen Lehre Platons* (Wege der Forsch. Bd. 186), Darmstadt 1972, 299 - 315; F.M. Cornford, *Plato and Parmenides*. Parmenides' "Way of Truth" and Plato's "Parmenides". Translated with an Introduction and a running Commentary, 1939. 5. Aufl. London 1964; B. Liebrucks, *Zur Dialektik des Einen und des Seienden in Platons Parmenides*, ZphF 2 (1947), 244 ff.; ders., *Platons Entwicklung zur Dialektik*, Frankfurt 1949; G. Huber, *Platons dialektische Ideenlehre nach dem zweiten Teil des Parmenides*, Basel 1952; E. Hoeflich, *Die Prinzipienlehre des platonischen Dialogs Parmenides*, München 1954; E. Berti, *Struttura e significato del "Parmenide" di Platone*, Giornale di Metafisica 26 (1971), 497 - 527.

[19] Vgl. dazu Proklos, In Parm. 638, 2 - 640, 16. Vgl. oben Anm. 8.

[20] Diese Auffassung vertraten Amelios, Porphyrios und Jamblich, vgl. Proklos, In Parm. 1052, 31 - 1055, 25.

das Eine als absolutes Prinzip vorauszusetzen, ex negativo bestätigen sollen.[21]

Eine solche prinzipientheoretische und einheitsmetaphysische Deutung wurde von Plotin an von den Neuplatonikern in zahlreichen Kommentaren, aber auch in systematischen Werken (wie in Proklos' "Elementarmetaphysik" und seiner "Platonischen Theologie") detailliert durchgeführt. Die Grundzüge dieser "neuplatonischen" Auslegung sind aber schon *vor* Plotin nachweisbar, und zwar im stark von der Alten Akademie (besonders von Speusipp) beeinflußten Neupythagoreismus:[22] Moderatos von Gades (1. Jh. n. Chr.) nämlich unterschied - wie E.R. Dodds gezeigt hat, in offensichtlicher Anlehnung an die drei ersten Hypothesen des "Parmenides" - zwischen dem Ersten Einen, das über das Sein und jede Wesenheit erhaben ist (*τὸ πρῶτον ἓν ὑπὲρ τὸ εἶναι καὶ πᾶσαν οὐσίαν*), dem Zweiten Einen, das mit den Ideen als dem wahrhaft Seienden und Intelligiblen identisch ist (*τὸ δεύτερον ἕν, ὅπερ ἐστὶ τὸ ὄντως ὂν καὶ νοητόν*), und dem Dritten Einen als dem Bereich der Seele (*τὸ τρίτον, ὅπερ ἐστὶ τὸ ψυχικόν*);[23] diese Einteilung entspricht genau der "Parmenides"-Auslegung Plotins (V 1, 8). Ferner ist wahrscheinlich, daß schon die zuerst bei Eudoros von Alexandria (1. Jh. v. Chr.) greifbare Unterscheidung zwischen dem höchsten und absolut Einen, das transzendent und

---

[21] Dies ist die Meinung des Proklos, In Parm. 1055, 25 - 1057, 5. Sie wurde ganz ähnlich auch schon von Theodoros von Asine, Plutarch von Athen und Syrian vertreten, vgl. In Parm. 1057, 5 - 1064, 12. - Eine ganz eigene Auffassung vertrat Damaskios: Er lehnt die Doktrin von der negativen Bedeutung der vier letzten Hypothesen ab und erkennt der 6. und 8. (die er auf die Aistheta und die Eidola bezieht) positive Bedeutung zu, während er die 7. und 9. für absurd hält; denn in diesen beiden werde das Nichtsein des Einen und der Anderen als absolutes, in jenen beiden dagegen als relatives genommen. Vgl. dazu J. Combès, *Damascius, lecteur du Parménide*, Arch. de phil. 38 (1975), 33 - 60; ders., *Damascius et les hypothèses négatives du Parmenide. Du phénomène, des simulacres, des impossibles*, Rev. des Sc. phil. et théol. 61 (1977), 185 - 220. Zur Parmenidesinterpretation des Damaskios auch ders., *Négativité et procession des principes chez Damascius*, Rev. des Ét. Aug. 22 (1976), 114 - 133; erneut in: *Recherches sur la tradition platonicienne*, Paris 1977, 119 - 141; ders., *L' un humain selon Damascius. L' objet de la 3^e^ hypothèse du Parménide*, Rev. des Sc. phil. et théol. 62 (1978), 161 - 166; ders., *La Théologie aporétique de Damascius*, in: *Néoplatonisme* (Mélanges J. Trouillard), Paris 1981, 125 - 139; zusammenfassend auch ders., *Damascius. Traité des Premiers Principes*, Vol. I 1986, Introduction LVI - LXXII.

[22] Vgl. zum folgenden E.R. Dodds, *The Parmenides of Plato and the origin of the Neoplatonic "One"*, C. Q. 22 (1928), 129 - 142, spez. 136 ff.

[23] Vgl. Moderatos bei Simplikios, In Phys. 230, 34 ff. Diels. Dazu oben Kapitel I Anm. 18 und 48.

übergegensätzlich ist, und dem sekundär Einen, das der unbestimmten Zweiheit als Gegensatz zugeordnet ist, durch eine metaphysische Interpretation der ersten beiden Hypothesen des "Parmenides" inspiriert ist.[24]

Der Urheber dieser "neuplatonischen", die verschiedenen Hypothesen auf verschiedene Stufen des Einen deutenden Interpretation könnte Speusipp sein. Speusipp nämlich unterschied nicht nur verschiedene Seinsstufen oder Hypostasen, sondern er nahm auch für jede dieser Hypostasen ein eigenes Prinzip an, das die grund- und maßgebende *Einheit* des betreffenden Seinsbereichs bildet und das Speusipp aus dem überseienden Einen selbst als dem absoluten Prinzip ableitete;[25] so unterschied

---

[24] Vgl. Eudoros bei Simplikios, In Phys. 181, 10 ff. Diels. Dazu oben Kap. I Anm. 60 mit Anm. 32 und 67. - Porphyrios, Vita Plotini 20, 71 - 76 zitiert eine Bemerkung des Longinos, Plotins Auslegung der Pythagoreischen und Platonischen Prinzipien (also der altakademischen Prinzipienlehre) übertreffe die Schriften des Numenios, Kronios, Moderatos und Thrasyllos über diese Prinzipien an Genauigkeit bei weitem. Das könnte bedeuten, daß diese Schriften eine metaphysische Deutung des "Parmenides" enthielten, wie das ja bei Plotin und auch bei Moderatos der Fall war. Daß Longins eigene Schrift "περὶ ἀρχῶν" Auslegungen zum "Parmenides" enthielt, glaubte M. Wundt, *Platons Parmenides*, 15 aufgrund von Bezugnahmen bei Damaskios, De principiis § 306, 452 Ruelle. - Zum Einfluß der 1. Hypothesis im Vorneuplatonismus auch J. Whittaker, *ΕΠΕΚΕΙΝΑ ΝΟΥ ΚΑΙ ΟΥΣΙΑΣ*, Vigiliae Christianae 23 (1969), 91 - 104; ders., *Neopythagoreanism and the Transcendent Absolute*, Symbolae Osloenses 45 (1970), 77 - 86.

[25] Vgl. Aristoteles, Metaph. Z 2 1028 b 21 - 24 = Speusipp Fr. 33 a Lang / 48 Isnardi Parente / 29 a Tarán: *Σπεύσιππος δὲ καὶ πλείους οὐσίας ἀπὸ τοῦ ἑνὸς ἀρξάμενος* sc. *οἴεται εἶναι, καὶ ἀρχὰς ἑκάστης οὐσίας, ἄλλην μὲν ἀριθμῶν ἄλλην δὲ μεγεθῶν, ἔπειτα ψυχῆς· καὶ τοῦτον δὴ τὸν τρόπον ἐπεκτείνει τὰς οὐσίας*. Vgl. ferner Fr. 33 b - e und 50 Lang / 49 - 52 und 86 Isnardi P. / 29 b - d, 30 und 37 Tarán. - Daß die hier erwähnten Sonderprinzipien der einzelnen Seinsbereiche von Speusipp als Modifikationen des Einen konzipiert und aus dem Einen selbst abgeleitet wurden, beweist Fr. 88 Isnardi P. = Jamblich, De comm. math. sc. IV 17, 5 mit 12 - 16: *καίπερ τοῦ ἑνὸς ὁμοίου ἐγγιγνομένου διὰ παντός . . . τὸ γὰρ ἁπλούστατον πανταχοῦ στοιχεῖον εἶναι. λοιπὸν οὖν τινα ἑτέραν μεγέθους αἰτίαν ὑποθεμένους, ὡς ἐν ἀριθμοῖς μονάδα κατὰ τὸ ἕν, οὕτως στιγμὴν ἐν γραμμαῖς τιθέναι*. (Vgl. auch Arist. Metaph. 1085 a 13: *ἡ δὲ κατὰ τὸ ἓν ἀρχή*). Eine zusätzliche Bestätigung liegt darin, daß Speusipp den Derivationszusammenhang seines Stufensystems durch den "Hervorgang der Wirklichkeit des Seienden" aus dem überseienden Einen sichergestellt hat: Aristoteles, Metaph. 1091 a 35: *προελθούσης τῆς τῶν ὄντων φύσεως*. Vgl. Jamblich, De comm. math. sc. IV 16, 12. Das absolute Eine erzeugt somit die regionalen Einheitsprinzipien entweder unmittelbar oder vermittelt durch das Einheitsprinzip der nächsthöheren Hypostase (so offenbar Jamblich, De comm. math. sc. IV 17, 14 - 16). Vgl.

Speusipp außer dem absoluten Einen zwischen verschiedenen Einheitsprinzipien für die Zahlen, die geometrischen Größen und den Bereich der Seele, die zueinander im Verhältnis der Analogie stehen.[26] Eine solche abstufende Differenzierung des Einheitsbegriffs, wie sie Speusipp vertreten hat, erinnert unmittelbar an die dialektische Behandlung des Einen in den verschiedenen Hypothesen des Platonischen "Parmenides"; die Übereinstimmungen gehen dabei bis ins Detail. Die radikale via negativa des absoluten Einen in der ersten Hypothesis entspricht völlig der absoluten Transzendenz und begrifflichen Negativität des Einen selbst bei Speusipp;[27] ferner erscheint das seiende Eine in der zweiten Hypothesis als das Prinzip der Zahlen (143 D ff.) und - auf weiter abgeleiteter Stufe - als das Prinzip der reinen geometrischen Raumformen (145 B, vgl. 148 D ff.), die Speusipp als eigene Seinsstufe von den Zahlen unterschied, Platon jedoch nicht;[28] das seiende und nichtseiende Eine der dritten Hypothese (bzw. des Corollars zur zweiten: 155 E - 157 B) endlich entspricht mit seiner inneren Bewegtheit im Übergang zwischen Sein und Nichtsein der Seele als Prinzip der Bewegung und als Vermittlungsinstanz zwischen dem wahrhaft Seienden und dem Werdenden als dem Nichtseienden, wie sie

---

dazu H.J. Krämer, *Die Ältere Akademie*, in: *Ueberwegs Grundriß der Geschichte der Philosophie. Philosophie der Antike* Bd. 3: *Ältere Akademie - Aristoteles - Peripatos*, hrsg. von H. Flashar, Basel / Stuttgart 1983, 29 - 31.

[26] Vgl. Jamblich, De comm. math. sc. IV 17, 14 - 16 = Speusipp, Fr. 88 Isnardi P.: *ὡς ἐν ἀριθμοῖς μονάδα κατὰ τὸ ἕν, οὕτως στιγμὴν ἐν γραμμαῖς τιθέναι.* Aristoteles, Metaph. 1085 a 32 f. = Speusipp Fr. 49 Lang / 84 Isnardi P. / 51 Tarán: *ἡ δὲ στιγμὴ αὐτοῖς δοκεῖ εἶναι οὐχ ἓν ἀλλ' οἷον τὸ ἕν.* Was für Speusipp das Einheitsprinzip der Seele war, ist nicht überliefert; H.J. Krämer, loc. cit., 30 vermutet gestützt auf Xenokrates, Fr. 9 Heinze die Kreisbewegung.

[27] Vgl. Speusipp Fr. 34 e Lang / 57 Isnardi P. / 43 Tarán = Aristoteles, Metaph. 1092 a 14 - 15; Fr. 62 Isnardi P. / 48 Tarán = Proklos, In Parm. VII 40, 1 ff. = Test. Plat. 50 Gaiser; Fr. 72 Isnardi P. = Jamblich, De comm. math. sc. IV 15, 7 - 10 mit 16, 10 - 14. Dazu genauer unten.

[28] Vgl. Aristoteles, Metaph. Z 2 1028 b 19 - 23: *οἱ δὲ πλείω καὶ μᾶλλον ὄντα ἀΐδια, ὥσπερ Πλάτων τά τε εἴδη καὶ τὰ μαθηματικὰ δύο οὐσίας, τρίτην δὲ τὴν τῶν σωμάτων οὐσίαν, Σπεύσιππος δὲ καὶ πλείους οὐσίας ἀπὸ τοῦ ἑνὸς ἀρξάμενος, καὶ ἀρχὰς ἑκάστης οὐσίας, ἄλλην μὲν ἀριθμῶν ἄλλην δὲ μεγεθῶν, ἔπειτα ψυχῆς.* Aristoteles knüpft daran den Vorwurf der Hypostasenvermehrung und der episodischen Zerdehnung des Seins (Metaph. 1028 b 24 und 1075 b 37 - 1076 a 3). - Wenn Platon, Parm. 145 B 3 - 5 dem seienden Einen zugleich geradlinige, kreisförmige und aus beidem gemischte Gestalt zuschreibt, so entspricht dies genau Speusipps Definition der Seele als der *ἰδέα τοῦ πάντῃ διαστατοῦ* (Fr. 40 Lang / 96 - 97 Isnardi P. / 54 a - b Tarán), die mit Platon, Tim. 34 B und 36 E übereinstimmt.

Platon, Speusipp und Xenokrates übereinstimmend aufgefaßt haben.[29] Speusipp konnte also seine Unterscheidung zwischen dem absoluten Einen und den regionalen Einheitsprinzipien des arithmetischen, geometrischen und seelischen Bereichs in Platons "Parmenides" wiederfinden; wir besitzen darüber hinaus zwei Speusipp-Fragmente, die sich direkt auf den "Parmenides" beziehen lassen und von Proklos, der sie überliefert, auf ihn bezogen wurden (dazu unten). - In der modernen Forschung wurde eine "neuplatonische", einheitsmetaphysische Auslegung u.a. von J. Wahl, M. Wundt, A. Speiser, E. Paci, F. W. Lynch, E. A. Wyller, F. P.Hager, C. F. von Weizsäcker und J. N. Findlay vertreten.[30] H. J. Krämer hat den einheitsmetaphysisch gedeuteten "Parmenides" als

---

[29] Die Seelendefinitionen Speusipps ("Idee des überallhin Ausgedehnten", Fr. 40 Lang) und Xenokrates' ("sich selbst bewegende Zahl", Fr. 60 - 65 Heinze) knüpfen beide an Platons Schilderung der Zusammensetzung der Weltseele aus den Elementen des unteilbaren und des teilbaren Seins, der Identität und der Verschiedenheit im "Timaios" (35 A - 37 C; dazu auch Aristoteles, De an. 404 b 16 - 27 = Test. Plat. 25 A) an und stimmen in der Sache wesentlich überein. Dazu Ph. Merlan, *Beiträge zur Geschichte des antiken Platonismus* II: *Poseidonios über die Weltseele in Platons Timaios*, Philologus 89 (1934), 197 - 214; erneut in: ders., *Kleine philosophische Schriften*, Hildesheim 1976, 70 - 87; ferner K. Gaiser, *Platons ungeschriebene Lehre*, 41 - 66; auch H.J. Krämer, *Die Ältere Akademie*, 29 f. und 56 f.

[30] Vgl. J. Wahl, *Étude sur le Parménide de Platon*, Paris 1926, [2]1951; M. Wundt, *Platons Parmenides*, Stuttgart / Berlin 1935; W.F.R. Hardie, *A Study in Plato*, Oxford 1936; A. Speiser, *Ein Parmenideskommentar.* Studien zur platonischen Dialektik, Stuttgart 1937, [2]1959; E. Paci, *Il significato del Parmenide nella filosofia di Platone*, Milano 1938; F. W. Lynch, *An Approach to the Metaphysics of Plato through the Parmenides*, Georgetown 1959; E.A. Wyller, *Platons Parmenides in seinem Zusammenhang mit Symposion und Politeia.* Interpretationen zur platonischen Henologie, Oslo 1960; ders., *Platons Parmenides. Form und Sinn*, ZphF 17 (1963), 202 ff.; F.P. Hager, *Der Geist und das Eine.* Untersuchungen zum Problem der Wesensbestimmung des höchsten Prinzips als Geist oder als Eines in der griechischen Philosophie, Bern / Stuttgart 1970, 130 - 159; C.F. von Weizsäcker, *Parmenides und die Quantentheorie*, in: ders., *Die Einheit der Natur*, München 1971, [3]1983, 441 - 465; erneut in: ders., *Ein Blick auf Platon.* Ideenlehre, Logik und Physik, Stuttgart 1981, 46 - 75; J.N. Findlay, *Plato. The Written and Unwritten Doctrines*, London 1974, bes. 237 ff, auch 395 ff.; H.G. Gadamer, *Der Platonische "Parmenides" und seine Nachwirkung*, Archivio di Filosofia 51 (1983), 39 - 51; erneut in: ders., *Gesammelte Werke* Bd. 7: *Plato im Dialog*, Tübingen 1991, 313 - 327; V. Hösle, *Wahrheit und Geschichte.* Studien zur Struktur der Philosophiegeschichte unter paradigmatischer Analyse der Entwicklung von Parmenides bis Platon, Stuttgart-Bad Cannstadt 1984, bes. 459 - 506, 531 ff. Ähnlich in der Tendenz auch G. Huber, *Platons dialektische Ideenlehre nach dem zweiten Teil des Parmenides* (s. Anm. 18).

einen Hauptzeugen für Platons Prinzipienlehre herangezogen; die allmähliche Konvergenz zwischen mündlicher Lehre und Schriftwerk Platons, die Krämer in den Dialogen nach der "Politeia" sich vollziehen sieht, erreiche im "Parmenides" ihren Kulminationspunkt. -[31]

So ist die wahre Bedeutung des "Parmenides" stark umstritten, wobei die unterschiedlichen Interpretationen ungleich stärker divergieren als bei irgend einem anderen Dialog Platons. Solange man nun die Dialoge als die *einzige* authentische Quelle für das Denken Platons betrachtet und als die einzige legitime Basis seiner Interpretation zugrunde legt, wird sich das Rätsel des "Parmenides" wohl kaum lösen lassen. Die verschiedenen angeführten Auslegungsrichtungen werden solange wohl alternativ bleiben müssen; denn der Text selbst läßt sich in jeder dieser Richtungen deuten, ohne daß jedoch eine von ihnen eine definitive Bestätigung an ihm erführe.[32]

Ganz anders verhält es sich aber, sobald man die innerakademische Prinzipienlehre Platons (*Περὶ τἀγαθοῦ*) zur Deutung des rätselhaften Dialogs heranzieht. Dann zeigt sich nämlich, daß diese Prinzipienlehre von Platon in keinem anderen Dialog so weitgehend enthüllt wird wie im dialektischen Teil des "Parmenides"; sie bleibt dabei allerdings insoweit verschlüsselt, als der Leitfaden zur Entschlüsselung der antinomischen Dialektik der Hypothesen im Dialog selber nicht mitgeteilt wird. Auf den esoterischen Charakter des in den Hypothesen Verhandelten wird freilich im Dialog deutlich hingewiesen (136 DE).[33] Das angemessene Verständnis

---

[31] Vgl. H.J. Krämer, *Arete bei Platon und Aristoteles.* Zum Wesen und zur Geschichte der platonischen Ontologie, Heidelberg 1959, ²Amsterdam 1967, bes. 135 ff., 261 f., 309 ff., 324 f., 333 Anm. 170, 398 f., 420, 427 ff., 517 ff., 541 ff.; auch ders., *Der Ursprung der Geistmetaphysik.* Untersuchungen zur Geschichte des Platonismus zwischen Platon und Plotin, Amsterdam 1964, ²1967, passim. Ähnlich auch G. Reale, *Per una nuova interpretazione di Platone.* Rilettura della metafisica dei grandi dialoghi alla luce delle "Dottrine non scritte", Milano 1984, ⁵1987.

[32] Freilich gilt gerade dann die Feststellung von K.H. Volkmann-Schluck, *Plotin als Interpret der Ontologie Platos,* 143: "Die neuplatonische Erklärungsweise ist die einzige philosophisch gegründete Interpretation geblieben. Ihre Auslegung bestätigt sich so, wie eine Interpretation ihre Bestätigung finden kann: Sie läßt aus der unverständlichen und resultatlosen Dialektik einen metaphysischen Gehalt heraustreten, der die Deduktionen verständlich macht."

[33] Bes. 136 D 6 ff.: *εἰ μὲν οὖν πλείους ἦμεν, οὐκ ἂν ἄξιον ἦν δεῖσθαι· ἀπρεπῆ γὰρ τὰ τοιαῦτα πολλῶν ἐναντίον λέγειν ἄλλως τε καὶ τηλικούτῳ· ἀγνοοῦσιν γὰρ οἱ πολλοὶ ὅτι ἄνευ ταύτης τῆς διὰ πάντων διεξόδου τε καὶ*

der Hypothesen über das Eine setzt darum die Kenntnis der ungeschriebenen Lehre Platons voraus, ohne welche jene ein im Letzten nicht auflösbares Rätsel bilden und vielleicht auch bilden sollen. Berücksichtigt man dagegen, daß der "Parmenides" die Prinzipientheorie als innerakademischen Hintergrund der Dialoge voraussetzt, so erschließt er sich einer fundierten und konkreten - und weder experimentellen noch spekulativen - interpretatorischen Durchdringung;[34] die Zeugnisse der indirekten Überlieferung und Platons eigene Aussagen im prinzipientheoretisch verstandenen zweiten Teil des "Parmenides" passen zusammen wie Schlüssel und Schloß, sie bestätigen und ergänzen einander wechselseitig.

Das zeigt am deutlichsten die erste Hypothesis mit der Absolutsetzung des Einen selbst als des einfachhin Einen. Sie spricht dem absolut Einen nach allen anderen Bestimmungen auch Sein und Einheitscharakter, Erkennbarkeit und Sagbarkeit ab und läßt damit überhaupt nur zwei Deutungen zu: entweder sie bietet eine negative Theologie des transzendenten Absoluten, oder sie führt im Gegenteil gerade die Absolutsetzung des reinen Einen ad absurdum. Platon führt die Absolutsetzung des Einen bis zum expliziten Widerspruch: Wenn das Eine einfachhin Eines ist (137 C 4), dann *ist* das Eine nicht einmal so, daß es *Eines* ist (141 E 10 - 11). Der Versuch, das Eine selbst *als* absolut Eines zu denken, hebt sich in seinem Vollzug selbst auf: Die Frage ist nur, was dieses Ergebnis für Platon bedeutet. Muß das Denken sich im Aufstieg zum absolut Einen selbst übersteigen, weil das absolute Eine jede Denkbarkeit transzendiert, oder ist die Ansetzung des schlechthin einfachen Einen unsinnig, weil selbstwidersprüchlich ?

Die Auslegung der ersten Hypothesis als reductio ad absurdum des absolut Einen scheitert jedoch aus zwei Gründen:

---

*πλάνης ἀδύνατον ἐντυχόντα τῷ ἀληθεῖ νοῦν σχεῖν*. Vgl. 137 A 7: *ἐπειδὴ καὶ . . . αὐτοί ἐσμεν* (Vgl. damit Ep. VII 341 E 1 ff., 343 E 1 ff., 344 B 1 ff.). - Auch der Exkurs über die Veröffentlichung der Schrift Zenons gegen dessen Willen Parm. 128 C - E dürfte eine deutliche Anspielung auf den esoterischen Hintergrund des Dialogs sein und steht übrigens in auffälliger Parallele zu Platons autobiographischem Bericht im VII. Brief 341 BC über die Profanierung seiner Prinzipienlehre (vgl. 344 D 4 f.: *τῶν περὶ φύσεως ἄκρων καὶ πρώτων*) durch Dionysios II. und andere, die sie unauthorisiert und in verflachter Form veröffentlicht hatten. (Vgl. auch V. Hösle, *Wahrheit und Geschichte*, 398 Anm. 304, 463 Anm. 394). - K. Gaiser, *Platons ungeschr. Lehre*, 6 nimmt wohl zu Recht an, "daß bestimmte Dialoge, wie z.B. der 'Parmenides', nicht für eine breitere Öffentlichkeit, sondern für einen Kreis der schon mit den philosophischen Problemen der Akademie Vertrauten gedacht sind."

[34] Vgl. Krämer, *Ursprung der Geistmetaphysik*, 367 Anm. 638.

1. Sie muß logisch voraussetzen, daß der Satz vom Widerspruch, den Platon mehrfach formuliert,[35] auch für die Theorie des Einen uneingeschränkte Geltung besitzt. Unter dieser Voraussetzung kann das Eine nur entweder sein oder nicht sein und wenn es nicht ist, so ist es im privativen Sinne nichtig und nichts: dann - und *nur* dann - ist die erste Hypothesis eine reductio ad absurdum.[36] Die Voraussetzung, daß für Platon das Eine selbst dem Satz vom Widerspruch unterliege, ist jedoch nachweisbar falsch. Wäre sie richtig, so könnte Platon nicht vom *ἀγαθὸν αὐτό* - von dem wir wissen, daß er es mit dem *ἓν αὐτό* gleichsetzte[37] - sagen: *οὐκ οὐσίας ὄντος τοῦ ἀγαθοῦ, ἀλλ᾽ ἔτι ἐπέκεινα τῆς οὐσίας πρεσβείᾳ καὶ δυνάμει ὑπερέχοντος* ("Politeia" 509 B 8 - 10). Platon spricht hier dem Guten das Sein ab, *aber diese Verneinung bedeutet eben nicht die absolute Aufhebung, sondern expressis verbis die Seinstranszendenz* des Guten selbst. Die Stelle beweist, daß für Platon das Absolute - das Gute oder das Eine selbst - *nicht* dem Satz vom Widerspruch unterliegt, weil es als Überseiendes jenseits der Alternative von Sein und Nichtsein steht, folglich auch über dem Gegensatz von Bejahung und Verneinung.[38] Anderenfalls wäre es nicht das *ἀνυπόθετον* ("Politeia" 511 B 6), das als *ἀρχὴ τοῦ παντός*

---

[35] Vgl. Politeia 436 BC, Theaitet 165 B, 196 C, Sophistes 259 CD, 263 D, vgl. auch 230 B.

[36] Vgl. Proklos, In Parm. VII 65, 1 - 15 KL = 515, 66 - 80. Steel. Proklos betont dort gegen Origenes, das Resultat der ersten Hypothesis sei schlechthin vernichtend für jedes *seiende* Eine, *nicht* aber für das *überseiende* Eine Platons: "Non ergo impossibilia conclusit hypothesis neque repugnantia Platoni" (64, 16 KL = 515, 80 f. Steel). Proklos verweist im folgenden (64, 16 ff. und 25 ff. KL = 515, 80 ff. und 89 ff. Steel) auf "Politeia" 534 B und 509 B.

[37] Ausdrücklich für Platon überliefert ist diese Gleichsetzung bei Aristoteles, Metaph. 1091 b 13 - 15, Eud. Eth. 1218 a 19 - 21. 25 f.; Aristoxenos, Harmonika II 30 - 31 Meibom (nach Aristoteles). Sie ergibt sich ebenfalls aus Stellen wie Arist. Metaph. A 6 988 a 14 f., *Λ* 10 1075 a 35 f., M 8 1084 a 34 f., N 4 1091 a 29 - b 3. 35, Phys. A 9 192 a 15; Sextus Emp., Adv. Math. X 268 zu 275; Hermodor bei Simplikios, In Phys. 248, 2 ff. Diels.

[38] Vgl. auch Proklos, In Parm. VII 72, 2 - 22 = 519, 2 - 19 Steel. Proklos erklärt dort, nach Platon unterliege das Eine selbst nicht dem Satz vom Widerspruch, da es als Unsagbares weder Bejahung noch Verneinung zulasse. Proklos betont, das Widerspruchsprinzip versage nur bezüglich des Einen und nur in der Weise, daß einander widersprechende Sätze beide falsch sein können, aber nicht so, daß beide wahr sein können; das letztere tritt nach Proklos niemals ein. Proklos erkennt in dieser Einschränkung der universalen Geltung des Widerspruchsprinzips bei Platon ganz richtig eine entscheidende Differenz zu Aristoteles, für den das Widerspruchsprinzip - und nicht das Eine oder Gute selbst - das *ἀνυπόθετον* ist (Metaph. 1005 b 14). Siehe dazu K. Flasch, *Die Metaphysik des Einen bei Nikolaus von Kues*, 188 - 190.

(ebd. B 7) alle Gegensätze - auch den Gegensatz von Sein und Nichtsein - erst begründet, sondern selbst ein Bedingtes - bedingt nämlich vom Widerspruchsprinzip, das dann das wahre ἀνυπόθετον wäre.[39] Die Stelle zeigt darüber hinaus, daß für Platon die Paradoxie die der Transzendenz des Absoluten am ehesten angemessene Denk- und Aussageform ist.[40] Paradoxie aber suspendiert das Widerspruchsprinzip für die Theorie des Absoluten: sie verlangt, die Verneinung nicht als absolute Aufhebung, sondern als Transzendenzaussage, das Nichtsein also als Übersein zu denken.[41]

---

[39] Tatsächlich nennt Aristoteles das Gesetz vom zu vermeidenden Widerspruch mit dem Platonischen Terminus das ἀνυπόθετον und erhebt es damit anstelle des überseienden Einen zum absoluten und unbedingten Prinzip (Metaph. 1005 b 14 im Kontext 1005 b 11 - 34 ). Dazu K. Flasch, *Die Metaphysik des Einen*, 53 - 54 : "Die Wahl dieses Terminus macht den Gegensatz zu Platon schneidend scharf . . . Von Platon her gesehen ist die Bezeichnung des Widerspruchsprinzips als des ἀνυπόθετον blasphemisch." - Für Platon ist dagegen das Eine die einzige ἀνυπόθετος ἀρχή (Politeia 510 B 7) und steht selber unter keiner weiteren Bedingung mehr, auch nicht unter der nur formalen des Satzes vom Widerspruch.

[40] Zur Paradoxie als Denkform des Absoluten und zu ihrem Verhältnis zur Negation vgl. die grundsätzlichen Darlegungen von W. Beierwaltes, *Proklos. Grundzüge seiner Metaphysik*, 357 ff.

[41] Siehe dazu Proklos, In Parm. VI 1072, 19 - 1074, 21 und In Parm. VII 44, 13 - 46, 18 = 503, 37 - 504, 76 Steel. Nach dem zweiten Passus müssen bei Platon vier Bedeutungen von Nichtsein unterschieden werden: 1. Das schlechthin Nichtseiende (nullatenus ens, μηδαμῇ ὄν, Plat. Politeia 477 A 7), das Nichts der absoluten Privation. 2. Das Werdende als das nicht wahrhaft Seiende, als defizientes Sein. 3. Die Andersheit als relationales Nichtsein im Bereich des wahrhaft Seienden. 4. Das Übersein der absoluten Transzendenz (supereminentia, τὸ μὴ ὂν ὅ ἐστιν ἐπέκεινα τοῦ ὄντος, In Parm. 1073, 11 f.). Für die erste dieser Bedeutungen von Nichtsein bei Platon beruft sich Proklos dort auf "Politeia" 477 A 2 - B 4, für die zweite auf "Timaios" 27 D 5 - 28 A 4, für die dritte auf "Sophistes" 255 A ff. spez. 255 D 2 - E 6 und 258 A 11 - B 3, für die vierte auf "Politeia" 509 B 8 - 10 und 508 E 1 - 509 A 5. - Diesen vier Bedeutungen von Nichtsein entsprechend unterscheidet Proklos im ersten Passus drei Arten der Negation bei Platon: 1. Die privative Negation, die der Affirmation kontradiktorisch entgegengesetzt ist und im Rang unter ihr steht; sie bezieht sich auf das Unterseiende (Nichts und Werdendes). 2. Die relative Negation, die der Affirmation nicht entgegengesetzt ist und ihr im Rang gleichsteht; sie bezieht sich auf das Andere im Bereich des Seienden. 3. Die Transzendenzaussage, die über dem Gegensatz von Affirmation und (privativer oder relativer) Negation steht und sich auf das Überseiende bezieht; sie steht über der Affirmation und bringt die entsprechende positive Bestimmung erst hervor. Proklos' Theorie von der produktiven Bedeutung transzendierender Negationen findet bei Platon insofern einen Anhalt, als dieser die Seinstranszendenz des nichtseienden

Wenn Platon aber Verneinungen vom Absoluten als Transzendenzaussagen verstanden hat, dann ist auch das paradoxe Resultat der ersten Hypothesis nicht absurd, sondern sinnvoller und notwendiger Ausdruck der absoluten Transzendenz des Einen. Andernfalls wäre auch das überseiende Gute selbst in der "Politeia" für Platon absurd; denn auch ihm müssen aufgrund seiner Seinstranszendenz alle positiven Bestimmungen abgesprochen werden, so daß sich genau die gleichen Konsequenzen ergeben wie in der ersten Hypothesis des "Parmenides" für das absolut Eine.[42] Gerade die negative Ausgrenzung aus allen Bestimmungen, wie sie dort vollzogen ist, wird aber in der "Politeia" an stark herausgehobener Stelle für das *ἀγαθὸν αὐτό* gefordert (534 B);[43] sie ist also für Platon offenbar keineswegs absurd. Während ferner im Sonnengleichnis die Seinstranszendenz nicht aus dem dort zurückgehaltenen Wesen des *ἀγαθόν* begründet, sondern nur per analogiam einsichtig gemacht wird, gibt der "Parmenides" die Begründung aus dem Wesen des Absoluten: das Eine, wenn es rein in sich selbst betrachtet wird, ist nichts als das Eine; jede weitere Charakterisierung würde es in die Vielheit hineinziehen. Darum ist das Eine selbst unbestimmbar, so daß von ihm nicht einmal gesagt werden kann, daß es ist oder daß es Eines ist (vgl. 141 E 10 - 12): es liegt über alle Bestimmungen hinaus, auch über Sein und Einssein, *καὶ τῆς οὐσίας τὸ ἓν ἐπέκεινα . . . καὶ τοῦ ἑνὸς ὄντος* (Proklos, Theol. Plat. II 12, 73, 7 f. z. St.).

2. Wäre die erste Hypothesis eine reductio ad absurdum, so müßte man fragen, wer hier eigentlich widerlegt werden soll. Der Eleatismus, an den

---

Absoluten unmittelbar mit seiner Stellung als Seinsprinzip verknüpft (Politeia 509 B 6 - 10 und A 6 - 8): es bringt das hervor, was ihm selbst aufgrund seiner Transzendenz abgesprochen werden muß. Diese dreifache Bedeutung der Negation unterscheidet Proklos auch Theol. Plat. II 5, 38, 13 - 39, 5 und II 10, 63, 8 - 17. Die vierfache Bedeutung des Nichtseins bei Platon unterscheidet Proklos auch In Parm. V 999, 19 - 39 und In Remp. II 375, 5 ff. Kroll. Die Theorie von der produktiven Bedeutung der transzendierenden Negation wird im ganzen "Parmenideskommentar" sehr oft wiederholt. Vgl. dazu auch W. Beierwaltes, *Proklos. Grundzüge seiner Metaphysik*, 341 - 343 und Saffreys Anm. 1 zu Theol. Plat. II p. 39 (p. 99 f. seiner Ausgabe).

[42] Das beweist schlagend die 6. Hypothesis Parm. 163 B 7 - 164 B 4. Ihre Negationen entsprechen jenen der 1. Hypothese, sind aber nicht wie dort aus der reinen Einfachheit, sondern aus dem Nichtsein des Einen abgeleitet.

[43] Vgl. dazu Proklos, In Parm. VII 64, 16 - 24 mit 58, 22 ff. = 515, 80 - 88 und 512, 86 ff. Steel; In Remp. I 285, 5 - 286, 10 Kroll.

dann meist gedacht wird, war - worauf schon Proklos hingewiesen hat[44] - eine Metaphysik des ἓν ὄν, nicht des ἓν αὐτό: er konzipierte das Eine als *Bestimmung des Seienden*, keineswegs aber das absolut und einfachhin Eine, das Eine selbst, wie es die erste Hypothesis voraussetzt. Dagegen wurde eine solche Metaphysik des absoluten Einen, das jenseits des Seins und aller Bestimmungen ist, nicht erst im Neuplatonismus, sondern nachweisbar schon in der Alten Akademie vertreten: sie ist für Speusipp sicher bezeugt,[45] sie wird aber auch von Speusipp und Aristoteles übereinstimmend Platon selbst zugeschrieben.[46]

Wäre die erste Hypothese eine reductio ad absurdum des reinen, unbezüglichen Einen, dann hätte Platon dort nicht Parmenides, sondern Speusipp widerlegen wollen - was doch wohl eine absurde Vorstellung wäre. Denn erstens widerlegt man eine Theorie des überseienden Einen nicht durch den Nachweis, das absolut Eine sei unbestimmbar und darum unerkennbar, weil dies zugestanden, aber notwendiger Ausdruck der absoluten Transzendenz des Einen ist. Eine "Widerlegung", die mit dem Satz vom Widerspruch gegen das *überseiende* und *übergegensätzliche* Eine argumentiert, wäre einfach verständnislos. Zweitens ergäbe sich, daß Platon dann gleichzeitig eine Theorie des überseienden und bestimmungslosen Einen für sinnlos und eine Theorie des überseienden Guten für sinnvoll gehalten hätte. Hätte Platon aber Speusipps Metaphysik des überseienden Einen widerlegen wollen, dann wäre drittens unverständlich, daß die indirekte Überlieferung - darunter Speusipp selber - Platon eben diese Theorie zuschreibt. Eine anti-speusippeische Deutung der ersten Hypothesis erledigt sich damit wohl von selbst. Eine anti-eleatische Deutung scheidet aber aus denselben Gründen aus, weil Platon dann die eleatische Metaphysik des ἓν ὄν zu einer Position verschärft hätte, die mit derjenigen Speusipps und der indirekten Platonüberlieferung bezüglich

---

[44] Vgl. etwa In Parm. 1134, 17 - 1135, 5; 1152, 18 - 37; 1240, 29 - 1241, 9; vgl. auch 703, 6 - 706, 18; 708, 7 - 709, 6; 722, 1 - 723, 16; 1077, 19 - 1079, 26; 1129, 31 - 1130, 7; In Parm. VII 28, 25 - 33 = 496, 15 - 18 Steel und öfter. Ebenso auch Damaskios, De Principiis I § 13, p. 35, 19 ff. Westerink.

[45] Zu Speusipps Metaphysik des Einen vgl. Ph. Merlan, *From Platonism to Neoplatonism*, Den Haag ²1960, 96 - 140; H.J. Krämer, *Der Ursprung der Geistmetaphysik*, 207 - 214, 351 - 361 und passim; ders., *Die Ältere Akademie*, in: *Ueberwegs Grundriß der Geschichte der Philosophie. Philosophie der Antike*. Bd. 3, 22 - 43 ("§ 2 Speusipp"). Hingewiesen sei auch auf die Abhandlung des Verfassers, *Speusipp und die Unendlichkeit des Einen*. Ein neues Speusipp-Testimonium bei Proklos und seine Bedeutung (erscheint im "Archiv für Geschichte der Philosophie". Dort auch weitere Literatur).

[46] Vgl. Arist. Metaph. 987 b 23, 996 a 7, 1001 a 6 ff. Für Speusipp s. unten.

des absolut Einen zusammenfällt, die aber der Eleatismus niemals vertreten hat. -

Daß eine "neuplatonische" Metaphysik des überseienden und unbestimmbaren Einen zu Platons Zeit und unter Platonischen Voraussetzungen möglich und sinnvoll war, beweist Speusipp, für den Seinstranszendenz und Unbestimmbarkeit des Einen durch wörtliche Zitate bezeugt sind. Dabei fällt auf, daß Speusipp (in einem bei Jamblich erhaltenen Fragment) dem Einen das Sein aufgrund seiner absoluten Einfachheit abspricht, die auch nach der ersten Hypothesis des "Parmenides" jede Bestimmung strikt von ihm ausschließt: *τὸ ἕν, ὅπερ δὴ οὐδὲ ὄν που δεῖ καλεῖν, διὰ τὸ ἁπλοῦν εἶναι καὶ διὰ τὸ ἀρχὴν μὲν ὑπάρχειν τῶν ὄντων, τὴν δὲ ἀρχὴν μηδέπω εἶναι τοιαύτην οἷα ἐκεῖνα ὧν ἐστιν ἀρχή.*[47] Daß das Nichtsein des Einen hier als Seinstranszendenz des Prinzips im Sinne des Platonischen Sonnengleichnisses verstanden werden muß, beweist eine Parallelstelle aus demselben Fragment, welche die Verneinung ausdrücklich als Transzendenzaussage versteht: *τὸ δὲ ἓν οὔτε καλὸν οὔτε ἀγαθὸν ἄξιον καλεῖν, διὰ τὸ καὶ τοῦ καλοῦ καὶ τοῦ ἀγαθοῦ ὑπεράνω εἶναι.*[48] Die absolute Transzendenz des Einen selbst über alle Bestimmungen, wie sie Speusipp nicht nur selber vertritt, sondern auch ausdrücklich für Platon bezeugt, stimmt aber bruchlos überein mit den Aussagen der "Politeia" über die Überseiendheit des *ἀγαθόν* und seine Ausgrenzung aus allen anderen Bestimmungen (509 B; 534 B - C). Unter diesen Umständen kann die erste Hypothesis, die das Eine in seiner Absolutheit bis zur Selbstaufhebung durchdenkt, nur als negative Theologie interpretiert werden, die in der Verneinung aller Bestimmungen das undenkbare Eine selbst von außen umkreist, um sich zuletzt in die - nicht in die Affirmation umschlagende - Negation der Negation aufzuheben.[49] Ihre logische Deutung als reductio ad absurdum ist dagegen unhaltbar, weil sie in

[47] Speusipp bei Jamblich, De comm. math. sc. IV 15, 7 - 10 = Speusipp, Fr. 72 Isnardi Parente. Vgl. Arist. Metaph. 1092 a 14 - 15 = Speusipp, Fr. 34 e Lang / 57 Isnardi Parente / 43 Tarán. - Daß das 4. Kapitel von "De communi mathematica scientia" ein (passagenweise sogar wörtliches) Fragment Speusipps ist, hat Ph. Merlan, *From Platonism to Neoplatonism*, $^{2}$96 - 130 bewiesen. Die Einwände, die L. Tarán, *Speusippus of Athens*, Leiden 1981, 86 - 107 dagegen erhebt, sind nicht überzeugend. Vgl. dagegen J.M. Dillon, *Speusippus in Jamblichus*, Phronesis 29 (1984), 325 - 332; ferner H. Schmitz, *Die Ideenlehre des Aristoteles*. Bd. 1. 2, Bonn 1985, 140 - 143.

[48] Speusipp bei Jamblich, De comm. math. sc. IV 16, 10 - 11. Vgl. Plotin, VI 9, 6, 39 - 42. 55 - 57; I 8, 2, 8. Dazu auch H.J. Krämer, *Ursprung der Geistmetaphysik*, 359 ff.

[49] Zur Negation der Negation vgl. Proklos, In Parm. VII 70, 5 - 76, 7 = 518, 72 - 521, 69 Steel. Dazu die Darlegungen von Beierwaltes, *Proklos*, 361 - 366.

unaufhebbarem Widerspruch sowohl zu in den Dialogen bezeugten Lehrmeinungen Platons (Seinstranszendenz und negative Ausgrenzung des ἀγαθόν) als auch zu glaubwürdigen Zeugnissen der Schüler über Platons λόγοι περὶ τοῦ ἀγαθοῦ (Gleichsetzung von ἕν und ἀγαθόν, Überseiendheit und Unbestimmbarkeit des absolut Einen) steht.

Ausschlaggebend ist, daß ein im Wortlaut erhaltenes Fragment Speusipps die Theorie des überseienden und unbestimmbaren Einen *für Platon* bezeugt und dabei exakt mit der einheitsmetaphysisch gedeuteten ersten Hypothesis des "Parmenides" übereinstimmt. Es lautet: "*Le unum enim melius ente putantes et a quo le ens, et ab ea que secundum principium habitudine ipsum liberaverunt. Existimantes autem quod, si quis le unum ipsum seorsum et solum meditatum, sine aliis, secundum se ipsum ponat, nullum alterum elementum ipsi apponens, nichil utique fiet aliorum, interminabilem dualitatem entium principium induxerunt.*" ("Sie glauben nämlich, das Eine sei über das Seiende erhaben und Ursprung des Seienden, und sie haben es (sc. das Eine) sogar von der Bestimmung als Prinzip befreit. Weil sie aber meinen, daß nichts von den anderen Dingen entstünde, wenn man das Eine selbst, allein in sich selbst betrachtet, ohne weitere Bestimmungen, an ihm selbst zugrunde legt, ohne ihm irgendein zweites Element (Prinzip) hinzuzusetzen, darum haben sie (sc. auch) die unbestimmte Zweiheit als Prinzip der Seienden eingeführt").[50]

Speusipp referiert hier die Begründung, warum Platon neben dem Einen selbst die unbestimmte Zweiheit als Prinzip des Seienden angesetzt hat.

---

[50] Speusipp bei Proklos, In Parm. VII 40, 1 - 5 = 501, 62 - 67 Steel = Speusipp, Fr. 62 Isnardi Parente / 48 Tarán = Test. Plat. 50 Gaiser. - Zu diesem Fragment: Ph. Merlan, *From Platonism to Neoplatonism*[2], 132 f.; W. Burkert, *Weisheit und Wissenschaft*, 19 mit Anm. 33, 56 f.; K. Gaiser, *Platons ungeschriebene Lehre*, 475, 530 f.; H.J. Krämer, *Der Ursprung der Geistmetaphysik*, 54, 209 Anm. 46, 356, 359; ders., *ΕΠΕΚΕΙΝΑ ΤΗΣ ΟΥΣΙΑΣ*, AGPh 51 (1969), 4 f., 11 ff.; ders., *Die Ältere Akademie*, 32 f.; H. Happ, *Hyle. Studien zum aristotelischen Materiebegriff*, Berlin 1971, 142 f.; L. Tarán, *Speusippus of Athens*, 350 - 356; M. Isnardi Parente, *Speusippo in Proclo*, Elenchos 5 (1984), 293 - 310; H. Schmitz, *Die Ideenlehre des Aristoteles*. Bd. 1. 2, 136 ff.; J. M. Dillon, *Proclus' Commentary*, 485 f.; H. Dörrie, *Der Platonismus in der Antike*. Bd. 1: *Die geschichtlichen Wurzeln des Platonismus*, Stuttgart - Bad Cannstadt 1987, 303 ff., 307; W. Beierwaltes, RAC Bd. XIV (1987) s.v. *Hen*, Sp. 450 f. - Die (teilweise auf Mißverständnissen beruhenden) Einwände Taráns gegen die Authentizität des Fragments haben Isnardi Parente sowie Dillon und Schmitz bündig widerlegt.

Das Eine sei über dem Sein (*melius ente* = κρεῖττον τοῦ ὄντος)[51] und darum müsse ihm auch die Bestimmung als Prinzip abgesprochen werden (*et ab ea que secundum principium habitudine ipsum liberaverunt* = καὶ ἀπὸ τῆς κατ' ἀρχὴν ἕξεως αὐτὸ ἠλευθέρωσαν), die es in ein Verhältnis zum Sein brächte, obwohl es Ursprung oder Vonwoher des Seins sei (*a quo le ens* = ἀφ' οὗ τὸ ὄν).[52] Weil aber das Eine selbst in seiner absoluten Transzendenz vollkommen bestimmungslos sei, könne nichts weiteres aus ihm abgeleitet werden (*nichil utique fiet aliorum* = οὐδὲν ἂν γίγνοιτο τῶν ἄλλων) und darum müsse die unbestimmte Zweiheit als sekundäres Prinzip zur Ableitung der Vielheit des Seienden eingeführt werden.

Dies stimmt aber vollkommen mit dem Befund der ersten beiden Hypothesen im "Parmenides" überein:[53] Denn die erste "*legt das Eine selbst, allein in sich selbst betrachtet, ohne weitere Bestimmungen, an ihm selbst zugrunde, ohne ihm irgend ein zweites Element hinzuzufügen*", also auch nicht das Sein; indem sie dem reinen Einen jede Seinsbestimmtheit

---

[51] Regräzisiert nach Krämer, *Die Ältere Akademie*, 32 und AGPh 64 (1982), 79, die folgenden Regräzisierungen nach Klibansky (Plato Latinus III, 86).

[52] Eine genau entsprechende Theorie vertritt Plotin: Enn. VI 9, 3, 49 - 51; VI 8, 8, 9 - 15; dazu oben Teil I Kap. III § 1. - Darin, daß das überseiende Eine für Speusipp zwar "*a quo le ens*", aber dennoch nicht "principium" sei, erblickt Tarán, op. cit., 352 ff. eine schwerwiegende Ungereimtheit und einen Widerspruch zu dem Bericht des Aristoteles, Metaph. 1092 a 11 - 15 (= Speusipp, Fr. 43 Tarán), demzufolge das nichtseiende Eine ἀρχή ist. In Wahrheit ist die Aussage des Fragments weder ungereimt noch im Widerspruch zu dem Aristotelischen Zeugnis. Speusipp spricht dem Einen an sich selbst, wenn es in sich betrachtet wird, die *Relationsbestimmung* "Prinzip (*für Anderes*)" ab; denn das reine Eine ist als solches absolut relationslos. Aus der absoluten Transzendenz des Einen folgt notwendig, daß dieses nicht als Prinzip bestimmt werden kann; es ist Ursprung des Seienden (*a quo le ens*) *nur von diesem her*, aber nicht an sich selbst; Speusipp bzw. Platon (den Speusipp referiert) ist in diesem Punkt genau so konsequent wie Plotin. Zudem läßt das Eine nicht in seiner Absolutheit, sondern erst im Zusammenwirken mit der unbestimmten Zweiheit das Seiende hervorgehen; die ἀόριστος δυάς ist allererst die Entfaltungsbasis des Einen und als solche eher als "principium entium" bestimmbar als das überseiende und unbestimmbare Eine selbst. Das Referat des Aristoteles widerspricht dem nicht: Es hebt ganz allgemein die Unbestimmtheit der letzten Prinzipien bei Speusipp hervor und erwähnt in diesem Zusammenhang die Konsequenz, daß dann das absolut Eine nicht einmal ein Seiendes sei.

[53] Das hebt auch Proklos hervor: "Quare testatur et iste (sc. Speusippus) hanc esse antiquorum opinionem de uno, quod ultra ens sursum raptum est et quod post unum interminabilem dualitas. Et hic (sc. Parm. 141 E 10 - 12) igitur Plato hoc ostendit le unum ultra le ens et ultra id quod in ipso unum et ultra totum unum ens" (In Parm. VII 40, 6 - 9 = 501, 67 - 71 Steel).

abspricht, zeigt sie seine absolute Transzendenz. Dem Einen selbst kann somit weder irgendetwas zukommen noch kann irgendetwas von ihm kommen (142 A 2: *τούτῳ τῷ μὴ ὄντι* sc. *τῷ ἑνὶ εἴη ἄν τι αὐτῷ ἢ αὐτοῦ;*), da es als das Absolute aus allem herausgenommen ist und darum an ihm selbst auch nicht als Prinzip in Beziehung zu Anderem steht. Vom Übersein des Einen zum Sein, von der reinen Einheit zur Vielheit führt mithin kein Weg zurück. Darum setzt die zweite Hypothesis neu ein, indem sie dem Einen ein zweites Element hinzufügt, das als solches aus ihm allein nicht ableitbar ist: das Sein. In der sich ins Unendliche wechselseitig implizierenden Zweiheit von Einheit und Sein im seienden Einen aber bekundet sich die *ἀόριστος δυάς*, welche das seiende Eine in eine unbegrenzte Vielheit von seienden Einheiten, d.h. von Ideen artikuliert (142 E - 143 A)[54] und dadurch die überseiende Überfülle des absolut Einen ontologisch fruchtbar werden läßt: Wie die Parallelstelle aus der dritten (neuplatonisch: vierten) Hypothesis beweist, hat sowohl das ursprüngliche Ganze des seienden Einen als auch jede einzelne der durch Zweiteilung aus ihm entstehenden seienden Einheiten allererst durch die Teilhabe an dem überseienden Einen selbst Einheitscharakter und Fürsichsein (vgl. 157 C - 158 A). In ihnen wird die überseiende reine Einheit gleichsam kontrahiert und reflektiert wie das unsichtbare reine Licht in den sichtbaren Farben. In der zweiten Hypothesis erscheint darum das Sein als das die ursprüngliche Einheit in die Vielheit der Ideen zerteilende und artikulierende Moment (spez. 144 E),[55] was mit der "*interminabilis dualitas*" als dem "*principium entium*" bei Speusipp ebenso übereinstimmt wie mit den Berichten über die "entzweiende" (*δυοποιός*) Wirksamkeit der *ἀόριστος δυάς* bei Aristoteles und Alexander.[56] Aus dem Zusammenwirken der entzweienden Zweiheit mit dem einenden und begrenzenden Einen im seienden Einen entwickelt die zweite Hypothesis dann sämtliche Fundamentalbestimmungen des Seins, welche in den Aristotelischen

---

[54] Daß die Ideen seiende Einheiten sind, ergibt sich z.B. aus Philebos 15 AB, 16 DE; ferner aus Parm. 132 C 4, 133 B 1, 135 C 9 sowie Politeia 476 A, 479 A, 507 B, 596 A.

[55] Vgl. Parm. 144 E 3 - 5: *τὸ ἓν ἄρα αὐτὸ κεκερματισμένον ὑπὸ τῆς οὐσίας πολλά τε καὶ ἄπειρα τὸ πλῆθός ἐστιν.* Ebd. 6 - 7: *αὐτὸ τὸ ἓν ὑπὸ τοῦ ὄντος διανενεμημένον πολλὰ ἀνάγκη εἶναι.*

[56] Vgl. Aristoteles, Metaph. 1082 a 13 - 15: *ἡ γὰρ ἀόριστος δυάς, ὥς φασι, λαβοῦσα τὴν ὡρισμένην δυάδα δύο δυάδας ἐποίησεν· τοῦ γὰρ ληφθέντος ἦν δυοποιός.* Vgl. dazu Parm. 142 E 6 - 143 A 1: *τό τε γὰρ ἓν τὸ ὂν ἀεὶ ἴσχει καὶ τὸ ὂν τὸ ἕν· ὥστε ἀνάγκη δύ' ἀεὶ γιγνόμενον μηδέποτε ἓν εἶναι.* Vgl. auch Alexander, In Metaph. 57, 4 Hayduck; ähnlich Sextus Emp., Adv. Math. X 276 - 277.

Berichten[57] als die *μέγιστα γένη* des Ideenreiches und ersten Derivate der beiden höchsten Prinzipien erscheinen und welche die erste Hypothesis dem Einen selbst abgesprochen hatte.

Die erste Hypothesis besagt dann in genauer Übereinstimmung mit dem Zeugnis Speusipps die absolute Transzendenz des Einen selbst über alle seine Prinzipiate. Eine weitere wichtige Übereinstimmung liegt darin, daß die unbestimmte Zweiheit hier wie dort erst *nach* dem überseienden reinen Einen auf abgeleiteter Stufe (dem Seienden bzw. dem seienden Einen) angesetzt wird, quasi als Hilfsprinzip zur Deduktion der Vielheit bzw. als Entfaltungsbasis der Einheit. Dies spricht für einen letzten *Monismus* der Platonischen Prinzipienlehre, auch wenn die *ἀόριστος δυάς* weder im "Parmenides" noch bei Speusipp aus dem *ἕν* abgeleitet wird; der Monismus besteht vielmehr darin, daß die Zweiheit - wie der "Parmenides" deutlich zeigt - selber nur als Einheit und darum nicht getrennt von dem Einen konzipiert werden kann,[58] während das Eine selbst - wie die erste Hypothesis und das Zeugnis Speusipps beweisen - rein als solches ohne jede Zweiheit angesetzt werden muß, als reine Transzendenz, aber dann auch nicht als Prinzip *für Anderes*. In dieser Asymmetrie zwischen der relationslosen Absolutheit des reinen Einen und der Relativität und Relationalität der unbestimmten Zweiheit, die freilich eine irreduzible bleibt, liegt der monistische Grundzug der Platonischen Prinzipientheorie.

Die aufgewiesenen Übereinstimmungen beweisen, 1. daß es sich in dem Referat Speusipps und in der ersten Hypothesis des "Parmenides" um exakt die gleiche Metaphysik des überseienden Einen handelt und 2., daß der Urheber dieser Metaphysik Platon und nicht etwa Speusipp ist. Beide Texte erläutern und bestätigen sich wechselseitig: Das Referat Speusipps beweist, daß Platon in den Hypothesen des "Parmenides" seine Prinzipientheorie behandelt und daß die Negationen der ersten die reine Transzendenz des Einen selbst herausstellen; es bestätigt ferner die Verbindung der ersten Hypothesis mit dem Sonnengleichnis und damit

---

57 Vgl. Metaph. 1003 b 36, 1004 a 17 ff. 27; 1004 b 27 ff.; 1005 a 12; 1054 a 31 ff.; 1055 b 19 f.; 1061 a 13 f.; 1084 a 34 f.; 1021 a 9 ff.; 1018 a 7; 995 b 21 ff.

58 Dies wird durch ein wenig beachtetes Aristotelisches Referat bestätigt: Metaph. 1087 b 9 - 12: *καὶ γὰρ ὁ τὸ ἄνισον καὶ ἓν λέγων τὰ στοιχεῖα, τὸ δ' ἄνισον ἐκ μεγάλου καὶ μικροῦ δυάδα, ὡς ἓν ὄντα τὸ ἄνισον καὶ τὸ μέγα καὶ τὸ μικρὸν λέγει, καὶ οὐ διορίζει ὅτι λόγῳ ἀριθμῷ δ' οὔ*. Vgl. 1088 a 15 f.: *Οἱ δὲ τὸ ἄνισον ὡς ἕν τι, τὴν δυάδα δὲ ἀόριστον ποιοῦντες* (sc. *ἐκ*) *μεγάλου καὶ μικροῦ …*

indirekt auch die von Aristoteles für Platon bezeugte Gleichsetzung des Guten mit dem Einen.[59]

Das Ausmaß der Übereinstimmung zwischen dem Referat Speusipps und dem "Parmenides" läßt darüber hinaus sogar die Vermutung plausibel erscheinen, daß sich Speusipp dort auf diesen Dialog bezieht.[60] Proklos hat es offenbar so aufgefaßt und tatsächlich grenzt Speusipp in seinem Referat Platons Einheitsmetaphysik (zumindest implizit) gegen den eleatischen Monismus des All-Einen ab,[61] indem er einerseits das Eine über das Sein, ja sogar über die Verfassung als Prinzip in die äußerste Transzendenz hinausrückt und andererseits die unbestimmte Zweiheit als Prinzip einer Vielheit von Seienden einführt; in genau dem gleichen Sinne fassen aber zumal Plotin und Proklos den Dialog "Parmenides" als Kritik und Überbietung des Eleatismus zugleich auf.[62] Wenn Speusipp ferner die vom eleatischen Monismus abgesetzte Platonische Metaphysik des Einen als "Lehre der Alten" offenbar den Pythagoreern zuschreibt ("*narrans tamquam placentia antiquis*", "*hanc esse antiquorum opinionem de uno*"),[63] so hat auch diese Verbindung von an den "Parmenides" anknüpfender Einheitsmetaphysik und Pseudo-Pythagoreismus in Moderatos, Eudoros und Pseudo-Brotinos gewichtige Parallelen;[64] sie war im

---

[59] Die Formulierung "le unum enim melius ente = τὸ ἓν γὰρ κρεῖττον τοῦ ὄντος" ist eine deutliche Reminiszenz an Politeia 509 B 9. Proklos stellt diesen Zusammenhang ausdrücklich her: "hanc esse antiquorum opinionem de uno, quod ultra ens (= ὅτι ἐπέκεινα τοῦ ὄντος) sursum raptum est" (In Parm. VII 40, 6 - 7).

[60] Diese Vermutung äußerten M. Isnardi Parente, *Speusippo in Proclo*, 307 - 310, bes. 309 f. und W. Beierwaltes, RAC XIV s.v. *Hen*, 450 ("Impulsen der 'Parmenides'-Interpretation folgte Speusippos . . ."). J.M. Dillon, *Proclus' Commentary*, 486 meint vorsichtig: "But we need not assume that Speusippus is commenting on or refering to Plato's *Parmenides* (though such a reference, I suppose, cannot be excluded).".

[61] Vgl. dazu Krämer, *ΕΠΕΚΕΙΝΑ ΤΗΣ ΟΥΣΙΑΣ*, 4 f., 11 ff.

[62] Vgl. Plotin, V 1, 8, 14 - 27. Für Proklos siehe die oben Anm. 44 angeführten Stellen.

[63] Proklos, In Parm. VII 38, 33; 40, 6 = 501, 62. 68 Steel. - Daß mit den "antiqui" die Pythagoreer gemeint sind, hat Burkert, *Weisheit und Wissenschaft*, 56 plausibel gemacht. Dagegen glaubt Isnardi Parente, *Speusippo in Proclo*, 306, daß nicht Speusipp, sondern erst Proklos sich auf "antiqui" beziehe und damit eben Platon und Speusipp meine; der Wortlaut spricht jedoch dafür, daß Proklos die Bezugnahme auf "antiqui" schon bei Speusipp vorfand, so daß Burkerts Deutung (an die sich Gaiser, Krämer, Happ und Dörrie anschlossen, s. Anm. 50) wohl richtig ist.

[64] Moderatos bei Simplikios, In Phys. 230, 34 ff. Diels (Text in Anm. 18 zu Kap. I). Eudoros bei Simplikios, In Phys. 181, 10 ff. Diels (Text in Anm. 60 zu Kap. I). Ps.-Brotinos

Neupythagoreismus zahlreichen Indizien zufolge feste Tradition[65] und klingt noch bei Plotin nach.[66] Eben diese Tradition einschließlich der Auslegung der Ersten Hypothesis des "Parmenides" als negativer Theologie des überseienden Einen und seiner Abhebung von modifizierten, weniger intensiven Formen von Einheit, geht allem Anschein nach auf Speusipp zurück. Dieser scheint demnach der Archeget der einheitsmetaphysischen, "neuplatonischen" Parmenidesauslegung zu sein, ähnlich wie Xenokrates - seiner mehr kosmologisch zentrierten Metaphysik entsprechend - der Archeget der antiken Timaiosexegese ist und dabei wie die Neuplatoniker eine zeitliche Weltentstehung leugnete.[67]

Die altakademische Timaioskommentierung beweist im übrigen, daß die Schüler Platons die Dialoge durchaus im Zusammenhang mit der Prinzipienlehre heranzogen - dies entspricht der hypomnematischen Funktion der Platonischen Schriften,[68] die im Spätwerk gegenüber der protreptischen Funktion des Frühwerkes eindeutig in den Vordergrund tritt; kein Dialog zeigt dies deutlicher als gerade der "Parmenides". Ferner kommt speziell diesem noch eine deiktische Funktion auf die Totalität des Seienden und insbesondere auf die Prinzipien hin zu, wie der VII. Brief andeutet (341 E 1 - 3: *ἀλλ' οὔτε ἀνθρώποις ἡγοῦμαι τὴν ἐπιχείρησιν περὶ αὐτῶν* sc. *τῶν περὶ φύσεως ἄκρων καὶ πρώτων* (344 D 4 f.) *λεγομένην*

---

bei Ps.-Alexander, In Metaph. 821, 33 ff. Hayduck: *οἱ μέν, ὥσπερ ὁ Πλάτων καὶ Βροτῖνος ὁ Πυθαγόρειος, φασὶν ὅτι τὸ ἀγαθὸν αὐτὸ τὸ ἕν ἐστι καὶ οὐσίωται ἐν τῷ ἓν εἶναι, ὡς πολλάκις* (!) *εἴρηται.* Der Bezug auf den "Parmenides" ist hier nicht zu übersehen, vgl. spez. 142 B 5 ff.: *ἓν εἰ ἔστιν, ἆρα οἷόν τε αὐτὸ εἶναι μέν, οὐσίας δὲ μὴ μετέχειν κτλ.* zu *οὐσίωται ἐν τῷ ἓν εἶναι.* - Vgl. auch Syrian, In Metaph. 166, 5 f.; 183, 1 ff. Kroll zu Ps.-Brotinos. Dessen Schrift "*Περὶ νοῦ καὶ διανοίας*", aus welcher die Zitate bei Ps.-Alexander und Syrian stammen, datiert H. Thesleff versuchsweise auf das 3. oder 2. Jh. *v.* Chr. (*An Introduction to the Pythagorean Writings of the Hellenistic Period*, Aabo 1961, 115).

[65] Vgl. Dodds, *The Parmenides of Plato and the origin of the Neoplatonic "One"*, 136 - 140. Ferner J. Whittaker, *ΕΠΕΚΕΙΝΑ ΝΟΥ ΚΑΙ ΟΥΣΙΑΣ*, 95 - 100. - Vgl. zu den dort zitierten Belegen noch Longinos bei Porphyrios, Vita Plotini 20, 71 ff. (s. oben Anm. 24).

[66] Vgl. Plotin, V 1, 9, 28 - 30; V 5, 6, 26 - 28.

[67] Vgl. Xenokrates, Fr. 33 und 54 Heinze. Die gleiche Auffassung vertrat auch Speusipp, Fr. 54 a - b Lang / 94 - 95 Isnardi Parente / 61 a - b Tarán. Zur altakademischen Timaiosexegese M. Baltes, *Die Weltentstehung des platonischen Timaios nach den antiken Interpreten.* Teil 1, Leiden 1976, 5 - 22, 210 - 216.

[68] Vgl. Phaidr. 277 E / 278 A und dazu Gaiser, *Platons ungeschriebene Lehre*, 337 Anm. 3.

ἀγαθόν, εἰ μή τισιν ὀλίγοις ὁπόσοι δυνατοὶ ἀνευρεῖν αὐτοὶ διὰ σμικᾶς ἐνδείξεως).[69] Der Umstand, daß in ihm die Prinzipienlehre weitgehend enthüllt und dabei zugleich vom Eleatismus - trotz der Anknüpfung an diesen - abgegrenzt wird, läßt es als plausibel erscheinen, daß er schon in der Alten Akademie zum Gegenstand der Exegese wurde. Speusipp aber stand mit seiner Prinzipienlehre Platon von allen Schülern am nächsten, da nur er das absolute Eine entschieden über Sein und Geist hinausrückte,[70] während Xenokrates allem Anschein nach kein überseiendes, sondern nur ein seiendes Eines lehrte, das er mit dem Ideenkosmos und dem demiurgischen Nous identifizierte;[71] der Rekurs auf den "Parmenides" - und zwar gerade auf die erste Hypothesis - liegt darum für Speusipp ebenso nahe wie der Rekurs auf den "Timaios" für Xenokrates; tatsächlich überliefert Proklos in einem anonymen Referat eine weitere Lehrmeinung Speusipps über das Eine als Auslegung zu einer Parmenidesstelle (137 D).[72]

Doch ob Speusipp mit seinem Referat über Platons Prinzipienlehre nun auf den "Parmenides" rekurriert oder nicht, sicher ist jedenfalls (schon aufgrund der "*interminabilis dualitas*", die nach Aristoteles, Metaph. 987 b 25 - 27 ein ἴδιον Platons ist), daß er die Metaphysik des überseienden und unbestimmbaren Einen und seiner Entfaltung durch die unbestimmte Zweiheit *für Platon* bezeugt; und dieses Zeugnis wird durch die ersten beiden Hypothesen im "Parmenides" eindrucksvoll bestätigt. Dies allein reicht aber schon hin, um zu beweisen, daß allein eine einheitsmetaphysische Deutung der Hypothesen über das Eine historisch angemessen ist.

---

[69] Vgl. H.J. Krämer, *Arete bei Platon und Aristoteles*, 471 und grundsätzlich schon A. Speiser, *Ein Parmenideskommentar*, 11.

[70] Vgl. auch Krämer, *Ursprung der Geistmetaphysik*, 207 - 223, 351 - 369, 376 ff.

[71] Vgl. Xenokrates, Fr. 15 Heinze. Dazu Krämer, *Ursprung der Geistmetaphysik*, 21 - 45, 119 - 126, 173 - 191; ferner ders., *Grundfragen der aristotelischen Theologie* II: *Xenokrates und die Ideen im Geiste Gottes*, Theologie u. Philosophie 44 (1969), 481 - 505. Anders jetzt ders., *Die Ältere Akademie*, 52: "Generell kann man als Regel zugrunde legen, daß jede Doktrin, in der Platon und Speusipp übereinstimmen, auch Xenokrates gehört." Die Seinstranszendenz des Einen ist jedoch für Xenokrates nirgends überliefert und mit den überlieferten Zeugnissen nur schwer vereinbar.

[72] In Parm. 1118, 10 - 19. Proklos referiert dort zu der Frage, wie die Unendlichkeit des Einen (Parm. 137 D) zu verstehen sei, eine Theorie, derzufolge das Eine in zweifachem Sinne unendlich (ἄπειρον) sei: denn es sei unausmeßbar (ἀδιεξίτητον) und es sei als Grenze von allem (πέρας τῶν ὅλων) selbst unbegrenzt. Daß dies die Theorie Speusipps ist, versuche ich zu zeigen in dem Artikel: "*Speusipp und die Unendlichkeit des Einen*" (erscheint im "Archiv f. Gesch. d. Philos.").

Der "Parmenides" ist das wichtigste Zeugnis für die Prinzipienlehre innerhalb des Platonischen Schriftwerkes;[73] er besitzt darum - weit davon entfernt, nur ein unverbindliches Spiel ohne positiven metaphysischen Gehalt zu sein - die höchste philosophische Verbindlichkeit unter allen Dialogen Platons. -

Daß die Dialektik des Einen und Vielen im "Parmenides" sich von der Dialektik der Ideen und obersten Gattungen im "Sophistes", wo das Widerspruchsverbot beachtet wird, deutlich unterscheidet,[74] widerspricht einer einheitsmetaphysischen Deutung keineswegs: Es handelt sich dabei um die Differenz von Ideen- und Prinzipiendialektik.[75] - Die Prinzipien von Einheit und Vielheit begründen mit dem Sein auch erst die ontologisch fundierten Gesetze der Logik; darum dürfen insbesondere der Satz vom Widerspruch und der aus ihm abgeleitete Satz vom ausgeschlossenen Dritten in einer Theorie der dem Sein vorausliegenden und das Sein allererst konstituierenden Prinzipien noch nicht vorausgesetzt werden; denn sie basieren auf der Disjunktion von Sein und Nichtsein und gelten darum nur für Seiendes; die seinskonstituierenden Prinzipien selber unterliegen ihnen nicht.[76] Das zweite Prinzip Platons,[77] die *ἀόριστος δυάς* des *μεγα - μικρόν*, enthält in sich die Richtungszweiheit zum Großen und zum Kleinen, zum Zuviel und zum Zuwenig, zum Übertroffenen und zum Übertreffenden *zugleich* (*μᾶλλον καὶ ἧττον, ὑπερέχον καὶ ὑπερεχόμενον, ὑπερβολή καὶ ἔλλειψις*) und ist darum das *an ihm selbst* Ungleiche (*ἄνισον*, vgl. Sextus Empiricus X 275; Aristoteles, Metaph. 1087 b 10); sie ist wie das Eine nichtseiend; während aber das Eine selbst überseiend ist,

---

[73] So auch Krämer, *Arete bei Platon u. Aristoteles*, 472 Anm. 182: "Der 'Parmenides' deckt den universalen ontologischen Hintergrund am weitesten auf." Vgl. 135, 261 f.

[74] Vgl. z.B. K. Düsing, *Ontologie und Dialektik bei Plato und Hegel*, 98 - 122.

[75] Vgl. V. Hösle, *Wahrheit und Geschichte*, 476. Zu den verschiedenen Formen der Dialektik bei Platon und zur Einordnung der Dialektik des "Parmenides" auch schon Proklos, In Parm. 648, 1 - 658, 31. Proklos unterscheidet die "Parmenideische" Dialektik bereits grundsätzlich von den aus anderen Dialogen bekannten dialektischen Verfahren der Dihairesis, Definition, Demonstration und Analysis.

[76] So übereinstimmend H.J. Krämer, *Neues zum Streit um Platons Prinzipientheorie* (Philos. Rundschau 27. 1980), 34 sowie bereits *Arete bei Platon und Aristoteles*, 262, 543 und K. Gaiser, *La teoria dei principi in Platone* (Elenchos 1. 1980), 49. Vgl. auch Hösle, *Wahrheit u. Geschichte*, 475 f. Grundsätzlich auch schon Proklos, In Parm. VII 72, 2 - 22 = 519, 2 - 19 Steel.

[77] Zum zweiten Prinzip Platons vgl. die Sichtung aller Zeugnisse der Dialoge und der indirekten Überlieferung bei H. Happ, *Hyle*, 82 - 208.

ist die ἀόριστος δυάς gewissermaßen unterseiend, privativ nichtig (vgl. Hermodor bei Simplikios, In Phys. 248, 13 f. Diels = Test. Plat. 31 Gaiser) und kann nur λογισμῷ τινι νόθῳ (Tim. 52 B 2) erfaßt werden, da ihr die Gegensätze gewissermaßen latent innewohnen, so daß sie als selbstwidersprüchlich erscheint, wenn sie nur für sich genommen wird. Die 7. (neuplatonisch: 8.) Hypothesis deutet dies an, wenn sie dem "Anderen" unter der Voraussetzung, daß Eines nicht ist - also wohl der als Materie aufgefaßten ἀόριστος δυάς - den Schein aller widersprechenden Bestimmungen zuspricht (vgl. Parm. 164 B 5 - 165 E 1).[78] - Dagegen steht das Eine selbst in seiner Transzendenz jenseits aller Gegensätze und entzieht sich damit der Geltung des Satzes vom ausgeschlossen Dritten und der des Satzes vom Widerspruch insofern, als von ihm als ἄρρητον bejahende und verneinende Aussagen zugleich falsch sind.[79] -

---

[78] Dazu auch Happ, op. cit., 132. - Daß Platon Tim. 52 B und an anderen Stellen im "Timaios" (49 A ff., 52 D ff.) die unbegrenzte Zweiheit des μέγα-μικρόν im Blick hat, bezeugt Aristoteles, Phys. 209 b 11 - 17 ( = Test. Plat. 54 A) ausdrücklich. Zum λογισμὸς νόθος, in dem die unbegrenzte Zweiheit allein erfaßt werden kann, vgl. K.H. Volkmann-Schluck, *Plotin als Interpret*, 154 - 155: "Denken ist immer ein Denken in Ideen. Wir denken etwas als dieses oder jenes, als so oder anders. Das Denken des Unbegrenzten muß daher denkend die Idee von sich absondern, sie gleichsam an einen anderen Ort stellen und dort stehen lassen, wenn das Unbegrenzte zur Begegnung kommen soll. Das Denken muß sich gleichsam gegen sich selbst quer stellen, sich selbst entgegen handeln und doch ein Denken bleiben. Was denkt ein solches Denken ? Gegensätzliches und Nichtgegensätzliches, beides in eins und zumal, also etwas Großes und Kleines, jedoch nicht das eine im Gegensatz zum anderen; denn dann würde das Denken ja wieder auf Ideen hinblicken. Etwas ist zuerst klein und dann groß. Oder etwas erscheint als groß im Hinblick auf etwas, das kleiner ist. Zugleich erscheint es als klein im Hinblick auf etwas anderes, das größer ist. Aber dasjenige, was da sowohl als das eine wie auch als das andere erscheinen kann, das ist beides in der Weise des Nichtgegensatzes. Und so verhält sich das Unbegrenzte zu allen Gegensätzen, indem es als das Eine sowohl wie auch als das gegenteilige Andere erscheint. Es selbst, unangesehen dessen, als was es erscheint, ist keines von beiden in der Weise der Bestimmtheit und Gegensätzlichkeit. Soll es überhaupt dem Denken zugänglich werden, dann wird man es als jeden der beiden Gegensätze vorstellen müssen, als groß ebenso wie als klein, als bewegt ebenso wie als stillstehend . . . Nun schließen aber entgegengesetzte Vorstellungen einander aus. Sollen sie gleichwohl im Gedanken des Unbegrenzten zusammengebracht werden, so kann das nur dadurch geschehen, daß die Vorstellungen so in Bewegung gehalten werden, daß sie unaufhörlich ineinander verschwinden. Was dann vorgestellt und gesehen wird, ist das Verschwinden entgegengesetzter Anblicke ineinander, an welchem das Übergängige an ihm selbst erscheint."

[79] Das zeigt die erste Hypothesis ganz deutlich, indem sie dem Einen selbst *kontradiktorisch* entgegengesetzte Bestimmungen wie Ruhe und Bewegung, Identität und

Eine Dialektik der Prinzipien, welche die Fundamentalbestimmungen des Seins und des Denkens aus dem Zusammenwirken der Prinzipien erst entwickelt (2. und 3. Hypothesis: Parm. 142 B 1 - 157 B 5, 157 B 6 - 159 B 1) und sie den Prinzipien an ihnen selbst abspricht (1. und 4. Hypothesis: Parm. 137 C 4 - 142 A 8, 159 B 2 - 160 B 4) unterscheidet sich darum mit Notwendigkeit wesentlich von der dialektischen Bestimmung schon konstituierter Ideen und Gattungen, die dann auch das für bereits konstituierte Seiende geltende Widerspruchsverbot zu beachten hat.

Auch daß Platon in der Prinzipiendialektik der Hypothesen die Hypothesis-Methode Zenons[80] - auch diese diente der Etablierung des Einen als Grund der Vielheit[81] - aufnimmt und sie wesentlich verfeinert, entspricht

---

Verschiedenheit, Ähnlichkeit und Unähnlichkeit - beides jeweils in Bezug auf sich selbst und in Bezug auf Anderes - sowie Gleichheit und Ungleichheit *zugleich* abspricht; ferner spricht sie dem absolut Einen am Schluß ausdrücklich *jede* Erkennbarkeit und Sagbarkeit ab (142 A 3 - 6) und hebt sich damit selber auf (ebd. A 6 - 8), was doch wohl bedeutet, daß auch die Negationen an das Eine in seiner absoluten Transzendenz nicht heranreichen (dazu unten § 3. 12.). Proklos, In Parm. VII 72, 2 - 22 = 519, 2 - 19 Steel erklärt dazu, das Eine selbst unterliege nicht dem Satz vom Widerspruch, da es als ἄρρητον weder Bejahung noch Verneinung zulasse, diese also von ihm zugleich falsch seien. (Vgl. oben Anm. 38). - Auch für Speusipp ist die Übergegensätzlichkeit des Einen selbst gut bezeugt: sie muß nicht nur aus dessen Seinstranszendenz erschlossen werden, sondern ist als Transzendenz über die axiologischen Übergegensätze καλόν - αἰσχρόν und ἀγαθόν - κακόν auch eigens überliefert: Jamblich, De comm. math. sc. IV 16, 10 - 14 mit 18, 1 - 12; vgl. auch Aristoteles, Metaph. 1072 b 30 ff. mit 1091 a 35 f.

[80] Vgl. Parm. 135 D 7 - 8: "Was ist denn die Art dieser Übung, Parmenides ? - Eben die, habe er geantwortet, welche du von Zenon gehört hast." - Zenon ist nicht nur der Begründer der Hypothesis-Methode, er hat auch die eleatische Seinsproblematik auf die Einheitsfrage hin zugespitzt, die für Platon das eigentliche Prinzipienproblem ausmacht und die er schon im Lehrgedicht des Parmenides erkennt: σὺ μὲν γὰρ ἐν τοῖς ποιήμασιν ἓν φῂς εἶναι τὸ πᾶν (Parm. 128 A 8 f.). Daß die Position Zenons tatsächlich weithin schon hinter dem Parmenideischen Gedicht steht, hat W. Kullmann, *Zenon und die Lehre des Parmenides*, Hermes 86 (1958), 157 - 172, bes. 158, 165 f., 171 f. wahrscheinlich zu machen versucht. Vgl. auch Proklos, In Parm. 794, 12 - 21, der die Schriften beider Denker noch las (dazu die folgende Anm.).

[81] Vgl. Proklos, In Parm. 696, 27 - 33: νυνὶ δὲ τοσοῦτον λαβόντες ὅτι δείκνυται διά τε τούτων καὶ τῶν ἄλλων τοῦ Ζήνωνος λόγων, ὡς ἄρα ἀδύνατον εἶναι τὰ πολλὰ ἐρημωθέντα τοῦ ἑνός, ἀπὸ τούτων ὁρμηθέντες σύντομον εὕρωμεν ἐπὶ τὴν πρώτην ἀρχὴν ὁδόν. - Die Angaben des Proklos über die Argumentation Zenons sind so detailliert und gehen so deutlich über alles hinaus, was dem Text des Platonischen Dialogs entnommen werden kann, daß der Schluß zwingend

nur der Anknüpfung der Platonischen Prinzipientheorie an den eleatischen Einheitsgedanken, die außer dem Dialog "Parmenides" auch die innerakademischen Berichte bezeugen.[82]

Während sich die dialektische Methode des "Parmenides" somit wesentlich von der durch die Methode der Dihairesis bestimmten Ideendialektik des "Sophistes", des "Politikos" und des "Phaidros" unterscheidet, entspricht sie durchaus der prinzipiellen Kennzeichnung seiner Dialektik, die Platon in den mittleren Büchern der "Politeia" gibt. Platon unterscheidet dort einen zum unbedingten Ursprung aufsteigenden und einen von ihm absteigenden und die Ideen in hierarchischer Ordnung aus ihm ableitenden Teil der Dialektik (511 B - C). Die vom Urgrund zu den Ideen absteigende Dialektik, die dialectica descendens, wird durch die bekannte Ideendialektik im "Phaidros", "Sophistes" und "Politikos" näher spezifiziert,[83] allerdings nicht ihr erster und grundlegender Schritt, die Ableitung der fundamentalsten Seinsbestimmungen aus dem Urgrund, der nach den Berichten über die Prinzipienlehre (die ebenfalls eine zum Urgrund aufsteigende und eine von ihm absteigende Dialektik unterscheiden)[84] das Eine selbst ist.[85] Diese Ableitung der Fundamentalbestimmungen aus dem

---

erscheint, Proklos habe die Schrift Zenons, die "Vierzig Argumente" (vgl. In Parm. 694, 24 = VS 29 A 15 D - K) selber noch gelesen (wie übrigens noch ein Jahrhundert nach ihm Simplikios); wir müssen Proklos' Angabe über die Absicht der Argumente Zenons daher ernstnehmen. Vgl. Dillon, *Proclus' Commentary*, XXXVIII - XLIII: "The Problem of the Forty Logoi of Zeno"; ferner ders., *New Evidence on Zeno of Elea*, AGPh 56 (1974), 127 - 131; ders., *More Evidence on Zeno at Elea ?*, AGPh 58 (1976), 221 - 222.

[82] Vgl. bes. Arist. Metaph. N 2, 1089 a 1 - 6; auch Speusipp bei Proklos, In Parm. VII 40, 1 - 5. Zur Anknüpfung der Platonischen Prinzipienlehre an den Eleatismus Krämer, *Arete bei Platon und Aristoteles*, 487 - 551 ("Platon und Parmenides"); ders., *ΕΠΕΚΕΙΝΑ*, 6 - 16.

[83] Vgl. auch Krämer, *Arete bei Platon und Aristoteles*, 31, 127, 262 Anm. 39, 339, 430, 533; ebenso K. Bormann, *Platon*, 60 ff.

[84] Vgl. bes. Arist., Eth. Nicom. I 4, 1095 a 30 - b 3 = Test. Plat. 10 mit Gaisers Kommentar, P. U. L., 454 f.

[85] Daß die ungeschriebene Prinzipienlehre hinter dem Dialektikprogramm der "Politeia" steht, hat am eindringlichsten H.J. Krämer herausgearbeitet, *Arete bei Platon und Aristoteles*, passim, bes. etwa 339, 423 - 432, 473 - 478, 487 - 489, 528; ferner ders., *Über den Zusammenhang von Prinzipienlehre und Dialektik bei Platon*, Philologus 110 (1966), 35 - 70 = Wege der Forsch. 436 (1972), 394 - 448. Doch hat schon F.M. Cornford den Aufstieg von den mathematischen Wissenschaften zum Urgrund in der "Politeia" mit der Reduktion zum Einen im Sextus-Bericht (X 258 - 262) in Zusammenhang gebracht (*Mathematics and Dialectic in the Republic VI. - VII.*, Mind 41 (1932), 178 ff.).

Einen, die in den innerakademischen Berichten überliefert ist, wird innerhalb des Platonischen Schriftwerkes nur in der zweiten Hypothesis des "Parmenides" unternommen, welche jene Fundamentalbestimmungen zugleich als Bestimmungen des seienden Einen faßt; auch dies entspricht nicht nur Andeutungen in den innerakademischen Berichten,[86] sondern auch der in der "Politeia" erhobenen Forderung, die Dialektik müsse die grundlegenden Ideen *μετὰ ἀρχῆς* erkennen (511 D 2), also unter ihrem Einheitsaspekt, als Derivate des Einen und in der Einheit des Ganzen aller Ideen. Die zweite Hypothesis enthüllt also den Übergang vom Urgrund zu den "ihm anhängenden Wesenheiten" (511 B 8: *τὰ ἐκείνης* sc. *τῆς τοῦ παντὸς ἀρχῆς ἐχόμενα*)[87], den obersten und allgemeinsten Ideen; für die Ableitung dieser *μέγιστα γένη* aus dem Einen gilt das Widerspruchsverbot noch nicht, durch das erst das Verhältnis der *γένη* untereinander als schon konstituierter einzelner, voneinander verschiedener Wesenheiten reguliert wird;[88] die Ableitung nämlich nimmt sie - wie der Vergleich

---

[86] Vgl. Arist. Metaph. 988 b 12, 998 b 10, bes. 1061 a 17 f.: *καὶ γὰρ εἰ μὴ ταὐτὸν ἄλλο δ᾽ ἐστίν, ἀντιστρέφει γε· τό τε γὰρ ἓν ὄν πως, τό τε ὂν ἕν*. Dazu Parm. 142 C ff., bes. E 6 f.: *τό τε γὰρ ἓν τὸ ὂν ἀεὶ ἴσχει καὶ τὸ ὂν τὸ ἕν*. Ferner Sextus Emp., X 275 (*τὸ γὰρ ἓν πρώτως αὐτὸ ἑαυτῷ ἐστίν ἴσον*) zu Parm. 150 E 4 f.

[87] Vgl. Phaid. 101 E 2 f.: *τὰ ἐξ ἐκείνης* sc. *τῆς ἀρχῆς ὡρμημένα*. Arist. Metaph. 1084 a 33: *τὰ ἑπόμενα*.

[88] Bei der Verbindung der *μέγιστα γένη* im "Sophistes" (254 B - 257 C) vermeidet Platon bewußt den Widerspruch (vgl. 257 B 3 - 4: *ὁπόταν τὸ μὴ ὂν λέγωμεν, ὡς ἔοικεν, οὐκ ἐναντίον τι λέγωμεν τοῦ ὄντος ἀλλ᾽ ἕτερον μόνον*). Platon verbindet aber gleichwohl auch die kontradiktorisch entgegengesetzten *γένη* Ruhe und Bewegung: *οὐκοῦν κἂν εἴ πῃ μεταλάμβανεν αὐτὴ κίνησις στάσεως, οὐδὲν ἂν ἄτοπον ἦν στάσιμον αὐτὴν προσαγορεύειν*; (256 B 6 - 7; vgl. 250 A 8 ff. zum kontradiktorischen Gegensatz von *κίνησις* und *στάσις*). Eine Verletzung des Widerspruchsverbots liegt hier indes dann nicht vor, wenn eine Hinsichtenunterscheidung möglich ist: so muß der Idee der Bewegung Ruhe zukommen, da die Bewegung sich selbst gleichbleiben muß, soll sie nicht in ihr Gegenteil übergehen, jedoch gehört die Ruhe damit noch nicht zum eigenen Bedeutungsgehalt der Bewegung; ebenso kommt der Idee der Ruhe Bewegung zu, insofern sie erkannt wird (vgl. 248 E 1 - 4), ohne daß die *κίνησις* damit zur Wesenheit der *στάσις* gehört. Proklos hat diesen Gedanken in seiner Theorie von der *ἀσύνχυτος δι᾽ ἀλλήλων δίιξις* der *γένη* und *εἴδη* systematisiert: vgl. In Parm. 748, 9 - 760, 18 (zu Plat. Parm. 129 AB) und dazu W. Beierwaltes, *Proklos. Grundzüge seiner Metaphysik*, 32 - 41. - Bei der Einzelinterpretation bleibt zu klären, ob sich auch die Widersprüche bei den Prädikationen des seienden Einen in der 2. Hypothesis des "Parmenides" durch die Einführung einer Hinsichtenunterscheidung auflösen lassen. Ich glaube dies wenigstens für einige der Bestimmungen des seienden Einen, z.B. für Ruhe und Bewegung oder für Älter und Jünger, zeigen zu können (vgl. unten §§ 3. 5 und 3. 9). Platon deutet solche Hinsichtenunter-

ihrer Behandlung in der zweiten Hypothesis und im "Sophistes" (254 B - 259 D) zeigt - noch nicht als selbständige Wesenheiten, sondern als die immanenten Bestimmungsmomente des allumfassenden seienden Einen,[89] das alle Gegensätze in sich behält und einigend umgreift.

Erhellt die zweite Hypothesis des "Parmenides" mit dem Übergang vom Urgrund zu den Fundamentalbestimmungen des Seins den ersten und grundlegenden Schritt der dialectica descendens, so vollzieht die erste Hypothesis mit der radikalen *ἀφαίρεσις* des absoluten Einen selbst von allen Fundamentalbestimmungen den entscheidenden letzten und abschließenden Schritt der dialectica ascendens, des transzendierenden Aufstiegs von den grundlegenden Voraussetzungen und Ideen zum voraussetzungslosen Urgrund (*ἀνυπόθετος ἀρχή*, 510 B 7), dem überseienden Einen und Guten selbst. Diese dialectica ascendens wird in der "Politeia" - was für die Deutung des "Parmenides" höchst aufschlußreich ist - durch ein *negatives* Hypothesis-Verfahren charakterisiert: Sie geht aus von grundlegenden Voraussetzungen (*ἐξ ὑποθέσεως ἰοῦσα*, 510 B 7), die im Bereich der Mathematik als oberste Prinzipien gelten, die aber die Dialektik als ihrerseits bedingte auf ihre bedingenden Prinzipien hin übersteigt, dabei über die Reihe der selbst noch bedingten Grundlagen wie auf Stufen hinaufsteigend bis zum schlechthin Unbedingten und Voraussetzungslosen, dem Urgrund des Ganzen, der gründet, ohne selbst begründet zu sein (vgl. 511 B 3 - 7; 510 B 6 - 9; 533 C 7 ff.). Als das *ἀνυπόθετον* transzendiert der Urgrund radikal alle bedingten Grundlagen und Voraussetzungen; die Dialektik muß darum die Voraussetzungen, sie übersteigend, aufheben, um den Urgrund selbst festzumachen (533 C 7 f.: *τὰς ὑποθέσεις ἀναιροῦσα, ἐπ' αὐτὴν τὴν ἀρχὴν ἵνα βεβαιώσηται*); sie verfährt also nicht nur reduktiv, sondern beim entscheidenden Übersteig über die *ὑποθέσεις* zum *ἀνυπόθετον negativ*. - Der Ausgang dieser dialectica ascendens vom mathematischen Bereich der *ὑποθέσεις* verweist auf Platons innerakademische Prinzipienlehre und damit auf das Eine selbst als den voraussetzungslosen Urgrund: *ὑποθέσεις* - für das Sein des Mathematischen grundlegende Bestimmungen - sind, wie in der "Politeia" angedeutet wird, solche Ideen wie das Große und das Kleine, das Gerade

scheidungen im Text freilich nur an (vgl. etwa 145 E 6 - 146 A 6 für Ruhe und Bewegung) und läßt sie bei der zusammenfassenden Formulierung der Resultate meist weg, formuliert also bewußt paradox.

[89] In der Berichterstattung des Aristoteles können die Fundamentalbestimmungen darum geradezu als Aspekte der Prinzipien selber erscheinen, vgl. Metaph. 1084 a 34 ff.: *τὰ μὲν γὰρ ταῖς ἀρχαῖς ἀποδιδόασιν, οἷον κίνησιν στάσιν, ἀγαθὸν κακόν . . . τὸ ἓν τὸ περιττόν*. Ähnlich 988 b 12, 998 b 10, 1061 a 17 f. über das Verhältnis von *ὄν* und *ἕν*. Vgl. auch Krämer, *Arete bei Platon und Aristoteles*, 310 ff.

und das Ungerade, das Gleiche und das Ungleiche, die in letzter Instanz alle auf das ontologisch, gnoseologisch und metamathematisch gleichermaßen grundlegende Prinzipienverhältnis von Einheit und Vielheit zurückführbar sind;[90] jede Vielheit setzt aber - wie der "Parmenides" beweist - das absolut Eine voraus, das selbst keiner Vielheit bedarf, um Es selbst zu sein, und damit das *ἀνυπόθετον αὐτό* ist. - Als reine Einheit ist der Urgrund strikt von allen abgeleiteten, in Vielheit eingeschränkten Weisen von Einheit unterschieden und über sie erhoben. Daraus resultiert die Forderung, zur Feststellung des Urgrundes selbst die *ὑποθέσεις* - d.h. aber alle selber noch bedingten Bestimmtheiten - aufzuheben, um eben dadurch die *ἀρχή* als das *ἀνυπόθετον* rein herauszustellen. Da aber alle Bestimmungen, auch die fundamentalsten, wie Sein und Nichtsein, Ruhe und Bewegung, Identität und Andersheit, Ähnlichkeit und Unähnlichkeit, Gleichheit und Ungleichheit, durch Einheit bedingt sind, insofern sie alle *einheitliche* Bestimmungen sind, kann das Eine selbst in seiner Absolutheit überhaupt nur noch negativ bestimmt werden. In diesem Sinne fordert Platon denn auch in der "Politeia" die dialektische Bestimmung des *ἀγαθὸν αὐτό* und *ἓν αὐτό* durch seine negative Abhebung - "Abstraktion" - von allem anderen (534 B 9 f.: *διορίσασθαι τῷ λόγῳ ἀπὸ τῶν ἄλλων πάντων ἀφελὼν τὴν τοῦ ἀγαθοῦ ἰδέαν*), primär also von den fundamentalsten Seinsbestimmungen.[91] Diese "Abstraktion" des Einen selbst von allen Fundamentalbestimmungen vollzieht die erste Hypothesis des "Parmenides" im Einklang mit der innerakademischen Prinzipienlehre,

---

[90] Vgl. Politeia 510 C: *ὑποθέμενοι τό τε περιττὸν καὶ τὸ ἄρτιον . . . ποιησάμενοι ὑποθέσεις αὐτά*. 524 C 11: *τί οὖν ποτ' ἐστὶ τὸ μέγα αὖ καὶ τὸ σμικόν* (!). 524 D - 525 A: Prinzipienproblem von Einheit und Vielheit und Reduktion der Zahlen angedeutet (bes. 524 E 6: *τί ποτέ ἐστιν αὐτὸ τὸ ἕν* (!). 525 A 4 - 7: *ἅμα γὰρ ταὐτὸν ὡς ἕν τε ὁρῶμεν καὶ ὡς ἄπειρα τὸ πλῆθος. - Οὐκοῦν εἴπερ τὸ ἕν . . . καὶ σύμπας ἀριθμὸς ταὐτὸν πέπονθε τουτο;*). 526 A 3: *ἴσον τε ἕκαστον* sc. *ἓν πᾶν παντί*. Vgl. damit Aristoteles, Metaph. 1005 a 11 ff. zu 995 b 20 ff. (Mathematiker und Dialektiker betrachten die gleichen Fundamentalbestimmungen, aber der Mathematiker nur *ἐξ ὑποθέσεως*); ferner 1084 a 32 ff. (Reduktion von *κενόν, ἀναλογία, περιττόν* usw. auf die Prinzipien). Zu dieser Thematik ausführlich K. Gaiser, *Platons Zusammenschau der mathematischen Wissenschaften*, Antike und Abendland 32 (1986), 89 - 124, bes. 100 ff. - Der "Parmenides" deutet die Konstitution der Zahlenreihe bzw. der Ideenzahlen durch die Prinzipien mehrfach an (143 D ff., vgl. 149A ff., 153 B, 159 D, 164 D) und wird darin durch die Angaben des "Philebos" (16 C - 19 A) bestätigt und ergänzt. Vgl. auch Krämer, *Ursprung der Geistmetaphysik*, 199, 407.

[91] Daß Platon dabei konkret an einen Durchgang durch die gesamte Reihe der Fundamentalbestimmungen, wie er in der 1. Hypothesis vorliegt, denkt, beweist die Formulierung 534 C 1 f.: *διὰ πάντων ἐλέγχων διεξιών* (vgl. C 3: *διαπορεύηται*).

wie das Referat Speusipps beweist; sie erweist das Eine selbst als das *ἀνυπόθετον αὐτό*, das "Unbedingte" oder Absolute, indem sie es als reine Einheit unter Negation aller Prädikate bis zur Aufhebung der Voraussetzung, daß das Eine *Eines* ist, durchdenkt. Die erste Hypothesis enthüllt damit den Übergang von den Fundamentalbestimmungen des Seins zum überseienden Absoluten, der sich nach der "Politeia" als *ἀφαίρεσις* der *ἀρχή* von jenen (534 B) und unter Aufhebung aller Voraussetzungen (533 C) vollzieht.

Die Prinzipiendialektik des "Parmenides" kann somit vom Dialektikprogramm der "Politeia" aus in ihrem systematischen Ort genau bestimmt werden. Die ersten beiden Hypothesen illustrieren die höchste Stufe der dialectica ascendens und die höchste Stufe der dialectica descendens, die *ἀφαίρεσις* des überseienden Absoluten von den Fundamentalbestimmungen des Seins und deren anschließende Ableitung aus dem Absoluten. Auch die beiden folgenden Hypothesen gehören noch zur höchsten Stufe der dialectica descendens: die dritte betrachtet das konstituierte Seinsganze der Ideenwelt gleichsam von unten, von ihrem vielheitlichen Substrat her in ihrer Bedingtheit durch die Teilhabe an dem überseienden Einen, während die vierte dieses vielheitliche Substrat, die Entfaltungsbasis des Einen, an ihm selbst betrachtet und als privativ nichtseiend enthüllt (vgl. 157 B 6 - 159 B 1, 159 B 2 - 160 B 4). Die vier ersten Hypothesen unter der Voraussetzung, daß das Eine *ist* bzw. absolut *Eines* ist, illustrieren damit die höchste Stufe Platonischer Dialektik: die isolierende Heraushebung des Einen selbst als des absolut Transzendenten und damit die Aufhebung der *ὑποθέσεις* zum *ἀνυπόθετον* sowie die Konstitution des reinen Seins der Ideen durch das überseiende Eine und das von sich her nichtige Vielheitsprinzip der *ἀόριστος δυάς*. Die vier letzten Hypothesen unter der Voraussetzung, daß das Eine nicht ist, unterscheiden verschiedene Bedeutungen von "Nichtsein" in bezug auf das Eine und in bezug auf das Andere: die fünfte versteht das Nichtsein als relationales Nichts im Sinne der Andersheit (vgl. 160 B - 163 B); die inhaltlich mit der ersten Hypothesis zusammenfallende sechste als absolutes, überseiendes Nichts der Transzendenz (vgl. 163 B - 164 B);[92] die siebte als hyletisches Nichts, als durch entgegengesetzte Seinscharaktere bestimmbare Unbestimmtheit (vgl. 164 B - 165 E); die achte als das bare, privative Nichts der absoluten Aufhebung (vgl. 165 E - 166 C). Diese negativen Hypothesen beleuchten die Prinzipien von verschiedenen Aspekten her und haben

---

[92] Bei der Deutung der 5. und 6. Hypothese folge ich Wundt, *Platons Parmenides*, 47 - 53; bei der Deutung der 7. Hypothese Happ, *Hyle*, 132.

insofern ebenfalls positiven Sinn:[93] die fünfte bezieht sich auf das seiende Eine (das Ideenganze), das sich in sich selbst und als das umfassende Ganze aller Ideen auch von den in ihm umfaßten einzelnen Ideen unterscheidet,[94] also durchgängig durch Andersheit charakterisiert und d.h. außer durch Einheit auch durch Vielheit bestimmt ist; die sechste auf das überseiende absolute Eine wie die erste; die siebte auf die unbegrenzte Zweiheit, aber nicht in ihrer Unbestimmtheit an sich wie die vierte, sondern in ihrer widersprüchlich changierenden Disposition zu jeder Bestimmtheit; die achte auf das bare Nichts bei Aufhebung des Einen als Seinsprinzip.

Wenn diese Prinzipiendialektik im "Parmenides" nun als eine "Übung" (*γυμνασία*, 135 D 4, 7) charakterisiert wird, so ist auch dies von der "Politeia" (wo der gleiche Ausdruck vorkommt !)[95] her zu verstehen: Sie ist die Einübung in die Schau des Einen und Guten, die Vorbereitung der Erleuchtung durch das Licht des Einen selbst, welche für Platon - genau wie später für Plotin und die Neuplatoniker - das Ziel aller Dialektik ist (vgl. Politeia 540 A 6 ff., dazu Ep. VII 341 C 5 - D 2, auch 343 E 1 - 3).[96]

---

[93] Ein solcher positiver Sinn der negativen Hypothesen entspricht Platons Forderung im 7. Brief, 344 B für die Erfassung der *ἀλήθεια ἀρετῆς εἰς τὸ δυνατόν*, womit zweifellos das *ἀγαθόν* = *ἕν* gemeint ist: *ἀνάγκη μανθάνειν . . . τὸ ψεῦδος ἅμα καὶ ἀληθὲς τῆς ὅλης οὐσίας*. Von hier aus erhält auch der als unverständlich verschrieene Schlußsatz des "Parmenides" (166 C 2 - 5) seinen Sinn: er faßt sämtliche denkbaren Verhältnisse der Prinzipien in bezug auf sich selbst und in bezug aufeinander zusammen. - Wenn es im 7. Brief im gleichen Zusammenhang heißt, man müsse die *ἀλήθεια ἀρετῆς καὶ κακίας* zusammen erfassen (344 B 1: *ἅμα γὰρ αὐτὰ ἀνάγκη μανθάνειν*), so entspricht auch dies vollkommen der Prinzipiendialektik des "Parmenides", die ja gerade zeigt, daß das Eine nur im Zusammenwirken mit dem Prinzip der Vielheit erkennbar wird, an sich selbst aber unerkennbar ist, und weiter, daß die unbegrenzte Vielheit nur durch das Eine zu Seiendheit und Erkennbarkeit erhoben wird, während sie als solche nicht bloß unerkennbar, sondern nichtig ist.

[94] Vgl. dazu 158 D 1 f.: . . . *πέρας ἤδη ἔχει πρὸς ἄλληλα καὶ πρὸς τὸ ὅλον, καὶ τὸ ὅλον πρὸς τὰ μόρια.*

[95] Proklos, In Parm. 652, 29 - 37 verweist dazu auf Politeia 526 B 7 (*ἂν ἐν τούτῳ παιδευθῶσι καὶ γυμνάσωνται*). Die Stelle steht im Kontext von Ausführungen über die ontologische Bedeutsamkeit der Arithmetik, wobei Platon seine Prinzipientheorie andeutet (vgl. Anm. 90).

[96] Zur Deutung der im 7. Brief 341 A - 345 C enthaltenen Andeutungen auf die Prinzipienlehre von "*περὶ τἀγαθοῦ*" grundsätzlich Krämer, *Arete bei Platon und Aristoteles*, 22 f., 27 ff., 400 - 408, 412 f., 457 - 468, 470 f. u.ö. Zur Deutung der "Unsagbarkeit" des Absoluten 341 C auf die via negativa des reinen Einen ebd., 466 f.

## § 2 Das Thema der Ersten Hypothesis:

## Das Eine selbst in seiner absoluten Einheit

Die dialektische "Übung", die den ganzen zweiten Teil des Dialogs ausmacht (137 C - 166 C), gliedert sich in acht - nach der Zählung der Neuplatoniker in neun - Hypothesen,[97] von denen die ersten vier (neuplatonisch fünf) unter der Voraussetzung: "Wenn Eines ist" (*εἰ ἕν ἐστιν*, 137 C 4, vgl. B 4) und die letzten vier unter der Voraussetzung: "Wenn Eines nicht ist" (*εἰ ἓν μὴ ἔστιν*, 160 B 7; vgl. B 5: *εἰ δὲ δὴ μὴ ἔστι τὸ ἕν*) stehen. Diese beiden grundlegenden Voraussetzungen enthalten bereits eine - von Platon offenbar beabsichtigte - Doppeldeutigkeit: In dem Satz: "*εἰ ἕν ἐστιν*" läßt sich nämlich das *ἕν* sowohl als Subjekt als auch als Prädikat verstehen, so daß die Voraussetzung entweder bedeutet: "Wenn das Eine *ist*" oder: "Wenn es (sc. das Eine) *Eines* ist;" der Inhalt der *ὑπόθεσις* ist im ersten Fall das Sein des Einen, im zweiten Fall dagegen die Einheit des Einen. Wie der Ansatz der zweiten Hypothesis (142 B 1 - C 8) im Vergleich mit dem Ansatz der ersten Hypothese (137 C 4 - D 3, vgl. B 4) beweist, hat Platon zwischen beiden Bedeutungen der zugrunde liegenden *ὑπόθεσις* sorgfältig und bewußt unterschieden: Die zweite Hypothesis geht vom *Sein* des Einen aus und fragt, was sich ergeben muß, wenn dem Einen Sein zukommt (142 B 3, B 5, C 8: *ἓν εἰ ἔστιν*. Vgl. C 4 - 7: *Οὐκοῦν ὡς ἄλλο τι σημαῖνον τὸ ἔστι τοῦ ἕν; - Ἀνάγκη. - Ἆρα οὖν ἄλλο ἢ ὅτι οὐσίας μετέχει τὸ ἕν, τοῦτ' ἂν εἴη τὸ λεγόμενον, ἐπειδάν τις συλλήβδην εἴπῃ ὅτι ἓν ἔστιν; - Πάνυ γε.*); dagegen geht die

---

[97] Die Anzahl der Hypothesen war schon unter den neuplatonischen Kommentatoren strittig und ist es noch immer. Während Amelios wie die Mehrzahl der modernen Deuter (u.a. Stenzel, Wundt, Cornford, Huber, Krämer, Berti, Findlay) *acht* Hypothesen unterschied, nahm Proklos mit den meisten anderen Neuplatonikern (Porphyrios, Jamblich, Plutarch, Syrian, Damaskios, wohl auch schon Plotin) *neun* Hypothesen an, worin ihm einige moderne Interpreten (u.a. Speiser, Wyller) folgen; Theodoros von Asine setzte *zehn* Hypothesen an. Dies ist wohl abwegig; dagegen können sich die beiden anderen Positionen gleichermaßen auf den Text berufen: für acht Hypothesen spricht eindeutig das den zweiten Dialogteil einleitende Übungsprogramm (136 A - C, s.u.). Für neun Hypothesen spricht der Wortlaut in 155 E 4: *ἔτι δὴ τὸ τρίτον λέγωμεν*, was nahe legt, das Korollar zur 2. Hypothesis als eigene Hypothese anzusehen. Die Frage ist darum wohl nicht abschließend entscheidbar. - Zur neuplatonischen Kontroverse Proklos, In Parm. VI 1039, 5 - 1043, 4 mit der Doxographie 1051, 34 - 1064, 12. Proklos erwähnt (1039, 8 f.) auch Einteilungen in vier und sechs Hypothesen, ohne daß wir diese bestimmten Richtungen oder gar Namen zuordnen können.

erste Hypothesis von der im *absoluten* Sinne genommenen *Einheit* des Einen aus und fragt, was sich ergeben muß, wenn das Eine einfachhin Eines ist (137 C 4 - 5: *εἰ ἕν ἐστιν . . . τὸ ἕν*. D 1 - 3: *Δεῖ δέ γε μὴ πολλὰ ἀλλ' ἓν αὐτὸ* (!) *εἶναι. - Δεῖ. - Οὔτ' ἄρα ὅλον ἔσται οὔτε μέρη ἕξει, εἰ ἓν ἔσται τὸ ἕν.*).[98] Die einander entgegengesetzten Schlußfolgerungen der beiden Hypothesen ergeben sich aus dieser unterschiedlichen Fassung der zugrunde gelegten Voraussetzung: Wenn das Eine einfachhin Eines ist, müssen ihm alle Bestimmungen abgesprochen werden, weil es sonst in die Vielheit hineingezogen würde. Wenn das Eine dagegen seiend ist, müssen ihm alle Bestimmungen zukommen, weil jede Bestimmtheit als solche nur ist und nur denkbar ist, wenn sie Eines ist, jede Bestimmtheit also das Sein des Einen schon impliziert und voraussetzt. Entsprechend nimmt die erste Hypothesis das Eine als das selber bestimmungslose Prinzip aller Bestimmtheit in seiner reinen Transzendenz und Absolutheit an sich selbst, die zweite dagegen als den seienden Inbegriff aller Bestimmtheit in seiner Bezogenheit auf dasjenige, in bezug worauf das Eine überhaupt erst bestimmend und seinsverleihend wirksam ist: das Gegenprinzip des Einen, die Vielheit, die als solche unbegrenzte und ins unbestimmte Nichts zergehende Zweiteilung ist, die aber durch die Teilhabe an dem Einen begrenzt und bestimmt und dadurch zum Stehen gebracht und zum Sein erhoben wird (vgl. 142 D 1 - 143 A 3 mit 158 B 5 - D 8).

Eine solche prinzipienmetaphysische Deutung läßt sich nicht nur für die ersten beiden, sondern für alle acht (bzw. neun) Hypothesen durchführen (s.o.); sie stimmt zudem gut zu dem "Übungsprogramm", das der Platonische Parmenides entwickelt (136 A - C). Nach diesem Programm ergeben sich bezüglich des Einen, mit dem es paradigmatisch durchgeführt wird, acht Argumentationsreihen:

Wenn Eines ist, was ergibt sich
1. für das Eine in bezug auf es selbst;

---

[98] Insbesondere der letzte Halbsatz beweist unzweideutig, was der Inhalt der ersten Hypothesis ist: *εἰ ἓν ἔσται τὸ ἕν* (137 D 3). Demgemäß ist in dem die *ὑπόθεσις* formulierenden Satz 137 C 4 - 5 *τὸ ἕν* (C 5) Subjekt und *εἰ ἕν ἐστιν* (C 4) prädikativ; Proklos zitiert den Satz mit Voranstellung des Subjekts: *τὸ ἕν, φησὶν ὁ Παρμενίδης, εἰ ἕν ἐστιν, οὐκ ἂν εἴη πολλά* (Theol. Plat. II 12, 66, 7 - 8). Daß die Worte *εἰ ἕν ἐστιν* prädikativ aufzufassen sind und *τὸ ἕν* als Subjekt voraussetzen, wird durch zwei weitere Stellen bestätigt: 137 B 3 - 4 formuliert die *ὑπόθεσις* so: *περὶ τοῦ ἑνὸς αὐτοῦ ὑποθέμενος, εἴτε ἕν ἐστιν εἴτε μὴ ἕν, τί χρὴ συμβαίνειν*; - und 142 C 3 (vgl. C 2) wird die Fragestellung der ersten Hypothesis rückblickend mit *εἰ ἓν ἕν, τί χρὴ συμβαίνειν* wiedergegeben, wovon die Fragestellung der zweiten Hypothesis scharf abgegrenzt wird.

2. für das Eine in bezug auf das Viele;
3. für das Viele in bezug auf das Eine;
4. für das Viele in bezug auf es selbst ?

Wenn Eines nicht ist, was ergibt sich

5. für das Eine in bezug auf das Viele;
6. für das Eine in bezug auf es selbst;
7. für das Viele in bezug auf das Eine;
8. für das Viele in bezug auf es selbst ?

Von diesen acht Hypothesen sind die 1. und die 4., die 6. und die 8. negativ, insofern sie dem Einen und dem Vielen an ihnen selbst alle Bestimmungen absprechen, die 2. und die 3. positiv, insofern sie dem Einen und dem Vielen in ihrem Zusammenwirken bzw. dem aus beiden Prinzipien konstituierten Seinsganzen alle Bestimmungen zusprechen, die 5. und die 7. widersprüchlich, insofern die 5. dem nichtseienden Einen alle Bestimmungen zugleich zuspricht und abspricht und die 7. dem Vielen unter der Bedingung, daß Eines nicht ist, den Schein aller Bestimmungen zuspricht und das Sein aller Bestimmungen abspricht. Dabei verstehen die 1. und die 4., die 5. und die 7. das *ἕν* in dem Satz *εἰ ἕν ἐστιν* bzw. *μὴ ἔστιν* als Prädikat, die 2. und 3., 6. und 8. verstehen es als Subjekt.[99] Somit thematisiert die 1. Hypothesis das Eine selbst in seiner Absolutheit; die 2. mit ihrem Korollar (neuplatonisch die 2. und 3. Hypothese) das Eine in seiner Beziehung auf sein Gegenprinzip, die Vielheit, durch die es sich zur Totalität aller Ideen entfaltet und schließlich als Seele verzeitlicht; die 3. die Vielheit in ihrer Beziehung zu dem Einen, durch das sie zum Seinsganzen des Ideenkosmos bestimmt wird; die 4. die Vielheit in ihrer nichtigen Unbestimmtheit an sich selbst; die 5. das im Einen gründende Seinsganze der Ideen, insofern es nicht (nur) durch Einheit, sondern durchgängig (auch) durch Vielheit und Andersheit bestimmt ist; die 6. das Eine selbst in seiner Seinstranszendenz; die 7. das Vielheitsprinzip in seiner

---

[99] Die Fragestellung der einzelnen Hypothesen kann genauer so gefaßt werden:

1. Was ergibt sich für das Eine selbst, wenn es einfachhin Eines ist ?
2. Was ergibt sich für das Eine, wenn es seiend, also auf das Viele bezogen ist ?
3. Was ergibt sich für das Viele, wenn das Eine seiend, also bezüglich ist ?
4. Was ergibt sich für das Viele, wenn das Eine einfachhin Eines, also unbezüglich ist ?
5. Was ergibt sich für das Eine, wenn es nicht (nur) Eines, sondern (auch) Vieles ist ?
6. Was ergibt sich für das Eine selbst, wenn es nichtseiend, also absolut unbezüglich ist ?
7. Was ergibt sich für das Viele, wenn es nicht Eines, sondern das von dem Einen absolut Verschiedene ist ?
8. Was ergibt sich für das Viele, wenn das Sein des Einen absolut aufgehoben ist ?

unbestimmten Bestimmbarkeit zu allem, also insofern als solches durch das Eine bestimmbar, aber noch nicht bestimmt ist; die 8. das reine Viele als bares Nichts, wenn es von dem Einen getrennt ist. -

Diese achtteilige Untersuchung, die im "Parmenides" paradigmatisch mit dem Einen ausgeführt wird, soll nach Platons programmatischer Erklärung am Anfang der "Übung" nicht nur für das höchste Prinzip, das Eine, durchgeführt werden, sondern ebenso für das Gegenprinzip des Einen, die Vielheit oder unbegrenzte Zweiheit, sowie für die aus den beiden Prinzipien unmittelbar abgeleiteten fundamentalsten Bestimmungen wie Sein und Nichtsein, Ruhe und Bewegung, Ähnlichkeit und Unähnlichkeit, Werden und Vergehen (136 AB); Gegenstand des von Platon entworfenen "Übungsprogramms" sind also die Prinzipien selbst und ihre ersten Derivate, die "größten Gattungen" des Seienden.[100] Die Durchführung dieses Programms einer Fundamentaldialektik der Prinzipien und ihrer Derivate sei notwendig, so erklärt Platon, "wenn man vollkommen geübt sein will, *um die Wahrheit in vollendeter Weise zu durchschauen*" (*εἰ μέλλεις τελέως γυμνασάμενος κυρίως διόψεσθαι τὸ ἀληθές*, 136 C 4 - 5). *Diese "Übung" hat also ganz zweifellos sachliche, d.h. aber metaphysische Bedeutung*; denn das ganz und gar vollendete Durchschauen der Wahrheit, so daß diese in noetischer Schau unmittelbar erfaßt wird (136 C 5: *κυρίως διόψεσθαι τὸ ἀληθές*. Ebd. E 2 f.: *ἐντυχόντα τῷ ἀληθεῖ νοῦν σχεῖν*), ist das Äußerste, was eine metaphysische Dialektik zu leisten vermag, eine fürwahr "ungeheure Aufgabe" (*ἀμήχανος πραγματεία*, 136 C 6), wie Platon seinen Sokrates sagen läßt. -

Im folgenden soll nun die erste Hypothesis über das absolute Eine in allen einzelnen Schritten detailliert interpretiert werden; dazu werden zur Verdeutlichung die entsprechenden Positionen der zweiten Hypothesis mit denen der ersten konfrontiert. Ferner werden die einschlägigen

---

[100] Die Reihe dieser "größten Gattungen" (*τὰ μέγιστα γένη*, Soph. 254 CD, vgl. Politikos 285 E, 286 A; *τὰ κοινὰ περὶ πάντων*, Theait. 185 E) taucht in mehr oder weniger großer Vollständigkeit übereinstimmend in den Spätdialogen (z.B. Parm. 129 DE, 136 AB, 145 E, 146 A, 147 C, 149 D, 158 B ff., 158 E ff.; Theait. 185 CD, 186 A; Soph. 250 A ff., 254 D ff.; Polit. 285 E, vgl. A; Phileb. 16 C, 19 B; Tim. 35 A ff.) und in den Aristotelischen Berichten über Platon (z.B. Metaph. 995 b 21 ff., 1003 b 36, 1004 a 17 ff. 27, 1004 b 27 ff., 1005 a 12, 1018 a 7, 1021 a 9 ff., 1054 a 31 ff., 1055 b 19 f., 1061 a 13 f., 1084 a 34 f.) auf. - Nach Aristoteles, Metaph. 1084 a 31 - 36 sind diese Fundamentalbestimmungen auch den zehn Ideenzahlen ontologisch vorgeordnet, da sie die ersten Derivate und unmittelbaren Erscheinungsformen der Prinzipien selbst sind. Dies wird durch die zweite Hypothesis bestätigt, die bei der Ableitung der Ideenzahlen (143 D ff.) außer dem Einen auch das Sein und die Andersheit (als relationales Nicht-Sein) als schon hervorgegangen voraussetzt.

Kommentare des Proklos sowie die - ausdrücklich oder unausdrücklich - auf die erste Hypothesis des "Parmenides" bezogenen Äußerungen Plotins durchgehend mitherangezogen.[101]

Das Thema der ersten Hypothese des "Parmenides" ist das Eine selbst (*αὐτὸ τὸ ἕν*, 137 B 3, D 2), das absolute Eine in seiner absoluten und reinen Einheit. Gefragt wird, was aus der im strengsten, nämlich reinen oder absoluten Sinne verstandenen Einheit oder Einfachheit des Einen selbst folgen muß. "Wovon sollen wir nun also anfangen und was wollen wir als Erstes voraussetzen ? Oder wollt ihr, da es scheint, daß wir ein ernsthaftes (sachliches) Spiel spielen, daß ich mit mir selbst und mit meiner eigenen Grundvoraussetzung anfange, indem ich das Eine selbst zugrunde lege und frage, was sich daraus ergeben muß, wenn es Eines ist oder wenn es nicht Eines ist ?" (137 A 7 - B 4).[102]

Das Eine selbst, *αὐτὸ τὸ ἕν* (137 B 3), das der Platonische Parmenides hier als seine eigene *ὑπόθεσις* bezeichnet,[103] ist das absolute Eine Platons, das letzte Prinzip des Seins und des Erkennens, nicht aber das seiende Eine des historischen Parmenides, das im Dialog selber als das All-Eine charakterisiert wird: *σὺ μὲν γὰρ ἐν τοῖς ποήμασιν ἓν φῂς εἶναι τὸ πᾶν* (128 A 8 - B 1).[104] In seinem Lehrgedicht versteht der eleatische Parmenides das Eine prädikativ, als die Einheit der im Sein (*ἐόν*) gedachten Totalität: *ἓν τὸ πᾶν*. Demgegenüber unterscheidet Platon scharf zwischen dem *Sein* und dem *Einen* und nimmt das Eine *rein für sich selbst als solches* (*αὐτὸ καθ' ἑαυτό*), nicht als Bestimmung eines Anderen, des Seins, sondern als *das Eine selbst* in seiner Absolutheit und Reinheit.[105] Das absolute Eine

[101] Die relativ vollständigste Sammlung von Plotinstellen, die auf die erste Hypothesis Bezug nehmen, bietet J.M. Charrue, *Plotin. Lecteur de Platon*, Paris 1978, 43 - 84.

[102] Es ist nicht nötig, den überlieferten Text in 137 B 4 mit M. Wundt, *Platons Parmenides*, 6 Anm. 1 zu ändern; *εἴτε ἕν ἐστιν εἴτε μὴ ἕν* ist prädikativ zu verstehen, vgl. D 3 und oben Anm. 98.

[103] Vgl. mit Parm. 137 B 3 Politeia 506 E 2, 509 C 3: *τὰ ἐμοὶ δοκοῦντα*. - Dies ist jeweils Selbstzeugnis Platons. Die Einheitsspekulation der Platonischen Dialogfigur gibt sowenig den historischen Parmenides wieder wie die Agathonspekulation der "Politeia" den historischen Sokrates. Platon wird sich aber als Vollender seiner beiden Vorgänger fühlen und legt ihnen darum seine eigene Lehre in den Mund, als Ausdruck der Anknüpfung an sie.

[104] Dies entspricht den Aussagen des Lehrgedichts, vgl. Fr. 8, 4 - 6: *οὖλον, μουνογενές . . . ἔστιν ὁμοῦ πᾶν, ἕν, συνεχές*. Vgl. dazu oben S. 280 mit Anm. 44.

[105] *τὸ ἓν αὐτό* bekommt so den Charakter eines festen terminus technicus für das Absolute: Parm. 137 B 3, D 2, 158 A 5; Soph. 245 A 6; Aristoteles, Met. 1001 a 27, 1091 b

aber muß in dem "sachlichen Spiel" (*πραγματειώδης παιδιά*, 137 B 2)[106] des dialektischen Denkens darum als das Erste (*πρῶτον*, 137 B 1) zugrunde gelegt werden, weil es als das Prinzip der Einheit von Denken und Sein die letzte, voraussetzungslose Voraussetzung aller Erkenntnis ist. Das Eine selbst, das den Einheitscharakter einer jeden Idee und des Ganzen aller Ideen begründet (vgl. 157 E 2 - 158 B 4), ist Anfang und Prinzip der Dialektik, weil es Dialektik als denkendes Verbinden und Unterscheiden von Ideen (Synthesis und Analysis) allererst ermöglicht und darum in jedem ihrer Schritte immer schon vorausgesetzt ist: es ist der voraussetzungslose Urgrund (*ἀνυπόθετος ἀρχή*, Politeia 510 B 7), der das Denken in allen seinen Akten, im Vereinigen wie im Unterscheiden, ermöglicht; sich seiner im wissenden Nichtwissen zu vergewissern, ist darum die höchste Aufgabe des Denkens, das *μέγιστον μάθημα* (Politeia 504 E 4 u.ö.). Platon nennt diese Dialektik ein Spiel, weil sie als reine, zweckfreie Theorie ihre Erfüllung in sich selbst hat - gerade diese *παιδιά* aber, deren "Sache" die Ideen und die Prinzipien sind, ist die höchste Form der *σπουδή* (Nomoi 803 C - E, Ep. VI 323 D; vgl. Heraklit, Fr. 52).[107] Die erste Hypothese also "legt das Eine selbst, allein und für sich betrachtet, ohne alles andere, rein an sich selbst zugrunde, ohne ihm irgendein zweites Element hinzuzufügen" (*le unum ipsum, seorsum et solum meditatum, sine aliis, secundum se ipsum ponat, nullum alterum elementum ipsi apponens*).[108] Sie betrachtet das Eine rein für sich selbst, allein im Hinblick auf seine absolute Einheit und Einfachheit, nicht im Hinblick auf das Sein, das gegenüber dem Einen selbst in seiner reinen Einfachheit ein zweites Element ist. Die Voraussetzung lautet demgemäß: *εἰ ἕν ἐστιν, ἄλλο τι οὐκ ἂν εἴη πολλὰ τὸ ἕν* (137 C 4 - 5). "Wenn das Eine einfachhin Eines ist, nicht wahr, dann kann Es selbst doch nicht Vieles sein".[109]

---

14, 1092 a 15; Eud. Eth. 1218 a 20. 25 u.ö. Speusipp bei Proklos, In Parm. VII 40, 2 f. -Vgl. Parm. 159 C 5; Soph. 245 A 8: *τὸ ἀληθῶς ἕν*.

[106] Zu *πραγματειώδης* in der Bedeutung von "sachlich" an dieser Stelle Wundt, *Platons Parmenides*, 28 (mit Berufung auf A. Dyroff sowie mit Hinweis auf die Verwendung des Wortes bei den Neuplatonikern und auf die Bedeutung von *πραγματεία* schon zur Zeit Platons).

[107] Richtig Wundt, *Platons Parmenides*, 27 - 28; E.A. Wyller, *Platons Parmenides*, 79 über die Ernsthaftigkeit des Spiels und die Koinzidenz von Spiel und Ernst bei Platon.

[108] So Speusipp bei Proklos, In Parm. VII 40, 2 - 4. - Dazu ausführlich oben S. 282 ff.

[109] Vgl. Anm. 98.

Die ganze Bedeutung liegt hier allein auf dem *ἕν*, nicht auf dem *ἐστιν*, das als bloße Copula ohne jede Eigenbedeutung ist.[110] Vorausgesetzt ist nur das Eine selbst als das Eine einfachhin (*εἰ ἕν ἐστιν . . . τὸ ἕν*. Vgl. D 3: *εἰ ἓν ἔσται τὸ ἕν*) und nicht das Ist.[111] Durch diese Fassung der Voraussetzung ist die erste Hypothese deutlich abgehoben gegen die zweite, deren Voraussetzung mit der Formulierung *ἓν εἰ ἔστιν* (142 B 3, B 5, C 8) das Sein des Einen statuiert.[112] Indem sie aber das Sein des Einen in der Unterschiedenheit von der Einheit des Einen festhält (142 B 7 - C 5), setzt die zweite Hypothese schon im Ansatz ein zweites Element neben das Eine und enthält darin schon die Anerkennung der Vielheit *in* der Einheit selbst (vgl. 143 A, 144 D - E); damit aber wird die reine Einfachheit des Einen bereits im Ansatz preisgegeben.

Dagegen hält die erste Hypothese die absolute Einfachheit des Einen in voller Schärfe fest.[113] Das einfachhin Eine ist nur Eines und nichts An

deres:[114] es ist das Eine selbst (*τὸ ἓν αὐτό*, 137 B 3, D 2, vgl. pointiert im Rückblick auf die erste Hypothesis 142 C 2: *ἓν ἕν*; 142 C 3: *εἰ ἓν ἕν*).[115] Aufgrund seiner absoluten Einfachheit entzieht sich das Eine selbst jeder Bestimmbarkeit und ist nur noch negativ, aus der Negation der Vielheit bestimmbar: *εἰ ἕν ἐστιν . . . οὐκ ἂν εἴη πολλὰ τὸ ἕν*.[116] Jede positive Bestimmung würde das Eine in die Vielheit hineinziehen,[117] indem sie es auf

---

110 Richtig Speiser, *Ein Parmenideskommentar*, 23.

111 Wundt, *Platons Parmenides*, 30: "In der ersten Hypothese wird das Eine in voller Schärfe genommen. Das eigentlich Geforderte und Vorausgesetzte ist das Eine und nicht das Ist". - Wyller, *Platons Parmenides*, 84: " . . . der Sinn - und nicht das Sein - des Einen steht in Frage. Gegenstand der Untersuchung wird das Eine in seiner strengen Einheit . . ."

112 Vgl. Wundt, loc. cit., 29; Wyller, loc. cit., 82; Weizsäcker, *Ein Blick auf Platon*, 64. Vgl. oben S. 298 f. mit Anm. 98.

113 Insofern kann die Alternative 137 B 4 *εἴτε ἕν ἐστιν εἴτε μὴ ἕν* auch auf die beiden ersten Hypothesen bezogen interpretiert werden.

114 Proklos, In Parm 1179, 11: *ἓν γάρ ἐστι μόνον* sc. *τὸ ἕν, ἄλλο δὲ οὐδέν*.

115 Vgl. 137 D 3: *εἰ ἕν ἐστιν . . . τὸ ἕν*. 137 B 4: *εἴτε ἕν ἐστιν* sc. *τὸ ἓν εἴτε μὴ ἕν*. Vgl. Anm. 98.

116 Vgl. 137 D 1 - 2: *δεῖ δέ γε μὴ πολλὰ ἀλλ᾽ ἓν αὐτὸ εἶναι*.

117 140 A 1 - 3: *εἴ τι πέπονθε χωρὶς τοῦ ἓν εἶναι τὸ ἕν, πλείω ἂν εἶναι πεπόνθοι ἢ ἕν, τοῦτο δὲ ἀδύνατον*. - Das ist exakt das "neuplatonische" Verbot der *προσθήκη*, vgl. Plotin, III 8, 11, 9 - 16; III 9, 9, 23; V 5, 4, 8 - 10; 13, 9 - 13; VI 7, 41, 16; 42, 4;

ein Anderes beziehen müßte, das von ihm ausgesagt oder von dem es ausgesagt würde;[118] dadurch aber würde seine absolute Einfachheit aufgehoben. Das Eine wird auch nicht positiv aus seiner absoluten Einheit heraus verstanden, sondern negativ aus seiner absoluten Nicht-Vielheit (*οὐκ . . . πολλὰ τὸ ἕν*).[119] Absolute Einheit oder reine Einfachheit ist selbst ohne positiven begrifflichen Gehalt, da sie nur negativ als absolute Verneinung jeder Vielheit denkbar ist;[120] denn sobald sie als positive Bestimmung gedacht wird, wird sie selbstbezüglich (absolute Identität und Einheit *mit sich selbst*), und damit hebt sich die Einheit als absolute in eine geeinte Zweiheit auf.[121] Darum wird die Negation der Vielheit anders als die folgenden Negationen nicht aus der absoluten Einfachheit des Einen abgeleitet,[122] sondern ist deren unmittelbare Explikation ex negativo, - welche das einzige ist, was wir von dem absolut Einen erkennen können. *In dieser als Negation jeder Vielheit richtig verstandenen Einfachheit liegt der reine Begriff des Einen.*

Damit aber wird die ganze Hypothese notwendigerweise negativ. Der Kanon aller Negationen ist dabei der Satz: Das Eine ist nicht Vieles (*οὐ . . . πολλὰ τὸ ἕν*). Demgemäß müssen dem Einen einfachhin

> Teile und Ganzheit, Anfang, Mitte und Ende, Grenze und Gestalt, Sein in sich selbst und in Anderem, Ruhe und Bewegung, Identität und Andersheit, Ähnlichkeit und Unähnlichkeit, Gleichheit und Ungleichheit, Älter-, Jünger- und Gleichaltsein, intellektuelle Zeit und Ewigkeit, Sein und Einssein, Erkennbarkeit und Benennbarkeit

abgesprochen werden. Alle diese Negationen entfalten nur den Sinn der absolut verstandenen Nicht-Vielheit des Einen, ohne inhaltlich darüber

---

VI 8, 20, 13; 21, 25 - 28; Proklos, In Parm. 1177, 21 - 23; Theol. Plat. II 2, 23, 10 - 12; II 10, 63, 14 - 16; Elem. theol. prop. 8 u.ö.

118 Vgl. 142 A 2 *αὐτῷ ἢ αὐτοῦ*, dazu Wundt, *Platons Parmenides*, 30. Vgl. auch Arist. Metaph. 987 b 23, 996 a 7, 1001 a 6 ff.

119 Richtig, aber mit unzureichender Begründung Wyller, *Platons Parmenides*, 84.

120 Vgl. Plotin, V 5, 6, 26: *τὸ ἓν ὄνομα τοῦτο ἄρσιν ἔχει πρὸς τὰ πολλά*. Vgl. auch Proklos, In Parm. 1095, 17 f.

121 Vgl. 138 A 7 - B 5; 139 D 1 - E 4. Dazu unten §§ 3.4 und 3.6 (These 4).

122 Dazu Proklos, In Parm. 1092, 19 - 34, bes. 30 ff.: *τοῦ δέ, ὅτι τὸ ἓν οὐ πολλά, γνωριμώτερον οὐδέν ἐστιν ἡμῖν καὶ σαφέστερον, ὅθεν τοῦτο οὐ δεηθεὶς κατασκευῆς οὐδὲ πλείονος λόγου παρέλαβεν. εἴληπται οὖν ἀπὸ τῆς κοινῆς ἐννοίας ὅτι οὐ πολλὰ τὸ ἕν*. 1095, 18 - 19: *ἀναίρεται γὰρ ἡ τοῦ ἑνὸς ἔννοια τὸ πλῆθος*.

hinauszugehen.[123] Ihre Reihe ist weder aufsteigend (wie Speiser und Wyller meinen)[124] noch absteigend (wie Proklos meinte),[125] sondern bildet einen Kreis, der mit der Negation des Seins und der Einheit zum Ausgangspunkt der Hypothese zurückkehrt, um die Voraussetzung aufzuheben[126] (vgl. 137 C 4 zu 141 E 12: *εἰ ἕν ἐστιν . . . τὸ ἓν οὔτε ἕν ἐστιν οὔτε ἔστιν*) und dann in die Negation jeder Erkennbarkeit bis hin zur - nicht in die Affirmation umschlagenden - Negation der Negationen selbst zu münden (142 A 1 - 8). Daß dem absoluten Einen damit alle überhaupt möglichen und denkbaren Bestimmungen abgesprochen werden, ist ganz deutlich: es ist absolut "jenseits von allem" (*ἐπέκεινα πάντων*), wie Plotin sagt.[127]

Alle diese Negationen haben dabei den Sinn von Transzendenzaussagen: in bezug auf das Eine selbst bedeutet jedes "nicht" das "jenseits" und "über" des Verneinten. Das Eine ist nicht Vieles, sondern jenseits aller Vielheit, *weil* es Urgrund aller Vielheit ist;[128] der Urgrund aber kann nicht die Bestimmungen seiner Prinzipiate haben, weil er dann nicht mehr Urgrund wäre; er ist also notwendig transzendent. Wie nun das einfachhin Eine durch jede Hinzufügung in die Vielheit hineingezogen würde, so müßte jedwede Bestimmung seine Absolutheit aufheben, indem sie es zu sich selbst oder zu einem anderen in Beziehung setzte und so das Eine

---

[123] Die absolute Disjunktion des Einen von der Vielheit ist das einzige, was wir von ihm wissen können; darin liegt die ganze negative Theologie beschlossen. So ist auch Platons Aussage Ep. VII 344 E 2 zu verstehen: *πάντων γὰρ ἐν βραχυτάτοις κεῖται*. Hierzu ähnlich Ps.-Dionysius Areopagita, De myst. theol. I 3 (PG 3, 1000 B), vgl. De div. nom. XIII 1 (PG 3, 977).

[124] Vor allem Wyller, *Platons Parmenides*, 82 f.; Speiser, *Ein Parmenideskommentar*, 29 scheint in die gleiche Richtung zu deuten, wenn er in den ersten Negationen eine Widerlegung niederer Gottesbegriffe sieht.

[125] Proklos, In Parm. 1088, 4 - 1089, 16; Theol. Plat. II 10, 62, 19 - 63, 7; vgl. Kap. II 12 ganz.

[126] So richtig Proklos, In Parm. VII 30, 11 - 32, 18 Klibansky = 1241, 15 - 1242, 18 Cousin.

[127] Enn. V 1, 6, 13; V 3, 13, 2; V 4, 2, 39 - 40.

[128] Dazu ausführlich Teil I Kapitel II bes. § 4. - Der Grundsatz, daß das Prinzip niemals die Bestimmungen seiner Prinzipiate haben kann, mit der Folgerung, daß dann der universale Urgrund, das Eine selbst, absolut transzendent sein muß, ist für Speusipp sicher bezeugt: Fr. 72 Isnardi P. = Jamblich, De comm. math. sc. IV 15, 7 - 10, auch 16, 10 - 14. Speusipp schreibt diesen Grundsatz in seinem Referat über die Prinzipienlehre auch Platon zu (Test. Plat. 50), was sich durch Politeia 509 AB leicht bestätigen läßt.

selbst (τὸ ἓν αὐτό) zu Etwas-Einem (ἕν τι) machte.[129] Darum sprechen die Negationen dem Einen nicht etwas ihm Zukommendes ab, da ihm ja überhaupt nichts zukommt, sondern zeigen gerade seine absolute Transzendenz und Einfachheit an.[130]

Die erste Hypothese spricht nun die reine Transzendenz des *Einen selbst* dadurch *aus*, daß sie ihm alle diejenigen Bestimmungen *abspricht*, welche die zweite Hypothese dem seienden Einen zufolge seines Seins *zuspricht*.[131] Denn das seiende Eine ist der Inbegriff alles Seienden - alles, was ist, ist *Eines*, sofern es *ist* -, darum sind die Bestimmungen, die ihm aufgrund seines Seins zukommen, die notwendigen Bestimmungen des Seienden, sofern es seiend ist (des ὂν ᾗ ὄν), in denen sich sein Sein konstituiert.[132] Indem aber die erste Hypothese dem Absoluten die Bestimmungen abspricht, die dem Seienden durch sein Sein zukommen und die zusammen sein Sein als eidetisch erfülltes (als Wesensfülle) ausmachen, entfalten ihre Negationen die Seinstranszendenz des Absoluten, das ἐπέκεινα τῆς οὐσίας. Weil also das Eine selbst der Urgrund des seienden Einen und dieses die Totalität des Seins ist, darum müssen ihm dessen Bestimmungen insgesamt abgesprochen werden, um seine Seinstranszendenz in ihrer Bedeutung zu explizieren. Dieses Verneinen aber ist die einzige Weise, das Unsagbare durch die Aufhebung der Sagbarkeit zu sagen.

---

[129] Vgl. Proklos, In Parm. VII 68, 2 - 5 Klibansky = 517, 35 - 38 Steel.

[130] Die Negation ist ὑπεροχῆς σημαντικόν, so Proklos, In Parm. 1110, 6. Vgl. zur transzendierenden Bedeutung der Negation den ganzen Passus In Parm. 1109, 21 - 1110, 15 und dazu W. Beierwaltes, *Proklos. Grundzüge seiner Metaphysik*, 348 - 357.

[131] Diese Korrespondenz zwischen den Negationen der ersten und den Affirmationen der zweiten Hypothese betont schon Proklos, Theol. Plat. II 10, 61, 19 - 62, 18; von den neueren Interpreten besonders F.P. Hager, *Der Geist und das Eine*, 130 ff.

[132] Zu den platonischen, auf den Neuplatonismus vorausweisenden Implikationen der Aristotelischen Prägung ὂν ᾗ ὄν (Metaph. 1003 a 21, 1064 a 29), die "Sein im eminenten Sinne" bedeutet und nicht etwa die leerste Abstraktion: Ph. Merlan, *From Platonism to Neoplatonism*, ([1]1953), 53 ff.; ders., *Metaphysik: Name und Gegenstand* (zuerst 1957), in: F.P. Hager (Hrsg.), *Metaphysik und Theologie des Aristoteles* (WdF Bd. 206, [2]1979), 251 - 265; ders., Ὂν ᾗ ὄν und πρώτη οὐσία, Philos. Rundschau 7 (1959), 148 - 153.

## § 3 Die Durchführung der Negationen

Die Abfolge der einzelnen Negationen, deren Ableitung wir uns nun zuwenden, dient einzig dem Ziel, die absolute Einfachheit und Transzendenz des Einen selbst rein herauszuarbeiten.

### § 3.1 Ganzes und Teile (137 C 5 - D 3)[133]

Durch seine absolute Einfachheit herausgenommen aus jeder Vielheit, kann das Eine weder Teile haben noch selbst ein Ganzes sein (137 C 5 - 6, cf. D 2 - 3). Es ist nicht unterschieden in etwas und das Eine als seine Bestimmung wie das seiende Eine (vgl. 142 D 1 ff.), sondern es ist *das Eine selbst* (*τὸ ἓν αὐτό*, D 2) und darum nur negativ durch seine absolute Teillosigkeit bestimmbar: *ἀμερὲς δήπου δεῖ παντελῶς τό γε ἀληθῶς ἓν κατὰ τὸν ὀρθὸν λόγον εἰρῆσθαι* (Soph. 245 A 8 - 9).[134] Der Teil (*μέρος, μόριον*) nämlich ist immer Teil eines Ganzen (137 C 6): nur in dem Ganzen hat er seine von Anderem abgehobene Bestimmtheit. Der Teil hat kein von dem Ganzen unabhängiges Bestehen, sondern er ist als Teil wesentlich durch seine Beziehung auf das Ganze und auf die anderen Teile, von denen es sich in dem Ganzen abhebt, bestimmt und dadurch auch in sich selbst vielfältig (vgl. Parm. 157 C 3 - D 7, 158 D 1 - 5).

Das Ganze (*ὅλον*) aber ist das, dem kein Teil fehlt (137 C 7):[135] es ist eine aus allen Teilen zur Vollständigkeit gelangte Einheit, auf die die Teile sich beziehen (157 E 1 - 2: *ὃ καλοῦμεν ὅλον, ἐξ ἁπάντων ἓν τέλειον γεγονός, τούτου μόριον ἂν τὸ μόριον εἴη*).[136] Es ist darum auf die Anwesenheit und Vollständigkeit aller seiner Aufbaubestandteile angewiesen, um als das Ganze dessen, was es ist, bestehen zu können. Darum kommt ihm Einessein nur als von ihm selbst unterschiedene Bestimmung zu (*πεπονθὸς τὸ ἓν εἶναι*, Soph. 245 B 7 - 8),[137] welche die Unterschiedenheit der Teile, in denen es sich als Ganzes artikuliert, nicht aufhebt. Als

---

133 Vgl. die Paralleldiskussion Soph. 244 D 14 - 245 E 5.

134 Vgl. Parm. 159 C 5: *οὐδὲ μὴν μόριά γε ἔχειν φαμὲν τὸ ὡς ἀληθῶς ἕν*.

135 Vgl. Theaitet 205 A 4 - 6.

136 Vgl. Theaitet 203 E 3 - 5.

137 Vgl. Parm. 158 A 3 - 5: *μετέχοι δέ γε ἂν τοῦ ἑνὸς δῆλον ὅτι ἄλλο ὂν ἢ ἕν· οὐ γὰρ ἂν μετεῖχεν, ἀλλ' ἦν ἂν αὐτὸ ἕν*.

Einheit unterschiedener Momente ist das Ganze nicht das Eine selbst,[138] sondern wesenhaft durch Teilbarkeit (d.h. Aufgliederbarkeit in seine Wesensmomente) und damit durch Vielheit charakterisiert (vgl. Soph. 244 E 2 - 245 B 10; Parm. 158 A 3 - B 4).

Das Ganze und die Teile bedingen sich also wechselseitig und sind ohne Vielheit nicht denkbar (vgl. Parm. 157 C - 158 D). "Auf beide Weisen also bestünde das Eine aus Teilen, sowohl wenn es ein Ganzes wäre wie wenn es Teile hätte. - Notwendigerweise. - Auf beide Weisen wäre also das Eine selbst Vieles und nicht einfachhin Eines. - Das ist wahr. - Es muß aber doch nicht Vieles, sondern das Eine selbst sein. - Das muß es. - Also wird das Eine selbst weder ein Ganzes sein noch Teile haben, wenn es einfachhin Eines sein soll. - Nein, das nicht." (137 C 8 - D 3).

Das absolut Eine ist jenseits des Wesensbezugs von Ganzheit und Teil, weil es jenseits aller Vielheit ist. Es ist kein intelligibles Ganzes immanenter Bestimmungsmomente wie das seiende Eine (vgl. 142 D - E), sondern absolut einfach und ohne jede positive Bestimmung. Der für den eleatischen Begriff des Seins als Einheit konstitutive Totalitätscharakter muß dem Einen selbst darum abgesprochen werden;[139] es transzendiert jede Totalität.[140]

## § 3.2 Anfang - Mitte - Ende, Grenzen (137 D 4 - 8)

Absolute Einfachheit und Teillosigkeit bedeutet den Ausschluß jeder ontologischen Struktur: das Eine hat darum weder Anfang noch Ende noch Mitte, denn diese notwendigen Elemente jeder Struktur machen zusammen die Teile eines Ganzen aus (137 D 4 - 5). Anfang oder Ursprung (*ἀρχή*), Ende oder Vollendung (*τελευτή*) und Mitte oder Vermittlung (*μέσον*) sind Strukturelemente, die das seiende Eine wie jedes Seiende als ein Ganzes konstituieren (vgl. 145 A 5 - 8): Alles Seiende ist dadurch strukturiert, daß es als Ganzes von einem Grund und Ursprung her und auf eine Vollendung hin ist, und daß es um sein Selbst als die Mitte zentriert ist, die seine Wesensmomente mit dem Ganzen und es selbst mit seinem Grund vermittelt; fehlt eines dieser Strukturelemente, so kann es

---

[138] Soph. 245 A 5 - 6: *τὸ δὲ πεπονθὸς ταῦτα ἆρ᾽ οὐκ αὐτό γε τὸ ἓν αὐτὸ εἶναι;*

[139] Vgl. Soph. 244 E 2 - 245 B 2.

[140] Vgl. dazu Plotin, Enn. III 8, 9, 44 - 54 und sehr oft. Dazu oben Teil I Kapitel II §§ 2 und 4.

nicht mehr das Ganze sein, das es ist (145 A 7 - 8: *κἂν του ἓν ὁτιοῦν αὐτῶν ἀποστατῇ, ἐθελήσει ἔτι ὅλον εἶναι; - Οὐκ ἐθελήσει*), und ist darum überhaupt nicht mehr. So ist die Einheit des Seienden als die eines strukturierten Ganzen keine absolute und unmittelbare, sondern durch die Strukturmomente Anfang, Mitte und Ende vermittelt und darum wesentlich durch dihairetische Teilbarkeit bestimmt: Anfang der dihairetischen Teilung des Seinsganzen ist das allgemeinste Genos (das seiende Eine), Ende ist die letzte erreichbare Bedeutungseinheit in ihrer vollendeten Bestimmtheit (das Atomon Eidos), Mitte sind die zwischen beiden vermittelnden Gattungseinheiten, deren Anzahl die Struktur des Atomon Eidos als Idealzahl bestimmt.[141]

Indem sie die dihairetische Seinsgliederung begrenzen, sind Ende und Anfang, Eidos und Genos die Grenze (*πέρας*) eines jeglichen (137 D 6): sie bestimmen jedes Seiende als das, was es ist, indem sie es aus der Unendlichkeit dessen, was es nicht ist, ausgrenzen und es so zur mit sich selbst einigen Gestalt (*μία τις ἰδέα*, 157 D 8) machen. Durch die bestimmende Grenze aus der Unbegrenztheit alles anderen herausgenommen, ist Seiendes notwendig durch Einheit und Vielheit zumal bestimmt.[142]

Das überseiende Eine selbst aber ist nicht durch Genos und Eidos bestimmt und darum selbst keine Idee, sondern absolutes Prinzip aller Ideen.[143] Doch auch *ἀνυπόθετος ἀρχή, ἀκριβέστατον μέτρον* und *οὗ ἕνεκα* oder *τέλος* ist das Eine nur *für* das Seiende und nur *von diesem her*; an sich selbst kann es Ursprung, vollendendes Ziel und bestimmendes Maß weder sein noch haben, weil es absolut einfach ist.[144] Platon hat darum, wie Speusipp berichtet, das Eine selbst sogar von der Bestimmung als Prinzip befreit, die es in ein Verhältnis zu seinen Prinzipiaten brächte.[145] Das absolut Eine ist damit ganz im Sinne Plotins und Proklos'

---

[141] Vgl. J. Stenzel, *Zahl und Gestalt bei Platon und Aristoteles*, ([2]1933), 117; P. Wilpert, *Zwei aristotelische Frühschriften über die Ideenlehre*, 169; siehe auch O. Becker, *Zwei Untersuchungen zur antiken Logik*, 1 ff., 16 ff.

[142] Vgl. Phileb. 16 C 9 - E 2.

[143] Vgl. Aristoteles, Metaph. 988 a 10 - 11. b 4 - 6. - Auch in der "Politeia" ist das Agathon als Urgrund der Ideen nur noch per analogiam eine Idee, an sich selbst aber jenseits des Seins, d.h. eben der Idee (509 B).

[144] Vgl. Proklos, In Parm. 1115, 36 - 38: *ὥστε ἀρχὴ καὶ τέλος ἐστι καὶ μέσον πάντων τὸ ἕν, αὐτὸ δὲ πρὸς ἑαυτὸ τούτων οὐδὲν ἔχει.*

[145] Speusipp bei Proklos, In Parm. VII 40, 1 - 2 = Test. Plat. 50: "*Le unum enim melius ente putantes et a quo le ens, et ab ea que secundum principium habitudine ipsum liberaverunt.*" Siehe hierzu oben Anm. 52.

"vorursprünglich" (*πρὸ ἀρχῆς*)[146] und "vorursächlich" (*προαίτιον*) oder "über Ursächlichkeit erhaben" (*ὑπὲρ αἴτιον*).[147] Darum ist es in einem strikt negativem Sinne unendlich:[148] *ἄπειρον ἄρα τὸ ἕν, εἰ μήτε ἀρχὴν μήτε τελευτὴν ἔχει* (137 D 7 - 8). So kann gesagt werden: "Die Unendlichkeit (sc. des Einen) liegt darin, daß Es nichts als nur Eines ist und daß Es nichts hat, woran Es grenzt; denn weil Es einfachhin Eines ist, ist Es nicht meßbar und nicht zählbar. Es ist also weder gegen ein anderes noch gegen sich selbst begrenzt: denn damit wäre Es schon eine Zweiheit" (Plotin, V 5, 11, 1 - 4). Das Eine ist also unendlich im Sinne der Transzendenz über jede Grenze und Beschränkung: *τὸ ἓν ἐπέκεινά ἐστι πάσης τῆς τοῦ πέρατος σειρᾶς . . . ἄπειρον οὖν ὡς ὑπὲρ πᾶν πέρας* (Proklos, In Parm. 1124, 14 - 15. 23 - 24). Die so verstandene Unendlichkeit des Einen aber bedeutet sein absolutes Übermaß an Mächtigkeit (vgl. Politeia 509 B 9 - 10): "So muß man Ihn (sc. das Eine) auch als unendlich ansehen, nicht weil Er an Größe oder Zahl unabschreitbar wäre, sondern weil die Überfülle seiner Mächtigkeit unumfaßbar ist" (Plotin, VI 9, 6, 10 - 12).

Die "intensive" Unendlichkeit des absoluten Einen ist dann Ausdruck seiner Seinstranszendenz, wenn für den Begriff des Seins - wie bei Parmenides und auch bei Platon - Begrenztheit konstitutiv ist; die Überfülle des Einen selbst aber liegt über jede begrenzende Bestimmtheit hinaus, wobei seine absolute Einfachheit gerade seine Unendlichkeit ausmacht: "Denn wenn du Ihn (sc. das Eine) denkst wie Geist oder Gott, so ist Er mehr; und wenn du Ihn dir *als Eines* denkst, so ist Er auch dann *mehr Eines* als du es dir vorstelltest: Er ist einfacher als dein Denkakt; denn Er ist rein für sich selbst und keinerlei Bestimmtheit kommt Ihm zu" (Plotin, VI 9, 6, 12 - 16). An der Unendlichkeit des Absoluten wird so exemplarisch der transzendierende Sinn der Negation deutlich: *via negationis est via supereminentiae*.[149]

---

[146] Plotin, Enn. V 5, 9, 7 (mit Theilers Konjektur). Vgl. auch Enn. VI 9, 3, 49 - 51; VI 8, 8, 9 - 15.

[147] Proklos, In Parm. 1210, 11 und Theol. Plat. II 9, 59, 24; In Parm. 1123, 37.

[148] Vgl. Proklos, In Parm. 1123, 22 - 1124, 15; ferner ebd. 1124, 22 - 26: *πάντα γὰρ ὡς αὐτοῦ πρὸς αὐτὸ διὰ τούτων ἀποφασκόμενα . . . οὐδὲν γάρ ἐστιν ἐν αὐτῷ πρὸς αὐτὸ πέρας· οὐδὲ γὰρ ἀρχὴ . . . οὐδὲ μέσον, οὐδὲ τέλος.* - Zur Geschichte des Unendlichkeitsgedankens in der Antike: R. Mondolfo, *L' infinito nel pensiero dell Antichita classica*, Firenze 1956; C.J. de Vogel, *La théorie de l' ἄπειρον chez Platon et dans la tradition platonicienne*, RPh 84 (1959), 21 - 39; Verf., *Speusipp und die Unendlichkeit des Einen* (erscheint noch).

[149] Das Vorurteil, ein horror infiniti habe die Griechen daran gehindert, das Absolute als unendlich zu denken, wird schon durch die Vorsokratiker Anaximander, Heraklit,

Ähnlich denkt auch Speusipp das absolut Eine als unendlich, wobei er aber weniger auf die absolute Einfachheit des Einen abhebt, welche die Strukturmomente *ἀρχή* und *τελευτή* von ihm ausschließt, sondern vielmehr darauf, daß das Eine als das absolute und alles bestimmende Prinzip selber Grenze von Allem (*πέρας τῶν ὅλων*) ist; das Eine ist dann unendlich, weil es als *absolute* Grenze selber keine weitere Grenze mehr haben kann (*ὃ πέρας ἐστὶ τὸ μὴ ἔχον ἄλλο πέρας*).[150] Auch absolute Grenze oder Grenze von Allem ist das Eine freilich nur *für* das Andere und nur *von diesem her*; dem Einen an sich selbst muß darum die Bestimmung als absolute Grenze ebenso abgesprochen werden wie die (in etwa gleichbedeutende) Bestimmung als Prinzip (vgl. Speusipp, Test. Plat. 50).

## § 3.3 Gestalt (137 D 8 - 138 A 1)

Als Unendliches und absolut Einfaches ist das Eine ohne Gestalt (*ἄνευ σχήματος*); denn es hat weder am Runden noch am Geraden teil (137 D 8 - E 1, cf. 137 E 6 - 138 A 1).

---

Xenophanes und Melissos zerstört. Die ausschließlich negative Wertung des Unendlichen ist vielmehr eine Besonderheit des Aristoteles und nicht repräsentativ für das klassische oder gar das antike Denken insgesamt. Der Neuplatonismus unterscheidet in Systematisierung Platonischer Ansätze drei Begriffe des Unendlichen: 1. Die begrifflich negative Unendlichkeit des absolut Einen als Ausdruck seiner über jede Bestimmtheit hinausliegenden Überfülle an Mächtigkeit. 2. Die positive Unendlichkeit des Nous, der als Totalität der Ideen jede bestimmende Grenze *in sich* hat, was dem Unendlichkeitsbegriff Hegels nahekommt. 3. Die "schlechte" Unendlichkeit der Materie als Fehlen von Grenze und Bestimmtheit. - Das christliche Denken übernimmt den metaphysischen Unendlichkeitsbegriff (im Sinne von 1., dann auch von 2.) aus der platonischen Tradition, zuerst bei Clemens von Alexandria (Strom. V 12, 81, 6), endgültig erst durch die Plotinrezeption der Kappadokier, besonders des Gregor von Nyssa, nachdem noch Origenes ihn mit dem aristotelischen Argument abgelehnt hatte, daß ein Unendliches sich nicht selbst erkennen könne, ein Argument, das von Plotins Geistbegriff aus widerlegbar ist. Vgl. W. Pannenberg, RGG$^3$ Bd. II, Sp. 1721 sv. *Gott (Theologiegeschichtlich)*; K. Jüssen, LThK$^2$ Bd. X, Sp. 480 s.v. *Unendlichkeit Gottes*; E. Mühlenberg, *Die Unendlichkeit Gottes bei Gregor von Nyssa*, Göttingen 1966 (überschätzt die Differenz zum antiken Denken).

150 Speusipp bei Proklos, In Parm. 1118, 10 - 19 und dazu Verf., *Speusipp und die Unendlichkeit des Einen*. Speusipp unterscheidet dort einen doppelten Begriff des Unendlichen: 1. Das Unfaßbare und Unausmeßbare (*τὸ ἄληπτον καὶ ἀδιεξίτητον*) und 2. das, was als absolute Grenze selbst ohne Grenze ist; das Eine sei in beiden Bedeutungen unendlich.

Das Gerade (*εὐθύ*) und das Runde (*στρογγύλον*) oder Kreisförmige (*περιφερές*) sind die Grundmöglichkeiten von Gestalt (*σχῆμα*). Rund oder kreisförmig ist das, dessen Extreme (*ἔσχατα*) von der Mitte überall gleichen Abstand haben (137 E 1 - 3). Gerade ist dasjenige, dessen Mitte den beiden Extremen so vorgelagert ist, daß sie sie abdeckt (*ἐπίπροσθεν*) (E 3 - 4). So verstanden, sind gerade und rund die Strukturprinzipien des reinen geometrischen Raumes; sie konstituieren Extension und setzen definitionsgemäß Teile und damit Vielheit als Bedingungen ihrer Möglichkeit voraus. Das absolut teil-lose Eine ist also weder gerade noch rund (137 E 4 - 138 A 1); denn seine absolute Einfachheit schließt jede Vielheit von Teilen aus und transzendiert so jede Gestalt.

Dem Einen wird damit jede (körperliche oder intelligible) Räumlichkeit[151] abgesprochen, einschließlich der extensiven Unendlichkeit, so daß gesagt werden kann: "Er (sc. das Eine) ist aber auch nicht unbegrenzt im Sinn der Größe; denn wohin hat Er nötig, sich auszudehnen und was sollte Er damit erlangen wollen, da Er keines Dinges bedarf ?" (Plotin, V 5, 10, 20 - 21). Das absolute Eine ist nur Es selbst und darum ohne jede (räumliche oder begriffliche) Extension; seine Unendlichkeit ist jenseits von Peras *und* Apeiron.[152]

Das Eine darf darum nicht wie bei Parmenides das Seiende als begrenzt und von kreisförmiger Struktur "der Masse einer wohlgerundeten Kugel vergleichbar, von der Mitte her überall gleich" (Fr. 8, 43 - 44; vgl. 30 - 33. 42) gedacht werden, aber auch nicht wie bei Melissos als räumlich unbegrenzt (Fr. 3 - 6). Seine Unendlichkeit ist die Übergegensätzlichkeit des weder . . . noch (*οὔτε . . . οὔτε*).[153]

---

[151] Zur intelligiblen Quasi-Räumlichkeit vgl. Plotin, V 9, 10, 9 - 11 (Text unten in Anm. 160).

[152] Vgl. Proklos, In Parm. 1123, 22 - 1124, 15. Bes. 1123, 26 - 31: *ἐπὶ πάσης γὰρ ἀντιθέσεως ἀναγκαῖον ἢ ἐξαιρεῖσθαι τὸ ἓν ἀμφοτέρων τῶν ἀντικειμένων καὶ μὴ εἶναι μηδέτερον αὐτῶν, ἢ τῷ τοῦ κρείττονος αὐτὸ μᾶλλον ὀνόματι προσαγορεύεσθαι· καὶ γὰρ τῷ πάντων ἀρίστῳ χρὴ προσφέρειν τὸ ἀόριστον*. Die *ἀπειρία* des Einen ist darum *κατὰ τὴν ἀπόφασιν ἀπὸ τοῦ κρείττονος* sc. *τῶν ἀντικειμένων* zu verstehen (1124, 6).

[153] Nach Ps.-Aristoteles, De Melisso 977 b 3 ff. hätte bereits Xenophanes das Eine bzw. Gott als übergegensätzlich gedacht, vgl. 977 b 19 - 20: *οὔτε ἀτρεμεῖν οὔτε κινεῖσθαι . . . οὔτε ἄπειρον οὔτε πεπερασμένον, οὔτε ἠρεμεῖν οὔτε ἀκίνητον εἶναι*. Doch wird hier wohl einfach die negative Theologie Platons auf Xenophanes als den Begründer der Metaphysik des Einen (cf. Platon, Soph. 242 D; Aristoteles, Metaph. 986 b 21 ff.) zurückprojiziert, ähnlich wie Speusipp (Test. Plat. 50) sie auf die Pythagoreer zurückpro-

Dagegen ist für das Seiende Grenze und Gestalt, Bestimmtheit und Struktur notwendig (145 A 4 - B 5; vgl. Parmenides Fr. 8, 26 - 33 und 42 - 49); als rund kann dann versuchsweise die Struktur der *μέγιστα γένη* verstanden werden, die als Erstbestimmungen nicht regulär definierbar (vgl. Theait. 201 E ff., 205 C ff. zur Undefinierbarkeit der allgemeinsten Gattungen und letzten Elemente), sondern nur gleichsam kreisförmig durch die anderen Erstbestimmungen, d.h. durch die wechselseitige Koinonie der Urbestimmungen bestimmbar sind (vgl. bes. Parm. 142 B ff., Soph. 254 C ff.), - so wie das Seiende bei Parmenides durch seine sich kreisförmig wechselseitig bedingenden *σήματα* umgrenzt ist (vgl. Fr. 8).[154] Als gleichsam linear kann dann die dihairetische Struktur des Eidos verstanden werden, dessen Definition die beiden Grenzpunkte Gattung und spezifische Differenz linear abdeckt. In diesem Sinne kann dann auch die Bestimmung der Bedeutungsextension der Ideen als Aufgabe der Dialektik gefaßt werden: nämlich "hinreichend zu erkennen,
- (a) wie Eine Idee durch Viele hindurch nach allen Seiten ausgespannt ist, von denen jede als Einheit getrennt für sich ist,
- (b) wie Viele voneinander verschiedene Ideen von Einer Idee von außen umfaßt werden,
- (c) wie Eine Idee durch Viele und je für sich Ganze (*δι' ὅλων πολλῶν*) hindurch zur Einheit zusammengeknüpft ist,
- (d) wie Viele Ideen getrennt für sich in jeder Hinsicht voneinander abgegrenzt sind" (Soph. 253 D 5 - 9).[155] Die damit angedeuteten Möglich-

---

jiziert. Aus den erhaltenen Fragmenten des Xenophanes (B 23 - 26 DK) ergibt sich nur, daß dieser seinem Gott die sinnlich-anthropomorphen Merkmale der Götter des Mythos abspricht, um so die Überweltlichkeit Gottes herauszustellen. Xenophanes ist damit in einem gewissen Sinne durchaus ein erster Anfang der negativen Theologie. Dennoch ist sein Gott nicht jenseits von allem und auch nicht übergegensätzlich, da ihm positive Bestimmungen wie Ganzheit (Fr. 24), Erkennen (Fr. 24, 25) oder Ruhe (Fr. 26) zukommen (während ihm Fr. 26 Bewegung abspricht) und er als "größter unter Göttern und Menschen" (Fr. 23) und als Beweger des Alls (Fr. 25) angesprochen wird. Zum Gottesbegriff des Xenophanes E. Heitsch, *Xenophanes. Die Fragmente*, München / Zürich 1983, 143 - 159. Auch W. Jaeger, *Die Theologie der frühen griechischen Denker*, Stuttgart 1953, 50 - 68. Zum Quellenwert der Schrift "De Melisso" J. Wiesner, *Ps.-Aristoteles MXG: Der historische Wert des Xenophanes-Referates*, Amsterdam 1974.

[154] Hierzu im einzelnen K. Bormann, *Parmenides. Untersuchungen zu den Fragmenten*, 150 ff. spez. 161, 163 f., 179, 181, auch 64 f.

[155] Zur Einzelinterpretation dieser wegen ihrer abbreviativen Kürze und Dunkelheit berüchtigten Stelle siehe Proklos, In Parm. 650, 10 - 651, 9. (Fast) die gleiche Deutung bei J. Stenzel, *Studien zur Entwicklung der platonischen Dialektik*, 62 ff.; Stenzels Deutung entspricht der des Proklos exakt, wenn man die Korrektur von H.G. Gadamer, *Platos dialek-*

Sophistes



keiten reiner Ideenbeziehungen bestimmen die Bedeutungsextension einer Idee: So ist das Genos durch alle seine Eide hindurch ausgespannt, von denen jedes für sich selbst Einheitscharakter hat (a); die verschiedenen Eide werden von dem gemeinsamen Genos quasi "von außen umfaßt" (b); jede Idee ist durch die Reihe der ihr übergeordneten Gene bestimmt, die sie zu einer neuen, eigenen Einheit zusammenfaßt (c); generisch verschiedene Ideen sind ganz voneinander getrennt, da sie einander weder subordiniert sind, noch die gleiche Gattungsbestimmung aufweisen (d). Aufgabe der Dialektik ist es, Verbindung und Trennung der Ideen richtig zu bestimmen, die Bedeutung der Ideen also nach Einheit und Vielheit zu unterscheiden und zuzuordnen (Symploke und Dihairesis). Wie im "Sophistes" (266 A) und im "Politikos" (266 A) angedeutet wird, stehen die umfassenderen und die spezielleren Ideen offenbar in einer geometrisch darstellbaren, zahlenmäßig genau bestimmbaren Proportion zueinander; von den Verbindungen (a - c) haben Typ a und b eine quasi kreisförmige, Typ c eine quasi lineare Struktur, während die Trennung (d) die Ideen punktuell auffaßt. Dabei kennzeichnet das Runde die Gestalt des umfassenden Ganzen des Genos gegenüber den umgriffenen Eide, in die es sich entfaltet (in a vom Genos, in b von den Eide her gesehen), und das Gerade die Gestalt des Eidos in seiner summativen Bestimmtheit durch die übergeordneten Gene (c). Da aber außer den *μέγιστα γένη* und den *ἄτομα εἴδη* alle Ideen - wenn auch unter verschiedenen Hinsichten - sowohl Gene als auch Eide sind, so haben diese eine aus geradlinig und rund gemischte Gestalt. Die zweite Hypothese spricht darum dem seienden Einen, dem Inbegriff aller Ideen, eine entweder gerade oder kreisförmige oder aus beidem gemischte Gestalt zu (vgl. 145 B 4 - 5).[156]

---

*tische Ethik*, 79 f. Anm. 2 hinzunimmt. Zu konkurrierenden Deutungen ausführlich H. Meinhardt, *Teilhabe bei Platon*, Freiburg 1968, 43 - 86.

[156] Das seiende Eine kann, wenn die Bestimmungen des Geraden, Kreisförmigen und Gemischten nicht metaphorisch genommen werden, auch als Prinzip der reinen geometrischen Raumformen bzw. als deren Inbegriff aufgefaßt werden und entspricht im zweiten Fall Speusipps Definition der Seele als der "Wesensform des überallhin Ausgedehnten" (siehe oben Anm. 28 - 29). *Gegen* eine solche Deutung spricht aber, daß damit der Bereich der Ideen verlassen wird, daß dann auch *ἀρχή, τελευτή* und *μέσον* als geometrische Bestimmungen gedeutet werden müßten und daß die Seinsabstufung in Zahlen, Raumgrößen und Seelen spezifisch Speusippeisch ist. Dagegen kann Platon die dihairetische Ausgliederung der spezielleren Ideen aus dem übergeordneten Genos und zuletzt aus der Dekas der Ideenzahlen beschreiben, als ob es sich um das Zerschneiden von Flächen oder Strecken handele, vgl. Soph. 266 A: *οἷον τότε μὲν κατὰ πλάτος τέμνων τὴν ποιητικὴν πᾶσαν, νῦν δὲ αὖ κατὰ μῆκος* ... Vgl. auch Politikos 266 A. Zu diesen quasi-geometrischen (dimensional-ontologischen) Bestimmungen von *Ideenverhältnissen* bei Platon K. Gaiser, *Platons ungeschriebene Lehre*, 126 - 141. Von Gaisers Rekonstruktion her liegt es

Dagegen ist das absolute Eine auch in diesem (übertragenen) Sinne weder gerade noch rund, da es unbezüglich zu allem weder Genos noch Eidos ist und jenseits aller Transzendentalien liegt; in seiner unendlichen Einfachheit ist es weder umgreifend noch selbst umgriffen, sondern absolut unbezüglich.

**§ 3.4 Immanenz (138 A 2 - B 6)**

Darum ist das Eine nirgends (*οὐδαμοῦ*); denn es kann weder in einem Anderen noch in sich selbst sein (*οὔτε ἐν ἄλλῳ οὔτε ἐν ἑαυτῷ*) (138 A 2 - 3; cf. B 5 - 6). So herausgenommen aus jeder Immanenz, ist das Eine absolut transzendent.

A) *Das Eine ist nicht in einem Anderen* (A 3 - 7). Was in einem Anderen ist, das muß von Jenem, dem es immanent ist, kreisförmig umgriffen werden (*κύκλῳ περιέχοιτο*) und dieses vielfältig (*πολλαχοῦ*) in Vielem (*πολλοῖς*) berühren (A 3 - 5). Immanenz in Anderem hat darum Teile (Momente) und kreisförmige Struktur und somit Vielheit zu ihrer notwendigen Bedingung. Das absolut Eine, das in seiner Einfachheit teillos und in seiner Unendlichkeit ohne jede Gestalt und Struktur ist (s.o. §§ 3.1 und 3.3), kann also unmöglich ringsum vielfältig berührt werden (*ἀδύνατον πολλαχῇ κύκλῳ ἅπτεσθαι*): es wird darum nicht umgriffen von einem Anderen, dem es immanent wäre (A 5 - 7).

Das Eine darf darum in keinem Sinne - wie dies im Eleatismus (zumindest bei Melissos) geschehen ist - als räumlich gedacht werden. "Indem wir dies Unräumliche nun so denken, wie wir Es denken, ohne Jenen (sc. das Eine) mit irgendetwas gleichsam ringsum zu umgeben, ohne auch umfassen zu können, wie groß Er ist, werden wir sagen müssen, daß auch die Größe Ihm nicht zukommt; und ebensowenig die Beschaffenheit: denn es gibt bei Ihm keinerlei Formbestimmtheit, auch keine intelligible; und auch keine Beziehung zu Anderem: denn Er ist rein für sich selbst und liegt allem Anderen voraus" (Plotin, VI 8, 11, 28 - 33). Das absolute Eine transzendiert nicht nur den Raum, sondern auch alle anderen Kategorien: es ist "in" keiner Kategorie.

---

nahe, daß Parm. 145 B nicht die geometrischen, sondern die den reinen Ideenzahlen nachgeordneten *idealen* Raumformen gemeint sind, welche die dihairetische Ausgliederung der einzelnen Ideen aus den Ideenzahlen der Dekas ermöglichen, wie Platon dies Politikos 266 A andeutet. Gaiser verweist auch auf Soph. 253 D 8 (oben Typ b) als Beispiel für quasi-geometrische Ideenverhältnisse (op. cit., 368 Anm. 104).

Dagegen muß alles Seiende *in* einem Anderen als dem *Umgreifenden* (*περιέχον*) sein; denn anderenfalls wäre es nirgends und damit nichts (145 D 8 - E 1, 151 A 4 - 5). Dieses Axiom der eleatischen Dialektik (vgl. Zenon A 24 DK = Aristoteles, Phys. 209 a 23 f.; Gorgias Fr. 3, 70),[157] dessen Geltung Platon im "Timaios" strikt auf die Räumlichkeit des Sinnenfälligen beschränkt (52 B 3 - 5, vgl. C 3 - D 1), wird im "Parmenides" in aller ontologischen Grundsätzlichkeit - aber ohne räumliche Konnotationen - vorausgesetzt: Alles Seiende ist an ein Umgreifendes gebunden, das es trägt und hält und "*in*" dem es darum ist, weil es in ihm gründet. *Als Gegründetes und der Erhaltung Bedürftiges ist es nur, sofern es von seinem Grund und Ursprung umgriffen wird.* Auf diesen Grundsatz bezieht sich Plotin, wenn er sagt: "Alles, was durch ein Anderes entstanden ist, ist entweder '*in*' Jenem, das es hervorgebracht hat, oder in einem Anderen, vorausgesetzt, daß es über das es Hervorbringende hinaus noch etwas anderes gibt. Denn da es ja durch ein Anderes entstanden ist und, um zu entstehen, eines Anderen bedurfte, so bedarf es in jeder Hinsicht eines Anderen: eben darum ist es auch '*in*' einem Anderen. Wesenhaft sind also die letzten Dinge *in* den vorletzten, diese wieder *in* den früheren und so fort, bis hinauf zu dem Vorursprünglichen (*εἰς τὸ πρὸ ἀρχῆς*).[158] Der Urgrund aber, da er nichts vor sich hat, hat kein Anderes, in dem er sein könnte. Hat er aber nichts, worin er sein könnte, während alles Andere '*in*' dem ist, was ihm vorausliegt, so übergreift er selbst die Totalität des Anderen. Indem er sie aber übergreift, ist er nicht in sie hineinverstreut, er hält sie, ohne selbst gehalten zu werden" (Plotin, V 5, 9, 1 - 11).[159] Das Eine gründet, ohne selbst gegründet zu sein und ist darum als das *ἀνυπόθετον αὐτό in* keinem Anderen oder *nirgends* (*οὐδαμοῦ*).

---

[157] Cf. Ps.-Aristoteles, De Melisso 979 b 25 - 26.

[158] Konjektur von W. Theiler; vgl. Teil I Kapitel III Anm. 25.

[159] Die von Proklos, In Parm. 1142, 10 - 1144, 40 referierte und übernommene Auslegung, nach der "in einem Anderen" die Beziehung des Gegründeten zu seinem Grund meint, stammt also der Sache nach von Plotin, nicht erst von Porphyrios, Jamblich oder Syrian. - Eine durchaus altakademisch anmutende, an der Dimensionenfolge orientierte Systematisierung verschiedener Weisen des Inseins nahm Jamblich in seinem "Kommentar zur Kategorienschrift" vor (bei Simplikios, In Cat. 46, 14 - 21 Kalbfleisch). Jamblich hat in diesem Sinne offenbar auch die vorliegende Parmenidesstelle gedeutet (vgl. Proklos, In Parm. 1141, 13 - 1142, 7 und Dillon, *Proclus' Commentary*, 498 Anm. 7). Doch ist diese Deutung, wie schon Proklos einwendet (1142, 7 ff.), insgesamt wenig erhellend, da sie nicht klärt, welche Seinsweisen konkret dem Einen mit der Negation des Inseins abgesprochen werden. Zudem führt sie auf mathematische Sachverhalte und nicht auf Ideen- oder Prinzipienverhältnisse; und sie ist völlig untauglich zur Erklärung des In-sich-Seins.

So sind dann nicht nur die Momente im Umgreifenden des Ganzen (145 B 7 - C 1), die Eide im Genos und das Seiende im Ganzen und Einen des Seins,[160] dem *ἓν ὄν*, sondern auch das seiende Eine ist als Totalität noch einmal übergriffen durch ein Anderes (145 E 2 - 3): den Alles übergreifenden Urgrund, das überseiende Eine selbst (vgl. 158 A 3 - B 1; Politeia 509 B). So ist die Kategorie des Umgreifenden - weit über ihre ursprüngliche räumliche Bedeutung hinaus - vertieft zu einer universalontologischen Bestimmung der Ursprungsrelation: jede Seinsstufe ist "in" ihrer Transzendenzstufe, die sie als Grund übergreift: "Faßt du den Kosmos ins Auge, so ist er, da es vor ihm keinen Kosmos gibt, selbst nicht in einem Kosmos und damit auch nicht in einem Ort; denn welcher Ort kann dem Kosmos vorausliegen ? Seine Teile dagegen sind an ihn gebunden und in ihm. Die Seele aber ist nicht im Kosmos, sondern der Kosmos ist in ihr; denn der Körper ist nicht der Ort für die Seele, sondern die Seele ist im Geist und der Körper in der Seele, der Geist aber ist in einem Anderen; für dieses (d.h. also das Eine selbst) aber gibt es nicht mehr ein Anderes, in dem es sein könnte, es ist also in keinem und insofern *nirgends*. Wo also ist das Andere ? In Ihm (sc. dem Einen)." (Plotin, V 5, 9, 26 - 33).[161]

Daß das Eine selbst nirgends ist, ist so verstanden Ausdruck seiner radikalen Transzendenz und Absolutheit, da es als unbedingter und Alles umgreifender Urgrund nicht selber wieder umgriffen werden kann. Gerade die absolute Transzendenz des Einen aber hat die Allgegenwart seiner Mächtigkeit, durch die es Alles ins Sein eint, zur notwendigen Folge (vgl. 144 C 2 - E 7; 157 E 5 - 158 B 1). So kann man nämlich sagen: "Dasjenige, was *in* etwas ist, ist dort, wo es ist. *Was aber nicht irgendwo ist, für das gibt es nichts, wo es nicht ist*. Denn wenn Er (sc. der Urgrund, das Eine) nicht hier ist, so hält Ihn offenbar ein anderer Ort fest und Er wäre dort *'in einem Anderen'*,[162] und dann wäre das *'nicht irgendwo'*[163] falsch. Wenn also das *'nicht irgendwo'* wahr ist und das *'irgendwo'* falsch, so folgt, weil Er sonst in einem Anderen wäre, daß Er *'keinem fernbleibt'*. Wenn Er aber keinem fernbleibt und doch nicht irgendwo ist, so muß Er *überall für sich selbst sein*." (Plotin, V 5, 9, 18 - 23).

---

[160] Dieses dialektische Ineinandersein der Ideen ist das intelligible Urbild des Raumes: *ὁ δὲ τόπος ἐκεῖ νοερῶς τὸ ἄλλο ἐν ἄλλῳ. ἐκεῖ μὲν οὖν ὁμοῦ πάντων ὄντων* (Plotin, V 9, 10, 9 - 11).

[161] Vgl. Proklos, Elem. theol. prop. 20: *πάντων σωμάτων ἐπέκεινά ἐστιν ἡ ψυχῆς οὐσία, καὶ πασῶν ψυχῶν ἐπέκεινα ἡ νοερά φύσις, καὶ πασῶν τῶν νοερῶν ὑποστάσεων ἐπέκεινα τὸ ἕν.*

[162] Vgl. Plat. Parm. 138 A 3.

[163] Vgl. Plat. Parm. 138 B 5.

Das Eine kann also gerade darum *überall* sein, *weil* Es selbst *nirgends* ist: weil es als überseiender Urgrund jenseits von allem ist, kann seine seinsbegründende Mächtigkeit gerade überall sein und *"bleibt keinem Seienden fern*, weder dem kleinsten noch dem größten noch sonst irgendeinem" (144 B 2 - 3. C 7 - 8). "Indem der Urgrund sie (sc. die Totalität der Seienden) aber hält, ohne selbst von ihnen gehalten zu werden, so gibt es nichts, wo er nicht ist; denn wenn er irgendwo nicht ist, so kann er es nicht halten. Wenn er aber nicht gehalten wird, so ist er nicht da. Somit ist er da und ist nicht da; er ist nicht da, weil er nicht umgriffen wird, weil er dadurch aber von Allem frei ist, ist er nirgends gehindert zu sein. Denn würde er selbst wiederum daran gehindert, so würde er durch ein Anderes eingegrenzt und das Nachfolgende bliebe seiner unteilhaftig" (Plotin, V 5, 9, 11 - 16). Aber alles Nicht-Eine bedarf des Einen, um zu *sein* und das zu sein, *was* es ist (vgl. Plotin, V 3, 15, 11 - 15 zu Parm. 157 C 1 - 158 B 4 und 165 E 2 - 166 C 2); denn was nicht Eines ist, ist überhaupt nichts (166 C 1: *ἓν εἰ μὴ ἔστιν, οὐδέν ἐστιν*. Vgl. 144 C 3 u.ö.: *οὐδέν = οὐδὲ ἕν*).[164] Darum gibt das Eine allem den Grund und ist bei allem (vgl. 144 C 2 - 7), jedoch ohne seine Transzendenz aufzuheben. Es bleibt überall transzendent oder für sich (*πανταχοῦ ἔσται ἐφ' ἑαυτοῦ*),[165] weil es bei keinem Seienden *als Es selbst* anwesend ist: denn nichts außer dem Einen selbst kann einfachhin Eines sein (158 A 3 - 6); als das einfachhin Eine ist es vielmehr allem entzogen und jenseits von allem und darum im absoluten Sinne *nirgends*.

B) *Das Eine ist nicht in sich selbst* (138 A 7 - B 5). Was in sich selbst ist, das muß selber sich selbst umgreifen; denn in etwas zu sein, ohne von ihm umgriffen zu werden, ist unmöglich (A 7 - B 1). Dabei ist das Umgreifende als solches von dem Umgriffenen - wenigstens begrifflich - notwendig unterschieden (B 2 - 3); denn ein Ganzes kann nicht ein und dasselbe zugleich tun und leiden (B 3 - 4). Das, was in sich selbst ist, ist also als Ganzes in eine Zweiheit von Umgreifendem und Umgriffenem unterschieden. Darum kann das Eine selbst nicht in sich selbst sein, weil es dann nicht mehr einfachhin Eines wäre, sondern als unterschieden in Umgreifendes und Umgriffenes schon eine Zweiheit (B 4 - 5). Also ist das absolute Eine nicht irgendwo, da es weder in sich selbst noch in einem Anderen ist (B 5 - 6).

---

[164] Vgl. Politeia 478 B 12 f.: *ἀλλὰ μὴν μὴ ὄν γε οὐχ ἕν τι ἀλλὰ μηδὲν ὀρθότατ' ἂν προσαγορεύοιτο*. Vgl. auch Proklos, In Parm. 1094, 9 ff.

[165] Plotin, V 5, 9, 23; vgl. V 4, 1, 6 - 8.

Dagegen ist das seiende Eine als die Totalität seiner Bestimmungsmomente in sich selbst als dem umgreifenden Ganzen; denn das Ganze umgreift in sich selbst die Totalität seiner Momente, in denen es *sich* darstellt, und jedes der Momente ist *in* dem Ganzen, in dem es allererst Bestimmtheit und Sinn hat (144 B 6 - C 7). Damit ist die ontologische Struktur der Idee beschrieben: Jedes Eidos ist ein in sich selbst seiendes Ganzes und Eines, weil es die Totalität seiner Momente, d.h. der Beziehungen zu den anderen Ideen, durch die es bestimmt ist, in sich selbst umgreift und insofern *durch sich selbst* bestimmt ist. Das Eidos ist so zwar durch seine Stellung im Ideenganzen bestimmt, jedoch so, daß es dieses Ganze in sich selbst hat und intern von ihm bestimmt wird.[166] Es ist somit nicht bloß Punkt im eidetischen Beziehungsgefüge, sondern in sich seiende Ganzheit, die sich in allen ihren Momenten auf sich selbst bezieht; insofern kommt die Lebendigkeit und Geistigkeit des Ideenkosmos (vgl. Soph. 248 E ff., Tim. 30 C ff.) auch dem einzelnen Eidos in seiner inneren Bewegtheit zu.[167] Denn die Selbstbezüglichkeit des Ganzen in seinen Momenten ist "Leben", und seine Selbstgegenwart in der Einheit aller Momente ist "Denken". Leben und Denken aber sind ausgezeichnete Weisen des Insichseins, durch die das Eidos als Geist (*νοῦς*) bestimmt ist. Die Geistigkeit des Platonischen Eidos aber ist nur die spekulative Entfaltung und Fortbestimmung des Insichseins des Parmenideischen Seienden, das als das einheitliche Ganze aller seiner *σήματα* nur durch sich selbst bestimmt ist und so "als dasselbe in dem Selben verharrend, ruht es in sich selbst" (*ταὐτόν τ' ἐν ταὐτῷ τε μένον καθ' ἑαυτό τε κεῖται*, Fr. 8, 29); es ist in sich selbst, weil es ganz in sich abgeschlossen und vollendet ist. Da außer ihm nichts ist, muß auch das denkende Vernehmen seiner in ihm selber sein: "denn nicht ohne das Seiende, in dem es ausgesprochen ist,

---

166 Vgl. hierzu J. Stenzel, *Zahl und Gestalt*², 115 - 120; A. Preiswerk, *Das Einzelne bei Platon und Aristoteles*, 188; H.J. Krämer, *Arete bei Platon und Aristoteles*, 139 f.; K. Gaiser, *Platons ungeschriebene Lehre*, 140. - Der spätere Platonismus bringt dies auf die bekannte Formel: *πάντα ἐν πᾶσιν, οἰκείως δὲ ἐν ἑκάστῳ* (Proklos, Elem. theol. prop. 103).

167 Nach Timaios 30 C - 31 B sind die einzelnen Ideen, die der Ideenkosmos als *παντελὲς ζῷον* umschließt, selber *νοητὰ ζῷα* (30 C 6, 7, 31 A 1, 5); da intelligibles Leben nach Soph. 248 E f. *νοῦς* und *φρόνησις* einschließt (vgl. Aristoteles, Metaph. 1072 b 27: *ἡ γὰρ νοῦ ἐνέργεια ζωή*), müssen diese auch dem einzelnen Eidos als einem intelligiblen Lebewesen zukommen. Sachlich ist dies einsichtig: Die Lebendigkeit des Eidos besteht in der immanenten Bezüglichkeit seiner gefügehaften Einheit, durch die es sich in der Ganzheit und Vollständigkeit seiner Wesensmomente selbst gegenwärtig ist; diese Selbstgegenwart aber ist schon Denken.

wirst du das Erkennen finden" (*οὐ γὰρ ἄνευ τοῦ ἐόντος, ἐν ᾧ πεφατισμένον ἐστίν, εὑρήσεις τὸ νοεῖν*, Fr. 8, 35 f.).[168]

Das Eine selbst aber kann darum nicht *in sich selbst* sein, weil es kein durch sich selbst als den Inbegriff seiner Momente bestimmtes Ganzes ist; als absolut Einfaches ist es ohne jede Selbstbezüglichkeit und darum nicht in Umgreifendes und Umgriffenes unterschieden. Wenn Platon mit der Unterschiedenheit in Umgreifendes und Umgriffenes die Zweiheit der Selbstbezüglichkeit in der Einheit des Insichseins so sehr hervorhebt (vgl. 138 B 2 - 5), so scheint er speziell die höchste Möglichkeit des Insichseins im Blick zu haben, an der jene Zweiheit am deutlichsten hervortritt: den im Denken seiner selbst sich selbst in Denkendes und Gedachtes unterscheidenden Geist (*νοῦς*).[169] Der Geist ist wesenhaft die *Einheit in der Selbst-Unterscheidung*, Einheit im Sich-Auseinanderhalten in die Zweiheit. Denn wenn Denken die Anwesenheit des Gedachten als eines solchen ist, so ist der Geist, indem er sich denkend selbst gegenwärtig ist, in höchstem Maße in sich selbst; gerade darin aber, daß er sich als Denkender selbst umgreift, ist er zugleich von sich selbst als dem Gedachten, das er umfaßt, wiederum unterschieden und ohne diese Unterschiedenheit könnte er sich nicht denken.[170] Darum spricht Platon dem absoluten Einen mit dem Insichsein wohl vor allem auch die Bestimmtheit als Geist ab: das Eine denkt nicht, auch nicht sich selbst, weil es absolut einfach und als absolut Einfaches nicht in sich ist. Plotin hat das nachdrücklich hervorgehoben: "Es ist auch kein Denken, sonst wäre Andersheit in Ihm . . . (das Eine), da Es allein für sich ist, erkennt nichts, andererseits aber hat Es nichts in

---

[168] Vgl. hierzu K. Bormann, *Parmenides*, 78 - 84; ferner H.G. Gadamer, *Zur Vorgeschichte der Metaphysik*, in: ders. (Hrsg.), *Um die Begriffswelt der Vorsokratiker* (Wege d. Forsch. Bd. 9, 1968), 384 ff.; K. von Fritz, *Die Rolle des ΝΟΥΣ*, ebd., 306 ff.

[169] Daß die Bestimmung des Absoluten als Geist in der Akademie kontrovers diskutiert wurde, beweist schon Aristoteles (*Περὶ εὐχῆς* Fr. 1; EE 1248 a 27 ff.; Met. XII 7.9); ferner Xenokrates, der das Eine mit dem Geist gleichsetzte (Fr. 15, auch Fr. 16 Heinze) und Speusipp, der diese Gleichsetzung ablehnte (Fr. 38 Lang = 89 Isnardi P. = 58 Tarán). Dazu Krämer, *Der Ursprung der Geistmetaphysik*, bes. 371 - 393.

[170] Vgl. Plotin, V 3, 10, 23 - 26: *δεῖ τοίνυν τὸ νοοῦν, ὅταν νοῇ, ἐν δυσὶν εἶναι . . . καὶ ἀεὶ ἐν ἑτερότητι τὴν νόησιν εἶναι καὶ ἐν ταὐτότητι δὲ ἐξ ἀνάγκης· καὶ εἶναι τὰ κυρίως νοούμενα πρὸς τὸν νοῦν καὶ τὰ αὐτὰ καὶ ἕτερα.* V 1, 4, 37 - 39: *ἑτερότητα, ἵν' ᾖ νοοῦν καὶ νοούμενον. ἢ ἐὰν ἀφέλῃς τὴν ἑτερότητα, ἓν γενόμενον σιωπήσεται.* Damaskios, De Principiis II 145, 16 - 17 Westerink: *ἄνευ γὰρ ἑτερότητος οὐκ ἂν εἴη τὸ μὲν γιγνῶσκον, τὸ δὲ γιγνωσκόμενον, τὸ δὲ μέσον γνῶσις.* Vgl. auch Plotin, VI 7, 41, 12 - 13: *εἰ δὲ ταὐτὸν νοῦς, νόησις, νόητον, πάντῃ ἓν γενόμενα ἀφανιεῖ αὐτὰ ἐν αὑτοῖς.*

sich, das Es nicht wüßte, sondern da Es einfachhin Eines ist und bei sich selber, bedarf Es nicht des Denkens seiner selbst" (Plotin, VI 9, 6, 42. 48 - 50). Aber auch das vorreflexive, einfache Beisichsein (συνεῖναι) muß dem Einen selbst abgesprochen werden, weil *jede* Selbstbeziehung seine reine, relationslose Einheit aufheben würde: "Eigentlich darf man Ihm auch das Beisichselbst-sein nicht zuschreiben, um die Einheit rein zu wahren, sondern man muß Denken wie Beisichsein ausschließen" (Plotin, VI 9, 6, 50 - 51).

Um seiner Absolutheit willen wird dem Einen jede Immanenz abgesprochen: es ist nicht in einem Anderen, da es als unbedingter Urgrund nicht übergriffen wird; es ist auch nicht in sich selbst, weil es sich nicht denkend oder vorreflexiv auf sich selbst bezieht, sondern als absolute Einheit frei ist von jeder Zweiheit und Selbstbezüglichkeit.

### § 3.5 Ruhe und Bewegung (138 B 7 - 139 B 3)

Durch seine Absolutheit herausgenommen aus aller Bezogenheit auf sich selbst und auf Anderes, kann das Eine unmöglich stillstehen oder sich bewegen (138 B 7 - 8). Denn Bewegung (κίνησις) und Ruhe (στάσις) sind die Grundweisen, wie Seiendes sich zu sich selbst oder zu Anderem verhält: sie sind die Prinzipien der Relation und darum durch Zweiheit charakterisiert. Das absolute Eine selbst ist also weder in Ruhe noch in Bewegung (οὔτε ἕστηκεν οὔτε κινεῖται), sondern gleichermaßen erhaben über Bewegung wie über Ständigkeit (139 B 2 - 3). Platons Untersuchung gliedert sich demgemäß in zwei Abschnitte: (A) Negation der Bewegung - (B) Negation der Ständigkeit.

A) *Negation der Bewegung* (138 B 8 - 139 A 3). Platon unterteilt die Bewegung zunächst dihairetisch in Anderswerden (ἀλλοίωσις) und Ortsbewegung (φορά): αὗται γὰρ μόναι κινήσεις (138 B 8 - C 1).[171] Denn jede Bewegung bezieht sich entweder - als interne Bewegung - auf das Bewegte selber, so daß es nicht bleibt, was es ist oder wie es ist: das ist das *Anderswerden* (die Veränderung); oder sie bezieht sich - als externe Bewegung - auf ein anderes, wobei das Bewegte sich selbst gleichbleibt: das ist die *Ortsbewegung*. Dies sind die beiden *reinen* Formen der Bewegung; eine dritte läßt sich nur so denken, daß sie an beiden teilhat, d.h. als interne Bewegung ohne Veränderung des Bewegten: das ist die *Rotation*. Die

---

[171] Zu Platons Ontologie der Bewegung umfassend K. Gaiser, *Platons ungeschriebene Lehre*, 173 - 201; zur Einteilung der Bewegungsarten dort 185 f. und Test. Plat. 72 mit Gaisers Kommentar 556 f.

zehn Arten der Bewegung, die Platon in den "Nomoi" (893 B - 895 B) unter kosmologischen Aspekten unterscheidet,[172] reduzieren sich für die metaphysische Dialektik auf die zwei Grundmöglichkeiten *ἀλλοίωσις* und *φορά*, und ihre Synthesis in der Kreisbewegung.[173]

a) *Negation des Anderswerdens* (138 C 1 - 4): Das Anderswerden umgreift qualitative und quantitative Veränderung sowie substantielles Entstehen und Vergehen; denn es bezieht sich entweder darauf, was etwas ist, d.h. auf sein Wesen, oder darauf, wie etwas ist, d.h. auf seine (qualitative oder quantitative) Beschaffenheit. Das Eine aber kann unmöglich anders werden als es selbst, weil es dann nicht mehr einfachhin Eines wäre (C 1 - 2).[174] Denn wenn es sein Wesen ändert und etwas Anderes wird, so ist es nicht mehr das Eine selbst, sondern Vieles; und wenn es eine andere Beschaffenheit annimmt, so ist es auch damit bereits Vielheit, also ebenfalls nicht mehr das Eine selbst, das als absolut Einfaches überhaupt nicht in Wesen und zum Wesen hinzutretende Beschaffenheit unterschieden ist. Wie also könnte das sein Wesen verlieren, was jenseits aller Wesenheit ist ? Und wie könnte das seine Beschaffenheit ändern, was überhaupt keine Beschaffenheit hat ? Das Eine bewegt sich also nicht im Sinne des Anderswerdens (138 C 3), weil es als absolut Einfaches ohne jede wesenhafte oder akzidentelle Bestimmtheit ist, die es ändern könnte.[175] Denn Veränderung ist nicht nur als Übergang vom Einen zum Anderen durch Vielheit und Andersheit bestimmt, sondern setzt auch bei dem Subjekt der Veränderung selber Vielheit und Andersheit voraus, nämlich die Unterschiedenheit in ein Bestimmtes und die ihm zukommende Bestimmtheit.

Das absolute Eine aber ist nicht etwas, dem Einheit als seine Bestimmtheit allererst zukäme, sondern es ist einfachhin und über das Sein hinaus das Eine selbst;[176] es unterliegt nicht der Zweiheit der Bestimmungsstruktur (Bestimmtes und Bestimmtheit, Apeiron und Peras, Sein und Einheit), sondern ist in seiner reinen Einfachheit unbestimmt, jenseits aller Bestimmtheit und aller Bestimmbarkeit. Durch seine absolute Ein-

---

[172] Dazu Gaiser, op. cit., 174 - 189.

[173] Vgl. Gaiser, op. cit., 185 und 556. Ebenso schon Proklos, In Parm. 1155, 15 - 1156, 2.

[174] Zum folgenden Proklos, In Parm. 1159, 1 - 1160, 4.

[175] Vgl. Plotin, VI 8, 13, 34 - 35: . . . *καὶ ἐξεῖναι αὐτῷ ἀλλάξασθαι τὴν αὐτοῦ φύσιν εἰς ἄλλο, μήτ' ἂν ἄλλο τι γενέσθαι βουληθῆναι.* Ebd. 40: . . . *ὅτι μηδὲ ἦν ἄλλο, ἵνα πρὸς ἐκεῖνο ἐλχθῇ.*

[176] Plotin, VI 8, 14, 42: *καὶ γὰρ πρώτως αὐτὸς καὶ ὑπερόντως αὐτός.*

fachheit ist darum jede Veränderung von ihm ausgeschlossen; denn Veränderung vollzieht sich immer als ein Übergang (*μεταβολή*) zwischen Unbestimmtheit und Bestimmtheit (vgl. 155 E 4 - 157 B 5), enthält also notwendig ein Moment des Bestimmens: das Eine selbst ist also absolut unveränderlich, weil es durch seine Einfachheit jeder Bestimmung absolut entzogen ist; es ist selber das Prinzip der Unveränderlichkeit der reinen Wesenheiten und der Erhaltung aller Seienden, also das Gute selbst, *αὐτὸ τὸ ἀγαθόν*.[177]
Mit der Veränderung sind dem Einen zugleich Entstehen und Vergehen (*γένεσις* und *φθορά*), die Weisen der substantiellen Veränderung, abgesprochen. - Werden und vergehen kann nur, was als Ganzes aus einer Vielheit ontisch vorgängiger Bestandteile zusammengesetzt ist, in die es im Vergehen wieder auseinandergeht, so daß die Einheit des Ganzen verlorengeht (vgl. Phaid. 78 B 4 - C 5; Tim. 41 A 8 - B 3). Dies ist die Struktur körperlicher Vielheit, bei der die Teile früher sind als das Ganze; das sinnlich Erscheinende ist darum "werdend und vergehend, niemals aber wahrhaft seiend" (Tim. 28 A 3 - 4), weil seine körperlichen Elemente in beständiger Umwandlung begriffen sind und nur durch die Seele zu vorübergehender Konfiguration verbunden werden.[178]

Intelligible Ganzheit dagegen, die sich aus sich selbst in ihre Wesensmomente artikuliert, geht als Einheit der Vielheit ihrer Momente voraus und ist darum unvergänglich. Sie ist "das Immerseiende, das kein Werden hat" (Tim. 27 D 6). Da in der Einheit des Ganzen alle Momente durch ihre Beziehung zueinander und zum Ganzen vollständig bestimmt sind (vgl. 158 C 7 - D 2, dazu 142 D 1 - E 2), ist an ihm nichts Zufälliges; Werden ist darum bei ihm sinnlos: "es bleibt unveränderlich mit sich selbst identisch und unterliegt niemals, in keiner Hinsicht und in keiner Weise irgendeiner Veränderung" (*ὡσαύτως κατὰ ταὐτὰ ἔχει καὶ οὐδέποτε οὐδαμῇ οὐδαμῶς ἀλλοίωσιν οὐδεμίαν ἐνδέχεται*, Phaid. 78 D 6 - 7; vgl. 80 B 1 - 3, Tim. 28 A 2 u.ö.). Seine Seinsart ist das Stehen in sich selbst (*στάσις*), die unwandelbare Ruhe.

---

[177] Vgl. Aristoteles, Metaph. 1004 b 27 - 29 (= Test. Plat. 40 A): *πάντα ἀνάγεται εἰς τὸ ὂν καὶ τὸ μὴ ὄν, καὶ ἓν καὶ πλῆθος, οἷον στάσις τοῦ ἑνός, κίνησις δὲ τοῦ πλήθους*. Zur prinzipientheoretischen Einordnung der Bewegung (Zurückführung auf das Zweite Prinzip) Gaiser, op. cit., 189 ff. und Test. Plat. 55 A - B mit Kommentar, 536 f. Zum Einen und Guten als Prinzip der Erhaltung des Seienden vgl. Def. 414 E 9: *ἀγαθὸν τὸ αἴτιον σωτηρίας τοῖς οὖσιν* mit Politeia 509 B; Proklos, Elem. theol. prop. 13. Dazu ausführlich oben Kap. II § 3.

[178] Zu Entstehen und Vergehen ausführlich Gaiser, op. cit., 187 ff.

b) *Negation der Rotation* (138 C 4 - D 2): Nach der Einteilung der Bewegung in ἀλλοίωσις und φορά (138 B 8) unterteilt Platon die Ortsbewegung erneut in *Rotation* und *Translation* (138 C 4 - 6). Auch diese Dihairesis erfolgt rein relationstheoretisch, da die Rotation als in sich selbst kreisende Bewegung (ἐν τῷ αὐτῷ περιφέρεσθαι, C 5), die Translation aber als Vertauschung des externen Raumes (μεταλλαγὴ χώρας ἑτέρας ἐξ ἑτέρας, C 5 - 6) definiert wird.

Dabei nimmt die Rotation als einfachste und ursprünglichste Bewegung eine Sonderstellung ein:[179] als Synthese von ἀλλοίωσις und φορά kann sie die beiden anderen Bewegungsarten verursachen; darüber hinaus vermittelt sie zwischen Ruhe und Bewegung, insofern bei der Kreisbewegung der Teile um eine feststehende Mitte das Ganze selber unbewegt bleibt, während bei der Translation die Bewegtheit auch dem Ganzen, nicht nur den Teilen zukommt.[180] Die Rotation erweist sich damit als die Struktur der Selbstbewegung, welche das Wesen der Seele ausmacht (vgl. Phaidr. 245 C - E); Platon hebt sie durch drei Merkmale aus allen anderen Bewegungen hervor:

1. Die Kreisbewegung kehrt in sich zurück, bleibt also in ihrem Vollzug in sich selbst; sie ist also unendlich, da sie sich selbst nicht verläßt (Phaidr. 245 C 8: ἅτε οὐκ ἀπολεῖπον ἑαυτό, οὔποτε λήγει κινούμενον);
2. die unendliche Selbstbewegung ist der Ursprung aller anderen Bewegung (Phaidr. 245 C - D; Nom. 895 A - B);
3. als wesenhafte Spontaneität vollzieht das Selbstbewegte im Plötzlichen des Augenblicks (ἐξαίφνης) den Übergang (μεταβολή) von Ruhe zu Bewegung und muß darum an beiden teilhaben (vgl. Parm. 156 C 1 - E 7).

Die sich selbst gleichbleibende Kreisbewegung wird darum von Platon wiederholt der Seele bzw. ihren Nous zugeordnet (so Tim. 34 A, 37 A - C, 40 A - B, 77 B - C, 90 C - D; Nom. 898 A - B; Pol. 269 C ff.).[181]

---

179 Dazu Gaiser, op. cit., 175 ff. (zum prinzipientheoretischen Hintergrund).

180 Vgl. Proklos, In Parm. 1160, 10 ff. Auf die Synthesis von Ruhe und Bewegung in der Rotation weist Platon auch Politeia 436 D hin.

181 Dazu Gaiser, op. cit., 181 f., 206 f., 380 f. Anm. 151. Zur Geschichte der Kreismetaphorik D. Mahnke, *Unendliche Sphäre und Allmittelpunkt.* Beiträge zur Genealogie der mathematischen Mystik, Halle 1937. Zur Entfaltung des Platonischen Kreisdenkens im Neuplatonismus W. Beierwaltes, *Proklos. Grundzüge seiner Metaphysik*, 165 - 239. Ferner H. Blumenberg, *Paradigmen zu einer Metaphorologie*, Archiv f. Begriffsgesch. 6 (1960), 123 ff.

Der Wesensakt der Seele ist das Denken in seiner doppelten Vollzugsform als zeitfreie noetische Schau (*νοῦς, νόησις*) und als zeitlich - diskursives Denken (*διάνοια, λογισμός*). Das Denken aber ist bei sich selbst, wenn es bei dem Zu-Denkenden (= den Ideen) ist (vgl. Arist. De an. 407 a 7: *ἡ δὲ νόησις τὰ νοήματα*): es bleibt in seinem Vollzug in sich selbst wie eine in sich zurücklaufende Kreisbewegung.[182] Denken ist darum unendliche Selbstbewegung, also höchstes Leben: denkend kehrt die Seele in sich selbst zurück und kreist um ihre eigene Mitte. "Mitte" der Seele ist der Nous, der das Gedachte als Ganzheit auf einmal erfaßt und darin ruht; in der Dianoia umkreist dagegen die Seele das Gedachte, indem sie es in seine Momente auseinanderlegt und diese durchläuft. In der Noesis ist die Seele in sich und mit dem Gedachten eins;[183] in der Dianoia aber spaltet sie mit dem Gehalt auch sich selbst in eine Abfolge von Momenten, verzeitlicht also sich selber mit ihren Inhalten. Aber wie jede Kreisbewegung immer auf ein ruhendes Zentrum bezogen ist, so bleibt auch die ihre Gehalte diskursiv durchlaufende Seele immer auf den die Totalität aller Momente in der Simultaneität des Ganzen schauenden Nous als auf ihr Zentrum bezogen: denn erst die Simultaneität des Ganzen in der Noesis ermöglicht der Seele die Einheit ihres Lebensvollzugs, ihre in der Zeit sich durchhaltende Identität mit sich selbst - so wie der Mittelpunkt die Einheit der Kreisbahn in der Verschiedenheit der durchlaufenen Punkte garantiert.

Die "kreisförmige Umdrehung in dem Selben" (138 C 5) ist somit die Bewegung der lebend und denkend in sich zurückkehrenden und in der

---

[182] Vgl. Plotin, V 1, 7, 7 - 8: *αἴσθησις κατὰ γραμμήν, νοῦς κατὰ κύκλον καταλαμβάνει* (Konjektur von Vitringa) und das Referat aus Platons "Timaios" bei Aristoteles, De an. 406 b 26 - 407 b 12, bes. 407 a 19 - 22: *ἀνακαῖον δὲ τὸν νοῦν εἶναι τὸν κύκλον τοῦτον· νοῦ μὲν γὰρ κίνησις νόησις, κύκλου δὲ περιφορά· εἰ οὖν ἡ νόησις περιφορά, καὶ νοῦς ἂν εἴη ὁ κύκλος οὗ ἡ τοιαύτη περιφορὰ νόησις*. Dazu die treffende Erklärung von K.H. Volkmann-Schluck, *Plotin als Interpret der Ontologie Platos*, 123: "Wahrnehmend kehrt die Seele nicht in sich selbst zurück, sondern bewegt sich gerade auf die je und je anderen Anblicke der Sinnesdinge hin. Die andere Weise des Vernehmens von etwas, das Denken des Nous, ist zwar auch ein Gerichtetsein - auf und hat den Unterschied an ihr, aber weil sie gerade auf das, von wo sie ausgeht, gerichtet ist und sich selbst vernimmt, so ist sie die in sich kreisende Bewegung des Denkens, die im Anderen zu sich selbst kommt."

[183] Vgl. die beiden Platon-Referate bei Aristoteles, De an. 404 b 22: *νοῦν μὲν τὸ ἕν*. Ebd. 407 a 6 - 7: *ὁ δὲ νοῦς εἷς καὶ συνεχὴς ὥσπερ καὶ ἡ νόησις· ἡ δὲ νόησις τὰ νοήματα*. Ferner Speusipp, Fr. 30 Lang / 35 Isnardi P. / 73 Tarán. Vgl. Kap. II Anm. 28.

Selbstentfaltung mit sich identisch bleibenden Seele.[184] Die Kreisbewegung ist so sehr Sinngestalt der Selbstbeziehung des Denkens, das in seinem Vollzug auf sich selbst zurückkommt, daß Platon - ähnlich wie später Hegel[185] - geradezu vom "Kreisgang des Geistes" (*τοῦ νοῦ περιόδος*) und vom "Umschwung unseres Denkens" (*περιφορὰ τῆς παρ' ἡμῖν διανοήσεως*) sprechen kann (Tim. 47 B 7 - 8). Bedingung der Kreisbewegung ist also die denkende Selbstaufgliederung eines mit sich selbst Identischen und Einheitlichen in eine stehende und bleibende Mitte und in die weiteren, auf diese Mitte bezogenen und durch diese Beziehung bestimmten Momente seiner selbst (vgl. 138 C 6 - 8).[186] Das aber impliziert Vielheit in der Einheit und damit schon die ganze Dialektik von Ganzheit und Teilen. Darum muß dem absoluten Einen die in sich selbst kreisende Bewegung des Denkens abgesprochen werden. Das Eine geht nicht in sich selbst zurück, denn es bedarf nicht erst der Rückkehr zu sich selbst, weil es vor allem Anderen einfachhin Es selbst ist und in seiner Transzendenz verharrt, ohne jemals aus sich herauszugehen. Als absolute Einheit ist es ohne jede Unterschiedenheit in sich selbst und darum frei von Selbstbeziehung (die den Unterschied als aufgehobenen in sich enthält). Denn um zu sich zurückkehren zu können, müßte es sich zuvor von sich selbst unterscheiden. Das Eine kann darum unmöglich in sich selbst um eine bleibende Mitte kreisen, welche seine Momente zum Ganzen integrierte, weil ihm zufolge seiner absoluten Einfachheit weder Mitte noch Teile überhaupt zukommen (vgl. 138 C 8 - D 2) und mithin auch nicht der Charakter der Ganzheit (vgl. 138 D 5 / s.o. §§ 3.1 und 3.2); dies aber sind die notwendigen Strukturbedingungen der Kreisbewegung.

---

[184] Nach Timaios 37 C kommt die geistige Erkenntnis (Nous und Episteme = Dianoia) in der Seele durch den "Kreislauf des Selben" (*ὁ τοῦ ταὐτοῦ κύκλος*) zustande; vgl. auch Nom. 898 A.

[185] Z.B. Hegel, Werke XVIII, 46, auch XIX, 161 (ed. Moldenhauer - Michel).

[186] Vgl. Plotin, III 8, 8, 34 - 38: (*ὁ νοῦς*) *ἐξείλιξεν αὑτὸν πάντα ἔχειν θέλων . . . οἷον γὰρ κύκλος ἐξελίξας αὑτὸν γέγονε καὶ σχῆμα καὶ ἐπίπεδον καὶ περιφέρεια καὶ κέντρον καὶ γραμμαὶ καὶ τὰ μὲν ἄνω τὰ δὲ κάτω . . .* - Die hier angedeutete dimensionale Gliederung des *νοῦς* ist Platonische Lehre; vgl. Aristoteles, De an. 404 b 19 ff. = Test. Plat. 25 A und dazu Gaiser, *Platons ungeschriebene Lehre*, 44 - 66 und 107 - 145. Ferner Aristoteles, Metaph. 992 b 13 ff., 1080 b 23 ff., 1084 a 37 ff., bes. 1090 b 20 - 26 (Ableitung aus den Ideenzahlen der Dekas) zur Stellung der idealen geometrischen Gebilde im Platonischen Ideenkosmos. Vgl. dazu auch H.D. Saffrey, *Le Περὶ φιλοσοφίας d' Aristote et la théorie platonicienne des idées et des nombres*, Leiden 1955 ([2]1971).

Die Einheit der in sich kreisenden Selbstbewegung ist somit nicht einfach, sondern hat die Struktur einer sich selbst in die Vielheit entfaltenden und sich dabei zugleich in sich selbst zurückholenden Einheit, die sich so in ihrem Vollzug beständig als Einheit erst selbst herstellt und bewahrt: das ist die Struktur des Denkens, das als wesenhafte Spontaneität (Phaidr. 245 C 7: *τὸ αὑτὸ κινοῦν*. Ebd. C 9: *πηγὴ καὶ ἀρχὴ κινήσεως*. Cf. D 6 - 7: *οὕτω δὴ κινήσεως μὲν ἀρχὴ τὸ αὑτὸ αὑτὸ κινοῦν*) zugleich das höchste und ursprünglichste Leben ist.[187] Gerade als sich aus der Vielheit beständig auf sich selbst zurückholende Einheit aber setzt das Denken in seinem Selbstvollzug immer schon die in ihrer Transzendenz verharrende reine Einheit als sein Prinzip voraus: Leben und Denken sind nur in der Hinwendung auf das Eine selbst, dem sie sich in ihrem Charakter als (sich) synthetisierende Einheit verdanken; in der Zuwendung zu sich selbst, in der Geist und Seele ihr Wesen haben, wenden sie sich ihrem Urgrund, dem absoluten Einen, zu. So ist das Eine "die Quelle des Lebens und die Quelle des Geistes . . . die Wurzel der Seele" (Plotin, VI 9, 9, 1 - 2), gerade weil Es selbst *vor* dem Leben und *vor* dem Denken, jenseits von Seele und Geist ist.

c) *Negation der Translation* (138 D 2 - E 7): Die Translation ist nicht durch eine Beziehung des Bewegten auf sich selber bestimmt, sondern durch dessen Bezogensein auf das ihm Äußere, in dem es gleichwohl ist: sie ist der Wechsel der externen Umgebung (vgl. 138 C 5 - 6, D 2 - 3); Translation ist Bewegung als Veränderung der Fremdbeziehung eines dabei in sich Gleichbleibenden; insofern bleibt sie dem Bewegten selbst äußerlich. Sie ist ein lineares Fortschreiten von Ort zu Ort, ein ständiges Herausgehen aus sich, weil bei ihr das Bewegte als Ganzes bewegt ist, so daß es immer in ein Anderes eintritt.

Diese Bewegung durch Übergang kommt darum dem Einen selbst in keiner Weise zu,[188] denn dieses kann unmöglich *in* irgendetwas sein (138 D 4 - 5), weil es absolut einfach ist (s.o. § 3.4); das Eine *ist* in keinem; darum kann es noch viel unmöglicher (*ἔτι ἀδυνατώτερον*, D 5, E 5 - 6) in etwas *eintreten*. Denn alles, was als Ganzes von Einem zum Anderen sich bewegt, *tritt* damit in etwas ein, *in* dem es also *noch nicht* ist, *außerhalb* dessen es aber auch *nicht mehr* ganz ist, wenn es *ein*tritt (138 D 6 - 8); solches aber kann nur dem zukommen, das Teile hat: denn etwas von ihm ist dann schon innerhalb dessen, in das es eintritt, und etwas Anderes

[187] Vgl. Plotin, III 8, 8, 19: *νόησις οὖν ἡ πρώτη ζωή*. Aristoteles, Metaph. 1072 b 27: *ἡ γὰρ νοῦ ἐνέργεια ζωή*.

[188] Zur Analyse des Arguments Proklos, In Parm. 1164, 24 - 1165, 16.

gleichzeitig (ἅμα, E 2, 4) noch außerhalb (138 D 8 - E 2). Das absolut teillose Eine aber kann nicht als Ganzes zugleich innerhalb und außerhalb von etwas sein (138 E 3 - 4). Noch viel unmöglicher aber ist es für das über Ganzheit und Teile hinausliegende Eine, in etwas einzutreten, da es weder als Ganzes noch in Teilen eintreten kann (138 E 4 - 7).

Dieses Argument erinnert an Zenons Paradoxien der Bewegung (vgl. A 25 - 28 DK); während aber Zenon aus der unbegrenzten Teilbarkeit des Kontinuums von Zeit und Raum auf die Unmöglichkeit von Bewegung schließt, beweist Platon nur ihre Unvereinbarkeit mit der absoluten Einfachheit des Einen durch die Teilung des Bewegten. Für Platon ist ein *Seiendes* durchaus denkbar, das ein Ganzes ist und einem Anderen zugleich extern und intern ist: denn in diesem Sinne ist die Weltseele zugleich in der Welt und außer der Welt (vgl. Tim. 34 B 3 - 4, 36 E 2 - 3).[189]

Auf die Seele bezogen erhält die paradoxe Beschreibung des transitiven Bewegtseins positiven Sinn als Bestimmung des Antizipationscharakters des diskursiv fortschreitenden Begreifens: denn indem es auf das Zu-Begreifende ausgerichtet ist und geradewegs auf es zugeht, ist es in gewisser Weise - durch Antizipation - schon bei ihm, doch ohne es schon als Ganzes in der Simultaneität der intellektuellen Anschauung zu besitzen. Darum ist das diskursiv fortschreitende Erkennen (*διάνοια, ἐπιστήμη*) seiner Struktur nach linear (vgl. Aristoteles, De an. 404 b 22 - 23: *ἐπιστήμην δὲ τὰ δύο· μοναχῶς γὰρ ἐφ' ἕν*) und hat Bestand nur im Prozeß des Übergehens: seine Aktivität ist ein *Ankommen* beim Erkannten; darum ist Zeit für es konstitutiv, die als das Maß der transitiven Akte am Umschwung der Himmelskörper erscheint (vgl. Tim. 38 C, 47 BC). So entspringt die transitive Bewegung des Ganzen der Seele und kommt ihr urbildlich zu, aber nicht - wie die Rotation - durch ihre Selbstbeziehung, sondern durch ihr begreifendes Ausgreifen auf Anderes (vgl. Tim. 37 A 5 - B 1: *ὅταν οὐσίαν σκεδαστὴν ἔχοντός τινος ἐφάπτηται καὶ ὅταν ἀμέριστον, λέγει κινουμένη διὰ πάσης ἑαυτῆς ὅτῳ τ' ἄν τι ταὐτὸν ᾖ καὶ ὅτου ἂν ἕτερον* ... Vgl. auch 40 A - B).

Die Seele ist somit als Ganzes sowohl innerhalb als auch außerhalb dessen, was sie erkennend oder belebend ergreift, sie teilt sich und bleibt doch ganz und ungeteilt; sie vermag dies deshalb, weil sie aus den Elementen des "unteilbaren und sich selbst immer gleichbleibenden Seins" und des "im Bereich der Körper teilbaren Seins" sowie der aus beiden gemischten Seinsart besteht und weiterhin aus der Wesenheit des Identi-

[189] Zum folgenden vgl. Proklos, In Parm. 1165, 16 ff.

schen und der des Verschiedenen (Tim. 35 A 1 - B 2).[190] Als die Einheit dieser Elemente kann sie erkennend in Alles eintreten und zu Allem werden (vgl. Aristoteles, De an. 429 b 6 f.; 430 a 14 f.), "so daß sie in gewisser Weise alles Seiende ist" (*ὅτι ἡ ψυχὴ τὰ ὄντα πώς ἐστι πάντα*, Arist., De an. 431 b 21),[191] da sie in ihrer Struktur den Aufbau des Seins im ganzen exakt widerspiegelt (vgl. Aristoteles, De an. 404 b 16 - 27 = Test. Plat. 25 A). Die Möglichkeit der Seele, Alles zu begreifen und begreifend zu Allem zu werden, gründet, wie Aristoteles in seinem Platon-Referat betont, in ihrem *zahlenhaften* Aufbau, ihrem Charakter als "sich selbst bewegender Zahl" (De an. 404 b 29 - 30), in welchem die Seele der arithmologischen Struktur des Ideenkosmos entspricht; denn in der Vierheit ihrer Erkenntnisvermögen (*νοῦς - ἐπιστήμη - δόξα - αἴσθησις*), durch die sie die vier Stufen des Seienden (Ideen - Mathematisches - Sinnenfälliges - Abbilder) erfaßt, spiegelt die Seele die Tetraktys-Struktur der den gesamten intelligiblen Kosmos organisierenden Ideenzahlen.[192]

Dagegen ist es für ein Ganzes unmöglich, in etwas einzutreten, während es *weder* innerhalb *noch* außerhalb ist, weil es vollkommen unteilbar ist. Also ist es noch viel unmöglicher für das Eine, das weder ein Ganzes ist noch Teile hat, im Ganzen oder in Teilen in etwas einzutreten, als in irgendetwas zu sein, da es für nichts außerhalb, aber auch für nichts innerhalb ist (vgl. 138 E 3 - 7 und D 4 - 5).[193] Ein solches unteilbar Ganzes ist

---

[190] Hierzu Plotin, Enn. IV 1; IV 3, 19; IV 9, 2; Proklos, In Tim. II 147, 23 - 154, 26 Diehl; ferner L. Robin, *Untersuchungen über die Bedeutung und Stellung der Physik in der Philosophie Platons*, in: *Das Problem der ungeschriebenen Lehre Platons* (WdF Bd. 186), 280 - 292; Ph. Merlan, *Beiträge zur Geschichte des antiken Platonismus II: Poseidonios über die Weltseele in Platons Timaios*, Philologus 89 (1934), 197 - 214; F.M. Cornford, *Plato's Cosmology*, 59 - 66; K. Gaiser, *Platons ungeschriebene Lehre*, 41 - 66. - Zur überaus vielfältigen Interpretationsgeschichte dieses Textes: M. Baltes, *Die Weltentstehung des platonischen Timaios nach den antiken Interpreten*, Teil I und II, Leiden 1976 und 1979; W. Deuse, *Untersuchungen zur mittelplatonischen und neuplatonischen Seelenlehre*, Mainz 1983.

[191] Vgl. dazu Arist. De an. 429 a 27 - 28 = Test. Plat. 66 A: *καὶ εὖ δὴ οἱ λέγοντες τὴν ψυχὴν εἶναι τόπον εἰδῶν*. Daß damit Platon gemeint ist, berichtet Philoponos, In Arist. De an. 524, 6 ff. Hayduck = Test. Plat. 66 B: *ὅτι δέχεται ἡ ψυχὴ τὰ εἴδη τῶν νοητῶν καὶ οὕτως ἐνέργει, διὰ τοῦτο ἐπαινεῖ Πλάτωνα τὴν ψυχὴν εἴποντα τόπον εἰδῶν*. Ähnlich Simplikios, In Arist. De an. 221, 20 - 33 Hayduck: Die Seele als *τῶν εἰδῶν δεκτική*. Vgl. bes. Phaid. 76 E 1 - 4; Men. 81 C 5 ff.

[192] Hierzu K. Gaiser, *Platons ungeschriebene Lehre*, 44 ff., 61 ff., 95 ff., 107 ff., 118 ff.; H.J. Krämer, *Ursprung der Geistmetaphysik*, 202 ff.; auch Ph. Merlan, *From Platonism to Neoplatonism*,[1] 16 ff., 36 ff., 49 f.

[193] Dies ist nach Proklos, In Parm. 1165 der Sinn des Arguments.

die Idee als ἓν ἐπὶ πολλῶν, da sie als ungeteilte Einheit nicht *in* der von ihr begründeten Vielheit ist, aber wiederum auch nicht außerhalb der Vielheit, welche ohne die Einheit, die ihr Wesen ist, nichts ist. Die bei der Vielheit ihrer Ideate ungeteilt anwesende Idee ist somit weder innerhalb noch außerhalb der von ihr bestimmten Dinge - ebenso wie das bei allem Sichtbaren ungeteilt anwesende Licht (vgl. Parm. 131 B 3 - 6). Weil sie als ungeteilte Ganzheit anwesend ist, unterliegt die Idee keiner Veränderung und keiner Bewegung, die immer Teilung implizieren - darin entspricht die Idee dem Seienden des Parmenides (vgl. Fr. 8, 3 - 30); als unteilbar Ganzes kann die Idee darum unmöglich in etwas eintreten, da sie - wie das Licht - immer schon bei allem anwesend ist. Nun ist das Prinzip der Ideen, das Eine selbst, weder ein ungeteiltes Ganzes wie die Idee noch ein sich selbst in seine Teile differenzierendes Ganzes wie die Seele noch ein aus vorgängigen Teilen erst zusammengesetztes Ganzes wie der Körper. Also ist es für das Eine noch unmöglicher, in etwas einzutreten, als für die Idee. Das Eine tritt darum nicht in irgendetwas ein: weder bewegt es sich in Raum und Zeit noch bezieht es sich begreifend und erkennend auf Anderes. -

d) Weil das Eine selbst aufgrund seiner absoluten Einfachheit frei von Fremdbeziehung wie von Selbstbeziehung ist, darum bewegt es sich weder transitiv, indem es auf etwas zugeht, in dieses eintritt und seinen Standort wechselt, noch kreist es in dem Selben um seine eigene Mitte, noch auch verändert es sich selbst (138 E 7 - 139 A 2). *Nach jeder Art der Bewegung also ist das Eine unbewegt*: κατὰ πᾶσαν ἄρα κίνησιν τὸ ἓν ἀκίνητον (139 A 2 - 3). Dies ist mehr als ein Resumée: Platon spricht dem absoluten Einen ausdrücklich *jede* Form von Bewegung ab, damit implizit auch die intelligible Bewegung der Ideen im Ideenganzen (vgl. 157 E - 158 D mit Soph. 248 E - 249 B und 254 B - 257 C).

Indem die Ideen sich miteinander verbinden und gegeneinander abheben, sind sie positiv aufeinander bezogen "als die Seinsgemeinschaft einer in einem lebendigen Ganzen enthaltenen Vielheit."[194] Diese dialektische Bewegtheit des Eidos aber macht seine Geistigkeit als Noeton aus: in der Verbindung mit bestimmten Ideen und in der Abhebung von anderen *zeigt* sich jedes Eidos gerade erst in dem, was es ist, so daß es *von sich her* dem Vernehmen der Seele geöffnet ist. Weil das Sich-Zeigen und damit die Beziehung zur erkennenden Seele im Wesen des Eidos selber liegt, kommt ihm die Bewegtheit des Erkanntwerdens wesenhaft zu (Soph. 248 E 2). Dies ist aber nur deshalb möglich, weil aufgrund der inneren Bewegtheit der Ideen im eidetischen Beziehungsganzen dem vollkommen

[194] K.H. Volkmann-Schluck, *Plotin als Interpret der Ontologie Platos*, 27.

Seienden notwendig Bewegung (*κίνησις*), Leben (*ζωή*), Seele (*ψυχή*) und Denken (*φρόνησις*) zukommen (Soph. 248 E 6 ff.); darum gehört die Bewegung des Erkennens zur Seinsverfassung der *οὐσία*, des *παντελῶς ὄν*, das so in sich selbst Geist (*νοῦς*) ist (Soph. 249 A 2, 4, 9).[195] Eben weil es selber Geist ist und sich selbst denkt, ist das vollkommen Seiende dem Denken von Grund auf erschlossen und seine Beziehung zum Erkennen nicht bloß nachträglich und äußerlich. Wie für Parmenides, so ist auch für Platon das Denken im Sein selbst ausgesprochen (Fr. 8, 35 f.: *οὐ γὰρ ἄνευ τοῦ ἐόντος, ἐν ᾧ πεφατισμένον ἐστίν, εὑρήσεις τὸ νοεῖν*). Weil also zum Seienden, soll es seinem Seinsanspruch genügen und als seiend vernommen werden, die Denkhaftigkeit gehört, es also nicht ohne Geist und Seele sein kann, darum muß Bewegung als ein Grundcharakter des eidetischen Seins als eines solchen, als *μέγιστον γένος*, festgehalten werden (Soph. 249 A 4 - B 6; 254 D 4 - 5).[196]

Darum ist das *seiende Eine* auch notwendig in Bewegung, denn es ist immer in einem Anderen (Parm. 146 A 3 - 6). Es ist aber darum immer in einem Anderen, weil seine eigene innere Dialektik - durch die es sich dem dialektischen Erkennen erschließt - es immer in Verbindung zu anderen Erstbestimmungen treten läßt, die es aus sich entfaltet, und zwar im Vollzug seiner dialektischen Selbstentfaltung zu immer anderen Urbestimmungen (exemplarisch durchgeführt Parm. 142 B - 155 E); d.h. also: weil es sich selbst als das umgreifende Ganze und Eine des Intelligiblen in die Totalität der verschiedenen einzelnen Ideen hinein ausfaltet, in denen es sein eigenes Sein erkennt und denkt. Weil es als die Einheit des Ganzen sich in dem, was es selbst ist, nur in der Vielheit seiner verschiedenen Momente zeigt, darum ist das seiende Eine bewegt: Insofern es sich im Durchgang durch immer andere Ideen entfaltet, kommt ihm transitive Bewegung zu; insofern es aber in ihnen allen bei sich selbst bleibt und sich in ihrer Einheit selbst gegenwärtig ist, ist seine Bewegtheit die in sich kreisende des Denkens seiner selbst; insofern es aber *sich* in die vielen verschiedenen Ideen hinein differenziert, so daß es in jeder von ihnen selber

---

[195] Zu Geistcharakter und Selbstdenken des Platonischen Ideenkosmos überzeugend H.J. Krämer, *Der Ursprung der Geistmetaphysik*, 193 - 207; zur Wirkungsgeschichte auch P. Hadot, *Etre, Vie, Pensée chez Plotin et avant Plotin*, in: *Les Sources de Plotin*, 107 - 141; W. Beierwaltes, *Proklos*, 93 - 118; Th. A. Szlezák, *Platon und Aristoteles in der Nuslehre Plotins*, 121 ff. - Zu den verschiedenen in der Forschung diskutierten Deutungen von Soph. 248 E ff. auch H.-E. Pester, *Platons bewegte Ousia*, Wiesbaden 1971.

[196] Vgl. dazu Volkmann-Schluck, *Plotin als Interpret der Ontologie Platos*, 26 ff. und 131.

ein Anderes ist (jede Idee hat einen spezifischen, numerisch bestimmbaren Einheitscharakter), verändert es sich.[197]

So differenziert sich das seiende Eine in die Vielheit der Ideen und bleibt dabei doch in sich selbst; in dieser Bewegtheit aber bewahrt es seinen eigenen Einheitscharakter nur darum, weil es auch in dem Sinne in einem Anderen ist, daß es sich auf das absolute Eine als den ihm jenseitigen Urgrund bezieht, von dem es übergriffen wird (vgl. oben 3.4 A). Es muß als Ganzes und in jedem seiner Momente an dem überseienden Einen selbst teilhaben, um selber Eines zu sein (157 E 2 - 158 B 1). Die Erkennbarkeit des Ideenganzen, das sich in jener Bewegung von sich selber her erschließt, gründet somit in seinem Transzendenzbezug zum Absoluten. Die Beziehung des Ideenganzen und jedes einzelnen Eidos zum transzendenten Prinzip seiner Einheit sichert dem Intelligiblen den Charakter als Ordnungseinheit von Einheiten - d.h. als Zahl - und damit die Intelligibität.

Darum konstituiert sich das seiende Eine durch seinen Transzendenzbezug auf das überseiende absolute Eine (vgl. 146 A 3 - 6 zu 158 A 3 - 6); dieses aber tritt niemals aus seiner absoluten Transzendenz und Einfachheit heraus und ist so unbewegt. Denn der Transzendenzbezug des Seienden - den Platon als Bewegung (*Hinwendung*: ἔφεσις, ὄρεξις) begreift[198] - setzt voraus, daß das Absolute in strenger Jenseitigkeit bei sich bleibt, *vor* Bewegung, Leben, Seele, Denken und Geist.

B) *Negation der Ruhe* (139 A 3 - B 3).

a) Aufgrund seiner absoluten Einfachheit kann das Eine unmöglich in irgendetwas sein (139 A 3 - 4; s.o. § 3. 4). Wenn also dem Absoluten jede Immanenz abgesprochen werden muß, dann ist es auch nicht *in* dem identisch Selben; denn damit wäre es bereits immanent, in jenem nämlich, in dem als einem Identischen es wäre (139 A 4 - 6). Eben um seiner Ab-

---

[197] Zu dieser dialektischen "Veränderung" des Eidetischen G. Huber, *Platons dialektische Ideenlehre*, 47, 67 ff., bes. 74 ff.

[198] Vgl. das "Streben" der Ideen-Zahlen zum absoluten Einen und Guten in dem Platon-Referat bei Arist. Eud. Eth. 1218 a 24 - 33. "Die Stelle erlaubt mit hinreichender Sicherheit den Schluß, daß der spezifische Zusammenhang zwischen ἕν und νοῦς schon in der Älteren Akademie, zumal bei Platon und Speusipp, thematisiert war, und daß darum in diesem Punkt zwischen Älterem und Neuerem Platonismus keine prinzipiellen Differenzen unterlaufen." (H.J. Krämer, *Der Ursprung der Geistmetaphysik*, 368 Anm. 640).

solutheit willen aber kann das Eine weder in sich selbst noch in einem Anderen sein (139 A 6 - 7): Denn was in einem Anderen ist, das ist nicht der absolute Urgrund, sondern wird selber vom Urgrund umgriffen und begrenzt; und was in sich selbst ist, das unterscheidet sich in die Zweiheit von Umgreifendem und Umgriffenem (vgl. 138 A 2 - B 6, oben § 3. 4). Das absolute Eine ist also niemals in dem Selben (139 A 8), weil es frei von jeder Immanenz ist; was aber niemals "in" dem Identischen ist (*τό γε μηδέποτε ἐν τῷ αὐτῷ ὄν*), das bleibt weder in Ruhe noch steht es still (*οὔτε ἡσυχίαν ἄγει οὔθ' ἕστηκεν*). Das Eine selbst transzendiert darum die Ständigkeit (*στάσις*) des Stehens in sich selbst ebenso wie die Bewegung des Herausgehens aus sich, des Zurückgehens in sich und des Sichdifferenzierens (139 B 1 - 3).

Dadurch wird die Seinstranszendenz des absoluten Einen einsichtig: Denn zum Sein (*οὐσία*) gehört wesensnotwendig das Stehen in sich selbst, das Sich-Gleichbleiben in dem, was es ist, das Ruhen in der Identität mit sich selbst. Das Seiende erfüllt seinen Seinsanspruch allererst durch sein Stehen und Bleiben in sich selbst, in dem es mit sich selbst identisch und so wirklich "es selbst" ist. Nur im ruhenden Sich-Gleichbleiben, also als Unveränderliches, ist das Seiende ganz und gar das, was es ist, besitzt es sein Sein in Vollendung; denn alles, was sich verändert, ist noch nicht völlig es selbst, es bleibt hinter sich selbst zurück, sofern es nicht all das ist, was es von sich her *sein kann*, darum hat es sein Wesen nicht in sich selbst, sondern in einem Anderen, in seiner Idee. Die mit dem Seienden (*ὄν*) in seiner Selbstidentität gleichursprüngliche Ständigkeit (*στάσις*) ist darum die Bedingung dafür, daß überhaupt Intelligibles ist, das als identisches und gleichbleibendes Wesen vernommen werden kann (vgl. Soph. 249 B 7 - C 8): "Ohne die Ständigkeit wäre Seiendes um seinen Sinn gebracht: als sich Gleichbleibendes in dem, was es ist, verstehbar zu sein."[199] Das ist die eleatische Grundeinsicht des sich unwandelbar gleichbleibenden Seins: "Doch ohne Bewegung in den Grenzen gewaltiger Bande, *ist* es (sc. das Seiende) ohne Anfangen, ohne Aufhören . . . und als das Selbe in dem Selben verharrend, ruht es in sich selbst und bleibt so fest an seinem Ort" (Parmenides, Fr. 8, 26 - 30).[200]

Die eleatische Einsicht in den Ständigkeitscharakter des wahren Seins richtet sich gegen eine letzte Wirklichkeit, die - wie das Apeiron

---

199 Volkmann-Schluck, *Plotin als Interpret*, 28.

200 Ähnlich schon Xenophanes von seinem Gott: Fr. 26. "Immer verharrt er am selben Ort, sich gar nicht bewegend, ziemt es sich doch für ihn nicht, zu gehen hierhin und dorthin."

Anaximanders - dadurch bewegt ist, daß sie die Weltgegensätze aus sich entläßt und in sich zurücknimmt, oder die gar - wie der Logos Heraklits - die Struktureinheit der ineinander übergehenden Gegensätze selbst ist.[201]

Platon nimmt in der zweiten Hypothesis den eleatischen Seinsbegriff auf und spricht darum dem seienden Einen Ständigkeit zu (145 E 7 - 146 A 3): Als das Ganze aller seiner Momente ist es in sich selbst und hat darin seine Einheit, aus der es nicht heraustritt. Weil es somit immer in sich selbst als dem einheitlich Selben bleibt, muß es notwendig ruhen und sich selbst immer gleichbleiben; in dieser Selbstbeziehung: in der Standfestigkeit des in sich selbst Stehens hat es allererst seinen bleibenden und unwandelbaren Bestand. Aber ebenso wesentlich wie durch Ständigkeit ist das seiende Eine auch durch Bewegung bestimmt (146 A 3 - 7): Denn es ist notwendig zugleich immer in einem Anderen, weil es sich in seiner Selbstentfaltung in die vielen Ideen allererst von sich her erschließt, und weil diese Entfaltung der Einheit in die Vielheit getragen ist durch den Transzendenzbezug zum Absoluten. -

Platon gelingt dadurch der Ausgleich zwischen eleatischem Seinsdenken und ionischer Logos- und Gegensatzlehre, daß er den Seinscharakter der Bewegung aus der Denkhaftigkeit des Eidos rehabilitiert und zugleich daran festhält, daß das im Noein Vernommene ein in der Einheit mit sich selbst gleichbleibendes Wesen sein muß.[202] "Bewegung und Ständigkeit sind in Wahrheit ontologische Konstitutiva der Seinsverfassung des Eidos, dessen Sein ein ontologisches Geflecht von Gattungen ist, das die verschiedenen Hinsichtnahmen begründet, unter denen Seiendes allein 'da' sein kann."[203]

Wenn Platon also dem absoluten Einen Bewegung und Ständigkeit zugleich abspricht (139 B 2 - 3), so nimmt er es damit aus dem Gattungsgeflecht des Eidetischen heraus und hebt es so über den Seinscharakter des Seienden überhaupt hinaus, wie Plotin richtig sah: "Es (sc. das Eine) ist kein Bewegtes und wiederum auch kein Ruhendes, nicht im Raum, nicht in der Zeit, 'sondern das Eingestaltige selbst an sich selbst'; oder vielmehr ohne Gestalt, da Es vor jeder Gestalt ist (*πρὸ εἴδους ὂν παντός*), vor Bewegung und vor Ständigkeit, denn diese beziehen sich auf das Seiende und machen es zu einem Vielen. Aber warum ist Es denn, wenn nicht bewegt, doch nicht ruhend ? Weil nur das Seiende eines von beiden

---

[201] Vgl. Anaximander Fr. 1; Heraklit Fr. 8; 10; 51; 53; 60; 67; 80 u.ö.

[202] Sophistes 248 E 2 - 249 D 5.

[203] Volkmann-Schluck, op. cit., 111.

- oder beides - sein muß; und weil das Ruhende vermöge der Ständigkeit ruhend ist, nicht mit der Ständigkeit identisch, sie müßte dem Einen dann also als Bestimmung zukommen und Es bliebe nicht mehr absolut einfach" (Plotin, VI 9, 3, 42 - 49).[204]

**§ 3.6 Identität und Andersheit (139 B 4 - E 6).**

Durch seine absolute Einfachheit herausgenommen aus dem ontologischen Geflecht oberster Gattungen, übersteigt das Eine die Verfassung des Seienden schlechthin: es ist "jenseits des Seins".

Denn die *μέγιστα γένη*, die umfassendsten Seinscharaktere, begründen durch ihre wechselseitige Verflechtung die Vielheit von Hinsichten, unter denen Seiendes in der Vielheit seiner Bestimmungen, die ihm als einem einheitlich Selbigen zukommen, allererst möglich ist. In der Koinonie der höchsten Gattungen stellt sich darum das Sein dar, "das in der Vielheit des Seienden die Kraft der Einheit bleibt: die umfassende Totalität und Einheit des Seins selbst, in dem und durch das das Viele in seiner Bestimmtheit des 'Dieses' und 'Nichtjenes' Bestand hat."[205] Aber diese Einheit des Seins ist nur in der Unterschiedenheit seiner miteinander verflochtenen Strukturbestimmungen da: darum hat - nicht bloß das Seiende, sondern - das Sein selbst den Charakter der Vielheit: es ist die geeinte Vielheit seiner Gattungen. In der Verflochtenheit seiner gegeneinander abgehobenen Fundamentalbestimmungen ist das Sein mit sich selbst geeint. Weil "Sein" (*ὄν*), "Ständigkeit" (*στάσις*) und "Bewegung" (*κίνησις*) nicht in die Unterschiedslosigkeit zusammengehen (Soph. 250 B - C; 254 D; 255 B), darum müssen *Selbigkeit* (*ταὐτόν*) und *Andersheit* (*ἕτερον*, *θάτερον*) als allgemeinste Strukturbestimmungen eingeführt werden (Soph. 254 E ff.). Erst durch sie wird die Verbindbarkeit der Gattungen im Logos verstehbar, indem jede Gattung in ihrer Selbigkeit mit sich selbst und ihrer Verschiedenheit von den anderen festgehalten wird (vgl. Soph. 254 D - 255 E). "Selbigkeit" und "Andersheit" begründen allererst die Unterschiedenheit der Hinsichten, in denen Seiendes in seinem Sein allein ansprechbar ist. Gleichursprünglich mit Bewegung und Ständigkeit konstituieren sie das Sein, "nämlich das vorgängige Beziehungsganze, durch das etwas als ein mit sich Identisches und von dem anderen Unterschiedenes allein ein bestimmtes Dasein sein kann. Das Fürsichsein der Gattungen und ihre wechselseitige Gemeinschaft erweist sich als eine je-

---

[204] Vgl. auch Plotin, V 5, 10, 15 - 19.

[205] Volkmann-Schluck, op. cit., 100.

weilige Hinsicht, die das Mitdasein der übrigen Gattungen voraussetzt."[206] D.h. also: erst das gleichursprüngliche Miteinandersein der Fundamentalcharaktere des Seins, die *κοινωνία τῶν γενῶν*, macht sie in ihrer Unterschiedenheit verstehbar; keine der Fundamentalbestimmungen ist in ihrem Ansichsein denkbar, ohne daß die anderen je schon mitgedacht würden: darum stellt sich in ihnen die Einheit des Seins als die mit sich selbst geeinte Vielheit seiner unterschiedenen Momente dar. So läßt die Koinonie der Gattungen verstehen, wie Eines von ihm selbst her Vieles sein und doch Eines bleiben kann.[207]

Das Eine selbst, das nichts ist als einfachhin das Eine, kann darum weder identisch noch verschieden sein, weder in Beziehung zu sich selbst noch in Beziehung zu Anderem (139 B 4 - 5; E 4 - 5); denn es ist durch seine absolute Einfachheit über jede Relationalität in sich und nach außen erhoben. Die Selbigkeit von etwas *mit* sich selbst (vgl. den reflexiven Dativ Soph. 254 D 14 - 15: *ἕκαστον . . . αὐτὸ ἑαυτῷ ταὐτόν*) aber kann selbst nur gedacht werden, wenn in ihr als solcher die Andersheit schon mitgedacht wird, - eben weil sie die Verschiedenheit von allem anderen einschließt.[208] Identität meint darum nicht Einfachheit, sondern das Mitsichgeeintsein einer Vielheit: sie setzt das positive Sich-Beziehen auf sich selbst als Bedingung ihrer Möglichkeit voraus, die Selbstbezüglichkeit überhaupt, die nur im Sich-Unterscheiden wirklich ist.[209] Identität ist so die dynamische und relationale Einheit im Auf-sich-selbst-bezogen-Sein eines in sich und von Anderem Unterschiedenen:[210] die Einheit des Selbstseins, die ohne Andersheit nicht möglich ist. Identität und Andersheit charakterisieren als ontologische Konstitutiva der Idee das Sein als Einheit in der Vielheit: das im Sich-Unterscheiden Mitsichgeeintsein, die Selbigkeit mit sich im Anderssein, ist die Verfassung des eidetischen Seins als solchen.

So legt die Transzendenz des absoluten Einen über Selbigkeit und Andersheit seine Seinstranszendenz aus: die absolute Relationslosigkeit

---

206 Volkmann-Schluck, op. cit., 111.

207 Vgl. Volkamnn-Schluck, op. cit., 29 - 30.

208 Vgl. Hegel, *Wissenschaft der Logik*, ed. Lasson, 2. Teil, 28: ". . . denn sie sagen, die Identität sei verschieden von der Verschiedenheit; indem dies zugleich als die Natur der Identität zugegeben werden muß, so liegt darin, daß die Identität nicht äußerlich, sondern an ihr selbst, in ihrer Natur dies sei, verschieden zu sein." Ähnlich schon Plotin, V 1, 4, 30 ff.; IV 3, 5, 7 f.

209 Vgl. Volkmann-Schluck, *Plotin als Interpret*, 118.

210 Zur Unterschiedenheit der Identität in sich unten.

des Einen selbst als sein Herausgenommensein aus der Hinsichtenvielheit des Seins überhaupt. Platon entwickelt dies in vier Thesen:

1. Das Eine ist nicht von sich selber verschieden.
2. Das Eine ist nicht mit Anderem identisch.
3. Das Eine ist nicht von Anderem verschieden.
4. Das Eine ist nicht mit sich selbst identisch.

Jede dieser Thesen wird durch die absolute Einfachheit des Einen begründet.[211]

*Zu These 1* (139 B 5 - 7): "Wäre das Eine selbst in irgendeiner Hinsicht von sich selbst verschieden, so müßte es verschieden von dem einfachhin Einen sein und wäre damit nicht einfachhin Eines oder das Eine selbst" (*ἕτερον μέν που ἑαυτοῦ ὂν ἑνὸς ἕτερον ἂν εἴη καὶ οὐκ ἂν εἴη ἕν*, B 5 - 6). Das von dem einfachhin Einen Verschiedene ist nicht das Eine selbst, weil es nicht einfachhin Eines ist; das Eine wäre nicht das Eine selbst, wenn es von sich selbst verschieden wäre; also ist das Eine selbst nicht von sich selbst verschieden. "Denn das Eine selbst ist nur Eines und nichts Anderes": *ἓν γάρ ἐστι μόνον* (sc. *τὸ ἕν*), *ἄλλο δὲ οὐδέν* (Proklos, In Parm. 1179, 11).

So pleonastisch dieses Argument auch wirken mag: es ist höchst aufschlußreich. Aufgrund seiner absoluten Einfachheit ist das Eine selbst ohne jede Verschiedenheit zu sich selbst. Weil es *absolut Eines* und *schlechthin einfach* ist, kommt ihm Einheit nicht als eine von ihm selbst verschiedene Bestimmung zu, sondern es liegt als das Übereine über jede positive Einheit hinaus: *ὂν ὄντως ἕν, οὐχ ἕτερον ὄν, εἶτα ἕν, καθ' οὗ ψεῦδος καὶ τὸ ἓν εἶναι* (Plotin, V 4, 1, 8 - 9; vgl. Plat. Parm. 141 E 10 - 12). Das absolute Eine transzendiert somit schlechthin die duale, immer Etwas als Etwas bestimmende Struktur der Prädikation: Es ist über die Zweiheit des Bestimmtseins überhaupt hinaus, also überseiend und - da es auch nicht als Einheit bestimmt ist - Übereines. Plotin sagt daher: "Es ist nicht Seiendes, sonst würde auch hier das Eine nur von einem Anderen ausgesagt (*ἕν, ὃ μὴ ὄν ἐστιν, ἵνα μὴ καὶ ἐνταῦθα κατ' ἄλλου τὸ ἕν*), in Wahrheit kommt Ihm kein Name zu, wenn man's denn aber benennen muß, so wird man Es passend gemeinhin das Eine nennen, freilich nicht, als sei Es sonst etwas und dann erst das Eine (*οὐχ ὡς ἄλλο, εἶτα ἕν*)" (Plotin, VI 9, 5, 30 - 33).[212]

---

[211] Vgl. zum folgenden Proklos, In Parm. 1177, 27 - 1191, 9.

[212] Vgl. ebenso Plotin, V 4, 1, 8; V 5, 4, 6 - 11; II 9, 1, 1 - 12; V 3, 12, 50 - 52; ebd. 15, 15 - 17.

Das überseiende Übereine läßt sich darum nicht auseinanderlegen in etwas und das Eine als seine Bestimmung wie das seiende Eine - denn damit hätte es schon den Unterschied des Seins und des Einesseins an sich und wäre als die Einheit dieser Unterschiedenen in sich selbst durch Andersheit bestimmt (vgl. 142 B 5 - D 5; 143 B 1 - 7) -, "sondern Es ist nur Es selbst und absolut Es selbst, während jedes Andere sowohl es selbst wie ein Anderes ist" (*ἀλλὰ μόνον Αὐτὸ καὶ ὄντως Αὐτό, εἴ γε τῶν ἄλλων ἕκαστον αὐτὸ καὶ ἄλλο*, Plotin, VI 8, 21, 32 -33); "denn Es ist ursprünglich Es selbst und über das Sein hinaus Es selbst" (*καὶ γὰρ πρώτως Αὐτὸς καὶ ὑπερόντως Αὐτός*, Plotin, VI 8, 14, 42).

Die Seinstranszendenz des Einen selbst liegt somit gerade in seiner absoluten Einfachheit und Ununterschiedenheit. Denn zum Sein gehört mit der Ansprechbarkeit im Logos[213] die Unterscheidbarkeit in diejenigen Hinsichten, "die das ontologische Strukturganze eines jeden Seienden und des Alls des Seienden als solchen bilden und daher die ermöglichenden Bedingungen der Bestimmung einer Sache in ihrem Wasgehalt durch die diäretische Methode der Teilung einer Gattung in Arten sind."[214]

Gerade diese generische Unterschiedenheit des Seins in seiner kategorialen Vielheit kommt dem absoluten Einen zufolge seiner Einfachheit nicht zu: "Denn wie sollte man Es auch unterscheiden ? Denn im Unterscheiden würde man Es zur Vielheit machen: so daß das Eine selbst Vieles würde und sich selbst verließe, wenn Es eine Gattung sein wollte. Ferner müßte man etwas hinzusetzen, um es in Arten unterscheiden zu können; denn in dem Einen selbst kann es keine Unterschiede geben, wie sie zum Sein gehören. Denn bei dem Seienden gibt das Denken Unterschiede zu, wie aber (könnte es das) bei dem Einen? Dann wird doch jedesmal mit der Unterschiedenheit eine Zweiheit gesetzt und damit die reine Einheit aufgehoben" (Plotin, VI 2, 9, 10 - 16).

Während also das Sein kategorial unterscheidbar sein muß, weil es sich immer auf ein Anderes, nämlich auf ein Seiendes in seiner washaften

---

[213] Der Logos (als Vernunft und als Verhältnis, Proportion, Relation) gehört selber zu den "größten Gattungen" des Seienden: Soph. 260 A 5. Dies entspricht völlig den Andeutungen über den Geistcharakter des *παντελῶς ὄν* Soph. 248 E ff., der mit dem gefügehaften Einheitscharakter des Seins zusammenhängt. - Zum Logos als oberster Gattung vgl. auch Arist. Metaph. 1016 b 31 - 1017 a 3 = Test. Plat. 35 a: Analogie (Verhältnis) als allgemeinste Weise von Einheit, die das generisch und kategorial Verschiedene zur Einheit des Seins zusammenbindet. Dazu Gaisers Kommentar, P.U.L., 506 - 508.

[214] Volkmann-Schluck, *Plotin als Interpret*, 30.

Bestimmtheit bezieht, als *dessen* Sein es angesprochen wird, kann bei dem Einen selbst keine kategoriale Unterscheidung stattfinden, da es nicht von etwas als dessen Bestimmtheit ausgesagt wird; denn mit der Beziehung auf ein Anderes würde es nicht in seiner reinen Einheit festgehalten, sondern wäre schon eine Zweiheit. Das absolute Eine ist in seiner Transzendenz über die logisch-ontologische Dualität der Prädikation überkategorial: *τὸ πάντως ἕν, ᾧ μηδὲν ἄλλο πρόσεστι, μὴ ψυχή, μὴ νοῦς, μὴ ὁτιοῦν, οὐδενὸς ἂν κατηγοροῖτο τοῦτο* (Plotin, VI 2, 9, 6 - 7).[215]

Die Überkategorialität des absoluten Einen liegt gerade in seiner Ununterschiedenheit zu sich selbst: als absolute Einheit kann es nicht bestimmend ausgesagt werden - auch nicht von sich selbst, weil es dadurch schon von sich selbst unterschieden würde: das Eine wäre dann ein durch Einheit bestimmtes Seiendes, also eine Zweiheit, aber nicht das absolut Eine selbst. Die reine, absolute Einheit wird gerade verfehlt, wenn wir sie kategorial, als die Bestimmtheit eines Bestimmten denken. Die Überkategorialität des absoluten Einen - die auch die Aristotelischen Berichte über Platon und Speusipp belegen: *τὸ μέντοι γε ἕν . . . μὴ ἕτερον γέ τι ὂν λέγεσται ἕν . . . ὥστε μηδὲ ὄν τι εἶναι τὸ ἓν αὐτό* (Aristoteles, Metaph. 987 b 22 - 23 mit 1092 a 15)[216] - ist der leitende Gesichtspunkt aller vier Thesen, den die folgenden anwenden und entfalten.

*Zu These 2* (139 B 7 - C 3): Das Eine selbst ist nur das Eine einfachhin; das Andere als es selbst aber ist nicht Eines einfachhin: *ἓν ἄρα μόνως τὸ ἕν· τὸ οὖν ἕτερον αὐτοῦ ὂν οὐχ ἕν* (Proklos, In Parm. 1180, 22 - 23). Deshalb ist es auch nicht mit Anderem identisch: denn dann wäre es jenes Andere, wäre aber nicht mehr Es selbst; und somit wäre es nicht mehr, was Es ist - das Eine einfachhin -, sondern verschieden von dem einfachhin Einen (B 7 - C 2). Das Eine wäre also von sich selbst verschieden, wenn es mit einem Anderen identisch wäre: es wäre das Andere seiner selbst. Aber das ist unmöglich: Denn als das Andere seiner selbst wäre es nicht mehr absolut einfache Einheit an sich selbst, also überhaupt nicht das einfachhin Eine selbst. Als absolute Einheit ist das Eine selbst somit nichts anderes als Es selbst, "sondern nur Es selbst und

---

[215] Vgl. ebenso Plotin III 8, 10, 29 - 30; II 9, 1, 7; VI 7, 41, 38; VI 2, 17, 3 - 4; V 3, 13, 4 - 5 usw.

[216] Zur Überkategorialität des absolut Einen vgl. auch Arist. Metaph. 996 a 4 - 9; 1001 a 4 ff.; 1040 b 25 - 27; 1053 b 11 ff. u.ö.

absolut Es selbst, während jedes Andere sowohl es selbst wie ein Anderes ist" (Plotin, VI 8, 21, 32 - 33).[217]

Darum muß das Ist der bestimmenden Aussage von dem absoluten Einen ferngehalten werden: Denn das kategoriale Ist, das einer Sache das diese zu einem Seienden bestimmende Sein zuspricht, identifiziert immer das Eine mit dem Anderen als <u>dessen</u> Bestimmtheit, indem es sie zugleich unterscheidend auseinanderlegt.[218] So gedacht aber ist das Eine nicht reine und absolute Einheit, sondern als der Bestimmtheit eines durch Einheit bestimmten Seienden kommt ihm - eben durch das Ist, als Wassein eines Seienden - auch selber Sein zu als einer durch Sein bestimmten Einheit (vgl. 142 D 1 ff.): das Eine ist selber seiend, wenn es das Einessein des Seienden ist. Dieses seiende Eine ist nun aber nicht nur auf das Seiende bezogen, von dem es zugleich als dessen Einheit unterschieden ist, sondern es ist *in sich selbst in die Momente des Seins und der Einheit unterschieden* und jedes dieser Momente wiederum usque ad infinitum. Denn das Eine kann in seiner Bestimmtheit als Einheit niemals ohne das Ist und dieses kann in seiner Bestimmtheit als Sein niemals ohne die Einheit festgehalten werden: da jedes immer sowohl es selbst wie das Andere ist, so ist es notwendig immerfort Zweiheit und niemals reine Einheit (142 D 9 -

---

[217] Aus diesem von Plotin und Proklos entfalteten Gedanken Platons entwickelt Cusanus seinen Gottesbegriff des Non-Aliud. Er ist erstmals formuliert in der Randnotiz des Cusanus zu Proklos, Theologia Platonis II 1, Cod. Cus. 185 fol. $57^v$: *Unum est nihil aliud quam unum* (vgl. P. Wilpert, *Nikolaus von Kues. Vom Nichtanderen*, Hamburg 1952 ($^2$1976), Kommentar, 203 f.). Der Text des Proklos lautet: *εἰ γὰρ μηδὲν ἄλλο ἔστι πλῆν αὐτοέν . . . αὐτὸ δὲ αὑτοῦ οὔτ' ἂν ἕτερον εἴη . . . τὸ δέ γε ἄλλο οὐκ ἔστιν εἴπερ τὸ ἓν μόνον ἔστιν* (Theol. Plat. II 1, 10, 15. 17; 11, 10 f. S.-W.): damit wird Plat. Parm. 139 B 5 - 6 wiedergegeben. Im Unterschied zu Platon, Plotin und Proklos denkt Cusanus das Nicht-Andere dann allerdings als selbstbezüglich und darin als Ausdruck der Trinität - vgl. De li non aliud, passim, bes. cap. 5, n. 19 -, wodurch seine reine Einfachheit im Sinne Platons jedoch aufgehoben würde. Zu den vielfältigen sachlichen und historischen Aspekten vgl.: W. Beierwaltes, *Deus oppositio oppositorum*, Salzburger Jahrb. f. Philosophie 8 (1964), 175 - 185; ders., *Cusanus und Proklos. Zum neuplatonischen Ursprung des Non Aliud*, in: *Nicolo Cusano agli inizi del mondo moderno.* Akten des Cusanus-Kongresses Brixen 1964. Florenz 1970, 137 - 140; ders., *Identität und Differenz*, 114 ff. Die Marginalien des Cusanus zu Proklos sind jetzt gesammelt und ediert von K. Bormann und H.G. Senger: *Cusanus-Texte* III. 2 Marginalien: *Proclus latinus.* 2.1. *Theologia Platonis*, ed. Senger; 2.2. *Expositio in Parmenidem Platonis*, ed. Bormann, beide Heidelberg 1986.

[218] Vgl. 143 B 1 - 3: *ἄλλο τι ἕτερον μὲν ἀνάγκη τὴν οὐσίαν αὐτοῦ εἶναι, ἕτερον δὲ αὐτό, εἴπερ μὴ οὐσία τὸ ἕν, ἀλλ' ὡς ἓν οὐσίας μετέσχεν.*

143 A 1),[219] "denn weder verläßt das Sein das Eine noch das Eine das Sein" (144 E 1 f.). Somit ist das als Bestimmtheit des Seienden gedachte Eine (*das unum coadunatum*)[220] als relationale, in sich unterschiedene Einheit notwendig zugleich das Andere seiner selbst.

Das Seiende kann darum nur in Andersheit an dem Einen teilhaben: denn als reine Einheit ohne Andersheit könnte es nicht *sein*, sondern wäre das überseiende Eine selbst (vgl. 158 A 1 - 5). Darum kann nichts außer dem überseienden Einen selbst absolute und reine Einheit sein: *νῦν δὲ ἑνὶ μὲν εἶναι πλὴν αὐτῷ τῷ ἑνὶ ἀδύνατόν που* (158 A 5 - 6). Das absolute Eine selbst ist in reiner Einfachheit allem entzogen und über alles erhaben (*unum superexaltatum*).

Darum können wir das absolute Eine nicht bestimmen, sondern nur durch "*οὕτως*" auf seine reine Einfachheit hinweisen, ohne es dadurch zu bestimmen: *οὕτως ὅπερ ἔστιν, ἕν* (139 C 1). Der bloße Hinweis auf die absolute Einheit und Einfachheit des Einen - das *ἔστιν* ist hier in rein semantischer Bedeutung zurückgehalten - ist alles, was wir von ihm sagen können: *τὸ οὕτω μόνον καὶ οὐκ ἂν ἄλλως, ἀλλ' οὕτως* (Plotin, VI 8, 9, 38 - 39). Doch nicht einmal dies: denn das *οὕτως* verweist hier nicht mehr auf einen bestimmbaren Gehalt, sondern gerade auf das, was jenseits aller Bestimmtheit ist, und muß darum selber widerrufen werden, sofern es noch *Etwas* intendiert. Der Hinweis auf das Absolute liegt vielmehr in der Umkehr der gewöhnlichen Intentionsrichtung: es verweist *auf* das unbestimmbare Eine selbst nur dadurch, daß es *von* allem anderen *weg*ver-

---

219 In dieser ins Unendliche fortgehenden Entzweiung manifestiert sich die unbestimmte Zweiheit, das Prinzip der intelligiblen Vielheit, deren Wirksamheit in *περὶ τἀγαθοῦ* ausdrücklich als Entzweiung (*δυοποιόν*) bestimmt war: Aristoteles, Met. 1082 a 15; Alexander, In Met. 57, 4 H.; vgl. Sextus Emp., Adv. Math. X 276 - 277. Vgl. oben S. 284 mit Anm. 55 - 56. - Die unbestimmte Zweiheit wird im "Parmenides" als Prinzip der Vielheit ausdrücklich eingeführt: 143 A und 158 C - D, wo ihr Wesen bestimmt wird: 158 C 5 - 7: *οὐκοῦν οὕτως ἀεὶ σκοποῦντες αὐτὴν καθ' αὑτὴν τὴν ἑτέραν φύσιν τοῦ εἴδους ὅσον ἂν αὐτῆς ἀεὶ ὁρῶμεν ἄπειρον ἔσται πλήθει;* Auch der *μέγα - μικρόν*-Charakter der *ἀόριστος δυάς* wird angedeutet 150 C 6 ff.: *οὔτε ἄρα τὰ ἄλλα μείζω τοῦ ἑνὸς οὐδὲ ἐλάττω, μήτε μέγεθος μήτε σμικρότητα ἔχοντα οὔτε αὐτὼ τούτω πρὸς τὸ ἓν ἔχετον τὴν δύναμιν τὴν τοῦ ὑπερέχειν καὶ ὑπερέχεσθαι, ἀλλὰ πρὸς ἀλλήλω.*

220 Ich benutze die sehr treffenden Ausdrücke aus Wilhelm von Moerbekes lateinischer Übersetzung des Parmenideskommentars, jetzt ediert von C. Steel, *Proclus, Commentaire sur le Parménide de Platon. Traduction de Guillaume de Moerbeke*, tome I, Leuven-Leiden 1982, tome II 1985.

weist: *ἀλλ᾽ οὐδὲ τὸ οὕτως· οὕτω γὰρ ἂν ὁρίσας εἴη καὶ τόδε τι . . . ἀλλ᾽ ἀόριστον ἰδὼν πάντα μὲν ἕξεις εἰπεῖν τὰ μετ᾽ Αὐτό, φήσεις δὲ οὐδὲν ἐκείνων εἶναι* (Plotin, VI 8, 9, 39 - 44). Nur in der von *allem anderen wegverweisenden* Negation wird das Eine selbst in seiner bestimmungslosen Absolutheit intendiert. Nichts von allem anderen (*These 2*) ist das Eine aber darum, weil es als reine Einheit nicht von sich selbst verschieden ist (*These 1*).

*Zu These 3* (139 C 3 - D 1): Als absolute, in sich und zu Anderem relationslose, einfache Einheit schließt das Eine selbst jede Andersheit von sich aus. Das einfachhin Eine ist an sich selbst nichts als reine, absolut einfache Einheit, weil es unzugeordnet nur Es selbst ist: Es ist das absolute Eine selbst, *περὶ οὗ οὐκέτι ἄλλο ἐνδέχεται οὔτε λέγειν οὔτε λαβεῖν* (Plotin, VI 8, 21, 29 - 30), und darum absolut frei von Andersheit.

Weil es als reine Einheit in sich selbst absolut einfach ist, kann das Eine selbst auch nicht von Anderem verschieden sein: *ἕτερον δέ γε ἑτέρου οὐκ ἔσται, ἕως ἂν ᾖ ἕν* (139 C 3 - 4). Denn das von Anderem Verschiedene ist selber das Andere dieses Anderen und damit schon Zweiheit, nicht mehr absolute einfache Einheit: in der Andersheit als solcher, im bloßen Sich-Unterscheiden von . . . , das als solches schon ein Sich-Beziehen auf . . . ist, liegt bereits die Zweiheit der Relationalität und damit Vielheit, die dem Einen selbst zufolge seiner reinen Einfachheit in keiner Weise zukommen kann. Die Verschiedenheit von etwas kommt daher nicht dem einfachhin Einen, sondern ausschließlich dem zu, was als das Andere des Anderen die Zweiheit der Andersheit in sich selbst hat (*οὐ γὰρ ἑνὶ προσήκει ἑτέρῳ τινὸς εἶναι, ἀλλὰ μόνῳ ἑτέρῳ ἑτέρου, ἄλλῳ δὲ οὐδενί*, C 4 - 5): dem seienden Einen, das in sich selbst in Sein und Einheit unterschieden ist, so daß das Eine das Andere des Seins und das Sein das Andere des Einen ist.[221] Die Unterschiedenheit des Einen und des Seins im

---

[221] Von hier aus ließe sich auch die bei Sextus Emp., Adv. Math. X § 261 überlieferte Ableitung der unbestimmten Zweiheit sachlich verstehen: *καὶ ταύτην* (sc. *τὴν μονάδα*) *κατ᾽ αὐτότητα μὲν ἑαυτῆς νοουμένη μονάδα νοεῖσθαι, ἐπισυντεθεῖσαν δ᾽ ἑαυτῇ καθ᾽ ἑτερότητα ἀποτελεῖν τὴν καλουμένην ἀόριστον δυάδα*. Das seiende Eine, in seiner Selbstidentität als solches gedacht, hat den Charakter der Einheit (vgl. Parm. 142 D 8), zugleich läßt es sich in die Momente des Seins und des Einen unterscheiden, enthält also eine Zweiheit (142 D 5; vgl. B 7 - C 5); gemäß der Verschiedenheit von Sein und Einheit ist nun das seiende Eine wirklich "zu sich selbst hinzugefügt": nämlich das Sein, das es selbst ist, zu ihm selbst als dem Einen und das Eine wiederum zu ihm selbst als dem Sein (vgl. 142 D 1 - 4). So ist das seiende Eine ein Ganzes aus zwei Elementen, die als ihrerseits seiende Einheiten untereinander und mit dem Ganzen vollkommen gleich sind (142 E 1 ff.). Diese Zweiheit der Elemente aber ist in sich selbst unbe-

seienden Einen konstituiert allererst den Seinscharakter der Andersheit (ἑτερότης, τὸ ἕτερον) als die wechselseitige Andersheit des Einen zum Anderen (vgl. 143 B 1 - 7) und ist darum die Bedingung dafür, daß überhaupt Seiendes im Modus der Idee von anderem Seienden verschieden sein kann; denn die aus dem Einen und dem Sein abgeleitete Andersheit begründet nun als das dritte Prinzip gemeinsam mit ihnen die intelligiblen Zahlen, die Ideen in ihrer Verschiedenheit voneinander (vgl. 143 C 1 ff.).[222]

Die ursprüngliche Unterscheidung des seienden Einen aber in die gesonderten, für sich gesetzten Momente des Einen und des Seins, die gegeneinander das Andere des je Anderen sind, war der Akt des unterscheidenden Denkens, der Dianoia (143 A 7)[223]: die Unterschiedenheit für sich seiender Wesenheiten gründet selber im Sich-Unterscheiden als

---

grenzt und insofern unbestimmt: denn die beiden Elemente Sein und Einheit implizieren sich bis ins Unendliche wechselseitig (142 E 3 - 143 A 2). So enthält die Zweiteilung ein unendliches Weiterschreiten in die beiden Richtungen des Seins und der Einheit und ist doch selber dabei eine einheitliche und vollkommen symmetrische Struktur, in der Einheit und Zweiheit vereinigt sind in der Weise, daß die Zweiheit durch die Einheit bestimmt - nämlich gleichgemacht - wird, ohne ihre Kraft der fortschreitenden Zweiteilung zu verlieren: das ist die dihairetische Struktur des Ideenkosmos, zugleich aber das Gesetz des unterscheidenden und bestimmenden Denkens. Die Bedenken, die P. Wilpert, *Zwei aristotelische Frühschriften*, 173 f. gegen den Platonischen Ursprung der Zweiheits-Deduktion bei Sextus X 261 erhebt, lassen sich also beheben, wenn man die Stelle von Parm. 142 D - 143 A aus versteht; diese Deutung ist zudem ohne weiteres mit den Aristotelischen Berichten vereinbar und wird durch Metaph. 1087 b 9 - 12 (= Test. Plat. 49) sogar gestützt (vgl. Anm. 58 und 281). Damit wäre zugleich der Monismus des Sextus-Berichts als Platonisch gesichert. Vgl. auch Test. Plat. 31 (Hermodor) und 50 (Speusipp) und oben S. 285.

222 Siehe hierzu R.E. Allen, *The Generation of Numbers in Plato's Parmenides*, Classical Philology 65 (1970), 30 - 34.

223 Wie der Kontext beweist, meint Platon hier nicht, daß die Dianoia den Seinscharakter der Andersheit allererst begründe, sondern vielmehr, daß sie die im seienden Einen selber schon enthaltenen Momente unterscheidend artikuliert. Die Artikulation des Seins in seine Momente ist das Werk des Denkens; darum liegt darin, daß es an sich selbst in Momente unterschieden ist, die Denkhaftigkeit des Seins selbst. - Es geht hier also ähnlich wie im "Sophistes", wo dem vollkommen Seienden Bewegung zukommt, weil es nicht ohne Leben, Seele, Geist und Denken sein kann, um den Geistcharakter des wahren Seins, nicht um die subjektivistische These einer Begründung der Unterschiedenheit des Seins durch *unser* denkendes Unterscheiden. - Nach 158 C 1 ff. ist das Prinzip, das der Dianoia den Akt des Unterscheidens und seine unbegrenzte Fortsetzung ermöglicht, die unbestimmte Zweiheit. Unterscheidung und Andersheit aber sind für das Denken konstitutiv. Vgl. oben Anm. 170.

einem Sich-Verhalten zu sich selbst; sie entspringt im Sich-Unterscheiden von sich selbst im Denken, d.h.: in der Selbstentfaltung des seienden Einen als *denkender Selbstunterscheidung* in seine Momente als für sich seiende Einheiten (Ideen).[224] Die Andersheit setzt immer ein *Sich*-Unterscheiden und darin die doppelte Beziehung auf sich selbst und auf das von sich Unterschiedene voraus; darum ist der ontologische Ort der Andersheit das seiende Eine, welches als die Einheit der unterschiedenen Momente des Seins und des Einen das Andere seiner selbst und *als dieses* zugleich das Andere des Einen selbst ist. Die Verschiedenheit des seienden Einen von dem absoluten Einen impliziert darum *keine* Verschiedenheit von Seiten des absoluten Einen selbst; sie ist selber die ursprünglichste Verschiedenheit.

An sich selbst ist das einfachhin Eine rein nur dadurch, daß es einfachhin das Eine ist, nicht verschieden (*τῷ μὲν ἄρα ἓν εἶναι οὐκ ἔσται ἕτερον*, 139 C 6).[225] Wenn aber das absolut Eine rein durch seine absolute Einheit nicht verschieden ist, dann ist es *durch sich selbst* (ἑαυτῷ) nicht verschieden; wenn es aber nicht durch sich selbst verschieden ist, dann ist Es selbst nicht verschieden (139 C 7 - 8). Denn durch sich selbst ist das absolut Eine allein Es selbst: das einfachhin Eine selbst. Weil es in sich selbst absolut einfach ist, ist das Eine durch sich selbst einzig dies absolut

---

[224] K.H. Volkmann-Schluck, *Plotin als Interpret*, 117 schreibt im Blick auf Plotins Deutung des Verhältnisses von Selbigkeit und Andersheit: "Die Wesenheit des Seienden zeigt sich als ausgefaltete Gliederung eines in sich selbst geeinten Ganzen: als ein im Anderen seiner selbst mit sich selbst Geeintsein, als Einheit, die in der Differenz geeint bleibt. In der Wesenheit des Seienden liegt bereits der Unterschied, der als Vielheit der Kategorien erscheint und in dem sie wurzelt. Die Vielheit des Seienden ist die Art und Weise, wie der geeinte Unterschied, die Selbigkeit mit sich im Anderssein, seine verschiedenen Konkretionen erfährt." - Darin liegt, entgegen Volkmann-Schlucks Meinung, kein Unterschied Plotins zu Platon. Dieser Anschein entsteht vielmehr erst dadurch, daß Platons Position einseitig am "Sophistes" abgenommen wird, während der (viel grundsätzlichere) "Parmenides", 2. Hypothese, außer Betracht bleibt.

[225] Vgl. auch 143 B 3 - 6: "Wenn nun ein Anderes das Sein und ein Anderes das Eine ist, so ist weder das Eine durch seine Einheit vom Sein verschieden, noch ist das Sein dadurch, daß es Sein ist, ein Anderes als das Eine, sondern durch die Verschiedenheit und Andersheit sind sie voneinander verschieden." Auch in der Sphäre des seienden Einen gründet die Verschiedenheit der für sich gesetzten Momente des Seins und des Einen nicht in ihnen selbst, sondern in der Andersheit als einem dritten Moment. So verstanden, ist Andersheit die Bedingung der Verschiedenheit von etwas zu Anderem: Soph. 255 E 4 - 6: *ἓν ἕκαστον γὰρ ἕτερον εἶναι τῶν ἄλλων οὐ διὰ τὴν αὑτοῦ φύσιν, ἀλλὰ διὰ τὸ μετέχειν τῆς ἰδέας τῆς θατέρου.*

Einfache und absolut Einzige: *τὸ δὲ μοναχὸν τοῦτο παρ' αὐτοῦ· τοῦτο οὖν καὶ οὐκ ἄλλο* (Plotin, VI 8, 9, 13 - 14).[226] Das absolute Eine ist als Es selbst in keiner Hinsicht verschieden: darum ist es *von keinem verschieden* (*αὐτὸ δὲ μηδαμῇ ὂν ἕτερον οὐδενὸς ἔσται ἕτερον*, 139 C 8 - D 1).

Durch seine absolute Einfachheit ist das Eine herausgenommen aus *aller* Bezüglichkeit und damit aus jeder Möglichkeit zur Hinsichtenunterscheidung. "Als absolute Einheit ist das Eine einfachhin Eines, da es nicht zu dem Bezüglichen gehört; denn es ist rein für sich selbst": *καθὸ δὲ ἓν τὸ ἕν ἐστιν ἕν, οὐκ ὂν τῶν πρός τι· καθ' αὑτὸ γάρ* (Proklos, In Parm. 1187, 24 - 25). Das absolut Eine ist in sich absolut relationslos, rein für sich selbst. In seiner Absolutheit ist es frei von *jeder* Andersheit: die Andersheit ist das Andere, welches das Eine gerade nicht ist, weil es als absolut Einfaches "nur Es selbst und absolut Es selbst ist, während jedes Andere sowohl es selbst wie ein Anderes ist" (Plotin, VI 8, 21, 32 - 33); darum ist es konsequenterweise "von nichts verschieden": *οὐδενὸς ἕτερον* (139 C 8 f.).

Die Seinstranszendenz des Einen ist darum nicht kategorial als seine Verschiedenheit gegenüber dem Sein zu fassen; denn das Eine ist nicht aufgrund der Andersheit aus Allem herausgenommen, sondern durch das absolute Übermaß seiner Einfachheit.[227] "So ist das aus allem Seienden herausgehobene Eine nicht deshalb herausgehoben, weil es Anderes ist, damit es nicht, Anderes seiend, doch nicht schlechthin aus *Allem* herausgehoben wäre" (Proklos, In Parm. 1185, 2 - 5). Die Transzendenz des Einen ist keine Differenz innerhalb der gemeinsamen Sphäre einer die Differenten umgreifenden Totalität, sondern die *absolute* Jenseitigkeit dessen, was als das Absolute eben um seiner Absolutheit willen *jeden* Totalitätshorizont transzendiert. Wäre das Eine selbst von Anderem verschieden, so wäre es nicht mehr Nichts von Allem,[228] sondern Anderes zwar als das Andere, aber doch Anderes und gerade dadurch selber mit dem Anderen unter den gemeinsamen Horizont einer sie beide umfassenden Totalität gebracht; in dieser Aufhebung der Transzendenz in die Immanenz einer auch das Eine selbst umgreifenden Totalität aber wäre die

---

[226] Vgl. auch Plotin III 8, 11, 11: *διὸ οὐδέν ἐστιν αὐτῷ ἢ αὐτό.*

[227] Vgl. Proklos, In Parm. 1184, 17 - 21; Theol. Plat. II 7, 49, 14; II 12, 72, 16.

[228] Vgl. 160 B 2 - 3: *πάντα τέ ἐστι τὸ ἓν καὶ οὐδὲ ἕν ἐστι* als Zusammenfassung der beiden ersten Hypothesen. Das absolute Eine als das Nichts von Allem bei Plotin III 8, 9, 41. 53; III 8, 10, 28; V 1, 7, 19; V 2, 1, 1; V 3, 11, 19; V 3, 12, 51; V 5, 13, 21. 28; VI 7, 32, 5. 12 - 13. 29; VI 8, 9, 44; VI 8, 21, 24; VI 9, 3, 6. 40; VI 9, 6, 55; VI 9, 7, 1; bei Proklos In Parm. 1108, 25; 1076, 30 - 32; 1209, 39; In Parm. VII 68, 10; Theol. Plat. II 5, 37, 24 f. u. häufig; bei Damaskios, De Principiis I 7, 24 - 25 Westerink.

Absolutheit des Einen ihrem eigentlichen Sinne nach preisgegeben. Die *absolute* Transzendenz des Einen kommt darum angemessen erst in der negativen Formulierung zum Ausdruck, daß das Eine selbst "vor der Andersheit" (*πρὸ ἑτερότητος*)[229] und "vor dem Unterschied" (*πρὸ διαφορᾶς*)[230] ist, da "das Eine jedem Gegensatz entnommen, über jede Beziehung hinaus entfaltet, frei von jeder Zweiheit ist" (Proklos, In Parm. 1076, 35 - 37).[231]

In dem Gedanken aber, daß die Transzendenz des Absoluten nicht die Verschiedenheit *des Absoluten* von dem Anderen bedeutet, wohl aber *dessen* Verschiedenheit von ihm, entdeckt Plotin den Ansatzpunkt für die mystische Einheitserfahrung: "(Das Eine), heißt es, ist für keinen außerhalb, sondern ist bei allen, ohne daß sie es wissen; sie selbst sind es, die aus Ihm herausfließen . . . das Unkörperliche aber wird durch Körper nicht geschieden; so kann es auch nicht durch Raum voneinander entfernt sein, sondern nur durch Andersheit und Verschiedenheit; wenn also keine Andersheit da ist, so ist dies nicht Andere miteinander beisammen. Jenes (sc. das absolut Eine) nun, da Es keine Andersheit kennt, ist immer bei uns, wir aber sind bei Jenem nur, wenn wir keine Andersheit in uns haben" (Plotin, VI 9, 7, 28 - 30. 8, 30 - 35).[232] Daraus folgt die Anweisung der negativen Theologie: "tu alles Andere fort, wenn du Jenen aussagen oder Seiner innewerden willst" (VI 8, 21, 25 - 26).

*Zu These 4* (139 D 1 - E 6): Im Zuge einer konsequent negativen Dialektik wird dem absoluten Einen darum sogar die Identität mit sich selbst abgesprochen: *οὐδὲ μὲν ταὐτόν γε ἑαυτῷ ἔσται* (D 1). Die absolute Indifferenz des Einen ist als Ausdruck seiner radikalen Transzendenz ein negativer Begriff und darf bei Platon nicht positiv gedacht werden als absolute Identität. Das Eine ist aufgrund seiner absoluten Einfachheit vielmehr *vor* der Andersheit und *vor* der Selbigkeit. Darum ist es weder die Selbigkeit selbst, noch hat es an ihr teil, da es dann als Anderes als Es selbst an ihr teilhätte; die Selbigkeit müßte dem Einen dann also als Bestimmung zukommen und es bliebe nicht mehr absolut einfach. Als absolut Einfaches ist das Eine vielmehr nur durch sich selbst, was es ist; Es ist Es selbst

---

229 Proklos, In Parm. 1184, 29.

230 Proklos, In Parm. 1097, 8.

231 Vgl. Proklos, In Parm. VII 70, 9 f.: "*exaltatum est propter simplicitatem ab omni oppositione et omni negatione.*"

232 Vgl. Plotin, VI 9, 4, 24 - 25: *οὐ γὰρ δὴ ἄπεστιν οὐδενὸς ἐκεῖνο καὶ πάντων δέ, ὥστε παρὼν μὴ παρεῖναι.* V 5, 8, 15: *πρὸ ἁπάντων παρών.* Ebd. 18: *ποῦ ἐκεῖνος μένει, ὅτι ἐν οὐδενί.*

durch sich selbst: αὐτὸς ἄρα αὐτῷ ὅ ἐστι . . . καὶ οὕτως αὐτὸς παρ' αὐτοῦ αὐτός (Plotin, VI 8, 17, 25 mit 20, 18 - 19; vgl. Plat. Parm. 139 C 6 - 8). Durch sich selbst aber ist das Eine nur Es selbst: reine, absolut einfache Einheit und nichts anderes (vgl. 139 C 6 - 8 zu E 2: ἓν ἑαυτῷ);[233] "*durch sich selbst*" aber bedeutet durch seine reine Einfachheit selbst, nicht durch Selbigkeit.

Denn das Eine selbst ist auch nicht die reine Selbigkeit selbst. "Die Wesenheit des Einen jedenfalls ist zweifellos nicht dieselbe wie die Wesenheit des Selben": οὐχ ἥπερ τοῦ ἑνὸς φύσις αὐτὴ δήπου καὶ τοῦ ταὐτοῦ (139 D 2 - 3). Selbigkeit nämlich ist die ursprüngliche *Beziehung* desselben auf sich selbst, in der und durch die etwas sich selbst zurückgegeben ist, so daß es selbst *mit* sich selbst geeint ist und zufolge dieser Einung eben das sein kann, was es ist; Platon formuliert daher ganz bewußt durch einen *reflexiven* Dativ die *in* der Identität selbst liegende Relation: ἕκαστον . . . αὐτὸ ἑαυτῷ ταὐτόν (Soph. 254 D 14 - 15). Martin Heidegger hat in "*Identität und Differenz*" auf die Bedeutung dieser Formulierung aufmerksam gemacht und das Beziehungswesen der Identität, ihr Wesen als Beziehungseinheit ausgesprochen: "In der Selbigkeit liegt die Beziehung des 'mit', also eine Vermittlung, eine Verbindung, eine Synthesis: die Einung in eine Einheit. Daher kommt es, daß die Identität durch die Geschichte des abendländischen Denkens hindurch im Charakter der Einheit erscheint. Aber diese Einheit ist keineswegs die fade Leere dessen, was, in sich beziehungslos, anhaltend auf einem Einerlei beharrt."[234] Die Identität ist die Einung in die Einheit dessen, was etwas ist, d.h. in sein Sein. Gerade diese Einung jedoch setzt eine vorgängige Unterschiedenheit des in ihr Geeinten selbst voraus, so daß es sich auseinanderlegen läßt in etwas und das, was es ist (das Seiende und sein Sein); in der Beziehung desselben mit sich selbst aber sind die in dieser Zweiheit Unterschiedenen in die Einheit zurück- und zusammengeführt. Darin liegt das "*in sich synthetische Wesen der Identität*",[235] das Aristoteles im platonisierenden Buch V der "Metaphysik" gerade im Hinblick auf Platons reflexive Formulierung der Identität klar ausgesprochen hat: ὥστε φανερὸν ὅτι ἡ

---

[233] Parm. 139 E 2: ἓν ἑαυτῷ wird gewöhnlich als "mit sich selbst Eines" übersetzt; sprachlich ist aber "durch sich selbst Eines" ebenso möglich. In der Bedeutung "durch sich selbst" wird ἑαυτῷ einige Zeilen vorher C 7,8 verwendet; da dem Einen in E 1 ff. gerade die in dem ἑαυτῷ ταὐτόν liegende Selbstbezüglichkeit abgesprochen werden soll, ist "*durch* sich selbst Eines" in E 2 die einzige sinnvolle Übersetzung.

[234] M. Heidegger, *Der Satz der Identität*, in: ders., *Identität und Differenz*, Pfullingen 1957 ($^{6}$1978), 11.

[235] Heidegger, loc. cit., 12.

ταυτότης ἑνότης τίς ἐστιν ἢ πλειόνων τοῦ εἶναι, ἢ ὅταν χρῆται ὡς πλείοσιν, οἷον ὅταν λέγῃ αὐτὸ αὑτῷ ταὐτόν· ὡς δυσὶ γὰρ χρῆται αὑτῷ (Met. 1018 a 7 - 9).[236] Identität ist ἑνότης τίς und daher nicht die Einfachheit der reinen Einheit, sondern wesenhaft das Mitsichgeeintsein einer Zweiheit. Die Identität selbst ist darum nicht ohne Andersheit, und dies nicht allein darum, weil sie die Verschiedenheit von allem anderen einschließt, sondern ursprünglicher noch darum, weil sie schon als solche in sich selbst den Unterschied enthält: in der Identität *mit* sich selbst als solcher liegt die geeinte Zweiheit des von sich selbst Unterschiedenseins und der Aufhebung dieses Unterschieds in die Einheit der Selbigkeit; denn die Selbstbezüglichkeit ist als solche schon die in sich selbst gedoppelte Bewegung eines Von-weg-zurück-zu. Der Sache nach gilt darum schon bei Platon Hegels Satz:" . . . die Identität ist die Reflexion in sich selbst, welche dies nur ist als innerliches Abstoßen, und dies Abstoßen ist es als Reflexion-in-sich, unmittelbar sich in sich zurücknehmendes Abstoßen. Sie ist somit die Identität als der mit sich identische Unterschied."[237] Selbigkeit und Andersheit gehören darum wesenhaft und untrennbar zusammen: die eine besteht niemals ohne die andere. Als Selbstbezüglichkeit ist die Identität ohne Andersheit genausowenig denkbar wie die Andersheit, ohne daß die Verschiedenen mit sich selbst identisch sind und ohne daß die Andersheit selber als mit sich selbst identische Bestimmung gedacht wird.

---

[236] Diese Stelle scheint sich geradezu auf Parm. 139 D - E, spez. D 4 - 5, zu beziehen und wirkt wie eine Erläuterung dazu. Wenn Heidegger, *Der Satz der Identität*, 11 also behauptet: "Bis jedoch die in der Identität waltende, frühzeitig schon anklingende Beziehung desselben mit ihm selbst als diese Vermittlung entschieden und geprägt zum Vorschein kommt, bis gar eine Unterkunft gefunden wird für dieses Hervorscheinen der Vermittlung innerhalb der Identität, braucht das abendländische Denken mehr denn zweitausend Jahre" (nämlich bis zum spekulativen Idealismus bei Fichte, Schelling und Hegel) - so wird dies schon durch den Identitätsbegriff Platons ("Parmenides", "Sophistes") und Aristoteles' widerlegt, erst recht aber durch die spekulative Entfaltung dieses Identitätsbegriffs in der Geistmetaphysik des Neuplatonismus, vor allem bei Plotin und bei Proklos. Zum Verhältnis von Identität und Differenz im Neuplatonismus und in seiner Wirkungsgeschichte (Marius Victorinus, Augustin, Eckhart, Cusanus) siehe das eindrucksvolle Buch von W. Beierwaltes, *Identität und Differenz*, das sich ausdrücklich gegen die zitierte These Heideggers richtet (vgl. 4 - 5). Zum Neuplatonismus dort 24 - 56: "*Identität in der Differenz*".

[237] Hegel, *Wissenschaft der Logik*, ed. Lasson, 2. Teil, 27 f. Vgl. die Selbstidentität des seienden Einen in der Unterschiedenheit seiner Momente bei Platon, Parm. 142 D - 143 A.

Das Wesen der Identität als selbstbezügliche, in sich vermittelte Einheit-in-der-Zweiheit ist darum nicht mit der "Wesenheit des Einen" identisch, welche die unmittelbare, reine und absolute Einheit an sich selbst ist: *καϑὸ δὲ ἓν τὸ ἓν ἐστιν ἕν, οὐκ ὂν τῶν πρός τι· καϑ' αὑτὸ γάρ* (Proklos, In Parm. 1187, 24 - 25). Die absolute, relationslose Einheit des Einen selbst enthält daher keine Beziehung, kein Verhältnis, keinen Unterschied und keine Entzweiung in sich: sie ist reine und lautere Einfachheit (*ἁπλότης*), die jede Selbigkeit übersteigt.[238] Von hier aus ist nun die folgende Argumentation Platons einleuchtend (139 D 3 ff.).

Wenn etwas mit einem anderen identisch geworden ist, so wird es damit keineswegs einfachhin Eines. Denn Identität ist keine reine oder einfache Einheit, sondern zufolge ihrer immanenten Bezüglichkeit gerade die aus der Entzweiung zu sich zurückgekehrte Einheit, meint somit nicht Einfachheit, sondern wesentlich das Mitsichgeeintsein einer Zweiheit und enthält die Entzweiung als Wesensmoment (vgl. D 3 - 4). Es ist darum kein willkürliches Beispiel, sondern der Hinweis auf das "in sich synthetische Wesen der Identität," wenn Platon anführt: "Was mit dem Vielen identisch geworden ist, das wird doch notwendig Vielheit und nicht einfache Einheit" (D 4 - 5).[239] Identität ist als das Mitsichgeeintsein aus der Entzweiung gerade die Weise, in der das Viele Eines sein kann, ohne daß die Vielheit in die unterschiedslose Einfachheit der reinen Einheit verschwindet. Denn nur dann, wenn das Eine und das Selbe in keiner Weise verschieden wären, so müßte etwas, das identisch wurde, unmittelbar immer auch Eines - und zwar einfachhin Eines - werden, und was Eines wurde, unmittelbar auch identisch (D 6 - E 1). Denn wenn das Eine selbst die Selbigkeit selbst wäre, so wäre notwendig alles, was durch es identisch wäre, unmittelbar auch wie Es selbst absolut Eines. Dann aber gäbe es überhaupt nichts von dem Einen selbst Verschiedenes; denn in der absoluten Einfachheit des reinen Einen ist aller Unterschied in die reine, unmittelbare Ununterschiedenheit aufgehoben.[240] Dann gäbe es also keine Vielheit. Darum kann nichts außer dem Einen selbst absolut und einfachhin Eines sein, weil nichts an ihm so, wie es in sich selbst ist, teilhaben kann (vgl. 158 A 4 - 6): das absolute Eine ist - in der Terminolo-

---

[238] Vgl. Proklos, In Parm. 1188, 41: *εἶχε γὰρ ἁπλότητα κρείττονα ταυτότητος* sc. *τὸ ἕν*. - Zu dieser Problematik W. Beierwaltes, *Proklos. Grundzüge seiner Metaphysik*, 66 - 71.

[239] Vgl. Aristoteles, Metaph. 1018 a 7 - 9.

[240] Vgl. Speusipp bei Proklos, In Parm. VII 40, 2 - 4: "*si quis le unum ipsum seorsum et solum meditatum, sine aliis, secundum se ipsum ponat . . . nichil utique fiet aliorum.*"

gie des Proklos gesagt - unteilhabbar (*ἀμέθεκτον*) und somit überkategorial.

Die in sich selbst geeinte Zweiheit der Identität aber ist selber nicht möglich ohne die Vielheit und Unterschiedenheit, die in der Entzweiung in sich selbst und in der Rückkehr aus der Entzweiung in die Einheit liegt. Daraus aber folgt unmittelbar Platons Conclusio: "Wenn also das Eine mit sich selbst identisch wäre, dann wäre es nicht mehr durch sich selbst absolut Eines; und so wäre es also als einfachhin Eines doch wieder nicht einfachhin Eines" (E 1 - 2). Das Eine höbe seine *absolute*, unmittelbare Einheit in die Zweiheit der Selbstbezüglichkeit auf, wenn es mit sich selbst identisch wäre. "Selbstgleichheit oder Selbstidentität nämlich wäre nur durch den Unterschied im Einen selbst oder durch die Reflexion des Einen auf diesen Unterschied zu sich selbst möglich. Selbstgleichheit oder Selbstidentität könnte sich so nur als eine Bewegung des Einen von sich selbst zu sich selbst vollziehen, so daß das mit sich selbst Gleiche oder Identische immer zugleich das Ungleiche oder das Andere seiner selbst, das Ungleiche und Andere seiner selbst aber immer zugleich das Gleiche und mit sich selbst Identische wäre. Diese Bewegung wäre der Vollzug des Unterschiedes und der Einheit zugleich von Beziehendem und Bezogenem: die Einheit des Einen wäre durch Anderes als durch einen Unterschied des Einen zu sich selbst vermittelt."[241] Aber das ist unmöglich (*ἀλλὰ μὴν τοῦτό γε ἀδύνατον*, E 3): Denn das Eine selbst ist in seiner absoluten Einfachheit und Ununterschiedenheit nichts Anderes als Es selbst, sondern einfachhin Es selbst; das Andere als es selbst aber ist nicht mehr einfachhin Eines (vgl. 139 B 5 f., These 1). "Also ist es auch für das Eine selbst unmöglich, von Anderem verschieden oder mit sich selbst identisch zu sein": *ἀδύνατον ἄρα καὶ τῷ ἑνὶ ἢ ἑτέρου ἕτερον εἶναι ἢ ἑαυτῷ ταὐτόν* (E 3 - 4). Das absolute Eine ist nicht mit sich selbst identisch, obgleich oder gerade weil es nur Es selbst ist; und es ist nicht von dem Anderen verschieden, obgleich oder gerade weil es vor und über allem Anderen ist. Zu dieser Paradoxie zwingt der Gedanke der absoluten Relationslosigkeit des Einen selbst, das durch sich selbst, d.h. durch seine reine Einfachheit nur Es selbst ist; die Negation von Selbigkeit und Andersheit in bezug auf sich selbst und auf das Andere (E 4 - 5) ist die radikale Konsequenz dieses Gedankens. Von dem *ἀδύνατον* (E 3) als Ausdruck der Transzendenz des Einen über Identität und Differenz aber gilt: *καὶ τὸ ἀδύνατον ἐλθεῖν πρὸς τὸ χεῖρον οὐκ ἀδυναμίαν σημαίνει . . . καὶ τὸ μὴ ἥκειν πρὸς μηδὲν ἄλλο τὴν ὑπερβολὴν τῆς δυνάμεως ἐν αὐτῷ ἔχει* (Plotin,

[241] W. Beierwaltes, *Proklos. Grundzüge seiner Metaphysik*, 344.

VI 8, 10, 30 - 34).[242] Durch diese Über-Mächtigkeit oder diese Transzendenz über jede Mächtigkeit - welche das absolute Übermaß seiner Einfachheit ist - ist das Eine selbst, "so wie es über alle Grenze und über alle Unbegrenztheit hinaus ist, so auch hinaus über alle Selbigkeit und noch viel mehr über alle Andersheit" (Proklos, In Parm. 1189, 20 - 23).

### § 3.7 Ähnlichkeit und Unähnlichkeit (139 E 7 - 140 B 5).

Aus der Transzendenz des absoluten Einen über Identität und Andersheit folgt a fortiori seine Transzendenz über *Ähnlichkeit* und *Unähnlichkeit*: Weil das Eine aufgrund seiner absoluten Einfachheit jenseits aller Identität und jenseits aller Andersheit ist, darum ist es nicht in irgendeiner Hinsicht ähnlich (*ὅμοιον*) und auch nicht unähnlich (*ἀνόμοιον*), weder in Beziehung zu sich selbst noch in Beziehung zu Anderem (*οὔτε αὑτῷ οὔτε ἑτέρῳ*) (139 E 7 - 8; cf. 140 B 4 - 5). Es ergeben sich also wieder vier Thesen über das Eine, die in seiner reinen Einfachheit begründet sind:[243]
1. Das Eine ist sich selbst nicht ähnlich.
2. Das Eine ist sich selbst nicht unähnlich.
3. Das Eine ist Anderem nicht ähnlich.
4. Das Eine ist Anderem nicht unähnlich.
In der Begründung nimmt Platon die 1. mit der 3. und die 2. mit der 4. These zusammen, so daß sich die Abhandlung in zwei Abschnitte gliedert.

Die *Ähnlichkeit* (*ὁμοιότης*) und die *Unähnlichkeit* (*ἀνομοιότης*) sind die *Prinzipien der Koinonie*, in der sich die Ideen in einer positiven Seinsgemeinschaft aufeinander beziehen, ohne jedoch ihre reale, inhaltliche Verschiedenheit aufzuheben; sie setzten darum Identität und Andersheit schon voraus; denn diese ermöglichen als die Prinzipien der Beziehung auf sich selbst und auf das Andere die allgemeinste kategoriale Einteilung des Seienden in das, was etwas an sich selbst ist und in das, was etwas in bezug auf Anderes ist: *ἀλλ᾽ οἶμαί σε συγχωρεῖν τῶν ὄντων τὰ μὲν αὐτὰ*

---

[242] Vgl. dazu Proklos, In Parm. 1189, 9 - 14: *τοῦτο μή τι νομίσῃς ἀσθένειαν εἶναι καὶ δυνάμεως ἔλλειψιν, μηδὲ αὖ ὑπερβολὴν δυνάμεως . . . ἀλλὰ τὴν κρείττω πάσης δυνάμεως ὑπεροχήν.*

[243] Vgl. Proklos, In Parm. 1194, 8 - 1195, 14 zur Ableitung dieser vier Negationen aus der Negation von Identität und Differenz.

*καθ' αὑτά, τὰ δὲ πρὸς ἄλλα ἀεὶ λέγεσθαι* (Soph. 255 C 12 - 13, vgl. auch Politeia 438 A, Parm. 133 C).[244]

Ähnlichkeit und Unähnlichkeit aber sind die Prinzipien der innerhalb der Grundunterscheidung von *καθ' αὑτὰ ὄντα* und *πρὸς ἄλλα (πρὸς ἕτερα)* spielenden Relationen: die Gemeinschaft des voneinander Verschiedenen, ihre Übereinkunft in dem, worin sie identisch sind, ist Ähnlichkeit (vgl. 138 E 8); die Verschiedenheit des in einer Gemeinschaft positiv aufeinander Bezogenen ist Unähnlichkeit (vgl. 140 A 7 - B 1). So ist Ähnlichkeit die Verbindung des voneinander Getrennten, Unähnlichkeit aber die Trennung des miteinander Verbundenen; beide sind wechselseitig durcheinander bedingt, weil die Aufhebung der Trennung reine Identität, die Aufhebung der Verbindung aber absolute Verschiedenheit zur Folge hätte. Ähnlichkeit und Unähnlichkeit gehen darum durch einander und durch alles Seiende hindurch[245] und stiften die Ordnung des Ideenkosmos als eines hierarchisch gegliederten und in der Strukturverwandtschaft seiner Glieder verbundenen Ganzen.[246] Sie drücken die logisch-ontologische Struktur des Verhältnisses von Genos und Eidos aus[247] und bestimmen zugleich die Verflechtung der Fundamentalbestimmungen des Seins: Denn wenn die *μέγιστα γένη* in ihrer Koinonie durcheinander hindurchgehen, ohne sich miteinander zu vermischen, so müssen sie untereinander zugleich ähnlich und unähnlich sein. "Ähnlichkeit" und "Unähnlichkeit" gehören darum selber zu den allgemeinsten Strukturbestimmungen:[248]

---

[244] Diese Grundunterscheidung des Seienden spielt eine bedeutende Rolle in der ungeschriebenen Prinzipienlehre Platons: vgl. Sextus Emp., Adv. Math. X 263 - 275; Hermodor bei Simplikios, In Phys. 248, 2 - 4 Diels. Vgl. auch Xenokrates Fr. 12 Heinze. Dazu P. Wilpert, *Neue Fragmente aus ΠΕΡΙ ΤΑΓΑΘΟΥ*, in: *Das Problem der ungeschriebenen Lehre Platons* (WdF Bd. 186), 166 - 200, bes. 170 ff.; ders., *Zwei aristotelische Frühschriften über die Ideenlehre*, 182 - 194; H.J. Krämer, *Arete bei Platon und Aristoteles*, 302 - 316.

[245] Vgl. Proklos, In Parm. 756, 12 - 27; Elem. theol. prop. 32.

[246] Proklos, Elem. theol. prop. 32, 36, 6 - 7 Dodds: *συνδεῖ δὲ πάντα ἡ ὁμοιότης, ὥσπερ διακρίνει ἡ ἀνομοιότης καὶ διΐστησιν.*

[247] Das Eidos ist dem Genos und den anderen Eide desselben Genos immer zugleich ähnlich (durch die gemeinsame Gattungsbestimmung) und unähnlich (durch die spezifische Differenz); vgl. Politikos 285 A - B. Zur systematischen Bedeutung des Ähnlichkeitsbegriffs in der Platonischen Dialektik ist grundlegend J. Stenzel, *Zahl und Gestalt bei Platon und Aristoteles*,[2] 146 - 155; ders., RE *Speusippos*, 1641 - 1645.

[248] Sie werden darum von Platon regelmäßig zusammen mit anderen höchsten Gattungen und Prinzipien genannt: so Parm. 129 D f., 136 A f., 139 E - 140 B, 147 C - 148 D, 158 E ff., 159 E f., 161 A f., 164 A f., 165 C f., 166 B; Theaitet 185 C f., 186 A; Politikos 285 A f.; Philebos 19 B mit 12 C - 14 A u.ö.; ebenso regelmäßig in den Berichten über die Prinzipi-

Denn erst durch sie wird die Verbundenheit alles Seienden und seine Getrenntheit zugleich in ihrer Möglichkeit begriffen.[249] So vermitteln sie die Teilhabebeziehung der Ideen untereinander und zwischen Ideen und Dingen und begründen dadurch die Analogie als Methode des Erkennens in der Analogizität des Seienden. Ähnlichkeit und Unähnlichkeit bedingen somit den universalen Strukturzusammenhang des Seienden im Ganzen;[250] indem Platon dem Einen selbst beide zugleich abspricht, nimmt er es als das absolut Transzendente aus der ontologischen Koinonie der Ideen, Gattungen und Prinzipien und damit aus dem Zusammenhang alles

---

enlehre, wo die Ähnlichkeit unter das Eine, die Unähnlichkeit unter die unbestimmte Zweiheit fällt: Aristoteles, Metaph. 995 b 21 ff., 1003 b 33 - 1004 a 2 (= Test. Plat. 39 A), 1021 a 9 ff. (= Test. Plat. 35 b), 1054 a 31 ff. (= Test. Plat. 41 A), 1061 a 13 f. (= Test. Plat. 42 A); dazu Test. Plat. 39 B (Alexander), 41 B und 42 B (Ps.-Alexander). Dabei fällt auf, daß Ähnlichkeit und Unähnlichkeit (an fast allen genannten Stellen) mit Identität und Andersheit sowie mit Gleichheit und Ungleichheit zusammen auftreten.

249 Ähnlichkeit und Unähnlichkeit wurden darum in der Akademie zu den obersten Gegensätzen gezählt, vgl. Aristoteles, Met. 1061 a 10 - 15 (= Test. Plat. 42 A), bes. 13 f. (*εἴτε πλῆθος καὶ ἓν εἴθ' ὁμοιότης καὶ ἀνομοιότης αἱ πρῶται τοῦ ὄντος εἰσὶ διαφοραί*). Zur Bedeutung des *ὅμοιον*-Begriffs und zum System der Gattungsverwandtschaften in der Alten Akademie außer den grundlegenden Klärungen bei J. Stenzel (Anm. 247) auch H. Cherniss, *The Riddle of the Early Academy*, Berkley 1945 (ND. New York 1962), 41 ff.; L. Elders, *Aristotle's Theory of the One*. A Commentary on Book X of the Metaphysics, Assen 1961, 96 ff. und 102 ff.; D. Pesce, *Idea, numero e anima*, Padova 1961, 55 ff.; H.J. Krämer, *Grundbegriffe akademischer Dialektik in den biologischen Schriften von Aristoteles und Theophrast*, Rhein. Mus. 111 (1968), 293 - 333; ders., *Die Ältere Akademie*, 25 - 28; W. Kullmann, *Wissenschaft und Methode*, Berlin 1974, 149 ff.

250 Zur strukturontologischen Bedeutung von Ähnlichkeit und Unähnlichkeit zusammenfassend Proklos, Elem. theol. prop. 28, 29 und 32. - In der Akademie wurden die "Ähnlichkeiten" (*ὅμοια*) in verschiedenen Seinsbereichen, d.h. ihre ontologischen Strukturanalogien, methodisch gesucht; denn in ihnen spiegelt sich die im Einen gründende Struktureinheit der Wirklichkeit und zugleich ihre zuletzt auf die unbestimmte Zweiheit zurückgehende Graduierung; Speusipp schrieb *περὶ τὴν πραγματείαν ὅμοια* in 10 Büchern (Fr. 5 - 26 Lang = Fr. 123 - 145 Isnardi P. = Fr. 6 - 27 Tarán). Speusipp stellte auch die These von der durchgehenden Analogizität aller Seinsbereiche auf (bei Platon selber ist sie - zumindest der Konsequenz nach - im Liniengleichnis enthalten); die Analogie ist als der Grenzfall der Ähnlichkeit zwischen verschiedenen Seinsbereichen oder Seinsstufen verstanden, vgl. Aristoteles, Top. I 18; Theophrast, Metaph. 4 b 12 f. Analogie ist dabei die Einheit des numerisch, spezifisch und generisch Verschiedenen: Arist. Metaph. 1016 b 31 - 35 = Test. Plat. 35 a und dazu Gaisers Kommentar, P. U. L., 506. Dieses ontologische Gesetz wurde seit Jamblich (der Speusipp noch las) im Neuplatonismus systematisch durchgeführt und auch auf die Platon-Exegese angewendet.

Seienden überhaupt heraus. Diese absolute ontologische Transzendenz: die Enthobenheit des Einen aus jedem Seinszusammenhang schlechthin, ergibt sich aus seiner absoluten Einfachheit.

A) *Negation der Ähnlichkeit* (139 E 8 - 140 A 5; zu These 1 und 3). Platon bestimmt Ähnlichkeit als partielle Identität: *ὅτι τὸ ταὐτόν που πεπονθὸς ὅμοιον* (139 E 8).[251] Ähnlichkeit ist Identität in bestimmter Hinsicht bei Verschiedenheit in anderer Hinsicht: sie ist die Mitte zwischen reiner Identität und bloßer Verschiedenheit als die Bestimmtheit des Verschiedenen durch ein Identisches; oder sie ist die Einheit und Selbigkeit einer Bestimmtheit, in der übereinkommt, was numerisch, spezifisch, generisch oder kategorial verschieden ist; alles Seiende aber kommt mindestens im Sein und seinen transzendentalen Charakteren (den *μέγιστα γένη*) überein; also ist Ähnlichkeit ein universaler Charakter des Seienden, sofern es seiend ist.[252]

Ähnlichkeit setzt also immer Identität voraus; diese ist ihr Prinzip. Denn Identität ist die Einheit des Seins, Ähnlichkeit aber die Einheit des Beschaffenseins, so Aristoteles im platonisierenden Buch V der "Metaphysik": *κατὰ γὰρ τὸ ἓν λέγεται πάντα· ταὐτὰ μὲν γὰρ ὧν μία ἡ οὐσία, ὅμοια δ' ὧν ἡ ποιότης μία* (Met. 1021 a 10 - 12 = Test. Plat. 35 b). Beide aber sind *abgeleitete* Weisen der Einheit: Denn die Identität - von der die Ähnlichkeit ihrerseits abgeleitet ist - ist die aus der Entzweiung zu sich selbst zurückgekehrte Einheit. Darin liegt einmal der Gegensatz zur Andersheit, die an sich selbst nur Entzweiung ist, ohne Rückkehr in die ursprüngliche Einheit. Darin liegt aber auch der Gegensatz zur absoluten Einheit, die als reine Einfachheit frei von jeder Unterschiedenheit und Zweiheit ist und keiner Rückkehr zu sich selbst bedarf. Die Identität liegt darum vollständig außerhalb (*χωρίς*) der Wesenheit des Einen, so argumentiert Platon im "Parmenides" (139 E 9 - 140 A 1): Denn absolute Einfachheit schließt Identität, Selbstbezug und Zweiheit absolut von sich aus. Wo Identität ist, da ist nicht absolute Einheit, denn Identität enthält die

---

[251] Diese allgemeine Definition wird inhaltlich ausgeführt - mit Unterscheidung verschiedener Ähnlichkeitsgrade - bei Aristoteles, Met. 1018a 15 - 17: *ὅμοια λέγεται τά τε πάντῃ ταὐτὸ πεπονθότα, καὶ τὰ πλείω ταὐτὰ πεπονθότα ἢ ἕτερα, καὶ ὧν ἡ ποιότης μία.*

[252] So kann Platon die Ähnlichkeit von Allem mit Allem dadurch begründen, daß allem Seienden die transzendentale Bestimmung der Verschiedenheit einheitlich zukommt: 147 C 1 - 148 A 6. Bes. 148 A 5: *ἅπαν ἅπασιν ὅμοιον ἂν εἴη· ἅπαν γὰρ ἁπάντων ἕτερόν ἐστιν.* Vgl. auch Arist. Metaph. 1016 b 34 f.: *ἓν κατ' ἀναλογίαν δὲ ὅσα ἔχει ὡς ἄλλο πρὸς ἄλλο.*

Zweiheit der Selbstbeziehung; und wo absolute Einheit ist, da ist nicht Identität, sondern nichts als reine Einfachheit. Wo es Identität gibt, da kann es keine absolute, einfache Einheit geben. Platon verweist hiermit auf die vorangegangene Argumentation (139 D 1 - E 4; s.o. § 3. 6) und faßt diese in einem Grundsatz zusammen, der für die Theorie des absoluten Einen konstitutive Bedeutung hat: *ἀλλὰ μὴν εἴ τι πέπονθε χωρὶς τοῦ ἓν εἶναι τὸ ἕν, πλείω ἂν εἶναι πεπόνθοι ἢ ἕν, τοῦτο δὲ ἀδύνατον* (140 A 1 - 3).

Wenn dem absolut Einen irgendetwas zukäme außer dem, daß es absolut Eines ist, so müßten ihm über seine absolute Einheit hinaus weitere Charaktere zukommen und es bliebe nicht mehr absolut einfach; das aber ist unmöglich.[253] Denn das Eine selbst ist nur Eines und nichts anderes; es ist einfachhin das Eine selbst. Dem absoluten Einen kann darum keine Mehrheit (vgl. 140 A 2, 7: *πλείω*) von Bestimmungen zukommen, weil es jenseits aller Vielheit ist; darum kann ihm überhaupt keine Bestimmung zukommen, weil es durch jedwede Bestimmung in etwas und die ihm zukommende Bestimmtheit unterschieden würde. Bestimmung ist nämlich immer schon die Einung eines Bestimmbaren und seiner Bestimmtheit in die dreifaltige Einheit der Bestimmung. Sie besitzt die an der Identität aufgewiesene synthetische Struktur der Einung aus der Entzweiung, der in sich selbst geeinten Zweiheit: denn in der Bestimmung und durch sie wird das Bestimmte mit seiner Bestimmtheit identifiziert und so seine Identität mit sich selbst festgestellt; Identität ist so die durch die Bestimmung vermittelte Einheit des Bestimmten und seiner Bestimmtheit.

Dem absoluten Einen kommt darum selbst der Charakter der Einheit nicht positiv zu: Es ist nicht *als* Einheit bestimmt, sondern über jeden positiven, bestimmbaren Einheitscharakter hinaus das absolute Eine selbst,[254] das Übereine und über alle Bestimmtheit Erhabene (vgl. 141 E 10 - 12); seine absolute Einfachheit ist selbst keine Bestimmung, sondern gerade die Aufhebung und der Ausschluß von Bestimmung schlechthin (vgl. Plotin, V 5, 6, 26 - 34 zu Plat. Parm. 141 E 10 - 12 und 140 A 1 - 3).

---

[253] Vgl. Proklos, In Parm. 1096, 24 - 26: *ὥστε καὶ τῷ αὐτῷ ἑνὶ καὶ ἁπλῶς οὐ προσακτέον τὸ ποιόν, ἵνα μὴ τοιόνδε ἓν γένηται ἀντὶ τοῦ αὐτοενός.* Ebenso auch 1094, 11 ff.; VII 68, 2 ff.

[254] Vgl. Proklos, In Parm. 1069, 21: *οὐ γάρ τι ἕν ἐστιν, ἀλλ᾽ ἁπλῶς ἕν.* Plotin, V 3, 12, 50 - 52: *τὸ δέ ἐστιν ἄνευ τοῦ "τὶ" ἕν· εἰ γὰρ τὶ ἕν, οὐκ ἂν αὐτοέν· τὸ γὰρ "αὐτὸ" πρὸ τοῦ "τὶ".*

*Platon formuliert damit bereits in aller Grundsätzlichkeit das Prinzip der radikalen theologia negativa: das "neuplatonische" Verbot jedweder "Hinzufügung" (προσθήκη)*[255] *zum Einen selbst.* "Denn jedes Etwas-Sein, was auch immer man dem Einen hinzufügt, ist etwas anderes als das Eine selbst; wenn das Eine also irgendetwas anderes annimmt außer dem, was Es selbst ist, so wird es zu etwas Einem anstelle des einfachhin Einen" (Proklos, In Parm. VII 68, 2 - 5 = 517, 35 - 37 Steel: Et enim le ens aliquid omne quodcumque uni apponas, aliud aliquid est preter unum; le unum igitur aliud aliquid assumens, preter quod est, fit aliquid unum pro simpliciter uno).[256]

Die durch das Verbot jeder Hinzufügung streng gefaßte absolute Transzendenz des Einen hat Meister Eckhart - wohl inspiriert durch den "Par-

---

[255] Bei Proklos z.B. In Parm. 1177, 22; VII 68, 2 - 5; Theol. Plat. II 2, 23, 10 - 12; II 10, 63, 14 - 16; Elem. theol. prop. 8. Sehr wichtig ist in diesem Zusammenhang das Zeugnis Speusipps bei Proklos, In Parm. VII, 40, 2 - 4: "*le unum ipsum seorsum et solum . . . sine aliis, secundum se ipsum ponat, nullum alterum elementum ipsi apponens.*" Das entspricht genau Parm. 140 A 1 - 3 u. 6 - 7.

[256] Plotin variiert das in äußerst prägnanten Formulierungen: " . . . das Gute (sc. das Eine selbst) bedarf keines Dinges, daher kommt Ihm auch nichts zu als Es selbst. Sprichst du also das Wort 'das Gute' aus, so denke nichts weiteres hinzu; denn setzt du etwas hinzu, so wirst du Es um soviel als du hinzugesetzt hast, vermindern" (III 8, 11, 10 - 13). "Denn die Hinzufügung macht (sc. bei dem Einen) eine Wegnahme, einen Mangel aus" (III 9, 9, 23). "So gilt es also hier, sich emporzuschwingen zu dem Einen selbst, und Ihm keine einzige Bestimmung mehr beizulegen, sondern ganz und gar stehen zu bleiben aus Furcht, sich auch nur um das Geringste von Ihm zu entfernen und in die Zweiheit hinauszuschreiten" (V 5, 4, 8 - 10). "Wenn man Jenem also irgendetwas hinzufügt, sei's Sein oder Geist oder Schönheit, so hebt man durch diese Hinzufügung auf, daß Jenes das Gute selbst (sc. das Eine selbst) ist. Wenn man also alles verneint und nichts von Ihm aussagt, wenn man nicht von irgendetwas falscherweise behauptet, daß es bei Jenem sei, dann beläßt man Jenes als das, was Es 'ist', ohne Ihm irgendetwas von dem zuzuschreiben, was nicht bei Ihm ist" (V 5, 13, 9 - 13). "Man muß also schlechthin alles andere weglassen bei der vollkommensten Wesenheit (sc. dem Einen selbst), die keiner Hilfe bedürftig ist; denn was immer du auch hinzusetzt, so wirst du durch deine Hinzufügung jene Wesenheit verringern, die keiner einzigen Bestimmung bedarf" (VI 7, 41, 14 - 17). " . . . belaß all das, was du für erhaben hälst, auf der zweiten Stufe, und lege nicht die Bestimmungen des Zweiten dem Ersten bei" (VI 7, 42, 2 - 4). " . . . vielmehr tu alles andere fort, wenn du Jenen (sc. das Eine selbst) aussagen oder Seiner innewerden willst. Wenn du nun alles fortgetan und nur Ihn selbst belassen hast, dann suche nicht danach, was du Ihm beilegen könntest, sondern danach, ob du vielleicht etwas noch nicht von Ihm fortgetan hast in deinem Denken" (VI 8, 21, 25 - 28).

menideskommentar" des Proklos[257] - später so zusammengefaßt, indem er das Eine von den mit dem Sein selbst gegebenen Transzendentalien des Guten und des Wahren abhebt:

"Das Eine ist etwas Lauteres als Gutheit und Wahrheit. Gutheit und Wahrheit legen nichts zu, sie legen wohl im Gedanken zu; wenn es gedacht wird, da legt es zu. Eins dagegen legt nichts zu, dort, wo Er (Gott) in sich selbst ist . . . Ein Meister sagt: Eins ist ein Verneinen des Verneinens. Sage ich, Gott ist gut, so fügt das (Gott) etwas hinzu. Eins (dagegen) ist ein Verneinen des Verneinens und ein Verleugnen des Verleugnens. Was meint 'Eins' ? Eins meint das, dem nichts zugelegt ist. Die Seele nimmt die Gottheit, wie sie in sich geläutert ist, wo nichts zugelegt, wo nichts gedacht ist." -[258]

Dem Einen in seiner reinen und absoluten Einheit kommt nichts zu; darum kommt ihm auch in keiner Weise Identität zu, weder mit einem Anderen noch mit sich selbst: *οὐδαμῶς ἔστιν ἄρα ταὐτὸν πεπονθὸς εἶναι τὸ ἓν οὔτε ἄλλῳ οὔτε ἑαυτῷ* (140 A 3 - 4). Identität nämlich wäre eine zu dem Einen selbst hinzukommende Bestimmung. Dem absolut Einen aber kann überhaupt nichts zukommen, denn es ist absolut einfach. Platon hebt hier also nicht einmal inhaltlich auf die immanente Zweiheit der Identität, die in ihr liegende Selbstbezüglichkeit, ab, sondern rein formal darauf, daß sie ein zu der absoluten Unbestimmtheit und begrifflichen Negativität des Einen Hinzutretendes wäre, ein zu der reinen und lauteren Einfachheit hinzukommender Charakter: Es geht also wesentlich um ihren formalen Charakter einer *προσθήκη* zum Absoluten, die Platon zurückweist, weil sie eine Bestimmung dessen wäre, was jenseits von Bestimmung schlechthin ist.

Aus diesem formalen Argument ergibt sich die inhaltliche Schlußfolgerung: Was als absolute Einheit aus jeder Identität herausgenommen ist,

---

[257] Vgl. R. Klibansky, *Ein Proklos-Fund und seine Bedeutung*, Heidelberg 1929, 12 f.; W. Beierwaltes, *Proklos*, 395 ff. Anders J. Koch, *Platonismus im Mittelalter*, Krefeld 1948, 29 f., der bestreitet, daß Eckhart den Parmenideskommentar gekannt hat.

[258] Eckhart, Predigt 22; 252, 29 - 253, 4 Quint. - Mit dem "Meister" kann doch wohl nur Proklos gemeint sein, der in seinem Parmenideskommentar die Lehre von der *negatio negationis* entfaltet. Eckhart deutet freilich die Negation der Negation, deren Sinn bei Proklos die Aufhebung des dialektischen Denkens in das erfüllte Schweigen vor der Unsagbarkeit des Einen ist, an anderen Stellen anti-proklisch als absolute Affirmation, z.B. In Exod. n. 74: "negatio vero negationis purissima et plenissima est affirmatio" (Lateinische Werke, hrsg. im Auftrag der Deutschen Forschungsgemeinschaft Bd. II, 77, 11 f.).

das kann auch weder in Beziehung auf ein Anderes noch in Beziehung zu sich selbst ähnlich sein (140 A 4 - 5).[259] D.h. aber nun: Das Eine hat mit keinem Seienden und auch nicht mit dem Denken irgendeine Bestimmung gemeinsam, da jedwede Bestimmung eine Ähnlichkeit alles dessen begründet, dem sie zukommt; denn schon die allgemeinste Bestimmung des Seins begründet die universale Gemeinschaft aller Seienden. *Das Eine selbst ist also aus jedem Zusammenhang des Seins herausgenommen und so wirklich das Absolute im strengen Sinne des Wortes, das Transzendente schlechthin.*

Aus demselben Grund ist es aber auch dem Zusammenhang des Denkens enthoben und jeder Erkenntnis entzogen. Denn das Denken vollzieht sich immer in einem Verknüpfen von Gedankenbestimmungen und ist darum niemals außerhalb der Koinonie der Ideen; was immer auch gedacht wird, wird immer schon in Gemeinschaft mit Anderem gedacht, es steht als Gedachtes in der Koinonie der Denkgehalte, ohne die es überhaupt nicht gedacht werden könnte: *τὸ μόνον καὶ ἔρημον εἰλικρινὲς εἶναί τι γένος οὔτε πάνυ τι δυνατὸν οὔτ' ὠφέλιμον* (Philebos 63 B 7 - C 1). Darum kann das Absolute als solches, *τὸ μόνον καὶ ἔρημον εἰλικρινές*, in keinen Gedankenzusammenhang eingehen, denn es steht in keiner Koinonie, es transzendiert den Zusammenhang alles Intelligiblen. Vor dem absoluten Einen kommt das Denken vollkommen zum Stillstand, so daß die Denkbewegung sich selbst aufhebt; in seiner absoluten Transzendenz ist das Eine "absolut einsam und für sich allein" (*μόνον καὶ ἔρημον εἰλικρινές*, Phil. 63 7 - 8), so daß alles Denken vor ihm vergeht.[260] Das absolut Eine ist darum unerkennbar; denn Ähnlichkeit ist die Bedingung jeder Erkenntnis: das Erkennen setzt immer die Konnaturalität des Erkennenden und des Erkannten voraus, also eine "Ähnlichkeit",[261] die in der Wesenszugehörigkeit des Denkens zum Sein und des Seins zum Denken gründet. Dieser doppelten Wesensgemeinschaft aller Seienden im

---

[259] Sehr prägnant gibt Meister Eckhart diesen Gedanken wieder: "Nun spricht ein heidnischer Meister, der mit natürlicher Einsicht dazu kam: Gott kann Gleiches ebenso wenig ertragen, so wenig er ertragen kann, daß er nicht Gott sei. Gleichheit (svw. Ähnlichkeit) ist etwas, was es an Gott nicht gibt; es gibt vielmehr Einssein in der Gottheit . . . Gleichheit aber ist nicht Eins. Wäre ich Eins, so wäre ich nicht gleich. Es gibt nichts Fremdes in der Einheit; es gibt nur Einssein . . . nicht Gleichsein" (Pred. 14; 219, 23 - 220, 4 Quint). Der "heidnische Meister" kann wohl nur Platon bzw. Proklos sein, -

[260] Vgl. Plotin, V 3, 10, 16 - 18; 13, 32 - 33; VI 7, 30, 27 - 29.

[261] Vgl. Aristoteles, De an. 404 b 17 - 18: *γιγνώσκεσθαι γὰρ τῷ ὁμοίῳ τὸ ὅμοιον* mit Verweis auf Platons "Timaios" (35 A ff.). Der Grundsatz von der Erkenntnis des Gleichen durch das Gleiche geht zurück auf Empedokles, Fr. 109 und Parmenides, Fr. 3.

Sein und des Seins mit dem Denken im Erkennen ist das Absolute in seiner Transzendenz entnommen. -

Das Absolute kann daher auch in keiner Analogie jemals erkannt werden; denn die in der Analogie thematisierte Ähnlichkeit ist immer die einseitige Ähnlichkeitsbeziehung des aus dem Absoluten Entsprungenen zu seinem Ursprung, der keine Ähnlichkeit von Seiten des Absoluten selbst entspricht, das zufolge seiner Transzendenz jeder Ähnlichkeitsbeziehung entzogen bleibt. In der Analogie wird darum immer nur das *Verhältnis* erkannt, in dem das *Andere*, das Seiende im ganzen und das Denken, *zum Absoluten steht*, aber kein Verhältnis, in dem das Absolute selber stünde; denn das Absolute steht als solches in keinem Verhältnis. Zwischen dem absoluten Einen und dem in Vielheit eingeschränkten Einheitscharakter des Seienden oder dem seienden Einen gibt es keine Ähnlichkeit, kein Verhältnis und darum auch keine Analogie. Daher vermag nicht einmal die gegenüber der Ähnlichkeit je immer größere Unähnlichkeit, die in der Analogie als Form transzendierenden Denkens das eigentlich Gemeinte ist, dem Absoluten zu entsprechen, weil dieses auch jenseits der Unähnlichkeit ist.

B) *Negation der Unähnlichkeit* (140 A 6 - B 5; zu These 2 und 4). Ähnlichkeit schließt immer Unähnlichkeit ein und Unähnlichkeit schließt immer Ähnlichkeit ein.[262] Darum muß dem Einen auch jede Unähnlichkeit abgesprochen werden, wenn seine Absolutheit rein festgehalten werden soll. Zur Begründung wendet Platon das Verbot jeder *προσθήκη* zum Absoluten auf die Andersheit an: *οὐδὲ μὴν ἕτερόν γε πέπονθεν εἶναι τὸ ἕν· καὶ γὰρ οὕτω πλείω ἂν πεπόνθοι εἶναι ἢ ἕν* (140 A 6 - 7). Auch die Andersheit ist ein zu dem Einen selbst in seiner Absolutheit hinzutretender Charakter; denn in der absoluten Einfachheit als solcher liegt der Begriff der Andersheit genausowenig wie der Begriff der Identität. Weder die Identität noch die Andersheit sind in der Einfachheit als solcher schon enthalten, ihr Begriff kann aus dem Begriff der Einheit des Einen analytisch nicht entnommen werden; denn der reine Begriff der Einheit enthält als solcher nichts außer der reinen Einheit selbst, sonst wäre er bereits der Begriff einer Vielheit. Das absolute Eine ist darum nur das Eine selbst und nichts Anderes kommt ihm zu.[263] Wem aber nichts Anderes zu-

---

[262] Vgl. Proklos, In Parm. 756, 12 - 27.

[263] "Eins ist ein Verneinen des Verneinens. Alle Kreaturen tragen eine Verneinung in sich; die eine verneint, die andere zu sein. Ein Engel verneint, daß er ein anderer sei. Gott aber hat ein Verneinen des Verneinens; er ist Eins und verneint alles andere", so Meister Eckart, Pred. 22; 253, 4 - 8 Quint.

kommt, das kann auch in keiner Weise unähnlich sein. Denn unähnlich, sei's sich selbst, sei's einem Anderen, ist das, dem Verschiedenheit von sich oder von Anderem zukommt; Unähnlichkeit ist als partielle Verschiedenheit oder Differenz der Bestimmtheit zu bestimmen, wenn Ähnlichkeit partielle Identität oder Selbigkeit der Bestimmtheit ist (140 A 7 - B 1, vgl. 139 E 8).[264] Andersheit ist mithin das Prinzip von Unähnlichkeit, mit dessen Aufhebung auch die Unähnlichkeit aufgehoben ist. Weil nun dem absoluten Einen in keiner Weise Andersheit zukommt, darum ist es auch in keiner Weise unähnlich, weder sich selbst noch dem (von ihm) Verschiedenen (140 B 1 - 3).

Ausschlaggebend für die Negation der Unähnlichkeit ist also die Verneinung der Andersheit. Platon verweist darauf, daß die Nicht-Andersheit des Einen schon bewiesen wurde (vgl. 139 B 5 - D 1; s.o. § 3.6). Gegenüber dem damaligen Beweis aber ist die Begründung nun eine charakteristisch andere: Wurde dort gezeigt, daß die absolute Einfachheit des Einen jedwede Andersheit von ihm ausschließt und so ihre Unvereinbarkeit inhaltlich bewiesen, so wird hier ganz formal argumentiert, daß dem Einen darum keine Andersheit zukommt, weil es außer seiner reinen und lauteren Einfachheit überhaupt keinen Charakter haben kann. Der leitende Gesichtspunkt ist hier wie dort die absolute Einfachheit des Einen, aus der seine Nicht-Andersheit abgeleitet wird, aber ihre Auslegungsfunktion hat sich gewandelt: ging es damals um die Überkategorialität des Einen, so geht es nun um seine absolute Bestimmungslosigkeit. Dem Einen werden daher Andersheit und Unähnlichkeit mit exakt derselben Begründung abgesprochen wie Identität und Ähnlichkeit: durch das prinzipielle Verbot von *προσθήκη* als einer Multiplikation (vgl. *πλείω*, 140 A 2 und 7) des einfachhin Einen.

C) *Das Eine selbst ist darum weder ähnlich noch unähnlich, weder dem Anderen noch sich selbst: οὔτε ἄρα ὅμοιον οὔτε ἀνόμοιον οὔθ' ἑτέρῳ οὔτε ἑαυτῷ ἂν εἴη τὸ ἕν* (140 B 4 - 5).[265] Zwar ist alles, was ist, insofern dem Einen ähnlich, als jedes einzelne Seiende ebenso wie das Sein als Totalität an dem Einen teilhaben muß und nur vermöge seines Einheitscharakters das ist, was es ist (vgl. 157 C - 158 A): das Seiende ist dem Einen ähnlich, weil es die Manifestation seiner überseienden Mächtigkeit ist; aber das Eine selbst ist dem Seienden nicht ähnlich, denn es *hat* nicht Einheit als seine Bestimmung wie das Seiende, sondern es *ist* in überseiender Weise

[264] Die Unähnlichkeit wird also von der Ähnlichkeit her verstanden; diese ist also Kriterium für ähnlich und unähnlich, vgl. auch Aristoteles, Metaph. 1018 a 19.

[265] Zum folgenden vgl. Proklos, In Parm. 1198, 31 - 1201, 21.

die absolute Einheit an sich selbst. In analoger Weise ist die Erscheinung der Idee ähnlich, aber die Idee nicht der Erscheinung: denn sie *hat* nicht dieselbe Bestimmung wie diese, sondern *ist* ihr Bestimmungsgrund.[266] Wenn nun Ähnlichkeit Übereinstimmung in derselben Bestimmung bedeutet, so kann es keinerlei Ähnlichkeit zwischen dem Sein und dem Absoluten geben, denn das Sein ist durch Einheit bestimmt, aber das Absolute ist nicht *durch Einheit bestimmt*, sondern es ist *das Eine selbst*. Weil außer dem Einen selbst nichts *absolut* Eines sein kann (vgl. 158 A 5 - 6), darum gibt es nichts, was dem Einen selbst gleich oder ähnlich wäre. Das Seiende kann darum dem überseienden Einen nicht ähnlich sein, weil es nichts mit ihm gemeinsam hat. Die Teilhabe an dem Einen stiftet darum wohl die universale Einheit alles Seienden, aber keine Einheit zwischen dem Seienden und dem überseienden Einen selbst.[267]

Es kann ferner keinerlei Unähnlichkeit zwischen dem Sein und dem Absoluten geben: Denn Unähnlichkeit bedeutet Differenz der Bestimmung, das Absolute aber kann keine vom Sein verschiedene Bestimmung haben, weil es überhaupt keine Bestimmung hat. Zwar verdankt das Sein alle seine Bestimmungen dem Absoluten, weil es nur vermöge seines Einheitscharakters überhaupt Bestimmtheit hat; dem Absoluten aber müssen zufolge seiner Einfachheit alle Bestimmungen abgesprochen werden. *Das Absolute steht aufgrund seiner Transzendenz in keinem Verhältnis zum Sein, weder in dem der Ähnlichkeit, noch in dem der Unähnlichkeit*. Denn beide sind Verhältnisbestimmungen und werden im Vergleichen erkannt; das Vergleichen nun muß immer die Verglichenen unter den gemeinsamen Horizont einer sie umgreifenden Einheit stellen; das Absolute aber übersteigt vermöge seiner Transzendenz jeden solchen Horizont. Als das Prinzip jeder Einheit ermöglicht das überseiende Eine allererst jedes Verhältnis, jeden umgreifenden Horizont und damit auch jedes Vergleichen. Das Eine selbst ist somit über jeden Vergleich erhaben und außer jedem Verhältnis, so daß es weder ähnlich noch unähnlich ist, sondern jenseits von Ähnlichkeit und Unähnlichkeit schlechthin. Weil das Eine als absolut

---

[266] Nur wenn dies nicht beachtet wird, kommt es zu der Aporie des "dritten Menschen", vgl. Parm. 132 A und dazu Proklos, In Parm. 886, 4 - 890, 38.

[267] Andernfalls nämlich müßte man fragen, welches übergeordnete Prinzip denn nun die Einheit von Sein und Absolutem begründet. Vgl. Proklos, Theol. Plat. II 2, 21, 16 - 22, 3. - Auch die Analogie ist als Modus von Einheit - sie ist die Einheit des numerisch, spezifisch, generisch und kategorial Verschiedenen (Arist. Metaph. 1016 b 31 - 35 = Test. Plat. 35 a) - selber ein Prinzipiat des Einen. Das Eine selbst kann darum zufolge seiner Transzendenz über seine Prinzipiate nicht im Verhältnis der Analogie zu irgendetwas stehen.

Einfaches über alle washafte Bestimmtheit hinaus ist, muß ihm die Kategorie des "Wie", das immer eine washaft bestimmte Weise des Seins meint, überhaupt abgesprochen werden: "*Daß* Jenes (sc. das Absolute) ist, das zwar erkennt man durch das Intelligible, *wie* Es aber ist, nur dadurch, daß man das Intelligible verneint. Dieses 'Wie' aber dürfte wohl bedeuten 'ohne Wie'; denn es gibt ein Wie nicht bei dem, für das es nicht einmal ein Was gibt" (Plotin, V 5, 6, 21 - 23). "Nach dem Wie fragen, das heißt fragen, was Jenem zukommt, dem doch nichts zukommt" (Plotin, VI 8, 11, 9 - 10).

## § 3.8 Gleichheit und Ungleichheit (140 B 6 - D 8).

Durch seine absolute Einfachheit herausgenommen aus aller Selbigkeit und Andersheit, ist das Eine jeder Bestimmung entzogen und jedem Verhältnis entnommen; darum kann es auch nicht als *gleich* (*ἴσον*) noch auch als *ungleich* (*ἄνισον*) bestimmt sein, weder im Verhältnis zu sich selbst noch im Verhältnis zu Anderem (140 B 6 - 7). Denn *Gleichheit* und *Ungleichheit* sind nach den Berichten über die Prinzipienlehre die Prinzipien des *Gegensatzes* (*ἐναντίωσις*)[268] und lassen sich als solche auf den kategorialen Urgegensatz von Selbigkeit und Andersheit zurückführen. Das Eine ist darum zufolge seiner Transzendenz über Identität und Differenz zugleich über alle Gegensätze erhaben; denn es begründet allererst die Gegensätze, unterliegt ihnen also selber nicht.

A) *Definition von Gleichheit und Ungleichheit* (140 B 7 - C 4). Im akademisierenden Buch V der "Metaphysik" bestimmt Aristoteles Identität, Gleichheit und Ähnlichkeit als Weisen des Einsseins: . . . *τὸ ἴσον καὶ ὅμοιον καὶ ταὐτό . . . κατὰ γὰρ τὸ ἓν λέγεται πάντα, ταὐτὰ μὲν γὰρ ὧν μία ἡ οὐσία, ὅμοια δ᾽ ὧν ἡ ποιότης μία, ἴσα δὲ ὧν τὸ ποσὸν ἕν* (1021 a 9 - 12 = Test. Plat. 35 b). Die Gleichheit als die Einheit eines Soviel kann noch genauer bestimmt werden als Identität der Maßbestimmtheit: *ἴσον μὲν ὂν τῶν αὐτῶν μέτρων ἔσται ἐκείνῳ ᾧ ἂν ἴσον ᾖ* (140 B 7 - 8). Das Gleiche ist das, was im Verhältnis zu dem, dem es gleich ist, dieselben Maße aufweist; Gleichheit ist mithin die Einheit und Selbigkeit des Maßes.

Das Ungleiche dagegen zerfällt immer in ein Größeres (*μεῖζον*) und ein Kleineres (*ἔλαττον*), denn ungleich ist das, was entweder größer oder

268 Vgl. Sextus Emp., Adv. Math. X § 271; Alexander, In Metaph. 56, 13 ff.

kleiner als ein Anderes ist, mit dem es verglichen wird; im Falle der Kommensurabilität (σύμμετρον) hat das Größere mehr Maßeinheiten als das Kleinere und dieses weniger Maßeinheiten als das Größere (140 B 8 - C 2). Im Fall der Inkommensurabilität (μὴ σύμμετρον) muß das eine kleinere und das andere größere Maßeinheiten haben (140 C 2 - 4). Während also das Gleiche immer in einer Einheit besteht, nämlich in der Identität einer Maßbestimmtheit, zerfällt das Ungleiche immer in die Zweiheit des Größeren und des Kleineren; denn es bedeutet gegenüber dem Gleichen immer entweder ein Mehr (πλείω, μᾶλλον) oder ein Weniger (ἐλάττω, ἧττον). Ungleichheit setzt darum immer Gleichheit als Maßstab voraus, weil das Größere und das Kleinere erst durch das in der Mitte liegende Gleiche bestimmt sind (vgl. auch Phaid. 74 A - 75 B). Die Ungleichheit enthält also eine Richtungszweiheit, weil sie, gemessen am Maßstab des Gleichen, entweder ein Zuviel oder ein Zuwenig, Überschuß (ὑπεροχή) oder Mangel (ἔλλειψις) ist; diese Richtungszweiheit ist ohne den Maßstab des Gleichen unbestimmt. Das Ungleiche läßt sich darum als an sich unbestimmtes Zuviel und Zuwenig auf das Prinzip der Vielheit zurückführen; denn die unbestimmte Zweiheit des Groß-Kleinen (ἀόριστος δυὰς ἐκ μεγάλου καὶ μικροῦ) bedingt die Richtungszweiheit des Übertreffens und Zurückbleibens, welche die Ungleichheit konstituiert.[269] Dagegen läßt das Gleiche kein Mehr und kein Weniger zu und ist vom Prinzip der Einheit abgeleitet.[270]

Gleichheit und Ungleichheit sind somit durch die Prinzipien der Einheit und der Vielheit, der Identität und der Differenz bedingt; zugleich aber gehören sie selber zu den Fundamentalbestimmungen des Seins, weil sie die ontologischen Gattungen der Gegensatzbestimmungen (ἐναντία) sind.[271]

Platon unterteilt das Seiende in das, was seine Bestimmtheit an sich selbst hat (τὰ καθ' αὑτὰ ὄντα) und in das, was seine Bestimmtheit in der Bezie-

[269] Vgl. Sextus Emp. X § 275; Hermodor bei Simplikios, In Phys. 248, 11 ff.; auch Parm. 150 C 6 ff.

[270] Vgl. Sextus Emp. X § 271 zu § 275. Ganz ähnlich schon Parmenides Fr. 8, 44 - 45. 49.

[271] Zum folgenden vgl. Sextus Emp. X §§ 263 - 275; Alexander, In Metaph. 56, 13 ff.; Hermodor bei Simplikios, In Phys. 247, 30 - 248, 20. - Dazu P. Wilpert, *Neue Fragmente aus ΠΕΡΙ ΤΑΓΑΘΟΥ*, 172 ff.; ders., *Zwei aristotelische Frühschriften über die Ideenlehre*, 182 ff.; H.J. Krämer, *Arete bei Platon und Aristoteles*, 282 ff.; K. Gaiser, *Platons ungeschriebene Lehre*, 73 ff., 178 f.

hung auf ein Anderes hat (τὰ πρὸς ἕτερα ὄντα);[272] dieses wird weiter unterteilt in das Entgegengesetzte (τὰ πρὸς ἐναντία) und das im engeren Sinne Relative (τὰ πρός τι).[273] Von den eigentlichen Relationsbestimmungen wie groß und größer, klein und kleiner usw. unterscheiden sich die Gegensätze nun dadurch, daß sie eine vollständige Disjunktion bilden, deren Glieder sich wechselseitig ausschließen, so daß es zwischen ihnen kein Mittleres gibt: die Anwesenheit des einen bedingt notwendig die Abwesenheit des anderen.[274] Dabei ist die positive Systoichie der Gegensatzpaare immer durch Gleichheit, die negative Systoichie immer durch Ungleichheit bestimmt.[275] Denn das Gute besteht immer in einer Einheit und ist sich selbst immer gleich, da es kein Mehr oder Weniger zuläßt; als Mitte zwischen dem Zuviel und dem Zuwenig ist es eine einfache, ausdehnungslose Höchstform (ἀκρότης ἀνεπίτατος),[276] die nur getroffen oder verfehlt werden kann.[277] Am Maßstab des Guten als des Gleichen gemessen, besteht das Schlechte immer in einem Zuviel oder in einem Zuwenig und ist insofern immer ungleich. So setzt alles Urteilen über gut und schlecht einen einheitlichen Maßstab und insofern Gleichheit (definiert als Einheit des Maßes) voraus; insofern wird die Wesensart (φύσις) alles Gegensätzlichen in dem Gleichen und dem Ungleichen betrachtet.[278] Durch sie lassen sich alle Gegensätze auf die Prinzipien des Einen und der unbegrenzten Zweiheit zurückführen: Denn positive Einheit bedeutet

---

[272] Vgl. Hermodor bei Simplikios, In Phys. 248, 2 ff.; Alexander, In Metaph. 56, 13 ff. - Wenn Krämer, *Arete bei Platon und Aristoteles*, 304 u. 311, die καϑ' αὑτά mit der Ideenwelt, die πρὸς ἕτερα mit der Sinnenwelt identifiziert, so ist das zu einseitig; auch Ideen können πρὸς ἕτερα sein, wenn sie in ihrer Bestimmtheit durch andere (höhere) Ideen betrachtet werden, und umgekehrt sind nicht allein die Ideen, sondern auch die Seelen für Platon Substanzen und an sich seiend (bes. Phaid. 92 D - 95 A). Die Kategorien καϑ' αὑτά und πρὸς ἕτερα erstrecken sich durch alles Seiende hindurch, wie schon ihre Rolle bei der Ableitung der μέγιστα γένη beweist (Soph. 255 C); vgl. auch Parm. 133 C 7 - 8: οὐκοῦν καὶ ὅσαι τῶν ἰδεῶν πρὸς ἀλλήλας εἰσὶν αἵ εἰσιν, αὐταὶ πρὸς αὑτὰς τὴν οὐσίαν ἔχουσιν.

[273] Vgl. Sextus Emp. X 264 - 265 zu Hermodor bei Simplikios, In Phys. 248, 3 - 4.

[274] Vgl. Sextus Emp. X 266 - 268.

[275] Vgl. Sextus Emp. X 271 - 272.

[276] Sextus Emp. X 272. - Zur Erschließung der Platonischen Wertstruktur H.J. Krämer, *Arete bei Platon und Aristoteles*, passim, bes. 298 ff.

[277] Vgl. Aristoteles, Nik. Eth. 1106 b 28.

[278] Sextus Emp. X 271.

zuerst Gleichheit mit sich selbst und die Ungleichheit liegt immer in der Richtungszweiheit des Übertreffens und Zurückbleibens.[279]

Wenn somit Gleichheit und Ungleichheit die Prinzipien aller Gegensätze sind, dann liegt in der Transzendenz des absoluten Einen über Gleichheit und Ungleichheit seine absolute Übergegensätzlichkeit.[280] Das Eine selbst muß jenseits aller Gegensätze stehen, weil es die Gegensätze erst begründet. Denn um Gleichheit und Ungleichheit, Einheit und Vielheit, Sein und Nichtsein überhaupt entgegensetzen zu können, müssen wir immer schon *beide* Gegensatzglieder als einheitliche Bestimmungen denken; die Vielheit ist selber eine einheitliche Bestimmung, das Nichtsein und die Ungleichheit ebenso.[281] Darum sind wir auch bei dem prinzipiellsten Gegensatz - dem von Einheit und Vielheit - niemals außerhalb der Einheit. In der Form der Entgegensetzung als solcher liegt eine *Beziehung* der Entgegengesetzten aufeinander, die nur möglich ist, wenn sie von einer ur-

---

[279] Sextus Emp. X 275: *οὐκοῦν ἡ μὲν ἰσότης τῷ ἑνὶ ὑπάγεται (τὸ γὰρ ἓν πρώτως αὐτὸ ἑαυτῷ ἐστιν ἴσον), ἡ δὲ ἀνισότης ἐν ὑπεροχῇ καὶ ἐλλείψει βλέπεται· ἄνισα γάρ ἐστιν ὧν τὸ μὲν ὑπερέχει τὸ δὲ ὑπερέχεται.*

[280] Vgl. Proklos, In Parm. 1203, 31 - 1204, 10.

[281] Dies gilt auch für das Prinzip der Vielheit, die unbestimmte Zweiheit, von der Aristoteles berichtet, Platon habe sie als logische *und* ontologische Einheit gedacht, Metaph. 1087 b 9 - 12 ( = Test. Plat. 49): *καὶ γὰρ ὁ τὸ ἄνισον καὶ ἓν λέγων τὰ στοιχεῖα, τὸ δ᾽ ἄνισον ἐκ μεγάλου καὶ μικροῦ δυάδα, ὡς ἓν ὄντα τὸ ἄνισον καὶ τὸ μέγα καὶ τὸ μικρὸν λέγει, καὶ οὐ διορίζει ὅτι λόγῳ ἀριθμῷ δ᾽ οὔ.* Vgl. Metaph. 1088 a 15 f. Diese sehr wichtige Beobachtung ist natürlich kein sachlicher Einwand gegen Platons Prinzipienlehre, wohl aber, recht verstanden, ein durchschlagendes Argument für ihre monistische Deutung: Denn wenn die unbegrenzte Zweiheit selber logisch wie ontologisch eine Einheit ist, dann kann sie dem Einen nicht gleichursprünglich gegenüberstehen und keinen absoluten Gegensatz zu ihm bilden, weil sie als Einheit das Eine selbst schon voraussetzt und von ihm abhängt. Dieses Zeugnis für einen letzten Monismus Platons wiegt um so schwerer, als es durch den Hauptzeugen für Platons "Dualismus" überliefert wird. Auch Porphyrios nennt in seinem Referat über die Prinzipienlehre (bei Simplikios, In Phys. 453, 31 - 454, 16 = Test. Plat. 23 B) die unbegrenzte Zweiheit ausdrücklich die *Einheit* des Großen und des Kleinen (*ἐν τούτοις δὲ καὶ ἡ ἀόριστος δυὰς ὁρᾶται ἔκ τε τῆς ἐπὶ τὸ μέγα καὶ τῆς ἐπὶ τὸ μικρὸν μονάδος συγκειμένη*). Das Argument, das Vielheitsprinzip sei selber als Einheit bestimmt, dient schon bei Eudoros, der einen Plotin vorbereitenden Monismus vertrat, dazu, dem Prinzipiengegensatz das Eine als Urprinzip von Allem überzuordnen (bei Simplikios, In Phys. 181, 10 ff.). Eudoros' Anordnung der Prinzipien entspricht genau Platons "Parmenides", wo die unbegrenzte Zweiheit dem seienden Einen zugeordnet, also dem absoluten Einen untergeordnet wird und erinnert zudem an Speusipps Bericht über Platon (Test. Plat. 50).

sprünglicheren Einheit übergriffen sind (vgl. Def. 416 A 24 - 25: *ἐναντιότης τῶν ὑπὸ τὸ αὐτὸ γένος κατά τινα διαφορὰν πιπτόντων ἡ πλείστη διάστασις*); darum setzt jeder Gegensatz das Eine schon voraus und darum steht das Eine selbst über den Gegensätzen.

Der Prinzipiengegensatz von Einheit und unbestimmter Zweiheit ist so verstanden kein Letztes,[282] weil in ihm die Übergegensätzlichkeit des Absoluten: das Herausgenommensein des Einen selbst aus jedem Gegensatz, immer schon vorausgesetzt wird. Platon sagt das selber im "Parmenides" (ähnlich im "Philebos" und in der "Politeia").[283] Der Prinzipienmonismus *Plotins* nimmt daher nur in radikaler Konsequenz das in Anspruch, was im Platonismus von Anfang an schon liegt und ist insofern seine Vollendung.[284]

B) *Negation der Gleichheit* (140 C 4 - 7). Platon spricht dem absoluten Einen die Gleichheit mit folgender Argumentation ab: Das, was an der Identität keinen Anteil hat, kann unmöglich von identischen Maßen sein

---

[282] Vgl. K. Gaiser, *Platons ungeschriebene Lehre*, 200: "Eine letzte 'Begründung' wäre nur dann gegeben, wenn hinter den Antinomien, die in der Gegensatzlehre beschlossen sind, ein umfassender Grund sichtbar würde, der beides - Sein und Nichtsein, Peras und Apeiron - in sich enthielte." - Wie die erste Hypothesis des "Parmenides", "Politeia" 509 B und der Bericht Speusipps (Test. Plat. 50) zusammengenommen zeigen, geht Platons Lösung genauer dahin, daß das absolute Prinzip, das überseiende Eine selbst, beide Gegensätze transzendiert und sie darum beide begründen kann. Das sich manifestierende Eine, das seiende Eine, erscheint darum in der zweiten Hypothesis des "Parmenides" als die Einheit der Gegensätze, die auch den Prinzipiengegensatz von Peras und Apeiron in sich umgreift (143 A 2: *ἄπειρον*, 145 A 1: *πέρας*, 145 A 3: *καὶ πεπερασμένον καὶ ἄπειρον πλήθει*. Vgl. 158 D 5 - 6).

[283] Im "Philebos" 27 B wird dem Prinzipiengegensatz von Peras und Apeiron als höchstes Prinzip die Aitia übergeordnet, die sich im Nous manifestiert, die aber als Prinzip der Zuordnung und Verbindung der Gegensätze auf das Hen zurückweist (M. Wundt, *Platons Parmenides*, 35 identifiziert sie daher zu Recht mit dem absoluten Einen des "Parmenides"). "Politeia" 511 B nennt das Agathon = Hen betont *ἀρχὴ τοῦ παντός*; seine Übergegensätzlichkeit folgt schon aus seiner Seinstranszendenz (509 B) und zeigt sich auch darin, daß es Sein und Denken, Idee und Nous einander zuordnet (508 E), was dem Aitia-Prinzip von Phileb. 27 B entspricht. Dies wird zusätzlich bestätigt durch Berichte Speusipps (Test. Plat. 50) und des Aristoteles (Metaph. 1075 b 17 - 18: *καὶ τοῖς δύο ἀρχὰς ποιοῦσιν ἄλλην ἀνάγκη ἀρχὴν κυριωτέραν εἶναι*) über Platons Prinzipienlehre. Für Speusipp selber ergibt sich die Übergegensätzlichkeit des absoluten Einen zusätzlich aus Jamblich, De comm. math. sc. IV 16, 10 ff. (= Fr. 72 Isnardi P.).

[284] Dazu oben Teil I, Kap. III §§ 1.

oder in irgendeiner anderen Beziehung als identisch bestimmt sein (C 4 - 6); das absolute Eine aber übersteigt in seiner reinen Einfachheit jede Identität; denn was mit sich oder Anderem identisch ist, kann nicht absolut einfach sein (vgl. 139 B 7 - C 3, D 1 - E 4, E 9 - 140 A 4; s.o. §§ 3.6 und 3.7 A). Wenn nun Gleichsein identische Maße haben bedeutet, dann kann das überhaupt nicht durch Identität Bestimmte in keiner Hinsicht gleich sein; das absolute Eine ist darum weder sich selbst noch einem Anderen gleich, da es zufolge seiner absoluten Einfachheit keine identischen Maße haben kann (C 6 - 7). Das Eine selbst ist also nicht wie das seiende Eine an sich selbst durch Gleichheit bestimmt (vgl. 150 E 4 - 5; Sextus Emp., Adv. Math. X 275);[285] es ist nicht das immanente Konstitutionselement (*στοιχεῖον*) alles Seienden wie das seiende Eine, sondern sein jenseitiger Urgrund (*ἀρχή*);[286] darum ist es auch der unbestimmten Zweiheit, die zufolge der Dualität des Übertreffens und Übertroffenwerdens durch Ungleichheit charakterisiert ist[287] *nicht* entgegengesetzt.

---

[285] Sextus Emp. X, 275: *τὸ γὰρ ἓν πρώτως αὐτὸ ἑαυτῷ ἐστιν ἴσον*. - Daß dies auf das seiende Eine, nicht auf das Absolute, zu beziehen ist, beweist Parm. 150 E 4 - 5: *τὸ ἓν ἄρα ἑαυτῷ τε καὶ τοῖς ἄλλοις ἴσον ἂν εἴη*. Das seiende Eine bildet mit der unbestimmten Zweiheit den Prinzipiengegensatz; zugleich umfaßt es als Totalität aller reinen Bestimmungen alle Gegensätze in sich (151 E 1: *τὸ ἓν καὶ ἴσον καὶ πλέον καὶ ἔλαττον*), weil auch das Zweiheitsprinzip selber nur sein kann als seiende Einheit (vgl. Parm. 142 D - 143 A zu Sextus Emp. X 261 und Aristoteles, Met. 1087 b 9 - 12). Das absolute Eine ist das diese Totalität und Zuordnung begründende und zugleich übersteigende Urprinzip (vgl. Parm. 158 A, Phileb. 27 B, Politeia 508 E - 509 B).

[286] Zur Immanenz der *στοιχεῖα* Aristoteles, Metaph. V 3 1014 a 26 mit b 3 - 9: *στοιχεῖον λέγεται ἐξ οὗ σύγκειται πρώτου ἐνυπάρχοντος . . . μεταφέροντες δὲ στοιχεῖον καλοῦσιν ἐντεῦθεν ὃ ἂν ἓν ὂν καὶ μικρὸν ἐπὶ πολλὰ ᾖ χρήσιμον, διὸ καὶ τὸ μικρὸν καὶ ἁπλοῦν καὶ ἀδιαίρετον στοιχεῖον λέγεται. ὅθεν ἐλήλυθε τὰ μάλιστα καθόλου στοιχεῖα εἶναι, ὅτι ἕκαστον αὐτῶν ἓν ὂν καὶ ἁπλοῦν ἐν πολλοῖς ὑπάρχει ἢ πᾶσιν ἢ πλείστοις, καὶ τὸ ἓν καὶ τὴν στιγμὴν ἀρχάς τισι δοκεῖν εἶναι*. Dagegen richtet sich Plotin, wenn er dem absoluten Einen *στοιχεῖον*-Charakter abspricht, V 3, 11, 16 - 18: *τὸ δὲ πρὸ τούτων ἡ ἀρχὴ τούτων, οὐχ ὡς ἐνυπάρχοντα· τὸ γὰρ ἀφ᾽ οὗ οὐκ ἐνυπάρχει, ἀλλ᾽ἐξ ὧν· ἀφ᾽ οὗ δὲ ἕκαστον, οὐχ ἕκαστον, ἀλλ᾽ ἕτερον ἁπάντων*. Dies entspricht genau Speusipps Bericht über Platons Prinzipien, in dem es heißt: "*Le unum enim melius ente putantes et a quo le ens et ab ea que secundum principium habitudine ipsum liberaverunt*". Als *στοιχεῖον* (elementum) erscheint dort nur die *ἀόριστος δυάς*, aber nicht das Eine selbst (Test. Plat. 50 = Proklos, In Parm. VII 40, 1 ff.). Vgl. auch Eudoros bei Simplikios, In Phys. 181, 10 ff. Diels.

[287] Sextus Emp. X 275: *ἀλλὰ καὶ ἡ ὑπεροχὴ καὶ ἡ ἔλλειψις κατὰ τὸν τῆς ἀορίστου δυάδος λόγον τέτακται, ἐπειδήπερ ἡ πρώτη ὑπεροχὴ καὶ ἡ*

Das absolut einfache Eine selbst ist der letzte und absolute Maßstab der Einheit, der jedes denkende Unterscheiden, Vergleichen, Entgegensetzen und Vereinigen allererst ermöglicht. Weil es die Unterscheidung und Entgegensetzung von Einheit und Vielheit, Peras und Apeiron, Sein und Nichtsein, Identität und Andersheit erst ermöglicht, muß es selber jenseits aller Unterschiede und aller Gegensätze stehen; es hat nicht die Charaktere des Gemessenen und ist an sich selbst überhaupt nicht maßbestimmt, sondern Prinzip aller Maßbestimmtheit. Darum kann dem Absoluten nach *Plotin* auch kein Gegenprinzip zugeordnet sein, "sonst nämlich bekommt man eine Zweiheit, und unter den Zwei ist nicht das Eine selbst, sondern beide sind später. Denn das Eine will nicht mit einem Anderen, sei es Eines oder wieviel auch immer, zusammengezählt sein noch überhaupt gezählt sein. Denn Es ist selbst Maßstab und nicht Gemessenes, und Es ist den Anderen nicht gleich, so daß Es ihnen zugeordnet wäre; denn sonst gäbe es ein Gemeinsames über Ihm und den mit Ihm Gezählten, und das wäre Ihm übergeordnet; dem Einen aber kann nichts übergeordnet sein" (Plotin, V 5, 4, 11 - 16).[288] Die Einheit und die unbestimmte Zweiheit haben für Platon zumindest dies gemeinsam, daß beide Prinzipien sind und *daß beide als Einheit gedacht werden müssen*;[289] sie setzen darum das absolute Eine immer schon voraus, das ihren Gegensatz wie ihre Zuordnung und ihr Zusammenwirken erst begründet, dem aber selber nichts entgegengesetzt und nichts zugeordnet werden kann.

C) *Negation der Ungleichheit* (140 C 8 - D 4). Das Eine übersteigt jede Gleichheit und damit die ganze positive Systoichie der Gegensätze; es ist gleichermaßen erhaben über jede Ungleichheit und damit über die ganze

---

ἔλλειψις ἐν δυσίν ἐστι, τῷ τε ὑπερέχοντι καὶ τῷ ὑπερεχομένῳ. Vgl. dazu Parm. 150 C 4 - D 2. In den Aristotelischen Berichten erscheint die unbestimmte Zweiheit darum auch als ἡ τοῦ ἀνίσου δυὰς τοῦ μεγάλου καὶ μικροῦ (z.B. Metaph. 1087 b 7 f.) und sehr häufig einfach als τὸ ἄνισον (z.B. 1087 b 5, 9, 10, 11, 1088 a 15, b 29, 32 usw.).

[288] Vgl. dazu die eingehende und durchschlagende Argumentation des Proklos, Theol. Plat. II 1, 12, 16 - 14, 7; II 2, 21, 16 - 22, 3; II 2, 15, 19 - 16, 4; vgl. In Parm. 724, 10 - 726, 27.

[289] Vgl. Aristoteles, Metaph. 1087 b 9 - 12 (s.o. Anm. 281); aufschlußreich ist die Konfrontation dieser Stelle mit dem Argument des Proklos für die Einzigkeit des Urgrundes, In Parm. 724, 10 - 726, 27. Vgl. dazu auch V. Hösle, *Wahrheit und Geschichte*, 484 - 490, der die Unhintergehbarkeit des Einen gut herausarbeitet, in seiner von Hegel bestimmten Perspektive jedoch das Eine nicht als übergegensätzlich, sondern als Einheit der Gegensätze versteht, was bei Platon nur für das seiende, aber nicht für das absolute Eine zutrifft.

negative Systoichie der Gegensätze,[290] weil seine absolute Einfachheit jedes Mehr oder Weniger von ihm ausschließt. Die Ungleichheit aber besteht entweder in einem Mehr oder in einem Weniger, einem Übertreffen oder einem Zurückbleiben (vgl. 140 B 8 - C 4; vgl. dazu Sextus Emp., Adv. Math. X 271 - 273 zu 275). Wenn das Eine nun mehr oder weniger Maßeinheiten hätte, so müßte es notwendig ebensoviele Bestandteile aufweisen, wie es Maßeinheiten hätte (140 C 8 - 9); damit aber wäre es nicht mehr absolut Eines, sondern so Vieles, wie es Maßeinheiten in sich umfaßt (140 C 9 - D 2). Es wäre dann das Soviel seiner Maße und Elemente; aber jede Vielheit setzt das einfachhin Eine schon voraus, um selber als die Einheit eines Soviel bestehen zu können (vgl. 158 A zu 165 E).

Wenn das Eine aber aus nur einem einzigen Maß bestünde, so müßte es diesem Maß gleich sein; es hat sich aber schon gezeigt, daß das Eine selbst unmöglich mit irgendetwas gleich sein kann (140 D 2 - 4; vgl. C 4 - 7). Platon verweist hier auf die Negation der Gleichheit (Abschn. B) und auf die dort vorausgesetzte umfassendere Negation der Identität und jeder positiven Bestimmtheit (s.o. §§ 3.6 u. 3.7). Bestünde das Eine an sich selbst in der Einheit eines Maßes, so wäre es das Maß seiner selbst und damit sich selbst gleich; das aber trifft nur für das seiende Eine zu (150 E 4 - 5; vgl. Sextus Emp., Adv. Math. X 275), jedoch nicht für das absolute Eine selbst; denn als Maß seiner selbst wäre seine absolute Einheit bereits in die Zweiheit des Messenden und des Gemessenen aufgehoben.[291] Dem einfachhin Einen kann daher Gleichheit als Selbstbezüglichkeit des Maßes ebensowenig zukommen wie Identität und Ähnlichkeit mit sich selbst; denn seine reine Einfachheit schließt jede Selbstbeziehung aus. Dem Einen muß also um seiner Einfachheit willen jeder Maßcharakter abgesprochen werden, wenn es rein an sich selbst betrachtet wird. Denn als Maß wäre es bereits auf das Gemessene bezogen und wäre eben zufolge dieser Zuordnung nicht mehr absolut einfach. Denn das einfachhin Eine ist absolut unzugeordnet, nur Es selbst; das als Maß bestimmte Eine ist darum nicht mehr das Eine selbst. Das bedeutet nun aber: Das Eine selbst ist das absolute und vollkommene Maß des Einsseins (*τέλειον καὶ ἀριβέστατον μέτρον*, vgl. Politeia 504 B - E, Politikos 284 D, Nomoi 716 C) nicht an und für sich selbst, sondern *nur* für das Andere und *allein* von

[290] Ison und Anison können bei Platon für den Urgegensatz von Peras und Apeiron, Monas und Dyas stehen; vgl. Test. Plat. 22 B (Alexander), 29 (Aristoteles), 31 (Hermodor), 32 (Sextus), 39 B (Alexander), 41 A (Aristoteles), 49 (Aristoteles), 55 A (Aristoteles).

[291] Dazu und zum folgenden Proklos, In Parm. 1208, 24 - 1210, 23. Sehr bezeichnend formuliert Platon Phaid. 74 C 1 den Relationscharakter der *ἰσότης* durch den Plural *αὐτὰ τὰ ἴσα*.

diesem her; das einfachhin Eine kann an sich selbst nicht Maß sein, weil es an sich selbst nicht als Einssein bestimmt ist, sondern als das Übereine über alle Bestimmtheit, über alle Grenze und über alle positive Einheit hinausliegt (vgl. 137 D 4 - 8; 141 E 10 -12). Seine absolute Einfachheit übersteigt jedes Maß und ist so absolut unendlich. Durch sein unendliches Übermaß an Einfachheit ist das Eine unzugeordnet zu allem, jedem Verhältnis entzogen;[292] denn dem schlechthin Einfachen und Unendlichen läßt sich nichts zuordnen und nichts gegenüberstellen. Das unbestimmbare Eine kann somit nur dadurch für alles Andere das absolute Maß des Einsseins sein, daß seine unendliche Einfachheit von jeder Einheit und jeder Vielheit in unendlicher Sehnsucht erstrebt wird; [293] gerade als Ziel des unendlichen Strebens nach absoluter Einheit ist das einfachhin Eine der letzte und absolute Maßstab für alles Andere, das Gute selbst.[294]

D) Die im unendlichen Streben intendierte absolute Einfachheit bleibt selbst jenseits des an ihr Gemessenen und ist diesem daher *weder gleich noch ungleich*; zwischen dem Unendlichen in seiner Transzendenz und dem Endlichen und Bestimmten gibt es darum kein Verhältnis, weder Gleichheit noch Ungleichheit, nicht Kommensurabilität und nicht einmal Inkommensurabilität, weil diese auf einer Maßverschiedenheit beruht.[295] Das Absolute aber ist in seiner unendlichen Einfachheit jenseits von Maßbestimmtheit schlechthin: Denn das Eine selbst hat weder an einem einzigen Maß teil noch an vielen noch an wenigen; als absolut Einfaches ist es überhaupt nicht durch Identität bestimmt; darum kann es weder sich selbst noch einem anderen jemals gleich sein und ist auch weder größer noch kleiner als es selbst oder das Andere (140 D 4 - 7). Das absolut Eine ist darum weder das Größte noch das Kleinste noch der Zusammenfall

---

[292] Vgl. Proklos, Theol. Plat. II 12, 72, 14 - 17.

[293] Vgl. Proklos, In Parm. 1210, 1 - 23. - Daß damit Platons Ansicht in der Tat getroffen ist, ergibt sich, wenn man Parm. 157 C - 158 B (das Andere hat - als Ganzes und in jedem seiner Teile - in Andersheit an dem absoluten Einen teil) mit dem Zeugnis bei Aristoteles, Eud. Eth. 1218 a 17 - 33 (die Ideen-Zahlen streben nach dem Einen, das so das Gute selbst ist) kombiniert. Die Sehnsucht der Dinge, so zu sein wie ihre Idee (Phaid. 75 A - B), wiederholt sich also im Verhältnis der Ideen zum Absoluten. - Wenn Aristoteles Metaph. 1072 b 3 sagt, Gott bewege ὡς ἐρώμενον, so dürfte das eine Reminiszenz an diese Theorie Platons sein.

[294] Vgl. die Platon-Referate bei Aristoteles, Eud. Eth. 1218 a 17 - 33 und Nik. Eth. 1094 a 3 und dazu Proklos, Elem. theol. prop. 13.

[295] Die für die Unendlichkeitsmetaphysik des Cusanus seit De docta ignorantia I 3 n. 9 zentrale Lehre von der Disproportionalität des Unendlichen gegenüber dem Endlichen geht also über Arist., De caelo 274 a 7 der Sache nach auf Parm. 140 B 6 - D 8 zurück.

beider, sondern jenseits aller Größenbestimmtheit überhaupt; seine absolute Transzendenz wird darum ebenso durch alle superlativischen Aussagen, die es als Größtes einem Geringsten entgegensetzen, verfehlt, wie durch alle komparativen Aussagen, die es als ein je immer Größeres auf ein Übertroffenes beziehen.[296] Das Eine selbst aber läßt sich nichts gegenüberstellen und mit nichts vergleichen; indem Platon ihm Gleichheit und Ungleichheit zugleich abspricht, hebt er es darum als das Unendliche (137 D 7) über jeden Vergleich, jeden Gegensatz und jedes Verhältnis hinaus. Es ist darum durchaus im Sinne Platons, wenn *Plotin* sagt: "Er (sc. das Eine) muß unendlich sein, und wenn Er unendlich ist, kann Er überhaupt keine Größe haben. Denn auch die Größe gehört zu dem Späteren . . . Seine Größe bedeutet vielmehr, daß nichts mächtiger ist als das Eine und daß nichts sich Ihm gleichstellen kann . . . Die Dimensionen der Ewigkeit und der Totalität (*τό τε εἰς ἀεὶ καὶ εἰς πάντα*) setzen dem Einen kein Maß, ohne daß dies ein Unmaß implizieren würde: denn wie könnte das Andere Es messen ?" (Plotin, VI 7, 32, 15 - 16. 19 - 23).

## § 3.9 Älter und Jünger: logisch-ontologische Priorität und Posteriorität (140 E 1 - 141 A 4).

In seiner Absolutheit herausgenommen aus allen Gegensätzen, liegt das überseiende Eine selbst
- (a) als das Überkategoriale über den kategorialen Urgegensatz von Selbigkeit und Andersheit hinaus,
- (b) als das Unbestimmbare über den bestimmungslogischen Urgegensatz von Ähnlichkeit und Unähnlichkeit hinaus und
- (c) als das Übergegensätzliche über den gegensatzlogischen Urgegensatz von Gleichheit und Ungleichheit hinaus.

Durch diese Transzendenz über die verschiedenen Gegensatzprinzipien - die letztlich die *Transzendenz über den Prinzipiengegensatz* von Peras und Apeiron, Einheit und Vielheit ist - ist das absolute Eine aus jedem logisch-ontologischen Verhältnis überhaupt herausgenommen. Das wesentlichste Verhältnis neben den verschiedenen Formen des Gegensatzes ist nun das Verhältnis der logisch-ontologischen *Priorität* und *Posteriorität* (*πρότερον - ὕστερον φύσει, πρεσβύτερον - νεώτερον*): es bestimmt die hierarchische Gliederung des Seienden im Ganzen; während die Gegen-

---

[296] Vgl. Proklos, In Parm. 1211, 20 - 1212, 4.

sätze die Totalität quasi horizontal gliedern, gliedern Priorität und Posteriorität das Sein quasi vertikal. *Früher und Später, Ursprünglich und Abgeleitet, "Älter" und "Jünger"* sind somit allgemeinste Strukturbestimmungen des Seienden; das Herausgenommensein des absoluten Einen aus jeder Priorität und Posteriorität, aus jedem Verhältnis von Grund und Begründetem ist darum Ausdruck seiner Seinstranszendenz: das Absolute steht *jenseits* der Hierarchie der Seinsstufen insgesamt.

A) Platon begründet die Transzendenz des Einen über Früher und Später durch folgende Argumentation: Das Eine kann unmöglich im Verhältnis zu irgendetwas älter (*πρεσβύτερον*) oder jünger (*νεώτερον*) oder von gleichem Alter sein (*τὴν αὐτὴν ἡλικίαν ἔχειν*) (140 E 1 - 2; vgl. 141 A 2 - 4). Denn wenn es mit sich selbst oder einem Anderen irgendwie gleichaltrig wäre, so müßte es an der Gleichheit der Zeit und damit an der Ähnlichkeit teilhaben (*ἰσότητος χρόνου καὶ ὁμοιότητος μεθέξει*, 140 E 3 - 4): Da die Zeit (*χρόνος*) ein einheitlicher Maßstab ist, so bedeutet Altersgleichheit eine gemeinsame Bestimmtheit, also ontologische Ähnlichkeit. Daß dem unbestimmbaren Einen aber weder Ähnlichkeit noch Gleichheit zukommen können, das ist schon bewiesen (140 E 4 - 5, vgl. 139 E 8 - 140 A 5, 140 C 4 - 7; s.o. 3.7 A und 3.8 B); dem Absoluten muß zufolge seiner Transzendenz über Ähnlichkeit und Gleichheit jede Altersgleichheit abgesprochen werden. -

Ebenso ist schon bewiesen, daß dem unbestimmbaren Einen Unähnlichkeit und Ungleichheit nicht zukommen können (140 E 6 - 7, vgl. 140 A 6 - B 3, C 8 - D 2; s.o. 3.7 B und 3.8 C). Älter-Sein und Jünger-Sein aber bedeuten offensichtlich eine Ungleichheit des Alters und insofern Bestimmungsverschiedenheit, also ontologische Unähnlichkeit. Zufolge seiner Transzendenz über Ähnlichkeit und Unähnlichkeit sowie über Gleichheit und Ungleichheit kann das Absolute mithin in keiner Weise älter oder jünger oder gleichaltrig im Verhältnis zu irgendetwas sein (140 E 7 - 141 A 2). Das Eine selbst kann also, wenn es in sich betrachtet wird, aufgrund seiner Unbestimmbarkeit und Übergegensätzlichkeit weder jünger noch älter noch gleichaltrig sein, weder im Verhältnis zu sich selbst noch im Verhältnis zu Anderem (141 A 2 - 4). Soweit die Argumentation Platons, die schon von den neuplatonischen Kommentatoren ganz unterschiedlich gedeutet worden ist.[297]

B) Unter den von Proklos aufgezählten Deutungen dieses Abschnitts findet sich eine, welche die ursprünglich zeitlichen Bestimmungen "älter",

---

[297] Vgl. den Überblick über die Auslegungen bei Proklos, In Parm. 1215, 16 - 1219, 9.

"jünger" und "gleichaltrig" auf die intellektuelle Folgeordnung bezieht, in welcher die reinen Bestimmungen (Ideen) gedacht werden:[298] "älter" ist immer die einfachere und allgemeinere Bestimmung, sie ist das Ursprünglichere und darum ontologisch Vorgeordnete; "jünger" ist immer die speziellere und aus mehreren Gliedern bestehende Bestimmung, sie ist das Abgeleitete und darum ontologisch Nachgeordnete; "gleichaltrig" sind die in der Ableitung gleichursprünglichen und darum ontologisch gleichgeordneten Bestimmungen (z.B. die Glieder eines Gegensatzes).

Wir können diese Interpretation mit einiger Wahrscheinlichkeit *Jamblich* zuweisen;[299] dieser aber verfügte bekanntlich über ausgezeichnete altakademische Quellen: Speusipp und die publizierten Schriften des Aristoteles.[300] Jamblichs Deutung auf die Folgeordnung in der gedanklichen Ableitung der Bestimmungen, also auf ihre logische und - da die Einheit von Denken und Sein immer vorausgesetzt ist - zugleich ontologische Priorität und Posteriorität, wird jedenfalls dadurch bestätigt, daß Aristoteles die entsprechende Lehre ausdrücklich Platon zuschreibt: *πρότερα καὶ ὕστερα λέγεται ἔνια μὲν ὡς ὄντος τινὸς πρώτου καὶ ἀρχῆς ἐν ἑκάστῳ γένει τῷ ἐγγύτερον ἀρχῆς . . . τὰ δὲ κατὰ φύσιν καὶ οὐσίαν* sc. *λέγεται πρότερα καὶ ὕστερα, ὅσα ἐνδέχεται εἶναι ἄνευ ἄλλων, ἐκεῖνα δὲ ἄνευ ἐκείνων μή· ᾗ*

---

298 Bei Proklos, In Parm. 1216, 37 - 1217, 13.

299 So J.M. Dillon, *Proclus' Commentary on Plato's Parmenides*, 559 Anm. 82 unter Berufung auf Jamblichs Theorie der intellektuellen Zeit (bei Simplikios, In Phys. 792, 20 ff.). Dazu die Sammlung der einschlägigen Zeugnisse (vor allem aus Simplikios' Kategorienkommentar) bei S. Sambursky und S. Pines, *The Concept of Time in Late Neoplatonism*, Jerusalem 1971, 26 - 46 und Jamblich, In Tim. Fr. 63 Dillon mit Dillons Note ad. loc.. Zur Interpretation S. Sambursky, *Der Begriff der Zeit im Späten Neuplatonismus*, in: *Die Philosophie des Neuplatonismus* (WdF Bd. 436), 475 - 495. - Jamblichs - wahrscheinlich auf altakademische Quellen zurückgehende - Theorie der intellektuellen Zeit wurde weiterentwickelt von Damaskios (Belege bei Sambursky - Pines, *The Concept of Time*, 64 - 92). - Dazu auch E. Sonderegger, *Simplikios: Über die Zeit. Ein Kommentar zum Corollarium de tempore*, Göttingen 1982, bes. 119 ff.

300 Aus Jamblichs "Protreptikos" läßt sich die gleichnamige Schrift des Aristoteles rekonstruieren, er enthält außerdem Fragmente aus den Dialogen "Peri philosophias", "Eudemos" und "Politikos". Umfangreiche Auszüge aus Speusipp sind erhalten bei Jamblich, De communi mathematica scientia IV 15, 6 ff. (= Fr. 72, 88 Isnardi P.) und Theologoumena arithmeticae 82, 10 ff. (= Fr. 4 Lang = 11 Isnardi P. = 28 Tarán), neben Fr. 48 Tarán die beiden einzigen im Wortlaut erhaltenen Fragmente Speusipps. Die Neuerungen, die Jamblich in Metaphysik und Platon-Kommentierung des Neuplatonismus einführte, lassen sich zumindest teilweise von Speusipp her erklären. Zu diesen Querverbindungen Ph. Merlan, *From Platonism to Neoplatonism* ($^{2}$1960).

*διαιρέσει ἐχρῆτο Πλάτων* (Metaph. 1018 b 9 - 10. 1019 a 2 - 4 = Test. Plat. 33a).[301] Aristoteles weist hier auf das entscheidende Kriterium für logisch-ontologische Priorität hin, das Platon aufgestellt hat: das *Mitaufgehobensein* (*συναναιρεῖσθαι*) der jeweils abgeleiteten mit der ursprünglicheren und allgemeineren Bestimmung, dem das *Nichtmitaufgehobensein* (*μὴ συναναιρεῖσθαι*) der allgemeineren Bestimmung mit den von ihr abgeleiteten spezielleren Bestimmungen entspricht; so kann z.B. der Inhalt der Gattung unabhängig von den Arten, in die sie sich besondern läßt, für sich allein gedacht werden und bestehen, der Inhalt der Art aber nicht ohne die übergeordnete Gattung, die zu ihrer Bestimmung gehört.[302] Das Allgemeinere und in der gedanklichen Ableitung Ursprünglichere ist darum für Platon immer das *dem Sein nach Frühere* (*πρότερον κατὰ φύσιν καὶ οὐσίαν*) und das *an Seinsrang Vorgeordnete* (*πρεσβύτερον*),[303] allgemeiner und ursprünglicher ist aber immer das Einfachere und aus weniger Bestimmungsmomenten Zusammengesetzte: *τὰ γὰρ ἁπλούστερά τε καὶ μὴ συναναιρούμενα πρῶτα τῇ φύσει* (Alexander, In Met. 55, 22 - 23 = Test. Plat. 22 B; vgl. Aristoteles, Metaph. 1059 b 34 - 35 zu 1060 a 1: *μᾶλλον ἀρχὴ τὸ ἁπλούστερον τοῦ ἧττον τοιούτου . . . ἀρχὴ γὰρ τὸ συναναιροῦν*). *Das Kriterium des μὴ συναναιρεῖσθαι erweist somit die größere Einfachheit als den Grund der ontologischen Überordnung.* Einfachheit ist also das Strukturprinzip der Platonischen Hierarchie, die von oben nach unten die Entfaltung der Einheit in die Vielheit ist, und zwar so, daß jede Vielheit in ihrem Sein von der übergeordneten Einheit abhängt, diese aber als solche unabhängig von der abgeleiteten Vielheit für sich selbst

---

301 Vgl. dazu Divisiones Aristoteleae Cod. Marc. § 65 Mutschmann p. 64: *φύσει δέ ἐστι πρότερον οἷον ἥ τε μονὰς τῆς δυάδος καὶ τὸ μέρος τοῦ ὅλου καὶ τὸ γένος τοῦ εἴδους, καὶ ἁπλῶς ὅσα αὐτὰ ἀλλήλοις μὴ συναναιρεῖται, τούτων τὸ μὲν συναναιροῦν πρότερόν ἐστι, τὸ φύσει δὲ συναναιρούμενον ὕστερον· οἷον τῆς μονάδος ἀναιρεθείσης δυὰς ἀναιρεῖται, δυάδος δὲ ἀναιρεθείσης οὐδὲν κωλύει μονάδα εἶναι· πρότερον τοίνυν τῇ φύσει μονὰς δυάδος*. Vgl. auch Aristoteles, Eud. Ethik 1217 b 11 - 13: *ἀναιρουμένου γὰρ τοῦ μετεχομένου ἀναιρεῖσθαι καὶ τὰ μετέχοντα τῆς ἰδέας, ἃ λέγεται τῷ μετέχειν ἐκείνης, τὸ δὲ πρῶτον τοῦτον ἔχειν τὸν τρόπον πρὸς τὸ ὕστερον*. Vgl. auch den Kontext 1217 b 6 - 16 mit der Anwendung auf das Verhältnis von Idee und Ideaten.

302 Vgl. Aristoteles, Topik 141 b 22 - 29; Div. Arist. Cod. Marc. § 65 Mutschmann; Sextus Emp. X § 269. Auch Arist. Metaph. 1059 b 27 - 1061 a 1, 1071 a 34 - 35, Topik 123 a 13 - 15.

303 Zu diesem das Denken Platons durchgängig bestimmenden Grundzug (von einem neuscholastisch-aristotelischen Standpunkt aus) P. Wilpert, *Zwei aristotelische Frühschriften*, 148 - 157.

ist.[304] Diese prinzipientheoretische Bestimmung des Verhältnisses von Einheit und Vielheit aber legt die metaphysische Rangfolge und das ontologische Abhängigkeitsverhältnis in allen Seinsbereichen fest; überall ist das Einfachere und Frühere der Grund des Mannigfaltigen und Späteren, selbst aber von diesem unabhängig: *αἴτιά τε μᾶλλον τὰ πρότερα τῶν ὕστερων· ἐκείνων γὰρ ἀναιρουμένων ἀναιρεῖται τὰ τὴν οὐσίαν ἐξ ἐκείνων ἔχοντα, μήκη μὲν ἀριθμῶν, ἐπίπεδα δὲ μηκῶν, στερεὰ δὲ ἐπιπέδων, στοιχείων δὲ αἱ ὀνομαζόμεναι συλλαβαί* (Aristoteles, Protreptikos Fr. 5 Ross p. 32 = Test. Plat. 34 = Jamblich, Protreptikos cap. 6). Darum ist in jedem Seinsbereich das Einfachste immer das Prinzip dieses Seinsbereiches: *τὸ γὰρ ἁπλούστατον πανταχοῦ στοιχεῖον εἶναι* (Speusipp, Fr. 88 Isnardi P. = Jamblich, De comm. math. sc. IV 17, 12 f.).

C) Daß dieser ontologische Sinn von früher und später (*πρότερον καὶ ὕστερον κατὰ φύσιν καὶ οὐσίαν*) auch im "Parmenides" maßgebend ist,[305] beweist die Zweite Hypothese (153 A - E): Das seiende Eine ist älter und ursprünglicher als alle anderen Ideen, weil es ihr Prinzip ist. Denn alle folgenden Bestimmungen sind schon durch Zahl und Vielheit bestimmt; sie sind von dem ursprünglichen seienden Einen dadurch unterschieden, daß sie ihm gegenüber eine Mehrheit von Bestimmungen aufweisen;[306] jede Vielheit aber bemißt sich als Mehrzahl an dem Einen und setzt es damit schon voraus (153 A 1 - 5). Denn im Bereich der Zahl ist immer das Kleinere und Einfachere in der Ableitung früher (*γίγνεσθαί τε καὶ γεγονέναι πρότερον*, A 6) als das Größere und Mannigfaltigere.[307] Also ist das Einfachste und Kleinste - das eben ist das Eine - das Prinzip alles zahlenhaft Bestimmten, d.h. aller Ideen (153 A 5 - B 3). Das Prinzip aber besitzt immer die ontologische Priorität (153 B 4: *πρῶτον δέ γε οἶμαι γεγονὸς πρότερον γέγονε*) und demzufolge ist das seiende Eine ursprünglicher als alle anderen Ideen (*τὸ δὲ ἓν πρεσβύτερον τῶν ἄλλων*, B 7), während die anderen Ideen aufgrund ihrer ontologischen Posteriorität (*τὰ δὲ ἄλλα ὕστερον, τὰ δ' ὕστερον γεγονότα νεώτερα τοῦ πρότερον γεγονότος,*

---

[304] Vgl. die von Proklos, Elem. theol. prop. 1 - 6 formulierten Grundaxiome der Einheitsmetaphysik sowie Alexander über die Reduktion zu den höchsten Prinzipien bei Platon: *πάντα γὰρ ἐπειρᾶτο ὡς εἰς ἁπλούστατα ταῦτα ἀνάγειν* (In Metaph. 56, 15).

[305] Proklos läßt die Aristotelischen Zeugnisse unberücksichtigt, sonst könnte er nicht die Interpretation Jamblichs zurückweisen und den Zeitabschnitt im Anschluß an Syrian auf die Seele beziehen (In Parm. 1217, 13 - 1219, 9).

[306] Parm. 153 A 3 f.: . . . *ἕτερα δὲ ὄντα πλείω ἑνός ἐστι καὶ πλῆθος ἂν ἔχοι*. - Vgl. 157 C - 158 B.

[307] Vgl. die genaue Parallele Div. Arist. Cod. Marc. § 65; oben Anm. 301.

B 4 - 6) jünger als das Eine sind (*τἆλλα νεώτερα τοῦ ἑνός*, B 6) (153 B 4 - 7). Früher und Später haben hier also die gleiche logisch-ontologische Bedeutung wie in den Berichten über die Prinzipienlehre, die auch die Stellung des *ἓν ὄν* als *πρῶτον τῇ φύσει* aller Ideen bezeugen (bes. Arist. Metaph. 1059 b 28 - 31: *τό τε ὂν καὶ τὸ ἕν . . . μάλιστ' ἂν ὑποληφθείη περιέχειν τὰ ὄντα πάντα καὶ μάλιστα ἀρχαῖς ἐοικέναι διὰ τὸ εἶναι πρῶτα τῇ φύσει· φθαρέντων γὰρ αὐτῶν συναναιρεῖται καὶ τὰ λοιπά· πᾶν γὰρ ὂν καὶ ἕν*).

Das seiende Eine ist ferner auch jünger und ontologisch später als die anderen Ideen, wenn es nämlich nicht als das Prinzip und Element der Ideen und Zahlen betrachtet wird, sondern als die aus diesem Prinzip hervorgegangene Totalität des Ideenkosmos in seiner Vollendung (153 C 1 - 5). Denn als intelligible Totalität und Inbegriff aller Ideen ist das seiende Eine in sich selbst ein Resultat, ähnlich wie die absolute Idee in Hegels Logik, denn es umfaßt alle Ideen als die Teile und Momente seiner vollendeten Ganzheit und Einheit in sich und setzt sie darum zur Erfüllung seiner Ganzheit alle schon voraus (153 C 5 - 7).[308] Denn die vollen-

[308] Vgl. auch dazu Div. Arist. Cod. Marc. § 65: *φύσει δέ ἐστι πρότερον . . . τὸ μέρος τοῦ ὅλου . . . καὶ τοῦ μέρους ἀναιρεθέντος τὸ ὅλον ἀναιρεῖται, τοῦ δὲ ὅλου μὴ ὄντος οὐδὲν κωλύει τὸ μέρος εἶναι.* Ähnlich Arist. Metaph. 1017 b 17 - 21 = Test. Plat. 33 b: *ἔτι ὅσα μόρια ἐνυπάρχοντά ἐστιν ἐν τοῖς τοιούτοις ὁρίζοντά τε καὶ τόδε τι σημαίνοντα, ὧν ἀναιρουμένων ἀναιρεῖται τὸ ὅλον* (es folgt als Beispiel die dimensionale Reduktion von den Körpern zu den Zahlen). - Ebenso wie das Verhältnis des allumfassenden seienden Einen zu den einzelnen Ideen kann allgemein das Verhältnis von umfassenden Gattungen und letzten, unteilbaren Arten entweder elementarisierend oder generalisierend betrachtet werden, so daß im ersten Fall das Atomon Eidos, im zweiten das Genos das ontologisch Erste ist: z.B. Arist. Metaph. 1059 b 35 - 39: *τὰ δ' ἔσχατα τῶν ἐκ τοῦ γένους ἁπλούστερα τῶν γενῶν (ἄτομα γάρ, τὰ γένη δ' εἰς εἴδη πλείω καὶ διαφέροντα διαιρεῖται), μᾶλλον ἂν ἀρχὴ δόξειεν εἶναι τὰ εἴδη τῶν γενῶν. ᾗ δὲ συναναιρεῖται τοῖς γένεσι τὰ εἴδη, τὰ γένη ταῖς ἀρχαῖς ἔοικε μᾶλλον.* - Während in Platons Dialektik generalisierendes und elementarisierendes Denken miteinander in ausgewogener Weise verbunden sind, kam es durch Speusipps einseitige Verabsolutierung der elementarisierenden Betrachtungsweise in der nachplatonischen Akademie zu einer ontologischen Entmächtigung des Allgemeinen, in deren Zug entweder das individuell Einzelne (Speusipp, Aristoteles in der "Kategorienschrift") oder das Atomon Eidos (Xenokrates, Aristoteles in den Substanzbüchern der "Metaphysik") gegenüber den allgemeineren Bestimmungen als das primär Seiende erscheint, da es als nicht weiter dihairetisch Aufteilbares die größere Einfachheit besitzt; die ontologische Umorientierung erfolgt also im Rahmen der Einheitsmetaphysik. Zu diesen Zusammenhängen, die aufgrund eines neu aufgefundenen Xenokrates-Fragmentes jetzt übersehbar sind,

dete Totalität ist immer das in der Ableitung Letzte und insofern Späteste (153 C 8: *τελευτὴ δέ γε οἶμαι ὕστατον γίγνεται*); in seiner Vollendetheit als Totalität gedacht, ist darum das seiende Eine das logisch und ontologische Späteste von allem (*ὕστατον τῶν ἄλλων*, D 2 f.); insofern ist das Eine in seiner allumfassenden Ganzheit jünger als alle anderen Bestimmungen (*νεώτερον ἄρα τῶν ἄλλων τὸ ἕν ἐστι, τὰ δ' ἄλλα τοῦ ἑνὸς πρεσβύτερα*, D 3 f.), die ihm in der Ableitung vorangehen und so älter als das Eine sind (153 C 8 - D 4).

So ist das seiende Eine als das letzte Element aller Ideen und Zahlen das einfache Prinzip, aus dessen Selbstentfaltung alle anderen Ideen erst hervorgehen (vgl. 142 B ff.); in einem zweiten Sinne ist es das Resultat dieses Entfaltungsprozesses als die Totalität aller Ideen und das allgemeinste, umfassendste Genos, das alle Ideen als seine Momente in sich umgreift. Seine Einheit hat darum im ersten Sinne die Bedeutung des Einfachsten (vgl. 153 A 7: *τὸ ὀλίγιστον ἄρα πρῶτον· τοῦτο δ' ἔστι τὸ ἕν*), das allen mannigfaltigeren und komplexeren Bestimmungen vorausgeht, im zweiten Sinne dagegen die Bedeutung der Ganzheit und Vollendung (vgl. *ἕν τε καὶ ὅλον*, C 7; *τελευτή*, C 8), deren höchster Komplexität alle einzelnen Bestimmungen bereits vorausgehen müssen. Die Einheit, deren Macht jede Vielheit übergreift, ist somit das schlechthin Kleinste und das schlechthin Größte zugleich und wird nur im Zusammenfallen der Gegensätze erkannt.[309] Diese Koinzidenz des schlechthin Größten mit dem schlechthin Kleinsten im seienden Einen kommt dadurch zustande, daß Platon die Einheit gleichermaßen als letztes Element wie als umfassendstes Genos aller Ideen auffaßt, so daß das seiende Eine Prinzip der Ideen zugleich als das Einfachste und als das Allgemeinste ist, wie auch Aristoteles bezeugt (Metaph. 1084 b 13 - 32; das Referat unterscheidet exakt die gleichen Bedeutungen von Einheit wie Parm. 153 A - 154 A).

In einem dritten Sinne endlich bedeutet das seiende Eine auch die in jedem einzelnen Seinsgehalt (jeder Idee) als seine Bedingung mitgedachte Einheit; denn was immer gedacht wird, wird eben damit, daß es gedacht wird, notwendig schon als Einheit gedacht, weil Einheit die Bedingung seiner Denkbarkeit und seines Seins ist (*ἀρχὴν ἢ ἄλλο μέρος ὁτιοῦν τοῦ*

---

umfassend H.J. Krämer, *Aristoteles und die akademische Eidoslehre. Zur Geschichte des Universalienproblems im Platonismus*, AGPh 55 (1973), 119 - 190.

309 Vgl. damit den Koinzidenzbegriff des Cusanus, De docta ign. I cap. 4 - 5; nn. 11 - 14, bes. n. 11, 12 ff. und n. 13, 28 ff. (Wilpert). Zur Herkunft des Gedankens aus dem "Parmenides" (Zwischenquelle: Ps.-Dionysius Areopagita, De div. nom. 9 § 2) G. von Bredow, *Platonismus im Mittelalter*, Freiburg 1972, 69 ff.

*ἑνὸς ἢ ἄλλου ὁτουοῦν, ἐάνπερ μέρος ᾖ ἀλλὰ μὴ μέρη, οὐκ ἀναγκαῖον ἓν εἶναι, μέρος γε ὄν;* 153 D 5 - 7).[310] In diesem Sinne ist das seiende Eine weder früher noch später als die anderen Bestimmungen, sondern als ihr notwendiger Einheitscharakter (vgl. *ἀναγκαῖον ἓν εἶναι*, 153 D 7) mit jeder einzelnen Bestimmung zugleich (*ἅμα*, ebd. D 8, E 1) oder gleichursprünglich mit ihr gedacht.[311] So verstanden, steht die Einheit nicht mehr nur als Prinzip am Anfang der Entfaltung des Seins und nicht mehr nur als Totalität an ihrem Ende, sondern sie ist mit jedem einzelnen Moment dieses Entfaltungsprozesses zugleich: *τὸ ἓν ἅμα τε τῷ πρώτῳ . . . καὶ ἅμα τῷ δευτέρῳ καὶ οὐδενὸς ἀπολείπεται τῶν ἄλλων* (153 D 8 - E 1).[312] Denn die Einheit ermöglicht jede Phase in der Entfaltung des Intelligiblen vom einfachen Ursprung bis zur allumfassenden Vollendung, d.h. vom anfänglichen seienden Einen bis zur Totalität des Ideenkosmos, ohne eine einzige auszulassen (153 D 8 - E 4). Insofern ist das seiende Eine mit allen anderen Ideen gleichaltrig, nämlich weder früher noch später in der Ableitung, sondern zugleich (153 E 5 - 7).

Platon versteht also das seiende Eine oder Einheit als Prinzip der Ideen in der Zweiten Hypothesis in drei verschiedenen Bedeutungen, die alle für Platon auch innerakademisch belegt sind: nämlich 1. als Einfachstes und Element aller Ideen, 2. als Allgemeinstes und umfassendes Ganzes aller Ideen und 3. als Einzelnes und Einheitsmoment einer jeden Idee (vgl. Arist. Metaph. 1084 b 13 - 15: *πῶς οὖν ἀρχὴ τὸ ἕν; ὅτι οὐ διαιρετόν, φασίν· ἀλλ' ἀδιαίρετον καὶ τὸ καθόλου καὶ τὸ ἐπὶ μέρους καὶ τὸ στοιχεῖον*).

Das seiende Eine ist demgemäß im Verhältnis zu den anderen Ideen sowohl ursprünglicher (wenn es als ihr einfachstes Prinzip genommen wird) als auch abgeleitet (wenn es als ihre umfassende Ganzheit und Totalität genommen wird) als auch mit jeder von ihnen gleichursprünglich (wenn es als der in jeder einzelnen Idee gedachte Einheitscharakter genommen wird) (154 A 1 - 4). Ebenso ist jede Idee im Verhältnis zum seienden Einen zugleich abgeleitet, ursprünglicher und gleichursprünglich

---

[310] Auch diese Bedeutung der Einheit ist innerakademisch belegt: Aristoteles, Met. 1016 b 20 f.: *ἀρχὴ οὖν τοῦ γνωστοῦ περὶ ἕκαστον τὸ ἕν*. Vgl. Sextus Emp. X §§ 260 - 262.

[311] Vgl. Parm. 144 C 4 - 5: *ἀλλ' εἴπερ γε οἶμαι ἔστιν ἀνάγκη αὐτὸ ἀεί, ἕωσπερ ἂν ᾖ, ἓν γέ τι εἶναι.*

[312] Vgl. die genaue Parallele Parm. 144 C 6 - 8: *πρὸς ἅπαντι ἄρα τῷ τῆς οὐσίας μέρει πρόσεστιν τὸ ἕν, οὐκ ἀπολιπόμενον οὔτε σμικροτέρου οὔτε μείζονος μέρους οὔτε ἄλλου οὐδενός.*

(ebd.). Da nun aber jede Idee ein Moment im Prozeß der Selbstentfaltung des seienden Einen darstellt und insofern dieses selbst ist, steht das seiende Eine *zu sich selber* im Verhältnis zugleich der Priorität, der Posteriorität und der Simultaneität (vgl. 151 E 3 - 6).

D) Nachdem sich die für Platon innerakademisch bezeugte prinzipientheoretische Bedeutung von *πρότερον* und *ὕστερον* (*πρεσβύτερον* und *νεώτερον*) bei der Interpretation der positiven Bestimmungen der Zweiten Hypothese bestätigt hat, lassen sich von da aus auch die entsprechenden Negationen der Ersten Hypothese genauer verstehen: Sie besagen dann das Herausgenommensein des absoluten Einen aus allen Verhältnissen logisch-ontologischer Priorität, Posteriorität und Simultaneität. Denn diese Bestimmungen der Sinnfolge und zugleich der Seinsfolge lassen sich nur auf das Seiende sinnvoll beziehen, vor der Seinstranszendenz des Absoluten verlieren sie ihren Sinn. *Das Eine selbst steht jenseits der Seinsordnung im Ganzen*; wir verfehlen daher seine *absolute* Transzendenz, wenn wir sie als ontologische Priorität relativ zu dem Späteren denken und von daher bestimmen. Denn jede Priorität bleibt als graduelle Überordnung dem Beziehungsganzen des Seins immanent. Die Seinstranszendenz des Einen aber bedeutet seine *absolute* und in ihrem Übermaß (*ὑπερβολή*, Politeia 509 C 1) unbestimmbare Ursprünglichkeit: *ἐπέκεινα τῆς οὐσίας πρεσβείᾳ καὶ δυνάμει ὑπερέχον* (Politeia 509 B 9 f.).

Zufolge seiner Seinstranszendenz sind dem Einen selbst alle Bestimmungen unangemessen, die es in ein Verhältnis zum Seienden setzten; denn das Absolute steht in keinem Verhältnis. Das Eine als solches ist darum dem Seienden weder vor- noch nachgeordnet, noch ist das absolut Einfache in ursprünglichere und abgeleitete Aspekte unterschiedbar wie das seiende Eine. Wenn Platon aber besonders hervorhebt, daß dem absoluten Einen nichts gleichursprünglich sein kann (vgl. 140 E 2 - 5),[313] so impliziert dies auch, daß die unbestimmte Zweiheit dem Einen selbst *nicht* gleichursprünglich gegenübersteht.[314] Mit der Entgegensetzung zweier

---

[313] Nur für diese Negation wird der Beweis voll durchgeführt, für die Negation von *πρεσβύτερον* und *νεώτερον* wird 140 E 6 f. nur die Prämisse genannt.

[314] Vgl. auch Speusipps bemerkenswerte terminologische Unterscheidung: "*Le unum enim melius ente putantes... et ab ea que secundum principium habitudine ipsum liberaverunt... interminabilem dualitatem entium principium induxerunt*" (Proklos, In Parm. VII 40, 1 - 5). Dem Absoluten wird hier aufgrund seiner Seinstranszendenz sogar die Bestimmtheit als Prinzip abgesprochen, wie sie der unbestimmten Zweiheit zukommt. Dieselbe Konsequenz liegt in der Transzendenz des Einen über die *πρότερον - ὕστερον*-Relation. Daß die unbestimmte Zweiheit dem Einen selbst nicht gleichursprünglich sein kann,

Prinzipien, deren Zusammenwirken die Über- und Unterordnungsverhältnisse des Seienden begründet, sind wir vielmehr schon beim seienden Einen.

## § 3.10 Zeit und Ewigkeit (141 A 5 - E 7).

Wenn das Eine in seiner absoluten Transzendenz allen Verhältnissen der Priorität, der Posteriorität und der Simultaneität entnommen ist, so kann es überhaupt nicht in der Zeit sein (141 A 5 - 6; vgl. D 4 - 5); als der absolute, Allem enthobene Urgrund ist das Eine selbst auch frei von Zeit.

A) Entsprechend der prinzipientheoretischen, zugleich logischen und ontologischen Bedeutung von Früher und Später, Älter und Jünger ist nun die *Zeit* (*χρόνος*), der das Eine in seiner Seinstranszendenz entnommen ist, nicht die phänomenale Zeit der sinnenfälligen Welt, der die unwandelbare, immer in der Einheit verharrende Ewigkeit *(αἰών)* entgegengesetzt ist (vgl. Tim. 37 D 1 - 38 B 5), sondern sie ist die *Ewigkeitszeit der intelligiblen Welt*,[315] die *primäre* oder *intellektuelle Zeit* gemäß der Deutung Jamblichs. Diese intellektuelle, primäre Zeit aber ist das Prinzip der Ordnung des Intelligiblen. "Die wesentlichste Eigenschaft der Zeit ist Ordnung . . . Zeit ist das Früher und Später in der intellektuellen Ordnung, die erste Ursache aller sekundären Ursachen auf den verschiedenen

---

ergibt sich ferner schon daraus, daß die ἀόριστος δυάς selber Einheitscharakter hat (Arist. Metaph. 1087 b 9 - 12 = Test. Plat. 49) und somit nach dem Kriterium des μὴ συναναιρεῖσθαι das Eine als ursprünglicheres Prinzip voraussetzt.

[315] Der entscheidende Durchbruch in diese Richtung gelang G. Huber, *Platons dialektische Ideenlehre nach dem zweiten Teil des Parmenides*, Basel 1952, 62 - 80. Vgl. dort 62: "Trotz des Gewichtes der ganzen Tradition seitherigen Platonverständnisses darf man sich nicht leichthin aus dem 'Timaios' (37 D 1 - 38 B 5) den selbstverständlichen Gegensatz von Zeit und Ewigkeit in dem Sinne vorgeben lassen, daß die Idee als zeitlose jeder Zeitlichkeit von vornherein enthoben sei. Es bleibt die Möglichkeit, daß die Ewigkeit der Idee selber eine Weise von Zeitlichkeit ist, die zwar zur phänomenalen Zeit in Gegensatz steht, aber darum noch lange nicht Zeitlosigkeit bedeutet. Platon versteht im 'Parmenides' die 'Zeit' in einem so umfassenden Sinne, daß sie ihm offenbar mit Seinsbestimmtheit überhaupt koextensiv ist."

hypostatischen Ebenen."[316] Die intellektuelle Zeit hat mit der phänomenalen dies gemeinsam, daß sie eine Ordnung des Früher und Später ist; insofern ist sie deren Urbild. Diese Ordnung aber ist in der intelligiblen Welt nicht das Nacheinander der zeitlichen Sukzession, sondern sie ist das ewige Nebeneinander der Wesenheiten in der Simultaneität ihrer metaphysischen Rangfolge, die sich in der Folgeordnung der denkenden Ableitung der Bestimmungen vom anfänglichen seienden Einen bis zum Atomon Eidos manifestiert; denn diese Deduktionsfolge meint keine zeitliche, sondern eine prinzipielle Abfolge: die Seinsordnung in ihrer ewigen Simultaneität. Im Zuge der denkenden Bestimmung der Idee gehen die ursprünglicheren Bestimmungen nicht vorüber, sondern sie sind in den späteren Bestimmungen, die ohne sie nicht gedacht werden können, mitanwesend,[317] so daß die Idee erst in der Simultaneität aller Bestimmungsmomente wirklich "sie selbst" ist. Die Zeit der intelligiblen Welt ist darum "intellektuelle Zeit" (*νοερὸς χρόνος*), weil sie wesenhaft diese Ordnung der denkenden Bestimmung der Ideen ist. Wir kennen sie aus der Selbsterfahrung des Denkens: denn im Denken haben wir immer das Gedachte als ganzes simultan präsent, auch wenn wir es diskursiv in seine Momente auseinanderlegen. Ohne diese Simultaneität von Noesis und Dianoia, welche allererst ermöglicht, die unterschiedenen Momente immer erneut in die Einheit des Ganzen zu integrieren, gäbe es keine

---

[316] S. Sambursky, *Der Begriff der Zeit im späten Neuplatonismus*, 486 - 487. Vgl. Jamblich, In Plat. Tim. Fr. 63 Dillon = Simplikios, In Phys. 794, 2 ff. D.: "Auch wir geben zu, daß es eine Ordnung der Zeit gebe, nicht aber als geordnete, sondern als *ordnende* . . . Das Vorher und Nachher setzen wir aber nicht gemäß den Übergängen der Bewegungen, noch nach den Entfaltungen des Lebens, noch nach den Verläufen des kosmischen Werdens, noch nach etwas anderem derartigen, sondern wir bestimmen es nach der Führung der Gründe und nach ihrer kontinuierlichen Verflechtung der Erzeugungen und nach der erstlich wirkenden Energeia und der vollendenden Dynamis der Bewegung und nach all dergleichen. Wir sagen also, daß die Zeit . . . nicht zusammen mit der von der Psyche ausgehenden Bewegung und Leben erzeugt wird, *sondern von der vom Demiurgen ausgehenden gedanklichen Diakosmesis. Denn mit dieser zusammen besteht in ihm (sc. dem Demiurgen) sowohl die Zeit als auch der Kosmos.*" (Übers. E. Sonderegger). Jamblich versteht die primäre oder intellektuelle Zeit also als die die Weltordnung präformierende Ordnung der Ideen im Denken des weltgestaltenden Gottes. Zur Stellung des Demiurgen im System Jamblichs im einzelnen W. Deuse, *Der Demiurg bei Porphyrios und Jamblich*, in: *Die Philosophie des Neuplatonismus*, 238 - 278. - Die folgende Interpretation versucht, Jamblichs Konzept der intellektuellen Zeit für das Verständnis des Zeitbegriffs im "Parmenides" fruchtbar zu machen.

[317] Hegels dialektischer Begriff des "Aufgehobenseins" bietet hierzu eine gewisse Analogie. Vgl. *Wissenschaft der Logik*, 1. Teil, 93 - 95 (Lasson).

Dialektik;[318] denn sonst wäre die diskursive Zergliederung der in der Noesis gegebenen Ganzheit ein Auseinanderfall in eine beziehungslose Mannigfaltigkeit von Teilen, so daß die Einheit des Bestimmungsganzen im Vollzug seiner Explikation gerade verschwände.

Durch das Moment der Diskursivität aber, das die intellektuelle Zeit neben der noetischen Simultaneität enthält, bleibt sie von der Ewigkeit noch unterschieden; denn die *Ewigkeit* verharrt unbewegt immer im Einen (Tim. 37 D 6: *μένοντος αἰῶνος ἐν ἑνί*), sie ist das reine Sein (vgl. Tim. 37 E 6: *τὸ ἔστιν μόνον*) in seiner Einheit *vor* aller Explikation. Dagegen ist die intellektuelle Zeit die denkende Entfaltung des in der Ewigkeit in Einheit eingefalteten Seins in die simultane Ordnung seiner Bestimmungsmomente, welche jede mögliche Aufeinanderfolge in phänomenaler Zeit in der Simultaneität des Ordnungsganzen präformiert.[319] Intellektuelle Zeit ist so das Leben der Ideen im Ordnungsganzen des intelligiblen Seins.

Das denkende Bestimmen einer jeden Idee durch die systematische Explikation ihrer Beziehungen zu allen anderen Ideen, die ihr entweder vor-, nach- oder gleichgeordnet sind (vgl. Soph. 253 D - E), versetzt die Seinsordnung in eine Bewegung, bei der das Vorher und das Nachher in der Seinshierarchie in eine dynamische Beziehung zueinander treten, welche die Entfaltung der Idee von ihren ersten Prinzipien bis zu ihrer vollendeten Bestimmtheit gleichsam abrollen läßt, aber ohne zeitliche Sukzession, auf einmal - mit dem Bild des Damaskios: wie wenn wir das Strömen eines Flusses von der Quelle bis zur Mündung anhalten und in seiner Simultaneität betrachten könnten.[320] Anders als die einseitig fortschrei-

---

318 Damaskios verweist auf die Synthesis unseres Bewußtseins als Analogon der intellektuellen Zeit; Belege bei Sambursky-Pines, *The Concept of Time in Late Neoplatonism*, 64 - 92. "Bei der begrifflichen Integration eines langen Zeitabschnitts und seiner Fusion zu einer Einheit, die sich im Ruhezustand befindet, erfaßt unsere Seele etwas von dem gleichzeitigen Wesen der intelligiblen Zeit" (Sambursky, *Der Begriff der Zeit*, 493).

319 Vgl. dazu G. Huber, *Platons dialektische Ideenlehre*, 122 - 123 Anm. 70.

320 "Damaskios vergleicht die intellektuelle Zeit mit der Ausdehnung eines Flusses von der Quelle bis zur Mündung, die man in einem bestimmten Augenblick als in Ruhe befindlich betrachten kann, oder mit der Erscheinung der Gesamtheit eines Flusses, könnte man sein Fließen anhalten. Dann wäre es möglich, den ganzen Fluß als eine einzige Einheit im Zustande der Ruhe wahrzunehmen, als ein gleichzeitiges Nebeneinander seiner Ausdehnung, aus der der tatsächliche Fluß sich herleitet, dessen sämtliche Teile nacheinander fließen und ausströmen. Auf dieselbe Weise, wie die gleichzeitige Ausdehnung des ganzen Flusses, dessen Fließen angehalten wurde, die ontologische Basis für die fließenden Wasser

tende Sukzessionszeit strömt die intellektuelle Zeit aber in die beiden Richtungen des ontologisch Früheren und des ontologisch Späteren zugleich, insofern die Idee im Zuge ihrer denkenden Bestimmung immer zugleich in die unter ihr begriffenen Arten entfaltet und auf die ihr übergeordneten Gattungen zurückgeführt wird. Diese amphibolische Bewegung der intellektuellen Zeit aber kommt der Idee an ihr selbst zu; denn der Beziehungszusammenhang der Ideen im Ideenganzen, ihre intelligible Bewegtheit, ist als höchstes Leben an sich selbst Denken (vgl. Soph. 248 E ff.); die Bestimmung der Idee durch die Zurückführung auf die übergeordneten Gattungen und die Entfaltung in die untergeordneten Arten wird daher *nicht von uns* an sie herangetragen, sondern ist *ihr eigenes Wesen in seinem Vollzug*, ihre Bewegung im Ideenganzen, durch die sie ist, was sie ist.[321] Von hier aus werden die dialektischen Paradoxien des Zeitbegriffs, die Platon im "Parmenides" entwickelt, auf ihren ontologischen Sinn hin durchsichtig.

B) Die Idee wird in intellektueller Zeit immerfort älter als sie selbst (*ἀεὶ αὐτὸ αὑτοῦ πρεσβύτερον γίγνεσθαι*, 141 A 6 - 7): Im Zuge der denkenden Selbstentfaltung der Idee in ihre Bestimmungsmomente hinein zeigt sich die ontologische Prinzipialität und Priorität der Gattung gegenüber den Arten, und zwar fortschreitend bei zunehmender Selbstentfaltung: diese hat so den Charakter einer ontologischen Genesis (*γένεσις εἰς οὐσίαν*, Phileb. 26 D 8), die Idee in ihrer vollendeten Bestimmtheit also den des "gewordenen Seins" (*γεγενημένη οὐσία*, Phileb. 27 B 8 - 9), des intelligiblen Gewordenseins zu dem, was sie ist (die "dritte Gattung" aus dem "Philebos" läßt sich somit ebenso auf das Intelligible beziehen wie ihre beiden Prinzipien Peras und Apeiron). Die Priorität der ontologisch früheren Bestimmungen der Idee gegenüber den späteren bedeutet nun Priorität gegenüber sich selbst, insofern die Gattung als das Prius der Art gerade *kein* abstrakter Begriff von diskursiver Allgemeinheit ist, sondern als Wesenfülle (*οὐσία*) eben der *Inbegriff* ihrer Arten. Man mißversteht Platons dialektische Begriffe "Genos" und "Eidos" völlig, sobald man sie

---

des Flusses ist, ist die gleichzeitige Ausdehnung der intellektuellen Zeit die Basis für unsere Zeit . . ." (Sambursky, *Der Begriff der Zeit*, 492).

[321] Vgl. G. Huber, *Platons dialektische Ideenlehre*, 64: "Die Bewegung der Idee . . . . ergibt sich nicht daraus, daß die Idee gleichsam in die Bewegung eines sie übergreifenden Zeitstroms eingetaucht wäre, wodurch sich ihr Sein in die zeitlichen Phasen auseinanderlegte, sondern sie ist die . . . der Idee immanente Bewegung ihres andersheitlichen Sichbestimmens, und die Zeitlichkeit nichts anderes als die reine Formbestimmtheit des mit dieser qualitativen Bewegung notwendig gesetzten Früher und Später." Daß diese Zeitlichkeit der Idee bzw. des seienden Einen als Denkbewegung des Ideenkosmos zu verstehen ist, zeigt (in freilich sehr summarischer Weise) F.P. Hager, *Der Geist und das Eine*, 146 - 147.

lediglich als abstrakte, diskursive Begriffe denkt, anstatt als eidetisch erfüllte Wesenheiten. Das Genos ist kein bloß logischer "Oberbegriff", sondern Wesensgrund und einbegreifende Seinsfülle aller Eide. *Die höhere Allgemeinheit bedeutet, Platonisch gedacht, immer die größere Seinsfülle*; nur darum ist das *logische* Prius zugleich das *ontologische*. Die Idee ist in ihrer eidetischen Erfülltheit aktual all das, was sie sein kann - das aber sind die Arten, in die sie *sich* gliedern läßt, weil sie sie vorweg in ihrer Fülle in sich einbegreift.[322] Darum wird die Idee in ihrer denkenden Selbstaufgliederung immer älter (ursprünglicher) als *sie selbst* - nämlich als *ihre* Artmomente, in die sie *sich* aufgliedert und deren Inbegriff sie selber ist.

Nun ist das Ältere und Ursprünglichere dies immer nur im Verhältnis zu einem Jüngeren und Abgeleiteten (141 A 8); in ihrer Entgegensetzung wird so ihre dialektische Einheit immer schon mitgedacht. Also wird das, was älter als es selbst wird, notwendig immer zugleich jünger als es selbst, da es ja etwas haben muß, im Verhältnis zu dem es älter wird (141 B 1 - 3, C 1 - 4). In der Selbstentfaltung der Idee zeigt sich nicht bloß ihre Priorität, sondern auch ihre Posteriorität.

Diese Posteriorität ist wesentlich die der Art gegenüber den Gattungen. Die dihairetische Gliederung einer Gattung in Arten läßt immer beides zugleich sehen: die Ursprünglichkeit des Genos und die Abkünftigkeit des Eidos. *Der Hervorgang einer Vielheit von Arten aus der Einheit einer Gattung ist dem Sein nach zugleich die Reduktion der eidetischen Vielheit in die generische Einheit*. Dihairesis und Anagoge (Symploke), Analysis und Synthesis sind ontologisch simultan und getrennt nur für unser diskursives Denken;[323] dem Sein nach sind sie *Ein Akt* - der Eine Akt der Selbstbestimmung der Idee. Die Richtungsamphibolie der intellektuellen Zeit liegt gerade darin, daß jedem Entfalten des Genos in die Eide (= Älterwerden

---

[322] Vgl. dazu die Klarstellungen von J. Stenzel, *Zahl und Gestalt*,[2] 115: "Was in den einzelnen Besonderungen entfaltet erscheint, liegt in den oberen, höheren, zusammenfassenden Ideen bereits darin; denn es wird ja durch die bloße Anwendung der Zweiheit, Teilung und Verdoppelung zugleich, abgeleitet." Ebd. 120: "... daß sich in dem Atomon Eidos in seiner letzten Bestimmtheit in der Tat die gesamte Gliederung seiner Bedeutungsumwelt, d.h. die Summe dessen, was von ihm gültig ausgesagt werden kann, widerspiegelt."

[323] Vgl. J. Stenzel, op. cit., 120: "Dialektische Bewegung ist zugleich Aufstieg und Abstieg, wie ja das oberste und unterste Glied der Dihairesis 'dasselbe' ist." - Die Bemerkung des Aristoteles, Metaph. 1027 b 29 ff., Symploke und Dihairesis seien nur im Denken, nicht ἐν τοῖς πρᾶγμασι, richtet sich gegen Platons ontologische Ideendialektik, die sie als Seinsbestimmungen des Eidetischen auffaßt.

der Idee) ein Zurückführen der Eide in das Genos (= Jüngerwerden der Idee) in ontologischer Simultaneität korrespondiert. Darin erweist sich die intellektuelle Zeit als eine Ordnung von Früher und Später, die den "Ort" jeder Idee im Ideenganzen bestimmt: indem eine Idee sich in ihre Arten gliedert, führt sie diese in sich selbst zurück; zugleich bewahrt sie ihre eigene Einheit in dieser Entfaltung dadurch, daß sie sich selber auf ihre übergeordneten Gattungen und Prinzipien zurückführt.

Die Stellung jeder Idee im Ideenganzen ist somit immer zugleich von oben und von unten, durch die übergeordneten Gattungen und durch die abgeleiteten Arten bestimmt. Die denkende Bestimmung der Idee zeigt darum immer beides: mit ihrer Priorität den Arten gegenüber zugleich deren Posteriorität und mit ihrer Posteriorität den Gattungen gegenüber zugleich deren Priorität. Dabei hat das Frühere seine Priorität immer nur im Verhältnis zum Späteren und umgekehrt das Spätere seine Posteriorität nur im Verhältnis zum Früheren (vgl. 141 C 1 - 2: *ἀλλὰ μὴν τό γε πρεσβύτερον διαφορότης νεωτέρου ἐστὶν καὶ οὐδενὸς ἄλλου*). Die intellektuelle Zeitlichkeit der Idee ist also ihre Priorität und Posteriorität im Verhältnis zu den ihr über- und untergeordneten Ideen. Bedenkt man nun, daß die Idee in ihrer vollendeten Bestimmtheit die Einheit ihrer Gattungsmomente, durch die sie bestimmt ist, und ihrer Artmomente, in die sie sich gliedert, ist, so wird deutlich:

1. daß jede Idee der ganze Ideenkosmos in spezifischer Kontraktion ist (vgl. Proklos, Elem. theol. prop. 103: *πάντα ἐν πᾶσιν, οἰκείως δὲ ἐν ἑκάστῳ*);
2. daß jede Idee im Zuge ihrer denkenden Bestimmung vom Gattungspol aus gesehen immer älter und zugleich vom Artpol aus gesehen immer jünger wird;
3. daß jede Idee dabei zugleich älter und jünger wird *als sie selbst*, insofern sie ihrem vollbestimmten Wesen nach die Einheit von Gattungspol und Artpol ist.

Die Priorität gegenüber den Arten und die Posteriorität gegenüber den Gattungen bedingen also ein Älter- und Jüngerwerden der Idee *im Verhältnis zu sich selbst*, insofern diese im Vollzug ihrer vom obersten Genos bis zum untersten Eidos fortschreitenden Bestimmung immer *beide* - Gattungen und Arten - als *ihre* Bestimmungsmomente *in sich* umgreift. Dabei ist das Fortschreiten vom Genos zum Eidos "Älterwerden", die damit simultan sich vollziehende Rückkehr des Eidos in das Genos "Jüngerwerden". Beides sind die simultanen Vollzüge eines in der Struktur des Ideenkosmos selber liegenden Denkens, in dem das intelligible Sein sich selbst denkt (vgl. Soph. 248 E - 249 A; Tim. 30 C ff.; dazu Aristoteles, De an. 404 b 19 ff.; Eud. Eth. 1218 a 24 ff.); dieses Denken ist zugleich Dihairesis und Anagoge (Symploke) und vollzieht die Einheit des intelligiblen Kosmos.

Indem somit jede Idee im Zuge ihres denkenden Sichbestimmens immer zugleich älter und jünger wird *als sie selbst*, folgt notwendig, daß sie auch immer mit sich selbst zugleich und gleichaltrig ist (141 C 6). Die Gleichaltrigkeit mit sich selbst folgt formal aus der Selbstbezüglichkeit des Älter- und Jüngerwerdens und erklärt sich inhaltlich aus der Simultaneität des Früher und Später in intellektueller Zeit, d.h. der sukzessionslosen Gleichzeitigkeit der ontologischen Rangordnung der Bestimmungen und der sie explizierenden ontologischen Bewegungen der Dihairesis und der Symploke.

Inhaltlich liegt darin die Gleichzeitigkeit aller Bestimmungsmomente einer Idee in der Einheit ihres Wasseins, in der sie alle in einem versammelten Ganzen auf einmal da sind - so wie uns in der Anschauung immer ein Ganzes präsent ist, dessen Teile wir in der Gleichzeitigkeit ihrer Anordnung auf einmal und in einem einzigen Hinblick wahrnehmen. Die Gleichzeitigkeit der Idee ist, so verstanden, ihre washafte Gleichheit mit sich, welche ihre in der Gesamtheit ihrer Bestimmtheiten sich durchhaltende Selbstidentität ist. In diesem Sinne muß sie "weder mehr noch weniger Zeit werden als sie selbst, sondern mit sich selbst die gleiche Zeit werden und sein und geworden sein und künftig sein werden" (141 C 4 - 7): D.h. die Idee bleibt in ihrer denkenden Selbstbestimmung weder hinter dem Maß ihrer je eigenen Wasbestimmtheit zurück noch überschreitet sie es, sondern sie bleibt sich selbst immer gleich. Darin liegt ihr Ewigkeitscharakter, weil so die ihr vorausgehenden Bestimmungen (quasi ihre "intelligible Vergangenheit") und die durch sie ermöglichten Folgebestimmungen (quasi ihre "intelligible Zukunft") in die Einheit ihres Wasseins eingefaltet sind; die Einfaltung von Vergangenheit und Zukunft in die reine Gegenwart des Seins aber ist das Wesen der Ewigkeit (vgl. Tim. 37 E 4 - 38 A 2).

Die intellektuelle Zeit ist also der lebende und denkende Selbstvollzug der intelligiblen Ordnung des Seins, das sie aus seiner ursprünglichen Einheit in die Totalität der Seienden hinein entfaltet, indem sie - in ein und demselben Akt - alles Seiende in die Einheit des Seins zurückführt. Intellektuelle Zeit ist also die Weise, in der Einheit zur Vielheit und Vielheit zur Einheit *wird*; da das eine niemals ohne das andere möglich ist, so bewegt sie sich notwendig in beide Richtungen *zugleich*; das ist der Sinn dieses scheinbaren Sophismas. Die Ideen sind als die Entfaltungsmomente des Seins bzw. des seienden Einen und als die Einheitsgründe der Einzeldinge die Punkte, in denen sich die dihairetisch absteigende und die symplektisch aufsteigende Bewegung treffen, und sie sind darum durch beide zugleich bestimmt.

Dabei zieht sich das Ganze der dihairetisch-symplektischen Wechselbewegung in jedem einzelnen dieser Punkte so zusammen, daß sie in der abstandslosen Einheit und Identität eines Wasseins ruht und so nicht wird, sondern ist; somit ist jede Idee die reine, wenngleich je anders modifizierte Anwesenheit des intelligiblen Seins in seiner Ganzheit. Das aber ist das Wesen der Ewigkeit: diese steht so nicht nur als die präexplikative Einheit des Seins am Anfang, sondern ist dem ganzen Entfaltungsprozeß in jeder einzelnen Phase simultan, da jeder der dabei durchlaufenen Punkte kraft der Einheit seines Wasseins selber den Charakter des ruhenden Seins, d.h. der in der Einheit bleibenden Ewigkeit hat.

C) Platon entwickelt dies an der allumfassenden Idee des seienden Einen (152 B 2 - E 2):
Das Älterwerden des seienden Einen ist seine Entfaltung in die Folgebestimmungen. Es *ist* dann älter, wenn es in die *Jetztzeit* (τὸν νῦν χρόνον) zwischen das "war" und das "wird sein" gelangt. Denn bei seinem Fortgang vom Früher zum Später kann es das Jetzt - die Präsenz des Seins - nicht überspringen (152 B 2 - 5). Sobald es das Jetzt erreicht, wird es das Älterwerden anhalten, so daß es nicht mehr *wird*, sondern dann schon älter *ist* (152 B 6 - C 2). Denn wenn es immer weiterliefe, könnte es niemals vom Jetzt ergriffen werden. Denn das bloß Fortschreitende verhält sich so, daß es immer von beiden zugleich berührt wird, dem Jetzt und dem Später, indem es vom Jetzt losgelassen und vom Später ergriffen wird, so daß es sich immer im *Übergang* zwischen den beiden befindet (152 C 2 - 5): Das ist die flüchtige Seinsweise des Sinnlichen, das seine Wesensbestimmtheit nicht festhält, weil es seine Momente nicht in die sukzessionslose Gleichzeitigkeit der Einheit des Ganzen zusammenziehen kann; darum ist seine Gegenwart je immer schon vergangen. Von dieser phänomenalen Zeitlichkeit aber wird die intelligible Zeitlichkeit der Idee ausdrücklich abgesetzt: Nichts, was in ihr "wird", kann am Jetzt, der Präsenz seines Wasseins, vorübergehen, darum hält es immer (ἀεί) das Werden an und *ist* dann das, was geworden zu sein ihm zukommt (152 C 6 - D 2).[324] Die reine Präsenz des Wasseins: die bleibende Anwesenheit in der

[324] Vgl. dazu Huber, *Platons dialektische Ideenlehre*, 71: "In einem ausgezeichneten Sinne . . . gilt das Immersein des Jetzt für die eidetische Zeitlichkeit. In ihr hält sich das eine Jetzt des idealen Seins als identisches durch und bildet den ewigen Bezugspunkt aller zeitlichen Bestimmungen des Was, so zwar, daß eine jede von ihnen als teilhaftes Jetzt, das sich vom Damals und Dann unterscheidet, in ihm als dem ewigen Jetzt unwandelbarer Gegenwärtigkeit gegenwärtig, darum selbst immer und insofern mit ihrem Damals und Dann

Einheit seiner Wesensbestimmtheit - also Ewigkeit - ist gerade die Seinsweise des Eidos. Darum ist das Jetzt dem Einen sein ganzes Sein hindurch immer gegenwärtig: denn es ist *immer jetzt*, solange es überhaupt *ist* (*τό γε μὴν νῦν ἀεὶ πάρεστι τῷ ἑνὶ διὰ παντὸς τοῦ εἶναι· ἔστι γὰρ ἀεὶ νῦν ὅτανπερ ᾖ*, 152 D 8 - E 2). Intelligibles Sein bedeutet eidetisch erfüllte Anwesenheit, also ewige Gegenwart.

Die Unterscheidung von *Ewigkeit* und *intellektueller Zeitlichkeit* der Idee ist also eine Frage der Hinsicht, indem sie einmal in der gleichzeitigen Einheit ihres Wasseins, das andere Mal in der Bewegung ihrer Ableitung und Ausfaltung betrachtet wird. Ableitung und Ausfaltung der Idee aber sind in sukzessionsloser Gleichzeitigkeit immer schon und immer noch in die abstandslose Einheit ihres Wesens eingefaltet, das wie das Seiende des Parmenides "niemals war noch sein wird, weil es jetzt ist, ein Ganzes, ganz und gar" (Parmenides, Fr. 8, 5). So kann Platon die intellektuelle Zeitlichkeit des Ideenkosmos zusammenfassend dadurch charakterisieren, daß notwendig alles, was an ihr teilhat, jeweils gleichzeitig mit sich selbst ist und zugleich (*ἅμα*) - ontologisch simultan - älter und jünger wird als es selbst (141 C 8 - D 3). Wir verstehen das intelligible Sein der Ideen darum erst dann adaequat, wenn wir es als die Einheit von Ruhe und Bewegung, von ruhender Ewigkeit und denkender Selbstbestimmung (intellektueller Zeit) denken und wenn wir diese als Gleichzeitigkeit von Abstieg und Aufstieg, von Dihairesis und Symploke verstehen.[325]

D) Aber keine dieser Bestimmungen kann dem Einen selbst zukommen (141 D 3 - 4); denn dieses steht aufgrund seiner absoluten Transzendenz jenseits aller Priorität, Posteriorität und Simultaneität, wie sich schon gezeigt hat (vgl. 140 E 1 - 141 A 5; s.o. Abschn. 3.9). Es ist jenseits von Ruhe und Bewegung (s.o. Anschn. 3.5), deren Einheit das Wesen der intellektuellen Zeit ausmacht. Als das Prinzip der Einheit der intellektuellen Zeit - also der Ordnungseinheit der hierarchisch gegliederten Ideenwelt - kann das absolute Eine nicht selbst in sie eingehen, sondern bleibt ihr notwendig transzendent. "Dem Einen kommt darum keine Zeit zu und es ist in keiner Zeit" (141 D 4 - 5). Durch seine absolute Einfachheit ist das Eine aus der Bewegung der Ideen im Ideenganzen herausgenommen und so jenseits der intellektuellen Zeit; das absolute Eine trans-

zugleich ist . . . Das Werden der Idee erscheint so zurückgenommen in ihr Sein und auf dessen ewige Gegenwart die Zeitlichkeit der Sinnfolge zurückbezogen."

[325] Die Einheit von Ruhe und Bewegung denkt ganz platonisch noch Johannes Eriugena als die Grundbestimmung des Seins, darum auch des Denkens und insofern auch des Menschen, vgl. Periphyseon (de divisione naturae) I 469 B Sheldon-Williams 98 und II 570 B Sheldon-Williams II 100.

zendiert ebenso die Ruhe, die Ständigkeit des Seins in sich selbst, und ist darum auch jenseits der Ewigkeit.[326] Als Grund der Einheit von Ruhe und Bewegung im Sein des Intelligiblen - und damit der ontologischen Simultaneität von Ewigkeit und intellektueller Zeit - muß das Eine selbst jenseits von beiden stehen; so ist es gleichermaßen außerhalb von Ewigkeit und Zeit.[327]

E) Platon spricht dem absoluten Einen also Ewigkeit und (intellektuelle) Zeitlichkeit zugleich ab. Das Herausgenommensein des Einen selbst aus dem ganzen Kreis von Ewigkeit und Zeit - und damit aus dem Selbstvollzug des Seins - wird nun dadurch expliziert, daß dem Einen alle Stufen des Seins (*εἶναι*) abgesprochen werden.

Im Denken der Idee konstituiert sich intellektuelle Zeit darin, daß das in der Ewigkeit in Einheit eingefaltete Sein (vgl. Tim. 37 D 6, E 6) in die Abfolge seiner Bestimmungen auseinandergelegt wird, so daß diese "werden"; in der Sprache manifestiert sich diese Ausfaltung in der Flektion des verbalen *εἶναι*. Sein und Werden durchdringen sich in achtfacher Stufung in den Flektionsformen des Verbums: Dabei bezeichnen das "war" (*ἦν*), das "ist geworden" (*γέγονε*) und das "wurde" (*ἐγίγνετο*) die Zeitform der Vergangenheit; das "wird sein" (*ἔσται*), das "wird werden" (*γενήσεται*) und das "wird geworden sein" (*γενηθήσεται*) bezeichnen die Zeitform der Zukunft; das "ist" (*ἔστι*) und das "wird" (*γίγνεται*) bezeichnen die Gegenwart, das Jetzt (*τὸ νῦν πάρον*) (141 D 7 - E 3).

Das Jetzt aber ist selbst keine Form der Zeit, sondern das Prinzip von Zeit.[328] Denn das *ἔστι* bezeichnet als solches die reine, zeitfreie Gegenwart der Ewigkeit (Tim. 37 E 6), welche das intelligible Urbild der Zeit ist (ebd. 37 D 5 - 7); und das *γίγνεται* benennt den Akt des Übergehens (*μεταβολή*) von der einen Bestimmung zur anderen; der Übergang von Früher zu Später ist aber als innerer Konstitutionsakt von Zeit selbst in keiner

---

[326] Vgl. auch Proklos, In Parm. 1232, 21 - 1233, 19.

[327] Plotin kann darum sagen: "Es (sc. das Eine) ist kein Bewegtes und wiederum auch kein Ruhendes, nicht im Raum, nicht in der Zeit" (VI 9, 3, 42). "Die Dimensionen der Ewigkeit und der Totalität setzen dem Einen kein Maß" (VI 7, 32, 22 - 23); denn "Es (sc. das Eine) war das, was Es ist, schon vor dem Sein von Ewigkeit (*πρὶν αἰῶνα εἶναι ὅπερ ἐστὶν ἦν*)" (VI 8, 20, 25). Von daher Porphyrios' Terminus *προαιώνος* Phil. hist. Fr. XVIII p. 15, 1 Nauck.

[328] Vgl. Aristoteles, Phys. 219 b 11 f., 233 b 33 ff.; De cael. 300 a 14; Ps.-Arist., De lin. insec. 971 a 17. Sehr schön entwickelt Cusanus diesen Gedanken De docta ign. II 3, n. 106.

Zeit, sondern vollzieht sich in der zeitenthobenen Plötzlichkeit (ἐξαίφνης) des Augenblicks, als spontanes "Ereignis": der Umschlag der Gegensätze ineinander - von der Ruhe des Seins zur Bewegung des Werdens und von dieser zu jener - ist selbst ein zeitloser Akt, weil durch ihn Zeit erst entsteht, er steht ortlos (ἄτοπον) in der Mitte (μεταξύ) zwischen der Bewegung der Zeit und der Ruhe der Ewigkeit (vgl. 156 C 1 - E 3).[329]

Platon hebt daher die Ewigkeit des Seins und die Aktualität des Werdens gegeneinander wie gegen Vergangenheit und Zukunft ab: "Das, was als Anderes von Anderem unterschieden *ist*, kann nicht erst verschieden *werden*, wenn es dies schon *ist*, sondern was verschieden ist, muß dies sein, was verschieden geworden ist, muß dies geworden sein, was verschieden sein wird, muß dies künftig werden, was aber verschieden *wird*, kann dies weder schon geworden sein, noch erst künftig werden, noch schon sein, sondern es wird dies gerade und kann nicht anders sein" (141 B 3 - C 1). Die Zeitlichkeit der Idee entfaltet sich also in vier Stufen: 1. Jede Idee *ist* das, was sie ist: aktuales Sein, Ewigkeit; 2. sie *hat* ihre Bestimmtheit, indem sie aus ihren Prinzipien und Gattungen *geworden ist*: intellektuelle Vergangenheit als Form der Vollendung (Perfekt!); 3. sie *wird sich* in ihren Artmomenten fort*bestimmen*: intellektuelle Zukunft als Form der Bestimmung (Zukunft als *Zukommendes*, vgl. das Bedeutungsspektrum des μέλλειν); 4. in der Beziehung zu ihren Gattungen und Arten aber *konstituiert* sie - selbsttätig, lebend und denkend - ihr Wesen und *wird* so das, was sie ist: aktuales Werden in Spontaneität und Plötzlichkeit.

[329] Ausgehend von Parm. 156 C 1 ff. und 152 B 2 ff. kam Damaskios zu seiner Quantisierung der Zeit: das Werden vollzieht sich in "Sprüngen" (ἅλματα) zwischen zeitfreien Jetztpunkten, De princ. II 236, 16 Ruelle; dieser Sprung des Werdens aber ist selbst kein Werden, sondern ein Sein und bildet einen in sich vollständigen "demiurgischen Abschnitt", De princ. II 242, 10 R.; diese demiurgischen Abschnitte konstituieren eine "Anhäufung des Fortschreitens", die als Zeitfluß erscheint, De princ. II 242, 18 R. (Weitere Belege bei Sambursky-Pines, *The Concept of Time*, 64 - 92). Diese Quantisierung der Zeit hat eine genaue geometrische Parallele in der altakademischen Atomlinientheorie, welche das von Zenon aufgestellte Paradoxon der unendlichen Teilbarkeit löst, vgl. spez. Xenokrates, Fr. 45 - 48 Heinze zu Zenon A 25 - 27 DK . Platon entwickelt die Teilbarkeitsparadoxie im Bezug auf das intelligible Vielheitsprinzip (ἄπειον πλῆθος) Parm. 158 B - D, 164 C - 165 C und für die räumliche Ausdehnung am Beispiel der "Ellenteilung" (Test. Plat. 23 B: Porphyrios) und die Atomlinienlehre schreibt Aristoteles ihm ausdrücklich zu, Metaph. 992 a 21 und 1084 a 37. Diese Parallele legt die Herkunft der spätneuplatonischen Zeittheorie aus der Alten Akademie nahe, zusätzlich zu ihrer Herleitung aus dem "Parmenides". Vgl. in diesem Sinne S. Sambursky, *Der Begriff der Zeit*, 478; H.J. Krämer, *Die Ältere Akademie*, 57.

Das Eine selbst aber ist durch seine absolute Einfachheit aus jeder Koinonie und Symploke der Ideen herausgenommen; darum ist es weder selbst ein Bestimmtes noch ein Bestimmungsmoment eines Anderen noch ein sich im Anderen seiner selbst Bestimmendes; denn es ist frei von Differenz und Selbstbezug, ohne die keine Bestimmung möglich ist. Denn das Eine konstituiert sich nicht erst; es bestimmt sich nicht selbst in seinen Prinzipiaten, noch ist es selbst aus Prinzipien hervorgegangen, und es *ist* auch nicht, weil es "jenseits des Seins" steht. Durch seine reine Einfachheit ist das absolute Eine dem denkenden Selbstvollzug der Seinsordnung insgesamt entnommen und liegt so über alle Seinsbestimmtheit hinaus; darum *ist* es in keiner Zeit, sondern reine Transzendenz *vor* dem Beziehungszusammenhang von Priorität, Posteriorität und Simultaneität. Diese absolute Zeitenthobenheit des Einen ist Ausdruck seiner absoluten Unbestimmbarkeit und Unbestimmtheit; denn Seinsbestimmtheit fällt mit intelligibler Zeitlichkeit zusammen (vgl. 151 E 7 - 152 A 3), wenn alles Bestimmen sich nur in einer Ordnung von Früher und Später bzw. von Früher, Später und Zugleich vollziehen kann. Platon muß darum dem bestimmungslosen Einen alle Stufen des in intellektueller Zeit sich dreifach triadisch[330] entfaltenden und bestimmenden *εἶναι* absprechen:

"Wenn also das Eine auf gar keine Weise an irgendeiner Zeit teilhat, so ist es weder jemals geworden, noch wurde es, noch war es jemals, weder ist es jetzt geworden, noch wird es, noch ist es, noch auch wird es künftig werden oder geworden sein oder wird es sein. - Das ist vollkommen wahr" (*Εἰ ἄρα τὸ ἓν μηδαμῇ μηδενὸς μετέχει χρόνου, οὔτε ποτὲ γέγονεν οὔτ᾽ ἐγίγνετο οὔτ᾽ ἦν ποτέ, οὔτε νῦν γέγονεν οὔτε γίγνεται οὔτε ἔστιν, οὔτ᾽ ἔπειτα γενήσεται οὔτε γενηθήσεται οὔτε ἔσται. - ᾿Αληθέστατα.* 141 E 3 - 7).

**§ 3.11 Sein und Einheit: die Hyperbolé (141 E 7 - 142 A 1).**

A) *Negation des Seins*. Das Eine liegt in seiner absoluten Zeitenthobenheit über jede Seinsbestimmtheit schlechthin hinaus; das Eine selbst *ist* darum in keinem ausweisbaren Sinn; das Sein schlechthin muß ihm abgesprochen werden. Platons Begründung lautet so:

---

[330] Vgl. Beierwaltes, *Proklos. Grundzüge seiner Metaphysik*, 230 mit Anm. 80.

"Ist es nun möglich, daß etwas irgendwie anders an der Seiendheit teilhat als in einer dieser Weisen ? - Es ist nicht möglich. - Auf keine Weise also hat das Eine Anteil an der Seiendheit. - Es scheint nicht. - -Auf keine Weise also ist das Eine selbst. - Offenbar nicht" (*Ἔστιν οὖν οὐσίας ὅπως ἄν τι μετάσχοι ἄλλως ἢ κατὰ τούτων τι; - Οὐκ ἔστιν. - Οὐδαμῶς ἄρα τὸ ἓν οὐσίας μετέχει. - Οὐκ ἔοικεν. - Οὐδαμῶς ἄρα ἔστι τὸ ἕν. - Οὐ φαίνεται.* 141 E 7 - 10).

Sein (*εἶναι*) bedeutet also immer Teilhabe an der Seiendheit (*οὐσία*) in einer der bisher explizierten Weisen (*κατὰ τούτων τι*). Hier liegt eine Mehrdeutigkeit, ein doppelter Sinn der Stelle, den Platon offenbar beabsichtigt: Denn "diese Weisen" des Seins, in denen die Teilhabe an der Seiendheit allein möglich ist, lassen sich einmal auf die soeben entwickelte neunfache Stufung des *εἶναι* in den vier Stufen der intellektuellen Zeit beziehen (1);[331] sie lassen sich aber ebensogut auch auf die gesamte Reihe der ontologischen Urbestimmungen beziehen, welche die erste Hypothese dem absoluten Einen sukzessive abspricht (2).[332] Wir sollen offenbar beide Bedeutungen ernstnehmen; auch wenn die zweite die umfassendere ist, so begründet doch auch die erste die Seinstranszendenz des Absoluten; wir werden sehen, daß beide zuletzt dasselbe besagen, wenn wir sie entwickeln.

Zu 1) Intellektuelle Zeit ist die Weise, wie das noetische Sein der Idee sich innerhalb der nach Priorität, Posteriorität und Simultaneität gegliederten Seinsordnung denkend so selbst bestimmt, daß es seine Bestimmtheit nicht *hat*, sondern *ist*. Die Stufenordnung der intellektuellen Zeit und die verschiedenen Flektionsformen des verbalen *εἶναι* drücken - wie überhaupt alle sprachlichen Kategorien - wesentlich eben dieses Sichbestimmen des sich in seine Unterschiede auseinanderlegenden eidetischen Seins aus. Ohne intellektuelle Zeitlichkeit kann darum eidetisch erfülltes Sein nicht gedacht werden. Solange überhaupt etwas in seinem Sein Bestimmtes gedacht wird, wird es notwendig in einer der Stufen dieser allumfassenden Ewigkeitszeit gedacht, als seiendes oder werdendes, als gewordenes oder künftig werdendes. Das verbale *εἶναι* im Sinne des Daßseins, des in jedem Ist-Sagen enthaltenen Seinsaktes, ist darum von dem eidetisch erfüllten Sein im Sinne der *οὐσία* nicht ablösbar. Sein ist we-

---

[331] So verstehen die neueren Interpreten meist die Stelle, z.B. A. Speiser, *Ein Parmenideskommentar*, 27 - 28; E.A. Wyller, *Platons Parmenides*, 98 - 100; C.F. von Weizsäcker, *Ein Blick auf Platon*, 71 - 72.

[332] So versteht Proklos die Stelle, In Parm. VII 26, 17 - 28, 12; ebenso M. Wundt, *Platons Parmenides*, 30.

sentlich eidetisches, in seiner washaften Bestimmtheit sich zeigendes und darum dem Denken offenbares Sein. Reines Daßsein ohne Bezug auf ein eidetisches Was ist darum für das Denken als Sein nicht ausweisbar.[333]

Weil die intellektuelle Zeitlichkeit des Seins wesentlich seine eidetische Bestimmtheit und Bestimmbarkeit ist, wie sie das dialektische Denken in Dihairesis und Anagoge absteigend und aufsteigend expliziert, und weil das absolute Eine in seiner reinen Einfachheit der eidetischen Zeitlichkeit des Seins entnommen ist, darum liegt in der absoluten Zeitenthobenheit des Einen seine Seinstranszendenz. Weil das Absolute *jede* explizierbare Seinsbestimmtheit transzendiert, darum ist ihm jede Seinsbedeutung unangemessen und darum wird ihm am Ende der ersten Hypothese das Sein in jeder Bedeutung abgesprochen, im Sinn des Wasseins (der *οὐσία*) wie auch im Sinne des bloßen, ins verbale *εἶναι* gefaßten Daß.

Die Verabsolutierung des Seinsaktes durch seine Ablösung von jedem bestimmbaren eidetischen Gehalt, wie sie dann Porphyrios vollzieht[334] (und wie sie der "Realdistinktion" von esse und essentia bei Avicenna und Thomas zugrunde liegt), verfehlt darum grundsätzlich Platons Intention; sie löst das Sein von seiner eidetischen Grundbedeutung ab; darüber hinaus hebt sie die radikale Seinstranszendenz und Bestimmungslosigkeit des Absoluten auf, das sie als das "reine Sein" bestimmt.[335] Platon widerspricht ausdrücklich jeder Verabsolutierung des Seinsaktes, wenn er feststellt, ein Sein (*εἶναι*), das nicht an der eidetisch erfüllten Seiendheit (*οὐσία*) teilhat und an ihr nicht "in einer dieser (sc. bisher explizierten) Weisen" teilhat, sei nicht möglich, weil nicht als Sein ausweisbar.[336]

Zu 2) "Diese Weisen", in denen die Teilhabe an der Seiendheit allein möglich ist, sind indes nicht nur die Bestimmungen der eidetischen Zeit, sondern alle Urbestimmungen des Seins, wie sie die erste Hypothese bis-

---

[333] Vgl. G. Huber, *Das Sein und das Absolute*, 57. (Dort von Plotin gesagt).

[334] Porphyrios, In Parm., bes. XII 23 - 35. Dazu P. Hadot, Die *Metaphysik des Porphyrios*, in: *Die Philosophie des Neuplatonismus*, 208 - 237.

[335] Vgl. Porphyrios, In Parm. XII 25 - 27. Dagegen spricht Plotin dem Absoluten auch das "reine Sein" im Sinne des verbalen *εἶναι* ab: explizit III 8, 10, 31; VI 7, 41, 35 - 37; VI 8, 8, 19 - 20; V 3, 13, 33 - 34. Plotin verneint zudem - anders als Porphyrios - den Akt-Charakter des Absoluten: III 9, 9, 10; VI 7, 17, 10; I 7, 1, 10 - 20; V 3, 10, 16 - 21.

[336] Leider ist der Kommentar des Porphyrios zu Parm. 141 E 7 - 10 verloren, so daß wir nicht wissen, wie er mit dieser Stelle, die seiner Auslegung direkt widerspricht, fertig geworden ist.

her entwickelt und dem absoluten Einen abgesprochen hat:[337] denn durch sie ist Seiendes in seinem Sein bestimmt. Um Seiendes in seiner Wasbestimmtheit zu erfassen, müssen wir es als Ganzes oder Teil, als durch Anfang - Mitte - Ende strukturiert, als begrenzt usw. denken; in seiner konkreten, ideenhaften Bestimmtheit wird das Seiende immer als durch allgemeinste Seinsstrukturen wie Selbigkeit und Andersheit, Ähnlichkeit und Unähnlichkeit, Gleichheit und Ungleichheit usw. bestimmt gedacht. Weil das Eine selbst aufgrund seiner absoluten Einfachheit zu keiner dieser allgemeinsten Strukturbestimmungen in Beziehung stehen kann, ist es absolut unbestimmbar, nicht nur für uns, sondern an und für sich selbst unbestimmt; also hat es auf keine Weise Anteil an der Seiendheit, dem Inbegriff aller Seinsbestimmtheit. Eben weil das absolut einfache Eine somit über alle Seinsbestimmtheit hinaus ist, darum "*ist*" es in keinem für das Denken ausweisbaren Sinne: *οὐδαμῶς ἄρα ἔστι τὸ ἕν* (141 E 9 - 10).

Beide Auslegungen besagen also eigentlich dasselbe: Die Seinstranszendenz des Absoluten folgt ebenso aus seiner Unbestimmtheit wie aus seiner Zeitenthobenheit. Entscheidend ist allemal, daß Sein nur als bestimmtes gedacht werden kann und daß das Eine selbst durch seine absolute Einfachheit aus jeder Seinsbestimmtheit herausgenommen ist. Intellektuelle Zeit aber ist gerade die Form, in der das Sein als eidetisch bestimmtes gedacht werden muß; insofern fallen Seinsbestimmtheit und intellektuelle Zeitlichkeit zusammen: diese ist jene in ihrem Vollzug. Sie kann sich darum nur durch die Erstbestimmungen des Seins hindurch vollziehen, indem sie diese in ihrer notwendigen Zusammengehörigkeit, in ihrer wechselseitigen *συμπλοκή* und *κοινωνία*, entwickelt. So verstanden, bedeutet die Zeitenthobenheit des absolut Einen nichts anderes als seine absolute Bestimmungslosigkeit, in der seine Seinstranszendenz liegt. Diese läßt sich strenggenommen aus *jeder* Negation der ersten Hypothese ableiten, durch die dem Einen eine notwendige Urbestimmung abgesprochen wird, ohne die das Sein als bestimmtes nicht gedacht werden kann.

Das Sein ist in seinem Seinsgehalt bestimmbar und erkennbar nur als *Einheit*; was nicht Eines ist, das ist wesenlos und nichtig und *ist* darum überhaupt nicht (165 E 2 - 166 C 2, bes. C 1: *ἓν εἰ μὴ ἔστιν, οὐδέν ἐστιν*). Das Sein hat darum notwendig Einheitscharakter; denn Bestimmtheit bedeutet Einheit; ohne sie ist kein Seinsgehalt möglich. Dieser notwendige Einheitscharakter des Seins aber hebt seine eidetische Differenziertheit nicht auf: als bestimmtes läßt sich das Seiende auseinanderlegen in etwas und das, was es ist, in Daßsein und Wassein, in Sein und Einheit (vgl. 142 B 5

[337] Vgl. dazu Proklos, In Parm. VII 26, 17 - 28, 12 und die Ausführung VII 32, 19 - 34, 21.

ff.). Darum ist seine Einheit nicht einfach, sondern die dreifaltige Einheit des Bestimmten und seiner Bestimmtheit in der Bestimmung. Da nun das Bestimmte, die Bestimmtheit und die Bestimmung jeweils Einheitscharakter haben, so ist das Seiende Einheit aus Einheiten, also Zahl.

Weil es nur als in seinem Wesensgehalt bestimmtes überhaupt ist, darum ist das Sein notwendig Einheit, aus dem gleichen Grund aber auch notwendig bestimmte Einheit und nicht das Eine selbst.[338] Das reine und absolute Eine, das Eine einfachhin, ist ohne jeden bestimmbaren Seinsgehalt und *ist* darum überhaupt nicht. Darum umfaßt das Sein zwar die Totalität dessen, was ist, aber nicht das Absolute. Das Absolute liegt hinaus über diese wie über jede Bestimmtheit, weil es absolut einfach ist; es ist jenseits der Seiendheit wie des Seinsaktes: *ἐπέκεινα τοῦ εἶναι καὶ τῆς οὐσίας*.[339]

B) *Negation der Einheit*. In der Negation des Seinscharakters des Einen scheint seine Transzendenz den paradoxesten Ausdruck zu finden. Die Paradoxie steigert sich aber noch, wenn dem ansoluten Einen zuletzt selbst der Charakter der Einheit abgesprochen werden muß - und zwar aufgrund eben der Negation seines Seinscharakters:

"Also *ist* das Eine auch nicht in der Weise, das es *Eines* ist; denn damit wäre es bereits seiend und hätte an der Seiendheit teil. Sondern, wie es scheint, *ist das Eine selbst weder Eines noch ist es*, wenn man unserer Beweisführung Glauben schenken soll" (*Οὐδ᾽ ἄρα οὕτως ἔστι ὥστε ἓν εἶναι· εἴη γὰρ ἂν ἤδη ὂν καὶ οὐσίας μετέχον· ἀλλ᾽ ὡς ἔοικεν, τὸ ἓν οὔτε ἕν ἐστιν οὔτε ἔστιν, εἰ δεῖ τῷ τοιῷδε λόγῳ πιστεύειν*. 141 E 10 - 142 A 1).

Erst die Negation auch der Einheit läßt die absolute Transzendenz des einfachhin Einen in voller Schärfe hervortreten; erst durch sie wird die Seinstranszendenz des Absoluten in ihrer ganzen Konsequenz und Tragweite begriffen.[340]

---

[338] Vgl. dazu E. Gilson, *L' Etre et l' Essence*, Paris 1948, chap. I: L' Etre et l' Un, 35 ff. - Daß das Sein als Prinzipiat des Einen Einheitscharakter und damit Bestimmtheit hat, zugleich aber auch Vielheit enthält, hält Plotin fest: V 1, 7, 14 - 15: *μέρος ἕν τι τῶν ἐκείνου καὶ ἐξ ἐκείνου ἡ οὐσία*. V 3, 13, 33: *ἀλλ᾽ αὐτὸ τὸ εἶναι ἐν αὐτῷ πολύ ἐστι*.

[339] Proklos, In Parm. 1097, 12 - 13. - Vgl. auch Huber, *Das Sein und das Absolute*, 56 - 57.

[340] Proklos kommentiert diese Stelle In Parm. VII 34, 25 - 42, 29 Klibansky = 498, 92 - 503, 23 Steel.

Was *Eines ist*, das muß notwendig auch *sein*; dadurch, daß es *als Einheit bestimmt* ist, ist es bereits. *Denn das Sein ist der Inbegriff aller Bestimmtheit*; darin liegt seine Totalitätsbedeutung. Außerhalb des Seins gibt es keine Bestimmtheit, also auch kein positives Einssein; wo Einheit *ist*, da ist immer auch schon *Sein*. Denn was Eines ist, ist zufolge seines Einheitscharakters bestimmt und dadurch vom Nichtsein abgehoben, also seiend (vgl. 158 A 1 - B 1 mit C 2 - D 2). Ohne jede Seinsbestimmtheit kann es kein positives Einssein geben; denn was überhaupt nicht *ist*, das kann auch nicht als Eines *sein*, also auch nicht *Eines* sein. Umgekehrt aber ist Seinsbestimmtheit ohne positiven Einheitscharakter nicht möglich; denn Einheit ist die Bedingung aller Bestimmtheit, also alles Seins. Was nicht *Eines* ist, das *ist* überhaupt nicht, sondern verschwindet unmittelbar ins Nichts (vgl. 165 E 2 - 166 C 2). D.h. aber nun: Das Sein und das Einssein bestimmen sich in notwendiger Komplementarität wechselseitig, keines ist möglich ohne das Andere (142 E 1 - 3: *Ἆρα ἀπολείπεσθον ἢ τὸ ἓν τοῦ εἶναι μορίου ἢ τὸ ὂν τοῦ ἑνὸς μορίου; - Οὐκ ἂν εἴη*. Vgl. dazu Aristoteles, Metaph. 1061 a 18: *τό τε γὰρ ἓν καὶ ὄν πως, τό τε ὂν ἕν*). Sein kann nicht anders gedacht werden als durch Einheit bestimmt; und positives Einssein kann nicht anders gedacht werden als durch Sein bestimmt: "immer nämlich enthält das Eine in sich das Sein und das Sein das Eine" (*τό τε γὰρ ἓν τὸ ὂν ἀεὶ ἴσχει καὶ τὸ ὂν τὸ ἕν*, 142 E 7). Sobald das Eine positiv als *Einssein* gedacht wird, wird es unvermeidlich in seiner Bestimmtheit durch das Sein gedacht: Das positiv gedachte Eine ist immer schon das seiende Eine, nicht das absolute Eine selbst. Zwar fundiert der Einheitscharakter des seienden Einen seinen Seinscharakter und nicht umgekehrt; aber das Einssein ist darum nicht ablösbar vom Sein (vgl. 142 E 1 - 3, 7; 144 C 4 - 8, E 1 - 3). Dem Absoluten muß darum zufolge seiner Seinstranszendenz positiver Einheitscharakter *abgesprochen* werden: *τὸ ἓν οὔτε ἕν ἐστιν οὔτε ἔστιν* (141 E 12).

Das Eine selbst muß einfachhin Eines, d.h. absolut einfach sein (vgl. 137 C 4 - 5, D 1 - 3). Das seiende Eine, das positiven Einheitscharakter hat, ist eben darum eine Zweiheit: Wenn Eines *ist*, so ist seine Einheit von seinem Sein zu unterscheiden, so daß es sich in das Sein und das Eine auseinanderlegen läßt. Dabei hat das Eine an sich, daß es ist, und das Sein, daß es Eines ist: da beide einander in ihrer Komplementarität wechselseitig fordern, ist die ursprüngliche Zweiteilung unendlich zu iterieren (142 B 1 - 143 A 3). Das seiende Eine enthält also eine unendliche Vielheit seiender Einheiten, und zwar aus keinem anderen Grund, als weil es Eines *ist*: das Eine, positiv gedacht, entfaltet sich von sich aus in die unbegrenzte Fülle der Ideen; darin liegt seine ontologische Fruchtbarkeit, seine seinsbegründende Funktion. Die zweite Hypothese entwickelt alle Fundamentalbestimmungen des Seins allein aus der Komplementarität von Einheit und

Sein im seienden Einen. Wenn aber das seiende Eine Vielheitscharakter hat, gerade weil es positiv Einheit ist, so folgt daraus ein Doppeltes:

1. Es muß sein Wesen als Einheit einem Prinzip verdanken, das jenseits aller Vielheit, also absolut einfach ist: Das seiende Eine ist Eines nur durch seine Beziehung zu dem überseienden Einen selbst, das nichts ist als einfachhin Eines (vgl. 157 E 2 - 158 A 7).

2. Das einfachhin Eine selbst ist auch nicht als Einheit bestimmbar, weil es damit auch Vielheit wäre. Also ist das absolute Eine das Übereine: der Satz: *τὸ ἓν οὔτε ἕν ἐστιν οὔτε ἔστιν* bedeutet darum: *καὶ τῆς οὐσίας τὸ ἓν ἐπέκεινα . . . καὶ τοῦ ἑνὸς ὄντος* (Proklos, Theol. Plat. II 12, 73, 7 - 8 zu Parm. 141 E 12). Das Absolute liegt ebenso über das Einssein hinaus wie über das Sein; damit hebt sich der Versuch, das absolute Eine selbst zu denken, ins Undenkbare auf. Gerade in seiner Undenkbarkeit aber erweist sich seine Absolutheit, denn das Denken ist auf Bestimmtheit und damit auf das Ineins von Einheit und Vielheit angewiesen: darum vermag es das absolute Eine nicht zu denken.

Plotin faßt darum den Inhalt der Ersten Hypothesis von ihrem Ergebnis her so zusammen: "Wir sprechen über ein Unsagbares und benennen Es nur, um für uns selbst einen Hinweis zu geben, so gut wir vermögen. Dabei meint auch die Benennung als 'das Eine' nur eine Negation in bezug auf das Viele . . . Wenn dagegen 'das Eine' eine Setzung ist, der Name sowohl wie das dadurch Bezeichnete, dann würde Es durch diesen Namen undeutlicher bezeichnet, als wenn man Ihm überhaupt keinen Namen gäbe. Denn dieser Name wurde Ihm wohl gegeben, damit der Suchende anhebe bei ihm, welcher schlechthin die Einfachheit anzeigt, um Ihm zuletzt auch dies (sc. den Einheitscharakter) abzusprechen, da dieser Name zwar soweit überhaupt möglich treffend von dem Nennenden gesetzt ist, jedoch ebenfalls nicht angemessen ist, um Jene Wesenheit kundzutun" (V 5, 6, 24 - 25. 28 - 34).

Die erste Hypothesis endet also im expliziten Widerspruch: Wenn das Eine einfachhin Eines ist (137 C 4, D 3), dann ist das Eine nicht einmal so, daß es Eines ist (141 E 10 - 11). Die "Voraussetzung des Einen selbst" hebt sich damit selbst auf: aber nicht ins Nichts, sondern in das Absolute und Voraussetzungslose, in das Nichts der reinen Transzendenz.[341] Das

---

[341] Vgl. Plotin, III 8, 10, 28 - 31: *ἔστι μὲν τὸ μηδὲν τούτων ὧν ἐστιν ἀρχή, τοιοῦτο μέντοι, οἷον . . . τὸ ὑπὲρ πάντα ταῦτα εἶναι.* Damaskios, De Principiis I 7, 24 - 25 Westerink: *εἰ δὲ τοῦτο* sc. *τὸ ἄρρητον οὐδέν ἐστιν, ἔστω διττὸν τὸ οὐδέν, τὸ μὲν κρεῖττον τοῦ ἑνός, τὸ δὲ ἐπίταδε.*

aber ist das Ziel aller Dialektik: die Aufhebung der Voraussetzungen in das *ἀνυπόθετον αὐτό*, die *ἀρχή* (Politeia 533 C 8). Der Widerspruch zerstört darum nicht den Sinn der Hypothese, sondern konstituiert ihn gerade:[342] die sich selbst aufhebende Voraussetzung des absoluten Einen ist die Weise, in der das Denken das undenkbare Eine "berührt" (vgl. Politeia 511 B 7), sich selbst ins Undenkbare aufhebend. Das Eine selbst ist jenseits aller Gegensätze, also auch jenseits der Widersprüche; das Sein des Einen und die Einheit des Seins aber - und das seiende Eine ist beides - ist nur möglich als Einheit der Gegensätze, auch der Widersprüche. Denn wenn das Eine nicht ist, ist gar nichts (166 C 1), wenn es aber ist, so ist es Vielheit (143 A 2, 144 E 3 - 7).[343] Indem das Eine ist, faltet es Alles aus sich aus, ist aber nicht mehr das absolut Eine. Denn das Eine selbst in seiner Absolutheit ist nicht einmal Eines (*οὐδὲ ἕν*), es ist Nichts von Allem, weil jenseits von Allem. Daher gilt: *οὕτω δὴ ἓν εἰ ἔστιν, πάντα τέ ἐστι τὸ ἓν καὶ οὐδὲ ἕν ἐστι* (160 B 2 - 3; cf. Plotin, V 2, 1, 1).[344]

---

342 Vgl. auch C.F. von Weizsäcker, *Ein Blick auf Platon*, 72: "Nun gehört das Verbot des Widerspruchs zum Sein; was sich widerspricht, hat keinen Bestand, kann nicht einmal sinnvoll behauptet werden. Das, was jenseits des Seins 'ist', behaupten zu wollen, wäre in der Tat ein Widersinn." Dazu, daß das überseiende Eine selbst dem Satz vom Widerspruch nicht unterliegt, da es als Unsagbares jenseits von Bejahung und Verneinung steht, Proklos, In Parm. VII 72, 2 - 22 Kl. = 519, 2 - 19 Steel und oben S. 277 ff., auch 289 ff.

343 Vgl. auch C.F. von Weizsäcker, loc. cit., 73: "Der Logiker wird dem Widerspruch auch in der seienden Welt nicht entgehen. Er kann, so mag man es noch oberflächlich umschreiben, ein jeweils vorgefundenes seiendes Eines zum Stehen bringen und widerspruchslos beschreiben, solange er seiner Herkunft und seiner weiteren Aufteilung nicht nachforscht, also der Weise nicht nachforscht, wie seine Einheit sein, sein Sein einheitlich sein kann."

344 In diesem Sinne Ps.-Dionysius Areopagita, De div. nom. II (PG 3, 641 A): *ἡ πάντων θέσις καὶ ἡ πάντων ἀφαίρεσις καὶ ὑπὲρ πᾶσαν καὶ θέσιν καὶ ἀφαίρεσιν* sc. *τὸ ἕν*. - Zur Abhängigkeit von "De divinis nominibus" von Platons "Parmenides" und seiner neuplatonischen Kommentierung E. Corsini, *Il trattato De divinis nominibus dello Pseudo-Dionisi e i commenti neoplatonici al Parmenide*, Turin 1962.

## § 3.12 Sagbarkeit und Erkennbarkeit: Negation der Negation (142 A 1 - 8).

Aufgrund seiner Seinstranszendenz muß dem Absoluten jede Art der Beziehung und folglich der Bestimmung abgesprochen werden: *ὃ δὲ μὴ ἔστι, τούτῳ τῷ μὴ ὄντι εἴη ἄν τι αὐτῷ ἢ αὐτοῦ;* (142 A 1 - 2).[345] Das Nichtsein des Absoluten entzieht seiner Erkenntnis das ontologische Fundament: diese kann weder etwas ihm Zukommendes erfassen noch sein Verhältnis zu dem Anderen bestimmen.

Darum liegt in der Seinstranszendenz des Absoluten notwendig seine Erkenntnistranszendenz. Das absolut Eine ist das schlechthin Nichtwißbare und sich selbst nicht Wissende: denn es gibt ein mögliches Wissen weder für es (*αὐτῷ*) noch von ihm (*αὐτοῦ*) (A 2). "Also kommt dem absolut Einen kein Name und keine Aussage zu und auch kein Wissen, keine Wahrnehmung und keine Meinung" (*οὐδ' ἄρα ὄνομα ἔστιν αὐτῷ οὐδὲ λόγος οὐδέ τις ἐπιστήμη οὐδὲ αἴσθησις οὐδὲ δόξα*, 142 A 3 - 4). Das absolut Eine ist unerkennbar und darum auch unsagbar: es liegt jenseits der Grenze des Denkbaren und Sagbaren, weil es jenseits des Seins ist. Denn Erkennen und Sagen sind wesenhaft intentional, sie erkennen und sagen immer Etwas, d.h. in seinem Sein bestimmtes Seiendes; darum verfehlen sie notwendig das Eine selbst, das nicht Etwas-Eines ist, sondern einfachhin das Eine selbst vor jedem Etwas.[346] Das absolut Eine liegt über jede Erkennbarkeit und jede Sagbarkeit hinaus.[347] Platon unterscheidet drei Weisen des Wissens und zwei Weisen des Sagens, die dem Absoluten abgesprochen werden müssen.[348] Dem Wissen (*ἐπιστήμη*)

---

[345] Zur Deutung dieser Stelle M. Wundt, *Platons Parmenides*, 30: ". . . daß weder ihm etwas gehört, noch daß es selbst zu einem Anderen gehört . . . jedenfalls wird mit dem Dativ und Genitiv jede Art der Beziehung und also Bestimmung geleugnet."

[346] Vgl. Plotin, V 3, 12, 50: *τὸ δέ ἐστιν ἄνευ τοῦ τὶ ἕν· εἰ γὰρ τὶ ἕν, οὐκ ἂν αὐτοέν*. Proklos, In Parm. 1069, 21: *οὐ γάρ τι ἕν ἐστιν, ἀλλ' ἁπλῶς ἕν*.

[347] Vgl. Plotin, V 3, 12, 48. 13, 1: *ἐπέκεινα γνώσεως* sc. *τὸ ἕν . . . διὸ καὶ ἄρρητον τῇ ἀληθείᾳ*.

[348] Vgl. auch die fünf Stufen Ep. VII 342 A 7 ff. Platon unterscheidet dort genauer zwischen diskursiver Erkenntnis (*ἐπιστήμη*) und intellektueller Wesensschau (*νοῦς*). Dem sinnlich-anschaulichen *εἴδωλον* entspricht als unterste Erkenntnisstufe die *αἴσθησις*, über der sich die *ἀληθὴς δόξα* erhebt, die als richtiges Urteil bereits eine Verknüpfung vielfältiger Anschauungsgehalte und damit eine höhere Einheit enthält, während der *νοῦς* das Erkannte nicht mehr im verknüpfenden Durchgang, sondern mit einem Schlag in seiner Einheit und Ganzheit erfaßt (Ep. VII 341 CD, 343 E, 344 B). Die gleichen

zeigt sich das Seiende in seinem wesentlichen Sein, so daß es dem Denken als es selbst und als Ganzes präsent ist; das überseiende Eine selbst aber ist niemals als Es selbst anwesend und darum unwißbar. Der Wahrnehmung (*αἴσθησις*) ist das Seiende in der Erscheinung offenbar; das überseiende Eine aber tritt niemals aus seiner Transzendenz heraus in die Offenbarkeit der Erscheinung und ist darum unwahrnehmbar. Die Meinung (*δόξα*) bestimmt das Seiende, indem sie es mit anderen Seienden im Urteil verknüpft; das absolut Einfache und Transzendente aber entzieht sich jeder Verknüpfung im Urteil. Das Absolute ist also nach allen Weisen des Erkennens unerkennbar (*ἀγνώστον*).[349]

Gehaltvolles, sachbezogenes Sprechen aber setzt immer Erkenntnis voraus: der Logos muß ein Wissen, eine Wahrnehmung oder eine Meinung aussagen, soll er überhaupt positiv etwas sagen. Das Absolute bleibt darum aufgrund seiner Erkenntnistranszendenz jeder positiven Aussagemöglichkeit entzogen: *ῥητὸν γὰρ οὐδαμῶς ἐστιν ὡς ἄλλα μαθήματα* (Ep. VII 341 C 5 f.).

Die sacherschließende Rede (*λόγος*) hat den Charakter der Aussage von Etwas über Etwas (*τὶ κατὰ τινός*): sie spricht einer Sache das sie zu einem Seienden qualifizierende Sein zu, indem sie sie umgrenzt und in ihre Bestimmungsmomente auseinanderlegt. Das absolut bestimmungslose Eine ist darum gänzlich unaussagbar (*ἄρρητον*), und zwar nicht nur für die *κατάφασις*, sondern auch für die *ἀπόφασις*;[350] denn indem diese dem Einen alle Bestimmungen des Seins abspricht, ist nicht vom Einen selbst die Rede, sondern vom Sein, von dem das Eine in der Negation abgehoben wird. Die negative Aussage geschieht selbst vom Sein her und bringt darum nicht das Eine selbst zur Sprache: "Wir sprechen zwar über Es, aber wir bringen nicht Es selbst zur Sprache. Denn wir sagen nur, was Es nicht ist, was Es aber ist, sagen wir nicht: also sprechen wir über Es nur von dem her, was später ist als Es selbst" (Plotin, V 3, 14, 5 - 8). "Im eigentlichen Sinne jedoch läßt sich nichts finden, was wir über Es (*κατ'*

---

vier Erkenntnisstufen (*νοῦς - ἐπιστήμη - δόξα - αἴσθησις*) auch im Platon-Referat Arist. De an. 404 b 21 ff. (Test. Plat. 25 A) und im Liniengleichnis der "Politeia" (509 D 6 ff. dort *διάνοια* für *ἐπιστήμη* und *εἰκασία* für *αἴσθησις*).

[349] Vgl. Proklos, Theol. Plat. II 12, 73, 11 - 13: *καὶ τὰς γνώσεις τοίνυν καὶ τὰ τῶν γνώσεων ὄργανα πάντα τῆς τοῦ ἑνὸς ὑπεροχῆς ἀπολείπεσθαι ...*

[350] Vgl. Proklos, In Parm. VII 72, 1 - 4: "Merito ergo ultimo et ipsas abnegationes removit ab uno, impossibile dicens has esse circa unum indicibile et incognoscibile existens ... Plato hic simul mentiri dicit et affirmationes et negationes in uno." Vgl. auch ebd. 72, 4 - 22.

*αὐτοῦ*), geschweige denn von Ihm (*περὶ αὐτοῦ*) aussagen könnten" (Plotin, VI 8, 8, 6 - 7).[351] Auch die Negationen vermögen das Eine nur von außen zu umkreisen, darum beziehen sie sich zwar auf es, aber ohne es zu erreichen; das Eine selbst ist über jede Bejahung und jede Verneinung erhaben:[352] "Denn Es selbst ist höher als Logos und Nous und Aisthesis" (Plotin, V 3, 14, 18 - 19).

Daher kommt ihm auch kein Name zu; denn der Name bezeichnet Etwas, um es von Anderem abzuheben und zu unterscheiden. Ebenso wie die Aussage bezieht sich darum der Name notwendig auf Seiendes in seiner eidetischen Differenziertheit; weil das Eine jenseits aller denkbaren Differenzierungen steht, kann es daher durch keine diskursive Aussage erfaßt und durch keinen unterscheidenden Namen benannt werden. Selbst der negative Name "das Eine", der kein positives Was benennt, sondern nur die Aufhebung der Vielheit zum Inhalt hat[353] und darum noch der dem Absoluten am ehesten angemessene Name ist, vermag es nicht zu benennen; denn er bezeichnet es nur von der Vielheit aus als das, was jenseits aller Vielheit ist. Darum weist "das Eine" zwar mehr als jeder andere Name auf das namenlose Absolute hin, jedoch so, daß er zur Einsicht in seine Unnennbarkeit führt; der Hinweis auf das Unnennbare verweist *auf* dieses nur und gerade dadurch, daß er *von* allem anderen *weg*verweist. Also wird das Absolute in seiner reinen Transzendenz von keiner Bezeichnung getroffen, auch nicht von der negativen des Einen: Es ist über allen Namen.[354] Das absolute Eine ist daher nicht nur unaussagbar, sondern auch unnennbar (*ἀνονόμαστον*)[355] und damit schlechthin unaussprechlich (*ἀφράστον*).[356] "Es wird also weder benannt noch ausgesagt

---

351 Zu dieser Unterscheidung von *κατ' αὐτοῦ* (de uno) und *περὶ αὐτοῦ* (circa unum) vgl. Proklos VII 70, 11 - 15 = 518, 78 - 82 Steel: "Merito ergo in fine apposuit quod abnegationes he non sunt circa unum. Aliud enim est esse de uno et aliud esse circa unum. Et enim sermo circa unum quidem non est; indeterminabile enim est; de uno autem est, ipsum hoc dicentibus nobis quod indicibile. Quare et dicte abnegationes non sunt circa unum, sed de uno."

352 Vgl. Proklos, In Parm. VII 70, 9 - 10 = 518, 77 f. Steel: "exaltatum est propter simplicitatem ab omni oppositione et omni negatione". Ebd. 70, 29 - 31 = 519, 96 - 98 Steel: "Neque ergo abnegationes vere de uno, sed magis quidem abnegationes quam affirmationes; deteriores tamen et he pro simplicitate unius."

353 Vgl. Plotin, V 5, 6, 26 zu Plat. Parm. 137 C 4, D 2 mit Verweis auf die "pythagoreische" Etymologie A-pollon.

354 Vgl. Proklos, In Parm. VII 60, 17: "ultra nomen omne".

355 Vgl. Proklos, In Parm. VII 60, 15 ff. Klibansky = 513, 13 ff. Steel.

356 Vgl. Proklos, In Parm. 1181, 38.

noch vermeint noch erkannt und nichts von allem Seienden nimmt es wahr" (*οὐδ᾽ ὀνομάζεται ἄρα οὐδὲ λέγεται οὐδὲ δοξάζεται οὐδὲ γιγνώσκεται, οὐδέ τι τῶν ὄντων αὐτοῦ αἰσθάνεται*, 142 A 4 - 6).

In dieser ausdrücklichen Verneinung *jeder* Erkennbarkeit und Sagbarkeit des Absoluten, also implizit auch der negativen, liegt der Sache nach die Negation der Negation,[357] die *ὑπεραπόφασις*.[358] Denn: "Auch in der Negation geschieht nur eine relative Bestimmung: die Abhebung des Absoluten vom Seienden . . . Aber diese negative Bestimmung des Einen ist doch diejenige unter den relativen Bestimmungen, die wenigstens insofern nicht unwahr ist, als sie dem Absoluten nichts zuschreibt, was ihm nicht zukommt. Formal allerdings bleibt auch die Negation unwahr; denn sie bezeichnet das Absolute wesentlich als das, was nicht das Sein ist, durch eine Relation also, in der das Absolute wesentlich doch nicht steht."[359] Die Selbstaufhebung der Negation liegt darum in der Konsequenz einer konsequent negativen Theologie. Das in der Verneinung *Ausgesagte* ist ja das Verneinte und nicht das, *von dem* es verneint wird; dieses bleibt das in der Verneinung Ungesagte.

Das absolut Eine bleibt somit in der negativen Theologie der Ersten Hypothese selbst ungesagt. Wenn im Vollzug der radikalen Negation alles verneint werden muß, dann muß zuletzt auch die Negation selber verneint werden. Weil das Absolute in seiner Transzendenz *jeder* Aussage entrückt ist, darum bleibt ihm auch die Negation zuletzt unangemessen;[360] vor der Unsagbarkeit des Einen muß sich die *ἀπόφασις* in der *ὑπεραπόφασις* selbst zur Aufhebung bringen. Platon faßt daher im letzten Satz der Hypothese sämtliche Negationen in eine einzige zusammen:[361] "Ist es nun möglich, daß sich all dies mit dem Einen so verhält ? - Mir jedenfalls scheint: Nein." (142 A 7 - 8).[362] Mit dieser letzten Negation hebt sich die

---

[357] Proklos entfaltet sie in Parm. VII 70, 5 - 76, 7 Klibansky = 518, 72 - 521, 69 Steel. Dazu W. Beierwaltes, *Proklos. Grundzüge seiner Metaphysik*, 361 - 366.

[358] Proklos, In Parm. 1172, 35.

[359] G. Huber, *Das Sein und das Absolute*, 82.

[360] Vgl. hierzu Proklos, In Parm. VII 70, 19 - 72, 22 Klibansky = 518, 86 - 519, 19 Steel.

[361] Vgl. hierzu Proklos, In Parm. VII 66, 25 - 68, 14 Klibansky = 516, 24 - 517, 47 Steel.

[362] Platons Sätze sind bisweilen doppelbödig, so auch hier. Die Antwort des Aristoteles steht in Parallele zu der "lächerlichen" (*γελοίως*) Reaktion Glaukons auf die Seinstranszendenz des Agathon Politeia 509 C 1 - 2. Wir können an beiden Stellen mindestens drei Bedeutungsebenen unterscheiden: 1. Sie zeigen, wie der Gesprächspartner dem "Philo-

negative Dialektik der Ersten Hypothesis selbst auf, aber nicht in die Sinnlosigkeit, auch nicht in die Affirmation, sondern in das Unsagbare und in das erfüllte Schweigen von dem Arrheton: "Nam per negari et ipse removit omnes abnegationes. Silentio autem conclusit eam que de ipso theoriam."[363]

Die Negation ist derjenige Akt des transzendierenden Denkens, in dem dieses im wissenden Nichtwissen die Grenze erfährt, die es *als Denken* nicht übersteigen kann. Diese Grenze ist das Mysterium der absoluten Transzendenz, dem das Denken nur entspricht, indem es sich in der Negation der Negation selbst übersteigt und so zur Aufhebung bringt. In dieser Selbstaufhebung öffnet sich das Denken der Transzendenz, um in seiner äußersten Erfüllung von sich selbst frei zu werden: hinausgehoben

---

sophen" (hier Parmenides, dort Sokrates) nicht bis zum Arrheton folgen kann. 2. Es handelt sich um eine bewußte Ablenkung und Irreführung des "uneingeweihten" Lesers; Platon verhüllt gleichsam das eben enthüllte Mysterium sofort wieder. 3. Für den "eingeweihten", d.h. den mit der innerakademischen Lehre vertrauten Leser enthalten beide Stellen einen wichtigen Hinweis: Glaukons Anrufung Apollons den Hinweis auf das Eine (A-pollon = Hen); Aristoteles' Verneinung der ganzen Hypothese den Hinweis auf die Selbstaufhebung des Denkens in die mystische Schau des Absoluten, das in seiner Transzendenz auch für die Negationen unerreichbar bleibt. -

Dagegen geht es nicht an, aus der Antwort des Aristoteles auf die Schlußfrage des Parmenides die inhaltliche Unhaltbarkeit der Ersten Hypothese zu entnehmen, so daß die Absolutsetzung des Einen ad absurdum geführt würde. Diese Interpretation hat schon Proklos widerlegt (In Parm. VII 64, 11 - 24 Klibansky = 515, 76 - 88 Steel): Wäre die Erste Hypothese inhaltlich unhaltbar, so müßte die Unhaltbarkeit entweder in der Prämisse, also in der Ansetzung des *absoluten* Einen, oder in der Beweisführung liegen. Die Prämisse ist aber sachlich notwendig und durch das Zeugnis Speusipps (In Parm. VII 40, 1 ff. = Test. Plat. 50) für Platon belegt, und die Beweisführung ist vollkommen korrekt. Ferner führt die Hypothese zu keinem unmöglichen oder zu Platons sonst bezeugter Lehre im Widerspruch stehenden Ergebnis; das Dialektikprogramm der "Politeia" fordert vielmehr ausdrücklich die konsequente ἀφαίρεσις des Absoluten von allem anderen (534 B 9 f.). Zu beachten ist auch, daß gerade die Schlußaporie aus dem auch sonst (vor allem Politeia 509 B und Test. Plat. 50) für Platon belegten Nicht- und Übersein des Absoluten resultiert. Die erste Hypothese ist also keineswegs in dem Sinne negativ, daß sie inhaltlich unhaltbar wäre (vgl. auch oben S. 277 ff.). Dann aber folgt aus der Unerkennbarkeit und Unsagbarkeit des Absoluten konsequenterweise auch die Unangemessenheit der Negation, die Proklos in den letzten beiden Sätzen der Hypothese ausgedrückt findet, d.h. die Negation der Negation.

[363] Mit diesen Worten beendet Proklos seinen Kommentar VII 76, 6 - 7 Klibansky = 521, 68 - 69 Steel.

über sich selbst, wird es in der Erleuchtung durch das überhelle Licht des Einen selbst mit diesem eins.

## LITERATURVERZEICHNIS

### A. Quellen


Plotin

- Plotini Opera, ed. P. Henry et H.R. Schwyzer, 3 Bände, Paris - Brüssel - Leiden 1951 - 1973 (Editio maior, $H\text{-}S^1$).
- Plotini Opera, ed. P. Henry et H.R. Schwyzer, 3 Bände, Oxford 1964 - 1982 (Editio minor, $H\text{-}S^2$).
- H.R. Schwyzer, Corrigenda ad Plotini textum, Museum Helveticum 44 (1987), 191 - 210 (Corr.).
- Plotins Schriften. Übersetzt von R. Harder. Neubearbeitung mit griechischem Lesetext und Anmerkungen, fortgeführt von R. Beutler und W. Theiler, 6 Bände in 12 Teilbänden, Hamburg 1956 - 1971 (Band VI: Indices. Verbunden mit einem Überblick über Plotins Philosophie und Lehrweise).
- Lexicon Plotinianum, ed. J.H. Sleeman et G. Pollet, Leiden - Louvain 1980.

Platon

- Platonis Opera, rec. J. Burnet, 5 Bände, Oxford 1900 (ND. 1979 - 1982).
- Jubiläumsausgabe Sämtlicher Werke zum 2400. Geburtstag. Eingeleitet von O. Gigon. Übertragen von R. Rufener, 8 Bände, Zürich-München 1974 (Band VIII: Begriffslexikon, verf. von O. Gigon und L. Zimmermann).
- Testimonia Platonica. Quellentexte zur Schule und mündlichen Lehre Platons, ed. K. Gaiser, Platons ungeschriebene Lehre, Stuttgart 1963 ($^2$1968), 441 - 557.
- Supplementum Platonicum. Bd. 1: Philodems Academica. Die Berichte über Platon und die Alte Akademie in zwei herkulanensischen Papyri, ed. K. Gaiser, Stuttgart - Bad Cannstatt 1988.
- Der Platonismus in der Antike. Grundlagen - System - Entwicklung. Bd. 1: Die geschichtlichen Wurzeln des Platonismus (Bausteine 1 - 35: Text, Übersetzung, Kommentar), ed. H. Dörrie, Stuttgart - Bad Cannstatt 1987.

Vorsokratiker

- Die Fragmente der Vorsokratiker. Griechisch und deutsch von H. Diels, 10. Aufl. hrsg. von W. Kranz, 3 Bände, Berlin 1961.
- Die Vorsokratiker. Griechisch / deutsch. Auswahl der Fragmente, Übersetzung und Erläuterung von J. Mansfeld, Stuttgart 1987.

Speusippos

- De Speusippi Academici scriptis. Accedunt fragmenta, ed. P. Lang, Bonn 1911 (ND. Hildesheim 1965).

- Speusippo, Frammenti. Edizione, traduzione e commentario a cura di M. Isnardi Parente, Napoli 1980.
- Speusippus of Athens. A critical study with a collection of the related texts and commentary by L. Tarán, Leiden 1981 (Philosophia antiqua Bd. 39).

Xenokrates

- Darstellung der Lehre und Sammlung der Fragmente, ed. R. Heinze, Leipzig 1892.

Aristoteles

- Aristotelis De anima, rec. W.D. Ross, Oxford 1956.
- Über die Seele. Übersetzt von W. Theiler, Darmstadt 1959 ($^{6}$1983) (Aristoteles. Werke in deutscher Übersetzung Bd. 13).
- Aristotelis Ethica Eudemia, rec. R.R. Walzer et J.M. Mingay, Oxford 1991.
- Eudemische Ethik. Übersetzt und kommentiert von F. Dirlmeier, Berlin 1963 ($^{4}$1984) (Aristoteles. Werke in deutscher Übersetzung Bd. 7).
- Aristotelis Metaphysica, rec. W. Jaeger, Oxford 1957 ($^{8}$1985).
- Aristotle's Metaphysics. A revised text with introduction and commentary, ed. W.D. Ross, 2 Bände, Oxford 1924/1953.
- Aristotelis Physica, rec. W.D. Ross, Oxford 1950 (ND. 1973).
- Aristotle's Physics. A revised text with introduction and commentary, ed. W.D. Ross, Oxford 1936 (ND. 1966).
- Aristotelis Fragmenta selecta, rec. W.D. Ross, Oxford 1955 (ND. 1979).
- Divisiones quae vulgo dicuntur Aristoteleae, ed. H. Mutschmann, Leipzig 1906.

Theophrast

- Theophrasti Fragmentum Metaphysicum, ed. W.D. Ross et F.H. Fobes, Oxford 1929.

Pseudo-Pythagoreer

- H. Thesleff, The Pythagorean Texts of the Hellenistic Period, Abo 1965 (PT Thesleff).

Alexander Aphrodisiensis

- In Aristotelis Metaphysica Commentaria, ed. M. Hayduck, Berlin 1891 (Commentaria in Aristotelem Graeca Bd. I).
- De anima liber cum mantissa, ed. J. Bruns, Berlin 1892 (Commentaria in Aristotelem Graeca Suppl. II 2).

Albinos

- Didaskalikos, ed. C.F. Hermann, Platonis Dialogi Vol. VI, Leipzig 1853 u.ö., p. 152 - 189.

Numenios

- E.A. Leemans, Studie over de Wijsgeer Numenius van Apamea met uitgave der Fragmenten, Brüssel 1937.
- Numénius, Fragments, texte ètabli et traduit par Ed. des Places, Paris 1973.

Porphyrios

- In Platonis Parmenidem Commentarius, ed. P. Hadot, Porphyre et Victorinus, Bd. 2, Paris 1968, p. 61 - 113.
- Vita Plotini, ed. P. Henry et H.R. Schwyzer, Plotini Opera Bd. I, Paris - Brüssel - Leiden 1951, p. 1 - 41 = Editio minor Bd. I, Oxford 1964, p. 1 - 38.

Jamblich

- Jamblichi Chalcidensis in Platonis dialogos commentariorum fragmenta, ed. with translation and commentary by J.M. Dillon, Leiden 1973 (Philosophia antiqua Bd. 23).
- Jamblichi De communi mathematica scienta, ed. N. Festa, Leipzig 1891.
- Jamblichi Protrepticus, ed. H. Pistelli, Leipzig 1888.

Marius Victorinus

- Traités Theologiques sur la trinité, texte établi par P. Henry, 2 Bände, Paris 1960 (Sources Chrétiennes Vol. 68 - 69).

Syrian

- In Aristotelis Metaphysica Commentaria, ed. W. Kroll, Berlin 1902 (Commentaria in Aristotelem Graeca Bd. VI 1).

Proklos

- Proclus, The Elements of Theology. A revised text with translation, introduction and commentary ed. E.R. Dodds, Oxford 1933 ($^2$1963).
- Procli Commentarium in Platonis Parmenidem, ed. V. Cousin, Procli Opera inedita, Paris 1864, p. 617 - 1258 (ND. Hildesheim 1961, $^2$1980; Frankfurt 1962).
- Procli Commentarium in Parmenidem, pars ultima adhuc inedita interprete Guillelmo de Moerbeka, ed. R. Klibansky et L. Labowsky, London 1953 (Plato Latinus Bd. III) (ND. Nendeln 1973).
- Proclus, Commentaire sur le Parménide de Platon. Traduction de Guillaume de Moerbeke, ed. C. Steel, 2 Bände, Leuven - Leiden 1982 / 1985 (der nur lateinisch erhaltene Schlußteil in Bd. II, p. 497 - 521).
- Proclus' Commentary on Plato's Parmenides. Translated by G.R. Morrow and J.M. Dillon with introduction and notes by J.M. Dillon, Princeton 1987.
- Proclus, Théologie Platonicienne. Texte établi et traduit par H.D. Saffrey et L.G. Westerink, 6 Bände, Paris 1968 - 1987.
- In Platonis Rempublicam Commentarii, ed. W. Kroll, 2 Bände, Leipzig 1899 / 1901 (ND. Amsterdam 1965).
- Commentaire sur la République, trad. et notes par A.J. Festugière, 3 Bände, Paris 1970.
- Procli in Platonis Timaeum Commentaria, ed. E. Diehl, 3 Bände, Leipzig 1903 - 1906 (ND. Amsterdam 1965).
- Commentaire sur le Timée, trad. et notes par A.J. Festugière, 5 Bände, Paris 1966 - 1968.

Damaskios

- Damascii Successoris Dubitationes et Solutiones de Primis Principiis in Platonis Parmenidem, ed. C.A. Ruelle, 2 Bände, Paris 1889 (ND. Brüssel 1964; Amsterdam 1966).
- Damascius. Traité des Prémiers Principes. Texte étabi par L.G. Westerink et traduit par J. Combès, bisher 2 Bände, Paris 1986 / 1989.

Simplikios

- Simplicii in Aristotelis Physicorum libros commentaria, ed. H. Diels, 2 Bände, Berlin 1882 / 1885 (Commentaria in Aristotelem Graeca Bd. IX - X).
- The Concept of Time in Late Neoplatonism (Ps.-Archytas, Jamblich, Proklos, Damaskios, Simplikios). Texts with translation, introduction and notes by S. Sambursky and S. Pines, Jerusalem 1971.
- E. Sonderegger, Simplikios: Über die Zeit. Ein Kommentar zum Corollarium de tempore, Göttingen 1982 (Übersetzung p. 141 - 174).

Ps.-Dionysius Areopagita

- Opera omnia quae extant, ed. B. Corderius, Patrologia Graeca tom. 3, Paris 1857 (ND. Turnhout 1968).

Meister Eckehart

- Deutsche Predigten und Traktate. Herausgegeben und übersetzt von J. Quint, München 1963 ($^{6}$Darmstadt 1985).

## B. Sammelbände

- Recherches sur la tradition Platonicienne. Entretiens sur l' Antiquité classique Tome III, Vandoeuvres - Genève 1955.
- Les Sources de Plotin. Entretiens sur l'Antiquité classique Tome V, Vandoeuvres - Genève 1960.
- R.E. Allen (Hrsg.), Studies in Plato's Metaphysics, London 1965.
- K. Flasch (Hrsg.), Parusia. Studien zur Philosophie Platons und zur Problemgeschichte des Platonismus. Festgabe für J. Hirschberger, Frankfurt 1965.
- Porphyre. Entretiens sur l' Antiquité classique Tome XII, Vandoeuvres - Genève 1966.
- A.H. Armstrong (Hrsg.), The Cambridge History of Later Greek and Early Medieval Philosophy, Cambridge 1967.
- H.G. Gadamer, W. Schadewaldt (Hrsg.), Idee und Zahl. Studien zur platonsichen Philosophie, Heidelberg 1968.
- K. Gaiser (Hrsg.), Das Platonbild. 10 Beiträge zum Platonverständnis, Hildesheim 1969.

- W. Beierwaltes (Hrsg.), Platonismus in der Philosophie des Mittelalters. Wege der Forschung Bd. 197, Darmstadt 1969.
- F.P. Hager (Hrsg.), Metaphysik und Theologie des Aristoteles. Wege der Forschung Bd. 206, Darmstadt 1969 ($^2$1979).
- P.M. Schuhl, P. Hadot (Hrsg.), Le Néoplatonisme. Colloques internationaux au C.N.R.S., Paris 1971.
- Philomathes. Studies and essays in the humanities in memory of Ph. Merlan, Den Haag 1971.
- J. Wippern (Hrsg.), Das Problem der ungeschriebenen Lehre Platons. Beiträge zum Verständnis der Platonischen Prinzipienphilosophie. Wege der Forschung Bd. 186, Darmstadt 1972.
- Etudes Néoplatoniciennes, Revue de Théologie et de Philosophie II, Neuchatel 1973.
- Zetesis. Festschrift E. de Strycker, Antwerpen - Utrecht 1973.
- Plotino e il Neoplatonismo in Oriente e Occidente, Roma: Accademia Nazionale dei Lincei 1974.
- W. Beierwaltes, H.U. von Balthasar, A.M. Haas, Grundfragen der Mystik, Einsiedeln 1974.
- De Jamblique à Proclus. Entretiens sur l' Antiquité classique Tome XXI, Vandoeuvres - Genève 1975.
- P. Moraux (Hrsg.), Die Frühschriften des Aristoteles. Wege der Forschung Bd. 224, Darmstadt 1975.
- Kephalaion. Festschrift C.J. de Vogel, Assen 1975.
- R. Baine Harris (Hrsg.), The Significance of Neoplatonism. Studies in Neoplatonism: Ancient and Modern Vol. 1, Norfolk 1976.
- Recherches sur la tradition platonicienne, Paris 1977.
- C. Zintzen (Hrsg.), Die Philosophie des Neuplatonismus. Wege der Forschung Bd. 436, Darmstadt 1977.
- C. Zintzen (Hrsg.), Der Mittelplatonismus. Wege der Forschung Bd. 70, Darmstadt 1981.
- Néoplatonisme. Mélanges J. Trouillard, Fontenay 1981.
- Neoplatonism and Early Christian Thought. Essays in honor of A.H. Armstrong, London 1981.
- R. Baine Harris (Hrsg.), Neoplatonism and Indian Thought. Studies in Neoplatonism: Ancient and Modern Vol. 2, Albany 1982.
- D.J. O' Meara (Hrsg.), Neoplatonism and Christian Thought. Studies in Neoplatonism: Ancient and Modern Vol. 3, Albany 1982.
- R. Baine Harris (Hrsg.), The Structure of Being. A Neoplatonic Approach. Studies in Neoplatonism: Ancient and Modern Vol. 4, Albany 1982.
- H. Flashar (Hrsg.), Ältere Akademie - Aristoteles - Peripatos. Ueberwegs Grundriß der Geschichte der Philosophie. Philosophie der Antike Bd. 3, Basel - Stuttgart 1983.
- K. Gloy, E. Rudolph (Hrsg.), Einheit als Grundfrage der Philosophie. Ein Sammelband, Darmstadt 1985.
- A.H. Armstrong (Hrsg.), Classical Mediterranean Spirituality, New York 1986.

- A. Graeser (Hrsg.), Mathematik und Metaphysik bei Aristoteles. Akten des 10. Symposium Aristotelicum, Bern - Stuttgart 1987.
- H. Temporini (Hrsg.), Aufstieg und Niedergang der Römischen Welt. Teil II: Principat. Bd. 36, 1 - 2: Philosophie, hrsg. von W. Haase, Berlin 1987.
- P. Koslowski (Hrsg.), Mystik und Gnosis in der Geschichte der Philosophie, Zürich - München 1988.

C. Untersuchungen

Armstrong, A.H., "Emanation" in Plotinus, Mind 46 (1937), 61 - 66.
- , The Architecture of the Intelligible Universe in the Philosophy of Plotinus, Cambridge 1940 (ND. Amsterdam 1967).
- , Der Hintergrund der Lehre, "daß die intelligible Welt sich nicht außerhalb des Nous befindet" (zuerst englisch in: Les Sources de Plotin, 393 - 413), in: Die Philosophie des Neuplatonismus, 38 - 57.
- , Plotinus, in: The Cambridge History of Later Greek and Early Medieval Philosophy, 195 - 263.
- , Plotinian and Christian Studies, London 1979.
- , Two Views of Freedom. A Christian Objection in Plotinus Enneads VI 8 (39) 7, 11 - 15?, Studia Patristica XVII 1 (1979), 397 - 406.

Arnou, R., Le Désire de Dieu dans la Philosophie de Plotin, Paris 1921 (ND. Roma 1967).
- , "L' acte de l' intelligence entant qu' elle n' est pas intelligence". Quelques considérations sur la nature de l' intelligence selon Plotin, in: Mélanges J. Maréchal, Paris 1950, Bd. II, 249 - 262.

Atkinson, M., Plotinus. Ennead V 1. On the Three Principal Hypostases. A Commentary with Translation, Oxford 1983 ($^{2}$1985).

Aubin, P., L' "image" dans l' oeuvre de Plotin, Recherches des Sciences Religieuses 41 (1953), 348 - 379.
- , Le Problème de la "Conversion", Paris 1963.

M. Baltes, Die Weltentstehung des platonischen Timaios nach den antiken Interpreten, Teil I und Teil II (Proklos), Leiden 1976 / 1979.

Barth, H., Philosophie der Erscheinung, Basel 1947, Bd. I, 199 - 255.

Baumgartner, H.M., Von der Möglichkeit, das Agathon als Prinzip zu denken. Versuch einer transzendentalen Interpretation von Politeia 509 b, in: Parusia, 89 - 101.
- , Die Bestimmung des Absoluten. Ein Strukturvergleich der Reflexionsformen bei J.G. Fichte und Plotin, ZphF 35 (1981), 321 - 342.

Becker, Oskar, Zum Problem der platonischen Idealzahlen, in: ders., Zwei Untersuchungen zur antiken Logik, Klass.-Philol. Studien 17, Wiesbaden 1957, 1 - 22.
- , Versuch einer neuen Interpretation der platonischen Idealzahlen, AGPh 45 (1963), 119 - 124.

Becker, Otfrid, Plotin und das Problem der geistigen Aneignung, Berlin 1940.

Beierwaltes, W., Lux Intelligibilis. Untersuchungen zur Lichtmetaphysik der Griechen, München 1957.

- , Plotins Metaphysik des Lichtes (zuerst 1961), in: Die Philosophie des Neuplatonismus, 75 - 117.
- , Proklos. Grundzüge seiner Metaphysik, Frankfurt 1965, $^{2}$ erw. Aufl. 1979 (Philos. Abhandlungen Bd. 24).
- , Plotin. Über Ewigkeit und Zeit (Enneade III 7). Übersetzung, Einleitung, Kommentar, Frankfurt 1967 ($^{3}$1981).
- , Platonismus und Idealismus, Frankfurt 1972 (Philos. Abhandlungen Bd. 40).
- , Reflexion und Einung. Zur Mystik Plotins, in: Grundfragen der Mystik, 9 - 36.
- , Identität und Differenz, Frankfurt 1980 (Philos. Abhandlungen Bd. 49).
- , Denken des Einen. Studien zur neuplatonischen Philosophie und ihrer Wirkungsgeschichte, Frankfurt 1985.
- , s.v. Hen, RAC Bd. XIV (1987), 445 - 472.
- , Plotins Erbe, Mus. Helv. 45 (1988), 75 - 97.
- , Plotin. Geist - Ideen - Freiheit. Enneade V 9 und VI 8. Einleitung, Bemerkungen zu Text und Übersetzung, bibliographische Hinweise, Hamburg 1990.

Beutler, R., s.v. Proklos, RE Bd. XXIII 1 (1957), 186 - 247.

Blumenberg, H., Paradigmen zu einer Metaphorologie, Archiv für Begriffsgeschichte 6 (1960), 123 ff.

- , s.v. Transzendenz und Immanenz, RGG$^{3}$ Bd. VI (1962), 989 - 997.
- , Die Legitimität der Neuzeit, Frankfurt 1966, $^{2}$ erw. Aufl. 1988.

Blumenthal, H.J., Plotinus' Psychology. His Doctrines of the Embodied Soul, Den Haag 1971.

- , Nous and Soul in Plotinus: Some Problems of Demarcation, in: Plotino e il Neoplatonismo in Oriente e in Occidente, 203 - 219.

Bormann, K., Parmenides. Untersuchungen zu den Fragmenten, Hamburg 1971.

- , Platon, Freiburg - München 1973 ($^{2}$1987).

Bréhier, É., L' idée de néant et le problème de l'origine radicale dans le néoplatonisme grec, Rev. de Mét. et de Mor. 26 (1919), 443 - 475.

- , La philosophie de Plotin, Paris 1928 ($^{4}$1968).
- , Notices, in: Plotin, Ennéades, ed. E.B., Paris 1924 - 1938 ($^{2}$1963 - 1967).
- , Le Parménide de Platon et la théologie négative de Plotin, Sophia 6 (1938), 33 ff.

Brunschwig, J., EE I 8, 1218 a 15 - 32 et le *Περὶ τἀγαθοῦ*, in: Untersuchungen zur Eudemischen Ethik. Akten des 5. Symposium Aristotelicum, hrsg. von P. Moraux und D. Harlfinger, Berlin 1971, 197 - 222.

Buchner, H., Plotins Möglichkeitslehre, München 1970.

Bultmann, R., Zur Geschichte der Lichtsymbolik im Altertum, Philologus 97 (1948), 1 - 36.

Burkert, W., Hellenistische Pseudopythagorica, Philologus 105 (1961), 16 - 43, 226 - 240.

- , Weisheit und Wissenschaft. Studien zu Pythagoras, Philolaos und Platon, Nürnberg 1962; erw. engl. Ausgabe: Lore and Science in Ancient Pythagoreanism, Cambridge Mass. 1971.

- , Plotin, Plutarch und die platonisierende Interpretation von Heraklit und Empedokles, in: Kephalaion (Festschr. de Vogel), 137 ff.

- , Antike Mysterien. Funktionen und Gehalt, München 1990 (zuerst engl. Cambridge Mass. / London 1987).

Bussanich, J., The One and its Relation to Intellect in Plotinus, Leiden 1988 (Philosophia antiqua Bd. 49).

Canta Cruz, M.J., Sobre la generación de la inteligencia en las Eneadas de Plotino, Helmatica 30 (1979), 287 - 315.

Charrue, J.M., Plotin. Lecteur de Platon, Paris 1978.

Cherniss, H., Aristotle's Criticism of Plato and the Academy I, Baltimore 1944 (ND. New York 1962).

- , The Riddle of the Early Academy, Berkley / Los Angeles 1945 (ND. New York 1962); deutsche Übers. von J. Derbolav, Heidelberg 1966.

Cilento, V., Paideia Antignostica. Riconstruzione d' un unico scritto da Enneadi III 8, V 8, V 5, II 9. Introduzione e Commento, Firenze 1971.

Combès, J., Damascius, lecteur du Parménide, Archive de philosophie 38 (1975), 33 - 60.

- , Négativité et procession des principes chez Damascius (zuerst 1976), in: Recherches sur la tradition platonicienne, 119 - 141.

- , La Théologie aporétique de Damascius, in: Néoplatonisme (Mélanges Trouillard), 125 - 139.

Cornford, F.M., Mathematics and Dialectic in the Republic VI. - VII., Mind 41 (1932), 37 - 52, 173 - 190; erneut in: Studies in Plato's Metaphysics, 61 - 95.

- , Plato's Cosmology, London 1937.

- , Plato and Parmenides. Parmenides' Way of Truth and Plato's Parmenides translated with an Introduction and a running Commentary, London 1939 ($^{5}$1964).

Corrigan, K., Plotinus, Enneads V 4 (7), 2 and Related Passages, Hermes 114 (1986), 195 - 203.

Deuse, W., Untersuchungen zur mittelplatonischen und neuplatonischen Seelenlehre, Mainz / Wiesbaden 1983.

- , Der Demiurg bei Porphyrios und Jamblich, in: Die Philosophie des Neuplatonismus, 238 - 278.

Dillon, J.M., The Middle Platonists. A Study of Platonism 80 B.C. to A.D. 220, London 1977.

- , Eudoros und die Anfänge des Mittelplatonismus, in: Der Mittelplatonismus, 3 - 32.

- , Speusippus in Jamblichus, Phronesis 29 (1984), 325 - 332.

Dodds, E.R., The Parmenides of Plato and the Origin of the Neoplatonic "One", CQ 22 (1928), 129 - 142.

- , Tradition und persönliche Leistung in der Philosophie Plotins (englisch zuerst 1960), in: Die Philosophie des Neuplatonismus, 58 - 74.

- , Numenios und Ammonios, in: Der Mittelplatonismus, 488 - 517 (engl. zuerst in: Les Sources de Plotin, 4 - 32).

- , Die Griechen und das Irrationale, Darmstadt 1970 (engl. zuerst 1966).

- , Heiden und Christen in einem Zeitalter der Angst. Aspekte religiöser Erfahrung von Mark Aurel bis Konstantin, Frankfurt 1985 (engl. zuerst 1965).

Dörrie, H., Die Frage nach dem Transzendenten im Mittelplatonismus, in: Les Sources de Plotin, 193 - 223.

- , s. v. Entwicklung, RAC Bd. III (1961), 476 ff.
- , Platonica Minora, München 1976.
- , Von Platon zum Platonismus. Ein Buch in der Überlieferung und seine Überwindung, Opladen 1976.
- , Die andere Theologie, Theologie und Philosophie 56 (1981), 1 - 46.

Düsing, K., Ontologie und Dialektik bei Plato und Hegel, Hegel-Studien 15 (1980), 95 - 150.

- , Hegel und die Geschichte der Philosophie. Ontologie und Dialektik in Antike und Neuzeit, Darmstadt 1983.

Elders, L., Aristotle's Theory of the One. A Commentary on Book X of the Metaphysics, Assen 1961.

- , Aristotle's Theology. A Commentary on Book XII of the Metaphysics, Assen 1971.

Eon, A., La notion plotinienne d' exégèse, Revue internationale de Philosophie 24 (1970), 252 - 289.

Faust, A., Der Möglichkeitsgedanke. Systemgeschichtliche Untersuchungen, Bd. I, Heidelberg 1931.

Festugière, A.-J., Contemplation et Vie contemplative selon Platon, Paris 1936 (ND. 1950).

- , La Révèlation d' Hermès Trismégiste. Bd. IV: Le Dieu inconnue et la Gnose, Paris 1954.

Findlay, J.N., Plato. The Written and Unwritten Doctrines, London 1974.

Flasch, K., Die Metaphysik des Einen bei Nikolaus von Kues. Problemgeschichtliche Stellung und systematische Bedeutung, Leiden 1973.

Frenkian, A.M., Les origines de la théologie négative de Parménide à Plotin, Rivista Classica 15 (1943), 11 - 58.

Friedländer, P., Platon. Bd. I: Seinswahrheit und Lebenswirklichkeit, Berlin 1928, ³erw. Aufl. 1964.

Früchtel, E., Weltentwurf und Logos. Zur Metaphysik Plotins, Frankfurt 1970 (Philos. Abhandlungen Bd. 33).

Gadamer, H.G., Platos dialektische Ethik und andere Studien zur platonischen Philosophie, Hamburg 1968.

- , Platos ungeschriebene Dialektik, in: Idee und Zahl, 9 - 30.
- , Die Idee des Guten zwischen Plato und Aristoteles, Heidelberg 1978.
- , Mathematik und Dialektik bei Plato (zuerst 1982), in: ders., Plato im Dialog (Ges. Werke Bd. 7), Tübingen 1991, 290 - 312.
- , Der Platonische "Parmenides" und seine Nachwirkung (zuerst 1983), in: ders., Plato im Dialog, 313 - 327.

Gaiser, K., Platons ungeschriebene Lehre. Studien zur systematischen und geschichtlichen Begründung der Wissenschaften in der Platonischen Schule, Stuttgart 1963 (²1968).

- , Platons Menon und die Akademie (zuerst 1964), in: Das Problem der ungeschriebenen Lehre Platons, 329 - 393.
- , Platons Farbenlehre, in: Synusia (Festschr. Schadewaldt), Pfullingen 1965, 173 - 222.

- , Quellenkritische Probleme der indirekten Platonüberlieferung, in: Idee und Zahl, 31 - 84.

- , Plato's Enigmatic Lecture "On the Good", Phronesis 25 (1980), 5 - 37.

- , Platons Zusammenschau der mathematischen Wissenschaften, Antike und Abendland 32 (1986), 89 - 124.

- , Platons esoterische Lehre, in: Mystik und Gnosis in der Geschichte der Philosophie, 13 - 40.

Gandillac, M. de, La sagesse de Plotin, Paris 1952.

Gersh, S.E., *ΚΙΝΗΣΙΣ ΑΚΙΝΗΤΟΣ*. A study of spiritual motion in the Philosophy of Proclus, Leiden 1973.

- , From Jamblichus to Eriugena. An investigation of the prehistory and evolution of the Ps.-Dionysian tradition, Leiden 1978.

Gilson, E., L' Etre et l' Essence, Paris 1948.

Graeser, A., Plotinus and the Stoics. A preliminary study, Leiden 1972.

Hadot, P., Etre, vie, pensée chez Plotin et avant Plotin, in: Les Sources de Plotin, 107 - 141.

- , Plotin ou la simplicité du regard, Paris 1963.

- , Die Metaphysik des Porphyrios, in: Die Philosophie des Neuplatonismus, 208 - 237 (franz. zuerst in: Porphyre (Entrétiens XII), 127 - 157).

- , Porphyre et Victorinus, 2 Bände, Paris 1968.

- , L' Etre et l' Etant dans le néoplatonisme, in: Etudes Néoplatoniciennes.

- , Neoplatonist Spirituality: Plotinus and Porphyry, in: Classical Mediterranean Spirituality, 230 - 249.

- , Plotin. Traitré 38. VI 7. Introduction, traduction, commentaire et notes, Paris 1988.

- , K. Flasch, s.v. das Eine, Einheit, Historisches Wörterbuch der Philosophie Bd. II (1972), 361 - 377.

Hager, F.P., Der Geist und das Eine. Untersuchungen zum Problem der Wesensbestimmung des höchsten Prinzips als Geist oder als Eines in der griechischen Philosophie, Bern / Stuttgart 1970.

- , Die Materie und das Böse im antiken Platonismus (zuerst 1962), in: Die Philosophie des Neuplatonismus, 427 - 474.

Happ, H., Hyle. Studien zum aristotelischen Materiebegriff, Berlin / New York 1972.

Hegel, G.W.F., Wissenschaft der Logik, 2 Teile, hrsg. von G. Lasson, $^{2}$Leipzig 1932 (ND. Hamburg 1975).

- , Vorlesungen über die Geschichte der Philosophie I und II, in: ders., Werke (auf der Grundlage der Werke von 1832 - 1845), ed. E. Moldenhauer und K.M. Michel, Band 18 und 19, Frankfurt 1971 (ND. 1986).

Heidegger, M., Platons Lehre von der Wahrheit, Bern 1947 ($^{3}$1975).

- , Identität und Differenz, Pfullingen 1957 ($^{6}$1978).

Henry, P., Le problème de la liberté chez Plotin, Revue Néoscolastique 33 (1931), 50 - 79, 180 - 215, 318 - 339.

- , Plotins Standort in der Geschichte des Denkens (engl. zuerst 1962), in: Die Philosophie des Neuplatonismus, 118 - 164 .

Hösle, V., Wahrheit und Geschichte. Studien zur Struktur der Philosophiegeschichte unter paradigmatischer Analyse der Entwicklung von Parmenides bis Platon, Stuttgart / Bad Cannstatt 1984.

Huber, G., Platons dialektische Ideenlehre nach dem zweiten Teil des Parmenides, Basel 1952.

- , Das Sein und das Absolute. Studien zur Geschichte der ontologischen Problematik in der spätantiken Philosophie, Basel 1955.

Igal, J., La génesis de la Inteligencia en un pasaje de las Enéadas de Plotino (V 1, 7, 4 - 35), Emerita 39 (1971), 129 - 157.

Isnardi Parente, M., Speusippo in Proclo, Elenchos 5 (1984), 293 - 310.

Jaspers, K., Die großen Philosophen, Band I, München 1957 ($^3$1981). (Zu Plato: 234 - 318; zu Plotin: 656 - 723).

- , Der philosophische Glaube angesichts der Offenbarung, München 1962 ($^3$Darmstadt 1984).

Klibansky, R., Ein Proklos-Fund und seine Bedeutung, Heidelberg 1929.

- , The Continuity of the Platonic Tradition during the Middle Ages, London 1939 (ND. New York 1982).

- , Plato's Parmenides in the Middle Ages and the Renaissance, Medieval and Renaissance Studies 1, 2 (1943), 281 - 330 (ND. New York 1982).

Koch, J., Erläuterungen zu: Nikolaus von Kues. Über den Ursprung. Deutsch von M. Feigl, Heidelberg 1948 ($^2$1967), 69 - 108.

Kobusch, Th., Studien zur Philosophie des Hierokles von Alexandrien. Untersuchungen zum christlichen Neuplatonismus, München 1976.

Krämer, H.J., Arete bei Platon und Aristoteles. Zum Wesen und zur Geschichte der platonischen Ontologie, Heidelberg 1959 ($^2$Amsterdam 1967).

- , Die platonische Akademie und das Problem einer systematischen Interpretation der Philosophie Platons, Kant-Studien 55 (1964), 69 - 101; erneut in: Das Platonbild, 198 - 230.

- , Retraktationen zum Problem des esoterischen Platon, Mus. Helv. 21 (1964), 137 - 167.

- , Der Ursprung der Geistmetaphysik. Untersuchungen zur Geschichte des Platonismus zwischen Platon und Plotin, Amsterdam 1964 ($^2$1967).

- , Über den Zusammenhang von Prinzipienlehre und Dialektik bei Platon. Zur Definition des Dialektikers Politeia 534 B - C (zuerst 1966), in: Das Problem der ungeschriebenen Lehre Platons, 394 - 448.

- , Das Problem der Philosophenherrschaft bei Platon, Philos. Jahrbuch 74 (1967), 254 - 270.

- , Zur geschichtlichen Stellung der aristotelischen Metaphysik, Kant-Studien 58 (1967), 313 - 354.

- , Grundbegriffe akademischer Dialektik in den biologischen Schriften von Aristoteles und Theophrast, Rhein. Museum 111 (1968), 293 - 333.

- , Die grundsätzlichen Fragen der indirekten Platonüberlieferung, in: Idee und Zahl, 106 - 150.

- , *ΕΠΕΚΕΙΝΑ ΤΗΣ ΟΥΣΙΑΣ*. Zu Platon, Politeia 509 B, AGPh 51 (1969), 1 - 30.

- , Grundfragen der aristotelischen Theologie, Theologie u. Philosophie 44 (1969), 363 - 382, 481 - 505.
- , Platonismus und hellenistische Philosophie, Berlin 1971.
- , Das Verhältnis von Platon und Aristoteles in neuer Sicht, ZphF 26 (1972), 329 - 353.
- , Aristoteles und die akademische Eidoslehre. Zur Geschichte des Universalienproblems im Platonismus, AGPh 55 (1973), 119 - 190.
- , Neues zum Streit um Platons Prinzipientheorie, Philos. Rundschau 27 (1980), 1 - 37.
- , Platone e i fondamenti della metafisica, Milano 1982 ([3]1989).
- , Die Ältere Akademie, in: Ueberwegs Grundriß der Geschichte der Philosophie. Bd. 3: Ältere Akademie - Aristoteles - Peripatos, 3 - 164.
- , Fichte, Schlegel und der Infinitismus in der Platondeutung, Dt. Vierteljahresschr. 62 (1988), 583 - 621.
- , Neue Literatur zum neuen Platonbild, Allgem. Zeitschr. f. Philos. 14 (1989), 59 - 81.
- , Zur aktuellen Diskussion um den Philosophiebegriff Platons, Perspektiven der Philosophie 16 (1990), 85 - 107.

Kremer, K., Die neuplatonische Seinsphilosophie und ihre Wirkung auf Thomas von Aquin, Leiden 1966 ([2]1971).
- , Bonum est diffusivum sui. Ein Beitrag zum Verhältnis von Neuplatonismus und Christentum, in: ANRW, Teil II. Bd. 36, 2, 994 - 1032.
- , Plotin. Seele - Geist - Eines. Enneade IV 8, V 4, V 1, V 6 und V 3. Einleitung, Bemerkungen zu Text und Übersetzung und bibliographische Hinweise, Hamburg 1990.

Krüger, G., Einsicht und Leidenschaft. Das Wesen des platonischen Denkens, Frankfurt 1939 ([4]1973).

Lloyd, A.C., The Later Neoplatonists, in: The Cambridge History of Later Greek and Early Medieval Philosophy, 271 - 325.
- , Non-discursive thought - an enigma of Greek philosophy, Proc. of the Aristotelian Soc. 70 (1969/70), 261 - 274.
- , Plotinus on the Genesis of Thought and Existence, Oxford Studies in Ancient Philosophy 5 (1987), 155 - 186.
- , The Anatomy of Neoplatonism, Oxford 1990.

Lynch, F.W., An Approach to the Metaphysics of Plato throught the Parmenides, Georgetown 1959.

Mahnke, D., Unendliche Sphäre und Allmittelpunkt. Beiträge zur Genealogie der mathematischen Mystik, Halle 1937.

Matter, P.P., Zum Einfluß des platonischen "Timaios" auf das Denken Plotins, Winterthur 1964.

Merlan, Ph., Beiträge zur Geschichte des antiken Platonismus, Philologus 89 (1934), 35 - 53, 197 - 214.
- , From Platonism to Neoplatonism, Den Haag 1953 ([2]1960, [3]1968).
- , Metaphysik: Name und Gegenstand (zuerst 1957), in: Metaphysik und Theologie des Aristoteles, 251 - 265.
- , Monopsychism, Mysticism, Metaconsciousness. Problems of the Soul in the Neoaristotelian and Neoplatonic tradition, Den Haag 1963 ([2]1969).

- , Monismus und Dualismus bei einigen Platonikern, in: Parusia, 143 - 153.
- , Greek Philosophy from Plato to Plotinus, in: The Cambridge History of Later Greek an Early Medieval Philosophy, 14 - 132.
- , Kleine Schriften. Hrsg. von F. Merlan, Hildesheim 1976.

Mondolfo, R., L' infinito nel pensiero dell Antichita classica, Firenze 1956.

Moreau, J., Plotin ou la gloire de la philosophie antique, Paris 1979.

Müller, H.F., Dionysios Proklos Plotinos, Münster 1911 (Baeumkers Beitr. zur Gesch. d. Philos. d. Mittelalters XX).
- , Ist die Metaphysik des Plotinos ein Emanationssystem ?, Hermes 48 (1913), 408 - 425.
- , Plotinus über Notwendigkeit und Freiheit, Neue Jahrb. für das Klass. Altert. 17 (1914), 462 - 488.

O' Daly, G., Plotinus Philosophy of the Self, Shannon 1973.

Oehler, K., Die Lehre vom noetischen und dianoetischen Denken bei Platon und Aristoteles. Ein Beitrag zur Erforschung des Bewußtseinsproblems in der Antike, München 1962.
- , Der entmythologisierte Platon. Zur Lage der Platonforschung (zuerst 1965), in: Das Problem der ungeschriebenen Lehre Platons, 95 - 129.

O' Meara, D.J., Structures hiérarchiques dans la pensée de Plotin, Leiden 1975.

Pépin, J., Idées grecques sur l'homme et sur dieu, Paris 1971.

Pesce, D., Idea, numero e anima. Primi contributi a una storia del Platonismo nell antichita, Padova 1961.

Preiswerk, A., Das Einzelne bei Platon und Aristoteles, Leipzig 1939 (Philologus Suppl. Bd. XXXII, 1).

Reale, G., Per una nuova interpretazione di Platone. Rilettura della metafisica dei grandi dialoghi alle luce delle "Dottrine non scritte", Milano 1984 ($^5$1987).

Richard, M.-D., L' enseignement oral de Platon. Une nouvelle interprétation du Platonisme, Paris 1986.

Rist, J.M., The Indefinite Dyad and Intelligible Matter in Plotinus, CQ N.S. 12 (1962), 99 - 107.
- , The Neoplatonic One and Plato's Parmenides, Transactions of the American Philol. Assoc. 93 (1962/63), 389 ff.
- , The One of Plotinus and the God of Aristotle, Review of Metaphysics 27 (1963), 75 - 87.
- , Mystik und Transzendenz im späteren Neuplatonismus (englisch zuerst 1964), in: Die Philosophie des Neuplatonismus, 373 - 390.
- , Monism: Plotinus and some Predecessors, Harv. Stud. in Class. Philol. 70 (1965), 329 - 344.
- , Plotinus. The road to reality, Cambridge 1967.
- , The Problem of "Otherness" in the Enneads, in: Le Néoplatonisme, 77 - 87.

Robin, L., La Théorie Platonicienne des Idées et des Nombres d' après Aristote, Paris 1908 (ND. Hildesheim 1963).

- , Untersuchungen über die Bedeutung und Stellung der Physik in der Philosophie Platons (franz. zuerst 1918), in: Das Problem der ungeschriebenen Lehre Platons, 261 - 298.
- , Platon, Paris 1935 ($^2$1968).
- , Les rapports de l' être et de la conaissance d' après Platon, publiée par P.-M. Schuhl, Paris 1957.

Robinson, R., Plato's Earlier Dialectic, $^2$Oxford 1953.

Roloff, D., Die Großschrift III 8 - V 8 - V 5 - II 9, Berlin 1971.

Ross, W.D., Plato's Theorie of Ideas, Oxford 1951 ($^2$1953).

Saffrey, H.D., Le *Περὶ φιλοσοφίας* d' Aristote et la Théorie Platonicienne des idées et des nombres, Leiden 1955 ($^2$1971).

Sambursky, S., Der Begriff der Zeit im späten Neuplatonismus (engl. zuerst 1966), in: Die Philosophie des Neuplatonismus, 475 - 495.

Schlette, H.R., Das Eine und das Andere. Studien zur Problematik des Negativen in der Metaphysik Plotins, München 1966.

Schroeder, F.M., The Platonic Parmenides and Imitation in Plotinus, Dionysius 2 (1978), 51 - 73.
- , Representation and Reflection in Plotinus, Dionysius 4 (1980), 37 - 59.
- , Synousia, Synaisthesis and Synesis: Presence and Dependence in the Plotinian Philosophy of Consciousness, in: ANRW II, Bd. 36, 1, 667 - 699.
- , Conversion and Consciousness in Plotinus, Enneads V 1 (10), 7, Hermes 114 (1986), 186 - 196.

Schwyzer, H.R., Zu Plotins Interpretation von Platons Timaeus 35 A, Rhein. Mus. 84 (1935), 360 - 368.
- , s.v. Plotinos, RE Bd. XX, 1 (1951), 441 - 591 mit Ergänzungen in RE Suppl. Bd. XV (1978). Sonderdruck München 1978.
- , "Bewußt" und "Unbewußt" bei Plotin, in: Les Sources de Plotin, 343 - 378.
- , Nachlese zur indirekten Überlieferung des Plotin-Textes, Mus. Helv. 26 (1969), 252 - 270.
- , Plotin und Platons Philebos, Revue internationale de philosophie 24 (1970), 181 - 193.
- , Zu Plotins Deutung der sogenannten platonischen Materie, in: Zetesis (Festschr. de Strycker), 266 - 280.
- , Ammonios Sakkas, der Lehrer Plotins, Opladen 1983.

Siegmann, G., Plotins Philosophie des Guten. Eine Interpretation von Enneade VI 7, Würzburg 1990.

Speiser, A., Ein Parmenideskommentar. Studien zur platonischen Dialektik, Stuttgart 1937 ($^2$1959).

Stenzel, J., Studien zur Entwicklung der platonischem Dialektik von Sokrates zu Aristoteles. Arete und Diairesis, Breslau 1917 ($^2$Leipzig 1931, $^3$Darmstadt 1961).
- , Zahl und Gestalt bei Platon und Aristoteles, Leipzig - Berlin 1924, $^2$ erw. Aufl. 1933 ($^3$Darmstadt 1959).
- , s.v. Speusippos, RE Zweite Reihe III 2 (1929), Sp. 1636 - 1669.

- , Zur Theorie des Logos bei Aristoteles (zuerst 1929), in: ders., Kleine Schriften, 188 - 219.
- , Metaphysik des Altertums, München - Berlin 1934 (ND. 1971).
- , Kleine Schriften zur griechischen Philosophie. Hrsg. von B. Stenzel, Darmstadt 1956 ($^4$1972).

Szlezák, Th. A., Unsterblichkeit und Trichotomie der Seele im zehnten Buch der Politeia, Phronesis 21 (1976), 31 - 58.
- , Probleme der Platoninterpretation, GGA 230 (1978), 1 - 37.
- , Dialogform und Esoterik. Zur Deutung des platonischen Dialogs "Phaidros", Mus. Helv. 35 (1978), 18 - 32.
- , Platon und Aristoteles in der Nuslehre Plotins, Basel - Stuttgart 1979.
- , Platon und die Schriftlichkeit der Philosophie. Interpretationen zu den frühen und mittleren Dialogen, Berlin - New York 1985.
- , Die Lückenhaftigkeit der akademischen Prinzipientheorie nach Aristoteles' Darstellung in Metaphysik M und N, in: Mathematik und Metaphysik bei Aristoteles, 45 - 67.
- , Platons "undemokratische" Gespräche, Perspektiven der Philosophie 13 (1987), 347 - 368.

Theiler, W., Die Vorbereitung des Neuplatonismus, Berlin 1930 ($^2$Berlin - Zürich 1964).
- , Plotin und die antike Philosophie, Mus. Helv. 1 (1944), 209 - 225.
- , Gott und Seele im kaiserzeitlichen Denken, in: Recherches sur la tradition Platonicienne (Entretiens III), 66 - 90 (auch in: ders., Forschungen, 104 - 123).
- , Plotin zwischen Platon und Stoa, in: Les Sources de Plotin, 65 - 103.
- , Einheit und unbegrenzte Zweiheit von Platon bis Plotin, in: Isonomia. Studien zur Gleichheitsvorstellung im griechischen Denken, hrsg. von J. Mau und E.G. Schmidt, Berlin 1964 (auch in: ders., Untersuchungen, 460 - 483).
- , Philo von Alexandria und der Beginn des kaiserzeitlichen Platonismus, in: Parusia, 143 - 153 (auch in: ders., Untersuchungen, 484 - 501).
- , Forschungen zum Neuplatonismus, Berlin 1966.
- , Ammonios, der Lehrer des Origenes, in: ders., Forschungen, 1 - 45.
- , Ammonios und Porphyrios, in: Porphyre (Entretiens XII), 85 - 119 (auch in: ders., Untersuchungen, 519 - 542).
- , Untersuchungen zur antiken Literatur, Berlin 1970.
- , Das Unbestimmte, Unbegrenzte bei Plotin, Revue internationale de philosophie 24 (1970), 290 - 297.
- , Überblick über Plotins Philosophie und Lehrweise, in: Plotins Schriften Bd. VI: Indices, 101 - 175.

Thesleff, H., An Introduction to the Pythagorean Writings of the Hellenistic Period, Abo 1961.

Trouillard, J., La purification plotinienne, Paris 1955.
- , La procession plotinienne, Paris 1955.
- , Un et Etre, EPh 15 (1960), 185 - 196.
- , L' Un et l' âme selon Proclus, Paris 1972.

- , Le Parménide de Platon et son interprétation néoplatonicienne, in: Etudes Néoplatoniciennes, 9 - 26.

Vogel, C.J. de, Die Spätphase der Philosophie Platons und ihre Interpretation durch Léon Robin (franz. zuerst 1948), in: Das Problem der ungeschriebenen Lehre Platons, 201 - 216 (auch in: dies., Philosophia I, 243 - 255).

- , Probleme der späteren Philosophie Platons (engl. zuerst 1949), in: Das Problem der ungeschriebenen Lehre Platons, 41 - 87 (auch in: dies., Philosophia I, 256 - 292).

- , Examen critique de l' Interprétation traditionelle du Platonisme (zuerst 1951), in: dies., Philosophia I, 155 - 175.

- , Platon a - t - il ou n' a - t - il pas introduit le Mouvement dans son monde intelligible ? (zuerst 1953), in: dies., Philosophia I, 176 - 182.

- , On the Neoplatonic Charakter of Platonism and the Platonic Character of Neoplatonism (zuerst 1953), in: dies., Philosophia I, 355 - 377.

- , A la Recherche des étapes précises entre Platon et le Néoplatonisme, Mnemosyne IV 7 (1954), 111 - 122.

- , La Théorie de l' ἄπειρον chez Platon et dans la tradition platonicienne (zuerst 1959), in: dies., Philosophia I, 378 - 395.

- , Plato, de filosoof van het transcendente, Baarn 1968 ($^{3}$1983).

- , Philosophia. Part. I: Studies in Greek Philosophy, Assen 1970.

- , Some Controversial Points of Plato Interpretation Reconsidered, in: dies., Philosophia I, 183 - 209.

- , Encore une fois: Le Bien dans la République de Platon, in: Zetesis (Festschr. de Strykker), 40 - 56.

- , Rethinking Plato and Platonism, Leiden 1988 (Mnemosyne Suppl. - Bd. 92).

Volkmann-Schluck, K.H., Plotin als Interpret der Ontologie Platos, $^{3}$erw. Aufl. Frankfurt 1966 (Philos. Abhandlungen Bd. 10).

- , Nicolaus Cusanus, Die Philosophie im Übergang vom Mittelalter zur Neuzeit, Frankfurt 1957 ($^{2}$1968).

- , Das Wesen der Idee in Platos Parmenides, Philos. Jahrb. 69 (1961), 34 - 45.

- , Plotins Lehre vom Wesen und von der Herkunft des Schlechten, Philos. Jahrb. 75 (1967), 1 - 21.

Wahl, J., Etude sur le Parménide de Platon, Paris 1926 ($^{2}$1951).

- , Immanence et transcendence, Actes du Congrès Descartes VIII, Paris 1937.

Wallis, R.T., Neoplatonism. London 1972.

Weber, K.O., Origenes der Neuplatoniker. Versuch einer Interpretation, München 1962.

Weizsäcker, C.F. von, Die Einheit der Natur, München 1971 ($^{3}$1983).

- , Ein Blick auf Platon. Ideenlehre, Logik und Physik, Stuttgart 1981.

Whittaker, J., *ΕΠΕΚΕΙΝΑ ΝΟΥ ΚΑΙ ΟΥΣΙΑΣ*, Vigiliae Christianae 23 (1969), 91 - 104.

- , Neupythagoreismus und negative Theologie (engl. zuerst 1969), in: Der Mittelplatonismus, 169 - 186.

- , Neopythagoreanism and the Transcendent Absolute, Symbolae Osloenses 45 (1970), 77 - 86.

Wilpert, P., Neue Fragmente aus *ΠΕΡΙ ΤΑΓΑΘΟΥ* (zuerst 1941), in: Das Problem der ungeschriebenen Lehre Platons, 166 - 200.

- , Zwei aristotelische Frühschriften über die Ideenlehre, Regensburg 1949.

- , Platons Altersvorlesung über das Gute, Philos. Jahrb. 59 (1949), 1 - 13.

- , Kommentar zu: Nikolaus von Kues. Vom Nichtanderen. Hamburg 1952 ($^{2}$1976), 99 - 206 (Schriften des Nikolaus von Kues in deutscher Übersetzung 12).

- , Eine Elementenlehre im Platonischen Philebos (zuerst 1953), in: Das Problem der ungeschriebenen Lehre Platons, 316 - 328.

Wolfson, H.A., Albinos und Plotin über göttliche Attribute (englisch zuerst 1952), in: Der Mittelplatonismus, 150 - 168.

Wundt, M., Platons Parmenides, Stuttgart - Berlin 1935 (Tübinger Beitr. zur Altertumswiss. 25).

Wurm, K., Substanz und Qualität. Ein Beitrag zur Interpretation der plotinischen Traktate VI 1, 2 und 3, Berlin - New York 1973.

Wyller, E.A., Platons Parmenides in seinem Zusammenhang mit Symposion und Politeia. Interpretationen zur platonischen Henologie, Oslo 1960.

- , Platons Parmenides. Form und Sinn, ZphF 17 (1963), 202 - 226.

- , Der späte Platon (Tübinger Vorlesungen 1965), Hamburg 1970.

Zeller, Ed., Die Philosophie der Griechen in ihrer geschichtlichen Entwicklung dargestellt, Bd. III 1 $^{4}$Leipzig 1903; Bd. III 2 $^{4}$Leipzig 1903 (ND. Hildesheim 1963).

Zimmermann, O., Platons Parmenides und der Kommentar des Proklos, Heidelberg 1936.